普通高等教育"十三五"规划教材

重金属冶金学

（第2版）

翟秀静 谢 锋 主编

北 京

冶金工业出版社

2024

内 容 提 要

本书重点介绍了六种重金属冶金的原理、工艺技术、设备和发展趋势，体现了该领域国内外的最新进展。全书共 7 章，包括绪论、铜冶金、铅冶金、锌冶金、镍冶金、钴冶金和锡冶金。

本书为高等院校冶金工程专业的本科生教材，也可供有色金属冶金相关领域的工程技术人员参考。

图书在版编目（CIP）数据

重金属冶金学/翟秀静，谢锋主编. —2 版. —北京：冶金工业出版社，2019.6（2024.6 重印）

普通高等教育"十三五"规划教材

ISBN 978-7-5024-8105-6

Ⅰ.①重…　Ⅱ.①翟…　②谢…　Ⅲ.①重金属冶金—高等学校—教材　Ⅳ.①TF81

中国版本图书馆 CIP 数据核字（2019）第 093273 号

重金属冶金学（第 2 版）

出版发行	冶金工业出版社	电　话	(010)64027926
地　址	北京市东城区嵩祝院北巷 39 号	邮　编	100009
网　址	www.mip1953.com	电子信箱	service@ mip1953.com

责任编辑　高　娜　美术编辑　彭子赫　版式设计　禹　蕊
责任校对　李　娜　责任印制　窦　唯
北京印刷集团有限责任公司印刷
2011 年 8 月第 1 版，2019 年 6 月第 2 版，2024 年 6 月第 4 次印刷
787mm×1092mm　1/16；24.5 印张；590 千字；378 页
定价 55.00 元

投稿电话　(010)64027932　投稿信箱　tougao@cnmip.com.cn
营销中心电话　(010)64044283
冶金工业出版社天猫旗舰店　yjgycbs.tmall.com
（本书如有印装质量问题，本社营销中心负责退换）

第 2 版前言

《重金属冶金学》（第 2 版）是根据有色金属冶金专业（本科）的冶金工程课程教学大纲的新要求而编写的。东北大学（原东北工学院）自 1950 年设立有色金属专业以来，在教学、科研和技改等方面，为我国的有色金属工业做出了重要贡献。

陈国发教授主编的《重金属冶金学》是深受欢迎的有色金属专业本科生教材，自 1992 年出版以来多次再版和重印，为许多院校选用。

随着改革开放和我国有色金属冶金工业迅速发展，我国重金属冶金跃上了世界先进水平的行列。根据形势的变化，按照有色金属冶金专业教学计划的要求，笔者于 2011 年编写了《重金属冶金学》第 1 版。

第 1 版反映了我国在重金属冶金领域的重大变化，重点叙述重金属提取冶金过程的基本理论和目前处于成熟的冶金先进工艺，同时介绍国内外重金属冶金领域的科技发展，并对铜冶金、铅冶金、锌冶金、镍钴冶金和锡冶金的传统冶炼技术仅作一般介绍。

第 2 版《重金属冶金学》针对国内外的发展情况，更新了铜、铅、锌、钴、镍和锡在火法冶金领域的发展内容，重点介绍了铜、锌和铅等领域的湿法冶金、有色金属的二次资源的利用及生态环保领域的新进展。对于铜、铅、锌、镍、钴和锡的资源、应用和物化性质给出了最新数据。

本书共分 7 章，第 1 章绪论和第 7 章锡冶金由翟秀静（东北大学）编写；第 2 章铜冶金由佟志芳（江西理工大学）和谢锋（东北大学）编写；第 3 章铅冶金由畅永锋（东北大学）编写；第 4 章锌冶金由畅永锋（东北大学）和谢锋（东北大学）编写；第 5 章镍冶金由翟秀静（东北大学）和李忠国（兰州大学）编写；第 6 章钴冶金由李斌川（东北大学）编写。本书编写过程中，关于湿法炼铅的工艺研究进展和工业实践相关内容得到了云南省祥云飞龙有限公司舒毓章总工的热情帮助，编者深表感谢。

本书内容所涉及研究获得了国家自然科学基金委的大力支持（国家自然科学基金重点项目 51434001 和面上项目 51574072），在此谨表感谢。由于水平所限，书中难免有缺点和错误，恳请读者批评指正。

编　者
2019 年 1 月

第1版前言

本书根据有色金属冶金专业教学计划的要求以及有色金属冶金专业（本科）"重金属冶金学"课程教学大纲的要求而编写，着重于叙述铜、铅、锌、镍、锡和钴六种重金属提取冶金过程的基本理论、目前成熟的冶金先进工艺以及国内外重金属冶金领域的科技发展，同时介绍了与上述六种重金属共生的贵金属和稀散金属的回收方法。

改革开放以来，我国有色金属冶金行业迅速发展，新技术、新工艺已成为主体。进入新世纪以来，节能降耗、清洁生产在我国有色金属冶金行业内已形成主流。自20世纪80年代江西铜业集团引进闪速熔炼技术以后，铜陵金隆铜业、金川有色公司、山东阳谷铜业和云南锡业等企业，相继引进并自主创新了闪速熔炼技术和装备、瓦纽柯夫熔炼技术和装备、澳斯麦特熔炼技术和装备以及闪速吹炼技术和装备。目前，我国重金属冶金的技术水平已迈入世界先进行列。

本书全面反映了这一变化。铜冶金一章重点讲述了铜的闪速熔炼和闪速吹炼技术，同时介绍了铜氧气顶吹熔池熔炼和澳斯麦特吹炼；铅冶金一章讲述了铅的氧气底吹熔炼和氧气顶吹熔炼技术；锌冶金一章讲述了硫化锌精矿的氧压浸出技术；镍冶金一章讲述了镍的闪速熔炼和富氧顶吹熔池熔炼技术；锡冶金一章讲述了锡的澳斯麦特还原熔炼技术；钴冶金一章讲述了伴生矿提钴技术进展。本书对于铜、铅、锌、镍、锡和钴的传统冶炼技术，则只作一般介绍。

本书由东北大学翟秀静担任主编。具体编写分工为：第1、6章由翟秀静编写，第2章由佟志芳（江西理工大学）编写，第3章由黄兴远（河南科技大学）编写，第4章由畅永锋（东北大学）编写，第5章由李忠国（兰州大学）和翟秀静共同编写，第7章由李斌川（东北大学）编写。东北大学陈国发教授1992年主编的《重金属冶金学》一书是本书的坚实基础。东北大学重金属冶金学科的陈国发、叶国瑞、肖碧君、贺家齐、宋庆双、单维林、林茂森、李凤廉、蓝为君、赵延昌、徐家振、王德全和郎晓珍等教授多年来在重金属冶金领域潜心耕耘,他们的心血和成就是本书的灵魂。在此向各位前辈致以崇高敬意和衷心感谢。在编写过程中,还参阅了重金属冶金方面的相关文献,在此向有关作者、出版社一并表示诚挚的谢意。

由于水平所限,书中不妥之处,恳请读者批评指正。

编　者

2011 年 5 月

目　　录

1 绪 论

在人类社会发展的历史长河中，冶金技术承载着划时代的重任，青铜器时代、铁器时代标志着社会的文明和时代的进步。经过近代工业革命和科学技术的发展，冶金已从一项技艺逐渐演变为一门系统化、大型化、连续化、高效化和自动化的现代应用技术。

1.1 重金属冶金的发展史

（1）铜的发展史。铜是人类最早发现和使用的有色金属之一。约在公元前 4000 年，伊朗（古波斯）就已掌握了炼铜术。公元前 3000 年，埃及、印度等地区已出现较高水平的炼铜业。欧洲在公元前 2000 年采用硫化铜炼铜。我国在新石器时代晚期开始使用铜，夏代即进入青铜器时代。在商周时期（公元前 16 世纪以后），青铜的冶炼和铸造技术已经很发达。在湖北省大冶县境内发现的铜绿山矿冶遗址始于西周末年，是我国目前发现的规模最大、保存最完整的古代铜矿冶炼遗址。

（2）铅的发展史。铅冶炼技术和铜冶炼技术大致始于同一历史时期。埃及在公元前 3000 年即有铅制品问世，英国伦敦博物馆现陈列的铅像是公元前 3800 年的产物，罗马在公元前已开始炼铅并制造出铅管、铅皮和铅币。我国在夏代（公元前 21～公元前 16 世纪）已用铅造币，世称"玄贝"；商代中期，青铜器铸造已较多用铅，即铅青铜；安阳殷墟铅器有出土，西周的铅戈含铅量达 99.75%。宋应星在《天工开物》中记载了铅矿物的种类和炼铅方法。明代陆容的《菽园杂记》记载了含银硫化铅矿的冶炼方法。欧洲在 17 世纪有了工业规模生产铅的记载。19 世纪中叶，人类发现铅具有抗酸、抗碱、防潮、密度大、能吸收放射性射线的性质，并能制造各种合金和蓄电池的用途之后，炼铅工业才获得重大发展。

（3）锌的发展史。含锌的铜合金早已被使用，但分离出单质锌却较晚。欧洲人在公元前 5 世纪得到了小块的锌，但不能识别。我国是最早掌握炼锌技术的国家，在明代的《天工开物》中称锌为"倭铅"。从出土文物的化学分析和史籍记载看，可能在北宋末年（12 世纪初）即已使用金属锌。约在 16 世纪，我国的锌已向欧洲出口。到了明朝，炼锌技术已达较高水平，此时主要在山西太行、湖南荆衡一带炼锌。炼锌在英国始于 1738 年，德国始于 1746 年。至 19 世纪，法国和比利时的平罐炼锌才有较大的发展。

（4）镍的发展史。古代埃及和巴比伦人都曾用含镍量很高的陨铁制作器物。我国在汉代就掌握了冶炼白铜（Cu 52%～80%，Ni 5%～35%，Zn 10%～35%）的技术，在欧洲曾称白铜为"中国银"。1751 年，瑞典矿物学家 A. F. Cronstedt 发现元素镍，到 1850 年才分离出金属镍。故称镍为既古老又年轻的金属。

（5）钴的发展史。钴在公元前 2250 年就出现在伊朗（古代称波斯）的蓝色玻璃珠内。我国从唐代起已经在陶瓷生产中广泛使用钴化合物作为着色剂。1735 年，瑞典化学家 G. Brandt 首次将钴分离出来，但直到 1780 年，T. Bergman 才确定钴为一种元素。

（6）锡的发展史。公元前 3000 年，苏美尔人已能冶炼含锡较高的青铜，用来制造斧和锛等工具。锡石炼锡始于公元前 2000 年。我国安阳殷商遗址出土的锡块、锡戈及虎面铜盔上的镀锡层，足以证明我国最迟在公元前 12 世纪已掌握炼锡技术。战国时期的著作《周礼·考工记》详述了各种用途的青铜中铜和锡的配比；《天工开物·五金篇》中记载：锡矿中有"山锡"和"水锡"。欧洲古代产锡地主要是康沃尔、波希米亚和萨克森等。最初是在熔炼自然铜和锡矿石或在处理铜锡矿石的混合物时偶然获得铜锡合金（锡青铜），这构成了人类古代文明的一个重要时期——青铜器时代。

1.2　重金属的定义

有色金属是指铁、铬、锰和钒以外的金属。有色金属又分轻金属、重金属、贵金属和稀有金属四大类。重金属是指铜、铅、锌、镍、钴、锡、锑、汞、镉和铋等金属，它们的共同点是密度均在 $6g/cm^3$ 以上。重金属元素及其共伴生元素在元素周期表中的位置见图 1-1。

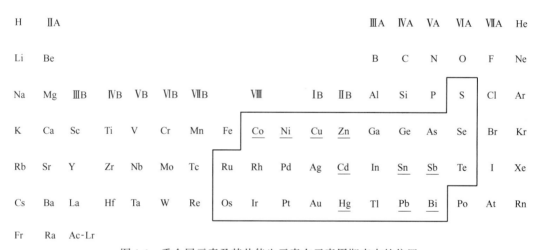

图 1-1　重金属元素及其共伴生元素在元素周期表中的位置

图 1-1 中，黑线框内画底线的为重金属，其余均为它们的共伴生元素。可见，与重金属共伴生的金属主要是贵金属和稀散金属。

1.3　重金属的应用

在统计有色金属工业产量的时候，一般仅统计十种有色金属，即铜、铅、锌、钴、镍、锑、锡、镁、铝和钛。这十种有色金属中，有七种为重金属。重金属对于国民经济、国防军工、科学技术和日常生活均具有举足轻重的作用。

（1）铜的应用。铜的用途非常广泛，主要应用于电气设备（包括输电线、导电棒、发电机、电动机和变压器）和通信设备。铜也是轻工、交通、运输、电子、邮电、军工和机械制造等领域的重要原材料。铜能与锌、锡、铝、镍和铍等形成多种重要合金，广泛应用于制造业。铜的化合物是电镀、原电池、农药、染料和催化剂等行业的重要原料。

（2）铅的应用。铅主要用作蓄电池的原材料，约占70%。铅的第二个用途是汽油的添加剂（四乙铅）。铅还用作X-射线、核辐射的屏蔽材料。铅合金用于轴承合金、低熔合金和长寿电池材料等。

（3）锌的应用。锌在电化序中位置较高，不容易被腐蚀，故广泛将锌镀在铁件上以防止铁生锈。镀锌消耗的锌量约占总耗锌量的40%以上，用于生产合金的耗锌量约占35%。锌及化合物还广泛用于航天、汽车、船舶、机械、建筑、电子及日用品工业等领域。

（4）镍的应用。镍主要用于制备各种合金，其中不锈钢占镍消费量的50%以上。不锈钢、镍基合金和耐高温合金通常含镍8%以上，常用于耐蚀部件。目前含镍合金已达3000种以上，广泛用于宇航、火箭、航空、航海、原子能和石油化工等领域。镍及化合物还用于电镀、催化剂和电池等行业。

（5）钴的应用。钴主要用作耐热及耐腐蚀材料、切削刀具、高强度材料、永磁材料和电池材料等，其次是作为工具钢、模具钢和硬质合金的添加元素，还广泛用于化学工业中的添加剂。

（6）锡的应用。在近代科技领域，如电子工业、原子能工业、超导材料以及宇宙飞船等都需要高纯锡及其特种合金，如锡锆合金用作原子能工业的包装材料，锡钛合金用于喷气飞机、火箭、原子能、造船、化学和医疗器械等领域。

1.4　重金属的资源

地壳由硅酸盐组成，在目前发现的全部元素中，O、Si、Al、Fe、Ca、Na、K、Mg、Ti、H十种元素占总量的99.5%。相比之下，重金属在地壳中的丰度显得相当低，均在10^{-6}数量级。铜的丰度为50×10^{-6}，铅的丰度为10×10^{-6}，锌的丰度为80×10^{-6}，镍的丰度为75×10^{-6}，钴的丰度为25×10^{-6}，锡的丰度为2×10^{-6}。

（1）铜的资源。世界铜矿资源丰富，截止到2018年，统计结果（S&P Global Asia Pacific LLC SNL 数据库，2018），世界铜储量为8.47亿吨。铜储量大的国家分别是智利、秘鲁、美国、墨西哥、中国、俄罗斯、印度尼西亚、赞比亚和秘鲁等。截至2018年，我国铜矿储量为4964万吨，主要分布在安徽、江西、云南和内蒙古等省区。

（2）铅的资源。据美国地质调查局2015年的数据显示：世界铅资源量为20多亿吨，铅储量为8700万吨。铅储量多的国家分别是澳大利亚、中国、俄罗斯、秘鲁及墨西哥等国。我国铅储量丰富，储量为1400万吨，主要分布在河南、云南和内蒙古等地区。

（3）锌的资源。美国地质调查局统计数据，截止到2015年，全球已查明锌资源量为2亿吨（金属量）。锌资源储量分布较为集中，储量较大的国家分别为澳大利亚、中国和秘鲁。我国是锌储量丰富的国家，主要在云南、内蒙古、甘肃、广西和湖南等省区。

（4）镍的资源。地壳中镍的矿物资源主要有硫化镍矿和氧化镍矿，储存于深海底部的镍的资源是含镍锰结核。根据2017年美国地质调查局（USGS）发布的数据显示，全球探明镍（按镍矿中镍含量折算）基础储量约 7383 万吨，资源总量 1.30 亿吨。

我国镍矿储量约为 300 万吨，主要分布在甘肃、四川、云南、青海、新疆和陕西等地。

（5）钴的资源。钴主要产于铜或铜镍矿床中，是一种副产金属。据美国地质调查局（USGS）统计数据，2017 年全球陆地钴探明储量约 700 万吨。根据美国地质调查局公布的全球 2017 年钴储量分布，中国的钴储量为 8 万吨，占全球总量的 1% 左右。

（6）锡的资源。世界锡矿的分布相对集中，截止到 2017 年，锡矿资源总量为 470 万吨。我国的锡资源丰富，储量为 143 万吨，主要集中在云南南部、广西西北部和东北部。

1.5　重金属的冶炼方法

目前，铜、铅、锌、镍、钴和锡从原料到成品都已形成各自独立的工业生产体系。重金属的矿床大多是多金属共生矿，伴生有多种稀散金属和贵金属，重金属冶金企业往往是稀散金属和贵金属的冶炼工厂。除锡以外，其他重金属均以硫化矿的形态存在，从重金属矿物原料中回收硫是重金属冶金工业的一项重要任务。据统计，我国冶炼制酸的硫酸产量占全国硫酸总产量的 25%，新建的大型铜冶炼企业的硫利用率达到 95% 以上。表 1-1 列出了主要六种重金属的冶炼方法及可综合回收的元素。

表 1-1　重金属的冶炼方法及可综合回收的元素

金属	原料	预处理	金属生产	精炼	综合回收的元素
铜	硫化矿 氧化矿	造锍熔炼 浸出—萃取	转炉吹炼 电积	电解	S、Au、Se、Te、Bi、Ni、Co、 Pb、Zn、Ag
铅	硫化矿	烧结	碳还原	电解 火法精炼	S、Ag、Bi、Tl、Sn、Sb、Se、 Te、Cu、Zn、Au
锌	硫化矿	烧结 焙烧—浸出—净化	碳还原电积	精馏	S、Cd、In、Ge、Ga、Co、 Cu、Pb、Ag、Hg
钴	铜镍矿伴生	硫酸化焙烧—浸出	还原—电解	—	—
镍	硫化矿 氧化矿 混合矿	造锍熔炼—吹炼 造锍熔炼、焙烧 加压氨浸	磨浮还原 加压氢还原	电解	Co、S、Cu、Au、Ag、Se
锡	氧化矿	精选—浸出—焙烧	碳还原	电解 火法精炼	Cu、Bi、Au、Pb、Ag、As、 W、Ta、Nb

重金属冶金工艺的特点是，最大限度地回收各种伴生元素的有价成分，达到有效地利用矿产资源、取得最佳的技术经济效果的目的。

1.6　重金属冶金的发展方向

我国有色重金属资源丰富、品种齐全，资源特点是复合矿、低品位矿和共生矿多。因此，矿物资源的综合利用既可充分回收有价组分，又能避免环境污染，是一个至关重要的课题。

在新世纪里，重金属冶金面临两大任务：

（1）最大限度地减少冶金过程中资源与能源的消耗，减少环境污染，实现可持续发展；

（2）把冶金的传统产业与高新技术结合，开发新一代的金属材料及新的冶金技术。

参 考 文 献

[1] 赵天从 . 有色金属冶金提取手册. 有色冶金总论部分 ［M］. 北京：冶金工业出版社，1992.

[2] 陈国发 . 重金属冶金学 ［M］. 北京：冶金工业出版社，1992.

[3] 彭容秋 . 重金属冶金学 ［M］. 2 版. 长沙：中南大学出版社，2004.

[4] 邱竹贤 . 有色金属冶金学 ［M］. 北京：冶金工业出版社. 1998.

[5] 何蔼平，冯桂林 . 有色金属矿产资源的开发及加工技术 ［M］. 昆明：云南科技出版社 . 2000.

[6] 董英 . 常用有色金属资源开发与加工 ［M］. 北京：冶金工业出版社，2005.

[7] 钮因健 . 有色金属工业科技创新 ［M］. 北京：冶金工业出版社，2008.

2 铜 冶 金

2.1 概 述

铜是人类最早发现和应用的金属之一，人类使用铜及其合金已有数千年的历史。古罗马时期铜的主要开采地是塞浦路斯，因此最初得名 Cyprium（意为塞浦路斯的金属），后演变为 Cuprum，这是其英语的 Copper、法语的 Cuivre 和德语 Kupfer 的来源。

目前为止，人类发现的最古老的铜使用的痕迹是伊朗（古波斯）西部具有 9000 多年历史的小铜针和小铜锥；在土耳其南部发现的含铜铁硅酸盐炉渣，距今有 8000 多年历史；在以色列发现的碗式炉（早期的铜还原炉）距今有 6000 多年历史。

我国在夏代（公元前 2070~公元前 1600 年）的史书已记载有"以铜为兵"。从夏、商和周时代出土的文物中看出，我国当时的炼铜技术确实处于世界最高水平。在甘肃马家窑文化遗址发现的青铜刀，距今已有 5000 多年历史；在湖北大冶铜绿山古矿址发现的大群炼铜竖炉，距今也有 2500~2700 年的历史。

湿法炼铜源于我国，在西汉时期《怀南万毕术》中详细记载了胆铜法，在唐末年间开始应用，而北宋时期张潜著的《浸铜要略》是世界上最早的湿法冶金专著。

直到公元 16 世纪，几大文明古国和欧美大多数国家都主要采用还原氧化铜矿的炼铜方法。1698 年英国的反射炉熔炼铜锍—反射炉吹炼粗铜的硫化矿炼铜技术、1865 年欧洲出现的电解精炼技术和 1880 年出现的转炉吹炼技术，成为现代炼铜工艺的重大转折点。

19 世纪末到 20 世纪 40 年代，鼓风炉熔炼和反射炉熔炼成为主要铜熔炼工艺，从 20 世纪 50 年代开始，相继出现了闪速熔炼等一批强化熔炼新工艺，逐步取代了鼓风炉、反射炉等传统落后工艺，才进入到真正意义上的炼铜新时代。

从 20 世纪末至今，在熔炼、吹炼和精炼工艺上都有新的改进，围绕着节能减排、大型化、智能化和低碳技术等方面，取得了很大的进步，同时湿法炼铜工艺技术的改进和复杂铜资源处理及铜二次资源综合利用等方面也有了重大进展。

我国自 2006 年开始就成为了世界第一大铜消费国，同时也是第二大铜生产国。虽然我国属铜资源大国，但复杂矿和难处理矿居多，目前 60% 以上的铜精矿依赖进口。因此，为了我国铜冶金业的健康发展，要在注重节能、环保、低成本和高生产率的同时，还要下大力气进行复杂矿和难处理矿的处理新工艺开发和再生铜生产等资源二次利用方面的研究和产业化，早日实现铜产业的可持续发展。

2.1.1 铜的资源

铜在地壳中的含量约 0.01%，在地壳的全部元素中铜的丰度居第 22 位。到目前为止已经发现 200 多种铜矿石，其中有应用价值的矿物仅有 20 余种。除少见的自然铜外，铜的资源主要为原生硫化铜矿物和次生氧化铜矿物。

（1）世界铜资源。世界铜矿资源丰富，截止到 2018 年统计结果（S&P Global Asia Pacific LLC SNL 数据库），世界铜储量为 8.47 亿吨，主要分布在智利、秘鲁、美国、墨西哥、中国、俄罗斯、印度尼西亚、刚果（金）、澳大利亚和赞比亚等国家，表 2-1 为全球铜矿储量分布。

表 2-1　全球铜矿储量分布　　　　　　　　　　　　（万吨）

国　　家	储　　量	国　　家	储　　量
智利	29098	澳大利亚	1949
秘鲁	10058	赞比亚	1902
美国	5320	加拿大	1891
墨西哥	5109	蒙古	1782
中国	4964	哈萨克斯坦	1326
俄罗斯	3458	巴西	1290
印度尼西亚	2486	世界总计	84677
刚果（金）	2035		

数据来源：S&P Global Asia Pacific LLC SNL 数据库。

（2）我国铜资源。截至 2018 年，我国铜矿储量为 4964 万吨，主要分布在安徽、江西、云南和内蒙古等省区。其中，云南和内蒙古是铜矿主要产地，铜生产主要集中在华东地区。

中国是全球电解铜第一生产大国，也是消费大国。但中国铜资源自给率不足 30%，且呈现逐年扩大之势。铜矿进口国主要是智利、蒙古、赞比亚和澳大利亚等国家。

（3）铜矿物。自然界中发现的含铜矿物大约有 200 多种，其中常见的大约有 30~40 种，而具有工业开采价值的只有十余种。自然铜矿在自然界中很少，主要是原生硫化铜矿物和次生氧化铜矿物。表 2-2 列出了常见的铜矿物。

表 2-2　铜的主要矿物

矿石类别	矿物名称	组成	铜含量/%	相对密度	颜色
自然铜矿	自然铜	Cu	100	8.9	棕红色
硫化铜矿	辉铜矿	Cu_2S	79.9	5.5~5.8	铅灰至灰色
	铜蓝	CuS	66.5	4.6~4.7	靛蓝至灰黑色
	黄铜矿	$CuFeS_2$	34.6	4.1~4.3	黄铜色
	斑铜矿	Cu_5FeS_4	63.3	5.06~5.08	暗铜红色
	硫砷铜矿	Cu_3AsS_4	48.4	4.45	灰黑色或黄黑色
	黝铜矿	$Cu_{12}Sb_4S_{13}$	45.8	4.6~5.1	灰色至黑色

续表 2-2

矿石类别	矿物名称	组成	铜含量/%	相对密度	颜色
氧化铜矿	赤铜矿	Cu_2O	88.8	6.14	红色
	黑铜矿	CuO	79.5	5.8~6.4	灰黑色
	孔雀石	$CuCO_3 \cdot Cu(OH)_2$	57.5	3.9~4.03	亮绿色
	蓝铜矿	$2CuCO_3 \cdot Cu(OH)_2$	68.2	3.7~3.9	亮蓝色
	硅孔雀石	$CuSiO_3 \cdot 2H_2O$	36.2	2.0~2.4	绿蓝色
	胆矾	$CuSO_4 \cdot 5H_2O$	25.5	2.1~2.3	蓝色

目前，工业可开采的铜矿中铜的最低含量为 0.4%~0.5%。一般原矿中含铜量较低，不能直接用于冶炼，需要采用选矿处理，使铜富集到精矿中。铜精矿的组成决定冶炼工艺的选择。硫化铜矿可选性好，易于富集，选矿后的铜精矿几乎全部采用火法冶炼工艺处理。而氧化铜矿可选性差，一般不经选矿，直接采用湿法冶金处理。铜精矿中还常含有 Au、Ag 和铂族金属等贵金属。

除了矿物资源，炼铜原料还包括其他金属矿的选矿和冶炼过程中产生的含铜中间物料及再生铜物料。

2.1.2 铜的应用

铜和铜合金广泛应用于电气、轻工业、机械制造、交通运输、电子通信和国防工业等领域，在我国有色金属材料的消费中仅次于铝。

（1）铜的电导率高，因此在电气、电子技术和电机制造等部门应用广泛，用量最大。

（2）铜的导热性能好，可制造加热器、冷凝器和热交换器等。铜的延展性优异，易于成型和加工，可用于生产汽车、船舶和飞机的各种零部件。

（3）铜的耐蚀性能好，可在化学工业、制糖和酿酒等行业，制作各种反应器、阀门和管道。

（4）铜化合物是电镀、电池、农药、染料和催化剂等行业的重要原料。

图 2-1 为 2017 年中国与国外铜的消费结构对比。

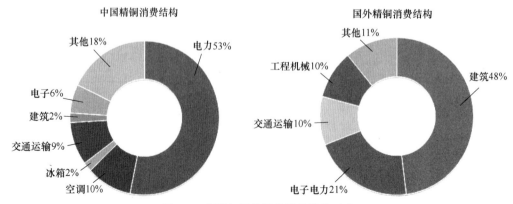

图 2-1 中国与国外铜的消费结构对比

从图 2-1 中可以看出，两国在消费结构上有一些差异。我国在电气和电子行业的铜消费量达到63%，而国外则为21%；国外在建筑行业的消费占48%，而我国在建筑行业仅2%；我国铜在建筑上的应用起步晚，未来具有巨大的潜在市场。

2.1.3 铜的性质

2.1.3.1 铜的物理性质

铜是一种具有金属光泽的紫红色金属，具有高的导电性、导热性和良好的延展性，其导电性和导热性都仅次于银。表2-3为铜的主要物理性质。

表2-3 铜的物理性质

物理性质		参 数
熔点/℃		1083.6
沸点 T/℃		2567
熔化热 Q/kJ·mol^{-1}		13.0
汽化热 Q/kJ·mol^{-1}		306.7
铜液蒸气压/Pa	1141~1142℃	1.3×10^{-1}
	1272~1273℃	1.3
	2207℃	1.3×10^4
比热容/J·(g·℃)$^{-1}$		$C_p = 0.3895 + 9100 \times 10^{-5} T \ (T = 100 \sim 600℃)$
铜液密度/g·cm^{-3}		$9.351 - 0.996 \times 10^{-3} T \ (T = 1250 \sim 1650℃)$
线膨胀系数 α_t/K^{-1}		$16.5 \times 10^{-6} (293K)$
电阻率 μ/Ω·m		$1.673 \times 10^{-8} \ (293K)$
热导率 λ/W·(m·K)$^{-1}$		401 （300K）
莫氏硬度		3
泊松比		0.34
维氏硬度/MPa		343~369
磁性		抗磁性

2.1.3.2 铜的化学性质

铜在元素周期表中属于第四周期、第一副族元素。铜在常温下的干燥空气中比较稳定，但加热时易生成黑色氧化铜（CuO）。在含有 CO_2 的潮湿空气中，铜的表面会逐渐形成有毒的碱式碳酸铜薄膜（$Cu_2(OH)_2CO_3$），俗称铜绿。

铜的电位比氢的电位正，属于正电性元素，故不能溶解于盐酸和不含有氧化剂的硫酸，但能溶于硝酸或含有氧化剂的硫酸中。铜在高温下不与氢、氮和碳反应，但常温下就能和卤素反应，铜与 H_2S 接触时，表面会生成黑色的铜硫化物薄膜。铜能与氧、硫和卤素直接化合，易溶于 $Fe_2(SO_4)_3$ 溶液和 $FeCl_3$ 溶液中。铜的化学性质见表2-4。

表2-4 铜的化学性质

原子序数	29
电子层结构	$1s^2 2s^2 2p^6 3s^2 3p^6 3d^{10} 4s^1$

原子量	63.57
原子半径/nm	0.1275
范德华半径/nm	0.14
电离能/eV	7.726
化合价	0，+1，+2，+3（少数）
电负性	1.9
电子亲和能/kJ·mol^{-1}	119.24
晶格结构	面心立方
同位素	^{63}Cu，^{65}Cu
晶格结构（面心立方晶格）	$a=b=c$，$\alpha=\beta=\gamma=90°$
标准电极电位（Cu/Cu^{2+}）/V	0.3402

2.1.4　铜的合金及主要化合物

2.1.4.1　铜的合金

铜可与多种元素形成合金，改善铜的性质使之易于进行冷、热加工，同时增强抗磨损和抗疲劳性能。目前已制备出 1600 多种铜合金，主要包括青铜、黄铜、白铜、锰铜、铍铜和磁性合金等系列。

（1）青铜合金。青铜是金属冶铸史上最早的合金，是在纯铜（紫铜）中加入锡或铅形成的合金。青铜具有强度高、熔点低（含 25% 的锡的青铜，熔点降低到 800℃，而纯铜的熔点为 1083℃）、硬度大、可塑性强、耐磨、耐腐蚀及色泽光亮等特点，同时青铜铸造性好和化学性质稳定，适用于铸造各种器具、机械零件、轴承和齿轮等。

青铜发明后，开启了人类历史的新阶段——青铜器时代。青铜器的类别有 12 大类，其中主要和基本的包括食器、酒器、水器、乐器、兵器五类。

（2）黄铜合金。黄铜是铜和锌组成的合金。由铜和锌组成的黄铜是普通黄铜，如果由两种以上的元素组成的多种合金为特殊黄铜。黄铜有较强的耐磨性能，黄铜主要用于制造阀门、水管、空调内外机连接管和散热器等。

（3）白铜。白铜是以镍为主要添加元素的铜基合金，呈银白色故名白铜。铜镍之间彼此可无限固溶，从而形成连续固溶体，恒为 α-单相合金。白铜中镍的含量一般为 25%。

镍白铜主要用于晶体振荡元件外壳、晶体壳体、电位器用滑动片、医疗机械及建筑材料等。

（4）其他合金。锰铜合金是铜和锰形成的合金，是精密电阻合金和超高压力敏感材料，在各类仪器仪表中有着广泛的用途。

铍铜是铜和铍的合金。铍铜合金具有高的强度、弹性、硬度、疲劳强度、弹性滞后小、耐蚀、耐磨、耐寒、高导电、无磁性及冲击不产生火花等一系列优良的物理、化学和力学性能。

2.1.4.2　铜的主要化合物

（1）氧化铜（CuO）。CuO 呈黑色无光泽，在自然界中以黑铜矿的形态存在，固体 CuO

的密度为 $6.30 \sim 6.48 g/cm^3$，熔点为 $1447 ℃$。CuO 为不稳定化合物，加热时按下式分解：

$$4CuO = 2Cu_2O + O_2$$

CuO 在高温下易被 H_2、C、CO 及 C_xH_y 等还原成氧化亚铜或金属铜。CuO 不溶于水，但能溶于硫酸、盐酸中，还能溶于 $Fe_2(SO_4)_3$、$FeCl_3$、NH_4OH 和 $(NH_4)_2CO_3$ 等溶液中。

（2）氧化亚铜（Cu_2O）。Cu_2O 在自然界中以赤铜矿的形态存在，组织致密的 Cu_2O 呈具有金属光泽的樱红色，粉状为洋红色。人工合成的 Cu_2O，根据制备方法不同，可能为黄色、橙色、红色或暗褐色。

固体 Cu_2O 的密度为 $5.71 \sim 6.10 g/cm^3$，熔点为 $1230 ℃$。Cu_2O 在高温下稳定。

Cu_2O 易被 C、CO、H_2 及 C_xH_y 等还原成金属，亦可被 Zn、Fe 等与氧亲和力大的金属所还原。Cu_2O 不溶于水，可溶于 $Fe_2(SO_4)_3$ 和 $FeCl_3$ 等含高铁离子的溶液中，这一性质是氧化铜矿湿法冶金的基础。

高温下，Cu_2O 易与 FeS 反应，其反应式如下：

$$Cu_2O + FeS = Cu_2S + FeO$$

这一反应是造锍熔炼的基本反应。

Cu_2O 在高温下还可与 Cu_2S 反应，其反应式如下：

$$2Cu_2O + Cu_2S = 6Cu + SO_2$$

这一反应是铜锍（也称冰铜）吹炼成粗铜的基本反应。

（3）硫化铜（CuS）。CuS 呈墨绿色或棕色，在自然界中以铜蓝矿物形态存在。固体纯 CuS 的密度为 $4.68 g/cm^3$，熔点为 $1110 ℃$。CuS 为不稳定化合物，在中性或还原性气氛中加热时容易分解：$4CuS = 2Cu_2S + S_2$。

在铜熔炼过程中，炉料中的 CuS 在高温下可完全分解，生成的 Cu_2S 进入铜锍中，生成的 S_2 最终被氧化成 SO_2 进入炉气。

（4）硫化亚铜（Cu_2S）。Cu_2S 呈蓝黑色，在自然界中以辉铜矿形态存在，固体纯 Cu_2S 的密度为 $5.785 g/cm^3$，熔点为 $1130 ℃$。Cu_2S 在常温下稳定，但加热到 $200 \sim 300 ℃$ 时，可氧化成 CuO 和 $CuSO_4$，加热到 $330 ℃$ 以上时，氧化成 Cu_2O，在 $1150 ℃$ 高温下，吹入空气，Cu_2S 强烈氧化，并会生成金属铜，放出 SO_2，其反应式如下：

$$2Cu_2S + 3O_2 = 2Cu_2O + 2SO_2$$

$$2Cu_2O + Cu_2S = 6Cu + SO_2$$

高温下，在 CaO 存在的条件下，H_2、CO 和 C 都可使 Cu_2S 还原成金属铜。

常温下 Cu_2S 可溶于稀硝酸，氧化剂如硫酸铁（Ⅲ）存在时，可溶于无机酸，也可溶于 $Fe_2(SO_4)_3$ 和 $FeCl_3$ 溶液。在空气中，Cu_2S 部分溶于氨水生成氨配合物。Cu_2S 还溶于氰化钾或氰化钠溶液中。Cu_2S 与浓盐酸反应时，逐渐放出 H_2S。

（5）氯化铜（$CuCl_2$）和氯化亚铜（$CuCl$ 或 Cu_2Cl_2）。$CuCl_2$ 无天然矿物，人造无水 $CuCl_2$ 为棕黄色粉末，熔点为 $498 ℃$，易溶于水。$CuCl_2$ 很不稳定，真空加热至 $340 ℃$ 即分解，生成白色的氯化亚铜粉末：

$$2CuCl_2 = Cu_2Cl_2 + Cl_2$$

Cu_2Cl_2 是易挥发的化合物，$390 ℃$ 时就开始显著挥发，这一特点在氯化合金中得到应用。Cu_2Cl_2 几乎不溶于水，但溶于盐酸和金属氯化物溶液中。Cu_2Cl_2 的食盐溶液可使 Pb、Zn、Cd、Fe、Co、Bi 和 Sn 等金属硫化物分解，形成相应的金属氯化物和 CuS。

（6）硫酸铜（$CuSO_4$）。$CuSO_4$ 在自然界中以胆矾（$CuSO_4 \cdot 5H_2O$）的形态存在，纯胆矾为天蓝色结晶，失去结晶水后为白色粉末，$CuSO_4$ 加热时按下式分解：

$$2CuSO_4 \Longrightarrow CuO \cdot CuSO_4 + SO_3（或 SO_2 + 0.5O_2）$$
$$CuO \cdot CuSO_4 \Longrightarrow 2CuO + SO_3（或 SO_2 + 0.5O_2）$$

用 Fe、Zn 等比铜电负性小的金属可从硫酸铜溶液中置换出金属铜。

2.1.5 铜的提取技术

铜的提取技术概括起来为火法冶金和湿法冶金两大类。目前全世界 80% 以上的原生铜采用火法炼铜工艺生产。

2.1.5.1 火法炼铜技术

火法炼铜过程中熔炼过程是最重要的一步，目前熔炼过程有十多种工艺技术，图 2-2 为火法炼铜原则工艺流程图。原则工艺流程图分别列出了传统熔炼方法和强化熔炼方法。

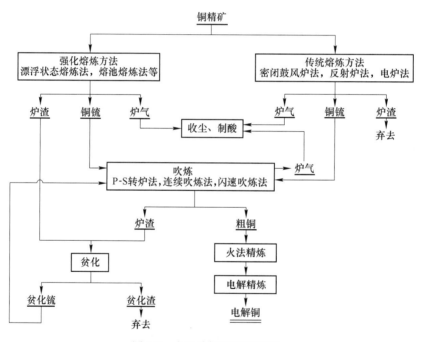

图 2-2 火法炼铜工艺流程图

传统熔炼方法对近代人类文明的发展，做出了不可磨灭的贡献，但随着强化熔炼方法的不断涌现，凸显了传统熔炼方法的能耗高、污染大、SO_2 浓度低、自动化程度低等致命的弱点，近年来陆续退出了历史的舞台，逐渐被高效、节能、低污染的强化熔炼方法所取代。

近 50 年来，强化熔炼工艺已经成功应用到工业生产中，归纳起来可分为两大类：一是漂浮状态熔炼方法，如奥托昆普闪速熔炼法、Inco 闪速熔炼法、漩涡顶吹熔炼法和氧气喷撒熔炼法等；二是熔池熔炼方法，如诺兰达熔炼法、澳斯麦特/艾萨熔炼法、瓦纽柯夫熔炼法、三菱法、特尼恩特熔炼法、卡尔多炉熔炼法、白银法和水口山法等。

强化熔炼法的共同特点是：运用富氧熔炼技术来强化熔炼过程，提高了生产效率；充分利用硫化矿氧化过程的反应热，实现自热或近自热，从而大幅降低能源消耗；产出高浓度 SO_2 烟气，实现了硫的高效回收，从而消除了环境污染。

2.1.5.2 湿法炼铜技术

湿法炼铜是利用溶剂将铜矿石、精矿或焙砂中的铜溶解出来，经过净液与杂质分离后，富集提取的方法。图 2-3 为湿法炼铜的原则工艺流程图。

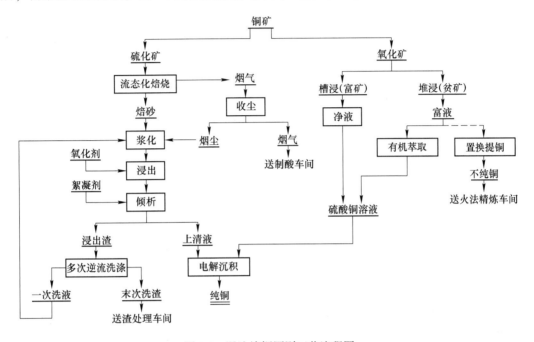

图 2-3 湿法炼铜原则工艺流程图

虽然目前湿法炼铜在生产规模和效率等方面远不及火法炼铜，但在氧化铜矿、低品位矿采铜废石和一些含铜复合矿的处理上表现出它的优势。

自 1968 年浸出—萃取—电积技术问世以后，湿法炼铜技术飞速发展。1998 年，全世界湿法炼铜的产量超过 200 万吨，占总产量的 20% 以上。我国自 1983 年开始建立第一家浸出—萃取—电积技术工厂以来，全国已有 200 多个工厂。

2.1.5.3 二次铜资源利用

二次铜资源目前已成为铜生产的重要原料。在发达国家（美国、德国和日本等国家）二次铜资源作为原料已占 50% 以上，我国再生铜产量占总产铜量的 1/3 以上。

再生铜的生产方法也有很多种，大体上也可以分为火法和湿法两类。

2.2 铜的造锍熔炼

2.2.1 概述

现代造锍熔炼是在 1150～1250℃ 的高温下，使硫化铜精矿和熔剂在熔炼炉内进行熔炼，炉料中的铜、硫与硫化铁形成液态铜锍。铜锍是以 FeS-Cu_2S 为主，熔有金属 Au、Ag 和铂族及少量其他金属硫化物的共熔体。炉料中的 SiO_2、Al_2O_3、CaO 等成分与 FeO 一起形成炉渣，炉渣是以 $2FeO \cdot SiO_2$（铁橄榄石）为主的氧化物熔体。铜锍与炉渣互不相溶，且密度各异（铜锍的密度大于炉渣的密度），从而分离。

用火法处理硫化铜精矿的优点是能耗低，单位设备生产速度高和贵金属回收率高；主要缺点是要产生大量含 SO_2 的气体，对环境造成危害。随着科学技术的进步，现在含 SO_2 的烟气已得到有效控制。

2.2.2 铜造锍熔炼的理论基础

2.2.2.1 造锍熔炼的主要化学反应

进行造锍熔炼时，投入熔炼炉的炉料有硫化铜精矿、各种返料及溶剂等。这些物料在炉中将发生一系列物理化学变化，最终形成烟气和互不相溶的铜锍和炉渣，其中主要的化学反应如下。

A   高价硫化物的分解反应

$$2FeS_2(s) \longrightarrow FeS(s) + S_2(g)$$

$$2CuFeS_2(s) \longrightarrow Cu_2S(s) + 2FeS(s) + \frac{1}{2}S_2$$

FeS_2 为黄铁矿，属于立方晶系，着火温度为 402℃，因此很容易分解。在中性或还原性气氛中，FeS_2 在 300℃ 以上即开始分解；在大气中通常在 565℃ 开始分解，在 680℃ 时的离解压达 69.061kPa。

黄铜矿（$CuFeS_2$）是硫化铜矿中最主要的含铜矿物，其着火温度为 375℃，在中性或还原性气氛中加热到 550℃ 或更高温度时开始分解，在 800~1000℃ 时完成分解。

上述硫化物分解产出的 FeS 和 Cu_2S 将继续氧化或形成铜锍。分解产生的 $S_2(g)$ 将继续氧化成 SO_2 进入烟气中。

$$S_2(g) + 2O_2(g) = 2SO_2(g)$$

B   硫化物氧化反应

在现代强化熔炼炉中，炉料往往很快进入高温强氧化气氛中，所以高价硫化物除发生离解反应外，还会被直接氧化，如：

$$2CuFeS_2(s) + \frac{5}{2}O_2(g) = Cu_2S \cdot FeS(s) + FeO(l) + 2SO_2(g)$$

$$2FeS_2(l) + \frac{11}{2}O_2(g) = Fe_2O_3(s) + 4SO_2(g)$$

$$3FeS_2(l) + 8O_2(g) = Fe_3O_4(s) + 6SO_2(g)$$

$$2CuS(s) + O_2(g) = Cu_2S(s) + SO_2(g)$$

高价硫化物分解产生的 FeS 也被氧化，如：

$$2FeS(l) + 3O_2(g) = 2FeO(g) + 2SO_2(g)$$

$$\Delta G^{\ominus} = -966480 + 176.60T$$

在有 FeS 存在的条件下，Fe_2O_3 也会转变成 Fe_3O_4，如：

$$10Fe_2O_3(s) + FeS(l) \rightleftharpoons 7Fe_3O_4(s) + SO_2(g)$$

$$\Delta G^{\ominus} = 223870 - 354.25T$$

Cu_2S 亦会进一步氧化，即：

$$2Cu_2S(l) + 3O_2(g) \rightleftharpoons 2Cu_2O(l) + 2SO_2(g)$$

$$\Delta G^{\ominus} = -804582 + 243.51T$$

在强氧化气氛下，还会发生反应：

$$3FeO(l) + \frac{1}{2}O_2(g) \rightleftharpoons Fe_3O_4(s)$$

同时，Fe_3O_4 还可进一步与 FeS 反应：

$$FeS(l) + 3Fe_3O_4(s) \rightleftharpoons 10FeO(l) + SO_2$$

此反应是熔炼中的重要反应。

C　造锍反应

上列反应产生的 FeS(l) 和 Cu_2O(l) 在高温下将发生反应：

$$FeS(l) + Cu_2O(l) \rightleftharpoons FeO(l) + Cu_2S(l)$$

$$\Delta G^{\ominus} = -144750 + 13.05T$$

$$K = \frac{\alpha_{FeO} \cdot \alpha_{[Cu_2S]}}{\alpha_{[FeS]} \cdot \alpha_{[Cu_2O]}}$$

该反应的平衡常数 K 值很大（在 1250℃时，$\lg K$ 为 9.86），表明反应显著地向右进行。一般来说，体系中只要有 FeS 存在，Cu_2O 就将变成 Cu_2S，进而与 FeS 形成铜锍（$FeS_{1.08}$-Cu_2S）。所以常常把上列反应视为造锍反应。

D　造渣反应

炉子中产生的 FeO 在 SiO_2 存在下将按下列反应形成铁橄榄石炉渣：

$$2FeO(l) + SiO_2(s) \rightleftharpoons (2FeO \cdot SiO_2)(l)$$

$$\Delta G^{\ominus} = -32260 + 15.27T$$

此外，炉内的 Fe_3O_4 在高温下能够按下列反应与石英作用生成铁橄榄石炉渣，即：

$$FeS(l) + 3Fe_3O_4(s) + 5SiO_2(s) \rightleftharpoons 5(2FeO \cdot SiO_2)(l) + SO_2(g)$$

2.2.2.2　铜锍的组成和主要性质

A　铜锍的组成

铜锍是重金属硫化物的共熔体。从工业生产产出的铜锍看，其中除主要成分 Cu、Fe 和 S 外，还含有少量 Ni、Co、Pb、Zn、As、Sb、Bi、Ag、Au、Se 和微量脉石成分，此外还含有 2%~4% 的氧。一般认为熔融铜锍中的 Cu、Pb、Zn、Ni 等重金属是以硫化物形态存在的（Cu_2S，PbS，ZnS，Ni_3S_2）；而 Fe 除以 FeS 形态存在外，还以氧化物（FeO 或 Fe_3O_4）形态存在。表 2-5 列出了国内外某些工厂所产铜锍的化学组成。统计表明，铜锍中 Cu、Fe、S、Pb、Zn、Ni 的总量一般达 95%~98%。

工业铜锍的成分可用下列经验式确定：

$$w[Fe]_\% = 62.0 - 0.775w[Cu]_\%$$

$$w[S]_\% = 28.0 - 0.0125w[Cu]_\%^2$$

表 2-5 部分熔炼方法的铜锍平均化学组成 （%）

熔 炼 方 法		化 学 组 成					
		Cu	Fe	S	Pb	Zn	Fe₃O₄	备注

熔 炼 方 法		Cu	Fe	S	Pb	Zn	Fe$_3$O$_4$	备注
密闭鼓风炉熔炼	富氧空气	41.57	28.66	23.79	—	—	—	铜陵金昌
	普通空气	25~30	36~40	22~24	—	—	—	沈冶
奥托昆普闪速熔炼		58.64	11~18	21~22	0.3~0.8	0.28~1.4	0.1	贵冶
		52.46	19.81	22.37	0.23	0.01		金隆
		66~70	8.0	21.0	—	—		Hărjavaltn
		52.55	18.66	23.46	0.3	1.8		东予
诺兰达熔炼		69.84	6.08	21.07	0.64	0.28	—	大冶
		64.70	7.80	23.00	2.80	1.20	—	Horne
白银法		50~54	17~19	22~24		1.4~2.0	—	白银
瓦纽柯夫法		41~55	25~14	23~24	4.5~5.2	—	—	Norilsk
澳斯麦特法		47~67	29~12	21~24	—	—	—	侯冶
		44.5	23.6	23.8		3.2	—	试验炉
三菱法		65.7	9.2	21.9	—	—	—	直岛

经验式中所有分析数据均为质量分数。传统熔炼法产出的铜锍品位较低，大约为25%~45%；现代强化造锍熔炼中使用高富氧操作的工厂越来越多，所产的铜锍品位也逐渐升高，一般可达50%~70%，甚至达75%。铜锍中的S含量一般低于理论量，并且在较小的范围内（21%~26%）变动。

过去认为这是由于 FeS-Cu$_2$S 系熔体中的硫容易离解挥发所致，但实际上 FeS-Cu$_2$S 系熔体在 1200℃ 左右时 S 的平衡分压仅约为 10Pa，因此硫离解很困难。研究表明，铜锍中硫含量低于理论含量是因氧的存在所致。氧在铜锍中的溶解量与铜锍品位（或体系氧势）有关。

铜锍中的氧以 FeO 和 Fe$_3$O$_4$ 两种形态存在。如以 FeO 存在，则以 Cu$_2$S-FeS-FeO 三元系相图表示铜锍的相关性。Cu$_2$S-FeS-FeO 三元系相图如图 2-4 所示。

图中 NB 曲线可视为 FeO 在由铜铁硫化物形成的铜锍中的溶解曲线。当铜锍中 Cu$_2$S 增加时，其中溶解的 FeO 量随之减少；当铜锍接近于纯 Cu$_2$S 时，溶解的 FeO 很少。这表明，铜锍溶解氧主要是源自 FeS 对 FeO 的溶解，而 Cu$_2$S 对 FeO 几乎不溶解。因此，低品位铜锍溶解氧的能力要高于高品位铜锍。

在熔炼条件下，除了铜锍品位对其含氧量有影响外，炉渣成分和温度对其氧含量也有影响。FeO 在 Cu$_2$S-FeS 系铜锍中的溶解度如图 2-5 所示。

氧是铜锍中的有害成分。熔炼时应采取措施使其在冰铜中的溶解度减小。

B 铜锍的主要性质

对液态铜锍的物理性质研究得极少，不明确之处颇多。测定表明，铜锍的密度（4.4g/cm^3）远比炉渣（3~3.7g/cm^3）高，其黏度（0.01Pa·s）比炉渣（0.5~2Pa·s）低。液态铜锍的电导率（3×10^4~1×10^{5}S/m）远比 NaCl 离子熔体（400S/m）和熔渣（50S/m）高。这表明，铜锍是半导体而不是离子导体，因此它呈共价键，即铜锍中的铁原子、铜原子与硫原子呈共价键。表 2-6 列出了液态铜锍及其组分的某些物理性质。

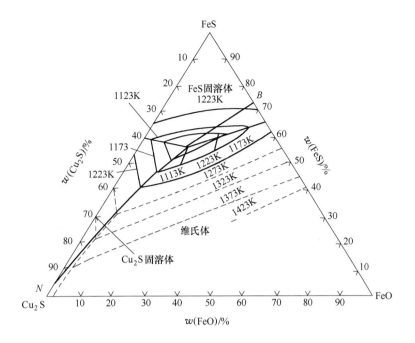

图 2-4　Cu₂S-FeS-FeO 三元系相图

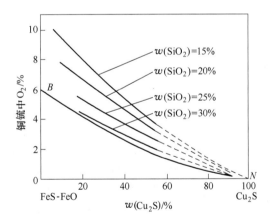

图 2-5　FeO 在 Cu₂S-FeS 系铜锍中的溶解度

表 2-6　铜锍及其组分的物理性质

物　质	熔点 /℃	液体密度 /kg·m⁻³	黏度 /Pa·s	比热容 /kJ·(kg·K)⁻¹	热熔 /kJ·kg⁻¹	表面张力 /mN·m⁻¹	热导率 /W·(m·K)⁻¹	电导率 /S·m⁻¹
Cu₂S	1130	5.2×10^3			144.5 (1127℃)	400	0.0036	0.1

物 质	熔点 /℃	液体密度 /kg·m^{-3}	黏度 /Pa·s	比热容 /kJ·(kg·K)$^{-1}$	热熔 /kJ·kg^{-1}	表面张力 /mN·m^{-1}	热导率 /W·(m·K)$^{-1}$	电导率 /S·m^{-1}
FeS	1190	4.0×10^3			238.7 (1195℃)	348 (1250℃)		1.5
Cu$_2$S-FeS 铜锍 30%Cu 50%Cu 80%Cu（白铜锍） 工业铜锍	1050 1000 1130 950~1050	4.1×10^3 4.6×10^3 5.2×10^3	0.01 <0.01	0.59~0.63	840 (1000℃)			3×10^4 ~ 10×10^4

Cu$_2$S、FeS、Ni$_3$S$_2$ 等熔融硫化物的表面张力大约为 300~500mN/m，FeS-Ni$_3$S$_2$ 系、FeS-Cu$_2$S 系熔体与 2FeO·SiO$_2$（铁橄榄石）熔体间的表面张力大约为 20~60mN/m，其值很小，由此可以判断铜锍容易悬浮在熔渣。Cu$_2$S 1127℃时的熔化热为 144kJ/kg，FeS 在 1195℃时的熔化热为 238kJ/kg。当二者共存时，根据相图推测，铜锍品位为 47.3%Cu（58.2%Cu$_2$S）时的熔化热为 117kJ/kg，工业铜锍的熔化热为 125kJ/kg，液态铜锍的比熔为 840kJ/kg（1000℃），在任意温度下可按 1047kJ/kg 计。

铜锍的主要成分 Cu$_2$S 和 FeS 都是金和银的强有力的溶解剂，因此液态铜锍是金和银的良好捕集剂。

2.2.2.3　炉渣的组成和主要性质

A　炉渣的组成

炉渣是铜锍熔炼过程的主要产物之一，是炉料和燃料中各种氧化物的共熔体。炉料中的脉石主要是石英、石灰石等，在铜锍熔炼过程中，与铁的硫化物氧化产出的 FeO 反应，形成复杂的硅酸盐炉渣。这种炉渣一般属于 FeO-SiO$_2$ 系和 FeO-SiO$_2$-CaO 或 FeO-SiO$_2$-MgO 系，有时可得到 FeO-SiO$_2$-Al$_2$O$_3$ 系炉渣。FeO-SiO$_2$-Al$_2$O$_3$ 三元系相图如图 2-6 所示，由图可确定某一组成炉渣的熔化温度，也可确定具有某一熔点的炉渣组成。

炉料铜含量不同，一般铜锍熔炼炉所产炉渣量大约为炉料的 50%~100%。铜锍熔炼炉渣是由炉料和燃料中各种氧化物互相混合熔融而成的共熔体。主要氧化物是 SiO$_2$ 和 FeO，其次是 CaO、Al$_2$O$_3$、MgO 等。固态炉渣可看成是由 2FeO·SiO$_2$ 及 2CaO·SiO$_2$ 等复杂分子化合物组成的共熔体，液态炉渣是离子熔体。这种离子熔体由氧阴离子（O^{2-}），各种硅氧阴离子及金属阳离子 Fe^{2+}、Ca^{2+}、Mg^{2+} 等构成。

B　炉渣的主要性质

熔炼过程是富集过程，其目的在于使所有的脉石成分富集在渣中，有用金属富集到铜锍中。矿石或精矿只含少量金属如矿石含 Cu 0.4%~2%，精矿含 Cu 15%~30%，熔炼后产出的冰铜率即单位质量炉料产出的铜锍量不大，但渣率却相当大，一般为 50%~100%，有时达 120%。因此，炉渣性质的好坏对熔炼过程起着极重要的作用。对炉渣的基本要求是：其与铜锍互不相溶；对 Cu$_2$S 的溶解度最低；具有良好的流动性和小的密度。熔炼过程实际是炼渣过程，炉渣成分和性质直接影响熔炼过程的技术经济指标，如铜的直收率、

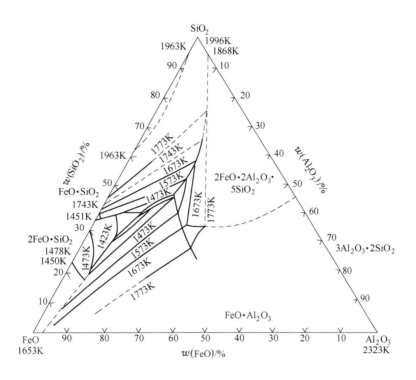

图 2-6 FeO-SiO$_2$-Al$_2$O$_3$ 三元系状态图

燃料率、材料消耗、生产率及加工费等。

炉渣构成熔炼产物的基体，炉渣的性质决定熔炼过程的特征。

(1) 炉渣的性质决定熔炼过程的燃料消耗量。反射炉熔炼时，炉渣从炉子的后端放出，如渣的熔点高，则废气从炉中带走大量的热；另一方面，如炉渣具有大的热含量，加热炉渣到熔点所消耗的热量也增加。

(2) 炉渣的性质在很大程度上决定炉温的高低。鼓风炉熔炼时，炉内的温度决定于炉渣的熔点，而炉渣的熔点由其成分所决定。因此，要改变炉温必须改变炉渣成分。

(3) 炉渣的性质决定炉子的生产率。熔炼酸性炉渣时，其具有较高的熔点和黏度，炉子的生产率比熔炼碱性炉渣时小。

(4) 炉渣的性质和熔炼时形成的炉渣量是决定铜回收率的一个基本因素，因熔炼时伴随于炉渣中的铜损失是熔炼过程中铜的主要损失。

2.2.2.4 炉渣与铜铳之间的相平衡

在造铳熔炼中，炉渣主要成分为 FeO 和 SiO$_2$，铜铳的主要成分为 Cu$_2$S 和 FeS。所以当炉渣与铜铳共存时，最重要的相关系为 FeS-FeO-SiO$_2$ 和 Cu$_2$S-FeS-FeO。A. Yazawa 等人对这两个三元系的相平衡做过深入研究，图 2-7 为 A. Yazawa 等人做出的 FeS-FeO-SiO$_2$ 三元相图 (富 FeO 角)。

从图 2-7 看出，无 SiO$_2$ 存在时，FeO 和 FeS 完全互溶；但当加入 SiO$_2$ 时，均相溶液出现分层。两层熔体的组成用 ACB 分层线上的共轭线 a、b、c、d 表示。

随着 SiO$_2$ 加入量的增多，两相分层越显著，当 SiO$_2$ 达饱和时两相分层达最大。SiO$_2$

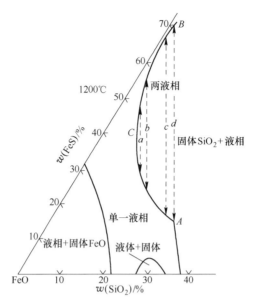

图 2-7　FeS-FeO-SiO$_2$ 系相平衡图

饱和时，两相的组成分别用 A（渣相）和 B（锍相）表示。当渣中存在 CaO 或 Al$_2$O$_3$ 时，将对 FeO-FeS-SiO$_2$ 系的互溶区平衡组成产生很大影响。具体数据见表 2-7。

表 2-7　SiO$_2$ 饱和的铜锍-炉渣系中互溶区两相的组成平衡

体　系	相	组成（质量分数）/%					
		FeO	FeS	SiO$_2$	CaO	Al$_2$O$_3$	Cu$_2$S
FeS-FeO-SiO$_2$	A 渣	54.82	17.90	27.28	—	—	—
	B 锍	27.42	72.42	0.16	—	—	—
FeS-FeO-SiO$_2$+CaO	A 渣	46.72	8.84	37.80	6.64	—	—
	B 锍	28.46	69.39	2.15	—	—	—
FeS-FeO-SiO$_2$+Al$_2$O$_3$	A 渣	50.05	7.66	36.35	—	5.94	—
	B 锍	27.54	72.15	0.31	—	—	—
Cu$_2$S-FeS-FeO-SiO$_2$	A 渣	57.73	7.59	33.83	—	—	0.85
	B 锍	14.92	54.69	0.25	—	—	30.14

　　由表 2-7 所列数据可知，CaO 或 Al$_2$O$_3$ 均降低 FeS 在渣中的溶解度，实际上它们的存在也使其他硫化物在渣中的溶解度降低。所以渣中含有一定量的 CaO 或 Al$_2$O$_3$ 时，可改善炉渣与锍相的分离。炉渣与锍相平衡共存时之所以互不相溶，从结构上讲是因为炉渣主要是硅酸盐聚合的阴离子，其键力很强，而锍相保留明显的共价键，两者差异甚大，从而为形成互不相溶的两层熔体创造了条件。向硅酸铁渣系中加入少量 CaO 或 Al$_2$O$_3$ 时，它们也几乎完全与渣相聚合，因而它们的存在使渣相与锍相的不溶性加强。

2.2.2.5　Fe$_3$O$_4$ 在熔炼过程中的行为

　　熔炼过程中生成的 Fe$_3$O$_4$ 分配于炉渣和铜锍中。在较高氧位和较低温度下，固态

Fe_3O_4 便会从炉渣中析出，生成难熔结垢物，使转炉口和闪速炉上升烟道结疤、炉渣黏度增大，熔点升高、渣中含铜含量升高等。

Fe_3O_4 与 MeS 间的反应如下：

$$3Fe_3O_4 + FeS \rel 10FeO + SO_2 \quad\quad (2-1)$$

$$2Fe_3O_4 + Cu_2S \rel 6FeO + 2Cu + SO_2 \quad\quad (2-2)$$

$$3Fe_3O_4 + ZnS \rel 9FeO + ZnO + SO_2 \quad\quad (2-3)$$

反应的 $\Delta G^\ominus$ 和 K_p 值与温度的关系见表2-8。

表 2-8 Fe_3O_4-MeS 系反应的 $\Delta G^\ominus$ 和 K_p 值

温度/K	反应 (2-1)		反应 (2-2)		反应 (2-3)	
	$\Delta G^\ominus$	K_p	$\Delta G^\ominus$	K_p	$\Delta G^\ominus$	K_p
1473	21760	5.9×10^{-4}	30072	3.02×10^{-5}	27031	9.78×10^{-5}
1573	10890	3.17×10^{-3}	22965	5.9×10^{-4}	16273	5.6×10^{-3}
1673	−120	9.8×10^{-1}	15828	8.13×10^{-3}	5431	0.174
1773	−8850	123	−8691	8.32×10^{-2}	−5669	5.62

可见 Fe_3O_4 与 MeS 之间的反应在熔炼温度（即 1573~1673K）下基本不能进行，当温度高于 1673K 时才能进行。

上述反应表明，只有降低 FeO 活度及 SO_2 分压，Fe_3O_4 才可能被还原造渣，而 FeO 的活度一般靠加入 SiO_2 来调整。当有 SiO_2 存在时，一方面降低了体系反应的温度并增大 K_p 值；另一方面 SiO_2 与 FeO 造渣，从而减小了 FeO 的活度，促进了 Fe_3O_4 分解。反应如下：

$$3Fe_3O_4 + FeS + 5SiO_2 \rel 5(2FeO \cdot SiO_2) + SO_2$$

当有 SiO_2 存在时，Fe_3O_4-FeS 系反应的 $\Delta G^\ominus$、K_p 值见表2-9。

表 2-9 SiO_2 存在时 Fe_3O_4-FeS 系反应的 $\Delta G^\ominus$ 和 K_p 值

温度/K	1273	1373	1473	1573	1673
$\Delta G^\ominus$	2625	−1350	−6525	−16970	−27545
K_p	0.347	2.08	9.12	224	4080

可见，SiO_2 的存在使 Fe_3O_4-FeS 系反应变得容易，反应进行的温度由 1673K 降至 1373K；随温度升高，反应平衡常数 K_p 的增幅加大。

Fe_3O_4 熔点为 1800K，当有较多 Fe_3O_4 存在时，将分配于炉渣和冰铜中，促使炉渣熔点升高、密度增大，恶化了渣和铜锍的分离。熔炼过程中，Fe_3O_4 的生成不可避免。因此，应采取必要措施促使已生成的 Fe_3O_4 分解。

影响 Fe_3O_4 还原的因素如下：

（1）炉渣成分即 $a_{(FeO)}$。铜锍熔炼的炉渣主要由 FeO-SiO_2 二元系组成，$a_{(FeO)}$ 随 SiO_2 含量的增大而减小，如要保持 $a_{(FeO)}$ 有较低值，一般 SiO_2 含量控制在 35%~40% 范围内。

（2）铜锍品位即 $a_{[FeS]}$。FeS 的存在是氧化熔炼中 Fe_3O_4 分解的必要条件。铜锍以 Cu_2S-FeS 为主熔体，降低冰铜品位，将提高 FeS 含量，也会增大 $a_{[FeS]}$ 值。

（3）温度。Fe_3O_4-FeS 系反应是吸热反应，升高温度有利于 Fe_3O_4 的分解。

（4）气氛 p_{SO_2}。Fe_3O_4-FeS 系反应产生 SO_2，降低炉气中 p_{SO_2} 值有利于 Fe_3O_4 的分解。熔炼过程中保持低的 $a_{(FeO)}$ 值、高的 $a_{[FeS]}$ 值、适当高的温度和低的 p_{SO_2} 可消除或减轻 Fe_3O_4 的影响。

2.2.2.6 杂质元素在造锍熔炼中的行为

炼铜技术从某种意义上讲，就是铜与杂质分离而提纯的技术。在熔炼和精炼过程中，能够经济和有效地将杂质脱除得越多越好，同时，硫化铜矿中往往伴生着大量可利用的杂质元素，弄清各种杂质在造锍过程中的行为和走向对于除去和回收杂质极为重要。

传统熔炼法中杂质的控制问题已有很多研究，关于一些新的强化熔炼法中杂质的行为，近年来也有许多研究报告，如 A. Yazawa、M. Nagamori、M. H. Cerna、H. Y. Sohn、C. R. Fountain 及 G. Roghani 等学者均做了大量工作。造锍熔炼处理的原料中除 Fe 和 S 外还伴有其他杂质，如 Au、Ag、Ni、Co、Zn、Pb、Sn、As、Sb、Bi、Te、Se 等。这些元素在造锍过程中将以不同的形式分别进入炉渣、铜锍和烟气中。这些元素以何种形式、多少数量进入以上各相，主要取决于热力学参数、动力学因素和工艺操作条件。

研究表明，除 Au、Ag 等贵金属几乎全部进入锍相外，其他杂质主要以造渣或挥发两种机理脱除。杂质可以金属蒸气的形式挥发，也可以硫化物或氧化物的形式挥发，进入气相中。至于各种杂质在渣中存在的形态也为很多学者研究过，普遍认为，Zn、Sn 和 In 是以氧化形态溶于渣中；Ni、Co 和 Pb 既可以氧化物也可以硫化物形态存在于渣中；As、Sb 与 Cu 能形成一系列的化合物溶于铜中。Au、Ag、Bi、Se、Te 等是不能除去或很少被除去的杂质。Au、Ag 等贵金属在氧化精炼时不会被氧化，只有极少部分被挥发性化合物带入到烟尘。Se、Te 除少量氧化成 SeO_2 和 TeO_2 随炉气带走了，大部分仍留在铜中。Bi 在氧化精炼时除去得极少，因 Bi 对氧的亲和力与铜差不多。

2.2.2.7 铜在渣中的损失

铜在弃渣中的损失是造成火法炼铜中铜损失的主要原因。传统的造锍熔炼法体系氧势较低，所产铜锍品位不高，渣含铜量较低，一般约 0.2%~0.5%，难以再回收，故直接弃掉。就现代的强氧化熔炼法而言，由于体系氧势高，铜锍品位高，渣中铜含量也高，需进行单独贫化处理。通常用铜的分配系数来考查渣中铜含量的情况。铜的分配系数表达式为：

$$P_{Cu} = \frac{w[Cu]}{w(Cu)}$$

式中，$w[Cu]$ 为铜锍的品位，%；$w(Cu)$ 为渣中的铜含量，%。表 2-10 列出了国内外一些炼铜厂的铜锍和炉渣成分以及铜的分配系数。

表 2-10 国内外一些炼铜厂的铜锍和炉渣成分以及铜的分配系数

冶炼厂	铜锍成分/%			炉渣成分/%		铜分配系数	熔炼炉
	Cu	Fe	S	Cu	S		
大冶	69.84	6.08	21.07	5.76（未贫化）	2.23	12.13	诺兰达反应器
贵冶	51.00	20.5	21.5	0.6（贫化）	1.0	8.50	闪速炉
白银	49.87	17.79	22.70	0.94	0.53	53.95	白银炉（富氧）
铜陵二冶	39.94	31.6	24.30	0.313	0.57	100.9	密闭鼓风炉（富氧）

冶炼厂	铜锍成分/%			炉渣成分/%		铜分配系数	熔炼炉
	Cu	Fe	S	Cu	S		
Horne	70.50	3.70	21.0	5.8（未贫化）	1.90	12.16	诺兰达反应器
Chuquicamata	70.10	7.6	21.4	4.2	1.2	16.69	特尼恩特转炉
Norilsk	45+5（Ni）	23.5	23.4	0.6+0.17（Ni）	1.2	64.93	瓦纽柯夫炉
中条山侯马	58~62	—	—	0.6~0.8	—	97~77.5	澳斯麦特炉
Cyprus	55~59	—	—	0.5~0.8	—	110~73.8	艾萨炉
Inco	45~48	—	—	0.63（不贫化）	—	71~76.2	Inco 闪速炉

统计表明，视铜精矿品位和脉石成分的不同，每生产 1t 铜约产渣 2.5~7t，同时约有 7~20kg 铜损失于弃渣中，可见随炉渣损失的铜量相当大。为了减少铜随弃渣的损失，一方面要尽量减少炉渣的产量，另一方面应竭力降低渣中铜含量。

铜在渣中损失的问题，多年来一直是铜冶金工作者研究的重要课题，重点是研究渣中铜损失的形态、影响渣中铜含量的因素、寻求经济且高效的炉渣贫化方法。

A 渣中铜损失的形式

众多的研究表明，铜是以机械夹带和溶解（或电化学溶解）两种形式损失于炉渣中的。关于铜在渣中的机械夹带问题，研究者意见基本相同；关于铜在渣中溶解的形式问题，目前仍存在一些分歧。A. Yazawa、M. Nagamori、R. Shimpo 等人认为，铜是以硫化物（$CuS_{0.5}$）和氧化物（$CuO_{0.5}$）两种形式溶于炉渣的，但 D. R. Gaskell、R. Sridhar 和 J. W. Matousek 等人认为，铜仅以氧化物形式溶于渣中，即使在铜锍品位低于 55% 的氧势条件下，铜也仅以氧化物形式溶于渣中，而不是以硫化物形式溶于渣中。看来这个问题有待进一步研究。

关于铜在渣中两种损失形式的比例，不少冶金工作者做过测定。测定结果表明，几种传统造锍熔炼渣中，铜的机械夹带损失和化学溶解损失大约各占 50%。I. Imris 等人测定了特尼恩特转炉熔炼渣中铜损失的情况，结果表明，在该冶炼条件下（铜锍品位 75.1%、贫化前渣含铜 7.2%），87.70%~90.70% 的铜以机械夹杂的形式损失于炉渣中；9.30%~12.30% 的铜以溶解形式损失于炉渣中，其中约 70% 的铜以硫化物形式溶于渣中，约 30% 的铜以氧化物形式溶于炉渣中。贫化后所产炉渣中，铜主要以溶解形式损失。闪速熔炼体系氧势高，产出的铜锍品位高。据 P. J. Mackey 报道，当铜锍品位为 72% 左右时，贫化前渣中铜含量为 2%~5%，其中 20%~40% 的铜是以溶解形式存在，且大多为氧化物，少量为硫化物，其余的铜均以机械夹带形式存在。诺兰达法产出的炉渣中，铜的溶解损失约为 55%，且溶解损失中的 33% 左右为铜的硫化物。

由上述工业炉渣实测数据来看，传统熔炼法所产炉渣中铜损失的比例大致相似，而新的强化熔炼法所产炉渣中铜损失比例差异较大。

B 影响渣中铜含量的因素

影响渣中铜含量的因素很多，主要有炉渣的组成（渣型）、体系的氧势、熔体的温度、操作制度、管理水平等。减少铜在渣中损失的途径如下：

（1）选择成分适当的炉渣。

（2）减少造渣量，使铜在渣中的绝对损失减少。

（3）尽可能过热熔炼产物。

（4）增大沉清分离时间，控制铜锍面积在规定范围内。

（5）稳定铜锍品位在合格范围内，不得过高或过低。

（6）稳定技术条件，保持适当炉温，使炉况正常化。

（7）熔炼前做好炉料准备工作。

2.2.3 铜的闪速熔炼

2.2.3.1 概述

闪速熔炼是现代火法炼铜的主要方法，它克服了传统方法未能充分利用粉状精矿的巨大表面积、将焙烧和熔炼分阶段进行的缺点，从而大大减少了能源消耗，提高了硫利用率，改善了环境。

自从1949年第一座芬兰奥托昆普闪速炉诞生和1953年加拿大国际镍公司 Inco 闪速炉投产至今，闪速熔炼经历了60余年的历程，得到了很大的发展。20世纪70年代，日本对闪速熔炼技术所做的改革及当时5座闪速炉的兴建，对把闪速熔炼技术推向世界起了重要作用。富氧和新型精矿喷嘴的采用，使闪速熔炼又有了新的发展。

闪速熔炼是将经过深度脱水（含水率小于0.3%）的粉状精矿，在喷嘴中与空气或氧气混合后，以高速度（60~70m/s）从反应塔顶部喷入高温（1450~1550℃）的反应塔内。此时，精矿颗粒被气体包围，处于悬浮状态，在2~3s内就基本上完成了硫化物的分解、氧化和熔化等过程。熔融硫化物和氧化物的混合熔体落到反应塔底部的沉淀池中汇集起来，进而完成锍与炉渣最终形成过程，并进行沉清分离。炉渣在单独贫化炉或闪速炉内贫化区经处理后再弃去。闪速熔炼工艺流程如图2-8所示。

闪速熔炼有以下特点：焙烧与熔炼结合成一个过程；炉料与气体密切接触，在悬浮状态下与气相进行传热和传质；FeS 与 Fe_3O_4、FeS 与 Cu_2O 以及其他硫化物与氧化物的交互反应，主要在沉淀池中以液—液接触的方式进行。

闪速熔炼有两种基本形式：一是精矿从炉子端墙上的喷嘴水平喷入炉内的（加拿大）Inco 闪速炉（见图2-9）；二是精矿从反应塔顶垂直喷入炉内的（芬兰）奥托昆普闪速炉（见图2-10）。

2.2.3.2 闪速熔炼的基本原理

A 闪速熔炼的主要化学反应

投入反应塔的炉料，在高温作用下主要发生下列化学反应：

$$FeS_2 \longrightarrow FeS + \frac{1}{2}S_2$$

$$FeS + \frac{3}{2}O_2 \longrightarrow FeO + SO_2 \qquad \Delta_r H_m^{\ominus}(298.15K) = -481505kJ/mol$$

$$CuFeS_2 + \frac{5}{4}O_2 == \frac{1}{2}(Cu_2S \cdot FeS) + \frac{1}{2}FeO + SO_2 \qquad \Delta_r H_m^{\ominus}(298.15K) = -326586kJ/mol$$

$$2FeO + SiO_2 == 2FeO \cdot SiO_2 \qquad \Delta_r H_m^{\ominus}(298.15K) = -4187kJ/mol$$

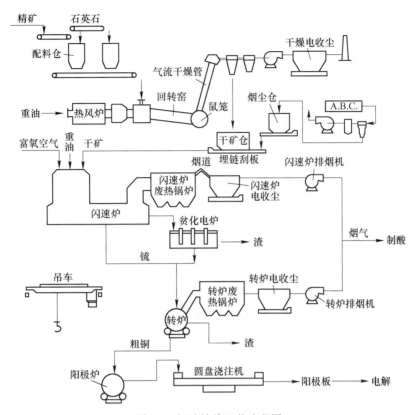

图 2-8 闪速熔炼工艺流程图

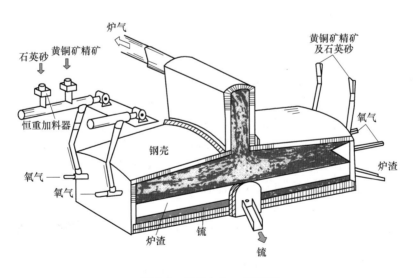

图 2-9 加拿大 Inco 闪速炉

上述反应在 500~850℃ 之间进行，反应放出的热为炉料熔化和熔体过热提供了大部分热量；当采用工业氧（大于 95%O$_2$）时，可达到完全自热。反应生成的铜锍和炉渣熔体落到沉淀池内。在沉淀池中进行的反应主要有：

$$2FeO + SiO_2 \longrightarrow 2FeO \cdot SiO_2$$

$$3FeO + \frac{1}{2}O_2 \longrightarrow Fe_3O_4$$

$$Cu_2O(slag) + FeS(matte) \Longrightarrow Cu_2S(matte) + FeO(slag)$$

从而完成了造铜锍与造渣的过程，并按密度不同沉清分离。

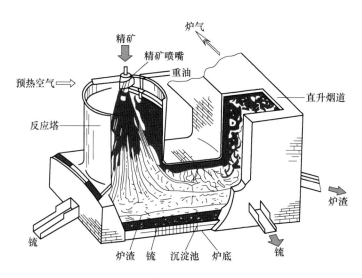

图 2-10 芬兰奥托昆普闪速炉

B 硫化物颗粒在气流中的运动速度

精矿颗粒在垂直反应塔中的下降速度与高温气体运动速度之差（相对速度），是矿粒的极限下降速度，当 $2<Re<500$ 时其值由下式计算：

$$v = \frac{1000}{18}g\frac{d^2(\rho_{矿} - \rho_{气})}{\eta}$$

式中，v 为矿粒的极限下降速度，m/s；g 为重力加速度，m/s^2；d 为颗粒直径，m；$\rho_{矿}$ 为矿粒密度，t/m^3；$\rho_{气}$ 为气流介质密度，t/m^3；η 为气体介质的动力黏度，$Pa \cdot s$。

上式虽不是对各种粒度都普遍适用，但确定浮选精矿颗粒在气流中的下降速度已足够正确。由上式可知，颗粒在悬浮流中的下降速度与颗粒直径平方及密度差成正比，而与介质黏度成反比。计算结果表明，浮选硫化精矿的最大颗粒下降速度不超过 $1m/s$。所以，精矿颗粒在反应塔中有足够的时间完成各种冶金反应。

C 硫化物颗粒在高温气流中的传热方程

在高温区矿粒表面所得的辐射热，按下列方程计算：

$$Q_1 = Sk\tau\left[\left(\frac{T_1}{100}\right)^4 - \left(\frac{T_2}{100}\right)^4\right]$$

式中，S 为穿过热流表面积，m^2；k 为辐射系数，$kJ/(m^2 \cdot h \cdot K^4)$；$\tau$ 为时间，h；T_1、T_2 为炉气和炉料的平均温度，K。

矿粒从热气流中按对流得到的热为：

$$Q_2 = \alpha S\tau(T_1 - T_2)$$

式中，α 为对流传热系数，$kJ/(m^2 \cdot h \cdot K)$。

从矿粒表面向矿粒核传输的热为：

$$\varepsilon_x = \frac{\lambda(T_n - T_x)}{r^2(1/x - 1/r)}$$

式中，λ 为颗粒的传导传热系数，$kJ/(m^2 \cdot h \cdot K)$；r 为颗粒半径，m；ε_x 为距颗粒中心 $x(m)$ 处的比热流，$kJ/(m^2 \cdot h)$；T_x 为距颗粒中心 $x(m)$ 处温度，K；T_n 为颗粒表面温度，K。

D 杂质元素的行为与分布

闪速熔炼时，精矿中的 Pb、Zn、As、Sb 和 Bi 等杂质元素的行为与分布是一个值得重视的问题。这些元素多数是严重污染的物质，它们对废热锅炉清灰、收尘嘴及锍中杂质含量都有影响，而且从资源综合利用的角度来看，也需要尽可能地将其回收。

杂质元素在闪速熔炼过程中的行为也是相当复杂的。它们的分布与元素本身的性质以及元素之间的相互作用，氧势、温度和锍成分等熔炼条件有关，也与精矿中元素含量有关。表 2-11 列出了不同研究者和不同锍品位时的元素分布。

表 2-11 不同研究者和不同锍品位时的元素分布

研究者或作者	锍品位 /%	在锍中/%			在渣中/%			在烟气中/%		
		As	Sb	Bi	As	Sb	Bi	As	Sb	Bi
H. Y. Sohn	40	—	—	—	10	25	1	86	62	79
Steinbauser	55	10	30	15	10	30	5	80	40	80
袁则平	55	39.16	64.09	83.71	14.58	32.11	6.09	46.18	3.35	10.08
冈田	57	—	—	—	20	46	15	57	27	58
袁则平	62	41.34	59.32	75.64	23.99	35.28	9.6	32.7	3.82	11.88

注：空格中数字在原资料中未给出，应该是 100-（渣中+烟气中）之差。

H. Y. Sohn 等人对黄铜矿的闪速熔炼模拟研究认为：当锍品位高于 60% 时，As 和 Sb 在锍中的活度系数降低，导致它们的蒸气分压下降，从而使进入气相的数量减少；Bi 进入气相的量与锍品位的关系不明显；Sb 与 As 的走向应该类似。但当锍品位为 55% 时，在锑进入烟气的数据中，袁则平的数据值太低，与其他人的差别较大。H. Y. Sohn 认为，Pb 的情形与 As 的相反，随锍品位的提高，进入气相的数量也增加。这是因为在高品位锍中，Pb 的蒸气分压不受铜锍中硫的活度的影响。富氧会减少烟气量，从而使进入气相的 As、Sb 量减少，这已经被研究者们证实。

一般认为，Zn 在反应塔中由 ZnS 氧化成 ZnO，ZnO 很容易与 SiO$_2$ 结合造渣。在冶炼高品位锍时，ZnS 的氧化增加，从而大部分 Zn 进入炉渣中。ZnS 在反应塔中的直接挥发是很强烈的，挥发出的 ZnS 在烟气中被氧化成 ZnO。Zn 进入气相与渣相中的比例取决于这两条途径的条件。反应塔内氧势低时，Zn 被氧化后入渣的量就要少些，而直接挥发入气相的量就多些。

E 闪速熔炼中的 Fe$_3$O$_4$ 问题

与其他强氧化熔炼一样，Fe$_3$O$_4$ 问题仍然是闪速熔炼工艺中一个很重要的问题。它的负面影响涉及造渣反应、熔池有效容积和渣中铜含量等许多方面；其积极影响为在炉壁耐火材料表面形成挂渣，从而保护耐火材料免受侵蚀。

　　a　反应塔中 Fe_3O_4 的产生

　　闪速炉熔炼时，Fe_3O_4 之来源途径有两个：一是由精矿与氧气的一系列反应产生；二是由回炉物料如烟灰和转炉渣浮选渣精矿直接带入，或经过某些反应产生。进入反应塔精矿中的易燃黄铁矿（FeS_2）与氧迅速进行氧化反应，生成 Fe_3O_4，即

$$3FeS_2 + 8O_2 =\!=\!= Fe_3O_4 + 6SO_2$$

　　对黄铜矿来说，除部分发生离解外，还有部分 $CuFeS_2$ 和 FeS 会发生反应。

$$2CuFeS_2 + \frac{5}{2}O_2 =\!=\!= Cu_2S \cdot FeS + 2SO_2 + FeO$$

$$3FeO + \frac{1}{2}O_2 =\!=\!= Fe_3O_4$$

　　直接由精矿颗粒氧化得到的 Fe_3O_4 中的一部分，在下落过程中与另一部分未熔化的及氧化程度低的固态精矿颗粒碰撞，在传递热量的同时进行如下还原与造渣反应：

$$3Fe_3O_4 + FeS + 5SiO_2 =\!=\!= 5(2FeO \cdot SiO_2) + SO_2$$

　　在精矿喷嘴性能良好和正常炉况的条件下，上述反应能够在反应塔中部，即距离塔顶 $3\sim4m$ 处基本完成。

　　未参加还原和造渣反应的 Fe_3O_4 落入熔池后，主要存在于渣层和渣与锍层之间，还有一部分溶于锍中。

　　由回炉物料和烟灰带入的那一部分 Fe_3O_4，因为回炉物料基本上是非可燃性物质，自身不能再氧化放热，要靠其他物质（重油、精矿、煤、焦、天然气）的燃烧提供所需的热量来维持热平衡，所以只能受辐射和对流方式给热进行加热分解、熔化，其传热速率大大低于精矿颗粒的传热速率。在同一高度下，这些炉料颗粒的温度要比精矿颗粒的温度低得多。从而 Fe_3O_4 与 FeS 和 SiO_2 的还原造渣反应在物料下落过程中很难甚至不能进行，直接落入沉淀池，存在于渣中、渣与铜锍层之间，以及溶于铜锍中。

　　b　Fe_3O_4 在熔池中的分布

　　由反应塔下落进入沉淀池的熔体（初渣与初锍）由于其密度不同而沉清分离。初渣的密度一般为 $3.5g/cm^3$ 左右，初锍（50%～60%的铜）的密度为 $5.3g/cm^3$ 左右，渣浮于表面，铜锍下沉。

　　沉淀池中渣的温度一般为1250℃左右，锍温度为1200℃左右，锍面附近的渣温较上层渣温低。因此，存在于熔体滴中的 Fe_3O_4 落入沉淀池后，很容易以固态析出，而且其密度（$5.1g/cm^3$）又大于渣而与铜锍接近，故存在于渣层与锍层之间，成为一种黏稠状态的渣隔膜层。而原来以溶解状态存在于锍中的 Fe_3O_4，当其落入沉淀池后，也由于溶解度随温度的降低而降低，在温度更低的炉底表面析出成为炉底沉结层。在锍中的 Fe_3O_4 则基本上是以饱和或接近饱和的状态存在，这一点已由 D. L. Kaiser 等人的研究所证明。渣与铜锍层之间的黏渣层的一直存在，也是铜锍中 Fe_3O_4 饱和的佐证。

　　关于锍中 Fe_3O_4 的含量，仍然由 Fe_3O_4 的还原反应决定，即：

$$3[Fe_3O_4] + [FeS] =\!=\!= 10[FeO] + SO_2$$

　　c　Fe_3O_4 在闪速熔炼中的行为与控制

　　Fe_3O_4 在造锍熔炼中的作用既有不利的一面，也有可以利用的一面。熔炼过程中

Fe_3O_4 存在的积极影响是在炉子内衬耐火砖上形成一层挂渣层,使耐火材料得到保护,减少受到的高温热冲击、流体冲刷和腐蚀,延长使用寿命。在反应塔内壁上,希望始终保持 30~50mm 厚挂渣层的运行状态。在沉淀池和上升烟道区域,尤其是它们的气流区和渣线区,也希望始终有一层薄的挂渣保护耐火材料。需要注意的是,挂渣层一定不能太厚,特别是反应塔壁上。因为当炉温波动产生热胀冷缩时,耐火砖内壁上过厚的挂渣结瘤会在自重作用下脱落,同时带下与之黏结的耐火材料,使炉衬受到损伤。

与其他熔炼过程一样,Fe_3O_4 的不利因素是多方面的。例如,过多的 Fe_3O_4 使渣发黏,渣与铜锍分离不良,放铜锍时带渣,放渣时带铜;渣隔膜层变厚,增加弃渣中的铜损失;增加溜槽黏结物产率,恶化劳动环境,加大劳动强度,迫使炉子高温作业,缩短耐火材料使用期限,引起炉底冻结物上升,减少熔池有效容积,限制闪速炉能力,为后续工艺增加困难等,这些都给精炼过程带来很大困难。

控制 Fe_3O_4 的一般途径有提高反应塔温度,增加沉淀池燃油量,降低锍品位,降低 $w(Fe)/w(SiO_2)$ 以及提高闪速炉的投料量,使单位时间内生成更多的新铜锍和新渣,尽快地排出炉子以更换熔体,避免在炉内过多的降温等。在 Fe_3O_4 问题严重时可加入生铁。这些一般方法有助于减少 Fe_3O_4 的生成,或减少其固体析出,或促使其还原熔化造渣,或降低其黏度等。但是,这些方法又都受到某些其他因素的限制。例如,提高锍品位是完成生产任务的重要措施之一,不可能允许长时间地停留在低锍品位的操作状态,过高的温度不但会增加燃料消耗,而且势必强化对炉体的损耗,缩短炉子寿命;降低铁硅比,增加了 SiO_2 熔剂量,将增大渣量和增加燃料消耗(大多数闪速炉渣中的铁硅比控制在 1.15 ~ 1.35 之间);加生铁只能解决某一时的局部问题;而提高闪速炉投料量又受整体相关因素的制约等。

为了比较彻底地解决磁性氧化铁的危害问题,除了最优化的喷嘴结构与操作条件外,寻求其他的有效措施也是完善闪速熔炼的重要方面。

2.2.3.3 闪速熔炼的设备与工艺

A 奥托昆普型闪速炉及熔炼工艺

a 奥托昆普闪速炉

奥托昆普闪速炉的精矿从反应塔顶垂直喷入炉内。闪速炉由反应塔、沉淀池和上升烟道三部分组成,如图 2-11 所示。反应塔呈圆筒形,沉淀池是由铬镁砖砌成的矩形池子。用于暂存铜锍及熔炼渣,以使铜锍沉清分离;上升烟道是烟气导入废热锅炉的通道。闪速炉本体主要由钢结构元件、耐火材料内衬和水冷元件组成。表 2-12 列出了闪速炉的主要结构及热工参数。

(1)反应塔。反应塔由塔顶、塔壁(又分上、中、下三段)和塔底组成。反应塔塔顶厚为 400mm。为使整个塔顶的负荷不至于落到塔壁上以及为避免塔顶的不规则变形,将整个塔顶耐火砖用三圈同心 H 型水冷梁通过构架吊挂起来,使塔顶与塔壁的耐火砖分离。4 个精矿喷嘴均匀地分布在塔顶中环平台上(见图 2-12)。

除反应塔塔顶外,塔身由 20mm 厚的钢板围成外壳,壳内砌筑耐火砖。反应塔组装体由螺栓悬挂在钢结构骨架上,钢骨架通过球面座固定在基础上。

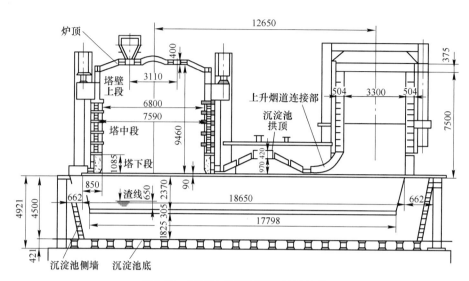

图 2-11　贵溪冶炼厂闪速炉炉体结构

表 2-12　闪速炉主要结构及热工参数

序号	名　　称	单位	数值	备　注
1	反应塔直径（内径）	mm	6800	
2	反应塔高度（内高）	mm	7050	
3	反应塔内表面积	m²	149.5	
4	反应塔容积	m³	254	
5	反应塔横断面积	m²	36.3	
6	反应塔铜板水套冷却面积	m²	88.8	
7	反应塔铜板水套层数	层	6	
8	反应塔容积热强度	MJ/(m³·h)	857	9 万吨/年
9	反应塔热损失	MJ/h	10450	9 万吨/年
10	沉淀池熔池深度	mm	650	不含拱高
11	沉淀池容积	m³	87.7	不含拱高
12	沉淀池净空横断面积	m²	18.4	渣线以上
13	沉淀池热损失值	MJ/h	10032	9 万吨/年
14	沉淀池铜板水套冷却面积	m²	63	
15	上升烟道入口断面	mm	8300×3500	
16	上升烟道出口断面	mm	4500×3500	
17	上升烟道高度	mm	5340	

（2）沉淀池。沉淀池的作用是沉清分离铜锍与炉渣。沉淀池由池底部、侧墙和拱顶组成。除顶部外，四周及底部均由钢板围成，四面侧墙均向外倾斜 10°。在渣线区上面，分布着 11 个重油烧嘴孔，烧嘴水平向下倾斜 10°。两端墙上还有四个点检口。在一面侧墙上，沿沉淀池水平方向设有六个形状为菱形的铜锍放出口。在端墙上有带铜水套的两个

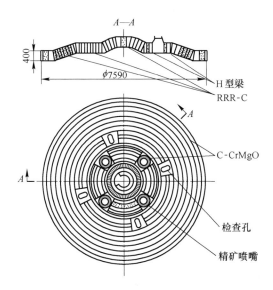

图 2-12　贵溪 100kt 闪速炉四个精矿喷嘴的炉顶结构

出渣口，渣口中心线比铜锍口高出 600mm，顶部还有检尺孔和测温孔。

　　为防止沉淀池顶耐火材料砌体变形、脱落，并延长其寿命，采用在耐火材料中间配置带有特殊加强构造的冷却管结构，以防止砌体的变形，其结构如图 2-13 所示。这种特殊加强构件按炉顶形状加工成 H 形钢梁，在 H 形钢梁下部（即池内侧）设置数根带翅片的铜管，周围充填不定型耐火材料。其上部采用铜水套直接通水冷却。沉淀池拱顶耐火砖使用普通烧成铬镁砖。拱顶上设有点检孔和测温孔。

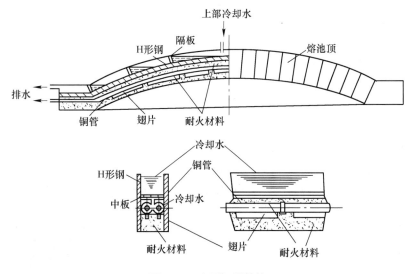

图 2-13　池顶加强结构

　　沉淀池在渣线水平的炉墙易受熔渣侵蚀，故用电铸铬镁砖砌筑，并在砖体外设置冷却铜水套以保护内衬，池墙其余部分均为铬镁砖砌筑。

　　（3）上升烟道。上升烟道由顶部、侧墙、后墙和连接部组成，是闪速炉烟气导入废热锅炉的通道。烟道顶部分为斜顶和平顶，均采用吊挂方式砌筑普通烧成铬镁砖。上升烟道侧墙砌筑普通烧成铬镁砖。侧墙上开有重油烧嘴孔，操作孔和点检孔，可用烧油的办法来熔化烟气出口处的黏结物。

废热锅炉一侧的沉淀池侧墙顶部至上升烟道开口处为上升烟道的后墙，分三段砌筑耐火砖。在后墙最下部沿外壳钢板浇注不定形耐火材料，并埋有带翅片的水冷铜管。

连接部是指上升烟道与沉淀池相连接的地方，共有两处：在靠近沉淀池拱顶的一侧，其断面为圆弧形过渡，该部位因受气流冲刷侵蚀严重，采用不定形耐火材料浇注，内埋双排两种直径的带翅片水冷铜管；另一侧为垂直相交，砌筑普通烧成铬镁砖，在砖与上升烟道侧墙交接处内埋水冷铜管并浇注不定形耐火材料。上升烟道连接部断面结构如图2-14所示。

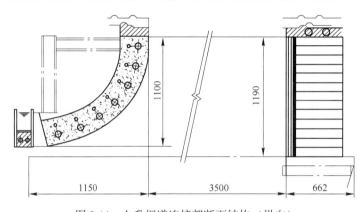

图2-14　上升烟道连接部断面结构（纵向）

（4）加料喷嘴。加料喷嘴是闪速炉的一个极其重要的部件。它是精矿、热风、辅助燃料的入口。喷嘴的设计与精矿在反应塔内停留的时间、反应塔的高度、反应焦点的位置及对塔壁的寿命均有很大关系。

加料喷嘴由风包、下料管及空气炉料混合喷射器等几部分组成。在喷嘴中心部位插入一支辅助燃料喷管。为使喷嘴在停炉时能承受反应塔的辐射热，用耐热合金钢制造。为保护喷嘴，其内壁衬以耐火材料，与反应塔接触部分装有冷却水管。喷嘴用文氏管（即渐缩渐扩管）原理，使炉料与空气均匀混合。管内气流速度和出口速度须严格控制。第一段文氏管风速约为60m/s，第二段为150~180m/s，出口速度为22~26m/s或30~38m/s。出口速度过小，炉料与空气混合不完全，不能强化熔炼过程；速度过大，使烟尘率升高。从喷嘴喷出的气流与反应塔中垂线成一定角度，通常称扩张角，其逐渐扩大并在反应塔下部与塔壁相交。扩张角取决于反应塔尺寸。加料喷嘴如图2-15所示，反应塔一般装设1~4个加料喷嘴。

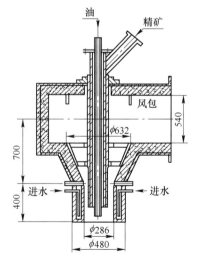

图2-15　加料喷嘴

b　奥托昆普闪速熔炼工艺

奥托昆普闪速熔炼法的工艺流程如图2-16所示。下面对几个主要环节加以说明。

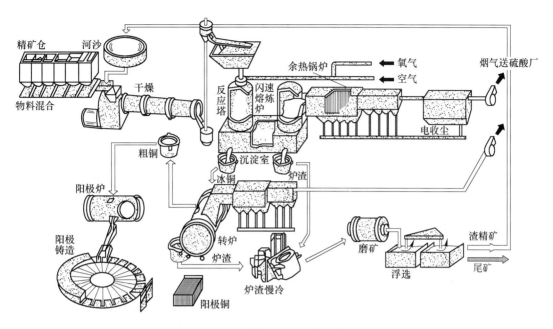

图 2-16 奥托昆普闪速熔炼工艺流程

（1）炉料的准备。闪速熔炼对炉料的准备要求很严，不仅要求物料的物理化学组成均匀稳定，而且要求含水率必须小于 0.3%。因此，必须进行严格配料和干燥脱水。

炉料干燥常用三种方法：回转窑干燥，气流干燥和闪速干燥，多数工厂采用前两种方法。日本各工厂大多采用气流干燥法，我国也采用此法。气流干燥法由干燥短窑（长 5~11m）、鼠笼破碎机和气流干燥管三部分组成，气流干燥系统见图 2-17。为了排除水分较多的大粒料，一些工厂在距鼠笼破碎机出口一米处设一个粒度分级漏斗。

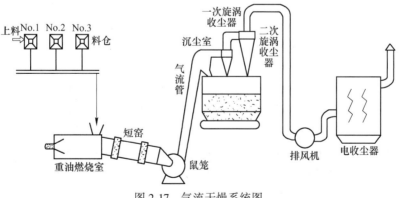

图 2-17 气流干燥系统图

三段脱水的干燥率分配是：短窑 20%~30%，鼠笼 50%~60%，气流管 20%~30%，可见主要脱水作用在鼠笼破碎机。干燥所需热量除由干燥热风炉燃烧重油供热外，还利用闪速炉热风制备系统中的蒸气过热器和再热器排出的废烟气余热。热风炉为可移动的圆筒形状，以便检修。燃烧室安有大小两支重油喷嘴，依供热情况分别采用大的或小的喷嘴。为了生产安全，干燥系统设有电气连锁，当气流前进方向设备出现故障时，后面设备即自动停止运行。

（2）加料。干矿仓中的干炉料由干矿刮板运输机分别连续稳定地加入精矿喷嘴，炉料入喷嘴之前经冲击管式流量计检测质量。

（3）反应塔的供风。闪速炉熔炼时，向反应塔供给的风有中温风（400~500℃）、高温风（800℃以上）和低温富氧风（200℃，含 O_2 35%~40%）三种。目前趋向于采用高温富氧鼓风操作。采用哪一种操作制度，视精矿成分、处理量和其他条件而定。中温鼓风是目前大多数工厂采用的操作制度，其特点是：热风制备简单；炉子运行稳妥，故障少；处理高品位精矿时，反应塔燃油多、烟量大，烟气 SO_2 浓度较低。高温鼓风的特点是：炉子生产能力比中温鼓风大；反应塔燃油量少，烟气 SO_2 浓度可达 14%~18%；适合处理高品位精矿，但热风系统较复杂。低温富氧鼓风的特点是：炉子处理能力较大，反应塔燃油少，烟气 SO_2 浓度可达 15%~18%；但耗氧多，成本高。

（4）炉气的处理。闪速熔炼的炉气温度高达 1573K，含 SO_2 8%~18%，含尘（标准状态）100~150g/m³，部分烟尘呈半熔状态。因此，炉气先进余热锅炉，使 40%左右的烟尘沉降，并回收余热，然后进电收尘器。由于炉气中 SO_2 浓度较高，冷却和除尘后可作为制酸原料，此过程中一部分 SO_2 转化成 SO_3。炉气在锅炉中冷却时，吸收了炉气中的水蒸气形成稀硫酸，对水管及炉壁产生腐蚀。闪速熔炼时，由于炉气含尘量很高且接近熔融状态，如锅炉构造不适当，烟尘将黏结在水冷壁上形成硬的结壳，降低传热效果，堵塞炉气通道，使锅炉无法运行。

（5）利用余热预热空气。闪速熔炼用的空气需预热，出炉气体温度很高，余热应加以利用。把空气预热和余热利用结合起来，即利用余热来预热空气。利用余热预热空气系统如图 2-18 所示。余热锅炉以闪速炉的炉气作为热源，闪速炉出炉炉气温度达 1573K 左右，直接进入余热锅炉，冷却后炉气温度降到 623K 左右。锅炉给水经过水管及过热管加热生成温度为 823K 的过热蒸汽，将其送空气预热器与空气进行热交换，空气温度升高，蒸汽冷却。冷却形成的饱和蒸汽，又回到余热锅炉，再次受热生成过热蒸汽。将其又送空气预热器进行冷却，再形成的饱和蒸汽，一部分到空气预热器的低温区冷凝成水，送锅炉循环使用；另一部分送去发电或作为他用。空气预热器中，鼓风机进来的冷空气被加热成773K 左右的热风。

另外，可把闪速炉的高温炉气直接引入余热锅炉，冷却后其温度仍高达 1123K 左右，再把此炉气引进空气预热器，将空气加热到 773K 左右。此种用炉气直接预热空气的方法，预热设备易被炉气中的 SO_2 侵蚀，易被烟尘堵塞且设备十分庞杂。

（6）炉渣的贫化。闪速炉所产炉渣铜含量一般高达 0.8%~1.5%，不能废弃，必须进行贫化处理，回收其中的铜。目前贫化炉渣的工业方法有电炉贫化法和浮选法。电炉贫化有两种形式，一种是单独贫化电炉处理，另一种是将贫化电炉与沉淀池合并，即将电极插在沉淀池内。贫化的原理是，往贫化炉的熔渣中添加硫磺或黄铁矿、熔剂等，使炉渣中的铜硫化成 Cu_2S，部分 Fe_3O_4 硫化成 FeS。二者形成铜锍，从炉渣中分离出来。炉渣贫化电炉示意图如图 2-19 所示。

1）单独电炉贫化法。从热力学观点看，从高度氧化的炉渣中回收铜取决于两个因素：一是炉渣的氧化程度，即 Fe_3O_4 含量；二是与贫化炉渣接触的铜锍品位。渣中铜的含量随炉渣的氧化程度和铜锍品位的降低而降低。炉渣的电炉贫化法就是基于铁橄榄石型的

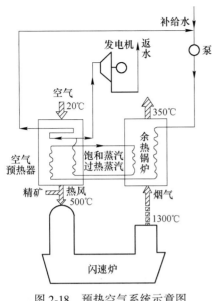

图 2-18 预热空气系统示意图

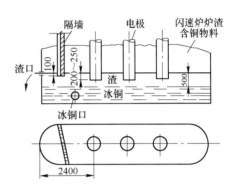

图 2-19 炉渣贫化电炉示意图

炉渣中，铁氧比对渣中铜含量有决定性的影响。当改变渣中铁氧比时，如将炉渣还原处理，可使铜、镍、钴从渣中分离出来。在电炉中加少量硫化物，可使铜、镍、钴转变为低熔点的铜锍，更有利于炉渣分离。炉渣的贫化包括两个阶段：将 Fe_3O_4 化学还原，使铜呈高品位铜锍回收；用硫化物洗涤已还原的炉渣，把铜回收到低品位铜锍中。在电炉内除了贫化液体炉渣外，还可处理一部分固体炉料和块状烟尘。用焦炭或煤作为还原剂，炉内为弱还原气氛，发生下列化学反应：

$$Fe_3O_4 + C \Longrightarrow 3FeO + CO$$

焦炭还原过的炉渣用黄铁矿洗涤时，由于炉料中存在硫，使炉渣中的铜变成铜锍，反应如下：

$$2Cu + FeS \Longrightarrow Cu_2S + Fe$$

随铜锍品位的降低和渣中 SiO_2 含量的提高，铜的贫化程度增大。当铜锍品位为 50% 以上时，贫化渣中铜的含量为 0.6%～0.75%；当铜锍品位为 28%～34% 时，渣中铜含量为 0.55%；当铜锍品位为 1.2% 时，渣中铜含量为 0.25%。

2）在沉淀池内的电炉贫化法。闪速熔炼处理粉料比其他方法热效率高、燃料用量少、炉气中 SO_2 浓度高，适于制酸；同时，由于氧化率高，可除去精矿中的杂质。但闪速炉内由于氧化气氛强，生成高熔点的 Fe_3O_4，使沉淀池底和炉壁产生结瘤，通常在沉淀池内烧重油熔化堆积的 Fe_3O_4，以保持沉淀池的容积。沉淀池插电极直接贫化炉渣，一方面使粉料保持悬浮状态，在反应塔内以极高的氧化程度进行瞬间熔化；另一方面，在沉淀池的顶部装有电极，在用电力使块料和粉料熔化的同时使炉渣也得到贫化。这种炉子的主要优点如下：

①在沉淀池插入电极，可防止沉淀池底部和侧壁生成炉结，使沉淀池容积保持不变。

②设备集中，两个炉合并为一个，占地面积少，投资费低，同时省去了闪速炉渣进入贫化电炉的放渣作业。

③燃料及电耗均降低。由于合成一个炉子，散热量减少，燃料消耗量也降低。

④反应塔内氧化率高，可使精矿中的杂质较好地除去。同时，能得到品位较高的铜锍。

将电极插在沉淀池内的主要缺点是电极周围漏气，降低了炉气中 SO_2 的浓度，操作条件也较差。经贫化后的炉渣含铜 0.5%~0.6%，铜锍品位 51%。

3）贫化炉渣的浮选法。在熔融炉渣中，如含有足量的硫生成硫化物，则炉渣在充分缓慢的冷却过程中，将从炉渣中析出铜的硫化物结晶和金属铜粒，这是炉渣浮选的基础。如闪速炉渣进行水淬时，形成含有分散得很细的铁橄榄石（即 $2FeO \cdot SiO_2$）和铁尖晶石（即 $FeO \cdot Fe_2O_3$）的玻璃状基体，硫化物在玻璃体中呈极细细粒存在。细磨后，使硫化物及金属与其他结晶分离。破碎时，硫化物优先沿不同性结晶物的接触处，而不是沿同性结晶物本体分裂。因此，炉渣的缓慢冷却和细磨是提高浮选回收率的关键。在处理炉渣时，闪速炉渣和转炉渣用吊车送到渣车上，再运到冷却场地，缓慢冷却约 8h 后再洒水以加快冷却速度，然后用铲斗装载机松散，再运至炉渣处理车间。炉渣分三段破碎，先在颚式破碎机中粗碎，再在圆锥破碎机中中碎，最后用研磨机细磨至 90% 通过 270 目（0.05mm）筛。然后在浮选槽中浮选细磨炉渣中的铜和硫化铜。浮选所得精矿返回闪速熔炼配料。选矿法处理炉渣的主要优点是回收率高，尾矿含铜含量低、耗电量少；但其建设费用高于贫化电炉，且占地面积大。炉渣处理方案，应根据具体条件，进行综合比较来决定。

c　闪速熔炼的产物

闪速熔炼的产物和其他熔炼方法一样，有铜锍、炉渣、烟尘和炉气。

（1）铜锍。闪速炉可产出高品位铜锍，一般为 60%~65%，甚至白铜锍为 78%。如闪速炉的铜锍，仍用转炉吹炼生产粗铜，考虑到转炉吹炼热源的需要，控制品位为 50%。其发展方向是在闪速炉内直接产出粗铜，这样铜锍品位可尽量提高。

（2）炉渣。闪速熔炼属氧化熔炼，脱硫率高，导致冰铜品位高，炉渣中 Fe_3O_4 含量多，因此渣含铜高，一般为 1%~3%，比鼓风炉、发射炉渣含铜高得多。

（3）烟尘。闪速炉熔炼处理的是粉末状炉料，且熔炼过程是在漂浮状态下进行，不仅有未及熔化的颗粒被炉气带走，还有一些已熔化的炉料也被炉气带走，离炉后温度降低凝固成烟尘。因此，闪速熔炼的烟尘率较高，一般为 6%~9%，甚至更高。收回的烟尘与干燥后的炉料重返闪速炉处理。

（4）炉气。闪速炉熔炼的出炉炉气含 SO_2 12%~14%，收尘净化后，为 6%~7%。符合制酸要求，故送去制酸。

d　闪速熔炼的主要技术经济指标

（1）闪速炉的单位处理能力。鼓风炉、反射炉、电炉的单位生产能力均用床能率来表示。闪速熔炼以反应塔单位容积处理能力来表示，单位为 t/($m^3 \cdot h$)。闪速炉的生产能力主要取决于反应塔的热强度和热的有效利用率。如采用富氧热风，会减少炉气带走的热，提高热的有效利用率。实际生产中，闪速炉的处理能力可在较大范围内调节。

（2）燃料率。闪速熔炼属自热熔炼类型，不足的热由辅助燃料供给，辅助燃料一般用重油，也可用天然气或粉煤。燃料率取决于原料的铜硫比、热风温度、热风含氧浓度和生产铜锍的品位。如以重油为燃料，燃料率为 1.4%~5%。

（3）铜的回收率。闪速炉的回收率，从精矿到粗铜一般为 97%～98.5%。精矿品位较高，炉渣采用选矿法处理时，回收率可达上限。

（4）硫回收率。闪速炉熔炼的优点之一是硫的回收率较高。当熔炼、吹炼的炉气都制酸时，硫的回收率可达 85%～96%。

B　印柯闪速炉（Inco）熔炼工艺

Inco 闪速熔炼 1952 年首先在加拿大 Copper Cliff 厂投产以后，直到 1970 年前苏联 AFMK 炼铜厂才投产第二台炉子。1980 年在美国又建了两台炉。Inco 闪速熔炼的主要特点是采用工业氧（95%～97%），将于精矿水平喷入熔炼炉空间，进行硫化精矿的焙烧与熔化，过程是自热进行的。精矿中的铁和硫氧化放出的热完全用于炉料的熔炼过程中（包括过程中的热损失）。产出铜锍、炉渣和 SO_2，浓度很高（80%）的烟气。典型的生产过程是每天熔炼 1100～1200t 精矿，耗工业氧为精矿质量的 20%～22%，产出 800t 铜锍，320t 炉渣，每分钟产出 110m^3 含 80% SO_2 的烟气。

Inco 闪速炉完全包在焊接的铜板内，钢板厚 1cm。炉子是用铬镁砖与镁砖砌筑，易浸蚀的强烈燃烧高温区的侧墙装设铜水套。炉料通过前端的水平喷洒在熔炼带燃烧，烟气从沿炉子长边中央烟道排出，这样使熔池空间分为精矿熔炼带与炉渣贫化带。在炉子长边的后端装有喷嘴，将黄铁矿精矿喷入贫化带，所以在 Inco 闪速炉内的氧势是很低的，将转炉渣直接倒入炉中，炉渣与铜锍两相的平衡很容易建立，炉内不会有 Fe_3O_4 的积累。从 Copper Cliff 厂炉渣的分析结果来看，炉渣含 SiO_2 为 30%～32%，含 Fe_3O_4 为 11%～12%，铜锍品位为 50%～55%Cu，这样的 Fe_3O_4 含量水平是低于饱和态的。所以 Inco 闪速熔炼的渣中含铜量较 OutokumPu 闪速熔炼要低，铜锍和炉渣含铜百分比的比值约等于 70±10，故熔炼产出含 Cu 55% 的铜锍时，渣中含铜量只有 0.8%。可以不经贫化处理而弃去。只有当返回转炉渣后，炉渣的 $w(Fe)/w(SiO_2)$ 由一般控制的 0.8～0.9 升至 1.3（以赫尔利厂为例），渣中含铜量便高达 1.09%。这样的炉渣也要经贫化处理。

Inco 闪速熔炼产出的铜锍品位较低，也不能像 OutokumPu 闪速炉熔炼那样，通过调节送风中的氧浓度可以生产任意品位的铜锍。而且，精矿硫含量变化大时也不适宜在 Inco 闪速炉中处理，否则当处理硫铜比过高的精矿时，只能是产出更低品位的铜锍；当精矿含硫低于 20% 时，由于受热平衡的影响而需补加燃料。此外，Inco 闪速炉还具有耗能大和投资费用高的缺点，导致 Inco 闪速熔炼没有得到很大的发展。

2.2.3.4　闪速熔炼的发展

纵观 20 世纪 80 年代以后新建的闪速炉以及旧闪速炉的改造，高投料量、高锍品位、高富氧浓度、高热强度等"四高"技术是闪速熔炼技术发展的总趋势。

1995 年 4 月，美国 Kennoctt 公司 Utah 冶炼厂又建成更大规模的闪速炉，日处理铜精矿 3000t 以上；同时还建成世界上第一台闪速吹炼炉，与之配套处理由闪速熔炼炉产出并经水淬与磨碎的铜锍。

我国贵溪冶炼厂也采用"四高"技术，于 1998 年将原有闪速炉进行改造，使其产能由 100kt/a 提升到 200kt/a，所采用的锍品位为 58%～63%，富氧浓度为 50%～70%，反应塔热强度达 1344MJ/(m^3·h)，投料量为 260kt/a 以上。

为适应高富氧浓度和高投料量熔炼，新的精矿喷嘴的研制是至关重要的。由于热强度增加，炉子耐火材料的冷却强度必须增强，出现了更有效的冷却元件和冷却方式。在高富氧浓度和高投料量熔炼时,弃渣中的铜含量一般都会增加;如何降低随炉渣带走的金属损失是必须同时解决的问题。

尽管闪速熔炼面临着生产成本与环境保护更严峻的挑战,但由于自身的特点,它已成为当今炼铜行业中最有竞争力的熔炼技术。除了已应用到硫化镍精矿与黄铁矿元素硫的生产中,还准备用于硫化铅精矿的处理。目前,铜闪速炉处理的铜精矿品位可以从 12% 提高到 56%,生产铳品位可以从 45% 提高到 78%,单台闪速炉的冶炼能力可以达 450kt/a。

图 2-20 是 Kennecott Utah 冶炼厂的闪速熔炼和闪速吹炼为一体的生产流程图,闪速吹炼工艺将取代 P-S 转炉吹炼工艺,使铜冶炼工业开创一个新局面。

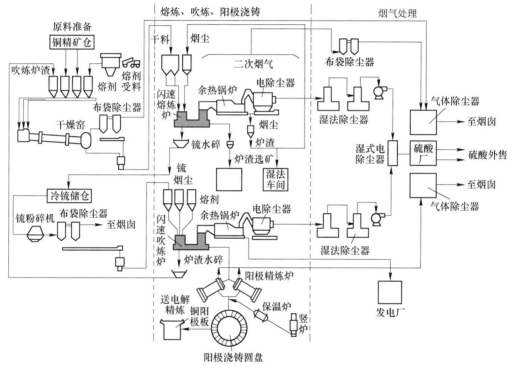

图 2-20   Kennecott Utah 冶炼厂生产流程

OutokumPu 冶金专家设想未来的闪速炼铜厂模型如图 2-21 所示。一台闪速炉有两个反应塔,一个是用来将精矿熔炼成铳,一个是把铳和高品位铜精矿炼成粗铜。一部分烟气循环使用,在熔炼过程中都采用纯氧。因此,反应塔的高度大幅度降低,耐火材料减少,炉体冷却强度进一步提高,炉寿命进一步延长。硫酸厂直接用高浓度 SO_2 烟气制酸的技术也将成熟。闪速炉产生的高浓度 SO_2 烟气可以直接生产硫酸或元素硫。烟气处理的设备规模将会更小,建设投资与运行成本也将更低。这样的铜冶炼厂在生产成本与环境保护方面都更具竞争力。

2.2.4 铜的熔池熔炼

2.2.4.1 概述

熔池熔炼是通过铜精矿颗粒在强烈搅动着的三相流体的熔池中发生强烈氧化反应,从

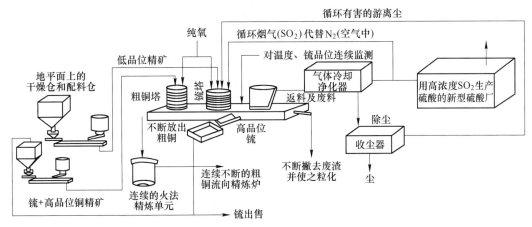

图 2-21 未来闪速炼铜厂的工艺流程图

而实现其熔炼目的的技术。熔池熔炼包括诺兰达法、澳斯麦特/艾萨法、三菱法、瓦纽柯夫法、特尼恩特法、卡尔多炉熔炼法、白银法、水口山法和旋涡顶吹法等。

熔池熔炼炉的炉型大多在熔池炉炉型或转炉炉型的基础上改造而成，鼓入富氧空气是现代熔池熔炼的共同特点，而鼓风的部位和方式则各有不同。熔池熔炼炉可分为转动式和固定式炉型，属于转动式的有诺兰达炉、特尼恩特炉和水口山炉，属于固定式的有澳斯麦特/艾萨炉、三菱炉、瓦纽柯夫炉和白银炉等。

如果把熔池熔炼炉按鼓风部位或风口形式划分，则可分为浸没侧吹式、浸没顶吹式、直立吊吹式和底吹式四种。属于浸没侧吹式的有诺兰达炉、特尼恩特炉、白银炉、瓦纽柯夫炉等，澳斯麦特/艾萨法属于浸没顶吹式喷吹熔炼，三菱炉、卡尔多炉和氧气顶吹炉使用的是直立吊吹式喷枪，而属于底吹式的是水口山炉。

工业上已采用的熔池熔炼方法有反射炉熔炼法、电炉熔炼法、诺兰达法、白银法、三菱法和特尼恩特法、瓦纽柯夫法、澳斯麦特/艾萨法等。

2.2.4.2　反射炉熔炼及其改进

1879 年第一台反射炉投入工业生产，成功地取代了鼓风炉熔炼。目前，世界上仍有多台反射炉在进行造锍熔炼。反射炉造锍熔炼示意图如图 2-22 所示。

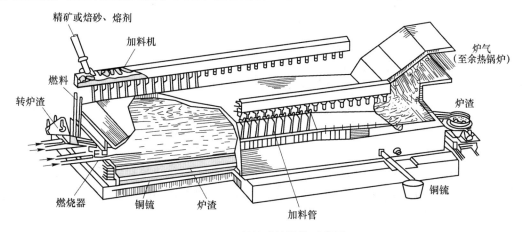

图 2-22　反射炉造锍熔炼示意图

反射炉熔炼的生产过程实现了连续产出铜锍和炉渣两种熔体,经沉清分层后分别从炉内间断放出。在正常情况下,维持炉内有 0.6~0.8m 深的铜锍层和 0.5m 深的炉渣层,锍送下一工序吹炼,炉渣经过水淬后可作建筑材料。

反射炉熔炼时,精矿本身硫化物氧化及造渣所放出的热能不能充分利用,大量未被氧化的 FeS 最终进入铜锍,故反射炉熔炼很难得到高品位铜锍。离炉烟气温度为 1250~1300℃,带走了大量的热,燃料燃烧的热效率低,只有 30% 左右。

反射炉采用重油、天然气或粉煤作燃料。反射炉熔炼的脱硫率很低,只有 20%~30%。这造成反射炉造锍熔炼过程所产烟气中的 SO_2 浓度仅有 1%~2%。低 SO_2 浓度的烟气难以回收利用,放空又造成环境的污染。

由于反射炉造锍熔炼的热效率低、能耗大、烟气中 SO_2 浓度低、硫的回收率低和对环境造成污染,自 20 世纪 50 年代以来,曾对反射炉熔炼工艺作了许多方面的改进,例如:(1) 生精矿熔炼改为自热流态化焙烧-焙砂熔炼工艺,使燃料消耗减少 1/3 左右,硫的回收率可从 50% 提高到 90%。(2) 采用热风与富氧空气进行燃料燃烧以强化燃烧过程。(3) 强化反射炉内的气-固反应,在反射炉顶装设精矿喷嘴,将闪速炉反应塔的气-固反应加在反射炉熔池上面的空间进行。尽管如此,反射炉被新的工艺技术取代不可避免。

2.2.4.3　白银法熔炼

白银法的熔炼炉是在熔池中部装隔墙,将熔池分为熔炼区和沉清区两大部分。炉料从炉顶的加料孔连续加入熔炼区,从浸没在熔炼区熔体深处(熔体面下 450mm)的风口鼓入空气,强烈地搅动熔体,落入熔池的炉料迅速被熔体熔化,并与气泡中的氧发生气-液两相的氧化反应,放出大量的热,维持熔炼区的炉膛温度为 1150~1200℃,熔体温度为 1100℃。如果热量不足,便由此区顶上安装的辅助燃烧器喷入粉煤或重油供热。在熔炼区形成的铜锍和炉渣,通过隔墙下面的孔道流入炉子的沉清区。在沉清区的端墙上装有重油或粉煤燃烧器,燃料燃烧放出的热使此区的温度维持在 1300~1350℃,使渣温升至 1200~1250℃、铜锍温度升至 1100~1150℃。经升温沉清后,间断地分别从渣孔和虹吸井放出炉渣与铜锍。

白银炼铜法的冶炼过程在一台矩形的熔池熔炼炉中进行,单室白银炉的熔池结构如图 2-23 所示。

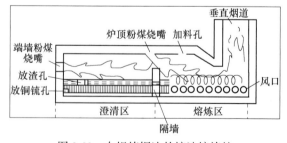

图 2-23　白银炼铜法的熔池熔炼炉

为了解决单室熔炼炉的燃烧不充分、熔炼区的温度偏低和 SO_2 烟气等问题,将单室白银炉改造成双室白银炉,各室拥有独自的排烟系统,避免了沉清区燃烧废气对熔炼区的影响。同时还对炉子其他部位也做了相应的改造。

双室白银炉具有如下特点：

（1）熔炼效率提高；（2）能耗降低，化学反应热占熔炼热收入的 55%～84%；（3）强化了熔炼区和沉降区的作用，既提高了熔炼强度，又加快了沉降速度，有利于铜锍与炉渣的分离，减少了炉渣中的铜锍夹带。

白银炼铜法属于侧吹熔池熔炼，是我国具有自主知识产权的炼铜技术。

2.2.4.4 诺兰达（Noranda）法熔炼

诺兰达法在世界上首次将铜精矿在同一台炉中实现连续熔炼和吹炼。日处理 726t 铜精矿，将其直接炼成粗铜的诺兰达炉，于 1973 年在加拿大诺兰达矿业公司的 Home 炼铜厂投入工业生产。但到目前为止，全世界仍只有四台诺兰达炉在运转，并且都是生产高品位（70%～75%）铜锍而不是粗铜。我国大冶有色金属公司冶炼厂于 1997 年引进消化诺兰达熔炼工艺，建成年生产能力 10 万吨粗铜的诺兰达熔炼生产工艺，经过一段时间的试运行获得了圆满的成功。

诺兰达熔炼炉是一台水平式圆筒形炉，类似于一般的卧式转炉，见图 2-24。其沿炉身长度可分为熔炼区（风口区）和沉淀区，熔炼区的一侧装有浸没风口。

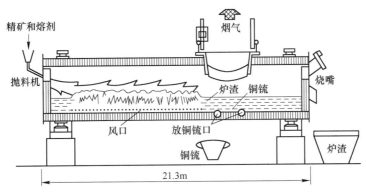

图 2-24 诺兰达炉示意图

诺兰达熔炼工艺：是用抛料机将配好的炉料，从炉子的一端撒在熔炼区湍动的熔池表面，迅速被熔体浸没而溶于熔池中，并被气泡中的氧所氧化，氧化放出的热量维持熔体正常的温度。熔体从加料端向炉渣放出的另一端移动，在移动的过程中，熔体中 FeS 继续被氧化并与 SiO_2 造渣。依 FeS 被氧化的程度，便可产出任何高品位的铜锍甚至粗铜。当熔体继续向前运动而离开风口区时，便进入沉淀区开始沉清分离，分别放出铜锍与炉渣。

熔炼过程中熔池温度维持 1200℃ 左右，除氧化反应放出的热以外，不足的热由设在加料端的烧嘴燃烧粉煤来补充。燃烧烟气与反应产生的 SO_2 烟气混合，从设在靠近放渣一端的排烟口排出，然后进入余热锅炉及收尘系统。产出的烟气中含 SO_2 为 8%～15%。

诺兰达熔炼过程可造高铁硅炉渣，$w(Fe)/w(SiO_2)$ 的值为 1.5～1.9，相当于渣含 SiO_2 22%～25%。采用这种低 SiO_2 渣，是为了减少渣量，有利于下一步炉渣处理时的破碎。虽然渣中 Fe_3O_4 含量达 25%～30%，但由于熔体的强烈搅动，也能顺利地进行操作。炼粗铜时渣含铜为 10%～12%，多数（约 2/3）为金属铜粒，这种炉渣细磨到 90% 通过 0.04mm 筛时，可保证在浮选过程中得到含铜低（0.5%）的尾矿。

由于渣中铜含量高，铜的熔炼直接回收率只有 50%～60%，大量的浮选渣精矿在熔炼过程中循环，所以 Home 炼铜厂于 1975 年改为利用诺兰达炉生产高品位铜锍。

由于诺兰达法炼铜的缺点明显，诺兰达熔炼生产高品位铜锍的生产系统被更为完善的闪速熔炼——闪速吹炼工艺所取代。

2.2.4.5 瓦纽柯夫熔池熔炼法

瓦纽柯夫炉是一个具有固定炉床、横断面为矩形的竖炉，炉缸、铜锍虹吸池和炉渣虹吸池以及炉顶下部的一段围墙用铬镁砖砌筑，其他的侧墙、端墙和炉顶均为水套结构，外部用架支撑。风口设在两侧墙的下部水套上，有的炉子每侧有两排风口，端墙外一端为铜锍虹吸池，设有排放铜锍的铜锍口和安全口；端墙外另一端为炉渣虹吸池，设有排放炉渣的渣口和安全口。小型炉子的炉膛中不设隔墙，大型炉的炉膛中设有水套隔墙，将炉膛分隔为熔炼区和贫化区的双区室（见图 2-25）。隔墙与炉

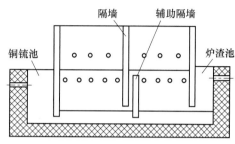

图 2-25 瓦纽柯夫炉的双区室

顶之间留有烟气通道，与炉底之间留有熔体通道。炉子烟道口有的设在炉顶中部，有的设在靠渣池一端的炉顶上。在熔炼区炉顶上设有两个加料口，贫化区炉顶上设有一个加料口。

瓦纽柯夫炉熔炼的吹炼过程，类似我国白银法侧吹熔池熔炼，但其熔池较深（2.5m），采用高浓度氧（60%~90%）吹炼熔池上部熔有料矿并混有铜锍小滴的乳渣层。在鼓泡乳化熔炼过程中有效地抑制 Fe_3O_4 的生成，加速了相的凝聚与分离，强化了传质与传热过程。

炉料从炉顶的加料口连续加入熔炼区，被鼓入的气流搅拌便迅速溶入以炉渣为主的熔体中。所以熔炼区的反应过程是气-液-固三相反应。硫化物的氧化反应和脉石的造渣反应放出的热直接传给熔池，由于熔池的搅拌能可达到 60~120kW/m³，其传热系数约可达到 15kW/(m²·K)，加入的炉料只需 3~5s 便完全熔化，随后即被氧化。熔炼区的温度维持在 1300℃。

由于风口位置设在熔池的上部，只有上部的熔渣层被强烈搅拌，下部熔池却相对处于静止状态。所以，熔池反应产生的铜锍与炉渣混合体，便会发生铜锍汇集沉降的分层现象。未完全分离好的炉渣通过炉中的隔墙流入渣贫化区，在此被风口鼓入的还原剂（煤、天然气）还原，有时还加入块状贫铜高硫的矿石，使炉渣贫化后从渣池连续放出（1200~1250℃）。渣贫化后产生的贫铜锍逆流返回熔炼区，与熔炼区产生的较富铜锍汇合至铜锍池连续放出（1100℃）。烟气从炉顶中央或一端排烟口排放。

瓦纽柯夫法与其他熔池熔炼方法比较，具有如下特点：

（1）备料简单，对炉料适应性强。它可以同时处理任意比例的块料与粉料，如150mm 的大块和含水率达 6%~8% 的湿料、转炉渣以及 Cu-Ni 精矿、Cu-Zn 精矿、含铜的黄铁矿等各种含铜物料，均可入炉处理。

（2）由于处理湿料与块料，故烟尘率低，仅为 0.8%。

（3）鼓泡乳化强化了熔炼过程，炉子的处理能力很大，床能率达到 60~80t/(m²·d)；硫化物在渣层氧化，放出的热能得到充分利用。

（4）大型瓦纽柯夫炉的炉膛中隔墙将炉膛空间分隔为熔炼区与渣贫化区，熔炼产物铜锍与炉渣逆流从炉子两端放出，炉渣在同一台炉中得到贫化，渣中铜含量可降至0.4%~0.7%，达到弃渣的要求，无须设置炉外贫化工序。

（5）炉子在负压下操作，生产环境较好，作业简单；由于鼓风氧浓度高达60%~70%，烟气中 SO_2 浓度仍高达25%~35%。

几家工厂采用瓦纽柯夫炉生产铜锍的主要技术指标列于表2-13。

表 2-13　瓦纽柯夫法生产厂家主要技术指标

项　　目	巴尔哈什厂	诺里尔斯克厂	中乌拉尔厂
精矿成分/%			
Cu	14~19	19~23	13~15
Fe	20~28	36~40	20~30
S	18~30	28~34	35~39
铜锍品位/%	44~47	45~50	45~52
炉渣成分/%			
Fe/SiO_2	1.25~1.30	1.47~1.50	
Cu	0.5~0.7	0.45~0.6	0.55~0.75
Fe	36~37	44~45	
SiO_2	29~34	27~33	26~29
CaO	3~6		4~5
床能率/t·$(m^2·d)^{-1}$	50~60	55~80	40~60
富氧浓度/%	60~65	55~80	40~60
炉气中 SO_2 浓度/%	24~32	20~35	25~37
铜锍中铜回收率/%	97.1（不返回烟尘） 97.8（烟尘返回时）	97.3（不返回烟尘） 98~98.5（烟尘返回）	96.2 （不返烟尘）
燃料消耗占热 收入的百分数/%	2~3	2~3	1~2

瓦纽柯夫炉投入工业生产以来，经过多年实践与改进，已日趋完善，是一种稳定可靠的先进熔炼方法，在复杂精矿处理、炉渣贫化及余热利用等方面取得了一定的成就。

2.2.4.6　特尼恩特法熔炼

特尼恩特（Teniente）炼铜法是1977年在乔利 Caletone 炼铜厂投入工业生产的，随后于20世纪80年代在智利得到推广，并于90年代推广到其他国家，目前全世界共有11台炉子在生产。原先采用的特尼恩特炼铜法工艺包括以下三个火法冶金过程：

（1）反射炉熔炼铜精矿是采用顶插氧—燃烧嘴；

（2）采用 Teniente Modified Converters 转炉（简称 TMC 转炉或称改良转炉，见图2-26），同时吹炼反射炉产出的铜锍和自热熔炼铜精矿。可以采用空气或富氧空气吹炼，产出高品位铜锍或白铜锍。

（3）在一般转炉中吹炼白铜锍，产出粗铜。

近年来，上述炼铜法经过不断地改进与完善，已取消了反射炉熔炼部分，一种全新的

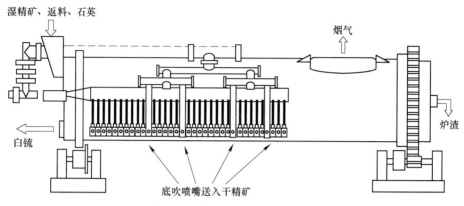

图 2-26 特尼恩特炉结构示意图

自热熔炼工艺流程如图 2-27 所示。

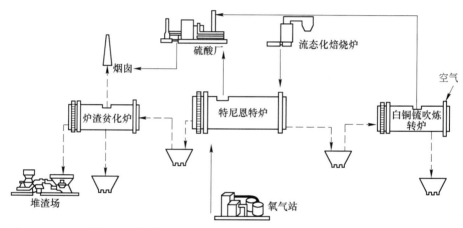

图 2-27 智利 Calletones 冶炼厂的特尼恩特熔炼工艺流程

从图 2-27 看出，工艺的主要改进是用一台 P—S 转炉型的炉子，代替原来的反射炉贫化炉渣。经流态化干燥炉干燥后精矿含水率降到 0.2%，通过侧吹喷嘴用富氧空气（O_2 34%）喷入熔池，大大强化了熔炼过程，部分湿精矿、熔剂、返回料等也可通过位于一端墙上的料枪加入炉内。

熔炼产出的铜锍品位很高（75% ~ 78%），俗称白铜锍，与炉渣分别从炉子的两端墙间断放出。铜锍用包吊至 P—S 转炉，吹炼成粗铜（Cu 99.4%）；炉渣送贫化炉处理。通过喷嘴喷入粉煤吹炼，将炉渣中 Fe_3O_4 含量从 16% ~ 18% 降到 3% ~ 4%，于是炉渣的流动性大为改善，沉清分层好，产出高品位铜锍（72% ~ 75%）和含铜低于 0.85% 的弃渣。

表 2-14 列出了三个采用特尼恩特改良转炉的操作参数和技术经济指标。

表 2-14 特尼恩特改良转炉的操作参数和技术经济指标

参数及指标名称	单位	数　　量		
		Caletones 厂	H. Videla Lira 厂	Ho 厂
干精矿处理量	t/d	2000（含水 0.2%）	800	854
湿精矿处理量	t/d			928

续表 2-14

参数及指标名称	单位	数 量		
		Caletones 厂	H. Videla Lira 厂	Ho 厂
铜锍需要量	t/d		0	377
富氧鼓风速率	m^3/min	1000	450	680
富氧浓度	%	33~36	32~36	28.4
送风时率	%	95	88	99.8
铜锍产量	t/d	609		407
铜锍品位 Cu	%	74~76		74.5
炉渣产量	t/d	1400		806
渣含 Cu	%	4~8	8，送浮选	4.5
渣中 $w(FeO)/w(SiO_2)$		0.62~0.64		0.7
烟尘率	%	0.8		1.6
返回品量	t/d	200		29.1
炉寿命	d	450		379
烟气 SO_2 浓度	%	25~35		18
阳极铜能耗	MJ/t	2050		

2.2.4.7 氧气顶吹熔池熔炼

以上叙述的白银法、诺兰达法、瓦纽柯夫法和特尼恩特法，均属于侧吹熔池熔炼方法。下面介绍顶吹熔池熔炼的几种方法，包括三菱法（含北镍法）、澳斯麦特/艾萨法等。

A 三菱法

自 1974 年日本直岛炼铜厂的三菱炼铜法投入工业生产以来，相继被加拿大、韩国、印度尼西亚和澳大利亚的炼铜厂采用。

三菱法连续炼铜包括一台熔炼炉（S 炉）、一台炉渣贫化电炉（CL 炉）和一台吹炼炉（C 炉），这三台炉子用溜槽连接在一起连续生产，铜精矿要连续经过这三台炉子才能炼出粗铜，其设备连接流程图如图 2-28 所示。

三菱法的三个主要过程以日本直岛炼铜厂的老设备为例，叙述如下：

（1）熔炼炉（S 炉）过程。熔炼炉为圆形，尺寸为 $\phi8.25m×3.3m$，熔池深 1.1m，用铬-镁砖和熔铸镁砖砌筑，通过炉顶垂直安装 6~7 根喷枪。干精矿以 25~27t/h 的速度供给喷枪，同时按配比加入石英和石灰石熔剂、粒化吹炼渣和烟尘。混合炉料用空气输送，通过五个加料斗加入喷枪的内管，富氧空气通入喷枪的外管。两者在喷枪的下部两者混合，然后高速（出口速度 140~150m/s）喷入熔池。供氧量按产出品位为 65% 的铜锍来控制。氧化反应产出的铜锍和炉渣溢流出炉，渣层很薄。熔池内主要是铜锍，存有大量未氧化的铁与硫，以便 O_2 参与反应。这样操作的结果，虽然未将喷枪浸没熔池，但熔炼反应是迅速进行的，氧利用率也很高。近来已将一些粉煤混入料中一起喷入熔池燃烧，可减少烧嘴喷入的重油消耗。炉温则可通过烧喷油量来调节。

（2）炉渣贫化电炉（CL 炉）过程。熔炼炉产出的铜锍与炉渣，通过一般的溢流孔流入贫化电炉。贫化电炉为椭圆形，短径 4.2m，配置三根石墨电极，变压器容量为

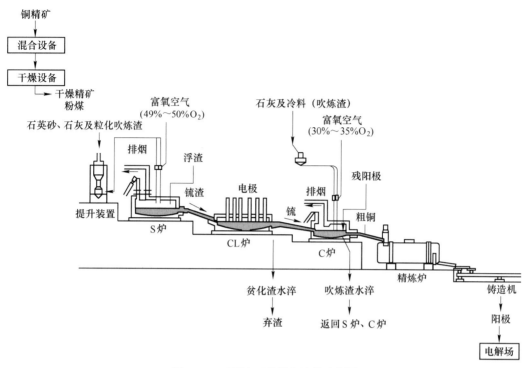

图 2-28　三菱法工艺设备连接流程图

1200kV・A。约经一小时沉清分层后，流出的废渣含铜为 0.5%~0.6%，废渣水淬后堆存。铜锍虹吸流出，经加热的溜槽流入吹炼炉。

（3）吹炼炉（C 炉）过程。铜锍吹炼炉为圆形，内径为 6.65m，高 2.9m，熔池深 0.75m。除了尺寸与放出孔的配置外，吹炼炉的许多特点类似于熔炼炉（S 炉）通过顶插喷枪喷入空气，使铜锍连续吹炼得粗铜。鼓入的氧除了使铜锍中的铁与硫全部氧化外，也使一部分铜被氧化。通过喷枪加入少量石灰石，以形成 Cu_2O-CaO-Fe_3O_4 三元系吹炼渣。吹炼渣中 CaO 的含量为 15%，铜的含量为 15%~20%，在这种条件下，粗铜中的硫含量为 0.1%~0.5%，远低于饱和含量。虹吸放出的粗铜送阳极炉；吹炼渣放出后，经水淬和干燥后返回熔炼炉。

整个过程给料的计量是借助于计算机系统控制的。每小时取熔体产品一次并自动分析，将分析结果返回控制系统，从而调整给料速度。

熔炼炉与吹炼炉排出的烟气通过各自的锅炉冷却到 350℃，然后经电收尘送硫酸厂。进酸厂前，混合烟气的 SO_2 浓度为 10%~11%。近年来三菱法炼铜厂的生产数据列于表 2-15 和表 2-16 中。

表 2-15　三菱法炼铜厂的典型生产数据

项　　目	直岛老设备（日）	kidd creek（加）	直岛新设备（日）
炉子：S 炉直径/m	8.25	10.3	10.10
CL 炉/kV・A	1800	3000	3600
C 炉直径/m	6.50	8.2	8.05

项　目	直岛老设备（日）	kidd creek（加）	直岛新设备（日）
S 炉数据：			
精矿/t·h⁻¹	40	60	83
精矿品位/% Cu	30	25	31
铜屑/t·h⁻¹	—	2	4
喷枪数	8	10	10
喷枪直径/cm	7.62	7.62	10.16
喷枪鼓风（标准）/m³·h⁻¹	22400	29000	40000
鼓风氧浓度/%	42	48	45
产铜锍/t·h⁻¹	19	26	43
铜锍品位（铜含量）/%	68	68	69
产炉渣/t·h⁻¹	27	54	57
C 炉数据：			
加铜屑/t·h⁻¹	—	—	5
加铜锍/t·h⁻¹	19	26	43
喷枪数	5	6	8
喷枪直径/cm	8.89	7.62	10.16
喷枪鼓风（标准）/m³·h⁻¹	12000	16000	24000
鼓风氧浓度/%	28	33	32
产粗铜/t·h⁻¹	12.1	16.5	33
吹炼渣量/t·h⁻¹	3.5	6	7
月生产能力：			
处理精矿/t	27700	45000	56000
产阳极/t	8000	11250	20400

表 2-16　三菱法炼铜厂典型的数据分析　　　　　　　　　　（%）

物　料	Cu	Fe	S	SiO₂	CaO	Al₂O₃
精　矿	27.5	27.5	31.0	5.5	0.5	1.5
石英熔剂	—	—	—	90.0	—	—
石灰石熔剂	—	—	—	—	53.0	—
铜　锍	65.0	11.0	22.0	—	—	—
废　渣	0.5	42.0	0.7	30.2	4.2	3.3
吹炼渣	15.0	44.0	<0.1	<0.2	15.0	<0.2
阳极成分	Cu 99.4	Pb 0.21	Ni 0.03	Bi 0.01	As 0.02	Sb 0.01

三菱法炼铜是目前世界上唯一在工业上应用的连续炼铜法，与一般炼铜法比较具有如下的优点：

（1）基建费用下降30%，阳极的加工费要低20%~30%。

（2）可以回收原料中 98%～99% 的硫，回收的费用只需一般炼铜法的 1/5～1/3。

（3）能量消耗较一般炼铜法节约 20%～40%。

（4）操作人员可减少 35%～40%。

B　澳斯麦特/艾萨法

目前，澳斯麦特/艾萨法的熔炼技术被广泛应用于各种提取冶金中，可以熔炼精矿产出铜锍、直接熔炼硫化精矿生产粗铅、熔炼锡精矿生产锡，也可以处理冶炼厂的各种渣料及再生物料等。我国中条山有色金属公司侯马冶炼厂已引进该技术熔炼铜精矿。

澳斯麦特/艾萨法采用的熔炼炉多为圆筒形，炉子的整体结构如图 2-29 所示。

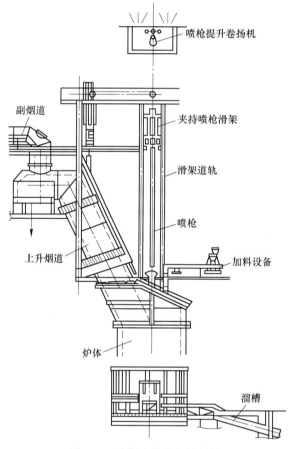

图 2-29　澳斯麦特炉整体结构

含水率小于 7% 的精矿经制粒或混捏后，通过炉顶呈自由落体状态加入熔池面上。富氧空气通入熔渣面下 200～300mm 的浸没喷枪，以出口压力为 50～250kPa 喷入熔体中。熔体受到喷吹气流的剧烈搅动与旋转，落在熔池上面的炉料便被这种卷起的熔体所吞没而熔融，在熔体中发生一系列的液—固、气—固、气—液的强化熔炼反应，加速了造锍熔炼过程。

熔炼铜精矿时，床能力最高已达到 238t/(m²·d)，一般可达 190t/(m²·d)，这是目前炼铜方法中床能力最高的一种。炉子的供热亦通过喷枪喷入燃料（煤、油或天然气）

在喷枪头部燃烧来达到，所以澳斯麦特/艾萨熔炼法使用的浸没式喷枪（称为 Siro 喷枪）结构较为复杂，而技术是高水平的。

我国侯马冶炼厂采用澳斯麦特法进行造锍熔炼与铜锍吹炼，其工艺流程如图 2-30 所示。熔炼炉使用的是四层套管喷枪，用粉煤作燃料。富氧浓度为 40%，烟气中 SO_2 浓度为 9%~10%。熔炼炉产出的熔体流入沉降炉，进行炉渣与铜锍的分离。从沉降炉产出的炉渣铜含量已降至 0.6%，经水淬后弃去。铜锍从沉降炉间断地流进吹炼炉或经水淬后再以固态加入吹炼炉，经吹炼产出粗铜。

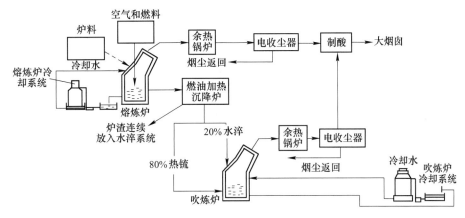

图 2-30　侯马冶炼厂澳斯麦特工艺流程

（1）澳斯麦特/艾萨熔炼工艺的优点如下：

1）能处理"纯净"精矿，也能处理"垃圾"精矿，甚至能处理其他方法都无法处理的矿。

2）与已有设备的配套灵活、方便。澳斯麦特/艾萨炉的占地面积较小，可与其他的熔炼工艺设备配套使用。尤其是与反射炉和电炉的搭配灵活、方便，特别适合老厂工艺的更新改造。

3）操作简便，自动化程度高。澳斯麦特/艾萨炉的操作与控制较为简单，1 台炉子每班仅需 4~6 名操作人员，生产用计算机在线控制。

4）燃料适用范围广。喷枪可以使用粉煤、焦粉、油和天然气，燃烧调节比大。

5）良好的劳动卫生条件。除喷枪口和上料口外，澳斯麦特/艾萨炉为全密闭式生产，烟气逸散少。

（2）澳斯麦特/艾萨法的不足之处如下：

1）炉寿命较短，最长只达到 18 个月，短的只有几个月。

2）喷枪保温要用柴油或天然气，价格较贵。

几个采用澳斯麦特/艾萨法的炼铜厂的主要技术经济指标列于表 2-17。

表 2-17　澳斯麦特/艾萨法的炼铜厂的主要技术经济指标

项　目	单位	Miami（美）	Mount Isa（澳）	侯马
工艺流程		艾萨熔炼—贫化电炉—PS 转炉	艾萨熔炼—贫化电炉—PS 转炉	澳斯麦特熔炼—重油加热贫化炉—澳斯麦特炉吹炼

续表 2-17

项　　目		单位	Miami（美）	Mount Isa（澳）	侯马
精矿成分	Cu	%	27.5~29.0	24.5	23~26
	Fe	%	26~28.5	25.7	26~29
	S	%	31.5~33.25	27.6	29~32
	SiO₂	%	4~5	16.1	5~13
	水分	%	9.5~10.25		7~12
燃烧率		%		煤 5.5	煤 8.8
处理精矿量		t/h	平均 76.46 最高 95.46	98 （另加返回料 14）	28 （另加返回料 5）
喷枪供风量		m³/min	425~566	840	200~260
喷枪供氧量		m³/min	283		63
富氧浓度		%	47~52	42~52	40
炉子烟气量			76000		
溶池温度			1166~1171		1160~1200
炉子作业率		%	>94		
炉寿命		月	>15	>18	
喷枪头更换周期		d	15		11
烟气 SO₂ 浓度		%	12.4		6~10
锍品位		%	56~59	57.8	58~62
炉渣含铜		%	0.5~0.8	0.59	0.6~1.5
炉渣含 Fe₃O₄		%	8~10		5~7
炉渣含 Fe/SiO₂		%	1.35~1.45	1.1	1.1~1.3
炉渣含 SiO₂/CaO		%	6	5.25	4~6
炉渣含 Fe³⁺/Fe²⁺				0.2	0.16
贫化渣温度		℃	1199~1206		1150~1180
喷枪出口压力		kPa	50	50	150

2.3　铜锍的吹炼

2.3.1　概述

造锍过程初步完成了铜与大部分铁的分离，欲获得粗铜还需要对铜锍进行吹炼，以除去铜锍中的铁、硫及其他杂质。在吹炼过程中，金、银及铂族元素等几乎全部富集于粗铜中，为有效地回收提取这些金属创造了良好的条件。

目前，铜锍的吹炼过程绝大多数在卧式侧吹（P—S）转炉内进行。转炉吹炼过程是间歇式的周期性作业，整个过程分为两个阶段（或两个周期）。

第一阶段为造渣期。铜锍中的 FeS 与鼓入空气中的氧发生强烈的氧化反应，生成 FeO

和 SO_2 气体，FeO 再与加入的石英熔剂反应造渣，使锍中含铜量逐渐升高。由于锍与炉渣相互溶解度很小而且密度不同，所以在吹炼停风时分成两层，上层炉渣被定期排出。这个阶段持续到锍中含 Cu 为 75% 以上、含 Fe 小于 1% 时告终，这时的锍常被称为白锍。

第二阶段为造铜期。继续对白锍吹炼，鼓入空气中的氧与 Cu_2S（白锍）发生强烈的氧化反应，生成 Cu_2O 和 SO_2。Cu_2O 又与未氧化的 Cu_2S 反应生成金属 Cu 和 SO_2，直到生成的粗铜含 Cu 98.5% 以上时第二阶段结束。铜锍吹炼的第二阶段不加入熔剂、不造渣，以产出粗铜为特征。

转炉吹炼过程是通过风口向炉内鼓入空气或富氧空气来实现的。由于大量上升的小气泡与熔体之间接触面积很大，加快了硫化物氧化反应。虽然空气在熔体内停留时间很短（约 0.1~0.13s），但是氧的利用率却高达 95% 以上。

随着硫化物氧化反应和 FeO 造渣反应的进行，放出大量热。在一般情况下，化学反应放出的热不仅能满足吹炼过程对热量的需求，而且有时热量过剩，需要添加适量冷料来调节炉温，防止炉衬耐火材料因过度受热而加快损坏。因此铜锍的转炉吹炼过程通常不需要额外供给热量。

由于转炉吹炼过程是间歇式的周期性作业，产出的烟气量和烟气中 SO_2 浓度都在很大范围内波动，给制酸过程带来很大的麻烦。另外，由于吹炼过程的进料和放渣操作使烟气逸散到车间，恶化了生产劳动环境。

为了解决上述问题，继 20 世纪 80 年代三菱法连续熔炼成熟运用之后，新的连续吹炼工艺和设备不断地在研究和开发。1995 年，美国的肯尼柯特公司和芬兰的奥托昆普公司合作开发的闪速吹炼技术投入工业生产，加拿大诺兰达霍恩冶炼厂开发了连续吹炼转炉（亦称诺兰达转炉）；1999 年首台澳斯麦特吹炼炉在我国中条山有色金属公司侯马冶炼厂投产，还有诸如氧气顶吹等其他吹炼技术被开发，这些已开始改变传统的 P-S 转炉的主导局面。高效连续化的锍吹炼新工艺将实现几乎全部的硫回收、无 SO_2 排放和低生产成本的目标。

2.3.2 铜锍吹炼过程的物理化学

2.3.2.1 吹炼过程中的硫化物氧化反应

铜锍的品位通常在 20%~70% 之间，其主要成分是 FeS 和 Cu_2S，此外还含有少量其他金属硫化物和铁的氧化物。硫化物的氧化反应可用下列通式表示：

$$MeS + 2O_2 \rule[0.5ex]{3em}{0.4pt} MeSO_4 \tag{2-4}$$

$$MeS + 1.5O_2 \rule[0.5ex]{3em}{0.4pt} MeO + SO_2 \tag{2-5}$$

$$MeS + O_2 \rule[0.5ex]{3em}{0.4pt} Me + SO_2 \tag{2-6}$$

铜锍吹炼的温度通常在 1150~1300℃ 范围内，金属硫酸盐在此温度范围内的离解压都很大，不仅超过了吹炼体系内气相中 SO_3 的分压，而且超过了 10^5 Pa（1 个大气压）。因此，$MeSO_4$ 在吹炼温度下不能稳定存在，即硫化物不会按反应（2-4）进行氧化反应，故不予考虑。反应（2-5）、反应（2-6）两式是吹炼过程中的基本反应，在吹炼条件下，锍中的 Fe、Cu 及其他有色金属进行这两个反应的趋势和结果是不同的。Cu_2S 能够按反应（2-6）进行反应生成金属铜，而 FeS 只能被氧化成 FeO 入渣。如此，实现了铜与铁的分离，得到粗铜。这个过程的依据是金属氧化物和硫化物的稳定性差异，可以通过热力学的分析来判断金属硫化物氧化反应的结果是生成氧化物还是生成金属。

反应（2-6）是一个总反应，实际上它是分两步进行的，即

第一步 $\qquad MeS + 1.5O_2 \Longrightarrow MeO + SO_2 \qquad (2-7)$

第二步 $\qquad 2MeO + MeS \Longrightarrow 3Me + SO_2 \qquad (2-8)$

对于第一步反应，锍中主要硫化物氧化反应的标准吉布斯自由能变化为：

$$\Delta G^{\ominus} = \Delta G^{\ominus}(SO_2) + \Delta G^{\ominus}(MeO) - \Delta G^{\ominus}(MeS)$$

图 2-31 给出锍中 Cu、Ni 和 Fe 相应的硫化物氧化反应的 $\Delta G^{\ominus}$，与温度 T 的关系。从图中看出，在高温下，Fe、Cu 和 Ni 的硫化物氧化反应都是自发过程，所以在吹炼温度下，它们都可能被氧化成氧化物形态。

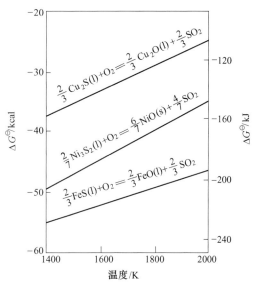

图 2-31 硫化物与氧反应的 $\Delta G^{\ominus}$-T 关系图

对于第二步反应（2-8），可以通过产物 SO_2 的平衡分压来判断是否向生成金属的方向进行。反应（2-8）的标准自由焓变化与 SO_2 平衡分压的关系如反应（2-9）所示：

$$\Delta G^{\ominus} = -RT\ln p_{SO_2} \qquad (2-9)$$

图 2-32 是按反应（2-9）计算出的 Fe、Cu 和其他有色金属的氧化物与其硫化物反应的 SO_2 平衡压力（换算为 $\lg p_{SO_2}$）与温度的关系。各反应的 $\lg p_{SO_2}$-T 曲线与横坐标的交点，相当于 $\lg p_{SO_2} = 101.3kPa$（1atm）的温度。理论上，转炉内的 p'_{SO_2} 分压为 14kPa 时，相当于直线 2。由 $\lg p_{SO_2}$ 与直线 2 的关系，便可确定在该温度下反应（2-8）能否进行。

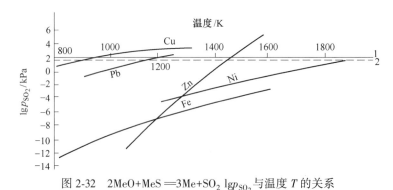

图 2-32 $2MeO+MeS \Longrightarrow 3Me+SO_2$ $\lg p_{SO_2}$ 与温度 T 的关系

1— $\lg p_{SO_2} = 101.3kPa$；2— $\lg p_{SO_2} = 14.18kPa$

当反应（2-8）的平衡压力 p_{SO_2} 大于炉气中的 SO_2 分压 p'_{SO_2}（14.18kPa）时，反应向生成金属的方向进行；反之，当 $p_{SO_2} < p'_{SO_2}$ 时，金属被 SO_2 氧化，只能得到氧化物。

从图 2-32 看出，在吹炼温度下，反应 $Cu_2S + 2CuO \Longrightarrow 4Cu + SO_2$ 的 SO_2 平衡压力约为

709~810kPa。超过了炉气中 SO_2 分压 p_{SO_2} 的几十倍，反应激烈地向着生成金属的方向进行。但是，反应 $FeS + 2FeO = 3Fe + SO_2$ 的 p_{SO_2} 值极小，因此不可能得出金属 Fe。

总结以上分析，得出在吹炼温度下，Cu 和 Fe 硫化物的氧化反应是：

$$FeS + 1.5O_2 = FeO + SO_2$$

$$2FeO + SiO_2 = 2FeO \cdot SiO_2$$

$$Cu_2S + 1.5O_2 = Cu_2O + SO_2$$

$$2Cu_2O + Cu_2S = 6Cu + SO_2$$

因为以上反应的存在，得以实现用吹炼的方法将锍中的 Fe 与 Cu 分离，完成粗铜制取的过程。

由图 2-32 还可知，在转炉吹炼条件下，锍中的 Ni 硫化物不可能与其氧化物反应生成金属 Ni；只有当吹炼温度高于 1700℃ 时（在氧气顶吹转炉内），才有可能按反应（2-8）反应生成金属 Ni。

在吹炼温度下，可按反应（2-8）生成金属 Pb 和 Zn，即：

$$2ZnO + ZnS = 3Zn + SO_2$$

$$2PbO + PbS = 3Pb + SO_2$$

2.3.2.2 连续吹炼的热力学分析

由前节所述可知，目前吹炼锍的作业之所以分两步进行，是由硫化物氧化的热力学决定的。但是，锍吹炼作业的分步进行会带来一系列的问题，如作业率低、烟气逸散量大、烟气 SO_2 浓度和温度波动大，给制酸带来诸多问题，同时炉温波动大使炉衬寿命大大缩短。为此，实现锍的连续吹炼成为了火法炼铜追求的目标。

F. Sehnalek 等人对锍的连续吹炼的研究指出，按热力学分析，只有当锍中 FeS 的含量降到很低（在 1200℃ 温度下，$w[FeS]/w[Cu_2S] = 9 \times 10^{-5}$）时，$Cu_2S$ 才能氧化，并生成金属铜。但是，在锍的吹炼过程中，FeS 和 Cu_2S 浓度的变化也导致相关反应的自由焓的变化，如图 2-33 所示。

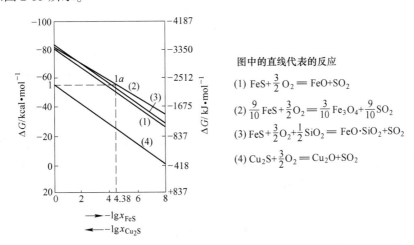

图 2-33 吹炼中 FeS 与 Cu_2S 氧化反应的自由能与其浓度的关系（$T = 1523K$）

从图 2-33 可看出，反应（1）~反应（3）的自由能随 FeS 浓度的降低而下降。在吹炼第一周期时，随着 FeS 含量的下降，Cu_2S 的含量将升高。当 FeS 的含量降到 0.002%

（图中横坐标 $-\lg x = 4.38$）时，图中所列反应的自由能相近（相当于 $1a$ 和 1 点）。这时，反应（4）将向右进行。为使反应（4）继续进行，此时可向白锍中加入铜锍并供给足够的空气，以使 FeS 氧化造渣，同时使 Cu_2S 氧化。很显然，铜锍进行连续吹炼时，熔池中存在炉渣、铜锍、白锍和金属铜四种熔体。研究表明，这四种熔体的密度各异且互溶性有限。所以，可以在熔池中形成分离较好的四层熔体或三层熔体（铜锍与白锍的密度差不大，也可混合为一层）。L. Sh. Tsemekhman 在乌克兰基辅研究院进行的实验也证明，在铜锍或铜镍锍进行连续吹炼过程中，采用三层（白锍、炉渣和粗铜）操作时可以避免熔体的过氧化。

当然，在连续吹炼时必须保证炉渣是均匀相，亦即非固体的 Fe_3O_4 存在于炉渣中；另一方面，炉渣的数量要很少。事实上，可以把连续吹炼作业看作是间断作业的第二周期中还有残留渣存在。无论闪速吹炼或是熔池吹炼实践中，都具备了这两个条件。如 Utah 厂的闪速吹炼，即使渣含铜为 16% ~ 18%，铜的直接回收率仍高达 90%，说明产渣量很少，按计算还不到 8%。连续吹炼在实践上有不同的做法：一种是将造渣期主要的除铁造渣任务归入强氧化熔炼阶段，让吹炼接受的原料为高品位低铁锍，乃至白锍；另一种方法是将多次重复的停风—放渣—进锍—吹炼作业连续化，可视为熔炼阶段的延续或第一周期的连续，连续地获得白锍后，连续地氧化 Cu_2S。

2.3.2.3　锍吹炼过程热化学

A　空气吹炼

铜锍转炉吹炼是自热过程，即吹炼过程中化学反应放出的热量不仅能满足吹炼过程对热量的需求，而且有时还有过剩。另外转炉吹炼过程是周期性作业，在造渣期和造铜期炉内的化学反应不同，放出的热量不同。

在造渣期开始加入熔锍时，炉温为 1100℃，到造渣期末升至 1250℃。造渣期反应的热效应如下：

$$2FeS + 3O_2 + SiO_2 \Longrightarrow 2FeO \cdot SiO_2 + 2SO_2 \quad \Delta_r H_m^\ominus = +1030.09kJ/mol$$

1kg FeS 氧化造渣反应可以放出约 5.85kJ 的热量。造铜期反应的热效应为：

$$Cu_2S + O_2 \Longrightarrow 2Cu + SO_2 \quad \Delta_r H_m^\ominus = -217.4kJ/mol$$

1kg Cu_2S 氧化成金属铜可以放出约 1.37kJ 的热量。可见，造铜期的热条件远不如造渣期好。根据工厂实践，在造渣期每鼓风 1min，炉内熔体的温度可升高 0.9 ~ 3.0℃；而停止鼓风 1min，熔体温度下降 1 ~ 4℃。在造铜期每鼓风 1min，炉内熔体温度上升 0.15 ~ 1.2℃；而停止鼓风 1min，熔体温度下降 3 ~ 8℃。

吹炼过程的正常温度在 1150 ~ 1300℃ 范围内。当温度低于 1150℃ 时，熔体有凝结的危险，风眼易黏结、堵塞。而当温度高于 1300℃ 时，转炉炉衬耐火材料的损坏明显加快。控制炉温的办法主要是调节鼓风量和加入冷料（如固体锍、锍包子上的冷壳等）。表 2-18 列出转炉吹炼温度控制实例。

表 2-18　转炉吹炼温度控制实例

转炉容量/t	造渣期温度/℃	造铜期温度/℃	出铜温度/℃	备　注
15	1130 ~ 1280	1220 ~ 1270		
20	1150 ~ 1300	1230 ~ 1280	1130 ~ 1180	粗铜浇铸

转炉容量/t	造渣期温度/℃	造铜期温度/℃	出铜温度/℃	备 注
50	1150~1250	1260~1280		粗铜浇铸
50	1150~1230	1230~1250		
80	1150~1230	1250	1180~1200	
100	1150~1230	1250	1180~1200	

B 富氧吹炼

在锍吹炼中，特别在吹炼高品位锍时应用富氧空气，无论在热力学或动力学上都有明显的优势。使用富氧减少了烟气量，从而减少了烟气的热支出，大大提高了过程的热利用率。杨慧振、吴扣根等人在对云南铜业转炉富氧吹炼的试验工作中，根据转炉吹炼热平衡模型和富氧吹炼热过程模型，得出了富氧吹炼节能模型。每个吹炼周期因采用富氧节约的热量为：

$$\Delta Q = \Delta V \int_{T_0}^{T} C_{p,\,N_2} \mathrm{d}T + q_g \Delta\tau \times 10^{-3}$$

式中，ΔQ 为每吹炼周期因采用富氧节约的热量，kJ；ΔV 为因富氧而少带入炉内的氮气量，m^3；T，T_0 分别为转炉烟气与入炉富氧空气的温度，K；$C_{p,\,N_2}$ 为氮气的定压比热，$kJ/(m^3 \cdot K)$；q_g 为单位时间内随烟气带出损失的热流量，kJ/h；$\Delta\tau$ 为每吹炼周期因富氧而节省的吹炼时间，h。

考虑到风口及风管送风时的风量损失，吹炼周期内少带入的氮气量为：

$$\Delta V = 4.762 \times 10^{-3} m_{mat}/(y\eta) V_0(y-21)\left[1405(T-T_0) + q_g/(V_d\beta)\right]$$

式中，V_0 为单位锍量氧化所需的氧气量，其与锍品位及 FeS 和 Cu_2S 含量有关，m^3；η 为氧气有效利用系数，即氧效率；V_d 为转炉鼓风强度，m^3/h；β 为鼓风效率；y 为氧浓度；m_{mat} 为锍量，t。

根据转炉吹炼的基本热平衡条件，在投入产出项目不变的前提下，吹炼时各技术参数值在下列正常操作指标范围内波动时（见表 2-19），由节能模型求解得到如图 2-34~图 2-37的结果。

表 2-19 求解节能模型时的转炉吹炼操作技术参数 （单炉次）

项 目	单 位	指 标	项 目	单 位	指 标
入炉锍量	t	130~165	入炉风温度（T_0）	℃	100
锍品位 Cu	%	40~50	烟气温度（T）	℃	1123
氧利用率	%	95	富氧浓度（质量）	%	21~35
鼓风效率	%	81	热损失量（Q）	kJ	
鼓风强度	m^3/h	11.3	粗铜产量	t	65
Cu 直收率	%	94.8	粗铜含 Cu	%	99

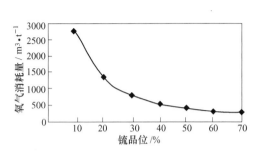

图 2-34　锍品位与氧气消耗量的关系

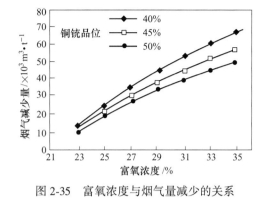

图 2-35　富氧浓度与烟气量减少的关系

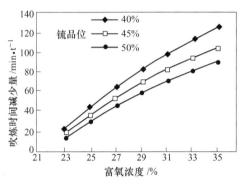

图 2-36　富氧浓度与吹炼时间减少的关系

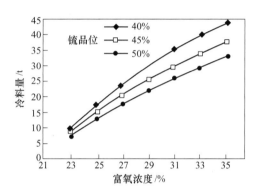

图 2-37　富氧浓度与冷料量的关系

2.3.3　侧吹卧式（P-S）转炉吹炼

2.3.3.1　侧吹卧式转炉结构

关于转炉的详细构造与装置已经有专门的手册作描述，在本书中仅作一般性的介绍。侧吹卧式（P-S）转炉的结构如图 2-38 所示。

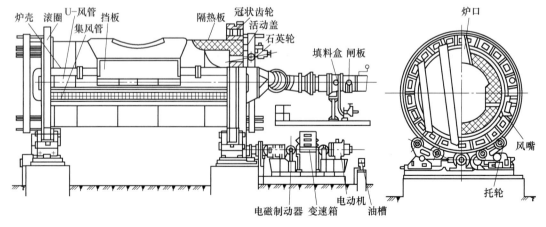

图 2-38　平端盖的转炉结构

　　转炉炉壳是由厚 20~25mm 的锅炉钢板焊接成的圆筒，在炉壳内部衬有耐火材料。早先各国多采用酸性炉衬，后来由于酸性炉衬腐蚀快、炉寿命短、砖耗高而被废除了，目前多基本上采用镁质和镁铬质耐火材料作衬里。

　　炉体上方设置炉口，炉口有圆形和长方形两种。圆形炉口要扩大尺寸有困难，现代转炉大都采用长方形炉口。我国采用的丁水套炉口由 8mm 厚的锅炉钢板焊成，并与保护板（亦称裙板）焊在一起。水套炉口进水温度一般为 25℃ 左右，出水温度一般为 50~70℃。实践表明，水套炉口能够减少炉口黏结物，大大缩短了清理炉口的时间，减轻劳动强度，延长了炉口寿命。

　　转炉多设有密封烟罩，以减少漏风，提高烟气中 SO_2 浓度，改善劳动条件。转炉前部的活动烟罩在加铜锍、倒渣和放铜时启动频繁，且受辐射热强烈烘烤，是整个烟罩中工作条件最差的部分。活动烟罩有水套式和铸钢式两种结构。水套式结构复杂、安全性差，一旦出现漏水将引起铜锍爆炸。铸钢式烟罩为整体耐热铸钢件，要求材料性能好、变形小，比水套式安全、简便、密封性能好。

　　当转炉在加铜锍、倒渣和出铜操作时，炉口离开内层烟罩，冒出的烟气由环保烟罩收集排走，以免烟气泄漏到车间内。环保烟罩由位于上部的固定罩和前部的回转罩两部分构成。

2.3.3.2　转炉吹炼实践

A　作业过程

　　铜锍吹炼造渣期的目的在于获得足够数量的白铜锍（Cu_2S），但并不是注入第一批铜锍后就能立即获得白铜锍，而是分批加入、逐渐富集。在吹炼操作时，把炉子转到停风位置，装入第一批铜锍，其装入量视炉子大小而定。一般使风口浸入液面下 200mm 左右为宜；然后，旋转炉体至吹风位置，边旋转边吹风，吹炼数分钟后加石英熔剂；当温度升高到 1200~1250℃ 以后，把炉子转到停风位置，加入冷料；随后把炉子转到吹风位置，边旋转边吹风，再吹炼一段时间，当炉渣造好后，旋转炉子，当风口离开液面后停风倒出炉渣；之后再加入铜锍，吹炼数分钟后加入石英熔剂，并根据炉温加入冷料；当炉渣造好后倒渣，之后再加铜锍。依此类推，反复进行进料、吹炼、放渣，直到炉内熔体所含铜量满足造铜期要求时为止。这时开始筛炉，即最后一次除去熔体内残留的 FeS，倒出最后一批渣。为了保证在筛炉时熔体能保持 1200~1250℃ 的高温，以便使第二周期吹炼和粗铜浇铸不至于发生困难，有的工厂在筛炉前向炉内加少量铜锍。这时熔剂加入量要严格控制，同时加强鼓风，使熔体充分过热。

　　判断白铜锍获得（筛炉结束）的时间，是造渣期操作的一个重要环节，它是决定铜的直接回收率和造铜期是否能顺利进行的关键。过早或过迟进入造铜期都是有害的。过早地进入造铜期的危害与石英熔剂量不足的危害相同；过迟进入造铜期，会使 FeO 进一步氧化成 Fe_3O_4，使已造好的炉渣变黏，同时 Cu_2S 氧化产生大量的 SO_2 烟气，使炉渣喷出。

　　筛炉后继续鼓风吹炼进入造铜期，这时不向炉内加铜锍，也不加熔剂。当炉温高于所控制的温度时，可向炉内加适量的残极。

　　在造铜期，随着 Cu_2S 的氧化，炉内熔体的体积逐渐减小，炉体应逐渐往后转，以维持风口在熔体面以下一定距离。

造铜期中最主要的是准确判断出铜时机。出铜时，转动炉子加入一些石英，将炉子稍向后转，然后再出铜，以便挡住氧化渣。倒铜时，应当缓慢均匀。出铜后，迅速捅风眼，清除结块。然后装入铜锍，开始下一炉次的吹炼。

B 炉料

转炉吹炼低品位铜锍时热量比较充足，为了维持一定的炉温，需要添加冷料来调节。当吹炼高品位铜锍时，尤其是当铜锍品位为70%左右、采用空气吹炼时，如控制不当就显得热量有些不足；如采用富氧吹炼，情况要好得多。当热量不足时，可适当添加一些燃料（如焦炭、块煤等）补充热量。

国内工厂铜锍品位一般为30%~60%，国外为40%~65%，诺兰达法熔炼可高达73%。铜锍吹炼过程中，为了使FeO造渣，需要向转炉内添加石英石熔剂。由于转炉炉衬为碱性耐火材料，熔剂中SiO_2含量较高，对炉衬腐蚀加快，降低了炉子寿命。通常，熔剂中SiO_2含量宜控制在75%以下。如果所用熔剂SiO_2含量较高，可将熔剂和矿石混合在一起入炉，以降低其SiO_2含量。也有的工厂采用含金银的石英矿或SiO_2含量较高的氧化铜矿作转炉熔剂。生产实践表明，熔剂中含有10%左右的Al_2O_3对保护炉衬有一定的好处。目前，国内工厂多应用含$SiO_2$90%以上的石英石，国外工厂多应用含65%~80%的熔剂。

石英熔剂粒度一般为5~25mm。当熔剂的热裂性好时，最大粒度可达200~300mm。粒度太大，不仅造渣速度慢，而且对转炉的操作和耐火砖的磨损都有影响；粒度太小，熔剂容易被烟气带走，不仅造成熔剂的损失，而且烟尘量增大。熔剂粒度大小还与转炉大小有关，例如8~50t转炉用的石英一般为5~25mm，50~100t转炉采用的石英一般为25~30mm，不宜大于50mm。

铜锍吹炼过程往往容易过热，需加冷料调节温度，并回收冷料中的铜。加入冷料的数量及种类，与铜锍品位、炉温、转炉大小、吹炼周期等有关。铜锍品位低、炉温高、转炉大，需加入的冷料就多。通过热平衡计算可知，造渣期化学反应放出的热量多于造铜期，因此造渣期加入的冷料量通常多于造铜期。由于造渣期和造铜期吹炼的目的不同，对所加冷料种类的要求也不同。造渣期的冷料可以是铜锍包子结块、转炉喷溅物、粗铜火法精炼炉渣、金银熔铸炉渣、溜槽结壳、烟尘结块以及富铜块矿等。造铜期如果温度超过1200℃，也应加入冷料调节温度。不过，造铜期对冷料要求较严格，即要求冷料含杂质要少。通常造铜期使用的冷料有粗铜块和电解残极等。吹炼过程所用的冷料应保持干燥，块度不宜大于500mm。

C 吹炼作业制度与作业技术条件

转炉的吹炼制度有三种：即单炉吹炼、炉交换吹炼和期交换吹炼。目前国内多采用炉交换吹炼，只有贵溪冶炼厂采用期交换吹炼。采用期交换吹炼的目的在于提高转炉送风时率，改善向制酸车间供给烟气的连续性，保证闪速熔炼炉比较均匀地排放铜锍。各种作业制度的详细程序见有关专门手册。作业技术条件主要有供风参数（风量、风压）、温度、炉口压力及炉口漏风系数等，各参数在有关专门手册中已经有详细介绍，本书不再重述。

D 吹炼终点的控制

铜锍转炉吹炼的终点通常是采用观察火焰的颜色；将铁钎通过风口插入熔池，观察铁钎上凝聚物的颜色；用勺取金属样，观察其凝固状态并进行化学分析等方法判断的。这些判断终点的方法存在如下一些缺点：

（1）是否能准确判断吹炼终点取决于操作人员的技术水平；（2）从转炉内用勺取出有代表性的试样有困难；（3）化学分析结果滞后，可能错过吹炼的终点，导致过吹。

造铜期终点是由熔池氧势和温度两者相结合定义的。有人研究用氧探针测量温度和电动势的方法判断吹炼终点。使用的氧探针是由测量温度的 Pt/Pt—Rh 热电偶、Ni/NiO 作参比电极、用 MgO 稳定的氧化锆固体电解质等构成的。依据测量的温度和探针产生的电动势（E），用下面方程计算出熔铜的 $\lg p_{O_2}$，据此判断铜锍吹炼的终点。

电池：

$$Mo/p_{O_2(Ni/NiO)}//ZrO_2MgO//p_{O_{2Cu}}/Fe$$

Ni/NiO 平衡：

$$p_{O_2(Ni/NiO)} = -2.43124 \times 10^4 T^{-1} + 8.75131$$

Fe/Mo 接点电位：

$$E_1 = E_2 - 7.8 + 0.00219t$$

$$\lg p_{O_2(Cu)} = \lg p_{O_2(Ni/NiO)} + nFE_1(2.303RT)^{-1}$$

式中，E_1 和 E_2 分别为实际电动势和测得的电动势，mV；t 为摄氏温度，℃；T 为绝对温度，K。

E 转炉吹炼产物

铜锍转炉吹炼的产物有粗铜、转炉渣、烟尘和烟气。粗铜的具体组成和杂质含量的多少与原料、冷料和熔剂的成分有关。表 2-20 为粗铜成分实例。

表 2-20 粗铜成分实例

序号	Cu/%	Fe/%	S/%	Pb/%	Ni/%	Au/g·t^{-1}	Ag/g·t^{-1}
1	98						
2	98.5	0.01~0.03	0.01~0.4	0.1~0.2	<0.2	150	<2500
3	99.3	0.1	0.2	0.02	0.055		
4	99.1~99.3	0.01	<0.1	0.003~0.03	0.03~0.3	15	160
5	99.3	0.016	0.022	0.01~0.1		30	400
6	99.65	0.0014		0.06	0.033		
7	98.5	0.06	0.1	0.12	0.08	55	1000
8	99.14	0.003	0.022	0.041			

转炉渣铜含量较高，通常为 2%~4.5%。转炉渣中的铜大都以硫化物形态存在，少量以氧化物和金属铜形态存在。转炉渣中的铜必须加以回收，目前有两种回收方式：一种是将转炉渣缓慢冷却、破碎、磨细、浮选，产出渣精矿，然后将其返回到熔炼的配料系统；另一种是根据熔炼方法的不同，将转炉渣以液体或固体状态直接加入熔炼炉内。

如果原料中含有钴，在吹炼过程中钴的化合物主要在造渣期末被氧化造渣，因此造渣末期产出的炉渣可以作为提取钴的原料。表 2-21 为转炉渣成分实例。

表 2-21 转炉渣成分实例 （%）

序号	Cu	Fe	SiO$_2$	S	Co
1	2.7	55.06	36.21	0.62	
2	1~2	40~45	25~28	0.5~1.0	

序号	Cu	Fe	SiO$_2$	S	Co
3	3	52	22~26	2.5	
4	1.5~2.0	45~50	22~25		
5	1.5~2.0	45~50	25~26	2.5	0.2~0.4
6	2.5~3.0	40~56	28		
7	4.5	51.6	21	1.2	

由于转炉的操作制度和转炉的密封条件不同，各个工厂转炉烟气中的 SO$_2$ 浓度也不一样。如采用富氧空气鼓风，烟罩密封好，炉口和烟道系统吸冷风少，则烟气中的 SO$_2$ 浓度就高些；反之，烟气中的 SO$_2$ 浓度就低些。烟气成分实例如表 2-22 所列。

表 2-22　转炉吹炼锍的烟气成分实例

转炉熔量 /t	烟气量 /km^3·(台·h)$^{-1}$	烟气温度 /℃	漏风率 /%	烟气成分/%			
				SO$_2$	SO$_3$	O$_2$	H$_2$O
15	18~20	500	100	4.2		14.5	1.9
20	23~24	300~400	150	2.5~5.5		14.5	
50	38	560~600	150	7.5		11.2	
50	35~40	630	100	5~7		15~17	
80	50~54	330	93	7.5~9.5			
100		300~320	80	8~10		11~12	

转炉烟尘的主要成分是细颗粒的石英、转炉渣、铜锍、金属铜及某些高温下挥发的化合物，如 PbO、ZnO、As$_2$O$_3$、Sb$_2$O$_3$ 等。转炉烟尘率一般为铜锍量的 1%~2.5%。有些工厂烟尘率较高，主要是使用细粉过多的石英熔剂或铜锍中易挥发物质（如锌、铅等）含量较高、风量过大的缘故。通常，出炉烟气含尘为 26~40g/m^3。转炉烟尘颗粒大小不同，其成分也不同。粗颗粒烟尘铜含量较高，可返回到配料工序；而细颗粒烟尘含挥发性金属较多，应当单独处理，以便回收其中的有价金属。转炉烟尘成分实例列于表 2-23。

表 2-23　转炉烟尘成分实例　　　　　　　　　（%）

工厂	尘类	Cu	Pb	Zn	SiO$_2$	Fe	S	Bi	As	Se	Sb
白银	粗尘	31.8	7.12	2.8	10.8	11.4	11.7	0.42		0.04	0.07
白银	细尘	7.2	14	7.5	9.2	8.2	5	0.6			
云铜		4~5	8~21	8~15	3~6	2~3		1~5	2~3		
大冶	电收尘	2.16	29.5	9.9				6.23	3.68	Te 0.04	Cd 0.53
铜陵1	粗尘	35~40	4~8	1~4	1~2	7~8	11~14				
铜陵2	细尘	5~8	30~40	9~11			10~14				
贵冶	细尘	11	0.97	4.2	4.6	15		6.6	9.8		

2.3.3.3　吹炼过程的技术经济指标

铜锍转炉吹炼的各项技术经济指标列于表 2-24。

表 2-24　铜锍转炉吹炼主要技术经济指标

指标名称	转炉容量/t							
	5	8	15	20	50	50	80	100
铜锍品位/%	30~35	25~30	37~42	28~32	20~21	30~40	50~55	55
送风时率/%	76	75~80	80	77~88	85	80~85	70~80	80~85
铜直收率/%	90~95	95	96	80~85	90	95	93.5	94
熔剂率/%	18	23	16~18	18~20	20	16~18	8~10	6~8
冷料率/%	25	15	10~15	7~10	25~30		26~63	30~37
砖耗/kg·t^{-1}	24	19.7	25	60~140	45~60	15~30	4~5	2~5
炉寿命/t·炉期$^{-1}$	1500	1500	1500	1200	2200	17570	26400	
水耗/m^3·t^{-1}					130			
电耗/kW·h·t^{-1}			350~400		650~700		（50~60）	（40~50）

2.3.4　闪速吹炼

2.3.4.1　概述

早在 1969 年，奥托昆普研究中心在半工业试验闪速吹炼炉中第一次生产出了粗铜，以后的扩大研究一直在进行。1995 年 6 月，年处理 1000kt 铜精矿的美国 Utah 冶炼厂闪速熔炼闪速吹炼投产。由于采用了这种工艺，该厂成为了世界上最清洁的冶炼厂。全厂硫的捕收率达 99.9%，SO$_2$ 的逸散率小于 2.0kg/t。制酸尾气中 SO$_2$ 浓度为 （5~7）×10^{-5}，吨铜能耗只有原工艺的 25%。如果铜锍品位适中，吹炼过程可以实现自热，耗水量减少 3/4。Utah 冶炼厂的加料速率可达 82t/h，最大日处理铜锍能力可达 1800t/d。

虽然闪速吹炼系统需要将铜锍水淬、干燥、磨细等附属设施，但由于取消了转炉、吊运系统、钢包等设备和与之配套的烟气冷却、净化及制酸系统，所以在粗铜产量一定的情况下，闪速吹炼炉比 P—S 转炉吹炼时的规模要小得多，因此基建投资较转炉吹炼工艺减少 35%。

闪速吹炼是连续性的作业，易实现自动化控制，生产费用比转炉低 10%~20%，因此具有显著的经济效益。

2.3.4.2　闪速吹炼工艺

A　工艺过程简述

以 Utah 冶炼厂的闪速吹炼工艺为例，闪速熔炼炉产出的高品位铜锍（含铜 68%~70%）经水淬、磨细和干燥后，用风力输送到闪速吹炼炉顶的料仓。磨细的铜锍、石灰和烟尘与含氧 75%~85% 的富氧空气或工业氧气一起从反应塔顶喷入塔内，吹炼成含硫 0.2%~0.4% 的粗铜。

吹炼过程用 CaO 作熔剂，产出含铜约 16%、含 CaO 约 18% 的炉渣。由于采用富氧空气使烟气量减少且稳定，SO$_2$ 浓度高达 35%~40%。烟气经废热锅炉、电收尘器后稀释送制酸。收下来的尘或返回闪速吹炼炉，或返回闪速熔炼炉。

当锍粉由反应塔顶喷嘴喷入炉内后，只有大约 10% 的金属铜生成。在沉淀池内的反应才是生成金属的主要过程。除了过氧化的 Cu$_2$O 与未氧化的 Cu$_2$S 之间发生交互反应外，还有 Fe$_3$O$_4$ 与 Cu$_2$S 生成 Cu 的反应。闪速吹炼的脱硫率几乎是 100%。

闪速吹炼渣的渣含铜为 11%~18%。渣中铜含量与粗铜中硫含量呈反向关系。炉渣返回熔炼炉处理。

B　闪速吹炼炉渣

在炉渣、Fe_3O_4、锍和金属铜四个凝聚相共存的吹炼过程中，大量 Fe_3O_4 的析出将使过程进行非常困难以至无法进行。从热力学上考虑，解决这一问题的途径有温度、氧势和炉渣组成。

从根本上跳出传统的硅酸盐炉渣体系是解决这一问题的最好办法，避免了只考虑提高温度和降低氧势的更困难性。三菱法首次应用 $Cu_2O-Fe_2O_3-CaO$ 体系炉渣，使炉渣在高 Fe_3O_4 含量的情况下仍然能略保持均匀相，从而成功地实现了连续吹炼。

C　闪速吹炼的技术数据

表 2-25 和表 2-26 分别列出了目前世界上三个闪速吹炼工厂的锍与粗铜成分。表 2-27 为各厂的闪速吹炼生产数据。

表 2-25　闪速吹炼的炉料成分

冶　炼　厂	成分/%							
	Cu	Fe	S	Pb	As	Sb	Bi	Zn
Utah 厂（锍）	71	5.3	21.4	0.7	0.3	0.035	0.015	
Olympic Dam 厂[①]（精矿）	57[②]	12	24	Al_2O_3 1	SiO_2 2	CaO 0.1	其他 4	

①该厂所报道的数据在刊物上发表的与有关会议上报道的有出入。

②矿物组成：斑铜矿 38%，蓝辉铜矿 21%，黄铜矿 5%，铜蓝 19%，黄铁矿 2%，SiO_2 2%，赤铁矿 7.5%。

表 2-26　闪速吹炼产物粗铜的成分

冶　炼　厂	锍成分/%							
	Cu	Fe	S	Pb	As	Sb	Bi	Zn
美国 Utah	~0.8	—	0.3	0.016~0.067	0.24~0.35	0.018~0.027	0.009~0.015	0.004~0.011
澳大利亚 Olympic Dam[①]	93	<0.1	1.2	0.0005~0.004	0.01~0.04	0.0002~0.001	0.005~0.012	—
秘鲁 Ilo				0.3~0.9				

①该厂所报道的数据在刊物上发表的与有关会议上报道的有出入。

表 2-27　闪速吹炼生产数据

项　　目		单　　位	Utah 厂[①]	Olympic Dam 厂[②]	Il0 厂[③]
吹炼闪速炉尺寸	反应塔（$\phi \times h$）	m×m	4.25×0.5	2.5×4	6.6×6.81
	沉淀池（$l \times w$）	m×m	18.75×6.5	10.5×4	28.0×8.5
吹炼锍量		t/a	1290		
锍加入速率		t/h	0.1	50~70（精矿）	70.3
日产粗铜		t/d	811		756
入炉锍品位		%	71		65
富氧浓度		%	75~85	85~90	68.2

续表 2-27

项 目	单 位	Utah 厂①	Olympic Dam 厂②	Il0 厂③
吹炼渣温度	℃	1260	1310	
吹炼渣成分	%	Cu 16, CaO 18	Co 19~30, Fe 30~35, SiO_2 15~20, Al_2O_3 3~4	Cu18
烟气 SO_2 浓度	%	35~40		43.3

①Utah 冶炼厂闪速吹炼炉 1999 年 3~6 月生产数据（平均值）。
②该厂所报道的数据与国际会议及在杂志上发表的数据有出入。
③设计值。

我国南昌冶金设计院对某厂的改造方案计算指出，新建设一台 $\phi4m \times 7m$ 的闪速吹炼炉，以供年产 10kt 电铜之粗铜。含废热锅炉、制酸与氧气站在内的总投资为同样规模的侧吹式转炉的 93.4%。闪速熔炼在大、中规模冶炼厂中的应用有很大的优越性。

2.3.5 其他吹炼方法

顶吹式熔炼是指喷枪（风口）由炉顶插入，有浸没（于熔体中）式和非浸没式（亦称吊吹）两种。澳斯麦特吹炼炉属于前者，我国金川的氧气顶吹（自然）炉与氧气斜吹旋转炉属于后者。

2.3.5.1 澳斯麦特炉吹炼

澳斯麦特熔炼炉产出的铜锍通过溜槽放入到吹炼炉，进行连续地吹炼，直至吹炼炉内有 1.2m 左右高度的白锍时停止放锍，结束第一阶段；然后开始将这一批白锍吹炼成粗铜，吹炼渣被水淬成颗粒，返回到熔炼炉。吹炼炉采用铁硅酸盐渣型，操作参数及其指标如表 2-28 所示。

表 2-28 侯马冶炼厂澳斯麦特吹炼炉操作参数及其指标

参数或指标	数 量		参数或指标	数 量	
	设计值	实际值		设计值	实际值
入炉锍品位/%	≥60	57.9~54.02	吹炼温度/℃	1250	
入炉锍速率/t·h⁻¹	23.7		富氧浓度/%		40~45
第1阶段白锍品位/%	≥80		炉渣中 Fe/SiO_2	约1.4	1.19
粗铜品位/%	≥97.5	99.29	吹炼作业率/%		67.6
粗铜含硫/%	≥0.2	0.506	吹炼直收率/%		83.01
粗铜含铁/%	≥0.1		1炉次换枪次数		0.61
吹炼渣含铜/%	≥15	10.82~11.94	1炉次产量/t	38	27.92
吹渣中 Fe_3O_4/%		18	1炉次作业时间/h		8

2.3.5.2 三菱法吹炼

三菱法连续熔炼中的吹炼炉也是顶吹形式的一种。在一个圆形的炉中用直立式喷枪进行吹炼。喷枪内层喷石灰石粉，外环层喷含氧为 26%~32% 的富氧空气。从熔炼炉流入吹炼炉的锍品位为 68%~69%，粗铜品位为 98.5%，含硫 0.05%。炉渣为铜冶炼中首创的铁酸钙渣。

　　在喷吹方式上，三菱法不同于澳斯麦特法。三菱法将空气、氧气和熔剂喷到熔池表面上，通过熔体面上的薄渣层与锍进行氧化与造渣反应（也有部分反应发生在熔池表面），炉渣、锍和粗铜各层熔体处于相对静止状态。这种情况决定了三菱法必须使用 Fe_3O_4 不容易析出的铁酸钙均相渣，而且要保证渣层是薄的（限制锍中的铁量），全部吹炼过程是在熔体内部进行的，锍和渣处于混合搅动状态，吹炼温度较高（1300℃）。此外三菱法的喷枪是随着吹炼的进行不断地消耗，澳斯麦特喷枪头需定期更换。

2.4　粗铜的火法精炼

2.4.1　概述

　　铜锍吹炼产出的粗铜中，含 98.5%～99.5% 的铜、0.5%～1.5% 的杂质和一定数量的具有回收价值的稀贵金属。杂质主要是镍、铅、砷、锑、铋、铁、硫和氧，需要除去，稀贵金属需要回收，所以必须对粗铜进行精炼。

　　粗铜精炼的流程基本上有三个：

　　（1）粗铜经过火法精炼直接产出商品铜，此流程不能回收金、银等有价金属，产品只能应用于某些要求较低的机械工业。

　　（2）粗铜直接铸成阳极进行电解精炼，但由于粗铜表面不平整、气孔多、有夹渣、氧和硫含量过高，导致电解的电流效率低、电能消耗大，净液量、阳极泥、残极率都太大，电铜质量低。

　　（3）粗铜经火法精炼铸成阳极后进行电解精炼，可得到性能良好的高纯度铜，并可回收其中的有价金属。大多数工厂采用此流程。

2.4.2　粗铜火法精炼的工艺流程和基本原理

2.4.2.1　粗铜火法精炼的工艺流程

　　粗铜的火法精炼是在精炼炉中将固体粗铜熔化或直接装入粗铜熔体，然后向其中鼓入空气，使熔体中对氧亲和力较大的杂质（如锌、铁、铅、锡、砷、锑、镍等）发生氧化，以氧化物的形态浮于铜熔体表面形成炉渣，或挥发进入炉气而除去，残留在铜熔体中的氧经还原脱去后，铜即可浇注成电解精炼用的阳极板的过程。粗铜火法精炼的工艺流程如图 2-39 所示。

2.4.2.2　粗铜火法精炼的理论基础

　　粗铜的火法精炼包括氧化与还原两个主要过程。氧化过程主要是除去铜中有害杂质，而还原过程则主要是排除铜中的氧。

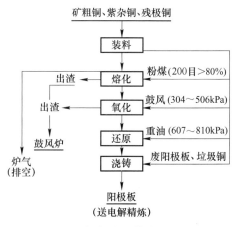

图 2-39　粗铜火法精炼工艺流程

A 氧化过程

氧化精炼的基本原理在于，铜中多数杂质对氧的亲和力大于铜对氧的亲和力，且杂质氧化物在铜水中的溶解度很小。在空气鼓入铜熔体时，杂质便优先被氧化除去。但铜是粗铜的主体，杂质含量较低。根据质量作用定律，事实上首先氧化的是铜：

$$4[\mathrm{Cu}] + \mathrm{O} = 2[\mathrm{Cu_2O}]$$

生成的 $\mathrm{Cu_2O}$ 溶解于铜熔体中，能较好地与铜熔体中的杂质接触。由于杂质对氧的亲和力大于铜对氧的亲和力，杂质与 $\mathrm{Cu_2O}$ 接触后即把 $\mathrm{Cu_2O}$ 中的氧夺取过来，发生下列反应：

$$[\mathrm{Cu_2O}] + [\mathrm{Me}] = (\mathrm{MeO}) + 2[\mathrm{Cu}]$$

式中，Me 表示杂质元素，生成的 MeO 被除去。

通常，杂质并不能完全被氧化除去。由 $K = \dfrac{a_{(\mathrm{MeO})}}{a_{[\mathrm{Cu_2O}]} a_{[\mathrm{Me}]}}$ 得

$$x_{[\mathrm{Me}]} = \frac{a_{(\mathrm{MeO})}}{K \cdot \gamma_{[\mathrm{Me}]} \cdot a_{[\mathrm{Cu_2O}]}}$$

式中，$a_{[\mathrm{Me}]}$ 是杂质在铜液中的极限浓度，且 $a_{[\mathrm{Me}]} = \gamma_{[\mathrm{Me}]} \cdot x_{[\mathrm{Me}]}$。可见，杂质的残留量主要与铜液中 $\mathrm{Cu_2O}$ 的活度、该杂质的活度系数以及平衡常数成正比。这就要求 $\mathrm{Cu_2O}$ 在铜中始终保持饱和状态和大的 K 值。由于杂质氧化为放热反应，温度升高时 K 值变小，所以氧化精炼时温度不宜太高，一般在 1150~1170℃。由 Cu-$\mathrm{Cu_2O}$ 系状态图（见图 2-40）和表 2-29 可知，在此温度下铜液中 $\mathrm{Cu_2O}$ 的饱和度约为 8%。

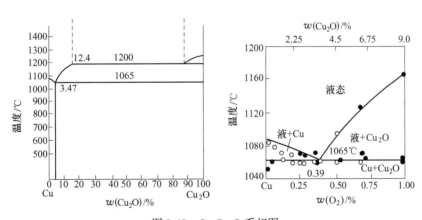

图 2-40 Cu-$\mathrm{Cu_2O}$ 系相图

表 2-29 铜液中 $\mathrm{Cu_2O}$ 的溶解度

温度/K	1373	1422	1473	1523
溶解度/%	5	8.3	12.4	13.1

铜中残留杂质的浓度还与渣中该杂质氧化物活度成正比，必须选择适当的溶剂使其造渣和及时扒渣，以降低渣相中杂质氧化物的活度。氧化过程还与炉气分压、杂质及其氧化物的挥发性、密度、造渣性能及熔池搅动情况等因素有关。$\mathrm{Cu_2O}$ 在氧化精炼中起着氧化剂或氧的传递者的作用。按氧化除去难易程度，可将杂质分成三类：

（1）容易氧化除去的杂质，包括铁、钴、锌、锡、铅和硫等。铁对氧的亲和力大且造渣性能好，精炼的可降至万分之一的程度。钴与铁相似，它将形成硅酸盐和铁酸盐被除去。锌大部分以金属锌形态挥发，其余的锌被氧化成硅酸锌和铁酸锌入渣。锡在精炼时氧化成成 SnO 和 SnO_2，前者呈碱性，易与 SiO_2 造渣；后者则须加入碱性的苏打或石灰等才能形成 $NaO \cdot SnO_2$ 或 $CaO \cdot SnO_2$ 等锡酸盐造渣除去。铅可以氧化成 PbO，与炉底或吹入的 SiO_2 造渣，更有效的是采用磷酸盐和硼酸盐两种造渣形式除铅。硫在粗铜中主要以 Cu_2S 形式存在，要使硫降至 0.008% 以下，在 1200℃ 时使铜水含 O_2 0.1% 即可。实践中常将氧的浓度提高到 0.9%~1.0%，保持熔体中 Cu_2O 为饱和状态。同时，采用低硫（硫含量小于 2%）的重油供热，炉气中 SO_2 浓度低于 0.1%，温度为 1200℃，并使炉内为中性或微氧化性气氛。

（2）难以除去的杂质，包括镍、砷和锑等。镍在熔化期和氧化期只能缓慢氧化，氧化生成的 NiO 分布在炉渣和铜水中。NiO 生成 $NiO \cdot Fe_2O_3$ 造渣除去，使铜中的镍含量降至 0.2%~0.4%。铜中常有少量的砷和锑，它们与镍生成镍云母 $6Cu_2O \cdot 8NiO \cdot 2As_2O_5$ 和 $6Cu_2O \cdot 8NiO \cdot 2Sb_2O_5$，这是这些杂质难除去的主要原因。可加入 Na_2CO_3 分解和破坏镍云母，以减少这些化合物在铜水中的溶解。当阳极含 $w(Ni) < 0.6\%$ 时，不会影响电解精炼的进行。将砷和锑氧化为 As_2O_3 和 Sb_2O_3 挥发，也可用苏打或石灰等碱性熔剂使砷、锑形成不溶于铜中的砷酸盐和锑酸盐造渣除去，还可用石灰和萤石混合熔剂使砷、锑造渣。

（3）不除或少除的杂质，包括金、银、硒、碲和铋等。金、银和铂族金属等在氧化精炼时不会氧化，只有极少部分被挥发性化合物带入烟尘。硒、碲除少量氧化成 SeO_2 和 TeO_2 随炉气带走外，大部分仍留在铜中。铋在氧化精炼时除去得极少，因铋对氧的亲和力与铜相差不大。

B　还原过程

我国大部分厂家采用重油做还原剂，也有采用天然气、氨、液化天然石油气、丙烷以及插木法进行还原的。重油的主要成分为各种碳氢化合物，高温下分解为氢和碳，而碳燃烧为 CO，所以重油还原实际上是 H_2 和 CO 对 Cu_2O 的还原，反应如下：

$$Cu_2O + H_2 \Longrightarrow 2Cu + H_2O$$
$$Cu_2O + CO \Longrightarrow 2Cu + CO_2$$

氢还原温度始于 248℃，在精炼温度下进行得极为激烈。在 Cu_2O 饱和的铜液中可视，$a_{Cu_2O} = 1$，在 1050℃ 时得：

$$K_p = p_{H_2O}/p_{H_2} = 10^{41}$$

可见，混合气体中只要有极少的 H_2，还原即可进行。

CO 还原反应的平衡常数可写为：

$$K_p = \frac{a_{[Cu]}^2 \cdot p_{CO_2}}{a_{[Cu_2O]} \cdot p_{CO}}$$

1100℃ 下的理论计算值列于表 2-30，可见 Cu_2O 很容易被 CO 还原。

铜中含氧过多会使铜变脆，延展性和导电性都变坏。铜中含氢过多，铸成的阳极会造成气孔，对电解精炼非常不利。铜水中基本上不溶解 CO_2、H_2O、N_2，但对 O_2、SO_2 和 H_2 的溶解能力较强。重油还原时的氢浓度大，它以原子状态进入铜水中，即：

$$H_2 \Longrightarrow 2H, \quad K = a_H^2 / p_{H_2}$$

表 2-30　Cu₂O 还原反应的 CO 浓度值

铜液中的 Cu₂O 浓度		$\lg \dfrac{p_{CO}}{p_{CO_2}}$	CO 与 CO₂ 总和中的 CO 体积分数/%	p_{CO}/Pa
质量分数/%	摩尔分数/%			
3.31	1.50	-4.64	0.002	2.0
0.23	0.10	-3.46	0.035	34.7
0.01	0.004	-2.18	0.850	813.3

相对地说，铜中的氢浓度不大，故可说 $a_H = x_{[H]}$，所以 $x_{[H]} = \sqrt{K \cdot p_{H_2}}$，即氢在铜水中的溶解度与其分压的平方根成正比。

为了降低铜中的含氢量，可以采取防止过还原和严格控制铸锭温度的方法。过还原时，由于铜水含氧极少，引起含氢急增（见图 2-41）。所以精炼铜中含氧量一般控制在 0.05%~0.2%，铜线锭含氧 0.03%~0.05%，而铸锭温度应尽可能低（1100~1140℃），因氢在铜水中的溶解度随温度升高而急剧增加（见图 2-42）。

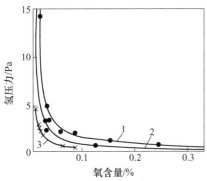

图 2-41　铜液中氢、氧与平衡气相
压力的关系（1155℃）

1—p_{H_2O} =47330Pa；2—p_{H_2O} =31198Pa；3—p_{H_2O} =12332Pa

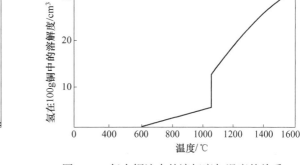

图 2-42　氢在铜液中的溶解度与温度的关系

2.4.3　粗铜火法精炼的设备及工艺

粗铜火法精炼炉有固定式反射炉和回转式精炼炉两种。回转式精炼炉比固定式反射炉的精炼效果更好，因此目前越来越多的工厂采用回转式精炼炉。

2.4.3.1　固定式反射炉精炼

A　固定式反射炉结构

反射炉是传统火法精炼设备，具有结构简单，易操作等特点。常用于处理粗铜、杂铜等固体冷料，也可以处理熔融的吹炼泡铜，可以烧固体、液体或气体燃料加热。反射炉的容积与尺寸的变化范围很大，其处理能力从 1t 到 400t，规模适应性很强。处理冷料较多和生产规模较小的工厂，多采用反射炉来精炼粗铜。

精炼反射炉的熔炼空间一般长为 5~15m，宽为 2~5m，容量为 50~300t。容量为 120t 的固定式火法精炼反射炉结构如图 2-43 所示。

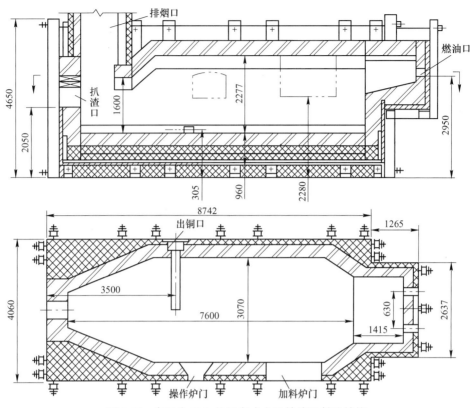

图 2-43 容量为 120t 的固定式火法精炼反射炉结构

B 固定式反射炉的精炼工艺

铜精炼工艺每一炉次都包括加料、熔化、氧化、还原和浇注五个步骤。

(1) 反射炉的加料。加料是精炼炉操作的第一道工序，精炼炉原料一般有两种，即液态料和固态料。液态料指转炉铜水，而固态料主要有粗铜锭、残极、铜线等。加料之前，须先封好出铜口，以防跑铜。加料方式视炉料性状而定，液态料用吊车吊运，从炉门或进铜口直接倒入炉内；固态料则用装料机加入。

(2) 炉料的熔化。加料完毕后，关闭炉门，调整燃烧装置，增大炉子抽力，使炉温保持在 1573K 以上，炉内为氧化气氛。熔化时可用铁管往熔池深处鼓入空气，以此搅拌熔体，加快熔化速度，并促使杂质氧化。当炉料全部熔化后，扒出铜熔体表面的浮渣，熔化作业结束。

(3) 氧化精炼。氧化是火法精炼的重要过程，杂质的氧化不是由鼓入的空气直接氧化，而是由熔体中的 Cu_2O 来氧化。氧化精炼一方面要增大烟道抽力，提高空气过剩系数，使炉内呈氧化气氛；另一方面还要用多根铁管，把 $101.3\sim202.6kPa$ 的压缩空气导入熔体中，使整个熔体处于沸腾状态，增加空气与杂质、空气与铜、Cu_2O 与杂质的接触面，以强化氧化过程。氧化过程中，初期炉渣主要是杂质的氧化物，呈黑色。随着氧化反应的进行，Cu_2O 进入炉渣，颜色由黑变红。氧化时间的长短取决于铜中杂质含量的多少。若铜中含砷、锑、镍、铅等杂质多时，须反复加熔剂和扒渣才能将杂质除到要求的程度，故所需氧化时间较长。如 100t 容量的反射炉，处理含铅为 0.3% 左右的铜料时，氧化时间长达 3~5h。要缩短氧化时间,可从两方面进行考虑,首先是提高加入熔剂的造渣率,一般熔剂粒度为 1~2mm,含 SiO_2 不小于 90%,用压缩风将其直接喷入铜熔体中,以增加熔剂和杂质氧化物的接触机会,并经常变换氧化管的插入位置;其次是控制铜熔体温度,否则会出现稀渣现象,影响浮渣的正常扒出,一旦出现稀渣,可向熔体表面加入一定量的大粒石英(粒度通常为 20~30mm),加入后马上进行扒渣。

(4)Cu_2O 的还原。还原的目的是把氧化后残留在铜水中的 Cu_2O 还原成金属铜。还原过程要降低炉子抽力,使炉内保持还原气氛,炉温保持在 1473K 左右,以降低铜熔体对 Cu_2O 的溶解度和对 H_2 的吸收能力。还原期由于还原剂的燃烧,铜熔体温度变化不大,故还原期不必向炉内供热。还原终点的标志是试样断面呈玫瑰红色,结晶致密,并具有金属光泽。试样薄片柔软,弯曲时不易断裂。还原完毕,精心扒去铜熔体表面的浮渣后,用木炭或含硫低的石油焦炭覆盖以防止氧化,然后进行浇注。

(5)阳极板的浇注。还原完毕后,马上开流浇注。浇注系统主要设备有流槽、中间包、浇注机、阳极输送线等。出铜前,先烘烤流槽、中间包,否则会发生翻包、翻流槽事故而影响浇注。

2.4.3.2 回转式精炼炉精炼

A 回转式精炼炉结构

回转式精炼炉是 20 世纪 50 年代后期开发的火法精炼设备,据不完全统计,目前世界上有 40 多家炼铜厂采用,每年精炼铜量达 4000kt。回转炉炉体为圆筒形,设置有 2~4 个风口、一个炉口和一个出铜口,可做 360°回转。当炉体转动将风口埋入液面下,便可进行精炼过程的氧化还原作业。回转式精炼炉的结构如图 2-44 所示。

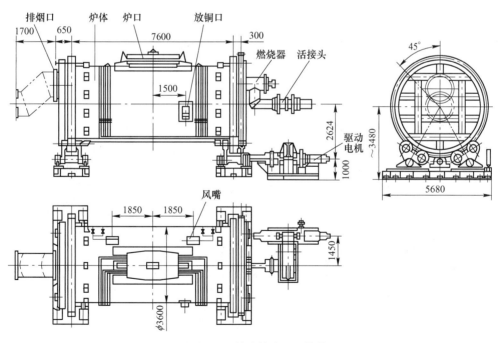

图 2-44 回转式精炼炉的结构

B　回转式精炼炉的精炼工艺

为充分发挥回转炉生产的优势,可采取两台炉子热态交互配合运行。每个炉期同样包括加料、氧化、倒渣、还原、浇注五个阶段。

2.4.4　火法精炼的主要经济技术指标

粗铜火法精炼特征的技术经济指标,主要有炉子的单位生产率、燃料单耗及还原剂单耗等。其受很多因素的影响,如原料的性质、所采用的技术条件和操作等,因此,在同行业中进行比较时要根据具体情况而定。

(1) 铜的总回收率计算公式如下:

$$铜的总回收率 = \frac{阳极板含铜量}{装入原料含铜量 - 回收品含铜量} \times 100\%$$

火法精炼铜的总回收率一般为 99% ~ 99.5%。

(2) 铜的直收率计算公式如下:

$$铜的直收率 = \frac{阳极板含铜量}{装入原料含铜量} \times 100\%$$

火法精炼铜的直收率一般波动在 93% ~ 96% 之间。

(3) 燃料单耗。液态料的燃料率为 6% ~ 10%,固态料为 10% ~ 15%。如用重油作燃料,液态料的重油单耗为 47kg/t。

(4) 造渣率。液体燃料供热的精炼炉,造渣率通常为 1.5% ~ 4%。

(5) 床能率。精炼反射炉的床能率指一昼夜内每平方米炉床面积上所处理的炉料量,单位为 t/(m² · d)。

2.5　铜的电解精炼

2.5.1　概述

火法精炼产出的阳极铜中铜的品位一般为 99.2% ~ 99.7%,其中还含有 0.3% ~ 0.8% 的杂质,杂质主要为砷、锑、铋、镍、钴、铁、锌、铅、氧、硫和金、银、硒、碲等。有些杂质含量虽不多,但能使铜的使用性能或加工性能变坏。如铜中砷含量只要达 0.0013%,就使铜的电导率降低 1%;铅含量只要达 0.05%,铜即变热脆,难以加工。火法精炼难以把这些杂质除去到能满足各种应用的要求。有些杂质,其本身具有回收价值,如金、银、硒、碲等,而火法精炼时难以回收。为了提高铜的性能,使其达到各种应用的要求,同时回收其中的有价金属,必须进行电解精炼。

电解精炼的目的就是把火法精铜中的有害杂质进一步除去,得到既易加工又具有良好使用性能的电解铜,同时回收金、银、硒、碲等有价金属。

2.5.2　铜电解精炼的基本原理

(1) 阳极反应。铜电解精炼时,在阳极上进行如下氧化反应:

$$Cu - 2e \Longrightarrow Cu^{2+} \qquad\qquad E^{\ominus}_{Cu/Cu^{2+}} = 0.34V$$

$$Me - 2e \Longrightarrow Me^{2+} \qquad E_{M/Me^{2+}}^{\ominus} < 0.34V$$

$$H_2O - 2e \Longrightarrow 2H^+ + \frac{1}{2}O_2 \qquad E_{H_2O/O_2}^{\ominus} = 1.229V$$

$$SO_4^{2-} - 2e \Longrightarrow SO_3 + \frac{1}{2}O_2 \qquad E_{SO_4^{2-}/O_2}^{\ominus} = 2.42V$$

式中，Me 只指 Fe、Ni、Pb、As、Sb 等比 Cu 更具负电性的金属。因其含量很低，其电极电位将进一步降低，从而将优先溶解进入电解液。由于阳极的主要组成是铜，因此阳极的主要反应是铜溶解形成 Cu^{2+} 的反应。至于 H_2O 和 SO_4^{2-} 失去电子的氧化反应，由于其电极电位比铜正得多，故在阳极上是不可能进行的。另外，如 Ag、Au、Pt 等电位更正的贵金属、铂族金属和稀散金属，更不能溶解而落到电解槽底部。

（2）阴极反应。在阴极上进行还原反应：

$$Cu^{2+} + 2e \Longrightarrow Cu \qquad E_{Cu/Cu^{2+}}^{\ominus} = 0.34V$$

$$2H^+ + 2e \Longrightarrow H_2 \qquad E_{H_2/H^+}^{\ominus} = 0V$$

$$Me^{2+} + 2e \Longrightarrow Me \qquad E_{Me/Me^{2+}}^{\ominus} < 0.34V$$

氢的标准电极较铜负，且在铜阳极上的超电压使氢的电极电位更负，所以在正常电解精炼条件下，阴极不会析出氢，而只有铜的析出。同样，标准电位比铜低而含量又小的负电性金属 Me，在阴极析出也是不可能的。

（3）一价铜离子的影响。电解过程中还形成一价铜离子 Cu^+ 并建立下列平衡：

$$2Cu^+ \Longrightarrow Cu^{2+} + Cu \qquad K = \frac{C_{Cu^{2+}}}{C_{Cu^+}^2}$$

在电极上不断生成 Cu^+ 的情况下，溶液中 H_2SO_4 不断减少而 Cu^{2+} 不断增加，同时还按 $Cu_2SO_4 \Longrightarrow CuSO_4 + Cu$ 反应形成铜粉。铜粉进入阳极泥，使其中的贵金属含量下降。

（4）阳极上杂质的行为。阳极上的杂质，按其在电解时的行为可分为以下四大类：

1）正电性金属和以化合物存在的元素。金属和铂族金属为正电性金属。他们在阳极上不进行电化学溶解而落入槽底，少量银能以 Ag_2SO_4 形式溶解，加入少量 Cl^-（HCl）则形成 AgCl 进入阳极泥。阴极含这些金属是阳极泥机械夹带所致。氧、硫、硒、碲为以稳定的化合物存在的元素，它们以 Cu_2S、Cu_2O、Cu_2Te、Cu_2Se、Ag_2Se、Ag_2Te 等形态存在于阳极中，也不进行电化学溶解，而落入槽底组成阳极泥。

2）在电解液中形成不溶化合物的铅和锡。铅在阳极溶解时形成不溶性的 $PbSO_4$ 沉淀。锡能以二价离子进入电解液，进一步氧化则成为四价锡：

$$SnSO_4 + \frac{1}{2}O_2 + H_2SO_4 \Longrightarrow Sn(SO_4)_2 + H_2O$$

它很容易水解沉淀而进入阳极泥中：

$$Sn(SO_4)_2 + 2H_2O \Longrightarrow Sn(OH)_2SO_4(s) + H_2SO_4$$

3）负电性的镍、铁、锌。经火法精炼后，铁和锌在阳极中含量极微，电解时它们溶入电解液中。金属镍可电解溶解于电解液，一些不溶性化合物（如氧化亚镍和镍云母）会在阳极表面形成不溶性的薄膜，使槽电压升高，甚至会引起阳极钝化。

4）电位与铜相近的砷、锑、铋。由于它们的电位与铜相近，故电解时可能在阴极上放电析出，并且会生成极细的 $SbAsO_4$ 及 $BiAsO_4$ 等砷酸盐，它们是一种絮状物，漂浮在电解液中，机械地黏附在阴极上。这种机械黏附在阴极上的砷锑，相当于砷锑放电析出量的两倍。而且，锑进入阴极的数量比砷大，因此锑的危害更为突出。

在电解过程中，杂质在电解液内不断积累，当其含量达到某一程度时，就会影响到电铜质量，所以电解液需要净化。

2.5.3 铜电解精炼的工艺流程

铜的电解精炼是以火法精炼铜为阳极，纯铜片为阴极，硫酸和硫酸铜的水溶液为电解液，在直流电的作用下，阳极上的铜和比铜更负电性的金属电化溶解，以离子状态进入电解液；比铜更正电性的金属和某些难溶化合物不溶于电解液，而以阳极泥形态沉淀；电解液中的铜离子在阴极上电化析出，成为阴极铜，从而实现了铜与杂质的分离；电解液中比铜更负电性的离子积聚在电解液中，在净液时除去；阳极泥进一步处理，回收其中的有价金属；残极送火法精炼重熔。铜电解精炼的工艺流程如图 2-45 所示。

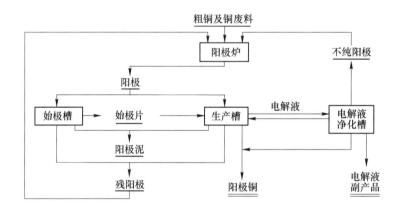

图 2-45　铜电解精炼工艺流程

2.5.4 铜电解的生产实践

铜电解精炼的主要设备是电解槽（见图 2-46）。它是一个长方形的钢筋混凝土槽子，无盖，内衬铅皮或聚氯乙烯塑料。槽宽 850～1200mm，高 1000～1500mm，长 3000～5000mm。电解槽放在钢筋混凝土立柱架起的横梁上，槽底四角垫以瓷砖或橡胶板进行电绝缘。槽侧壁槽沿上铺有瓷砖或塑料板，于其上再放槽间导电铜板，阴极和阳极搭在此导电铜板上，相邻槽隔有 20～40mm 空隙，使槽间绝缘。

阳极由火法精炼铜铸成，宽 650～1000mm，长 700～1100mm，厚 35～50mm。上方有两耳，一耳搭在导电板，另一耳搭在槽沿的瓷砖上。阳极铜含量要高于 99.2%，对会引起钝化和严重影响阴极质量的杂质（如铅、氧、砷、锑等）的含量要严格控制，并要求表面平整无毛刺、厚度均匀。

母板为厚 3～4mm 的紫铜板。近年来不少工厂已改用钛板作母板，因为用钛板时不用涂板，并因铜片和钛板的传热率及热膨胀系数差别很大，将电积有铜阳极片的钛板放入 0～20℃ 的水中时，铜始极片即自行脱落。

装到电解槽的阳极数为 32～46 块，阴极比阳极多一块。阳极寿命为 20～30 天，阴极

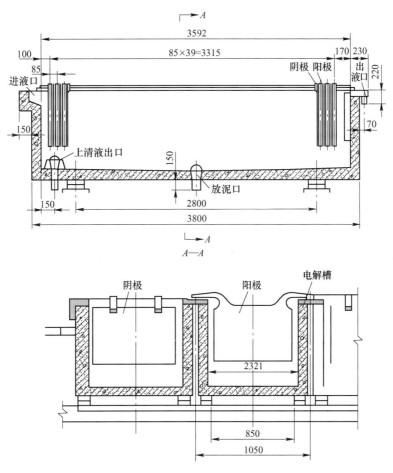

图 2-46　铜电解槽安装关系图

寿命为阳极的 $\frac{1}{3} \sim \frac{1}{2}$。电解边缘与电解槽壁相距 50～70mm，与槽底相距 200～300mm，同极中心相距 70～100mm。电解槽内电极间的电路为并联连接，槽与槽间的电路为串联连接，此即所谓的复联法，如图 2-47 所示。

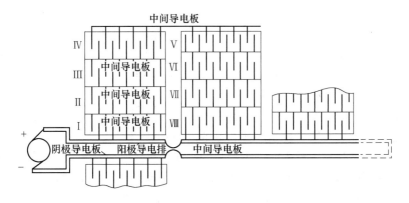

图 2-47　复联法连接示意图

阴、阳极的组成如表 2-31 所示。除此以外，电解液还含有某些添加剂，例如一般工厂为：动物胶 $25\sim50g/t$，硫脲 $20\sim50g/t$ 和干酪素 $15\sim40g/t$。

表 2-31　电解精炼厂的阳极和阴极成分

元素	阳极/%		阴极/%	
	国内	国外	国内	国外
Cu	99.2~99.7	99.4~99.8	99.95	99.99
S	0.0024~0.015	0.001~0.003	0.00	0.0004~0.0007
O	0.04~0.2	0.1~0.3	0.002	—
Ni	0.09~0.15	0.02	微量~0.007	—
Fe	0.001	0.002~0.003	0.005	0.0002~0.0006
Pb	0.01~0.04	0~0.1	0.005	0.0005
As	0.02~0.05	0~0.03	0.002	0.0001
Sb	0.018~0.3	0~0.03	0.002	0.0002
Bi	0.0026	0~0.01	0.002	微量~0.0003
Se	0.017~0.025	0~0.02	—	0.0001
Te	—	0~0.001	—	微量~0.0001
Ag	0.058~0.1	微量~0.1	—	0.0005~0.001
Au	0.003~0.07	0~0.005	—	0~0.0001

电解液中 Cu^{2+} 浓度过低不能保证足够的 Cu^{2+} 在阴极上沉积时，就有可能使杂质析出；然而 Cu^{2+} 浓度过高又会增大电解液电阻，还可能在阳极表面出现 $CuSO_4 \cdot 5H_2O$ 结晶。

H_2SO_4 可提高电解液的导电性，但 H_2SO_4 浓度提高，电解液中 $CuSO_4$ 溶解度则相应下降。

镍、砷、锑、铁等杂质含量增高时，会增大电解液电阻，降低 $CuSO_4$ 的溶解度和影响阴极质量，故对其量必须严格控制。

电解液的温度一般为 $55\sim60$℃。适当提高温度对 Cu^{2+} 扩散有利，并使电解液成分更加均匀，但温度过高反而增大化学溶解和电解液蒸发。

添加剂的作用是控制阴极表面突出部分的晶粒，不让其继续长大，从而促使电积物均匀、致密。添加剂是导电性较差的表面活性物质，它容易吸附在突出的晶粒表面上而形成分子薄膜，抑制阴极上活性区域的迅速发展，使电铜表面光滑，改善了阴极质量。国内外均采用联合添加剂。

电解液中的 Cl⁻可生成 AgCl 和 PbCl₂ 沉淀，防止阴极产生树枝状结晶。有时还在电解液中加入少量絮凝剂，以加速悬浮的阳极泥沉淀。

为了减少电解液组成的浓度差，电解液在电解槽内必须循环。循环方式有上进下出和下进上出两种，前者有利于阳极泥沉降且液温比均匀，故常被采用。电解液循环系统如图 2-48 所示。

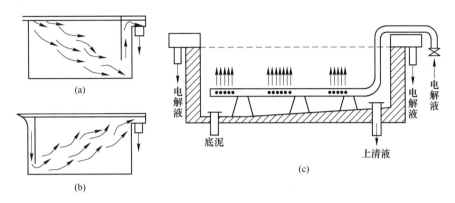

图 2-48　电解液循环方式
(a) 上进下出；(b) 下进上出；(c) 新式下进上出

随着电解槽的大型化、电极间距的缩短以及电流密度的提高，为保持槽内电解液的成分与温度的均匀，一些工厂采用电解液沿阴极板面平行流动的方式，即采用槽底中央进液、槽上两端出液的新式下进上出的循环方式。新式下进上出与常规下进上出的循环方式对生产效果的影响比较如下：

	给液量 /L·min⁻¹	Cu²⁺浓度差 /g·L⁻¹	温度差 /℃	槽电压 /MV	电效 /%
常规循环方式	20	6~7	2~3	330	95~96
新式循环方式	50	2~3	0~1	300	98

电解液的循环速度主要取决于电流密度、槽子大小、循环方式与阳极成分等。当电流密度提高时，循环速度便应加快，以减少浓差极化。

电解精炼重要的技术参数是电流密度，它与生产率、电耗和生产成本紧密相连。电流密度 D_k 是指每平方米阴极表面上通过的电流，即 A/m^2。提高电流密度可增大铜产量，但同时也会增大槽电压和电能消耗，增大循环速度和金银损失。存在一个在允许电流密度范围内经济上最合理的电流密度，长期实践认为此值为 $220~240A/m^2$。

在高电流密度作用下，阴、阳极间的 Cu²⁺浓度差更加悬殊。这样就有可能在阳极上由于 Cu²⁺过饱和而沉淀 $CuSO_4 \cdot 5H_2O$，以及 NiO 和 Cu_2O 等来不及脱落而使阳极钝化；而在阴极上，由于 Cu²⁺贫化而出现粗糙晶体，甚至沉积铜粉。

槽电压也是电解的重要技术参数，它直接影响到电能消耗。电能消耗即生产 1t 电铜的耗电量 (kW·h/t)。电能消耗正比于槽电压而反比于电流效率，且电流密度增大时槽电压也相应增大。正常的槽电压为 0.20~0.25V，其中主要是消耗在电解液的电阻上。另一个重要的技术参数是电流效率，它是指实际沉积铜量与理论沉积铜量之比 (%)。电流效率直接影响电耗。一般电流效率为 92%~98%，电耗为 250~280kW·h/t。

2.5.5　电解液的净化

随铜电解精炼过程的进行，电解液的成分会发生变化，其中铜离子浓度会逐渐升高，硫酸含量不断降低。杂质元素镍、砷、锑、铋等的含量也会升高，当它们的含量升到一定值后，也会在阴极析出。此外，添加剂的含量也会不断积累。因此，必须根据计算从电解液循环系统中，每天抽出一定数量的电解液进行净化处理。大概每生产 1t 阴极铜约需净化 0.1~0.5m³ 电解液，并用等量的新溶液替换。

国内的铜电解厂目前采用的净化工艺流程，概括为以下四类：

(1) 鼓泡塔法中和生产硫酸铜，电解脱除砷、锑、铋，电热蒸发生产粗硫酸镍。

(2) 中和法生产硫酸铜，电解脱除砷、锑、铋，蒸汽蒸发浓缩生产粗硫酸镍。

(3) 中和、浓缩法生产硫酸铜，电解法除砷、锑、铋，冷冻结晶产粗硫酸镍。

(4) 高酸结晶法生产硫酸铜，电解法除砷、锑、铋，电热蒸发产粗硫酸镍。

这四种工艺流程，实质上包括三个主要过程，即：脱铜生产硫酸铜，不溶阳极电解析出铜，同时电积析出砷、锑、铋；从电积脱铜后液中蒸发浓缩或冷却结晶出硫酸镍。某一净化工艺流程实例如图 2-49 所示。

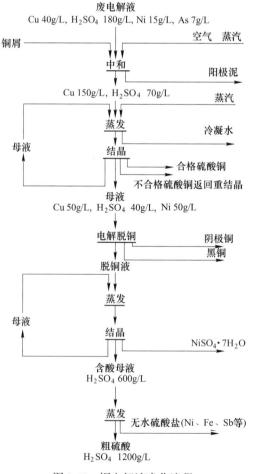

图 2-49　铜电解液净化流程

2.6 湿法炼铜

2.6.1 概述

随着低品位硫化矿、复合矿、氧化矿和尾矿成为炼铜的主要资源及出于环境保护的需要，湿法炼铜技术近年来迅速发展。湿法处理硫化矿具有无 SO_2 污染、过程较简单、易于实现机械化和自动化、投资少和铜的回收率高等优点。

湿法炼铜一般分为两个过程，首先是借助溶剂的作用，使矿石中的铜及其化合物溶解并转入溶液中；其次是用萃取电积、置换电积、氢还原或热分解等方法将溶液中的铜提取出来。

常用的溶剂有酸性溶剂和碱性溶剂，一般情况下，酸性溶剂适合处理含酸性脉石（如 SiO_2）的氧化矿石，碱性溶剂适合处理含碱性脉石（如 $CaCO_3$、$MgCO_3$）的氧化矿石。

根据矿石资源及品位的特点，浸出方法有就地浸出、堆浸、槽浸及搅拌浸出。搅拌浸出速度快、时间短，适于处理品位为 20%～30% 的焙砂。槽浸适合处理具有合适粒度的氧化矿，品位一般为 1%～2%。就地浸出及堆浸均是在矿山浸出品位为 0.5%～1% 的废矿或尾矿。浸出时，贵金属留在残渣中，需进一步处理。

从溶液中提取铜的方法曾用废铁置换，由于萃取剂的广泛应用，电积法成为主要的提铜方法。用氨液浸出时，传统的提铜方法是加热分解产出氧化铜。

湿法炼铜工艺流程大致可分为三类，铜矿直接浸出、铜矿硫酸化焙烧后浸出、铜矿还原焙烧后浸出。三类流程中，只有第一类是完全的湿法炼铜。

2.6.2 焙烧—酸浸—电积法

2.6.2.1 焙烧—浸出—电积法的工艺流程

湿法炼铜中，对于硫化铜精矿，一般采用硫酸化焙烧。焙烧的目的，是使铜的硫化物转化为可溶于水的硫酸盐和可溶于稀硫酸的氧化物；铁的硫化物转化为不溶于稀酸的氧化物；产出的 SO_2 制硫酸用。

焙烧—浸出—电积法简称 RLE 法，是目前应用最广的一种湿法炼铜方法。其工艺流程如图 2-50 所示。

2.6.2.2 硫化铜精矿的硫酸化焙烧

焙烧—浸出—电积法的第一道工序是将物料进行硫酸化焙烧，其目的是使铜绝大部分转化成可溶于稀硫酸的 $CuSO_4$ 和 $CuO \cdot CuSO_4$，而铁全部转化为不溶的氧化物。

根据热力学分析，要使铜形成 $CuSO_4$ 而铁形成 Fe_2O_3，最佳的焙烧温度为 953K，生产中一般控制硫酸化焙烧的温度为 948～953K，此时虽有少量 $CuO \cdot CuSO_4$ 和 CuO 生成，但用稀硫酸浸出时铜均能转入溶液。

硫化铜精矿硫酸化焙烧是在沸腾焙烧炉中进行的。

Cu-S-O 系和 Fe-S-O 系平衡状态图如图 2-51 和图 2-52 所示。

精矿通常含水较多，不宜直接进行焙烧，应先进行干燥。干燥一般在回转窑中进行，

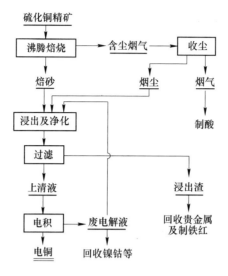

图 2-50　焙烧—浸出—电积法的工艺流程

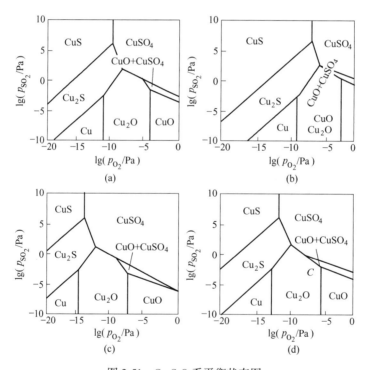

图 2-51　Cu-S-O 系平衡状态图
（a）950K；（b）1100K；（c）800K；（d）900K

炉内物料温度控制在 573K 以内，以防止脱硫。回转窑干燥后的精矿，含水率一般为 1%。干燥也可用气流来进行，精矿在温度高达 873~1273K 的热风作用下，一并进入干燥管干燥，然后由气流干燥管直接输送到焙烧矿仓，经气流干燥后，精矿含水率可降至 0.1%~0.5%。

　　干燥后的硫化铜精矿进沸腾焙烧炉中进行硫酸化焙烧，温度一般为 873K 以上，其主要反应为：

$$2CuFeS_2 + \frac{15}{2}O_2 \rightleftharpoons 2CuSO_4 + Fe_2O_3 + 2SO_2$$

$$2FeS_2 + \frac{11}{2}O_2 \rightleftharpoons Fe_2O_3 + 4SO_2$$

$$FeS_2 \rightleftharpoons FeS + \frac{1}{2}S_2$$

$$4FeS + 7O_2 \rightleftharpoons 2Fe_2O_3 + 4SO_2$$

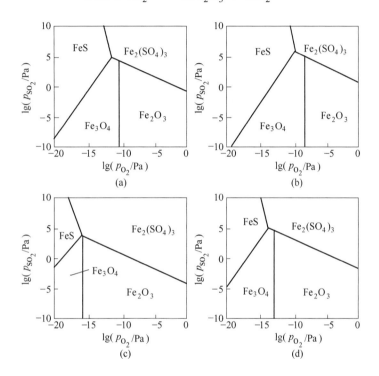

图 2-52　Fe-S-O 系平衡状态图

(a) 1000K；(b) 1100K；(c) 800K；(d) 900K

当温度不超过 926K 时，生成的 $CuSO_4$ 是稳定的，在此条件下进行焙烧称为全硫酸化焙烧。

当温度在 926~993K 时，有如下反应：

$$2CuSO_4 \rightleftharpoons CuO \cdot CuSO_4 + SO_3$$

此时称为半硫酸化焙烧。

当温度高于 993K 时，有如下反应：

$$CuO \cdot CuSO_4 \rightleftharpoons 2CuO + SO_3$$

$$CuO + Fe_2O_3 \rightleftharpoons CuO \cdot Fe_2O_3$$

反应形成的 $CuO \cdot Fe_2O_3$ 不溶于稀硫酸，这对浸出是有害的。因此，焙烧时应尽量控制技术条件，不让 $CuO \cdot Fe_2O_3$ 形成。

铜的氧化物和硫酸盐的形成条件除温度外，还与炉气组成有关。$CuSO_4$的分解反应是可逆的，在一定温度下，反应的方向与SO_3的分压有关，而炉气中SO_3的分压又与SO_2和O_2的分压有关，故焙烧性质属于全硫酸化或半硫酸化，需控制炉气中SO_2的浓度。

焙烧时精矿中的其他金属硫化物，也分别转化为该金属的氧化物或硫酸盐。

硫化铜精矿的焙烧，一般都在沸腾焙烧炉中进行。沸腾焙烧的主要技术条件及技术经济指标见表2-32。

表 2-32　硫化铜精矿硫酸化焙烧的主要技术经济指标

项　目	一　厂	二　厂	三　厂	四　厂
沸腾层温度/K	913~923	933~943	923~933	933~1003
床能率/t·$(m^2·d)^{-1}$	4~4.5	4.5	3.71	3.1~3.5
过剩空气系数	1.1~1.2	1.5	1.2~1.3	1.1~1.3
脱硫率/%	65	70	52.4	58
烟尘率/%	40	33	30~35	40

2.6.2.3　焙砂的浸出

浸出就是借助溶剂从固体物料中提取可溶组分的过程。浸出的固体物料可以是焙砂、铜矿石、精矿、贫矿、废矿乃至尾矿等，常用的溶剂有水、硫酸、高铁盐、氨水等。浸出用的溶剂，需具备以下条件：

（1）对铜和某些金属具有溶解的能力。

（2）对需浸组分有选择性，对环境污染较轻。

（3）价格便宜，货源充足。

（4）再生能力强。

焙烧—浸出—电积法中浸出的固体物料主要是焙砂，溶剂是稀硫酸，浸出是用稀硫酸使焙砂中的铜和其他可回收的有价金属溶解出来。

焙砂中的铜主要以$CuSO_4$、$CuO·CuSO_4$及少量CuO、Cu_2O、Cu_2S形态存在。焙砂在浸出时，$CuSO_4$溶解于水，成为硫酸铜水溶液；$CuO·CuSO_4$、CuO在硫酸作用下，以$CuSO_4$进入溶液，反应为：

$$3CuO·CuSO_4+3H_2SO_4 = 4CuSO_4+3H_2O$$
$$CuO+H_2SO_4 = CuSO_4+H_2O$$

要使$CuO·CuSO_4$溶解，需有足够的硫酸，但不能过量，否则会引起铁的氧化物的溶解。

实践表明，当浸出终了，即浸出液含酸为1~3g/L时，铜的浸出率较高，而铁的溶解很少。Cu_2S可溶解于5%的稀酸中，但作用缓慢。影响浸出反应速度的因素主要有溶剂浓度、温度、焙砂粒度及搅拌条件：

（1）溶剂浓度。提高溶剂浓度有利于加速H_2SO_4的扩散及固—液间的化学反应，从而加速浸出过程。但溶剂浓度太大将会增大Fe_2O_3的溶解，适宜的H_2SO_4浓度既能使铜化合物迅速而最大限度地溶解，又能使铁的溶解度最小。确定具体浓度时，应考虑铁的溶解、浸出液的处理及废电解液的利用。一般始酸浓度为10~18g/L，终酸为2~6g/L。

（2）温度。提高温度有利于加速扩散及化学反应，有利于降低溶液黏度及增大溶剂和产物的溶解度，温度的提高受溶液蒸发及一系列技术经济因素的限制，一般为353~363K。

（3）焙砂粒度。减小焙砂粒度，可增大溶剂与其接触的表面积，从而加速浸出过程。焙砂粒度为-0.147mm（即-100目）。

（4）搅拌条件。搅拌使固—液间进行激烈的相对运动，并减小扩散层厚度及更新固—液的接触表面，加速浸出过程；但搅拌只能在一定限度内增大浸出速度。处理高品位精矿时均要进行搅拌，以加速浸出过程。

固液比影响溶液的黏度及浸出液的铜含量。一般控制固液比为（1:1.5）~（1:2.5），浸出时间为2~3h，铜浸出率可达到94%~98%。

浸出渣一般含铜量在0.5%~1.5%之间，还含有铁的氧化物、铅、铋和贵金属等。当贵金属含量低时，可进行铅冶炼处理；当贵金属含量高时，可经重选富集后作为提取贵金属的原料。浸出的主要技术经济指标见表2-33。

表 2-33　浸出的主要技术经济指标

项　　目	厂　　别				
	1	2	3	4	5
浸出温度/K	358~363	358~363	348~353	353~358	358
浸出终酸/$g \cdot L^{-1}$	3~12	<3	2~3	12~16	1~3
上清液含铜/$g \cdot L^{-1}$	95~120	100	85~100	95~105	70~100
铜浸出率/%	96~99	—	—	95~97	95.8
浸出渣含铜/%	0.6~1.0	0.6~0.9	1~2	0.7~0.8	0.7~0.8

2.6.2.4　浸出液的净化

焙砂中的铁主要以 Fe_2O_3 及少量 $FeSO_4$、$CuO \cdot Fe_2O_3$ 的形态存在。$FeSO_4$ 在浸出过程中也溶解进入溶液，$CuO \cdot Fe_2O_3$ 难溶于稀酸中，浸出液中一般 Fe^{2+} 浓度为2~4g/L，Fe^{3+} 为1~4g/L。电沉积时，这部分铁在阳极和阴极上反复氧化和还原，消耗电能，使电流效率降低。含铁量对电流效率的影响见表2-34。

表 2-34　含铁量对电流效率的影响

溶液含铁量/$g \cdot L^{-1}$	0.009	2~3	5	7.7
电流效率/%	99.1	95	90	85

故浸出液需在电沉积之前净化除铁。除铁的方法是在浸出末期加入锰矿粉。锰矿粉是一种氧化剂，将低价铁氧化成高价铁，高价铁在弱酸性溶液中水解而沉淀，反应为：

$$2FeSO_4 + MnO_2 + 2H_2SO_4 \!=\!\!=\!\!= Fe_2(SO_4)_3 + MnSO_4 + 2H_2O$$
$$Fe_2(SO_4)_3 + 6H_2O \!=\!\!=\!\!= 2Fe(OH)_3 + 3H_2SO_4$$

当含酸1~2g/L、pH=1.4~1.7、温度为333K时，搅拌几十分钟，大部分铁可被除去，溶液含铁量可降至3g/L以下。在 $Fe(OH)_3$ 成胶状沉淀时，溶液中少量的砷、锑、铋等杂质和硅酸也被吸附而除去。除铁前后，杂质的变化见表2-35。

表 2-35　除铁前后杂质的变化

杂质元素	Fe	Fe^{2+}	As	Si	SiO_2
除铁前/g·L^{-1}	4.88	3.42	0.625	0.001	1.04
除铁后/g·L^{-1}	1.11	0.21	0.05	0.0004	0.5

浸出液净化过程中，加入少量凝聚剂可加快沉清速度。为了提高浸出的回收率，浸出渣一般经过 4~5 次逆流洗涤，经洗涤过滤后，浸出渣含铜量可降至 0.6%。净化除铁还可用萃取等其他方法。

浸出和净化设备是带有机械搅拌的不锈钢槽或内衬耐酸材料的钢筋混凝土槽。浸出及净化设备随工厂规模而异，大、中型厂可用带搅拌机的内衬耐酸材料的钢筋混凝土槽，一般 3~4 个槽串联进行连续逆流搅拌浸出；小型厂可用容积较小的带搅拌机的不锈钢槽进行间断浸出和净化。

2.6.2.5　电积

电积与电解精炼的区别在于：一是采用不溶阳极；二是随着电积过程的进行，电解液中 Cu 浓度不断下降，而 H_2SO_4 浓度则不断增大。

电积是用 Pb-Sb 合金板为阳极，薄铜片为阴极，净化除铁后的浸出液为电解液。电积时，阴极过程与电解精炼相同，阳极过程与锌电积过程相同。电积时，发生如下反应：

阳极　　　　　　　　　　$2OH^- \Longleftrightarrow H_2O + 1/2O_2(g) + 2e$

阴极　　　　　　　　　　$Cu^{2+} + 2e \Longleftrightarrow Cu$

总反应　　　　　　$CuSO_4 + H_2O \Longleftrightarrow Cu + H_2SO_4 + 1/2O_2(g)$

电解液中的杂质，如钴、镍、锌、锰等，其比铜更具负电性，当浓度不高时，不能在阴极上析出；砷、锑、铋等，其标准电位虽与铜相近，但由于浓度很低，也不易在阴极上析出。SiO_2 的含量一般不大于 0.5g/L，否则会影响阴极的沉积。电解液中的铁是最有害的杂质，铁离子在电积时的反应为：

阳极　　　　　　　　　　$Fe^{2+} \Longleftrightarrow Fe^{3+} + e$

阴极　　　　　　　　　　$Fe^{3+} + e \Longleftrightarrow Fe^{2+}$

Fe^{3+} 在阴极附近，又可被铜还原成 Fe^{2+} 而使铜溶化，反应为：

　　　　　　　　　　$2Fe^{3+} + Cu \Longleftrightarrow 2Fe^{2+} + Cu^{2+}$

由于铁有这两方面的影响，使电流效率降低。

铜的电位较正，故阴极上不易有氢析出，但阳极上有氧析出。故铜电积车间要有防止酸雾的设施。

为保持电解液浓度和温度的稳定、均匀，电解液需进行循环。为降低电阻，电解液酸浓度应在 15~25g/L 范围内。在不析出海绵铜的情况下，浸出后液铜浓度越低越好，一般不高于 12g/L。

电积时电解液中 Cu^{2+} 浓度不断降低，而 H_2SO_4 浓度不断升高，因此应选定适宜的电流密度和电解液循环速度，以保证电解液浓度均匀。电解槽是多级排列，使电解液顺次流经若干个电解槽后，铜和硫酸的浓度分别达到出槽要求的水平。这样，便于根据电解液成分的变化采用不同的技术条件，前面的电解槽电解液铜浓度较高，采用较高的电流密度和较低的槽电压；后几槽铜浓度较低，采用较低的电流密度和较高的槽电压。

提高电流密度，可在不增加设备的基础上提高生产率，但电流密度太高，会影响阴极质量，且有析出海绵铜的可能。一般电流密度为 $150\sim180A/m^2$。

铜电积的槽电压由硫酸铜的分解电压、阳极上氧的超电压和电流通过电解液、金属导体的电压降等组成，一般为 2V 左右。电积过程中，电解液中 Cu^{2+} 浓度、酸度的改变会引起槽电压的波动，其波动在 $1.6\sim2.1V$ 之间。

电积产出的阴极铜需符合国家标准一号铜的规定，含铜量在 99.95% 以上。电积的技术经济指标见表 2-36。

表 2-36 铜电积的技术经济指标

指　　　标	厂　别			
	1	2	3	4
进液含铜/$g\cdot L^{-1}$	70	$85\sim100$	$92\sim105$	约 70
出液含铜/$g\cdot L^{-1}$	12	$16\sim17$	$15\sim18$	$12\sim14$
电解液温度/K	$298\sim303$	308	$303\sim308$	—
电流密度/$A\cdot m^{-2}$	150	$150\sim170$	$120\sim130$	<120
槽电压/V	$1.9\sim2.1$	$2.0\sim2.2$	$1.3\sim2.1$	2.1
电流效率/%	85	$72\sim73$	$60\sim70$	77
电能消耗/$kW\cdot h\cdot t^{-1}$	2068	$2500\sim2700$	—	$2360\sim7007$

2.6.2.6 废液及废渣的处理

电积以后的电解废液，一部分送回浸出工序作溶剂；一部分送去净化，除去杂质并回收有价金属。

A 废液的处理

废液处理的目的，一是综合利用其中的各种有价成分，二是避免废酸污染。处理的方法有中和法、电积脱铜法、氨水中和—脂肪酸萃取法等。

（1）中和法。中和法的原理是利用各种金属离子水解沉淀酸度的差异，进行金属的分离及提取。中和法一般分三段进行：

第一段是脱酸除铁。加入石灰乳作中和剂，同时按废液 Fe^{2+} 含量加入锰粉，反应为

$$2H_2SO_4+2FeSO_4+MnO_2 =\!=\!= Fe_2(SO_4)_3+MnSO_4+2H_2O$$

$$H_2SO_4+Ca(OH)_2 =\!=\!= CaSO_4(s)+2H_2O$$

$$Fe_2(SO_4)_3+6H_2O =\!=\!= 2Fe(OH)_3(s)+3H_2SO_4$$

把 $CaSO_4$ 和 $Fe(OH)_3$ 的沉渣滤去，即得含铜量等较高的弱酸性溶液。

第二段是回收铜。将脱酸除铁后的溶液进一步用石灰乳或烧碱中和，铜即以碱式硫酸铜或碱式碳酸铜沉淀，反应为

$$4CuSO_4+3Ca(OH)_2 =\!=\!= 3Cu(OH)_2\cdot CuSO_4(s)+3CaSO_4(s)$$

或

$$7CuSO_4+12Na_2CO_3+10H_2O =\!=\!= 2CuCO_3\cdot5Cu(OH)_2(s)+10NaHCO_3+7Na_2SO_4$$

用纯碱中和能产生粗粒的沉淀，容易过滤。所得铜渣进一步处理回收铜，滤液中如含有钴，需进一步回收。

第三段是回收钴。将除铜后的含钴溶液用石灰乳或烧碱中和，则溶液中的钴、镍、锌

等生成氢氧化物而沉淀，反应为：

$$CoSO_4+2NaOH = Co(OH)_2+Na_2SO_4$$
$$NiSO_4+2NaOH = Ni(OH)_2+Na_2SO_4$$
$$ZnSO_4+2NaOH = Zn(OH)_2+Na_2SO_4$$

用烧碱作中和剂，技术、经济效果均好，但过滤困难，故纯碱得到了应用。所得的含钴、镍、锌渣进一步处理，回收金属，滤液弃之。

中和法比较简易，其主要缺点是消耗大量碱液以中和硫酸，其次是过程多、过滤困难。

（2）电积脱铜法：电积脱铜是把需处理的废液放入单独的电解槽中进行电积。废液含铜一般不超过 12g/L，故阴极沉积的铜是含铜80%左右的海绵铜。电积脱铜时，有剧毒的 H_3As 气体放出，须注意防毒。

（3）氨水中和—脂肪酸萃取法：氨水中和—脂肪酸萃取法是将废液加胶脱硅，用氨水中和得到萃前原液，接着用氨皂全萃，然后依次反萃，得到的钴液送去提钴，铜液单独电积提铜。此法的优点是不产生废渣，氨水以硫铵形式回收。此流程的主要缺点仍是消耗大量氨水中和电解液中的 H_2SO_4。为解决中和硫酸问题，可先用阴离子交换膜组透析槽进行过滤，使 $CuSO_4$、$CoSO_4$、H_2SO_4 初步分离，再进行真空蒸发及过冷结晶，或真空蒸发及冷却结晶后再萃取。

B 废渣的处理

焙烧—浸出—电积流程，在浸出后产生大量浸出渣，也称废渣。浸出渣是疏松多孔的物料，其中含有贵金属和少量 Cu、Ni、Co 等金属以及大量以泥质物状态存在的铁。处理的目的以提取贵金属为主，并尽量利用其中的铁。

废渣处理一般采用选冶联合流程。首先用重选法以使贵金属初步富集，金浓度达到 10g/L 以上；然后熔炼富渣。

浸出渣也可作铅熔炼的熔剂，在铅系统中回收有价金属。不含金、银的浸出渣，可作炼铁原料。

2.6.3 常压酸浸—萃取—电积法

用酸性或碱性溶剂从含铜物料中浸出铜，浸出液经萃取得到含铜富液，然后通过电解沉积产出金属铜的炼铜技术，称为浸出—萃取—电积法。此项技术发展迅速的主要原因，首先是建厂投资和生产费用低，生产成本低于火法，具有较强的市场竞争力；其次是以难选矿、难处理的低品位含铜物料为原料，独具技术优越性；第三是无废气、废水和废渣污染，符合清洁生产要求；第四是拥有可靠的特效萃取剂市场供应。

2.6.3.1 浸出—萃取—电积法工艺流程

浸出的方式有堆浸、槽浸、地下浸出等多种，浸出剂有酸性硫酸溶液和碱性氨液等，应用最广泛、最普遍的是硫酸溶液堆浸法，细菌浸出法适合从硫化铜矿中提取铜。浸出—萃取—电积法工艺流程如图 2-53 所示。

2.6.3.2 浸出

A 氧化铜矿堆浸

用硫酸溶液堆浸的铜矿石要求铜的氧化率较高，即铜主要应以孔雀石、硅孔雀石、赤

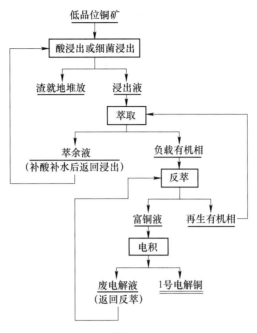

图 2-53　浸出—萃取—电积法工艺流程

铜矿等形态存在；脉石成分应以石英为主，一般 SiO_2 含量均大于 80%；而碱性脉石 CaO、MgO 含量低，两者之和不大于 3%；矿石含铜品位为 0.1%~0 2%。浸出过程的主要化学反应如下：

$$Cu_2(OH)_2CO_3 + 2H_2SO_4 === 2CuSO_4 + 3H_2O + CO_2$$
$$CuSiO_3 \cdot 2H_2O + H_2SO_4 === CuSO_4 + SiO_2 + 3H_2O$$
$$2CuO + 4H_2SO_4 === 4CuSO_4 + 4H_2O$$

矿石堆浸前先经过破碎，控制粒度不大于 20mm，在底部不渗漏、有一定自然坡度的堆矿场上分区分层地堆上矿石，每层堆到预定高度层约 1~3m，然后喷洒稀硫酸溶液进行浸出。喷淋系统设备包括输液泵、PVC 管路、喷头等。浸出液自上而下在渗滤过程中将矿石中的铜浸出，经过一定时间的浸出，可得到含铜 1~4g/L、pH 为 1.5~2.5 的浸出后液，汇集于集液池，用泵送到萃取工序处理。氧化铜矿堆浸浸出率一般在 85% 左右。

B　硫化铜矿细菌堆浸

细菌浸铜技术是一种生物化学冶金法。生产实践证明，细菌冶金是从低品位难选硫化矿、半氧化矿中提取铜的一种可行的方法。

硫化矿用稀硫酸浸出的速度缓慢，但有细菌存在时可显著地加速浸出反应。细菌主要是氧化亚铁硫杆菌，其可在多种金属离子存在和 pH 值为 1.5~3.5 的条件下生存和繁殖，氧化亚铁硫杆菌在其生命活动中产生一种酶素，此酶素是 Fe^{2+} 和 S 氧化的催化剂。细菌浸出过程包括以下步骤。

（1）细菌使铁和铜的硫化物氧化，反应为：

$$CuFeS_2 + 4O_2 === CuSO_4 + FeSO_4$$
$$2FeS_2 + 7O_2 + 2H_2O === 2FeSO_4 + 2H_2SO_4$$

（2）细菌使 Fe^{2+} 氧化成 Fe^{3+}，反应为：

$$2FeSO_4+\frac{1}{2}O_2+H_2SO_4 \Longrightarrow Fe_2(SO_4)_3+H_2O$$

（3）Fe^{3+} 是硫化物和氧化物的氧化剂，反应为：

$$Fe_2(SO_4)_3+Cu_2S+2O_2 \Longrightarrow 2FeSO_4+2CuSO_4$$

$$2Fe_2(SO_4)_3+CuFeS_2+3O_2+2H_2O \Longrightarrow 5FeSO_4+CuSO_4+2H_2SO_4$$

$$Cu_2O+Fe_2(SO_4)_3+H_2SO_4 \Longrightarrow 2CuSO_4+2FeSO_4+H_2O$$

细菌浸出主要是处理低品位难选复合矿和废矿。浸出时可采用就地浸出和堆浸的方法。浸出周期较长，需数月或数年。

细菌浸铜有两种方法，一是细菌直接浸出，二是细菌在代谢过程中将矿石中的硫和铁转变成 H_2SO_4 和 $Fe_2(SO_4)_3$，然后与铜矿物反应。

迄今为止，生物浸出实现产业化的主要领域是硫化矿的浸出，用于硫化铜矿浸出的细菌，按生长的最佳温度可以分为三类，即中温菌（mesophile）、中等嗜热菌（moderatethermophile）与极度嗜热菌（hyperthermophile）。这些细菌在适宜的温度下可以代谢硫化铜矿，使铜浸出。由于硫化矿中辉铜矿最易浸出，黄铜矿最难浸出，辉铜矿的生物浸出已得到工业化应用，对黄铜矿的浸出多处于实验室研究阶段。比较有代表性的工艺有 BioCOPTM 工艺和 Bactech/Mintek 工艺。BioCOPTM 由 BHP Billiton 开发，该工艺用极度嗜热菌浸出黄铜矿，浸出过程中黄铜矿中的硫氧化成硫酸根，因此耗氧量较高。

目前，此工艺已应用于工业化生产，由 Codeleo 与 BHP Bringfon 两家公司共同投资的年产 20000t 的湿法炼铜厂于 2003 年在智利投产。Bactech/Mintek 工艺由澳大利亚 Bactech 矿业公司和南非 Mintek 公司共同开发，该工艺用中等嗜热菌和极度嗜热菌浸出黄铜矿，墨西哥 Monterrey 于 2001 年应用此工艺建立年产 200t 铜的湿法炼铜厂。生物浸出的优点是成本低，可大规模地进行就地浸出，并可处理低品位铜矿，其缺点是黄铜矿浸出效果不佳，浸出周期长，并且无选择性。目前处理辉铜矿原矿一般需要 50 天才能氧化浸出 80% 左右的铜，而对于黄铜矿浸出时间需要更长。

2.6.3.3　萃取与反萃取

常用的铜萃取剂有 ACORGA P5100、ACORGA M5640、LIX973N、LIX984 等。

萃取前首先用稀释剂，常用 260 号煤油将萃取剂溶解，按体积配制成 5% 的有机相，然后将有机相与水相（即浸出液）混合，使铜转入有机相，萃取剂释放出 H^+，萃取反应为：

$$2RH(有机)+ Cu^{2+}(水) \Longrightarrow R_2Cu(有机) +2H^+$$

式中，RH 为萃取剂；R_2Cu 为萃铜络合物。

萃铜后的有机相（即负载有机相），用电积后返回的含硫酸 $180\sim200g/L$ 的废电解液进行反萃，铜进入反萃液成为富铜液即电解原液，萃取剂再生循环使用。

常用的萃取设备有萃取塔、离心萃取器、混合澄清萃取箱等。其中，以结构简单、投资少、操作方便、效率高的浅池式混合澄清萃取箱应用最广。萃取箱的一端为混合室，有机相和水相分别进入混合室，机械搅拌使其充分混合后进入澄清室。两相由于密度不同在此分层，上层为负载有机相，下层为水相，分别经澄清室另一端的溢流堰排出。

萃取作业的主要技术条件与指标为，浸出液中 $\rho_{Cu^{2+}} \geqslant 1g/L$，pH 为 $1.5\sim2.0$；有机相中萃取剂体积占 5% 左右，稀释剂 260 号煤油占 95%。混合时间为 3min；反萃剂中 H_2SO_4

密度为 160~210g/L，Cu^{2+} 密度为 30~35g/L；萃取剂消耗小于 3kg/t。

2.6.3.4 电解沉积

电解沉积即用不溶性阳极，在直流电作用下使电解液中的铜沉积到阴极上。电解槽中插入用 Pb-Ca-Sn 合金制成的阳极板和用纯铜始极片或不锈钢制成的阴极。电解液从槽的一端流入，另一端流出，连续流过电解槽。沉积了铜的阴极定期取出，纯铜阴极洗涤后即为产品，而不锈钢阴极上沉积的铜片需用剥片机剥下，不锈钢阴极可循环使用。

电解沉积的主要技术经济指标为：电流密度为 150~180A/m^2；槽电压为 2~2.5V；电解液中 Cu^{2+} 密度为 45g/L、H_2SO_4 密度为 150~180g/L；阴极周期为 7~10d；电解沉积铜纯度大于 99.95%；电耗为 3000~4000kW/(h·t)。

此外，细菌浸出得到的溶液含铜量较低，含铁量较高，提取溶液中的铜也可用废铁置换，置换反应为：

$$Cu^{2+} + Fe \Longrightarrow Cu + Fe^{2+}$$

置换法的优点是简单、有效、可靠、投资少；缺点是成本高、产出的铜纯度低。

2.6.4 加压浸出

探索高效清洁的铜矿湿法冶金一直是冶金工作者努力的方向，因此根据铜硫化矿特点研究开发的加压浸出工艺备受关注。铜矿的加压浸出通常采用硫酸作为浸出剂，采用氧气作为氧化剂，按浸出的温度不同通常可以分为高温高压、中温中压、低温低压三种浸出。

2.6.4.1 高温高压浸出

高温高压浸出是指浸出温度在 200℃ 以上，通常操作温度为 220℃，浸出氧分压一般为 700~1700kPa。在此温度下，黄铜矿中的硫基本被氧化为硫酸和硫酸盐，矿中的铜以铜离子的形式进入浸出液中。在该温度下处理铜精矿并不需要对矿样进行细磨，也不需要加入氯离子或其他的催化剂。在此温度下浸出黄铜矿发生的主要化学反应如下：

$$2CuFeS_2 + 8.5O_2 + H_2SO_4 \Longrightarrow 2CuSO_4 + Fe_2(SO_4)_3 + H_2O$$
$$2CuFeS_2 + 16Fe_2(SO_4)_3 + 16H_2O \Longrightarrow 2CuSO_4 + 34FeSO_4 + 16H_2SO_4$$
$$2FeSO_4 + 0.5O_2 + H_2SO_4 \Longrightarrow Fe_2(SO_4)_3 + H_2O$$

对于含有伴生矿物黄铁矿的化学反应如下：

$$2FeS_2 + 7.5O_2 + H_2O \Longrightarrow Fe_2(SO_4)_3 + H_2SO_4$$

在浸出的后期，随着浸出液中酸度的降低，反应生成的硫酸铁会发生水解反应，生成赤铁矿或针铁矿沉淀，并有硫酸生成：

$$Fe_2(SO_4)_3 + 3H_2O \Longrightarrow Fe_2O_3 + 3H_2SO_4$$
$$Fe_2(SO_4)_3 + 4H_2O \Longrightarrow 2FeOOH + 3H_2SO_4$$

高温高压下主要的浸出工艺如下：

（1）Sherritt-Cominco 工艺。该工艺是来自加拿大的 Sherritt Gordon 与 Cominco 公司于 1978 年联合开发的一项工艺，这种浸出方法可以在铜浸出之前有选择性地将铁除去。这种浸出工艺适合处理品位较低的黄铜矿，但是高温高压情况下本身能耗较高，再加上除铁成本较高，并没有实现工业化应用。

（2）Total Pressure Oxidation 工艺。该工艺是澳大利亚的佩莱瑟·侗（Place Dome）公司与加拿大的英属哥伦比亚大学（UBC）于 20 世纪 90 年代合作研发的一项工艺，在

200~220℃的浸出温度、700kPa的氧分压下对黄铜矿的浸出进行了研究。此工艺采用两段浸出，在第一段，铜的浸出率可以达到98%以上，在第二段浸出渣中金的品位基本可以达到8.3~16.3g/t，然后采用氰化法回收金，其回收率可以达到97%。由于高温下黄铜矿中的铁随着浸出的进行会大部分生成黄铁钒或碱式硫酸铁，这会大大影响其中其他贵金属的回收。由于受成本控制的影响，该工艺依然处于实验室研究阶段，也并没有用于工业规模化。

（3）Phelps Dodge-Placer Dome工艺。该工艺是Phelps Dodge与美国的Placer Dome公司于2001年联合开发的一项浸出工艺，此工艺是在225℃的浸出温度，700kPa的氧分压下浸出1h，黄铜矿完全被溶解，铁也被水解沉淀，浸出液再经过净化、萃取、电积就可以生产电解铜。采用氰化法，可以对浸出渣中的金进行回收，回收率可以达到99%左右。2003年底Phelp Dodge采用此技术以黄铜矿精矿为原料，成功建设了年产16000t铜的加压浸出工厂，加压浸出液送入氧化铜矿堆浸系统。

Sepon湿法炼铜厂采用此技术处理辉铜矿原矿，年产阴极铜约60000t。该工艺包括四段常压浸出和一段高温高压浸出。矿石经过破碎、球磨至106μm，送入四段常压浸出系统，在353K温度下浸出8h，浸出液经过净化、萃取、电积生产阴极铜，浸出渣则用浮选回收未反应的辉铜矿和黄铁矿然后送入高温高压浸出系统，浸出液送入第一段常压浸出系统继续浸出，浸出渣洗涤后堆存。该工厂于2005年3月份正式投产。

2.6.4.2　中温中压浸出

中温中压的浸出温度一般在140~180℃，浸出开始阶段的浸出速度相对较快，但随着硫磺的形成，浸出反应速度不断下降。这是由于浸出温度高于硫的熔点（119℃）时，熔融的硫逐渐在未反应矿物颗粒表面形成包裹，并可以团聚成球状般的小颗粒，从而阻止反应物的扩散，进而影响浸出反应的进行，中温中压浸出的主要反应如下：

$$4CuFeS_2 + 4H_2SO_4 + 5O_2 === 4CuSO_4 + 2Fe_2O_3 + 8S + 4H_2O$$

同时会有部分的黄铜矿被氧化，硫转化为硫酸根：

$$4CuFeS_2 + 2H_2SO_4 + 17O_2 === 4CuSO_4 + 2Fe_2(SO_4)_3 + 2H_2O$$

浸出过程中所生成的单质硫和硫酸的比例变化范围比较大，其值主要取决于黄铜矿的物料组成和操作条件，特别是酸度和温度的影响。而伴生的黄铁矿通常会发生如下反应：

$$4FeS_2 + 15O_2 + 8H_2O === 2Fe_2O_3 + 8H_2SO_4$$

中温中压条件下主要的浸出工艺如下：

（1）CESL工艺。该工艺由加拿大科明科工程服务公司（Cominco Engineering Services Ltd）于20世纪90年代开发的一项浸出工艺。在此工艺中，浸出所用的矿石一般磨矿至-40μm，占95%左右，并保持浸出液中有12g/L左右的Cl^-，在423~453K的温度，总压1.38MPa的条件下进行浸出。加压浸出液经过净化、萃取、电积生产阴极铜，其中硫大部分以单质硫的形式进入浸出渣中，加压浸出渣经过热滤脱硫（最近曾主张应用全氯乙烯溶硫），脱硫后回收其中的贵金属，贵金属的总回收率可以达到90%以上。科明科工程服务公司与CVRD公司于1998年合作，对Salobo和Alemao两座矿山产出的复杂铜精矿进行了实验室和半工业试验研究，准备分别建设10000t和7700t的加压湿法炼铜厂。但是由于一系列的原因，此工艺一直没有实现工业化应用。

（2）NSC工艺。该工艺是由美国爱达华州的阳光矿冶公司和蒙大拿州的矿冶新技术研究中心联合开发的一项浸出工艺。此工艺要求矿石的磨矿粒度小于 $10\mu m$ 的达到 80%，在 398~428K 的浸出温度，630kPa 的压力条件下进行加压氧化浸出，并以硝酸作为催化剂，空气中的氧或纯氧作为氧化剂进行催化氧化。在处理含有银并伴生少量辉铜矿的黝铜矿上已经有大规模的工业化应用。但是对于黄铜矿的浸出的研究依然处于实验室研究阶段。

（3）Dynatec 工艺。Dynatec 工艺是由加拿大的 Sherrit Gordon 公司开发的一项浸出工艺。最初主要是针对锌精矿加压浸出，后来才开始研究黄铜矿的加压浸出技术。此工艺要求铜精矿的粒度有 90% 要小于 $10\mu m$，黄铜矿在 423 K，辉铜矿需要在 373K 温度下，氧分压为 0.5~1.5MPa 条件下浸出。在浸出黄铜矿时需要加入含碳量 25%~55% 的木炭作为分散剂来缓解硫的包裹产生的钝化现象。加压浸出渣经过浮选回收铜和单质硫，用氰化法浸出回收贵金属，但该工艺至今依然处于实验室研究阶段。

2.6.4.3　低温低压浸出

低温加压浸出工艺的浸出温度一般低于单质硫的熔点（119℃）。通常来说，在低于单质硫的熔点温度下，黄铜矿的浸出过程会非常缓慢，因此需要精矿的超细磨从而在动力学上来强化难处理含铜矿物的溶解。通常情况下，浸出体系中需要使用诸如氯化物和溴化物的离子或者活化黄铜矿来强化矿物的溶解反应。在这些反应中氧化的过程比较复杂，大部分的硫被氧化成单质硫，因此黄铜矿的浸出反应可写成下式：

$$CuFeS_2 + O_2 + 2H_2SO_4 \rightleftharpoons CuSO_4 + FeSO_4 + 2S^0 + 2H_2O$$

根据以下的反应式生成的硫酸亚铁会氧化成硫酸铁：

$$2FeSO_4 + H_2SO_4 + 0.5O_2 \rightleftharpoons Fe_2(SO_4)_3 + H_2O$$

由上式所生成的三价铁离子可以强化黄铜矿的溶出。同时，三价铁离子通常会在某种条件下发生一定程度的水解，生成针铁矿沉淀或某一种类型的黄铁矾，主要化学反应如下式：

$$Fe_2(SO_4)_3 + 4H_2O \rightleftharpoons 2FeOOH + 3H_2SO_4$$

低温低压条件下主要的浸出工艺如下：

（1）Activox 工艺。Activox 工艺是 Cominco 公司于 20 世纪 90 年代研发的一项低温氧化浸出工艺，其关键是要求精矿细磨，磨矿粒度需达到 $-10\mu m$ 占 80% 以上，在浸出剂中还需加入 2~10g/L 的氯离子来强化浸出矿物的溶解，最后在低温低压（368~373K，1MPa）条件下进行浸出 45~60min。该工艺可以用来处理高品位的辉铜矿，对于黄铜矿的研究还处于实验室研究阶段。

（2）Mt Gordon 硫酸高铁法。Mt Gordon 硫酸高铁法是由澳大利亚的 Mt Gordon 西部金属公司开发的一项浸出工艺，主要是用来浸出辉铜矿原矿。该工艺的关键是要求磨矿粒度全部应小于 $75\mu m$，在 363K 的浸出温度下，以氧气和硫酸高铁作为氧化剂的条件下进行两段低压（800kPa）浸出。目前该公司已经建成了年产约 5 万吨铜的湿法炼铜厂。

（3）Pasminco 工艺。Pasminco 工艺是以 $Cl^- - SO_4^{2-}$ 作为混合浸出介质，精矿经细磨在 363K 的浸出温度下通氧气进行常压浸出。该工艺主要是用来处理冰铜等含铜的物料。浸出结束后浸出液用来萃取、电积生产阴极铜，目前已经实现了工业化的生产。然而，用此工艺处理黄铜矿依然处于实验室研究阶段，最近 Ausenco 工程技术公司正在尝试研究用该工艺来处理品位较低的黄铜矿。

（4）BGRIMM-LPT 工艺。BGRIMM-LPT 工艺是由北京矿冶研究总院研发的一项浸出工艺，并已经获得了国家发明专利。此工艺是在 373~388K 的浸出温度，0.5~0.7MPa 的氧分压下浸出 2h，铜的浸出率基本可以达到 95% 以上，而原矿中的黄铁矿基本不会参与氧化反应，浸出矿中 85% 以上的硫基本上都会变成单质硫，而砷与铁会结合生成稳定的砷酸铁。这项工艺目前已经完成了复杂黄铜矿的半工业试验研究，技术经济指标相对较好。

2.6.5 氯化浸出

氯化浸出就是利用电位较高的氯化物作氧化剂进行浸出，其特点如下：（1）浸溶能力较强，由于浸出液中较高浓度氯离子的存在，从而表现出对矿中铜离子较强的络合效应，从而能有效浸出黄铜矿；（2）能耗低，浸出产物氯化亚铜在阴极还原时，其能量消耗只是铜离子的二分之一，同时，阳极可再生浸出剂供循环使用，从而节约浸出剂的用量。

常压氯盐浸出常用的氯化物有氯化铜和三氯化铁。国外冶金学者已经广泛研究过氯化铜作为氧化剂浸出黄铜矿，其主要反应如下：

$$CuFeS_2 + 3CuCl_2 = 4CuCl + FeCl_2 + 2S$$

三氯化铁作为氧化剂浸出黄铜矿也已经被广泛研究过，其主要发生的化学反应如下：

$$CuFeS_2 + 4FeCl_2 = CuCl_2 + 5FeCl_2 + 2S$$

比较有代表性的常压浸出工艺有澳大利亚英泰克公司开发的 Intec 工艺和芬兰奥托昆普公司开发的 HydroCopperTM 工艺。其中，Intec 浸出工艺需要在常压下以空气中的氧气作为氧化剂，但空气利用率却不到 10%。另外，由于空气的挥发带走大量的热量从而导致能耗相应地增高。Intec 三段浸出工艺前两段浸铜，后一段浸金，通常铜浸出率达到 90% 以上需要 14h 左右。HydroCopperTM 工艺是在氯化铜—氯化钠浸出液中，常压下以铜离子、空气中氧为氧化剂浸出黄铜矿，但该工艺浸出黄铜矿的过程耗时也需要 15h 左右。

2.6.6 氨浸法

氨浸法又称阿比特法，是由美国阿纳康达公司开发的一项浸出工艺。硫化铜矿氨浸需要空气中的氧或纯氧作为氧化剂，以氨与铵盐的水溶液体系为浸出体系浸出和氧化硫化铜矿。在碱性溶液中，硫进一步氧化为高氧化态的电位比酸性介质中低得多，因此在硫化铜矿氨浸过程中，硫容易氧化为硫酸根。铜矿氨浸—萃取—电积即氧化铜矿或硫化铜精矿氧化焙烧后的焙砂用氨浸出铜，经萃取后电积铜。

本工艺适合处理碱性脉石如 CaO、MgO 含量高的铜矿石或焙砂。浸出的技术条件是原料粒度小于 0.074mm 的占 80% 以上；矿浆浓度为 30%~40%；浸出剂含 NH_3^+ 2~3mol/L、CO_2 0.6mol/L，常温浸出焙砂 353~373K；常压浸出焙砂 0.2MPa。

氨浸在加盖浸出槽中进行，焙砂用加压釜，浸出矿浆经浓密机液、固分离后，浸出液送去萃取，底流过滤后的浸出渣堆存，滤液返回洗涤滤渣。浸出液可用 LIX54、LIX54-100 等萃取剂萃取，此类萃取剂负载能力高、黏度小、反萃取容易，萃取与反萃取流程示意图如图 2-54 所示。电解沉积铜在硫酸溶液中进行，电解废液用于反萃。

高压氨浸处理 Cu-Ni-Co 硫化矿的流程如图 2-55 所示。

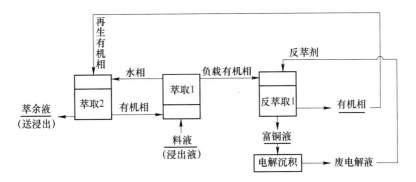

图 2-54 萃取与反萃取流程示意图

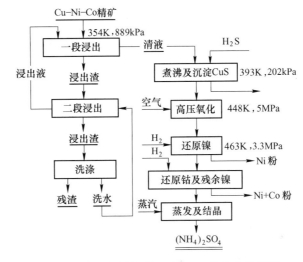

图 2-55 高压氨浸处理 Cu-Ni-Co 硫化矿的流程

此高压氨浸法是在高温、高氧压和高氨压下浸出精矿，使铜、镍、钴等有价金属以络合物的形态进入溶液，铁则以氢氧化物进入残渣。溶液腐蚀性较小，适于处理 Cu-Ni-Co 硫化矿。

2.7 铜阳极泥中有价金属的回收

2.7.1 概述

铜电解精炼过程中产出的阳极泥，含有大量的贵金属和稀有元素，是提取贵金属的重要原料。选择处理阳极泥流程的主要依据是阳极泥的化学成分（如硒、碲和贵金属等元素的含量）和生产规模的大小。当硒、碲含量高而生产规模又比较大时，则应力求在处理过程中回收全部有价元素。

目前，国内外主要冶炼厂处理铜阳极泥的现行生产流程基本相似，一般由下列工序组成：预处理除铜和硒→还原熔炼产出贵铅合金→贵铅氧化精炼为金银合金，即银阳极板→银电解→银阳极泥作某些处理后进行金电解精炼。铂族金属大都是从金电解母液中进行富集回收。

铜阳极泥单独处理的传统方法分如下主要步骤：硫酸化焙烧、蒸硒→酸浸脱铜→贵铅炉还原熔炼→分银炉氧化精炼→银电解精炼→金电解精炼→铂钯的提取→粗硒精炼→碲的提取。

该流程工艺具有技术成熟、易于操作控制、对物料适应性强和适于大规模集中生产等优势，但也具有生产周期长、积压资金及烟害环保问题不易解决的缺点。

铜阳极泥处理的传统工艺流程如图 2-56 所示。

我国大型冶炼厂主要以火法作为骨干流程，而中、小型冶炼厂多采用湿法处理。从 20 世纪 70 年代后期以来，结合我国的实际情况，采用选冶联合流程及全湿法处理工艺在部分工厂投产，并取得了较好的经济效益。

2.7.2 铜阳极泥的组成与性质

2.7.2.1 铜阳极泥的化学组成

铜阳极泥是在铜电解精炼过程中产出的一种副产品。它是由铜阳极在电解精炼过程中不溶于电解液的各种物质所组成，其成分主要取决于铜阳极的成分、铸造质量和电解的技术条件，其产率一般为 0.2% ~ 0.8%。它通常含有

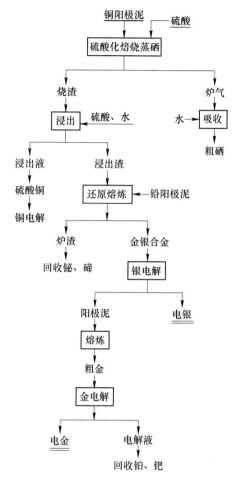

图 2-56 铜阳极泥传统工艺流程

Au、Ag、Cu、Pb、Se、Te、As、Sb、Bi、Ni、Fe、S、Sn、SiO_2、Al_2O_3、铂族金属及水分。来源于硫化铜精矿的阳极泥，含有较多的 Cu、Pb、Se、Te、Ag 及少量的 Au、As、Sb、Bi 和脉石矿物，铂族金属很少，而来源于铜–镍硫化矿的阳极泥含有较多的 Cu、Ni、S、Se，贵金属主要为铂族金属，Au、Ag、Pb 的含量较少；杂铜电解所产生阳极泥则含有较高的 Pb、Sn。

2.7.2.2 铜阳极泥的物相组成

铜阳极泥的颜色呈灰黑色，杂铜阳极泥呈浅灰色，粒度通常为 0.074 ~ 0.147mm。铜阳极泥的物相组成比较复杂，如表 2-37 所示，各种金属存在的形式多种多样。铜以金属铜、Cu_2S、Cu_2Se、Cu_2Te 形式存在，银则主要以 Ag、Ag_2Se、Ag_2Te 及 AgCl 形式存在，而金以游离状态存在，也有部分金形成碲化物。

铜阳极泥相当稳定，在室温下氧化不明显。在没有空气的情况下不与稀硫酸和盐酸作用，但能与硝酸发生强烈反应；在有空气作氧化剂存在时，可缓慢溶解于硫酸和盐酸，并能直接与硝酸发生强烈反应。

表 2-37 铜阳极泥中各种金属的赋存状态

元素	赋 存 状 态
金	$Au(Ag、Au)Te_2$
银	Ag_2Sc、Ag_2Te、$CuAgSe$、Ag、$AgCl$、$(AgAu)Te_2$
铂族	金属
铜	Cu、Cu_2S、Cu_2Se、Cu_2Te、Cu_2O、$CuAgSe$、Cu_2SO_4、Cu_2Cl
硒	Ag_2Se、Cu_2Se、$CuAgSe$、Se
碲	Ag_2Te、Cu_2Te、Te、$(Ag、Au)Te_2$
砷	As_2O_3、$BiAsO_4$、$SbAsO_4$
锑	Sb_2O_3、$SbAsO_4$
铋	Bi_2O_3、$BiAsO_4$
铅	$PbSO_4$、$PbSb_2O_6$
锡	$Sn(OH)_2SO_4$、SnO_2
镍	NiO
铁	Fe_2O_3
锌	ZnO
硅	SiO_2

在空气中加热阳极泥时，其中一些成分即被氧化而形成氧化物，如亚硒酸盐和亚硫酸盐，同时也形成一些 SeO_2、TeO_2 而挥发。

将阳极泥与浓硫酸共热时，则发生氧化及硫酸化反应，铜、银及其他贱金属形成相应的硫酸盐，金则不变化，硒、碲氧化成氧化物及硫酸盐，硒的硫酸盐随温度的提高可进一步分解成 SeO_2 而挥发。

2.7.3 铜阳极泥处理工艺

任何阳极泥处理工艺流程的第一步都是除去大量以金属铜存在的铜。多年来，都是采用氧化焙烧—浸出的方法除铜。这个方法逐渐被用空气作氧化剂和用硫酸作浸出剂的电解液常压浸出所取代。脱铜阳极泥经过熔炼火法精炼后得到含有金和少量铜的粗银锭。

用火法精炼法除铜比较困难，而常压脱铜法在阳极泥中仍残留 2% ~ 5% 的铜，为此，研制出了加压浸出法。加压浸出法不但可以把阳极泥中的铜含量减少到 1% 以下，而且还可除去阳极泥中的大部分碲（碲像铜那样，几乎很难用火法粗炼法除去）。铜和碲的除去大大减轻了铜阳极泥熔炼和火法精炼生产多尔合金的困难，但是，在阳极泥中仍存在大量的硒，迫使增加熔炼工序从烟气和炉渣中回收硒，造成生产费用昂贵和环境污染严重等问题。

近年来，为了从阳极泥中脱除硒，已研制出各种各样的工艺，其中采用最普遍的是硫酸化焙烧。氧化剂硫酸价格便宜，经过硫酸化焙烧，可以得到硒含量小于 0.5% 的脱硒阳极泥，且硫酸化焙烧工段操作温度低，约为 600℃。

2.7.3.1 阳极泥熔炼工艺

阳极泥脱铜、碲、硒后要经过两个熔炼工序进行处理。第一步，添加二氧化硅和熔剂，在中性或微还原气氛中进行熔炼，铅、锑、砷等贱金属进入炉渣，铜、金银及铂钯等进入粗银锭。由于所采用的冶炼方法和设备有所不同，熔炼作业大约需 12h 到 48h，甚至更长时间。第二步是对粗银锭进行火法精炼，脱除其中的铜和碲等，得到含有金、银和铂族金属的合金。以前，通常先后加入苏打灰和硝石作为氧化剂进行熔炼，但产生的 NO_x 对环境的污染相当严重，现大多数阳极泥处理厂家已采用纯氧作氧化剂，这也带来金、银进入渣中的含量增加等问题。

阳极泥在进行熔炼和精炼时存在如下问题：

（1）熔炼和精炼时烟气排放量很大。烟气中含有大量的有毒气体和有毒金属。从烟气中回收这些有毒物质后才可排放，这就造成了处理烟气的费用大大增加。

（2）工艺流程中存在金银等贵金属问题。由于熔炼和精炼所需的周期较长，且炉渣中带走阳极泥贵金属含量的 10%～30% 的贵金属，这些炉渣需返回熔炼系统进行处理，再在铜熔炼和精炼系统内停留 30～90 天左右，这就造成回收金属的利润大量的损失。

（3）杂质金属的循环。由于熔炼渣和精炼渣中含有贵金属迫使把它们返回冶炼厂。熔炼渣和精炼渣的返回把很多最不希望的杂质如锑、砷和铋循环在冶炼厂。最后使送往铜精炼厂的阳极泥杂质含量高。同时也产生了电解液不纯和阴极铜质量差的额外问题。

（4）六价硒的控制。由于熔炼阳极泥的苏打灰造渣导致形成六价硒，因此，精炼厂阳极泥的火法冶金处理产生了一个独特的废水处理问题。当为回收硒和碲而浸出苏打灰渣时，六价硒进入溶液，最后进入回收硒和碲的最终废水中。六价硒的还原和从溶液中除去常常是阳极泥处理工艺中最昂贵的废水处理工序。

2.7.3.2　多尔合金精炼工艺

从熔炼和精炼阳极泥产生的多尔合金通常含有 0.5%～2% 铜、1%～3% 金，其余在很大程度上是银。这种多尔合金精炼的通用方法是采用电解法。

A　银精炼

银精炼通常是用多尔合金在硝酸铜和硝酸银的弱酸性溶液中进行电解。目前电解精炼有两种方法：即银阳极与不锈钢或钛阴极垂直布置平行面并有除去松散附着的树枝状银沉淀物的机械刮板的莫比斯银电解；水平布置阳极和阴极的 Thum Balbach 法。两种方法都能得到高质量的银（99.95%Ag），但是这两种方法都有共同的缺点：

（1）电解液净化。电解精炼的电解液需要经常净化，这包括电解液中银以氯化银或元素银形式的沉淀和有关的硝酸铜或硝酸的处理。

（2）工艺中存银。银电解精炼作业的确要求保持元素银以粗银锭形式和纯银阴极形式存在工艺中。

（3）银中存金。通常比存银更昂贵的是有关存金问题，因为常规的金锭精炼方法仅在精炼银以后才回收金，直到回收银以前，金也存在其中。通常在银精炼工艺中存金的价值超过存银的价值。

B　金精炼

从银精炼后剩余的不溶阳极中回收金和铂族金属。用在浓硫酸中煮沸阳极泥以溶解银的工艺来首先把银与金分离，或用氯化法处理阳极泥产生含金溶液，再用化学还原法从溶液中以粗金形式回收金。粗金产品铸成阳极，在氯金酸和盐酸溶液中电解精炼，叫做沃耳韦耳法。尽管这种工艺可产生含金99.99%的纯金。但是，它有两个主要缺点：

（1）工艺中存金的代价昂贵，必须总有用于电解精炼的经常含金超过100g/L的电解液，除溶液外，金阳极和阴极大大地增加了工艺存金的费用。

（2）金阳极中存在铂族金属溶解并进入溶液，它们在浓度逐渐增加直到开始污染金阴极为止。在那时，为回收铂族金属，必须处理电解液。铂族金属的回收必须等到电解液累积到它们可以回收的浓度。这又产生了工艺中存铂族金属的另一个问题。

2.7.4 铜阳极泥处理新技术

近年来，为了提高贵金属的回收率，改善操作环境、消除污染，国内外除对传统工艺及装备进行改造和完善外，还研究了许多新的处理方法，其中有些已经投产。

目前，国内外大型工厂仍使用火法流程，但在设备及工艺条件方面已有了重大改进。例如，加拿大诺兰达公司采用可在纵轴方向倾斜到水平位置的转炉，使阳极泥焙烧和熔炼在同一炉体中即可完成；日本三菱公司在短回转窑（S.R.F）中将去硒焙烧和后段还原熔炼分段连续进行，使阳极泥氧化焙烧和还原熔炼时间缩短为传统工艺的60%，降低能耗约50%。许多中、小型冶炼厂由于使用现代化火冶设备投资大、利用率低、且由于配套不全、铅害问题难以解决等原因，纷纷地向湿法处理工艺发展。中国在这方面做了不少工作，研究和生产实践均取得了较好效果。目前，在国内铜阳极泥处理生产中，采用湿法流程的厂家已达40%以上；而且在部分厂家，特别是铜阳极泥中贵金属含量较低的厂家还采用溶剂萃取提金的新技术，对氯化分金液进行溶剂萃取—草酸还原，取代了原来的氯化浸金—二氧化硫还原—电解提金的传统工艺，缩短了金的生产周期，减少了中间产品的积压数量，给企业带来了可观的经济效益。

2.7.4.1 选冶联合流程

选冶联合流程是国外首先采用的新工艺。阳极泥经浮选处理后，可以得到以下好处：

（1）阳极泥处理设备能力大幅增加。原料中含有35%的铅，经过浮选处理基本上进入尾矿，选出的精矿量为原阳极泥量的一半左右，使炉子生产能力大幅提高。

（2）回收铅。浮选尾矿可送铅冶炼厂回收铅，而且尾矿中含有的微量金、银、硒、碲等有价金属仍可在铅冶炼中进一步得以富集和回收。

（3）工艺过程改善。阳极泥经浮选处理产出的精矿，由于含铅和其他杂质较少，熔炼过程中一般不必添加熔剂和还原剂，且粗银的品位较高，使工艺过程得到较大的改善。

（4）烟灰和氧化铅量减少。采用浮选处理之后，大部分铅进入尾矿。在焙烧和熔炼过程中，烟灰的生成量大大减少，铅害问题基本得到解决。

选出的精矿直接在转炉中熔炼，先回收硒、碲，最后熔炼成银阳极送银电解。选冶联合流程最主要的缺点是尾矿含金、银较高。目前，世界上采用选冶联合流程处理铜阳极泥的国家有芬兰、日本、美国、俄罗斯、德国、加拿大等。日本大阪精炼厂处理阳极泥的特点是硫酸铅含量高，成分见表2-38。该厂每月产金723kg、银16409kg、硒11113kg、碲998kg。

铜阳极泥处理流程为：氧化焙烧脱硒—熔炼铜锍和贵铅—灰吹（氧化精炼）—银、金电解。其熔炼产物和灰吹（氧化精炼）产品成分分别见表2-39、表2-40。

表 2-38　大阪精炼厂处理的阳极泥成分

项目	Au/kg·t^{-1}	Ag/kg·t^{-1}	Cu/%	Pb/%	Se/%	Te/%	S/%	Fe/%	SnO$_2$/%
阳极泥 A	22.55	198.5	0.6	26	21	2.2	4.0	0.2	2.4
阳极泥 B	6.24	142	0.6	31	17	1.0	6.7	0.1	1

表 2-39　铜阳极泥熔炼产物成分

项目	占阳极泥量/%	Au/kg·t^{-1}	Ag/kg·t^{-1}	Pb/%	Se/%	Te/%	SiO$_2$/%	Fe/%
贵铅	40~45	23.67	368.6	35	1	0.6	—	—
冰铜	4~6	1.7	272.16	18	12	10	—	—
炉渣	65~75	0.29	9.07	23	0.2	0.1	24	12
烟尘	5~6	0.02	8.79	50	7	5	—	—

表 2-40　灰吹（氧化精炼）产品成分

项　目	占阳极泥量/%	Au/kg·t^{-1}	Ag/kg·t^{-1}	Cu/%	Se/%	Te/%	Pb/%	Bi/%
苏打渣	5~8	0.02	9.64	—	9	12	—	—
氧化铅	20~25	2.83	34.02	—	—	—	50	—
烟尘	7~8	4.036	34.02	—	6	2	46	—
金银合金板	16~20	5.5%	93%	1.3	—	—	0.003	0.00

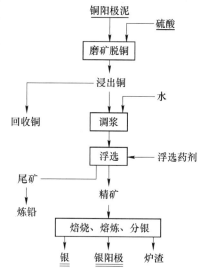

图 2-57　大阪精炼厂浮选法处理
铜阳极泥工艺流程

大阪精炼厂为了简化流程提高金属回收率，进行浮选铜阳极泥的试验研究。浮选可除去铅，进入精矿的金、银、硒的实收率为 85%~95%，但除铅还不够理想。该厂进一步改用塔式磨矿机进行两种磨矿方法研究：第一种方法的泥浆浓度为 20%~30%，装入耐酸循环槽内，从分流口以每秒 4~6m 的速度喷射出来，使之互相冲击，经 10~15h 磨至 3μm 以下；第二种方法是在磨矿机内装 5 片浆叶，并填充 20mm 的钢球，矿浆浓度为 40%~50%，经 2~6h 可磨至 3μm 以下。后来又把脱铜和磨矿合并为一个工序，以提高脱铜速度。工艺流程如图 2-57 所示。

铜、铅的脱除，为下一步熔炼处理提供了有利条件。浮选用丹佛式浮选机（910 型 8 段），pH=2，捕收剂为 208 号黑药（50g/t），矿浆浓度为 100g/L。

浮选法处理铜阳极泥的工艺流程简单，脱铜和磨矿工序合并后可缩短流程。浮选时，金、银、硒、碲、铂、钯进入精矿而得到富集，浮选精矿在同一炉子内连续进行氧化焙烧、熔炼和分银三个工序，且熔炼时不加入熔剂和还原剂，产生的烟尘和氧化铅副产品也很少。采用选矿富集，不仅提高了银的直收率，而且显著降低了生产成本，减少了火法生产的固定费用和维修费用。两种方法的技术经济对比列于表 2-41。

表 2-41　选冶联合法与传统火法工艺比较

项目	选冶联合法	传统火法工艺	对比结果
银直收率	选矿直收率97%~99%；熔炼直收率95%~96%；总直收率大于93%	贵铅炉、分银炉的总直收率约75%~85%	银直收率提高5%~10%左右
熔炼设备与生产能力	一台0.3m² 熔炼炉日产合金阳极约250kg	一台1.7m² 贵铅炉，1台0.6m² 分银炉，生产6t合金阳极约需1个月，平均日产200kg	工艺过程可省去贵铅炉，并提高生产能力
主要原料消耗 /t·t⁻¹	重油3；苏打0.5；少量浮选药剂	重油7；苏打1.2；硝石0.27	生产加工费可省去30%左右
劳动条件	由于90%铅经选矿脱除，冶炼炉时缩短，改善了工人劳动条件	全部铅均由分银炉灰吹除去，火法作业周期长，铅尘量大，铅害大	氧化铅尘污染减少85%以上

2.7.4.2　住友法

日本新居滨研究所提出的"住友法"，可不用电解而获得99.99%的纯金锭，直收率超过98%，缩短生产周期约一半。其工艺流程如图2-58所示。

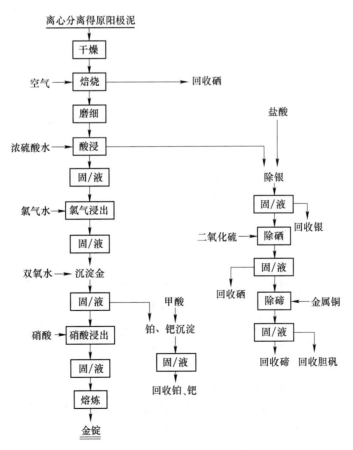

图 2-58　住友法工艺流程图

（1）控制焙烧温度。通过热重和差示热分析以及不同升温速度（每分钟 2.5℃ 及 10℃）下矿物组成的 X 射线衍射分析等研究确定，物料因 Ag_2SeO_3（熔点 531℃）熔化而易烧结，故焙烧应在 300~600℃ 之间缓慢升温，让 Ag_2SeO_3 分解。另外还考察了焙砂酸浸条件，确定铜、碲浸出率随硫酸浓度（100~250g/L）、温度（40~80℃）的升高而升高。

（2）含氯气水溶液浸出。氯气浸出在 40℃、1h 即可使金的浸出率大于 99%。提高温度（约 80℃）、延长时间皆不会明显改变铂的浸出率（波动在 64.5%~68.9%），而钯则由 33.9% 剧增为 72.4%。实际物料浸出结果：金浸出率为 99.7%~99.8%（浸渣含金 31~39g/t）；钯为 88.5%~97.1%（200~211g/t）；铂仅 39.6%~36.3%（298~300 g/t）；部分硒、铁同时浸出，浸出率分别为 49.1%~51.3% 及 60.8%~62.5%；铜（14.2%~12.0%）、砷（11.0%~10.0%）较少；镍为 1.2%~1.0%、锑为 0.02%、铅为 0.1%~0.6%、铋为 0.03%~0.02%、银不被浸出。

（3）富金氯化液可用 $FeCl_2$ 或 H_2O_2 还原。对成分为 Au 11.2g/L，Pb 0.74g/L，Pt 0.19g/L 的溶液，用 160 g/L 浓度的 $FeCl_2$ 控制氧化还原电位 600~800mV 时还原，金粉在 1∶1 硝酸中煮沸 1h，加熔剂硼砂精炼铸锭。H_2O_2 还原的金粉纯度较高。硝酸处理主要是除去金中的银、钯和铋。

（4）沉淀后用甲酸还原铂、钯。在 80℃ 下还原 4h。原液成分为：Au 4.2g/L，Ag 1mg/L，Pt 61mg/L，Pb 460mg/L，Fe 2.6mg/L，pH = 1.6，用 NaOH 调 pH 值。试验表明 pH 值对钯沉淀效果影响很大，约以 4 为宜。

实验室规模试生产得 2kg 金锭，各工序中金的直收率为：酸浸大于 99%，氯气浸出 99%，金沉淀率大于 99.9%，硝酸处理大于 99.9%，总直收率估计越过 98%。由于省去了还原熔炼（生产贵铅）、多尔合金生产、银电解和金电解，生产周期不到传统工艺的一半。

2.7.4.3 热压浸出

加压湿法冶金是一项过程强化的湿法冶金新技术，其应用领域日益扩大。由于在加压状态下，反应过程可以在高于常压状态液体沸点的温度下进行，浸出过程的动力学条件有利于金属的溶出。在需要氧气参与的反应过程中，由于气相的压力高于大气压力，提高了溶液中氧气的溶解量，推动了液相中氧化过程进行的速度，从而使浸出过程得到强化。

对于铜阳极泥的加压浸出处理，国外研究的相对较早。目前，国外厂家以瑞典波立登隆斯卡尔冶炼厂、奥托昆普的波利工厂、加拿大诺兰达铜精炼厂、波兰贵金属精炼厂为主要生产厂家。一直以来，由于国外的技术垄断，国内的加压湿法冶众技术的发展相对滞后，特别是对铜阳极泥的加压浸出处理，至今还未有一家工厂实现产业化生产。目前，云南冶金集团总公司和云南铜业股份有限公司共同研究开发的铜阳极泥加压浸出预处理工艺，已实现了实验室小型试验和扩大试验的理想效果，现正着手半工业试验的实施，半工业试验取得良好的效果，将很快实现产业化的生产。

现就具有代表性的国外已用于生产的加压浸出阳极泥流程作简单介绍。

阳极泥首先放入洗涤槽，在常温常压下加水进行洗涤，洗去阳极泥中可以水溶部分的铜，洗液返回到铜电解系统。固体洗渣浆化后通过加压泵送入到加压釜中进行加压硫酸浸出，并通入工业氧气进行氧化。控制操作条件为：浸出温度 150~165℃ 左右，浸出压力 0.8~0.9MPa，浸出时间约 8h，富氧浓度为 94% 左右。加压浸出设备为立式加压釜，操作为间断操作，即浸出一釜放出一釜，较难实现全程自动控制和操作。经过加压酸浸处理，铜、碲、镍及少量银、硒被浸出。对浸出液进行处理，回收其中的碲、镍等，硫酸铜溶液返回到铜电解系统。浸出渣干燥焙烧后进行熔炼得到金银合金，经过银电解、金电解工序回收金银。熔炼设备各厂家有所不同，其他工序基本相似。瑞典波立登隆斯卡尔冶炼厂采用卡尔多炉进行熔炼，加拿大铜精炼厂采用反射炉进行熔炼，奥托昆普冶炼厂采用斜体旋转转炉进行熔炼。国外铜阳极泥加压酸浸处理工艺流程如图 2-59 所示。

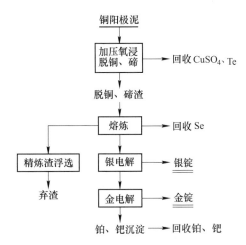

图 2-59　国外铜阳极泥加压酸浸处理工艺流程图

2.7.4.4　我国的湿法处理工艺

多年来，根据中、小冶炼厂为了改善操作环境、消涂污染，大幅度提高金、银直收率和增加经济效益的要求，我国结合实际对铜阳极泥的处理做了大量的研究工作，制定并在生产实践中采用了一批新工艺。主要方法有以下几种：

（1）硫酸化焙烧蒸硒—湿法处理工艺。此工艺是我国第一个用于生产的湿法流程，其主要特点是：1）脱铜渣改用氨浸提银，水合肼还原得银粉；2）脱铜渣用氯酸钠湿法浸金，用 SO_2 还原得金粉；3）用硝酸溶解分铅，即将传统工艺的熔炼贵铅、火法精炼用湿法工艺代替，仍保留硫酸化焙烧蒸硒、浸出脱铜和金、银电解精炼。此工艺解决了火法工艺中铅污染严重的问题，且能保证产品质量和充分利用原有装备。阳极泥硫酸化焙烧蒸硒—湿法工艺流程如图 2-60 所示。

采用此工艺后，金、银直收率显著提高，金的直收率由 73% 提高到 99.2%，银的直收率由 81% 提高到 91%；缩短了处理周期，经济效益明显。此工艺已在国内部分工厂中推广应用。

（2）低温氧化焙烧—湿法处理工艺。该处理工艺是：低温氧化焙烧→稀酸浸出脱铜、硒、碲→在硫酸介质中氯酸钠溶解金、铂、钯→草酸还原金→加锌粉置换出铂、钯精矿，分金渣用亚硫酸钠浸出氯化银，用甲醛还原银。低温氧化焙烧—湿法处理工艺流程如图 2-61 所示。

该流程投产后，金、银直收率分别达到 98.5% 和 96%，比原工艺回收率分别提高 12% 和 26%，金、银加工费大大地降低。该工艺的特点：1）稀硫酸浸出一次分离 Cu、Se、Te；2）采用 Na_2SO_3 浸银改善了用氨浸银的恶劣操作环境；3）缩短了生产周期；4）

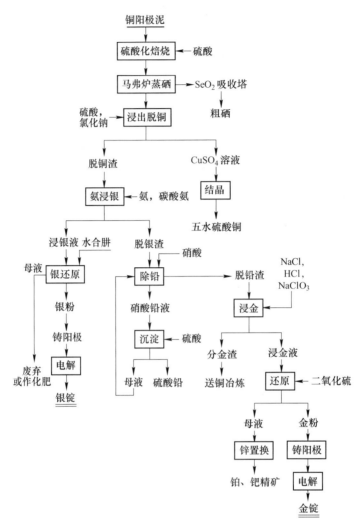

图 2-60　铜阳极泥硫酸化焙烧蒸硒—湿法工艺流程图

消除了铅害。

（3）硫酸化焙烧—湿法处理工艺。该工艺是在推广低温氧化焙烧—湿法处理工艺流程时，根据工厂的特点加以改进的，并已投产。其工艺流程如图 2-62 所示。

该工艺流程的硒挥发率大于 99%，铜浸出率为 99%，银浸出率为 98%。流程特点：1）硫酸化焙烧—稀硫酸浸出一次性分离 Se、Cu、Ag；2）经铜置换得到的银无需电解即可得到成品 1 号银；3）用草酸还原得金粉不需电解可得纯度为 99.99% 的 Au；4）金、银不需电解，大大缩短了生产周期。

（4）全湿法处理铜阳极工艺。该工艺采用稀硫酸、空气（或氧气）氧化浸出脱铜，再用氯气、氯酸钠或双氧水作氧化剂浸出 Se、Te，为了不使 Au、Pt、Pd 溶解，要控制氧化剂用量（可通过浸出过程的电位来控制）。最后用氯气或氯酸钠作氧化剂浸出 Au、Pt、Pd。氯化渣用氨水或 Na_2SO_3 浸出 AgCl，并还原得银粉。粗金、银粉经电解得纯金属。其工艺流程如图 2-63 所示。

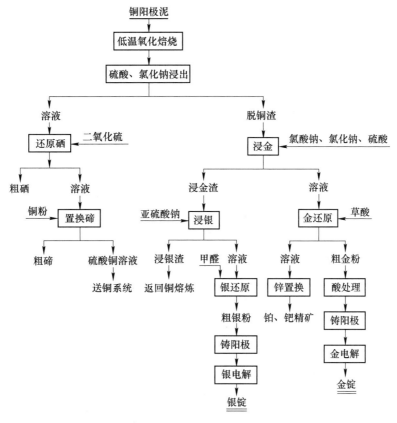

图 2-61 低温氧化焙烧—湿法处理工艺流程图

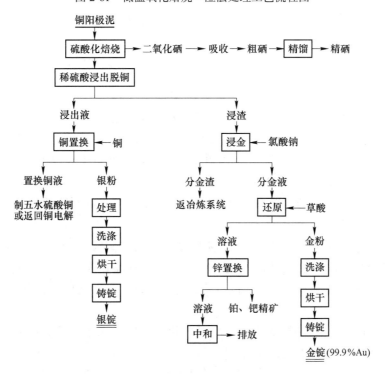

图 2-62 硫酸化焙烧—湿法处理工艺流程图

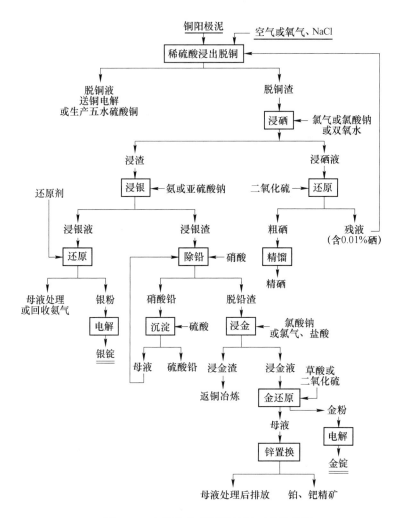

图 2-63　全湿法处理铜阳极泥工艺流程图

（5）采用萃取技术提金的铜阳极泥处理工艺。该工艺中对金的分离提纯方法进行了改进，将原有的氯化分金——二氧化硫还原—电解提金传统方法，改为氯化分金——有机溶剂萃取—草酸铵还原的方法，生产周期短、中间产品积压量少、成本降低。粗金品位由传统的 95.5%～96.5% 提高到 99.3% 以上，经浇铸后可得纯度达 99.93% 以上的成品金，而且采用萃取法后，金的回收率提高约 0.8%，使企业获得了较好的经济效益。

2.7.4.5　INER 法

中国台湾核能研究所（简称 INER）研究了一种从铜阳极泥中回收贵金属的新方法，称为"INER"法。这一工艺包括 4 种浸出、5 种萃取体系以及 2 种还原工序。该法已进行了中间工厂试验，并根据中间工厂的试验结果，建设一座年处理 300t 阳极泥的生产厂。INER 法工艺流程如图 2-64 所示。

（1）醋酸盐浸出。铜阳极泥中存在大量的铅，使阳极泥中有价金属回收困难。研究表明，用醋酸盐溶液浸出脱铅，浸铅率随碳酸盐浓度和温度的升高而升高。用 5～7mol/L 醋酸盐溶液作浸出剂，在 20～70℃下浸出硫酸浸出渣 2～3h，95% 的铅被浸出；同时还有

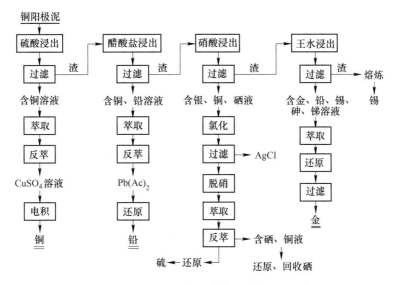

图 2-64　从阳极泥中回收贵金属的 INER 流程

少量的铜溶出，可通过 LIX34 或 LIX64 萃取除去。

（2）硝酸浸出。用硝酸溶解醋酸盐浸出残渣中的银和硒，在一个 300L 的不锈钢槽中进行，浸出温度为 100~150℃，银、铜、硒、碲的浸出率分别为：96.13%、大于 99%、98.8% 和 70%。往浸出液中通氯气，使银以 AgCl 形式沉淀而回收，AgCl 纯度大于 99%，回收率大于 96%。

（3）脱硝、萃取、酸回收。分离 AgCl 后滤液含 Cu、Pb、Se、Te，送脱硝、萃取工序。用 75%TBP 及 25%煤油作为萃取剂，脱硝、萃取由 8 段组成，酸回收或洗脱也在 8 段中进行。混合澄清器用玻璃钢制造，外形尺寸为 30cm×80cm×40cm，相当于生产规模的 1/5。

（4）硒、碲的分离。将含铜、铅、硒、碲的氯化物溶液浓缩至含游离盐酸 4~5mol/L，然后用 30%TBP 和 70%煤油有机相萃取分离硒、碲，采用四级萃取、二级洗涤、四级洗脱、流速为 24L/h 的混合澄清器，硒及其他杂质分离效果很好。利用燃烧硫获得 SO_2 使亚硒酸和硒酸还原得到硒。硒燃烧室面积为 $0.2m^2$，硫消耗 2~4kg/L，空气输入速率为 600L/min，燃烧器出口 SO_2 浓度为 4%~8%，经净化后引入还原缸，在室温下还原得到元素硒，经过滤、洗涤、干燥，纯度大于 99.5%。用同样方法可从碲的氯化溶液中沉淀碲。

（5）王水溶解、金萃取及还原。用王水溶解硝酸浸出残渣，使渣中 99% 的金进入浸出液，然后用二丁基卡必醇（DBC）萃取提金。载金有机相用草酸还原，可获得金粉且过滤性能良好，金的回收率为 99%，金纯度大于 99.5%。

（6）锡的回收。铜阳极泥经上述处理后，残渣中锡的品位从 11.2% 增加到 35%。锡以 SnO_2 形态存在，这种锡精矿在 1350℃下与 CaO、炭和铁粉混合后，高温熔炼 1h，从渣中很容易分离出粗锡。粗锡经两次精炼（第 1 次 350℃，第 2 次 230℃），可得到高纯度的金属锡，锡的回收率为 95%。

（7）三废处理。用硫化物和氢氧化物联合沉淀处理 INER 法工艺流程中的废液，即利用 $NaHSO_3$、$Ca(OH)_2$、FeS，通过中和、还原、沉淀、过滤等步骤，废液中的重金属可达到废水质量控制标准。INER 流程中产生少量 NO_x 气体，通过水和碱液吸收洗涤后排入大气。建设一座年处理 300t 铜阳极泥的 INER 法工厂估计需投资 339 万美元。这种方法与传统方法相比，具有能耗低、排放物少、贵金属总回收率高（银 98%，金 99% 以上）、萃取作业操作方便、适于连续生产等优点。

2.8 二次铜资源的利用

2.8.1 概述

从矿石原料生产出的铜通常称为矿铜；从二次资源生产出的铜被叫做再生铜。再生有色金属在有色金属总产量中所占的比例约为 30%，再生铜所占的比例更高。二次铜资源的利用对有色金属生产具有重要的意义，受到了各国政府的重视。

从二次铜资源中生产铜，与原矿开采、选矿及冶金处理相比，有许多优点：（1）基本建设投资低；（2）质量高的再生原料的处理工艺简单；（3）能耗大大减少，例如，用矿石生产铜的单位能耗比用废料生产金属的单位能耗高出 6.2 倍；（4）降低了不可再生的矿产资源的消费；（5）减少了环境污染。

我国二次资源利用的专业大厂，有上海冶炼厂、重庆冶炼厂、常州冶炼厂和太原电解铜厂四家。国内还有其他再生铜企业，如芜湖冶炼厂、北京铜厂及天津电解铜厂等。由于直接利用杂铜的多是地方小厂，再加上杂铜原料在收集过程中的严重混乱，因而缺乏较完整的统计资料来说明我国二次铜资源的利用状况。但可以肯定，与发达国家的再生铜企业相比，我国再生铜的综合利用程度差、能耗高。就国内再生铜企业而论，先进企业与一般企业的技术经济指标差异也较大，因此有必要加强我国二次铜资源的利用。

2.8.2 二次铜资源的种类与特点

生产中的含铜废料和折旧废件是生产再生铜及其合金的主要原料，见表 2-42。二次铜

表 2-42 含铜废料的构成

二次资源形成来源	废料的种类及其所占的比例/%		铜在废料中所占的比例/%		
			铜	黄铜	青铜
轧材生产	炉渣	1.7	4.8	—	—
铜基合金的生产	炉渣	2.8	8.2	—	—
电缆电线的生产	电导体的切头	8.0	23.3	—	—
轧材的金属加工	边料和变形废料块	13.6	7.4	24.9	2.7
异形铸件的金属加工	变形合金的切屑	17.7	16.6	26.2	4.2
	铸造合金废料块	0.5	—	0.3	1.5
	铸造合金屑	14.4	0.5	8.6	45.0
折旧废件	铸造合金制品废件	14.7	0.5	11.3	41.6
	变形合金制品废件	17.4	12.2	28.7	5.0
	废电缆	9.2	26.5	—	—
总计	100.0	100	100	100	

资源大多是金属，对其处理应要求最完全地综合回收其中的全部有价值组分。目前回收来的含铜废料，40%用于生产铸造合金，20%用于生产变形合金，3%用于制取化合物，34%加工成粗铜，质量太低而不能利用的部分小于3%。

再生粗铜的二次铜资源包括以下物料：

（1）低质量的含铜废料。其特点是块度大小不一，化学成分波动大。例如，在用原生和再生原料冶炼铜基合金时产生的炉渣以及铸造车间的炉渣和浮渣含15%~38%的铜（金属相占总含量的60%~75%）、3%~45%的锌（50%~60%为ZnO）、0.1%~3.5%的锡。炉渣和浮渣块的尺寸大至300~700mm，小至1~5mm。含8%~12%铜的炉体耐火材料碎块和炉结可列入这一类。

（2）含铜垃圾。其特点是含铜形态不同、低质，它包括金属珠粒和溅渣在内的土质物料。用过的型砂、地面清扫物、刚玉粉及生产和加工铜及其合金的车间里的碎渣，都属于垃圾。垃圾中有色金属的平均含量是：铜20%~50%，锌10%~25%，锡约0.5%。50%以上的含铜垃圾为5mm粒度的细碎料，需要造团。垃圾堆密度为19~25t/m³，湿度为3%~8%。铜含量不低于30%的物料属于含铜再生原料。国外处理含铜低质废料的铜品位已低至1.0%~1.5%；而我国的水平则不低于3%，若将此限度降低到1.0%~1.5%，便能使成千上万吨含铜废料得到处理。

（3）电缆和废导体。这是需要特别注意利用的废旧资源，包括报废或不能用的铜导体与缠成团的导线，以及包在橡胶、棉布、聚合物和有机绝缘物中的未解体的电缆切头，以及掺杂铁的铜铠装。电缆电线产品废料是长度不同的块和缠成团的线盘。根据铜芯线的直径、绝缘层和外皮的厚度，含铜量在30%~98%波动。用来生产粗铜的废导体和废电缆的特点是夹杂率高，橡胶的夹杂率为20%~45%，纸夹杂率、棉织物和聚合物绝缘层的夹杂率均为15%~60%，铁的夹杂率为18%~30%。

（4）切屑。切屑由切头、切余料、金属屑组成的废料和镀件组成。这种废料的铜含量不低于50%，锌含量不低于10%~30%，夹杂率通常不超过25%。

（5）汽车废料。汽车废料的特点是所夹杂的黑色金属含量达到30%~50%。汽车和拖拉机水箱、齿轮、热交换器、管子、船舶螺旋桨等属于此类，废电机和打成包的无线电及电视设备亦列为这类废料。废电动机里的铜含量为15%~35%，其夹杂率（黑色金属、铝、绝缘材料等）达80%~85%。

（6）废家电。废电视机的金属部分（这是复杂的多金属原料）含量分别为：铜12.2%，铝5.5%，锡0.6%，镍和铅分别为0.4%，黑色金属70%，也有钨、铝和贵金属如金银和铂族金属等。其中的棉织与聚合物绝缘层、漆面、玻璃、陶瓷、木块等属于非金属废料部分。在再生原料中，家用废件所占的比重不大，其比例不超过总收购量的2%~3%。日常生活的废金属有铜和黄铜器具、茶炊具及其他家用品，其中黑色金属的夹杂率达15%。

（7）双金属铜料。双金属中的铜含量少至7%~8%，多至60%~70%，锌含量在0.1%~3%之间波动。炼铜厂使用的双金属废料中，最多含铜7%~8%，锌约10%，铁约90%。在熔炼再生铜时，双金属的基体当作铁熔剂来用。近年来，贴铜箔的材料（母体）如胶纸板、胶布板、玻璃胶板等类型的材料供应量显著增大；根据母体厚度和其箔片单面或双面的覆盖厚度不同，铜在这种废料中的含量波动在15%~40%之间。散装和打成80~

140kg 的包块双金属废料，也送往再生铜加工厂。

基于二次铜资源的特点，无论再生铜还是铜合金，都需要进行预处理。

2.8.3 二次铜资源再生利用前的预处理

废有色金属的预处理，指将有色金属废件和废料的形态进行改变。预处理过程包括：废件的解体、分类、切割、打包、破碎，废屑的处理（筛选、干燥、破碎、磁选、压块），对含易爆物的废件进行的烟火检验和无害处理，使各种废件和废料达到规定的外形尺寸和重量标准，将有色金属与黑色金属分离，去除非金属夹杂物、水分、油质等。对废有色金属进行预处理的目的是使之适应冶金工序，将金属损失减少到最低程度，降低燃料、电力和熔剂的单位消耗，更有效地利用冶金设备和运输工具，提高劳动生产率，保证有色金属与合金产品的高质量。

废料的预处理一般都按要求的工序顺序进行。特种再生原料（废蓄电池、废电动机、废电线、马口铁废料）的预处理，需要设置专门的生产线。

（1）选分。对混杂的废有色金属进行分选的目的，是将废件和废料分选成单一的金属和合金，除去其中的黑色金属和非金属物质。主要的分选方法有形态分选、机械分选、重介质分选和冶金分选。

（2）废件与废料的解体。解体工序所要达到的目的，是去除黑色金属镶嵌物和非金属镶嵌物，对机械连接的各种不同金属及合金的部件进行分解，并使废料块减小到便于进行后续处理和运输的尺寸与重量。解体方法分为拆卸和破坏两类。通常进行的解体多为破坏方法，包括切割、破碎与粉磨、打包和压块。废电缆、废蓄电池、废电动机及其他种类的再生原料，亦需要进行解体处理工序。

（3）废切屑的处理。废切屑是在金属和合金被切削机床进行加工的过程中产生的。由于切削刀具和金属合金的种类不同，切屑的形状和切削的尺寸也大不相同。废切屑分为散粒屑和卷状（螺旋形）屑、粗屑和细屑、均质屑和混合屑。屑中还会有铁的机械夹杂，某些有色金属屑中的铁含量可达 30%。在使用润滑冷却液的机床上加工时，还会使废切屑表面积存乳化液和油。为了在对废切屑进行冶金加工时取得高的技术经济指标，须从屑中去除铁的机械杂质以及水分、油质和砂。为此，废切屑须经破碎、干燥，之后再加以筛分和磁选。

（4）废件与废料的干燥。在某些情况下，各种废件与废料的湿度可达 20%。对进入冶金炉的再生有色金属炉料是有水分要求的，如转炉、精炼反射炉和电炉，水分的允许含量是很严格的（不得超过 3%）。因此需要进行干燥处理。干燥的方法主要是烘烤。

（5）打包与压块。打包的目的是把松散的、轻薄的废件与废料压实，并制成一定重量、尺寸和密度的打包块。密实的物料便于装炉熔炼，熔炼过程中氧化造成的金属损失也小，同时原料的运输费用还可得到降低。需要进行打包的是分解成块的大型废件、废散热器、切边、废棒材、废管材、废电缆、废定子绕组、碎屑、废压模、日用废品等。打包块密度取决于压力的大小以及所压制的物料的厚度。废铜打包需用 20~45MPa 的压力。

通过上述处理后的废杂铜料，可以生产铜线锭和再生铜合金，也可以生产再生铜。

2.8.4 杂铜生产合金和铜线锭

杂铜最合理的利用方案是将其直接冶炼成为铜合金，这样原料中所有的有价成分都回收到成品中了。因此，世界上工业发达的国家都力求增加直接利用杂铜的比例，如英国直接利用杂铜生产铜合金的比例占到了 50%，美国和俄罗斯为 60%，日本则高达 80%。我国在收集杂铜原料过程中混杂严重，因此直接利用的比例比工业发达国家低得多。

为了产出合格的合金，必需使用优质的废杂铜，而且在熔炼合金时要用覆盖剂。常用的覆盖剂为纯碱、萤石、硼砂、碎玻璃、碱金属氯化物等。熔剂消耗量为炉料量的 0.5%~1%。

从杂铜冶炼成为铜合金的过程包括精炼和合金化，关键在于除杂质、脱气体、控制金属的烧损率、合金化的均匀性以及合金牌号的准确配制。

2.8.4.1 再生铜合金的精炼

精炼二次铜合金的目的在于减少溶解的气体（氢、氧）、除去夹带的非金属夹杂物和杂质（铁、硫、铝、硅、锰等）。精炼过程及其原理与粗铜矿的火法精炼相同。

氧化精炼在 1100~1160℃ 的温度下进行。固体氧化剂的消耗占熔体量的 0.5%~1.0%。为加速精炼过程，将空气和水蒸气鼓入液态合金，以造成锌的强烈氧化和挥发，这对锡的影响不大。因此，该精炼法适用于含锌不超过 3% 的青铜。

为了还原溶解于铜合金中的 Cu_2O，利用磷、锂、硼、钙等作脱氧剂。应用最广的脱氧剂是以磷铜（含磷 8%~15%）形式加入的磷，反应为：

$$5Cu_2O + 2P =\!=\!= P_2O_5 + 10Cu$$

生成的 P_2O_5 在 359℃ 下就挥发。

精炼铜合金也采用联合脱氧剂。如对于含锡青铜，先用磷除去大部分氧，再用锂添加剂除去残余的氧，这样就可得到细粒晶体结构和高力学性能的合金。为提高锂的利用率和简化操作，使用了用铜做成的密封圆筒——"锂筒"，内装 5~100g 锂。将锂筒加入准备铸造的成品合金中，然后搅拌合金，澄清 3min 再浇注。

2.8.4.2 用纯净杂铜生产铜合金

由能够区分出牌号和纯净的杂铜生产铜合金时，是将杂铜再配入适当的纯金属或中间合金，直接熔炼制得所需牌号的铜合金。

用紫杂铜生产铜合金时，实际上是把紫杂铜当作矿铜使用，其中化学成分符合二号铜标准的可产出高级铜合金，化学成分符合三号或四号铜标准的可产出普通铜合金。

用二次铜料生产铜合金的整个工艺过程，包括配料、熔化、脱气、脱氧、调整成分、精炼、浇铸等工序。

在铜合金熔炼过程中，各种元素的烧损率是不同的，如下数据所示：

元素	Cu	Zn	Sn	Al	Si	Mn	Ni	Pb	Be	Ti	Zr
烧损率/%	±1.2	±3	±1.5	±2.5	±6	±2.5	±1.2	±1.5	±13	±30	±7

因此，在配料时要特别注意，有些元素如磷、铍，必须做成中间合金后才能加入。

熔炼铜合金的设备有反射炉、感应电炉和坩埚炉。反射炉的容量大，多用于大型企业，燃料可用重油或煤气；在熔炼过程中，为了改善上下层之间的温度分布，应注意搅拌。近年来，国外有用旋转炉代替反射炉的趋势，旋转炉的传热传质条件好，熔炼时间短，金属粉末飞扬和挥发损失少。感应电炉的使用也很广泛。对小型企业来说，坩埚炉是一种投资省、见效快，能利用多种燃料加热的熔炼设备，并且熔炼时温度比较均匀，合金的化学成分不受燃料的影响，缺点是热效率低、燃料消耗多。

反射炉熔炼铜合金的指标如下：成品合金燃料消耗为（标煤）210~250kg/t，炉子生产率为 18~20t/（m²·d）；铜在成品合金中的直收率为 93%~94.5%，有 3%~4% 的铜进入返回料，还有 1.5%~2.5% 的进入炉渣中。用感应电炉熔炼黄铜时，合金到成品的铜回收率为 92.9%~95.3%，入返料的铜为 3%~4.7%，电能消耗为 315~370kW·h/t。渣成分为：Cu 15%~30%，Zn 30%~50%，Pb 0.5%~1.0%，Fe 0.5%~3.5%，SiO₂ 2%~13%，Na₂O 1.5%~6.0%。渣率占炉料量的 3%~5%。

铜合金熔炼产出的熔渣需要用贫化电炉进行单独处理。当炉渣中添加 6% 的碎焦和 8%~10% 的石灰进行电炉熔炼时，就可得到含 Cu 0.3%~0.4%，含 Zn 2.0%~3.5% 的弃渣。产出的贫化合金适合于生产青铜或黄铜。铜在贫化合金中的回收率为 93%~95%，Pb 为 80%，Sn 为 85%~90%，Zn 为 8%~10%。锌在挥发物中的回收率为 82%~86%。

2.8.4.3 用纯净的紫铜生产铜线锭

用于生产铜线锭的紫杂铜，其化学成分应符合《铜及铜合金废料》（GB/T 13587—2006）中二号铜的标准。熔炼设备一般采用反射炉，也可以采用感应电炉或坩埚炉。

反射炉的结构和一般精炼反射炉相同，燃料可用煤、重油或天然气，要求燃料中的含硫量低于 0.1%。整个冶炼过程与粗铜火法精炼一样，由加料、熔化、氧化、还原和浇铸五个阶段组成。上海冶炼厂生产铜线锭时，铜的回收率达 99.75%，能耗（标煤）为 207kgce/t。

自 20 世纪 60 年代后，广泛地采用了竖炉熔炼。竖炉由一圆柱形的钢筒构成，内衬镁砖，炉体周围均匀地装有数排燃烧器。紫杂铜从上部炉门加入炉内，液体或气体燃料、预热空气通过燃料器混合均匀后喷入炉内，控制炉内呈中性或微还原性气氛，炽热的气体将下降的铜料加热熔化，从炉缸放出铜液后铸锭，竖炉熔炼较反射炉熔炼能耗低。

2.8.5 火法熔炼生产再生铜

利用二次铜资源来生产再生铜的火法工艺有三种典型的流程：一段法，二段法和三段法。

2.8.5.1 一段法

一段法是将经过选分的黄杂铜或紫杂铜直接加入反射炉精炼成阳极铜送电解。工艺及其原理与矿铜火法精炼基本相同。

一段法的原料分为两类，第一类为紫杂铜、残极，第二类为黄杂铜。两类杂铜分别单独在反射炉中精炼。根据原料不同，产出的阳极铜有紫铜阳极、黄杂铜阳极和次粗铜阳极，其化学成分如表 2-43 所示。

一段法的优点是流程短、设备简单、投资少；缺点是在处理成分复杂的杂铜时，产出的烟尘成分复杂，难于处理，同时精炼操作的炉时长，劳动强度大，生产率低，金属回收率低。因此，一段法只适宜处理一些杂质较少且成分不复杂的杂铜。

2.8.5.2 二段法

杂铜先经鼓风炉还原熔炼得到金属铜，然后将金属在反射炉内精炼成阳极铜，或者杂铜先经转炉吹炼成粗铜，粗铜再在反射炉内精炼成阳极铜。因为要经过粗炼和反射炉精炼二道工序，所以称为二段法。

表 2-43 一段法生产的再生阴极铜的化学成分　　　　　　　　（%）

元素成分	黄杂铜	次粗铜	紫杂铜
Cu	>98.8	>98.8	>99
As	0.28~0.20	0.02~0.2	0.003~0.01
Sb	0.054~0.22	0.071~0.30	0.005~0.02
Bi	约 0.008	约 0.15	<0.002
Pb	0.022~0.20	0.015~0.20	0.042~0.01
Sn	0.005~0.06	0.007~0.20	0.008~0.021
Ni	0.1~0.25	<0.30	0.025~0.05
Fe	约 0.006	约 0.0029	<0.005
Zn	约 0.015	约 0.01	0.007~0.015

适合于二段法处理的二次铜资源如下：

（1）被污染的铜及其合金的废料有：切头、屑、板头、铜线，工业和家用带有铜及铜合金零件的废品，含铁量大的双金属废料，以及有金属形态的有色金属。

（2）生产铜基合金所得到的渣、炉衬碎块、返回渣、包壳、铸造铜垃圾、型砂（粉）等，以及含铜废品（如废电视机）和其他细碎的粒料，其中含有金属氧化物和渣化形态的有色金属。

2.8.5.3 三段法

杂铜先经鼓风炉还原熔炼成黑铜（为与黑铜区别起见，称它为次黑铜），次黑铜在转炉内吹炼成次粗铜，次粗铜再在反射炉中精炼成阳极铜。与铜矿石鼓风炉熔炼工艺相同的该流程，称为三段法。

难于分类或混杂的紫杂铜、黑铜、次粗铜的精炼渣，高铅、锡杂铜的转炉吹炼渣以及一些低品位黑铜的吹炼炉渣等二次铜原料，采用三段法来处理较为适宜。三段法中的熔炼和精炼过程、精炼的产物均与一段法、二段法相同。各项技术经济指标也相近。

次黑铜吹炼与铜锍吹炼的目的不同，因而吹炼过程及其原理也有所差别。前者的目的是脱除杂质，后者则是脱硫除铁，提高铜品位。实际上，黑铜吹炼是在转炉中进行的初步精炼过程。

转炉除了吹炼次黑铜外，还处理青杂铜。这两类铜料的含铜量波动在 55%~85% 之间，铅和锡的含量高，其余为锌、镍、铁、砷、锑等金属杂质。这些杂质在固体铜料中主要以固溶体的形态存在，熔融时便呈游离状态。此外也有一小部分金属杂质以砷化物、锑化物等化合物的形态存在。

三段法具有原料的综合利用好，产出的烟尘成分简单、容易处理，粗铜品位较高，精炼炉操作比较容易，设备生产率也较高等优点，但又有过程复杂、设备多、投资大且燃料消耗多等缺点。故，除大规模生产和处理某些废渣外，杂铜的处理通常采用一、二段法。

我国贵溪冶炼厂在一期工程引进了第一台回转式阳极炉处理热态转炉粗铜，回转式阳极炉结构简单且机械化水平高，氧化还原无需人工插管。但回转式阳极炉不能处理大量冷料，因此目前国内杂铜处理普遍采用固定式反射炉，其主要缺点是自动化程度低，工人劳动强度大。贵溪冶炼厂三期首次从德国 MAERZ 公司引进了倾动式阳极炉处理杂铜，倾动炉的炉膛结构类似于固定反射炉，但整个炉子置于两个液压驱动的托辊上，根据不同作业周期要求可以向正、反两个方向倾转。倾动炉主要有以下几个特点：

（1）对炉料适应性强，冷装、热装或两者混装均可，特别适用于杂铜处理。

（2）炉床面积及炉膛空间大，熔池深度浅，固体炉料加料及熔化快。

（3）炉体密封性能好，炉压容易控制，因而烟气不易外泄。

（4）机械化水平高，氧化还原无需人工插管，浇铸时铜液流量容易控制，不存在跑铜事故隐患。

2.8.6　再生铜的湿法冶炼

2.8.6.1　再生铜湿法冶炼前的物料准备

再生铜的湿法处理应用日益广泛，其与火法相比，有以下的优点：主要金属和伴生金属的回收率更高，能耗较小，较容易解决环保问题，过程容易实现自动化。

金属废料表面上经常有各种油脂沉积物、乳剂、污物团块等，细粒残渣、盐类、泥砂以及许多非金属物也都会夹带于废铜料中。废料的尺寸一般都比较大。这些，会在湿法处理过程中造成困难，对冶金过程非常不利。为了得到良好的技术经济指标，必须首先进行物料的准备。

最简单而又廉价的备料方法是，在常温下水溶液中对废铜料进行处理。备料工序还包括为分离非金属夹杂物而进行的分选、为增大溶解面积而进行的废料磨碎以及除去铁夹杂物的磁选。对于混杂严重的废料，需要按密度分开，进行重介质（液态）分选。

除去有机物杂质的方法是，在 $700 \sim 900 ℃$ 的氧化气氛中焙烧。焙烧法不仅能去除有机物杂质，而且可以去除升华物（锌尘）中的氯和氟；但此法有污染环境、铜损失大的缺点。

再生铜湿法冶炼的物料准备过程较为复杂，能耗较大，加工费用较高，但是备料的费用可以在下一步湿法冶金过程中得到相当大的补偿。

2.8.6.2　再生铜湿法冶炼工艺

再生铜湿法冶炼具有工艺流程短、设备简单、投资少、见效快、有价金属综合回收好等特点；但有一定的局限性，处理量小，只能处理一些单一的碎铜废料，因此适合于一般小型工厂进行小批量的屑状废铜料的处理，目前国内只有几家小厂在采用。

再生铜湿法冶炼流程主要有两种：氨浸法再生电解铜和合金杂铜直接电解。

（1）氨浸法再生电解铜。采用碳酸氢铵和氨水浸出废铜料，浸出液经蒸氨后得粗氧化铜粉，再配制电解液进行电解，产出电解铜。其工艺流程如图 2-65 所示。

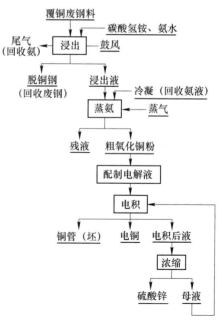

图 2-65　氨浸法再生电解铜工艺流程

氨浸出法的优点是可以使有色金属与铁分离，适用于处理覆铜废钢料（双金属料）。

（2）合金杂铜直接电解。用直接电解法从合金杂铜中提取电铜是我国重庆钢铁研究所开发出的一种方法。该法具有以下特点：

1）工艺流程短、设备简单、投资少、见效快，因此适宜于小型厂进行小批量的屑状废铜料的再精炼。

2）成本低，与火法及其他提铜方法相比直接电解法的成本大为降低，每吨铜仅需400~430元人民币。

3）有价金属综合回收利用好。铜的总回收率可达99%以上。

4）污染小，只有少量酸雾，无公害。

直接电解法的工艺流程如图2-66所示。

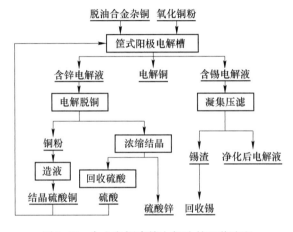

图 2-66　合金杂铜直接电解法的工艺流程

合金杂铜屑的化学成分为：Cu 66%~81%，Zn 2%~2.5%，Sn 5%~11%，Mn 2%，Al 5%，Si 2.5%~4.5%，Fe 3%，Pb 2%~4%。

工艺过程的主要技术条件为：电解阳极电流密度为 180A/m^2，槽电压为 0.7~1.0V，电解液温度为 55℃。电解液成分为：H_2SO_4 100~110g/L，Cu 50~55g/L，Sn<2.4g/L，Zn<100g/L。加胶量为 60g/t。

杂铜直接电解的主要技术经济指标为：电流效率为 92.5% 左右，电能消耗为 1100kW·h/t，直收率为 90% 以上，阴极铜一级品率为 100%。

2.8.7　国内外再生铜工厂

表 2-44 列出了国内外一些代表性的再生铜工厂。

表 2-44　国内外再生铜厂

工厂	二次铜原料	方法	产量/kt	主要指标及操作参数
美国 Carteret	低品位杂铜	鼓风炉富氧熔炼→转炉吹炼→阳极炉精炼炉渣电炉贫化	阳极铜 140	富氧比空气：床能力提高 8.5%，鼓风量减少 29.5%；黑铜产量提高 12.7%，热风率提高 21.7%，燃料能耗减少 13.9%

续表 2-44

工厂	二次铜原料	方法	产量/kt	主要指标及操作参数
俄罗斯 Кировградский 铜联合企业		鼓风炉→转炉 鼓风炉烟尘→还原焙烧→焙尘+转炉尘→浸出提 Cd，Ge，Zn	粗铜 30~60	床能力为 80~100$t/(m^2 \cdot d)$，电热前床耗电为 30~50$kW \cdot h/t$
英国 Elkington 铜精炼厂	杂铜	鼓风炉→转炉→阳极炉→电解	电铜 25	床能力为 33$t/(m^2 \cdot d)$
上海冶炼厂	紫杂铜、黄杂铜	紫杂铜→阳极炉 黄杂铜→鼓风炉→阳极炉		紫杂铜处理：铜回收率为 99.33%，能耗（标准煤）为 406.2kg/t
重庆冶炼厂	杂铜和其他含铜废料	鼓风炉→转炉→阳极炉	电铜 >10	鼓风炉→转炉：铜冶炼回收率为 98.51%~99.29%，锌直收率为 45.27%~49.01%，粗铜消耗焦炭为 641~715kg/t
常州冶炼厂	紫杂铜、黄杂铜以及矿粗铜	阳极炉		铜冶炼回收率为 99.5%~99.0%
太原电铜厂	紫杂铜、黄杂铜以及矿粗铜	鼓风炉→阳极炉	阳极铜 30，铜线锭 25	鼓风炉渣含铜 0.5%~0.7%，床能力为 85~90$t/(m^2 \cdot d)$，焦率为 23%~24%，由鼓风炉出口金属换热器出来的鼓风风温为 250~300℃

习　题

2-1 造锍熔炼的炉渣有何特点？

2-2 分析铜锍一般吹炼的炉渣与三菱法连续吹炼渣的优缺点。

2-3 如何利用硫-氧势图说明多金属硫化矿在造锍熔炼中发生的化学变化？

2-4 某冶炼厂所用铜精矿的化学成分（%）如下：

Cu	Fe	SiO_2	CaO	S
20~26	4~6.5	24~30	10~12	6~8

铜主要以辉铜矿形式存在，还含有少量氧化矿物，造锍熔炼时应注意什么问题？

2-5 在造锍熔炼过程中减少 Fe_3O_4 生成的措施有哪些？

2-6 转炉渣 Fe_3O_4 含量高，返回反射炉造锍熔炼过程中有何利弊？

2-7 为何铜锍品位越高渣含铜越高？

2-8 为什么瓦纽科夫熔池熔炼炉的生产率很高？请与白银炉熔炼进行比较分析。

2-9 为什么说炉渣的电炉贫化是造锍熔炼的逆过程？

2-10 细菌浸出会有发展前途吗，为什么？

2-11 氨浸适用于处理什么原料，为什么？

参 考 文 献

[1] 华觉明，等. 世界冶金发展史 [M]. 北京：科学文献出版社，1985.

[2] 北京钢铁学院，中国冶金简史编写组. 中国冶金简史 [M]. 北京：科学出版社，1978.

[3] 有色金属科学技术编委会. 中国有色金属科学技术 [M]. 北京：冶金工业出版社，1999.

[4] 田长许. 中国金属技术史 [M]. 成都：四川科学技术出版社，1987.

[5] 任鸿九，王立川. 有色金属提取手册（铜镍）[M]. 北京：冶金工业出版社，2000.

[6] World Bureau of Metals Statistics [M]. World Metals Statistics，Yearbook，1999.

[7] 选矿手册编委会. 选矿手册，第 8 卷第 1 分册 [M]. 北京：冶金工业出版社，1989.

[8] 徐绍龄，等. 无机化学丛书，第 6 卷，铜分族 [M]. 北京：科学出版社，1998.

[9] 尹敬执、申泮文. 基础无机化学 [M]. 北京：人民教育出版社，1980.

[10] E. G. West，等，陈北盈，等译. 铜和铜冶金 [M]. 长沙：中南工业大学出版社，1987.

[11] 刘纯鹏. 铜冶金物理化学 [M]. 上海：上海科学技术出版社，1990.

[12] 重有色金属冶炼设计手册编委会. 重有色金属冶炼设计手册（铜镍卷）[M]. 北京：冶金工业出版社，1996.

[13] 赵天丛. 重金属冶金学（上册）[M]. 北京：冶金工业出版社，1981.

[14] W. J. 陈，等，邓文基，等译. 铜的火法冶金（1995 年铜国际会议论文集）[M]. 北京：冶金工业出版社，1998.

[15] 日本金属学会，编，徐秀芝，等译. 有色金属冶金 [M]. 北京：冶金工业出版社，1988.

[16] 毛月波，等. 富氧在有色冶金中的应用 [M]. 北京：冶金工业出版社，1988.

[17] 陈国发，等. 重金属冶金学 [M]. 北京：冶金工业出版社，1992.

[18] 陈新民，等. 火法冶金过程物理化学 [M]. 北京：冶金工业出版社，1984.

[19] 东北工学院重冶教研室. 密闭鼓风炉炼铜 [M]. 北京：冶金工业出版社，1974.

[20] 彭容秋，重金属冶金学 [M]. 长沙：中南工业大学出版社，1991.

[21] 徐家振，等，耐火材料转炉渣侵蚀机理的研究 [J]. 有色矿冶，2000，16（2）：20，29~30

[22] Prevost Y. First Year of Operation of the Noranda Continous Converter [C]. Copper 99-Cobre 99（Fourth International Conference），1999，5：269~282.

[23] Zamalloa M，Carissimi E. Slag chemistry of the New Noranda Continuous Converter [J]. Copper 99- Cobre 99（Fourth International Conference），1999，5：123~136.

[24] 竹吉芝唉，周详. 连续吹炼过程中铁的氧化动力学 [J]. 有色冶炼，1985，（05）：17~24.

[25] Rottmann G，Wuth W. Copper Metallurgy：Practice and Theory [M]. Institution of Mining and Metallurgy，175.

[26] Yazawa A. Thermodynamic Considerations of Copper Smelting [J]. Canadian Metallurgical Quarterly，1974，13（3）：443~453.

[27] Altman R，Kellogg H H. Transactions Institution of Minerals Metallurgical Miner C [M]. 1972，81：163~175.

[28] Nagano T，Susuki T. Commercial Operation of Mitsubishi Continuous Cu Smelting and Converting Process [J]. Extractive Metallurgy of Copper，1976，1：439~457.

[29] Sohn H Y，Wadsworth M E 著，郑蒂基译. 提取冶金速率过程 [M]. 北京：冶金工业出版社，1984.

[30] Alexander Kolomentsev I，彭一川. 在收缩-扩张喷嘴中气粉流的理论研究 [J]. 东北工学院学报，1993，（1）：79~83.

[31] Brimacombe J K. Basic Aspects of Gas Injection in Metallurgical Processes [C]. International Symposium on Injection in Process Metallurgy，1991，32：13~42.

[32] Brimacombe J K, Bustos A A. Toward a Basic Understanding of Injection Phenomena in the Copper-Converting, Physical Chemistry of Extractive Metallurgical, Edited by V. Kudryk and Y. K. Rao, A Publication of the Metallurgical Society of AIME, 1985.

[33] 杨慧振, 吴扣根, 等. 铜转炉富氧吹炼节能模型研究 [J]. 昆明理工大学学报, 1998, 23 (3).

[34] 刘震, 缪兴义. 铜转炉富氧吹炼炉衬腐蚀机理 [J]. 有色金属, 2000, 52 (2).

[35] 任鸿九, 王立川. 有色金属提取手册 (铜镍) [M]. 北京: 冶金工业出版社, 2000.

[36] 有色冶金炉设计手册编委会. 有色冶金炉设计手册 [M]. 北京: 冶金工业出版社, 2000.

[37] 朱祖泽, 等. 现代铜冶金学 [M]. 北京: 科学出版社, 2003.

[38] 赵天从, 等. 有色金属提取冶金手册 [M]. 北京: 冶金工业出版社, 1992~1994.

[39] 比士瓦士 A K, 等. 铜提取冶金 [M]. 北京: 冶金工业出版社, 1980.

[40] 邱竹贤. 冶金学 [M]. 沈阳: 东北大学出版社, 2001.

[41] 傅崇说. 有色冶金原理 [M]. 北京: 冶金工业出版社, 1993.

[42] 陈新民. 火法冶金过程物理化学 [M]. 北京: 冶金工业出版社, 1993.

[43] 株冶《冶金读本》编写小组. 铜的精炼 [M]. 长沙: 湖南人民出版社, 1973.

[44] 罗庆文. 有色冶金概论 [M]. 北京: 冶金工业出版社, 2004.

[45] 屠海令, 赵国权, 郭青蔚. 有色金属冶金、材料、再生与环保 [M]. 北京: 化学工业出版社, 2003.

[46] 东北工学院重冶教研室. 密闭鼓风炉炼铜 [M]. 北京: 冶金工业出版社, 1974.

[47] Biswas A K, Davenport W G. Extractive Metallurgy of Copper [M]. New York: Pergamon Press, 1976.

[48] Yannopoulos J C, Jagdish C A. Extractive metallurgy of copper, Metallurgical Society, American Institute of Mining, Metallurgical and Petroleum Engineer, 1976.

[49] Davenport W G, Partelpoeg E H. Flash smelting [J]. Elsevier Science, 1987.

[50] Kachaniwsky G, Newman C J. Proceedings of the International Symposium on the Impact of Oxygen on the Productivity of Non-Ferrous Metallurgical Processes, Winnipeg, Canada, 1987.

[51] Mackey P J. The physical chemistry of copper smelting slags-a review [J]. Canadian Metallurgical Quarterly, 1982, 21 (3): 221~260.

[52] 乐颂光, 鲁君乐. 再生有色金属生产 [M]. 长沙: 中南工业大学出版社, 1990.

[53] 许并社, 李明照. 铜冶炼工艺 [M]. 北京: 化学工业出版社, 2007.

3 铅 冶 金

3.1 概 述

铅的化学元素符号 Pb，来自拉丁名称 plumbum。早在 7000 年前，人类就已经认识了铅，在《圣经·出埃及记》中就已经提到铅。公元前 3000 年，人类已经从矿石中提炼铅。在埃及阿拜多斯清真寺发现了公元前 3000 年的铅制塑像，现存在英国博物馆。在公元前 2350 年，已经从矿石中提炼出大量铁、铜、银和铅，到公元前 1792~前 1750 年，巴比伦皇帝汉穆拉比统治时期，已经有了大规模铅的生产。

中国在夏代已用铅作货币，世称"玄贝"。商代中期青铜器铸造已较多地用铅，西周铅戈含铅达 99.75%。宋应星所著《天工开物》中列举的铅矿物种类有"银矿铅""铜山铅"和"草节铅"，并记述了铅的冶炼方法。中国殷墟的墓葬中发现有铅制的卣、爵、觚和戈等酒器。

北美洲于 1661 年开始采炼铅矿，欧洲在 17 世纪有工业规模生产铅的记载。1800 年欧洲产铅约 20kt，其中一半产于英国。1900 年欧美合计产铅约 780kt。

19 世纪中叶，人类发现铅具有抗酸、抗碱、防潮、密度大和能吸收放射性射线的性能及制造各种合金和蓄电池用途之后，炼铅工业开始蓬勃发展。20 世纪初，全世界铅的年产量已居有色金属的第四位。

3.1.1 铅的资源

3.1.1.1 世界铅资源

铅在地壳中的平均含量为 15×10^{-6}，但铅易成矿。目前已知铅矿物有 200 种，但真正具有工业价值的铅矿物仅 11 种。铅矿物可分为硫化矿物和氧化矿物两类，目前为止金属铅绝大部分从硫化矿中冶炼出来，很少一部分是从氧化矿中提取的。

在自然界原生矿床中，铅与锌具有共同的成矿物质来源和十分相似的地球化学行为，还常共生或伴生有铜、硫、银、金、铋、钼、锑、汞、镁、锡、钨、锰、重晶石和萤石，铅锌矿石中还含有稀散元素锗、镓、铟等。

世界铅资源分布广泛，据美国地质调查局 2015 年的数据查明铅资源量为 20 亿吨，铅储量为 8700 万吨。世界铅储量较大的国家有澳大利亚、中国、俄罗斯、秘鲁及墨西哥等国。表 3-1 为全球铅储量分布（来自美国地质调查局）。

3.1.1.2 中国铅资源

根据 2015 年我国国土资源部统计，我国查明铅资源量为 7000 多万吨，铅储量为 1400 万吨。我国铅资源主要分布在云南、甘肃、广东、广西、湖南、江西、陕西、四川、新疆和内蒙古等省区。重要矿床有云南金顶、广东凡口、甘肃厂坝、内蒙古东升庙、广西大厂、四川大梁子、江西冷水坑、湖南水口山、青海锡铁山和新疆可可塔勒等。

表 3-1 全球铅储量分布

国　家	储量/万吨
澳大利亚	3500
中　国	1400
俄罗斯	920
秘　鲁	700
墨西哥	560
美　国	500
印　度	260
波　兰	170
玻利维亚	160
瑞　典	110
其他国家	4170
全　球	8700

3.1.1.3 铅的二次资源

2015 年全球铅产量约为 1100 万吨，其中再生铅产量约为 600 万吨。欧美国家的再生铅约占 70% 以上，我国再生铅所占比例约为 40%。我国再生铅比例和欧美国家相比还有较大差距，应该有较大的上升空间。

3.1.1.4 铅矿物

铅矿石一般含铅为 3%~9%，最低含铅量在 0.4%~1.5%，必须进行选矿富集，得到适合冶炼要求的铅精矿。

铅精矿是由主金属铅、硫和伴生元素 Zn、Cu、Fe、As、Sb、Bi、Sn、Au、Ag 以及脉石氧化物 SiO_2、CaO、MgO、Al_2O_3 等组成。为了保证冶金产品质量和获得较高的生产效率，避免有害杂质的影响，使生产能够顺利进行，铅冶炼工艺对铅精矿成分有一定要求。

我国铅精矿的品级标准（YS/T 319—2013）见表 3-2。国内外的一些铅精矿成分实例列于表 3-3。

表 3-2 我国铅精矿的品级标准（YS/T 319—2013）

品级	铅不小于（质量分数）/%	杂质不大于（质量分数）/%				
		Cu	Zn	As	SiO_2	Al_2O_3
一级品	65	3.0	4.0	0.3	1.5	2.0
二级品	60	3.0	5.0	0.4	2.0	2.5
三级品	55	3.0	6.0	0.5	2.5	3.0
四级品	50	4.0	6.5	0.55	3.0	4.0
五级品	45	4.0	7.0	0.6	3.0	4.0

表 3-3　国内外铅精矿成分实例　　　　　　　　　　（%）

矿例		Pb	Zn	Fe	Cu	Sb	As	S	MgO	SiO$_2$	CaO	Ag /g·t^{-1}	Au /g·t^{-1}
国内精矿	Ⅰ	66.0	4.9	6	0.7	0.1	0.05	16.5	0.1	1.5	0.5	900	3.5
	Ⅱ	59.2	5.74	9.03	0.04	0.48	0.08	19.2	0.47	1.55	1.13	547	—
	Ⅲ	60	5.16	8.67	0.5	0.46	—	20.2	—	1.47	0.46	926	0.78
	Ⅳ	46	3.08	11.1	1.6		0.22	17.6	—	4.5	0.48	800	10
国外精矿	Ⅰ	76.8	3.1	1.99	0.03		0.2	14.1	0.2	—	75	—	—
	Ⅱ	74.2	1.3	3	0.4		0.12	15	0.5	1	1.7	—	—
	Ⅲ	50	4.04		0.47	0.03	0.004	15.7		13.5	2.3	—	—

由表可见，铅精矿的质量除了考虑到其含铅品位之外，另外的一个重要因素就是杂质锌的含量。铅精矿品位越高，则冶炼的生产率和回收率越高，能耗越低，单位消耗和成本也越小。铅精矿含铜过高，熔炼过程中铅的损失也会相应增大。铅精矿含锌越高，熔炼时的困难也越大。特别是含铜、锌都高的铅精矿，在一般情况下都很难处理。

3.1.2　铅的应用

3.1.2.1　金属铅的用途

铅具有高度的化学稳定性，抗酸和抗碱腐蚀的能力都很高，故常用于化工和冶金设备的防腐衬里和防护材料上，以及作为电缆的保护包皮。

铅是许多合金的原料，如印刷合金、轴承合金、焊料合金、低熔合金及铅锑合金等。

目前铅的最大用途是制作铅酸蓄电池。一方面的原因是铅的价格低，二氧化铅和硫酸铅具有独特的电化学性能，适于用于制作低成本、高容量的二次电池，并且铅酸蓄电池具有放电电流大的独特优点，广泛用于汽车的启动、照明、点火储能电池。由于汽车行业发展的需求，铅在此领域的需求仍会稳定增长。

金属铅还是 X 射线和原子能装置的防护材料。随着核工业的飞速发展核反应堆的防辐射铅用量亦在逐年增大。

3.1.2.2　铅化合物的用途

铅的化合物如铅白、密陀僧等曾经用于油漆、玻璃、陶瓷、橡胶等工业部门和医疗部门。盐基性硫酸铅、磷酸铅及硬脂酸铅曾用作聚氯乙烯的稳定剂。

但随着人们对铅的毒性的认识不断深入，铅在上述领域的应用已急剧减少或被明令限制。

3.1.3　铅的性质

3.1.3.1　铅的物理性质

铅为元素周期表中的 Ⅳ 主族元素，相对原子质量为 207.21，外观呈蓝灰色。它密度大，硬度小，展性好，延性差，熔点和沸点低，导热和导电性差。液态铅的流动性好。铅的主要物理性质见表 3-4。

表 3-4 铅的物理性质

性 质	数 值
密度/$g \cdot cm^{-3}$	11.34
莫氏硬度	1.5
熔点/℃	327.5
沸点/℃	1525
熔化潜热/$J \cdot g^{-1}$	26.204
挥发潜热/$J \cdot g^{-1}$	841.386
线膨胀系数（20℃）	29.1×10^{-6}
导热系数（100℃）/$J \cdot (cm \cdot s \cdot K)^{-1}$	0.3391
电阻温度系数（20℃）/K^{-1}	3.36×10^{-3}
电阻率（20℃）/$\Omega \cdot cm$	20.648×10^{-6}
压缩系数（20℃）/$cm \cdot kg^{-1}$	1.50×10^{-6}
黏度/$Pa \cdot s$	0.0189
金属色彩	蓝灰色
平均热容/$J \cdot (g \cdot ℃)^{-1}$	0.1281
表面张力/$N \cdot cm^{-1}$	0.00444
凝固收缩率/%	3.44

高温下铅容易挥发，造成冶炼时的金属损失和环境污染。铅在不同温度下的蒸气压见表 3-5。

表 3-5 铅在不同温度下的蒸气压

温度/℃	620	710	820	960	1130	1290	1360	1415	1525
蒸气压/Pa	0.133	1.333	13.332	133.32	1333.22	6666	13332	38530	101325

3.1.3.2 铅的化学性质

铅在常温下不与干燥空气或无空气的水作用，但能与含 CO_2 和湿的空气作用生成 PbO_2 和 $3PbCO_3 \cdot Pb(OH)_2$ 保护膜。铅在空气中加热能依次氧化成 Pb_2O、PbO、Pb_2O_3、Pb_3O_4，最后分解成高温稳定的 PbO。

铅为两性金属。它易溶于硝酸、硼氟酸、硅氟酸、醋酸和硝酸银中，与硫酸和盐酸作用可生成不溶的 $PbSO_4$ 和 $PbCl_2$ 表面膜。铅的正常化合价为 +2 和 +4。

铅是放射性元素铀、锕和钍分裂的最后产物，对 X 射线和 γ 射线有良好的吸收性，具有抵抗放射性物质透过的能力。铅的化学性质见表 3-6。

表 3-6 铅的化学性质

性 质	数 值
原子序数	82
相对原子质量	207.21

性　　质		数　　值
价层电子构型		$6s^2 6p^2$
原子半径/nm		0.175
离子半径/nm	$r(M^{4+})$	0.078
	$r(M^{2+})$	0.119
标准电位/V		−0.126
电负性		1.9
第一电离能/kJ·mol^{-1}		716
电子亲和能/kJ·mol^{-1}		35.1

3.1.3.3　铅的毒性

铅及其化合物都具有一定的毒性。铅及其化合物一旦进入机体，会对神经、造血、消化、肾脏、心血管和内分泌等多个系统产生危害。目前常见的铅中毒大多属于轻度慢性铅中毒，主要病变是铅对体内金属离子和酶系统产生影响，引起植物神经功能紊乱、贫血、免疫力低下等。

3.1.4　铅的主要化合物

（1）硫化铅 PbS。自然界中硫化铅以方铅矿形式存在，它是当前炼铅的主要原料。其熔点为 1135℃，密度为 7.4～7.6g/cm^3。熔化后流动性很大，600℃时开始挥发，至 1281℃时其蒸气压已达 101325Pa。与 Sb_2S_3 和 Cu_2S 等硫化物共熔会降低它的挥发性。PbS 不易分解，1000℃时的分解压力仅有 16.8Pa，至 1350℃则分解速度很大。对硫亲和力大于铅的金属（如铁）可从 PbS 中置换出金属铅。PbS 能高温还原，但速度极慢而未被应用。金属铅能溶解 PbS，降温时则又从铅水中析出形成炉结。PbS 焙烧时便氧化成 PbO 和 $PbSO_4$。HNO_3 和 $FeCl_3$ 的水溶液能溶解 PbS。

（2）氧化铅 PbO。PbO 又称密陀僧，是最主要的铅氧化物，其余的 Pb_2O、Pb_3O_4 和 Pb_2O_3 都不稳定。PbO 熔点为 886℃，沸点为 1472℃，难分解而易挥发，950℃时挥发已显著。PbO 是能与酸性或碱性氧化物结合的两性化合物，但铅酸盐不稳定。PbO 对硅砖和黏土砖有特别强烈的腐蚀作用。氧化铅是强氧化剂和助熔剂，它易使 Te、S、As、Sn、Sb、Bi、Zn、Cu、Fe 等部分或全部氧化，是氧化精炼的基础，又能与许多金属氧化物结合成易熔共晶和化合物。PbO 易被 C 和 CO 还原。

（3）硅酸铅 xPbO·ySiO$_2$。PbO 与 SiO_2 能结合成 PbO·SiO$_2$、2PbO·SiO$_2$、4PbO·SiO$_2$ 三种化合物和 PbO$_2$·PbO-SiO$_2$、2PbO·SiO$_2$-PbO·SiO$_2$、4PbO·SiO$_2$-2PbO·SiO$_2$ 三种易熔共晶（熔点都低于 780℃），是烧结过程良好的黏合剂。它比 PbO 难挥发和难还原。

（4）硫酸铅 $PbSO_4$。硫酸铅的熔点为 1170℃，密度为 6.34g/cm^3。它是较稳定的化合物，800℃时开始离解，950℃以上离解速度已很大，其反应为：

$$PbSO_4 = PbO + SO_2 + \frac{1}{2}O_2$$

还原时，$PbSO_4$变成PbS。$PbSO_4$和PbO均能与PbS反应生成金属铅，这是反应熔炼的理论基础。

（5）氯化铅$PbCl_2$。氯化铅的熔点为498℃，沸点为954℃，密度为$5.91g/cm^3$。氯化铅在水中的溶解度极小，但它能溶于碱金属和碱土金属氯化物如$NaCl$、$CaCl_2$等的水溶液中，且温度升高其溶解度亦增大。如50℃的饱和氯化钠溶液对铅的最大溶解度达42g/L，100℃时$CaCl_2$的饱和氯化钠溶液可溶解$100\sim110g/L$的铅。

（6）碳酸铅$PbCO_3$。碳酸铅又称白铅矿，是自然界中铅的主要氧化矿。其矿床不多，故意义不大。碳酸铅加热时便分解生成氧化铅。

（7）铁酸铅$xPbO \cdot yFe_2O_3$。PbO与Fe_2O_3可形成一系列成分不同的化合物，其熔点视其结合的比例而在$762\sim1227℃$范围内变化。铁酸铅是不稳定的化合物，在有CaO和SiO_2存在时，1080℃温度下按下式强烈分解：

$$PbO \cdot Fe_2O_3 + CaO + SiO_2 = 2FeO \cdot SiO_2 + CaPbO_2 + \frac{1}{2}O_2$$

铁酸铅的生成是烧结过程的良好黏合剂，并可降低PbO的挥发。铁酸铅是容易被还原成金属铅的化合物，$180\sim205℃$即已开始被氢还原，$500\sim550℃$便可被CO完全还原。

3.1.5　铅的主要提取方法

当代提取铅金属的工业生产几乎都是采用火法冶金工艺。湿法炼铅历经了长期的研究，但在处理硫化铅精矿方面无法与火法工艺竞争，因此一直没有得到工业应用；但湿法炼铅目前在处理硫酸铅渣形式的二次含铅物料方面已取得突破，并得到应用。

就基本原理而言，火法炼铅方法可分为以下几类。

3.1.5.1　氧化还原熔炼法

该法包括硫化铅精矿中的硫化铅及其他硫化物的高温氧化生成氧化物（也可能生成金属）和氧化物还原得到金属的过程。如硫化铅在氧化还原熔炼时完成如下反应：

$$PbS + \frac{3}{2}O_2 = PbO + SO_2$$

$$PbO + CO(C) = Pb + CO_2(CO)$$

$$PbS + O_2 = Pb + SO_2$$

烧结焙烧—鼓风炉还原熔炼便是该法的传统炼铅方法。它是在烧结机上对硫化铅精矿进行高温氧化脱硫，并将炉料熔结成烧结块。然后将烧结块与焦炭一起在鼓风炉内进行还原熔炼得粗铅。该法的适应性强，生产过程稳定，生产能力大，自取代反射炉的生产后，成为最广泛采用的铅生产工艺，其产量一度占据世界矿产铅总产量的85%，至今仍被广泛地采用。

然而它也面临着新的挑战，它的主要缺点是对环境污染严重和能耗高。由于20世纪末铅价位在有色金属中为最低，冶炼的利润空间有限，花费大量投资改造铅厂难以获得经济效益，因此世界上一些炼铅新技术在当时推广较慢。

直接炼铅法也基于这一氧化还原原理。但是直接炼铅则是利用粉状的或熔融的硫化铅精矿迅速氧化，单位时间内放出大量的热，促使炉料之间完成所有的冶金反应，产出液态粗铅和熔炼渣，使反应热得到充分利用。同时，由于在密闭容器内熔炼，并采用了富氧冶炼技术，烟气量小、烟气含 SO_2 浓度较高，有利于硫的回收利用。因此，直接炼铅为炼铅的节能和改善环保提供了有效的途径。

铅锌密闭鼓风炉熔炼法也是基于氧化（烧结焙烧）还原（密闭鼓风炉）原理。该方法同时产出铅和锌。

3.1.5.2　反应熔炼法

反应熔炼是在高温和氧化气氛下使硫化铅精矿中的一部分 PbS 氧化成 PbO 和 $PbSO_4$，生成的 PbO 和 $PbSO_4$ 再与 PbS 反应得到金属铅的方法。一部分 PbO 也与碳质还原剂作用生成金属铅。其基本反应如下：

$$2PbS + 3O_2 =\!=\!= 2PbO + 2SO_2；\quad 2PbO + PbS =\!=\!= 3Pb + SO_2$$

$$PbS + 2O_2 =\!=\!= PbSO_4；\qquad PbSO_4 + PbS =\!=\!= 2Pb + 2SO_2$$

$$PbO + CO(C) =\!=\!= Pb + CO_2(CO)$$

硫化铅氧化是放热反应，所以在实践中只配入少量燃料作热源和还原剂，即可维持冶炼所需的温度。反应熔炼常在膛式炉中进行，故称膛式炉熔炼。也可采用电炉、反射炉或短窑等设备。为了使炉料良好接触和防止熔化及结块，须经常翻动。熔炼温度为 800 ~ 850℃。膛式炉有各种形式，但结构基本相同。反应熔炼法在早期曾是火法炼铅的主要方法，但由于该方法需要高品位的硫化铅矿，且铅的回收率低，污染严重，现今已不再单独使用。

3.1.5.3　沉淀熔炼法

该法是利用对硫亲和力大于铅的金属（如铁）将硫化铅中的铅置换出来的熔炼方法，其反应如下：

$$PbS + Fe =\!=\!= Pb + FeS$$

由于生成的 FeS 以 $PbS \cdot 3FeS$ 形式进入冰铜，造成置换反应进行不彻底，铅直收率不高，约72% ~ 79%。铁屑配入量需高于反应所需的理论值而为精矿重的30% ~ 40%。为了提高铅的回收率，可加适量纯碱和炭粉，此时反应为：

$$2PbS + Na_2CO_3 + Fe + 2C =\!=\!= 2Pb + Na_2S + FeS + 3CO$$

沉淀熔炼采用反射炉或电炉。土法则用坩埚炉（墩炉），它是将炉料装入泥坩埚（泥筒）内，排列在砖砌的地炉中加温熔化，取出冷却打碎坩埚，即得沉淀在底部的铅饼（马蹄铅）。该法流程简单，投资少，但铁屑消耗大，回收率低，致使工业上很少应用。大型生产中常利用此原理，加入铁屑以降低铅冰铜的含铅量，提高铅的直收率。上述方法炼得的粗铅，经过火法精炼或电解精炼得精铅。

从铅的现代工业生产历史来看，20 世纪 90 年代以前（中国 2002 年以前）世界铅产量的绝大部分来自采用烧结焙烧—鼓风炉还原工艺。该工艺的两个过程是分开单独进行的，存在 SO_2 低空污染严重、铅尘易造成铅中毒以及能耗高等问题。20 世纪 70 年代后期，闪速熔炼和熔池熔炼技术用于炼铅的研究工作并取得进展。90 年代，基夫赛特（Kivcet）法、QSL 法、富氧顶吹浸没熔炼法（Ausmelt/ISA 顶吹法）、卡尔多法、水口山（SKS）法等新的直接炼铅工艺逐步走向工业化。

中国也在逐步改造传统铅冶炼工艺的实践中，由水口山（SKS）法的半工业试验开始，探索出底吹熔炼—高铅渣铸块鼓风炉还原熔炼的过渡工艺，进而继续发展，开发出具有自主知识产权的底吹熔炼—热态铅渣还原熔炼，之后继底吹热态铅渣还原工艺成功工业化实施后，侧吹还原熔炼热态高铅渣技术也实现工业化应用，并也用于含铅物料的氧化熔炼过程。底吹、侧吹、顶吹氧化熔炼技术和底吹、侧吹还原熔炼技术出现多种组合，氧化熔炼—还原熔炼—烟化炉三炉联用技术获得成功；火法炼铅工业的原料，也由铅浮选精矿扩展到锌浸出渣、硫尾渣、硫酸铅渣、铅酸蓄电池铅膏等复杂难处理物料，极大地促进了中国铅冶炼工艺的进步。这些工艺使用富氧或纯氧冶炼，产出高 SO_2 浓度的烟气，硫回收与捕集程度大大提高，克服了传统炼铅法的缺点，较好地解决了铅冶炼的环境污染问题并实现了有价金属的有效回收。

从目前直接炼铅工艺的发展现状和环境保护要求日益严格的角度来看，直接炼铅工艺必将在今后完全取代传统的烧结焙烧—鼓风炉还原工艺。

历史上曾研究过的湿法炼铅工艺有氯盐浸出法、硅氟酸浸出法和碱性介质浸出法，但一直未获得应用。

祥云飞龙公司以湿法炼锌工艺中的铅渣为原料（铅主要以硫酸铅形式存在），采用 $NaCl+CaCl_2$ 的混合氯盐体系进行浸出，浸出后溶液中的氯化铅经锌粉置换，得到海绵铅，置换铅后进入溶液的锌采用萃取法回收，经电解沉积后得到电锌，实现了全湿法工艺从铅渣中提取金属铅，并实现了锌的闭路循环使用。该工艺是第一个以工业规模实施的湿法炼铅工艺，在铅的湿法冶金史上具有标志性的意义。

3.2 硫化铅精矿的火法冶炼基本原理

3.2.1 硫化铅精矿氧化过程原理

3.2.1.1 硫化铅精矿氧化过程的热力学

无论是传统的烧结焙烧—鼓风炉还原工艺还是直接炼铅工艺，其基本原理仍是氧化—还原熔炼法，即硫化铅精矿先经氧化脱硫，硫以 SO_2 的形式进入烟气并回收，之后再进行含铅化合物的还原得到弃渣。

硫化铅精矿中的主要金属硫化物是方铅矿 PbS，另外还有 ZnS、FeS_2、FeAsS、Sb_2S_3、CdS、$CuFeS_2$、Bi_2S_3 以及 Ni_3S_2 等。在硫化铅精矿的氧化过程中，矿中的金属硫化物可按四种途径进行反应，按通式表示如下：

金属硫化物氧化生成氧化物：
$$\frac{2}{3}MeS + O_2 = \frac{2}{3}MeO + \frac{2}{3}SO_2$$

金属硫化物氧化生成硫酸盐：
$$\frac{1}{2}MeS + O_2 = \frac{1}{2}MeSO_4$$

金属硫化物氧化生成金属：
$$MeS + O_2 = Me + SO_2$$

硫化物与硫酸盐的相互反应：
$$MeS + 3MeSO_4 = 4MeO + 4SO_2$$
$$MeSO_4 + MeS = 2Me + 2SO_2$$

同时气相中尚存在下式的平衡：
$$2SO_2 + O_2 = 2SO_3$$

金属硫化物在氧化过程中的最终产物不仅决定于氧化过程的温度、气相组成，还取决于各金属硫化物、氧化物、硫酸盐和二氧化硫的分解压 $(pS_2)_{MeS}$、$(pO_2)_{MeO}$、$(pSO_3)_{MeSO_4}$、$(pSO_2)_{SO_2}$。

一般来说，当 $(pO_2)_{MeO}$ 和 $(pS_2)_{MeS}$ 都很小，而 $(pSO_3)_{MeSO_4}$ 很大时，氧化将生成 MeO；当 $(pS_2)_{MeS}$ 和 $(pSO_3)_{MeSO_4}$ 都很小，而 $(pO_2)_{MeO}$ 很大时，或 $(pS_2)_{MeS}$、$(pSO_3)_{MeSO_4}$、$(pO_2)_{MeO}$ 都很小时，氧化将生成 MeSO$_4$；当 $(pS_2)_{MeS}$、$(pSO_3)_{MeSO_4}$、$(pO_2)_{MeO}$ 都很大时，金属硫化物氧化生成金属。下面简要分述之。

A 金属硫化物氧化生成氧化物

一些金属硫化物氧化为氧化物的吉布斯自由能变化与温度的关系如图 3-1 所示。

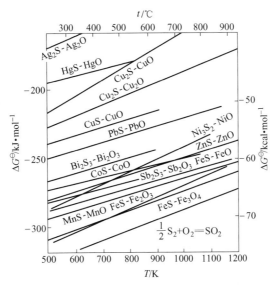

图 3-1 硫化物氧化的标准吉布斯自由能变化（以 1mol O$_2$ 为标准）

$$2/3MeS + O_2 \Longrightarrow 2/3MeO + 2/3SO_2$$

该图说明，在图 3-1 下方的硫化物容易氧化为氧化物。所以，在硫化铅精矿中的硫化物，如 Bi$_2$S$_3$、Ni$_3$S$_2$、ZnS、Sb$_2$S$_3$、FeS 等都比 PbS 更易氧化，而 Cu$_2$S 的氧化就比较难。

Ag$_2$O 和 HgO 是不稳定的氧化物，在高温下容易分解。所以在氧化过程中，它们将以金属形态存在。其中，如果精矿含有汞的化合物，则汞即挥发进入气相。CdS 高温氧化生成 CdO，它是挥发性很大的化合物，所以大量挥发而富集于烟尘中。精矿中的砷硫化物（毒砂 FeAsS 及雌黄 As$_2$S$_3$）可以氧化成易于挥发的 As$_2$O$_3$。但在氧化性气氛下，As$_2$O$_3$ 会过氧化成难以挥发的 As$_2$O$_5$，并能与 FeO、PbO 等结合成更稳定的砷酸盐。

硫化物高温氧化生成的氧化物并不都是以游离状态存在。因为硫化铅精矿本身便是一个组成复杂的体系，除了多种硫化物共存之外，还含有各种造岩成分如 SiO$_2$、Al$_2$O$_3$、CaCO$_3$、MgCO$_3$ 等。在高温下，各种组分也会参与冶金反应，如 PbO 与 SiO$_2$ 或 Fe$_2$O$_3$ 结合生成各种硅酸盐或铁酸盐；FeO 与 SiO$_2$ 结合生成 2FeO·SiO$_2$，并能氧化为 Fe$_2$O$_3$ 和 Fe$_3$O$_4$；ZnO 和 Cu$_2$O 同样能与 SiO$_2$ 和 Fe$_2$O$_3$ 结合生成硅酸盐和铁酸盐。

B 金属硫化物氧化生成硫酸盐

硫化铅精矿在高温氧化过程中，硫化物既可生成氧化物也可生成硫酸盐，其生成量随热力学的条件而变。硫酸盐的生成对炉料脱硫不利，因为在还原时它会还原成硫化物。对铅而言，若在氧化过程中生成硫酸铅，其在后续的还原熔炼过程中会还原生成硫化铅而进入铅冰铜中，降低铅的熔炼直收率。

氧化铅和硫酸铅是哪一种先生成或同时生成，目前还无一致的结论。一般认为是$PbSO_4$先生成，因为一个分子的PbS的晶格中进入两个分子的O_2生成$PbSO_4$，要比硫与氧的原子交换才能生成PbO要容易。而且认为，低温氧化易形成硫酸盐，高温氧化易形成氧化铅。

金属氧化物与硫酸盐的平衡可用下式表示：

$$MeSO_4 \rightleftharpoons MeO + SO_3$$

实际体系中同时存在着SO_3和SO_2的平衡：

$$2SO_3 \rightleftharpoons 2SO_2 + O_2$$

所以对$MeSO_4$的生成反应，可按照2mol SO_2和1mol O_2绘制出$MeSO_4$吉布斯标准生成自由能与温度的关系（见图3-2），并可确定硫酸盐在什么温度最稳定。

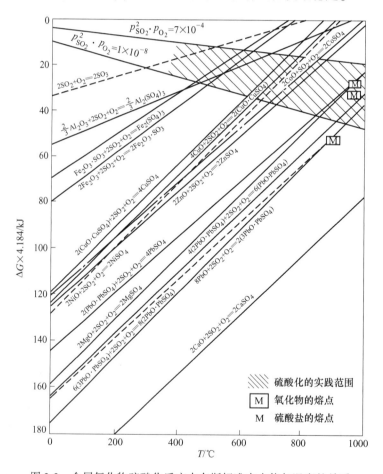

图3-2　金属氧化物硫酸化反应吉布斯标准自由能与温度的关系

从图3-2可知，除 CaO 和 MgO 外，硫酸铅和各种碱式硫酸铅的吉布斯标准生成自由能都比任何其他重金属硫酸盐为负。这说明，在金属硫化物高温氧化生成硫酸盐的过程中，任何温度下都是硫酸铅和碱式硫酸铅首先形成；同时也说明，当炉料中含 CaO 和 MgO 较高时可使铅的硫酸盐形成减弱。另外，从图 3-2 可知，在 SO_2 和 O_2 的影响下，炉料中的铁的硫酸盐可在较低的温度下（650~750℃）使 Pb、Cu、Co、Ni 等硫酸化。

据上分析，在氧化过程中硫酸铅和碱式硫酸铅是容易生成和比较稳定的化合物。但是，在冶炼条件下还有许多能使铅的硫酸盐分解的因素。

首先，火法炼铅过程的温度都相当高，反应进行剧烈，在高温下，硫酸铅将会分解为氧化铅。另外，精矿中的 PbS 可与 $PbSO_4$ 相互作用形成 PbO。再有，铅精矿中的造岩成分和配入的熔剂在熔炼时形成炉渣，炼铅炉渣的主要成分是 SiO_2、CaO、Fe（FeO、Fe_3O_4、Fe_2O_3）和 ZnO，其总量约占炉渣质量分数的 90%，它们对促进硫酸铅的分解起着相当重要的作用，其反应为：

$$2PbSO_4 + SiO_2 \longrightarrow 2PbO \cdot SiO_2 + 2SO_2 + O_2$$
$$2PbSO_4 + 2Fe_2O_3 \longrightarrow 2PbO \cdot Fe_2O_3 + 2SO_2 + O_2$$
$$PbSO_4 + CaO \longrightarrow PbO + CaSO_4$$

由于 PbO 能与造渣成分生成硅酸盐、铁酸盐等，从而降低了氧化铅的活度，有利于硫酸铅的分解和氧化的脱硫反应。所以，正确配料是 PbS 氧化生成 PbO 的一个重要因素。

气流中 SO_3 浓度提高会增加 $PbSO_4$ 的生成量，精矿中的伴生矿物如 FeS_2、Fe_nS_{n+1} 等对提高气流中 SO_3 浓度起着一定的作用。因此，为减少 $PbSO_4$ 的生成，冶炼设备设计时考虑能迅速排出冶金反应产生的含 SO_3 和 SO_2 的烟气也是必要的。

C 金属硫化物氧化生成金属

金属硫化物高温氧化除了可以生成氧化物和硫酸盐外，同时也有可能生成金属，其中硫化铅氧化生成金属铅更是生产过程中的常见现象。

金属氧化物氧化生成金属反应的通式如下：

$$MeS + O_2 \longrightarrow Me + SO_2$$

硫化物氧化生成 Me 或 MeO 取决于 MeO 的分解压 $(p_{O_2})_{MeO}$ 和 SO_2 的分解压 $(p_{O_2})_{SO_2}$ 之间的关系。将上述解剖，得：

$$2MeS \longrightarrow 2Me + S_2$$

然后分解产物分别被氧化，反应如下：

$$2Me + O_2 \longrightarrow 2MeO$$
$$S_2 + 2O_2 \longrightarrow 2SO_2$$

由此可见，若 S_2 对 O_2 的亲和力大于 Me 对 O_2 的亲和力，即 $(p_{O_2})_{MeO} > (p_{O_2})_{SO_2}$，则 Me 氧化至 MeO 的反应就不能进行，此时，硫化物氧化将生成 Me。

金属氧化物和二氧化硫的分解压力与温度的关系如图 3-3 所示。由图可见，在所示的温度下，$(p_{O_2})_{SO_2} < (p_{O_2})_{Cu_2O}$，硫对氧的亲和力大于铜对氧的亲和力。所以，$O_2$ 与 S_2 优先生成 SO_2，同时，铜则成为金属铜。

对铅来说，在较低的温度下，铅的硫化物

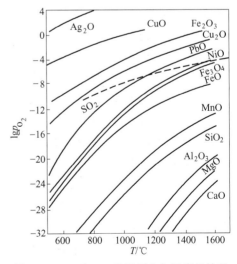

图 3-3 MeO 和 SO_2 分解压力与温度的关系

氧化只能形成 MeO，因为此时的 $(p_{O_2})_{SO_2} > (p_{O_2})_{PbO}$，铅对氧的亲和力大于硫对氧的亲和力。但是，当温度较高时，$(p_{O_2})_{SO_2} < (p_{O_2})_{PbO}$，硫化铅氧化即生成金属。

铁的硫化物氧化时，由于在所示的温度下，$(p_{O_2})_{SO_2} < (p_{O_2})_{FeO}$，所以只有氧与铁结合生成 FeO 的反应。

在高温下金属硫化物首先氧化生成氧化物，此氧化物再与未反应的硫化物发生反应生成金属，此即铅的熔炼反应，其通式为：

$$MeS + 3/2O_2 \Longequal MeO + SO_2$$
$$2MeO + MeS \Longequal 3Me + SO_2$$

对于后一反应式，在某一温度下反应的平衡常数为 $K_p = p_{SO_2}$。当体系的 SO_2 分压 $p'_{SO_2} < p_{SO_2}$ 时，反应持续向右进行生成金属。

将 Pb、Cu、Fe、Ni 及 Zn 等金属硫化物按 $2MeO + MeS \Longequal 3Me + SO_2$ 形式进行反应熔炼反应的 $\lg p_{SO_2}$ 与温度关系示于图 3-4 所示。

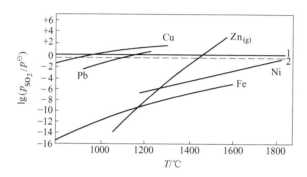

图 3-4　$2MeO+MeS \Longequal 3Me+SO_2$ 的 $\lg p_{SO_2}$ 与温度的关系

1—$\lg(p'_{SO_2}/p^{\ominus}) = 0$ $(p'_{SO_2} = 101325Pa)$；2—$\lg(p'_{SO_2}/p^{\ominus}) = -0.82$ $(p'_{SO_2} = 15200Pa)$

从图中可见，对于 Cu 而言，$Cu_2S + 2Cu_2O \Longequal 6Cu + SO_2$ 在 730℃ 时的平衡压力 $\lg p_{SO_2}$ 已经达到 101325Pa。铜锍吹炼第二周期（造铜期）产出金属铜便是基于此原理。在吹炼温度（1100~1300℃）下，反应的平衡压力 $\lg p_{SO_2}$ 达 710~810kPa，所以，反应能向形成金属铜的方向剧烈地进行。

$PbS + 2PbO \Longequal 3Pb + SO_2$ 在 860℃ 时的平衡压力达 101325Pa，反应可以剧烈地向右进行。实际上这个反应在 800℃ 时已具备足够的强度向形成金属铅的方向移动。所以，在高温氧化过程中，将会出现一定数量的金属铅相。

与之相比，按反应熔炼原理生成金属 Zn、Ni、Fe 的温度则要高得多，特别是生成 Ni 和 Fe 的温度往往超过对一般冶炼设备的要求。所以，从热力学来看，在硫化铅精矿的氧化过程中，部分锌和全部的镍、铁将以氧化物形式留在炉料中。

D　硫化物与硫酸盐的相互反应

在硫化铅精矿的高温氧化过程中，硫化铅与硫酸铅的相互反应也是高温氧化过程的常见反应，其反应为：

$$PbS + 3PbSO_4 \Longequal 4PbO + 4SO_2$$

在一定的温度下，此反应决定于 p_{SO_2}。当体系的 $p'_{SO_2} < p_{SO_2}$ 时，则生成 PbO。该反应

的平衡压力很大。只要 PbSO₄ 与 PbS 接触良好，温度超过 550℃，也能生成 Pb。

$$PbSO_4 + PbS \xrightarrow{\quad\quad} 2Pb + 2SO_2$$

此反应是基于铅对于氧的亲和力相对硫而言较弱，所以能够发生。其在 609℃、655℃ 和 723℃ 下的平衡压力分别为 4.0kPa、20.7kPa 和 98.0kPa。所以，硫化铅与硫酸铅的相互反应在较低的温度下便可剧烈进行。

上述对硫化铅精矿高温氧化时可能生成氧化物、硫酸盐及金属的情况进行了简要分析。下面以 Me-S-O 系相平衡图的形式来说明氧化过程中铅的相平衡问题。

考虑到在铅冶金过程中不同工艺及不同设备，甚至在相同工艺或相同设备的不同区间，其温度往往不同，有必要分析温度对铅冶金过程相平衡的影响。在冶炼过程中，气相的二氧化硫分压 p_{SO_2} 变化不大，所以可以在保持 p_{SO_2} 恒定或在一定范围的条件下做 Pb-S-O 系的 $\lg p_{O_2} - \dfrac{1}{T}$ 相平衡图。设定 p_{SO_2} 为 101.325kPa、0.1×101.325kPa 和 0.05×101.325kPa，此时 Pb-S-O 系的 $\lg p_{O_2} - \dfrac{1}{T}$ 相平衡图如图 3-5 所示。

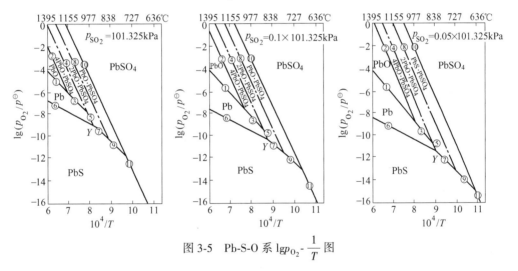

图 3-5　Pb-S-O 系 $\lg p_{O_2} - \dfrac{1}{T}$ 图

Pb-S-O 系的 PbO 稳定区较小，而硫酸铅和碱式硫酸铅的稳定区较大，这与一般的 Me-S-O 系不同。随着温度升高，金属铅和氧化铅的稳定区也在扩大。随着氧位增加，硫化铅的氧化沿着 Pb-PbO-nPbO·PbSO₄-PbSO₄ 的方向移动。当氧化温度较低时，硫化铅氧化只能生成 PbSO₄ 或 nPbO·PbSO₄，只有在较高的温度下，硫化铅氧化才能生成金属铅或氧化铅。

图 3-5 中的 Y 点表示在一定的 p_{SO_2} 分压下硫化铅氧化反应获得金属铅的最低平衡温度及其相应的氧位，具体数值列于表 3-7 中。

表 3-7　PbO 氧化生成 Pb 的最低平衡温度及其所处的氧位

p_{SO_2} /Pa	最低平衡温度 Y /℃	Y 所处的氧位 $\lg p_{O_2}$ /Pa
1.0×101325	960	−4.0
0.1×101325	860	−5.7
0.05×101325	830	−6.3

当温度小于最低平衡温度和低于相应的氧位时，PbS 是稳定的；温度小于最低平衡温度而高于相应的氧位时，PbS 氧化生成碱式硫酸铅或硫酸铅。

温度在最低平衡温度以上时，PbS 氧化可能生成金属铅相，但必须在适当的氧位下。如 1200℃ 和 p_{SO_2} = 1013.2Pa 时，金属铅稳定存在的氧位 $\lg p_{O_2}$ = −1.0～ −3.7Pa。

在较低的温度下，硫化铅直接氧化生成硫酸铅或碱式硫酸铅。而在高温情况下，PbS 按照 Pb-PbO-nPbO·PbSO$_4$-PbSO$_4$ 的途径氧化，其中 nPbO·PbSO$_4$ 在高温下是不稳定的化合物，所以各种碱式硫酸盐之间在高温下并无明显的稳定区分界线，可视为 PbO 和 PbSO$_4$ 的混溶区，在图 3-5 中则用点划线表示。

3.2.1.2　硫化铅精矿氧化过程的动力学

冶金过程动力学的研究比热力学的研究落后得多，这主要是因为冶金过程动力学是多相反应过程，而影响多相反应过程动力学特征的因素太多，实验技术上的困难又太大。冶金原料的复杂性，物料组成的多变，原料和产物的相变等等，使得冶金高温反应的复杂过程参数测定更加困难。

动力学的讨论将涉及硫化铅精矿氧化过程的反应速度和反应机理。硫化铅精矿的氧化机理同其他重有色金属硫化物基本相同，符合吸附—自动触媒催化理论，反应可分为如下几个阶段：

（1）外扩散过程，氧化剂（气流中的氧）从气流围绕硫化物的气膜层扩散到其外表面，进行活性吸附，并离解为原子氧；

（2）内扩散过程，氧化剂气体原子进一步通过氧化产物覆盖层的宏观和微观孔隙扩散到 MeO-MeS 界面，并继续沿着结晶格子的空隙向原始硫化物内部渗透至一定深度；

（3）氧化剂在反应表面的化学吸附，并在吸附层中与硫化物发生化学反应，生成氧化物薄膜；

（4）硫原子和氧原子（或离子）在反应区域内进行逆向的反应扩散；

（5）反应的气体产物 SO$_2$ 分子，从固体表面解吸，并转入充满在孔隙体内的气体之间；

（6）这些 SO$_2$ 分子借助内扩散沿着硫化物和氧化层的孔隙排除至固体外表面，并借扩散继续经由此气膜层排入气流之中；

（7）随着温度和气相成分的不同，氧化物的外表面可能与气相作用，生成次生的硫酸盐。如硫化铅的氧化：

$$PbS(s) + 2O_2(g) \Longrightarrow PbS·4O_{吸附} \Longrightarrow PbSO_4(s)$$

$$3PbSO_4(s) + PbS \Longrightarrow 4PbO·SO_{2吸附} \Longrightarrow 4PbO(s) + 4SO_{2解吸}$$

$$PbO(s) + SO_3(g) \Longrightarrow PbO·SO_{3吸附} \Longrightarrow PbSO_4(s)$$

从上述分析出发，硫化铅精矿氧化的反应速度主要与气流的紊流程度、气相组成的变化、温度的高低以及氧化物薄膜的性质等因素有关。

（1）气流的紊流程度。气流紊流程度越大，外扩散区反应进行的速度越大，从雷诺数 $Re = \omega d\gamma/\mu$ 得知，在固体粒子平均大小、气体相对密度和黏度几乎不变的情况下，外扩散区反应速度首先决定于炉气运动速度。

（2）气相中氧的浓度。内扩散区的反应速度决定于反应带氧的浓度 $C = C_0 e^{-\sqrt{\frac{K'}{D}}x}$。其

中 C 越大则反应速度也越大。所以，气流中氧的浓度 C_0 增大，精矿具有最大的孔隙率以扩大氧在固体内部的有效扩散系数 D'，和最小的粒度以降低从固体表面至反应带的距离 x，都能提高反应速度。式中 K' 为反应速度系数。

富氧和工业纯氧的应用是提高 C_0 的有效措施，x 越小意味着精矿的粒子越小，固体粒子或液滴越分散，此时的表面积也越大。

（3）反应温度。温度对硫化铅精矿氧化速度的影响体现在两个方面，一是影响炉气扩散，即外扩散的速度，再是影响吸附、化学反应、解吸过程，即动力学区域的速度。其中，温度对外扩散区的影响较小，它大致为温度比值的 $1.8 \sim 2.0$ 次幂；而温度对动力学区域的化学反应影响较大，因为化学反应的速度与温度的指数成正比，可由阿伦尼乌斯定律描述。

在温度较低的情况下，动力学区域的反应速度最慢，即吸附、化学反应、解吸的速度决定了整个反应过程的速度。而当温度升高时，扩散过程则是整个反应过程速度最慢的环节。

（4）气相组成。由前讨论，增加气相中氧的浓度，反应速度加快。然而，气相中的 SO_2 和 SO_3 则会阻碍氧的扩散，同时会生成 $MeSO_4$，使氧化过程的脱硫受到影响。从硫化物的氧化反应可知，生成两个分子 SO_2 需要三个分子 O_2，所以氧的扩散速度必须比方向相反的二氧化硫扩散速度大。氧分子比二氧化硫分子小，所以氧的扩散较容易。但把气相中的 SO_2 尽快排出体系以外，保持 p_{O_2}/p_{SO_2} 较大值，对氧化过程是有利的。

（5）氧化物薄膜。氧化物薄膜的生成对过程的影响有两方面，有利的一面是氧化物薄膜是初形成的新相，新相与旧相界面上的晶格最容易变形，能够加速自动催化作用，使过程自动加速。不利的一面是，氧化物薄膜阻碍气流中的氧向硫化物的内部扩散。

3.2.2 铅的还原熔炼过程原理

3.2.2.1 铅还原熔炼过程的热力学

不管是烧结焙烧—鼓风炉熔炼的传统炼铅法，还是直接炼铅法，都是碳还原法，还原剂都是碳和一氧化碳。当前，对简单的金属氧化物体系还原平衡条件的研究是比较充分的，但对复杂的氧化物体系，与气相平衡的凝聚相是组成较为复杂的体系，研究难度较大，还原平衡条件研究略显不足。

A 金属氧化物的 CO 还原

用 CO 还原氧化物的反应称为间接还原反应，主要利用 CO 对氧有很大的亲和力来还原金属氧化物。

在铅的还原熔炼过程中，炉料中所含的各种物质都参与高温还原反应，然其被还原的程度则各异。

以通式 $MeO+CO \rightleftharpoons Me+CO_2$ 来表示金属的 CO 还原，因还原反应中的 CO 和 CO_2 摩尔数相等，可不考虑压力对平衡组成的影响，反应的平衡常数可写作 $K_p = p_{CO_2}/p_{CO}$。将不同温度下各金属氧化物还原平衡的 p_{CO_2}/p_{CO} 比较示于图 3-6。

由图可见，在还原熔炼的温度下，金属氧化物的还原先后顺序为 Cu_2O、PbO、NiO、CdO、SnO_2、Fe_3O_4、FeO、ZnO、Cr_2O_3、MnO。

各种氧化物在熔炼过程中的还原顺序具有很大的意义，它与熔炼所获得的主金属中杂质含量有关。金属是被还原还是被渣化，可以近似地决定于该金属氧化物的分解压和在该温度下其中 CO 和 CO_2 的平衡比值。如果两种金属氧化物的分解压相差很大，而炉子内还原气相中 CO 浓度高于其中一个又低于另一个金属还原所需之值，则此种金属便易于分离。在铅的还原熔炼过程中，很容易实现 PbO 还原为金属而 SiO_2、CaO、Al_2O_3、MgO 造渣。但是铁便有可能被 CO 还原。铁的还原除了上述的分解压和气相中 CO 与 CO_2 平衡比值因素之外，还与它在熔渣中的浓度（更确切说是活度）和金属铅熔体对铁的溶解度有关。铅水几乎不溶解铁，这不利于铁的还原。

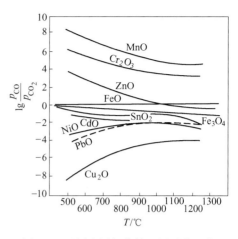

图 3-6　不同金属氧化物还原平衡比较

B　金属氧化物的固体碳还原

金属氧化物用固体碳还原称为直接还原。直接还原有两种情况，一种情况是固体碳与金属氧化物直接接触发生的还原反应；另一种情况则是体系中永远有固体碳存在，在一定的高温下，按照碳的气化反应保持体系有不变的 CO 分压。

固体碳与金属氧化物直接接触发生的还原反应，如果是固—固反应，则其进行是极其困难的。因为固—固之间的接触面小，其间的扩散又很困难。但是，如果金属氧化物是液体或气体，则情况就不一样了。

在铅的还原熔炼过程中，固体碳对熔融物料直接接触的还原反应具有特殊的意义。在所有的直接炼铅还原段的冶金反应，在铅鼓风炉还原熔炼焦点区和炉缸内的冶金反应，以及炉渣烟化过程的冶金反应，固体碳与熔体都具有良好的接触条件。这些反应能否进行，即其还原的条件同样取决于金属氧化物的分解压（或金属对氧的亲和力或吉布斯生成自由能）及气相组分。固体碳还原反应可用下式表示：

$$MeO + C \rule[0.5ex]{2em}{0.4pt} Me + CO$$

该直接还原反应实际上是下列两式之和：

$$MeO + CO \rule[0.5ex]{2em}{0.4pt} Me + CO_2$$

$$CO_2 + C \rule[0.5ex]{2em}{0.4pt} 2CO$$

令体系压力恒定，将上述两式的平衡曲线绘制于图 3-7 中。

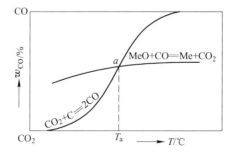

图 3-7　金属氧化物的固体碳还原平衡曲线图

该图表示，当体系的温度高于 a 点的温度，$T>T_a$ 时，体系中的 w_{CO} 总是高于 MeO 还原所需的 w_{CO}，MeO 被还原；相反，若 $T<T_a$，则体系中的 w_{CO} 总是低于 MeO 还原所需的 w_{CO}，Me 则被氧化。a 点即是在一定压力下固体碳还原金属氧化物的理论开始温度。

C 复杂体系中的金属氧化物还原

铅的提取冶金是一种极其复杂的体系。一方面，在复杂的体系中，金属氧化物的还原要比自由状态的金属氧化物的还原困难得多，还原需要更大的 CO 浓度 w_{CO} 和更高的温度。这包括两种情况，复杂氧化物如 $MeO \cdot RO$ 的还原和冶金熔体中 MeO 的还原。

复杂氧化物中的氧化物还原比较困难，这是由于 $(p_{O_2})_{MeO \cdot RO} < (p_{O_2})_{MeO}$。如铅熔炼渣中的 $2FeO \cdot SiO_2$，其还原较 FeO 的还原就困难得多。这也对限制金属铁的还原有利。

如用 CO 还原熔体中的 PbO，反应平衡气相组成中的 w_{CO} 比还原纯 PbO 时的 w_{CO} 要高，而且熔体中的 PbO 浓度愈低，还原需要的 w_{CO} 便愈大。这主要是由于任何金属氧化物在冶金熔体中都有一定的活度的缘故。因此，从热力学角度看，无论是熔体中的 PbO，还是其他金属氧化物，都不可能从冶金熔体中完全还原出来。但在上述反应过程中若出现中间化合物，如在炉料中配入碱性氧化物 CaO，则对硅酸铅的还原有利，此时 CaO 可将硅酸铅中的 PbO 置换出来。FeO 也能起到相似的作用。

另一方面，在铅的还原熔炼过程中，某些杂质氧化物也会被还原至金属，如 Cu、Sn、As、Sb、Bi 以及 Au、Ag 等。此时，被还原出来的杂质又被溶入金属铅熔体中，降低了反应产物的活度，使该氧化物更容易被还原。这就是粗铅中含有其他杂质元素，甚至是难以还原的杂质元素的原因。并且，当杂质元素在粗铅中的含量很小时，该杂质元素的氧化物就更容易被还原；当其在粗铅中达饱和时，此杂质被还原的难易程度便与其独立存在（凝聚相）时相当。

D 铅的还原反应

进入还原过程物料中的铅以 PbO、$PbO \cdot Fe_2O_3$、$xPbO \cdot ySiO_2$、Pb 以及 PbS 和 $PbSO_4$ 存在。PbO 和 $PbO \cdot Fe_2O_3$ 是易被还原的化合物。金属 Pb 高温熔化后即汇入粗铅熔体中。PbS 主要是进入铜锍，也有一部分挥发进入烟尘中，还有少量与硫酸铅反应生成金属铅。PbS 与 PbO 反应生成金属铅的可能性较小，因为在反应大量进行前 PbO 已经被气相中的 CO 优先还原了。$PbSO_4$ 则主要被还原为 PbS 进入铜锍，极少量在高温下分解为 PbO，再被还原为金属铅。

由于氧化铅、硅酸铅和铁酸铅等化合物的易熔性，导致在熔体中进行铅的还原反应具有相当重要的意义。铅的化合物还原需要的 w_{CO} 浓度并不太高，在各种炼铅方法的还原段气氛都足以保证它们的还原条件。然而，在熔体中还原铅的化合物，尤其是硅酸铅则困难得多。

氧化铅和硅酸铅的直接还原反应和间接还原反应的吉布斯标准自由能变化与温度的关系可用图 3-8 的 $\Delta G^{\ominus}$-T 图表示。

该图说明：

（1）对于同一类型的还原反应，直接还原的吉布斯标准自由能变化的负值总比间接还原时的要大。所以，相同的铅化合物用固体碳还原总比一氧化碳要容易得多，不管有无熔剂参与反应。

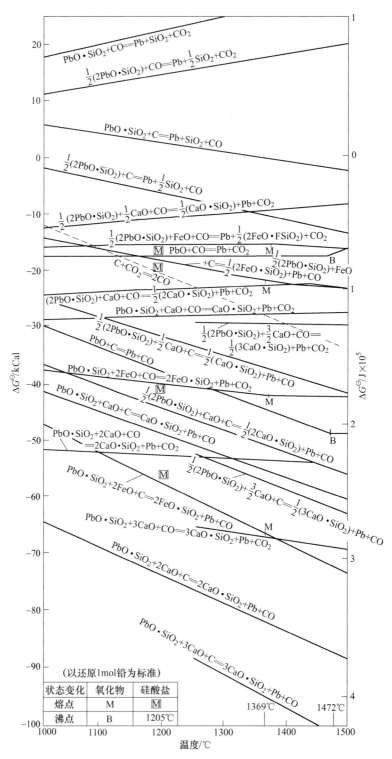

图 3-8 铅的还原反应 $\Delta G^{\ominus}-T$ 图

由于固—固反应接触面小，固相间的扩散又很困难，使固体碳还原铅的固体氧化物受到极大的限制。可是，在铅冶金的还原段，反应主要是在液—固之间进行的。如铅的鼓风炉还原熔炼，还原反应是在鼓风炉内沿着料层的不同高度进行的。铅的硅酸盐是易熔化合物，在进入高温焦点区之前，各种铅的硅酸盐便开始陆续熔化，与固体碳有了良好的接触机会，这时的液—固反应起着相当重要的作用。甚至进入炉缸之后，这种反应仍在继续进行。在直接炼铅的还原段以及炉渣烟化过程中，强烈翻滚的含铅熔体与固体碳也能很好的接触，给液—固反应创造了良好的条件。这种由冶金熔体与固体碳直接进行的还原反应进行彻底与否对降低渣含铅具有重要意义。

自由状态的氧化铅是容易被还原的化合物。它在熔化（小于 800℃）之前就已被还原为金属铅。然而，存在于炉料中的铅化合物不仅是自由状态的氧化物，而且更多的是固溶体或溶液的氧化铅以及各种硅酸盐。因此，铅还原熔炼的主要任务是将这些铅化合物更彻底地还原。

对鼓风炉还原熔炼来说，并不要求冶金熔体有太好的流动性，以便熔化的炉料在熔炼区有充分的时间完成各种冶金反应。这是降低渣含铅损失的关键所在。而对直接炼铅的还原段的熔体，则无此要求。

（2）由图 3-8 的 $\Delta G^{\ominus}$-T 图可见，在没有碱性氧化物 FeO 和 CaO 参与下，铅的氧化物被还原的顺序为 PbO、$2PbO \cdot SiO_2$、$PbO \cdot SiO_2$，其中 PbO 最容易被还原。但是在有碱性氧化物存在时，还原难易顺序发生了变化。如有 CaO 存在，最易还原的是 $PbO \cdot SiO_2$，其次是 $2PbO \cdot SiO_2$ 和 PbO；有 FeO 存在，最易还原的是 $PbO \cdot SiO_2$，其次是 PbO 和 $2PbO \cdot SiO_2$。这是由于这些碱性氧化物对某些硅酸铅中的氧化铅的置换反应 $\Delta G^{\ominus}$ 在图中的温度范围内就是负值。

（3）由于 CaO 与 SiO_2 形成多种硅酸盐，所以在配料时 CaO 与 SiO_2 的比值对还原反应进行的程度有很大关系。从 $\Delta G^{\ominus}$-T 图可知，无论是对 $PbO \cdot SiO_2$ 还是对 $2PbO \cdot SiO_2$ 的还原，生成 $3CaO \cdot SiO_2$ 的 $\Delta G^{\ominus}$ 负值最大，其次是生成 $2CaO \cdot SiO_2$ 和 $CaO \cdot SiO_2$ 的反应。所以，从降低还原熔炼的渣含铅损失以及提高含锌炉渣烟化处理时的金属挥发率出发，选用高钙渣型是合理的。若某些情况下不可能选用含钙太高的渣型，以部分 FeO 代替部分 CaO 也能收到相似的效果。特别是在处理高锌炉料时，为了利用 FeO 含量高的渣熔体溶解 ZnO 也高的特点，选用 FeO 稍高而含 CaO 和 SiO_2 稍低的渣型也是很必要的。

根据以上分析可以认定，硅酸铅的还原反应主要是在熔体中进行，这是最根本的铅还原反应。自由状态的氧化铅是易于还原的化合物，在固态时即已被还原。而硅酸铅则为易熔的化合物，在炉内高温作用下，各种硅酸铅陆续熔化、溶解或被夹带。在它们相对运动的情况下，硅酸铅与 CaO 或 FeO 有了良好接触的机会。它们或被 CO 所还原，或被固体碳所还原。

3.2.2.2 铅还原熔炼过程的动力学

在铅的还原熔炼过程中，金属氧化物的还原反应机理同样可以应用吸附—自动触媒催化理论进行解释。还原反应包括以下步骤：

（1）气体还原剂分子被氧化物吸附。

（2）被吸附的还原剂气体分子与氧化物中的氧相互作用，包括化学反应、结晶重排以及新相生成等，总称为结晶化学过程。

（3）反应产生的气态产物的解吸。用反应方程式表示如下：

$$MeO(固) + R(气) \Longrightarrow MeO \cdot R(吸附)$$

$$MeO \cdot R(吸附) \Longleftrightarrow Me \cdot RO(吸附)$$
$$Me \cdot RO(吸附) \Longleftrightarrow Me(固) + RO(气)$$

还原过程同样可分为外扩散、内扩散、吸附、化学反应、解吸等几个阶段。整个还原过程的速度决定于其中最慢的环节。

所以，要强化还原过程，首先应查明其限制环节。如过程处于动力学区域，最有效的强化过程方法是提高温度、活化反应表面、增大反应面积和提高孔隙率等方法。如受外扩散控制，则可增大气流速度和提高气流紊流程度。

从热力学分析可知，氧化铅是比硅酸铅容易还原的氧化物。在动力学方面表示为在同一时间内氧化铅还原比硅酸铅更彻底；或还原程度相同时，氧化铅还原所需的时间比硅酸铅小得多。

图 3-9 为用 CO 还原游离 PbO 和硅酸铅时的动力学曲线。游离的 PbO 用 CO（p_{CO} = 26.7kPa）在 700℃ 下还原时，仅 10min 左右其还原率便接近 100%。同样条件下，硅酸铅的还原速度要低得多，并且，随硅酸铅中 SiO_2 含量的增加，其还原速度下降。

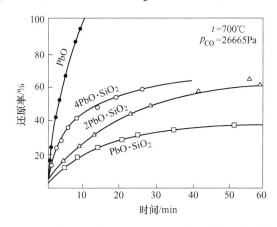

图 3-9　用 CO 还原游离 PbO 和硅酸铅的动力学曲线

游离 PbO 与硅酸铅被 CO 还原，在动力学上的差别，可以解释为在游离的 PbO 中的氧离子与铅离子直接键合，而在硅酸铅中还存在有 $Si_xO_y^{z-}$ 硅氧复合阴离子。Si—O 键比 Pb-O 键牢固，即硅酸铅晶格比氧化铅晶格牢固，此其一。其二，在该温度下，CO 在硅酸盐中的扩散系数比在纯氧化铅中小。在配料时，常用加入碱性熔剂的方法以改变冶金熔体的性质，使硅酸铅中的 PbO 置换出来，以提高铅的还原速度和还原率。

传统炼铅法的烧结焙烧和鼓风炉熔炼，冶金反应都是在固定床状态下进行。直接炼铅法则不同，它的氧化段是在悬浮状态或在激烈搅动状态下的熔池内进行，而还原段是在熔池激烈搅动的情况下进行的冶金反应。因此，直接炼铅的动力学条件是极为优越的，它大大地强化了冶金的反应过程。加之直接炼铅硫化物和碳质燃料（还原剂）都是在紊流程度极大的情况下燃烧的，传质传热都特别好。

3.3　硫化铅精矿的烧结焙烧—鼓风炉还原熔炼工艺

该法属传统炼铅工艺。硫化铅精矿经烧结焙烧后得到铅烧结块，在鼓风炉中进行还原熔炼，产出粗铅。图 3-10 为烧结焙烧—鼓风炉熔炼工艺的原则流程。用铅锌密闭鼓风炉炼锌（ISP 法）的同时产出粗铅也是采用烧结焙烧—鼓风炉熔炼方法生产，其炼铅流程与图 3-10 所示方法基本相同。

烧结焙烧—鼓风炉熔炼法虽然工艺稳定、可靠，对原料适应性强，经济效果尚好。但该工艺的缺点是烧结烟气 SO_2 浓度低，难以采用常规制酸工艺实现 SO_2 的利用，严重地污染了环境。此外，烧结过程中产生的热量不能得到充分利用，在原料（制备返粉）多段破碎、筛分时，工艺流程长，物料量大，扬尘点分散，造成劳动作业条件恶劣。为了改变传统炼铅工艺的这种状况，20 世纪 80 年代以来，许多直接炼铅工艺被引起了广泛的关注，近年已在工业生产上得到完善与发展。传统工艺有被硫化铅精矿直接熔炼法完全取代的趋势。

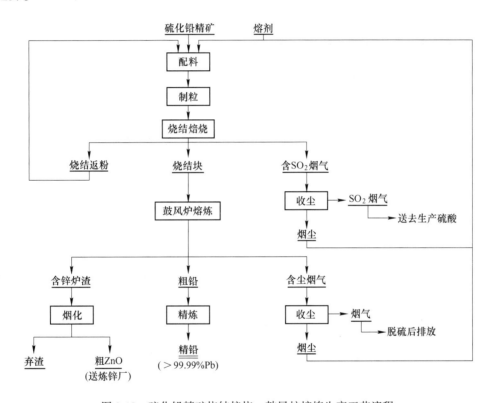

图 3-10 硫化铅精矿烧结焙烧—鼓风炉熔炼生产工艺流程

3.3.1 硫化铅精矿的烧结焙烧

硫化铅精矿的烧结焙烧，是在大量空气参与下的强氧化过程。其目的是包括：氧化脱硫，使金属硫化物变成氧化物以适应于还原熔炼；将粉状物料烧结成块；使精矿中的硫呈 SO_2 以便制取硫酸；脱除部分砷、锑，避免熔炼时产生大量砷冰铜而增加铅及贵金属的损失；同时使易挥发的伴生稀散金属如铊集中于烟尘中，以利于综合回收。

焙烧程度常用焙烧产物中的含硫量来表示，它体现了焙烧的完全性。通常，确定焙烧程度的原则，一般按精矿中的含锌量及含铜量来控制：如果精矿含锌量高，则焙烧时应尽量把硫除净，使锌全部变为 ZnO，以减少 ZnS 对还原熔炼时的危害，称为"死烧"或

"完全焙烧"；如果精矿含铜较多（如 $w(Cu)>1\%\sim1.5\%$），则又希望焙烧时残余一部分硫在烧结块中，使铜在熔炼时形成铅冰铜，从而提高铜的回收率；如果精矿含铜、锌都高，残硫问题只能据具体条件而定。有的工厂首先进行"死烧"，使铜和锌的硫化物尽量氧化，而在鼓风炉熔炼时加入黄铁矿作硫化剂，使铜再硫化成 Cu_2S 进入冰铜，而锌以 ZnO 形式进入炉渣。国内铅厂对含铜、锌都高的精矿，一般不造冰铜，而是采用"死烧"。这样既可免除 ZnS 的危害，又减少造冰铜的麻烦和处理费用，同时铅的直收率也得到提高。

脱硫率表示炉料焙烧时硫化物氧化的完全程度，用焙烧时烧去的硫量与焙烧前炉料含硫总量之比的百分率来表示。通常焙烧设备的脱硫率高，则其效率也高。烧结机的脱硫率一般为 $60\%\sim80\%$。这是硫化铅精矿的氧化焙烧与其他硫化物的氧化焙烧的典型不同，即硫化铅精矿的氧化焙烧首先表现为焙烧脱硫的不彻底性。为此，工厂采用一次烧结或二次烧结去完成烧结焙烧的任务。

一次烧结时，将大量已经烧结过的返粉返回配料，返粉量约为烧结产物总量的 $60\%\sim70\%$，使烧结炉料含硫量降至 $5\%\sim7\%$。二次烧结则是将含硫量 $10\%\sim13\%$ 的炉料先烧结一次，使硫降至 $5\%\sim8\%$，然后将此已烧过的炉料再全部返回烧结一次。最终烧结块的含硫量在 $1.5\%\sim2.0\%$ 范围。

目前烧结焙烧的标准设备为带式烧结机（见图 3-11），其他如烧结锅、烧结盘已被明令取缔。

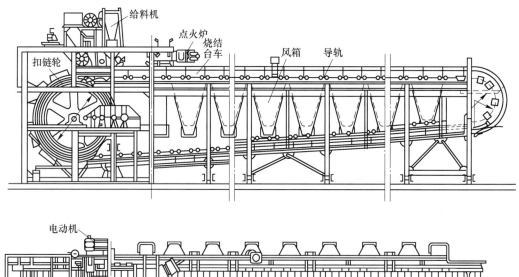

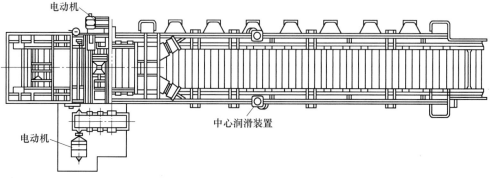

图 3-11　带式烧结机总图

当前处理的铅精矿多系浮选精矿，粒度很小，这种细料配成的烧结炉料，透气性不好，在烧结焙烧时遇到很大困难，所以烧结焙烧前所有粉料都进行制粒。制粒时还将后续还原熔炼所需的熔剂也一并加入，同时还有大量的烧结返粉，一部分水淬渣和烟尘。制粒所用设备有圆筒制粒机和圆盘制粒机。不论是圆筒或是圆盘制粒机，除将物料滚动成球外；还具有一定的混合作用。因此，制粒也是烧结料的最后一次混合。

烧结机的操作目前广泛采用吸风点火、鼓风烧结。鼓风烧结一方面减少漏风，减少烟气量，保证烧结烟气中的 SO_2 浓度，另一方面也可提高烧结过程中料层的透气性，并对料层中跑风和局部熔化现象起到自动调节作用。

为进一步提高烟气中 SO_2 浓度，以利于后续烟气处理，也有采用返烟烧结的操作方式。鼓风返烟烧结有利于硫的利用，但对烧结料的脱硫、料层的透气性和烧结机的处理能力带来一定影响。烧结技术的另一发展方向是富氧鼓风烧结。该技术可减少烟气量、提高烟气 SO_2 浓度，但含氧过高的鼓风对铅的烧结焙烧是不利的。因为此时硫化物的氧化反应进行得太剧烈，炉料过早熔化，脱硫困难且透气性下降。

铅精矿中各组分在烧结焙烧时的变化如表 3-8 所示。物相分析的结果表明，烧结块中残硫的 70%~80% 以硫酸根形式存在。残硫随 CaO 含量的升高而增多，而随 SiO_2 含量和 $w(SiO_2)/w(CaO)$ 比的升高而减少。所以，为了降低烧结块中的残硫，应保持 $w(SiO_2)/w(CaO)$ 在 2.2~2.6 的范围。

表 3-8 铅精矿各组分在烧结焙烧时的变化

元素	在炉料中		在烧结块中	
	主要化合物	次要化合物	主要化合物	次要化合物
Pb	PbS	$PbCO_3$	$xPbO \cdot ySiO_2$，PbO	Pb，$PbSO_4$，$xPbO \cdot yFe_2O_3$
Fe	FeS_2	Fe_nS_{n+1}	$2FeO \cdot SiO_2$，Fe_2O_3	Fe_3O_4，$xPbO \cdot yFe_2O_3$
Cu	$CuFeS_2$，Cu_2S	CuS，$3Cu_2S \cdot Fe_2O_3$	Cu_2O	$xCu_2O \cdot ySiO_2$，$xCu_2O \cdot ySiO_2$
Zn	ZnS	—	ZnO	$ZnSO_4$，$xZnO \cdot yFe_2O_3$
Cd	CdS	—	CdO（进烟尘）	$CdSO_4$
Bi	Bi_2S_3	—	Bi_2O_3	—
Ag	Ag_2S	—	Ag	—
Au	Au	—	Au	—
As	As_2S_3	FeAsS	As_2O_3（进烟尘）	As_2O_5，$Me_3(AsO_4)_2$
Sb	Sb_2S_3	$5PbS_2 \cdot Sb_2S_3$	Sb_2O_3（进烟尘）	Sb_2O_5，$Me_3(SbO_4)_2$
Si	SiO_2	—	$xMeOySiO_2$	—
Ca	$CaCO_3$	—	CaO	$xCaO \cdot ySiO_2$，$xCaO \cdot yFe_2O_3$
Mg	$MgCO_3$	—	MgO	—

3.3.2 烧结块的鼓风炉还原熔炼

烧结焙烧得到的铅烧结块中的铅主要以 PbO（包括结合态的硅酸铅）和少量的 PbS、

金属 Pb 及 $PbSO_4$ 等形态存在，此外还含有伴存的 Cu、Zn、Bi 等有价金属和贵金属 Ag、Au 以及一些脉石氧化物。

鼓风炉还原熔炼的目的在于使烧结块中铅的化合物还原成金属铅并将贵金属（Au、Ag）富集于其中，即产出粗铅；同时使炉料中各种造渣成分结合生产出炉渣，并最大限度地使锌进入渣中；当炉料含铜、砷、镍、钴等有价金属时，使其分别集中于铅冰铜或砷冰铜中，以便综合回收。

鼓风炉炼铅的原料由炉料和焦炭组成。炉料主要组成为自熔性烧结块，它占炉料组成的 80%～100%。除此之外，根据鼓风炉正常作业的需要，有时也加入少量铁屑、返渣、黄铁矿、萤石等辅助物料。

焦炭是熔炼过程的发热剂和还原剂。一般用量为炉料量的 9%～13% 左右，即为焦率。

鼓风炉还原熔炼的作业过程是炉料和焦炭从炉顶分批加入，随着熔炼的进行而逐步下移，而空气则经过炉腹下部的风口鼓入并向上透过，两者形成逆流运动。从风口鼓入的空气，首先在风口区形成氧化燃烧带，即空气中的氧与下移的赤热焦炭中的固定炭起氧化燃烧作用生成 CO_2；CO_2 又与赤热的焦炭作用，被还原为 CO，此还原性高温气体沿炉体上升，与下移的烧结块相互接触而发生物理化学变化，依此形成粗铅、炉渣及铅冰铜等液体产物，流经炽热（1300～1500℃）的底焦后，被充分过热而进入炉缸按熔体密度分层，然后分别从虹吸、咽喉（排渣口）流出，而含有烟尘的炉气则从炉顶排出，进入收尘系统。

现代炼铅厂的鼓风炉均采用全水套或半水套式矩形鼓风炉（见图 3-12），国外有的工厂采用双排风口椅式水套炉（见图 3-13）。双排风口椅式鼓风炉使燃料燃烧更趋于合理化。它的下排风口鼓风量保证燃料强烈燃烧，使气体中 CO_2 与 CO 的体积比约为1；上排

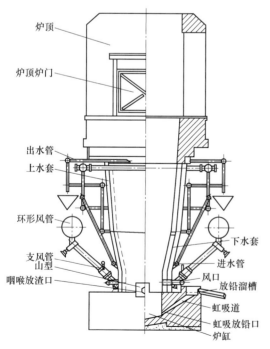

图 3-12 普通矩形鼓风炉（纵断面）

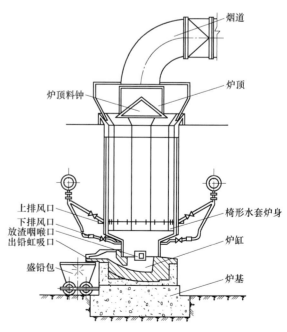

图 3-13 椅式双排风口鼓风炉

风口附加风量使气流中对还原过程多余的 CO 燃烧为 CO_2。所以同时提高了还原能力和热利用率，使生产能力提高 1.5~2.0 倍，金属回收率高，烟尘率和炉结少。

近年来，许多冶炼厂将鼓风炉水冷水套改为汽化冷却水套。汽化冷却用水仅为水冷的 5%~10%，热利用率高，水套寿命长，炉温高，炉结少，炉况稳定，操作方便，人力节省，劳动强度也能减轻。

铅鼓风炉也有前床，也有用 1~3 个渣包串联代替前床的。炉渣烟化处理时则设电热前床。它除了保温，加热和储存炉渣外，还起到澄清和降低渣含铅的作用。

鼓风炉熔炼的主要过程有：碳质燃料的燃烧过程、金属氧化物的还原过程、脉石氧化物（含氧化锌）的造渣过程，有的还发生造锍、造黄渣过程，最后是上述熔体产物的澄清分离过程。

铅鼓风炉熔炼的产物有粗铅、炉渣、铅冰铜、砷冰铜、烟尘和炉气。

还原熔炼得到的铅液吸收了炉料中的绝大部分金银等贵金属，也溶解了被还原的杂质元素如 Cu、As、Sb、Sn、Bi 等，使其含铅品位只有 95%~98%，称为粗铅。其密度约为 $10.5g/cm^3$，密度较其他熔体产物大，沉在炉缸底部。粗铅送下一工序精炼为精铅。

铅渣主要组成是 SiO_2、CaO 和 FeO，且含 ZnO 较高，故可视为 $FeO\text{-}CaO\text{-}SiO_2\text{-}ZnO$ 系。较好的铅渣组成为（质量分数）：21%~22% SiO_2、28%~32% FeO、18%~20% CaO、15%~16% ZnO、小于 5% MgO、小于 5% Al_2O_3。实践证明，炉渣中锌的溶解量不超过 17%，超过此值则渣熔点和黏度都剧烈上升，熔炼困难。提高 FeO 可增大渣对 ZnO 的溶解度，但应保证形成 $2FeO \cdot SiO_2$ 所需的 SiO_2 量，不然渣熔点也高。故高锌渣含 SiO_2 量应大于 17%。渣中 SiO_2+FeO+CaO+ZnO 总量为 78%~86% 时，FeO+CaO 量应大于 43%~46%。炉渣要符合鼓风炉炼铅的要求，并尽量少消耗熔剂。其熔点和黏度要适当，熔点为 1050~1150℃，1200℃时黏度小于 $0.5Pa \cdot s$。正常炉渣的密度约为 $3.3~3.6g/cm^3$，它与铅冰铜的密度差应不小于 $1g/cm^3$。

铅鼓风炉渣常含有 6%~17% Zn、1%~3% Pb 和其他有价金属，应该尽量综合回收。铅炉渣处理的方法很多，如鼓风炉、转炉和电炉熔炼法，悬浮熔炼法，氯化挥发法，回转窑挥发法。烟化法以及湿法碱处理等。然而，目前大多数的工厂都采用烟化法处理回收 ZnO、PbO 以及某些稀散金属。

铅冰铜为 PbS、Cu_2S、FeS、ZnS 等硫化物的熔体，其中还常溶有 Fe、Pb、Cu、Au、Ag 和 Fe_3O_4 等物质，品位为 5%~35% Cu，相对密度大致在 $4.1~5.5g/cm^3$ 左右。然而铅冰铜并非是熔炼的必然产物。铅冰铜的形成会降低铅及金银进入粗铅的回收率。一些工厂不产铅冰铜而使铜以金属形态进入粗铅。在产出铅冰铜的熔炼中，其产出率一般也只有 2%~3%。由于其产出量少，与炉渣分离不完全，因此常成为炉渣和铅冰铜的混合熔体。铅冰铜一般都先经富集熔炼，即将铅冰铜先进行烧结焙烧，所得的烧结矿用鼓风炉进行还原熔炼，产出含铜 40%~50% 的富冰铜、粗铅和炉渣。富集产出的冰铜或送往吹炼，或经氧化焙烧和硫酸浸出，用结晶法生产胆矾。

砷冰铜又称黄渣，它是砷、锑和铁的金属化合物，其中还含有镍、钴、铜及少量的铅、铋、金、银等。当原料含镍、钴较高时，希望产出黄渣。因为镍钴对砷的亲和力大于对硫的亲和力，所以镍钴几乎全部进入黄渣中。黄渣的熔点为 1050~1100℃，密度约为 $6.0~7.0g/cm^3$。黄渣的处理目前还没有完善的方法，各企业多是根据黄渣的组成合理地提取其中的某些有价元素选定其处理流程。

鼓风炉熔炼产出的粗烟尘多是返回本流程处理。细尘富集了铅和镉，是提镉的重要原料。烟气为 N_2、CO_2 及少量的 CO、O_2 和碳氢化合物的混合体，经净化后排入大气中。

3.4 铅的直接熔炼工艺

3.4.1 硫化铅精矿的直接熔炼概述

3.4.1.1 硫化铅精矿直接熔炼的工艺流程

金属硫化物精矿不经焙烧或烧结焙烧直接生产出金属的熔炼方法称为直接熔炼。

由硫化铅精矿提取金属铅最主要的冶金反应过程，一是氧化脱硫，二是铅氧化物的还原。脱硫要彻底并集中，利于硫的回收和最大限度地减少污染；还原要充分，尽可能降低渣含铅提高金属回收率。同时，工艺流程及设备应简短、高效且节能，宜于锌、铜、金、银等伴生有价元素的综合利用。

传统的烧结—鼓风炉流程将氧化—还原两过程分别在两台设备中进行，存在许多难以克服的弊端。随着能源、环境污染控制以及生产效率和生产成本对冶炼过程的要求越来越严格，传统炼铅法受到多方面的严峻挑战。具体说来，传统法有如下主要缺点：

(1) 随着选矿技术的进步，铅精矿品位一般可以达到 60%，这样的精矿给正常烧结带来许多困难，导致大量的熔剂、返粉还有炉渣的加入，将烧结炉料的含量降至 40% ~ 50%。送往熔炼的是低品位的烧结块，致使每生产 1t 铅产出 1t 多炉渣，设备生产能力大大降低。

(2) 1t PbS 精矿氧化并造渣可放出 2×10^6 kJ 以上的热量，这些热量在烧结作业中几乎完全损失掉，而在鼓风炉熔炼过程中又要另外消耗大量昂贵的冶金焦。

(3) 铅精矿一般含硫 15% ~ 20%，处理 1t 精铅矿约可生产 0.5t 硫酸，但烧结焙烧脱硫率只有 70% 左右，故硫的回收率往往低于 70%，还有 30% 左右的硫进入鼓风炉烟气，回收很困难，容易给环境造成污染。

(4) 流程长，尤其是烧结及其返粉制备系统，含铅物料运转量大，粉尘多，大量散发的铅蒸气、铅粉尘严重恶化了车间劳动卫生条件，容易造成操作人员铅中毒。

另外，对硫化铅精矿来说，这种粒度仅为几十微米的浮选精矿因其微粒小，比表面积大，化学反应和熔化过程都有可能很快进行，充分利用硫化矿粒子的化学活性和氧化热，采用高效、节能、少污染的直接熔炼流程处理是合理的。因此，以上问题促使人们不断努力探索研究各种直接炼铅新方法。自 20 世纪 70 年代以来，已投入工业规模生产的主要有基夫赛特炼铅法（Kivcet 法，前苏联）、氧气底吹炼铅法（QSL 法，德国）、顶吹熔池熔炼法（Ausmelt/Isa 法，澳大利亚）、氧气顶吹转炉炼铅法（TBRC，瑞典），以及中国自行研究开发的底吹炼铅法（前身为水口山炼铅法，SKS 法，现已发展为底吹熔炼+底吹还原，中国）、侧吹炼铅法（由 Vanukov 炉发展而来，现已发展为侧吹熔炼+侧吹还原，中国）。

这些直接炼铅工艺的共同特点是都取消了烧结作业，采用纯氧或富氧空气直接熔炼硫化铅精矿实现脱硫并产出部分粗铅。其不同之处主要在于对精矿是采用闪速熔炼还是熔池熔炼；氧化、还原全过程是在一台设备内连续完成（如 Kivcet 法、QSL 法）或分阶段完成（如 TBRC 法、Ausmelt/Isa 法），还是分别在两台设备中完成（如 Ausmelt/Isa 法、底吹熔炼法、侧吹熔炼法）。硫化铅精矿直接炼铅的原则工艺流程如图 3-14 所示。

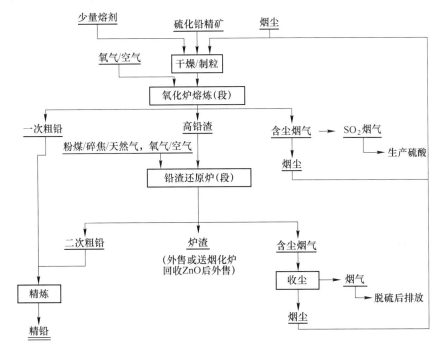

图 3-14　硫化铅精矿直接熔炼铅的原则生产工艺流程

3.4.1.2　硫化铅精矿直接熔炼的基本原理和方法

硫化铅精矿直接熔炼产出金属铅的困难较大。由前述图 3-5 的 Pb-S-O 系 $\lg p_{O_2}$-$\frac{1}{T}$ 图分析，Pb-S-O 系的 PbO 稳定区较小，而硫酸铅和碱式硫酸铅的稳定区较大，这与一般的 Me-S-O 系不同。随着温度升高，金属铅和氧化铅的稳定区也在扩大。随着氧位增加，硫化铅的氧化沿着 Pb-PbO-nPbO·PbSO$_4$-PbSO$_4$ 的方向移动。当氧化温度较低时，硫化铅氧化只能生成 PbSO$_4$ 或 nPbO·PbSO$_4$，只有在较高的温度下，硫化铅氧化才能生成金属铅或氧化铅。但由于 PbS、PbO 以及金属铅的挥发性，导致硫化铅精矿熔炼过程烟尘率很高，这也与其他重金属硫化矿的熔炼不同。

在图 3-15 中给出了 1200℃时 Pb-S-O 系的硫势-氧势图。横坐标和纵坐标分别代表 Pb-S-O 系中的硫势和氧势，并用多相体系中硫的平衡分压和氧的平衡分压表示。图中间一条黑实线（折线）将该体系分成上下两个稳定区（又称优势区）。上部为 PbO-PbSO$_4$ 熔盐，代表 PbS 氧化生成的烧结焙烧产物。在该区域，随着硫势或 SO$_2$ 势增大，烧结产物中的硫酸盐增多。图下部为 Pb-PbS 共晶物的稳定区，由于 Pb 和 PbS 的互溶度很大，因此在高温下溶解在金属铅中的 S 含量可在很大范围内变化。

如图 3-15 所示，在低氧势、高硫势条件下，金属铅相中的硫可达 13%，甚至更高，这就形成了平衡于纵坐标的等硫量线。随着硫势降低，意味着粗铅中更多的硫被氧化生成 SO$_2$ 进入气相。在这里，用点实线（斜线）代表二氧化硫的等分压线（用 p_{SO_2} 表示）。等

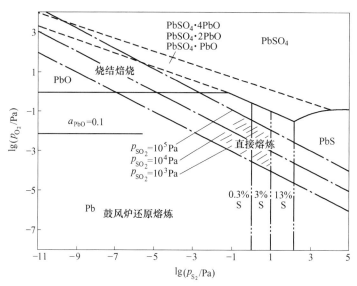

图 3-15　1200℃时 Pb-S-O 系硫势-氧势图

p_{SO_2} 线表示在多相体系中存在的平衡反应 $\frac{1}{2}S_2 + O_2 \Longrightarrow SO_2$。

在一定 p_{SO_2} 下，体系中的氧势增大，则硫势降低。反之亦然。

欲获得金属铅必须严格控制熔炼温度与氧位。当熔炼温度为 1200℃，p_{SO_2} 为 10^4 Pa 时，金属铅稳定存在的氧位应是 $-1.0 \sim -3.7$ Pa，此即直接炼铅控制的氧位。当控制氧位偏高时，则靠近 PbO 和 nPbO·PbSO$_4$ 的稳定区，PbS 被部分氧化为 PbO 和 nPbO·PbSO$_4$，而使炉渣的含铅量增加，铅的直收率下降，给直接炼铅工艺发展带来了很大困难，必须增加高铅渣还原作业。若控制的氧位偏低，则靠近 PbS 稳定区，由于铅与 PbS 互溶，使得硫在铅中的溶解度较大，而 PbO 在铅中的溶解度又很小，就造成了低氧位下还原得到的粗铅有较高的硫，结果增加粗铅含硫量。因此同时产出含铅低的炉渣和含硫低的金属铅是困难的。

由此可见，必须分两步进行才能得到满意的结果。首先是高氧势脱硫，产出含硫低（小于 0.5%）的粗铅，而后在低氧势下还原渣中的 PbO 和 nPbO·PbSO$_4$ 为金属铅，产出含铅低的炉渣。这已为所有直接炼铅工艺所证实，也是考虑合理炉型结构所必须遵循的规律。

直接炼铅的主要问题是：（1）准确控制氧势，使之得到低硫铅，以满足精炼要求；（2）硫化铅直接氧化所形成的粗铅与炉渣处于平衡状态，低氧势有利于取得低铅渣；（3）通常所希望的低熔点炉渣组分为（质量分数）：FeO+ZnO+Al$_2$O$_3$ 47%，CaO+MgO 16%，SiO$_2$ 37%。

硫化铅精矿直接熔炼方法可分为两类：一类是把精矿喷入灼热的炉膛空间，在悬浮状态下进行氧化熔炼，然后在沉淀池进行还原和澄清分离，如基夫赛特法。这种熔炼反应主要发生在炉膛空间的熔炼方式称为闪速熔炼。另一类是把精矿直接加入鼓风翻腾的熔体中进行熔炼，如 QSL 法、奥斯麦特法/艾萨法、底吹熔炼法和侧吹熔炼法。这种熔炼反应主要发生在熔池内的熔炼方式称为熔池熔炼。

按照闪速熔炼和熔池分类的硫化铅精矿直接熔炼的各种方法概括起来列于表 3-9。

表 3-9 硫化铅精矿直接熔炼的方法概述

熔炼类型	闪速熔炼	熔池熔炼				闪速/熔池
		喷吹方式：底吹		喷吹方式：顶吹	喷吹方式：侧吹	
炼铅方法	Kivcet 法	QSL 法	底吹熔炼法	Ausmelt/Isa 法	侧吹熔炼法	Kaldo 法
主要设备	精矿干燥设备；由闪速反应塔、有焦炭层的沉淀池和连通电炉三部分构成的基夫赛特炉	精矿制粒设备；设有氧化还原的两段式卧式长转炉	精矿制粒设备；只有氧化段的卧式回转炉	带有直插顶吹喷枪及调节装置的固定式坩埚炉	由铜水套冷却风口区的矩形固定式炉	带有顶吹喷枪；既可沿横轴轴倾斜又可沿纵轴旋转的转炉
炉子数量	1 台	1 台	氧化熔炼的底吹转炉与还原熔炼的鼓风炉（或底吹转炉）各 1 台	氧化炉、还原炉（或鼓风炉）各 1 台；或 1 台炉子分周期作业	氧化炉、还原炉各 1 台（加 1 台烟化炉）	1 台
作业方式	连续	连续	间断	间断	目前多间断作业	间断
对原料要求精矿入炉方式	原料必须干燥处理，含水低于 0.5% 的粉状物料从反应塔顶部喷入	湿精矿制粒后下落入炉	湿精矿制粒后下落入炉	湿精矿制粒后下落入炉	能处理含水 6%～8% 的精矿或其他含铅粗粒物料（<100mm），原料下落入炉	干/湿精矿由喷枪喷入炉内

3.4.1.3 硫化铅精矿直接熔炼的优点

无论是闪速熔炼，还是熔池熔炼，上述各种直接炼铅方法的共同优点是：

（1）硫化精矿的直接熔炼取代了氧化烧结焙烧与鼓风炉还原熔炼两过程，冶炼工序减少，流程缩短，免除了返粉破碎和烧结车间的铅粉、铅尘和 SO_2 烟气污染，劳动卫生条件大大改善，设备投资减少。

（2）运用闪速熔炼或熔池的方法，采用富氧或氧气熔炼，强化了冶金过程。由于细粒精矿直接进入氧化熔炼体系，充分利用了精矿表面巨大活性，反应速度快，加速了反应器中气—液—固物料之间的传热传质。充分利用了硫化精矿氧化反应发热值，实现了自热或基本自热熔炼。能耗低，生产率高，设备床能率大，余热利用好。

（3）氧气或富氧熔炼的烟气 SO_2 浓度高，硫的利用率高。

（4）由于熔炼过程得到强化，可处理铅品位波动大、成分复杂的各种铅精矿以及其他含 Pb、Zn 的二次物料，伴生的各种有价元素综合回收好。

3.4.2 基夫赛特直接炼铅（Kivcet）法

3.4.2.1 基夫赛特直接炼铅法概述

基夫赛特直接炼铅法由前苏联有色金属科学研究院于 1986 年初在哈萨克斯坦的乌斯季—卡缅诺尔斯克建成第一个基夫赛特法炼铅厂。

基夫赛特（Kivcet）法是前苏联有色金属科学研究院从 20 世纪 60 年代开始研究开发的直接炼铅工艺，全称为氧气闪速熔炼—电热还原法，80 年代用于大型工业生产。目前已在意大利维斯麦港公司、加拿大柯明科公司、哈萨克斯坦锌业公司、玻利维亚铅锌公司得到工业应用。

意大利 Vesme 港炼铅厂是除基夫赛特工艺发明国以外第一个成功建成（1987 年 2 月）并投产的大型（设计产量 9.5 万吨/年）基夫赛特法炼铅厂，又称 KSS 炼铅厂（其炉子本体系统结构见图 3-16）。KSS 法是将前苏联 Kivcet 专利技术通过意大利 Sammi 公司和意大利 Snamprogetli 设计院的共同协作而发展、完善的炼铅法，故将基夫赛特法改称为 KSS（Kivcet-Sammi-Snamprogetli）法，据称是目前世界上最先进的直接炼铅法。经过多年运行，该厂粗铅生产能力已经达到 12 万吨/年，设备作业率达 96% 以上。

20 世纪 90 年代加拿大柯明科公司的特雷尔冶炼厂建设了一座处理能力 1200t/d 炉料的基夫赛特炼铅厂，采用 4 个炉料喷嘴，开孔放铅，同时处理该厂 28 万吨/年的湿法炼锌的浸出渣，炉料中锌浸出渣含量达到 50%，含铅品位 25% 左右，配置烟化炉对炉渣进行处理回收氧化锌。该厂原采用 QSL 炉处理硫化铅精矿并搭配锌浸出渣，但由于氧化段和还原段间的隔墙下部通道堵塞，造成严重的工艺过程混乱，喷枪寿命仅 2~4 天，反应器内衬腐蚀严重，无法继续生产，投产仅 3 个月即被迫停产。因此该厂认为 QSL 工艺不适合搭配湿法炼锌高铁浸出渣回收铅锌的要求，于 1993 年改为基夫赛特炼铅，并于 1996 年投产。特雷尔厂的实践证明，基夫赛特直接炼铅法不仅很好地解决了自身环境影响问题，而且可以搭配处理湿法炼锌的浸出渣，有效回收锌浸出渣中的铅、锌、铜、银和金等有价元素，是一种较为理想的清洁炼铅工艺。因此，近年来我国株冶和江铜新设计建设的铅锌互补联合生产系统即选用基夫赛特法作为直接炼铅工艺。

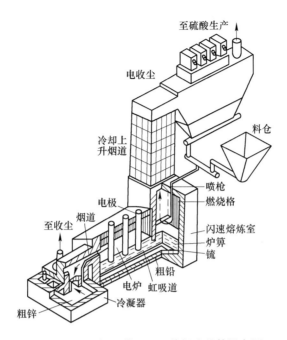

图 3-16 KSS 铅厂的 Kivcet 炼铅法整体设备图

3.4.2.2 基夫赛特炉的构成

基夫赛特炉是该法的核心。该炉由带氧气喷嘴的反应塔、熔池、竖烟道（包括余热锅炉）和电热区四部分组成。其结构示意图见图 3-16，主要结构尺寸实例见表 3-10。

表 3-10 基夫赛特炉主要结构尺寸实例

项目名称	乌斯季卡缅诺戈尔斯克铅厂	Vesme 港铅厂	Trail 铅厂
炉料	铅精矿	铅精矿	铅精矿+浸出渣
炉料处理量/t·d^{-1}	500	720	1340
反应塔结构	膜式水冷壁	"三明治"结构	铜水套内衬铬镁砖
反应塔尺寸/m	2.65×4.5×5	3×4.5×5	6×5×8.726
喷嘴数量	2	2	4
单个喷嘴生产能力/t·h^{-1}	10~12	15~18	15~18
熔池尺寸/m	13×4.5	20×4.5	24×5
熔炼区面积/m^2	22	36	35
电热区面积/m^2	36	45	55
电热区变压器额定功率/kV·A	4500	4500	9000
烟道尺寸/m	2.2×4.5×30	3×4.5×40	—

基夫赛特炉的反应塔的横截面呈矩形，由于是用工业纯氧或富氧熔炼，反应塔的热强

度高，为保证耐火材料寿命，需要采用强化砌体冷却的水冷构件。目前多采用铬镁砖与铜水套相结合的方式。炉料喷嘴安装在反应塔顶，与闪速炼铜不同，基夫赛特炼铅一般采用多个喷嘴，以使喷出的物料中的焦炭颗粒能够较为均匀地覆盖在反应塔下部的熔池表面。

基夫赛特熔池由两部分构成，一部分在反应塔和烟道下方，承接反应塔产生的熔体；另一部分熔池插入三根石墨电极构成电热区。两部分熔池的气相空间由铜水套组成的隔墙分开，熔池内的熔体互相流通进行热量和质量的传递，但电热区设有独立的烟道和烟气处理系统。

竖烟道由膜式水冷壁构成，与余热锅炉连接，可将烟气温度从1250℃降至800℃以下，还可以捕集烟尘。

3.4.2.3 基夫赛特法炼铅的工艺过程

Kivcet炉其实是闪速熔炼炉与还原贫化电炉结合的产物，干燥的硫化铅精矿、其他含铅物料和熔剂由工业纯氧从闪速炉反应塔顶部的喷枪喷入塔内。在飘悬状态下，硫化物剧烈氧化并全部融化为熔体，其中含有金属铅、氧化物和造渣成分等。熔体落入沉淀池时通过覆盖在沉淀池表面的焦炭过滤层，其中的大部分氧化物还原为金属铅，铅沉降至沉淀池底部，其余的熔体组成初渣。初渣通过水冷隔墙下部的连通口进入电炉。电炉温度高达1400℃，在此，初渣中所含的铅和锌的氧化物被从炉顶气密加料器加入炉内的焦粉和碳电极所还原，得到的二次粗铅回流至氧化段沉淀池内，与其中的粗铅熔体混合并由放铅口放出。还原产出的锌蒸气随电炉炉气进入冷凝器，冷凝为液体锌；或被氧化为氧化锌，在收尘设备中回收。氧化段生成的高浓度SO_2烟气经垂直冷却室冷却至550℃后，进入高温电收尘器净化，送往制酸或生产液态SO_2及元素硫。

基夫赛特炉的主要技术指标为：反应塔上部反应温度1400~1450℃，熔池温度1000~1200℃，虹吸口放铅温度700℃，烟气中SO_2浓度20%~30%，烟气温度1200~1300℃，脱硫率97%，入氧化锌烟尘锌量40%~50%，铅回收率为46%，渣含铅1.5%~2%，含锌7%~10%，能耗（标煤）45kg/t炉料，电耗140kW·h/t炉料。虽投资偏高并需使用大量铜水套，但其他指标非常理想。

基夫赛特炼铅的熔炼过程需要在1300℃以上进行，才能避免铅的硫酸盐生成。虽然采用了较高的熔炼温度，但基夫赛特炼铅的烟尘率却明显低于熔池熔炼。这是由于在反应塔中温度较高，使得硫化铅氧化速度很快，来不及挥发即被氧化，因此烟尘率反而低于熔池熔炼。

焦滤层是基夫赛特直接炼铅技术的重要特点之一，也是该技术获得成功的关键。反应塔落下的高温液滴下落后需要穿过这一焦滤层，较易还原的氧化铅和高价氧化铁得到优先还原，生成金属铅和FeO，金属铅进入粗铅相，FeO进入渣相，没有被还原的ZnO依然留在炉渣中。焦滤层的应用可有效减少电热区的能耗。实践表明，氧化铅在反应塔下方的焦滤层有近80%~85%还原为金属铅。因此在反应塔包含有氧化脱硫、造渣熔炼和还原熔炼三个熔炼过程。

电热区的作用是使炉渣中的氧化铅进一步还原，炉渣中的金属铅进行沉降分离，尽量降低炉渣中的铅含量，提高铅的回收率。电热区由电极产生的焦耳热加热熔体，保持熔体温度在 $1250 \sim 1300 ℃$，加入少量焦炭以维持还原性气氛。此时，除了渣相中未还原的氧化铅继续被还原为金属铅液滴外，小部分氧化锌也被还原为锌蒸气，随还原反应生成的 CO、CO_2 气体进入烟道并进而氧化为氧化锌，最后在余热锅炉和收尘系统得到回收。

基夫赛特直接炼铅工艺过程中还需考虑是否需要控制氧化熔炼的条件在电热区生成铜锍层。如果炉料含铜低、含铅高；或在熔池侧墙采用开孔放铅，则不需要生成铜锍层。反之，则必须调整氧料比，在电热区形成铜锍并单独放出。Trail 厂采用开孔放铅，基夫赛特炉不产出铜锍，而是在火法精炼的连续脱铜炉内产出铜锍，其主要成分为 Cu 45.8%，Pb 31.4%，S 15.8%，Fe 0.33%。Vesme 港铅厂基夫赛特炉产出铜锍，其主要成分是 Cu 25%，Pb 40%，S 12%，Fe 5%。

采用基夫赛特炼铅工艺的一个重要理由是为了搭配处理锌浸出渣。此时，选择渣型时需考虑适当增大 $w(Fe)/w(SiO_2)$，以提高 ZnO 在渣中的溶解度，并严格控制渣中含 ZnO 量不得超过 17%。表 3-11 给出了基夫赛特炼铅工艺的炉料成分实例。

表 3-11 基夫赛特炼铅炉料实例 （%）

厂　名	Pb	Zn	Cu	Fe	S	SiO$_2$	CaO
维斯姆港沿厂	43.7	4.87	0.258	7.7	16.6	7.5	6.7
	48.0	4.75	0.40	7.3	15.4	7.4	4.9
	44.0	5.80	0.50	8.50	19.1	7.5	4.0
乌斯季卡诺哥尔斯克铅厂	46.1	6.88	1.86	9.80	16.6	7.1	4.21
	38~42	6~8	1.8~3.5	7~10	17~22	8~9	5~7
特雷尔铅厂	24.8	9.38	0.89	10.17	7.21	9.34	5.87

通常情况下，基夫赛特炉产出的粗铅含铅 95%~98%，在不产铜锍的情况下，约 80% 的铜、98.5%~99.5% 的银、92% 的锑进入粗铅；粗铅的化学成分实例见表 3-12。

表 3-12 基夫赛特炼铅产出粗铅成分实例 （%）

厂　名	Pb	Cu	S	Ag/g·t^{-1}
维斯姆港铅厂	97.5	0.48~0.77	0.02~0.05	1730
乌斯季卡诺哥尔斯克铅厂	97	0.9	0.05	—
特雷尔铅厂	94	1.96	—	4244

电热区产出的炉渣，含锌高时采用烟化炉继续处理。根据经济技术核算，炉渣含锌量大于 7% 时，用烟化炉挥发回收锌是合算的。Trail 厂的炉渣含锌约 17%~19%，采用烟化炉处理。Vesme 港铅厂炉渣含锌 7% 左右，直接水淬后弃去。我国株冶和江铜设计的基夫赛特炉均搭配处理锌浸出渣，炉渣含锌均超过 10%，设有烟化炉挥发处理。一些炉渣的成分实例见表 3-13。

表 3-13 基夫赛特炼铅炉渣成分实例   (%)

厂 名	Pb	Zn	Cu	FeO	SiO$_2$	CaO	S	Ag/g·t^{-1}
维斯姆港铅厂	2	7	0.1	27	27.4	18.1	1.48	2~5
	1.8	7.7	0.17	26	25.1	22.7	1.4	—
乌斯季卡诺哥尔斯克铅厂	1.5	13~14	0.5	24	26	17	—	—
特雷尔铅厂	5.0	17.8		28	20.9	12.7		

3.4.2.4 基夫赛特炼铅的工艺特点

基夫赛特直接炼铅工艺是真正意义上的"一步炼铅",所有的氧化熔炼、还原熔炼和造渣熔炼都在一座炉内完成,具有如下优点:(1)劳动条件好;(2)对原料适应性强,含 Pb 20%~70%, S 13.5%~28%, Ag 100~8000g/t 的原料都可处理;(3)连续作业,氧化和还原在一个炉内完成,生产环节少;(4)烟气 SO$_2$ 浓度高,可直接制酸;烟气量少,带走的热少,余热利用好,从而烟气冷却和净化设备小,烟尘率约为 20%,烟尘可直接返回炉内冶炼;(5)主金属回收率高(Pb 回收率大于 98%),渣含铅低(小于2%),贵金属回收率高,金、银入粗铅率达 99% 以上,还可回收原料中 60% 以上的锌;(6)能耗低,粗铅能耗为(标煤)0.35t/t;(7)炉子寿命长,炉期可达 3 年,维修费用低。

基夫赛特熔炼的缺点:(1)原料准备比较复杂,对炉料和水分要求严格,粒度要控制在 0.5mm 以下,最大不能超过 1mm,需要干燥至含水率在 1% 以下;(2)建设投资较高。

3.4.3 QSL 直接炼铅法

3.4.3.1 QSL 技术的发展过程

QSL 技术是由 P. E. Queneau 和 R. Schuhmann 在 1973 年提出,在德国 Lurgi 化学冶金公司采用和发展起来的直接炼铅法,故称 QSL 法。该工艺先后于 1990 年和 1992 年在德国施托尔伯格冶炼厂和韩国温山冶炼厂建成投产。1989 年加拿大 Cominco 公司的 QSL 法炼铅厂投产,因工艺设备问题,1993 年用基夫赛特法改建。我国西北冶炼厂 20 世纪 80 年代引进 QSL 技术,因各种原因一直未正常生产。

虽然 QSL 法在加拿大 Cominco 公司和我国西北冶炼厂的生产中出现一系列问题,但德国施托尔伯格炼铅厂和韩国锌业公司的 QSL 炼铅厂均在正常生产,韩国 QSL 炼铅厂生产能力远远超过其设计能力。实践表明,QSL 是一种成功的直接炼铅方法。

3.4.3.2 QSL 炼铅工艺

A 工艺方法及主要装置

QSL 法为富氧底吹熔池熔炼,其设备示意图如图 3-17 所示(温山冶炼厂 QSL 炉)。QSL 炉为可转动的卧式长圆筒型炉,向放铅口方向倾斜 0.5%,并分为氧化区和还原区。

在氧化和还原两个区域,分别配有浸没式氧气喷嘴和粉煤喷嘴。铅精矿经制粒后由顶部加入氧化区,与氧枪喷入的氧气在熔池中反应生成氧化铅和 SO$_2$,实现自热熔炼,氧化

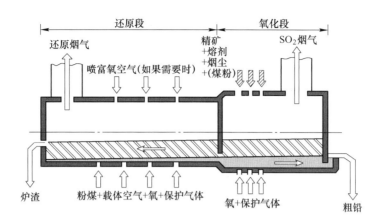

图 3-17 QSL 法炼铅示意图

段温度在 1050~1100℃；氧化铅与硫化铅在氧化区发生交互反应生成一次粗铅由底部放出，初铅含 S 0.3%~0.5%；初渣含铅 40%~45%。炉渣由氧化区进入还原区，其中的 PbO 被粉煤喷嘴喷入的粉煤还原，还原温度约为 1150~1250℃，渣含铅逐渐降低，同时还产出铅锌氧化物烟尘和二次粗铅。二次粗铅潜流返回氧化段，和一次粗铅合并一起经虹吸口放出，送后续精炼。炉渣逆向运动由反应器还原段的渣口排出，进行烟化处理，回收其中的铅和锌。为解决铅渣混流，在氧化段与还原段之间增设一道隔墙，耐火材料采用熔铸铬镁砖。

反应器熔池深度直接影响熔体和炉料的混合程度。浅熔池操作不但使两者混合不均匀，而且易被喷枪喷出的气流穿透，从而降低氧气或氧气—粉煤的利用率。因此适当加深反应器熔池深度对反应器的操作是有利的。由熔炼工艺特点所决定，QSL 反应器内必须保持有足够的底铅层，以维持熔池反应体系中的化学势和温度的基本恒定。在操作上，为使渣层与虹吸出铅口隔开，以保证铅液能顺利排出，也必须有足够的底铅层。底铅层的厚度一般为 200~400mm，而渣层宜薄，为 100~150mm。反应器氧化区的熔池深度大，一般为 500~1000mm。

实践证明，还原段的起始处增设一个挡圈，使还原段始终保持 200mm 高的铅层，这有利于炉渣中被还原出来的铅珠能沉降下来，从而降低终渣含铅量；此外，降低还原段的渣液面高度，使还原段的渣层较薄，渣层与铅层的界面交换传质强度加大，同时渣层的涡流强度也减弱，利于铅沉降。

还原段的烟气有两种不同走向，在德国斯托尔伯格冶炼厂，还原段烟气通过隔墙上方通道与氧化段烟气汇合，经氧化段上方的排烟口排出。在韩国温山冶炼厂隔墙上方没有通道，还原段由单独的烟气系统排放处理。

B 德国斯托尔伯格冶炼厂 QSL 炼铅工艺

德国斯托尔伯格冶炼厂 QSL 炼铅系统设计规模为 500t/d 炉料处理量，精矿与二次物料的配比为 63∶37，二次物料包括铅银渣、烟尘、炉渣、精炼炉的烟尘、废蓄电池的铅膏等。该厂实际处理能力达 650t/d，粗铅产量由原设计的 75kt/a 提高到 110kt/a。

C 韩国温山冶炼厂 QSL 炼铅工艺

韩国温山冶炼厂的 QSL 炼铅系统在专利基础上做了较大改进，反应器隔墙上方取消烟气通道，氧化区和还原区的烟气分开排出，分别产出含 SO_2 烟气和含 ZnO 的烟气，设有两套烟气处理系统。氧化区烟气经电收尘后送制酸车间回收 SO_2，含铅高的烟尘返回配料。还原区的烟气经布袋收尘得到含 ZnO 高的烟尘，送氧化锌浸出后，浸出渣返回配料。

温山冶炼厂设计能力为 60kt/a 粗铅，目前包括澳斯麦特炉含铅废料处理，实际产量达到 200kt/a，二次物料在 QSL 炉料中比率为 47%，主要包括铅银渣、烟尘和精炼渣等。

QSL 法炼铅的主要技术经济指标实例示于表 3-14。

表 3-14 QSL 法炼铅主要技术经济指标

	指　标	韩国温山冶炼厂	德国斯托尔伯格冶炼厂
	铅回收率/%	98	98
	粗铅含 Pb/%	99	99
	炉渣含 Pb/%	4.23	3.91
	烟尘率/%	20	23
	烟气量/$m^3 \cdot h^{-1}$	32000	24000
炉料单耗指标	氧气/$m^3 \cdot t^{-1}$	182	169
	氮气/$m^3 \cdot t^{-1}$	38	34
	粉煤（C 60%）/$kg \cdot t^{-1}$	88	66
	电耗/$kW \cdot h \cdot t^{-1}$	102	104
	煤气/$m^3 \cdot t^{-1}$	7	4
	压缩空气/$m^3 \cdot t^{-1}$	65	30
	二氧化硅/$kg \cdot t^{-1}$	21	13

3.4.3.3 QSL 炼铅的技术特点

QSL 炼铅法也属氧化—还原的熔炼过程，由于是氧气底吹熔炼，故烟气中的 SO_2 浓度相当高。当还原段和氧化段的气体混合时，由于其中含有炉料带入的水分和燃料燃烧的废气，所以烟气中的 SO_2 浓度被稀释至 15%~25%。硫化矿是在熔池激烈翻动的高氧位下完成氧化冶金反应，但粗铅含硫（小于 0.5%）稍高，QSL 法所产的终渣含锌（约 10%~15%）和含铅（约 4%）都稍高于传统法，烟尘率为 23%~30%，明显高于基夫赛特炉。

（1）QSL 法的优点：1）氧化脱硫和还原在一座炉内连续完成；2）备料简单，对原料适应性强，可同时处理二次铅料，并可以使用劣质煤；3）硫回收率高，富氧使产生的烟尘量减少，收尘简化，烟中 SO_2 浓度高，完全满足制酸要求。

（2）QSL 法的缺点：1）操作条件控制难度较高；2）喷枪使用寿命短；3）渣含铅高，需进一步处理，特别是对含锌高的原料，QSL 法的终渣需送烟化炉进一步挥发锌。

3.4.4 富氧底吹炼铅法

3.4.4.1 富氧底吹炼铅法的发展过程

富氧底吹炼铅工艺是中国在 QSL 法基础上开发的一种直接炼铅工艺。20 世纪 80 年代，水口山第三冶炼厂在规模为 φ2234mm×7980mm 的氧化反应炉进行底吹氧化熔炼硫化铅半工业试验成功后，扩大推广应用到河南豫光金铅公司和安徽池州两家铅厂生产，两家铅厂于 2002 年相继投产，从而形成了氧气底吹熔炼—鼓风炉还原铅氧化渣的炼铅新工艺，因此又称水口山法或 SKS 法。

氧气底吹熔炼—鼓风炉还原炼铅应用获得成功后，有效解决了传统烧结焙烧过程中低浓度 SO_2 和含铅烟尘的污染，一举成为我国当时铅冶炼的主流工艺，在中国得到迅速推广，为取缔烧结盘、改造落后烧结机、改善环境污染问题等方面做出了重要贡献。

但该工艺只解决了氧化过程中铅和 SO_2 的污染问题，后续的高铅渣还原需要把约 1100℃ 的液态铅渣冷却成渣块，再送鼓风炉用焦炭还原熔炼，生产过程存在一个冷—热—冷的交替，热能利用不太合理。

为解决液态高铅渣的显热利用，进一步降低冶炼成本和降低渣含铅，相关企业和设计院所后续又开发了液态高铅渣直接还原工艺，豫光金铅和山东恒邦即采用了液态高铅渣底吹还原工艺，同期液态高铅渣侧吹还原工艺也开发成功。还原剂也由鼓风炉操作时的焦炭变为粉煤或天然气。

3.4.4.2 富氧底吹炼铅工艺

A 工艺方法及主要装置

富氧底吹炉与 QSL 炉类似，为横截面为圆形的卧式转炉，其结构示意图见图 3-18，底部有 6 只氧气喷枪，反应器的一端为虹吸放铅口，另一端为放渣口。上部有两个加料口和一个烟气出口。生产过程中炉体可沿长轴方向转动 90°，停炉时转动 90° 以防止熔体堵塞喷枪。目前富氧底吹炉的长度为 11~14m，基本上与 QSL 反应器的氧化段长度差不多，底吹炉的熔池深度一般在 1000~1100mm。

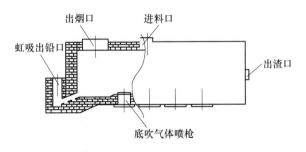

图 3-18 富氧底吹炉的结构示意图

富氧底吹炼铅依然是氧化—还原熔炼过程，分别在不同的炉内进行。炉料在富氧底吹炉内进行氧化熔炼，对于硫化铅精矿可以实现自热熔炼，控制氧料比，以实现氧化造渣和脱硫。炉料在富氧底吹炉内发生氧化反应、交互反应、离解反应和造渣反应，反应的结果是得到含硫低（小于 0.2%）的一次粗铅、含铅很高的炉渣及含 SO_2 10%~15% 的烟气。

但富氧底吹炉要求氧化熔炼过程的入炉炉料含铅在 40% 以上，如果炉料含铅较低，难以产出一次粗铅，容易导致炉况恶化。因此，当硫化铅精矿含铅品位较低时，配入一定量的含铅高的物料如废铅酸电池铅膏等，对一次沉铅有所帮助。

B 高铅渣鼓风炉还原

富氧底吹氧化熔炼产出的高铅渣正常含铅在 40%~45%，熔点较低。在氧气底吹炉取代烧结机的早期，高铅渣均采用鼓风炉还原，这对于当时的技术改造提供了很大便利。目前，高铅渣的还原炉型选择非常灵活，既可以采用底吹炉，也可以采用侧吹炉，但仍以鼓风炉还原居多。

在氧气底吹氧化熔炼过程中，为减少 PbS 的挥发，并产出含 S、As 低的粗铅，需要在炉内控制过氧化气氛，并要求氧化渣的熔点不高于 1000℃，旨在较低温度下进行氧化熔炼，这对应于 $w(CaO)/w(SiO_2)$ 为 0.5~0.6 和 $w(Fe)/w(SiO_2)$ 为 1.5~1.6。但在鼓风炉还原过程中，需要控制较高的 $w(CaO)/w(SiO_2)$，即 0.7~0.8，以降低鼓风炉渣含铅，此时渣的熔点在 1150~1250℃。考虑此两个因素，铅氧化渣中 $w(CaO)/w(SiO_2)$ 比控制在 0.6~0.7 之间为宜。

即，在富氧底吹氧化熔炼过程中采用的是低钙渣型，低温氧化熔炼，以减少硫化铅、氧化铅和金属铅在高温下的挥发，降低烟尘率。但是氧化熔炼产出的高铅渣的 $w(CaO)/w(SiO_2)$ 和 $w(Fe)/w(SiO_2)$ 不能满足鼓风炉还原熔炼的渣型要求，因此高铅渣鼓风炉还原熔炼需要再次配料，主要是加入石灰石调整 $w(CaO)/w(SiO_2)$，配料时同时加入 16%~18% 的焦炭。

高铅渣与烧结块相比具有密度大、孔隙率低、硅酸铅高、含氧化钙低的特点，同时，由于是熟料，其熔化速度较烧结块要快，熔渣在鼓风炉焦区的停留时间短，从而增加了鼓风炉还原工艺的难度。但是，生产实践证明，采用鼓风炉处理铅氧化渣在工艺上是可行的，鼓风炉渣含 Pb 可控制在 4% 以内。

总体来看，与传统的烧结块鼓风炉还原熔炼相比，鼓风炉还原高铅渣有如下特点：焦炭率高，较之烧结块还原高出 3%~5%；对焦炭质量要求高；床能率低，为每平方米 40~45t/(h·d)，仅为还原烧结块床能率的 2/3 左右；渣含铅高，一般为 3.5%~5.0%。

尽管现有指标较烧结—鼓风炉工艺渣含 Pb 量 1.5%~2% 的指标稍高，但由于富氧底吹熔炼—鼓风炉渣量仅为传统工艺鼓风炉渣量的 50%~60%，因而，鼓风炉熔炼铅的损失基本不增加。在技术改进过程中，利用原有的鼓风炉作适当改进即可，这样，可以节省基建投资。

C　液态高铅渣直接还原

由于高铅渣采用鼓风炉还原存在一些问题，我国的炼铅行业继而成功开发了液态高铅渣直接还原工艺。液态高铅渣还原过程的主要化学反应与鼓风炉还原基本相同，仅反应过程略有不同。目前的底吹氧化熔炼炉为间断放渣，因此液态高铅渣的还原也是间断操作，底吹炉或侧吹炉均可用作还原。在液固反应过程中，通过喷枪/风口鼓入的富氧空气剧烈搅动熔体，熔融高铅渣与还原剂粉煤或天然气接触充分，化学反应的传质和传热过程都大大增强。采用煤或天然气为还原剂来代替昂贵的焦炭，维持还原温度为 1150~1200℃，反应 30~70min，即可达到较好的还原效果，终渣含铅可以降到 3% 左右。

液态高铅渣直接还原的优点是：简化了流程，省去了铸渣冷却的环节，提高了显热利用率并减少了环境污染，同时较之高铅渣铸块鼓风炉还原，渣含铅有所降低。

但液态渣直接还原的缺点是烟尘率较高，底吹炉还原一般为 12%~13%，侧吹炉一般为 8%~10%，鼓风炉还原一般为 6%~7% 左右。烟尘率高导致收尘负荷增加，并带来返料量增加。

表 3-15 列举出了富氧底吹氧化熔炼的主要技术经济指标，表 3-16 和表 3-17 列出了典

型的底吹高铅渣成分实例和底吹还原熔炼渣的成分实例。表 3-18 为高铅渣采用鼓风炉还原与液态直接还原的技术指标对比。

表 3-15 富氧底吹氧化熔炼主要技术经济指标

项 目	指 标	
	河南豫光金铅集团	安徽池州有色公司
原料含铅	50%	53.5%
粒料含水	8%	7%
底吹炉烟尘率	20%	18%
底吹炉氧耗	190 m³/t	180m³/t
底吹炉煤耗	2%	2%
进酸厂烟气 SO₂ 浓度	6%~10%	7%
全硫利用率	95%	95%
氧气底吹炉沉铅率	48%	40%~45%
氧枪寿命	30d	40~45d

表 3-16 底吹氧化熔炼产出高铅渣成分 （%）

Pb	ZnO	Cu	S	SiO_2	FeO	CaO	$Au/g \cdot t^{-1}$	$Ag/g \cdot t^{-1}$
48.16	9.03	—	1.06	8.39	17.70	2.44	11.8	1197
51.67	9.87	0.37	0.29	9.61	12.4	1.63	—	—

表 3-17 底吹还原熔炼炉产出还原渣成分

Pb/%	FeO/%	SiO_2/%	CaO/%	ZnO/%	S/%	$Au/g \cdot t^{-1}$	$Ag/g \cdot t^{-1}$
2.03	37.46	25.30	9.75	12.20	0.33	—	20.90
2.19	38.53	24.16	9.89	15.48	0.36	—	20.40
1.93	37.48	26.64	9.38	8.18	0.33	0.17	23.40
2.07	38.06	28.11	9.70	6.56	0.16	—	20.20
1.67	35.11	26.77	10.44	13.31	0.33	—	21.30
1.78	38.63	24.73	9.42	13.29	0.33	—	29.50

表 3-18 高铅渣进行底吹炉液态直接还原和铸块—鼓风炉还原的指标对比

工艺指标	氧耗/m³	天然气耗/m³	煤耗/t	水耗/t	电耗/kW·h	能耗/tec·t⁻¹	成本	SO₂排放/t·a⁻¹	渣含铅/%
鼓风炉	50	—	417	1.35	100	438	650	236	<4
底吹炉	140	75	150	2.5	100	276	450	27	<3

3.4.4.3　富氧底吹炼铅的技术特点

氧气底吹熔炼取代传统烧结工艺后，不仅解决了 SO_2 烟气及铅烟尘的污染问题，还取得了如下效益：

（1）由于熔炼炉出炉烟气 SO_2 浓度在 12% 以上，对制酸非常有利，硫的总回收率可达 95%。

（2）熔炼炉出炉烟气温度高达 1000~1100℃，可利用余热锅炉或汽化冷却器回收余热。

（3）采用氧气底吹熔炼，原料中 Pb、S 含量的上限不受限制，不需要添加返料，简化了流程，且取消了破碎设备，从而降低了工艺电耗。

（4）由于减少了工艺环节，提高了 Pb 及其他有价金属的回收率，氧气底吹熔炼车间 Pb 的机械损失小于 0.5%。

由于目前的氧气底吹炼铅，其氧化熔炼和还原熔炼都是间断放渣操作，因此，底吹熔炼与 QSL 工艺仍有些不同之处。

QSL 炼铅在同一炉体内实现氧化和还原，热利用和环境保护比较好，相对占地面积也小。但 QSL 炼铅炉内铅与渣呈逆流排放造成锑回收和铅含硫的问题。QSL 工艺铅在氧化段放出，渣在还原段放出，这主要是为了保证产出高品位的粗铅和不含铅的炉渣。但在处理含锑高的物料时，锑在氧化段会变成锑的氧化物随渣流入还原段，在还原段该部分锑又被还原进入二次粗铅形成高锑铅。在如此的循环过程中，大部分锑最终随还原渣排出。粗铅含锑低，对粗铅火法精炼是有益的，但对于铅电解和锑的综合回收则不利。另外，含硫化铅的原料从氧化熔炼段加入，虽然硫化物的氧化速度很快，但在此过程中粗铅与硫化矿的接触机会增大，在该温度下，硫化物会融入粗铅造成粗铅含硫升高。

底吹氧化熔炼+底吹还原熔炼的操作工艺，氧化和还原分别在两个炉体内进行，关联性不强，操作相对灵活，氧化段和还原段还可相对独立检修。但相对于 QSL 炉，热利用率偏低，操作频繁。由于采用间断放渣，氧化炉和还原炉之间采用溜槽联结，放渣操作会溢出大量热和烟尘，增加了污染排放点，不可避免地增加热损失和对环境的污染。

但底吹氧化熔炼+底吹还原熔炼的操作工艺对于后续的铅精炼是有利的。中国的精铅生产主要采用电解精炼工艺，要求粗铅含锑为 0.7%~1.0%。氧化熔炼阶段产出的一次粗铅含锑低，锑主要经由高铅渣在还原熔炼炉被还原，从而进入二次粗铅。铅阳极中的锑含量可以通过一次粗铅和二次粗铅的搭配比例来灵活调整，锑最后在电解后的阳极泥中得到回收。相对于 QSL 炉炼铅，双底吹工艺有利于锑的回收。

3.4.5　富氧侧吹炼铅法

3.4.5.1　富氧侧吹炼铅法的发展过程

富氧侧吹炼铅法也是一种直接炼铅方法，与 QSL 法、澳斯麦特法、ISA 法同属自热熔池熔炼，与其不同的是，富氧侧吹熔炼是将氧气或富氧空气通过设在炉墙上的风口鼓入熔池的渣层中来实现铅物料的熔炼过程。该方法是借鉴前苏联的 Vanukov 铜镍冶炼炉发展而来的。

我国在 Vanukov 炉的基础上，进行改进、完善、再创新，于 2001 年开始进行氧气侧吹工业化炼铅实验，2009 年开始在热态高铅渣还原上取得成功。在 2012 年开始研究处理含铅多的金属物料，并于 2014 年投料试生产成功。富氧侧吹炉最早的试验是基于硫化铅物料的氧化熔炼，但其成功应用却是始于液态高铅渣的还原熔炼。这与当时广为采用的富氧底吹—鼓风炉还原熔炼正逐步将高铅渣铸块还原改造为液态高铅渣直接还原的情况对应。

富氧侧吹炉的应用非常灵活，目前富氧侧吹熔炼作为液态铅渣的直接还原炉，已经与底吹、侧吹、顶吹等氧化熔炼炉成功进行工艺组合，不仅可以处理硫化铅精矿和含铅杂料，也有取代传统烟化炉的工业试验正在进行。侧吹熔炼炉的灵活应用是与自身的炉型结构和特点密不可分的。

3.4.5.2 富氧侧吹炼铅法工艺

富氧侧吹炉的炉缸由耐火材料砌筑而成，炉身由铜水套和钢水套拼接而成。在一层铜水套上设有多个一次风口，用于向熔体渣层鼓入氧气或富氧空气。万洋的侧吹还原炉炉体结构如图 3-19 所示。

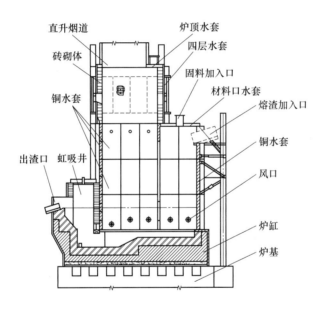

图 3-19　济源万洋侧吹还原炉炉体结构

济源金利公司原采用富氧底吹氧化熔炼—高铅渣铸块鼓风炉还原熔炼工艺，2007 年改用富氧侧吹炉进行液态高铅渣直接还原熔炼。富氧底吹炉产生的高铅渣通过溜槽直接流入侧吹炉，并在侧吹炉内配入适量石灰石粉做熔剂，配入适量块煤作为还原剂，通入煤气和富氧空气，为熔炼过程提供热量。还原炉渣送烟化炉进行处理，得到次氧化锌烟尘。

济源万洋公司原来也是采用富氧底吹—鼓风炉还原工艺，2009 年改为液态高铅渣直接还原，采用富氧底吹—富氧侧吹—烟化炉的"三连炉"工艺流程。侧吹炉放出的还原渣直接流入烟化炉，减少了电热前床保温和渣包吊运。三台炉渣均为间断放渣，操作制度互相匹配。

液态高铅渣侧吹炉还原熔炼与鼓风炉还原熔炼相比，对原料的适应性强，炉料含铅品位可降低至35%。经还原后，侧吹炉的渣含铅量可以降至1%以下，但还原气氛过强，会使渣中的锌还原挥发，不利于后续的烟化炉操作。为了使熔池内的锌尽可能保留在渣中，生产中控制渣含铅量不大于2%。

表3-19给出了富氧侧吹炉和鼓风炉还原高铅渣的技术指标对比。表3-20为万洋公司三连炉工艺与其他工艺技术指标的对比。表3-21给出了双侧吹直接炼铅，即富氧侧吹氧化熔炼+富氧侧吹还原熔炼的主要技术指标。

表 3-19 高铅渣富氧侧吹直接还原与鼓风炉还原技术指标对比

技术经济指标	侧吹还原炉	鼓风炉
铅总回收率	98%	97%
金回收率	99%	98%
银回收率	98%	97%
铜回收率	80%	60%
吨铅综合能耗（标煤）	270kg	470kg
月粗铅产能	7100t	5000t
粗铅直接冶炼成本	1065 元	1386 元
平均渣含铅	2.0%	3.0%
平均渣含铜	0.25%	0.40%
平均渣含银	22g/t	39g/t

表 3-20 万洋公司三连炉工艺与其他工艺技术指标对比

项目	单位	万洋氧气底吹—鼓风炉还原工艺	某厂富氧底吹—液态渣还原工艺	万洋"三连炉"工艺
工艺流程		较短	短	短
工作环境		扬尘点较少，环境好	扬尘点少，环境更好	扬尘点少，环境更好
生产效率		较高 1. 氧化段产出部分粗铅； 2. 采用富氧熔炼，反应速度较快； 3. 单位时间内效率高	高 1. 氧化段产出部分粗铅； 2. 采用富氧熔炼，反应速度较快； 3. 氧化段生成的液态高铅渣直接流入还原炉，流程紧凑，效率高	高 1. 氧化段产出部分粗铅； 2. 采用富氧熔炼，反应速度较快； 3. 氧化段生成的液态高铅渣直接流入还原炉，流程紧凑，效率高
原料适应性		强	强	强
粗铅品位	%	98~99	98~99	98~99
烟气 SO₂ 浓度及收率	%	浓度8~10，收率98	浓度8~10，收率98	浓度8~10，收率98
铅总收率	%	96.5~98	97~98	97~98
脱硫率	%	98	98	98
烟尘率	%	氧化段12~14，还原段6~7	氧化段12~14，还原段12~13	氧化段12~14，还原段8~10

项目	单位	万洋氧气底吹—鼓风炉还原工艺	某厂富氧底吹—液态渣还原工艺	万洋"三连炉"工艺
熔剂率	%	氧化段 3，还原段 7~8	氧化段 3，还原段 2~3	氧化段 3，还原段 2~3
氧气单耗	m^3/t	270~280	360	320~330
电耗	$kW·h/t$	115~125	80~96	60~80
焦耗	kg/t	170~190	69（无烟煤耗）	131（煤耗）
天然气消耗	m^3/t	—	37.4	—
混合矿含铅	%	45~55	45~65	45~65
混合矿含硫	%	14~18	16~18	16~18
鼓风炉床能力	$t/(m^2·d)$	50~65	—	—
还原炉床能力	$t/(m^2·d)$	—	—	50~80
鼓风炉焦率	%	14~18	—	—
终渣含铅	%	2~3	2.5~3	≤2
综合能耗（标煤）	kg/t	300	230	230
投资额		小	大	小

表 3-21 富氧侧吹直接炼铅主要技术指标

项目	床能力 $/t·(m^2·d)^{-1}$	风口压力 /MPa	煤率 /%	烟尘率 /%	铅产出率 /%	铅品位 /%	渣含铅 /%	烟气 SO_2 体积浓度/%
氧化熔炼	50~80	0.08~0.09	1~4	16~18	>55	≥98	≤45	20~24
还原熔炼	50~80	0.08~0.09	8~12	8~10	—	≥96	≤2	—

*注：氧化段的煤率、烟尘率和铅产出率以精矿计，氧化熔炼入炉物料含铅约 10%~15%。还原段的煤率和烟尘率以富铅渣计。还原熔炼一般要求渣中含铅尽可能少，用渣含铅代替铅产出率指标来评价铅的产出情况。

3.4.5.3 富氧底吹炼铅的技术特点

富氧侧吹炼铅工艺充分利用氧气强化熔炼技术，具有设备密闭性好，烟气 SO_2 浓度高便于制酸，生产效率高，热利用充分，能耗低及自动化程度高等直接炼铅工艺的共同优点，同时又具有如下特点：

（1）物料准备简单。对入炉物料的粒度和水分没有严格要求，粒度 20~40mm，含水率小于 10%可直接入炉冶炼。

（2）氧化段可实现连续放渣。减少因开堵排放口时的含尘、含铅及含 SO_2 烟气低空污染隐患。实现氧化、还原连续熔炼作业，为烟气的余热利用和烟气处理系统稳定生产、综合回收能源提供工艺保证。

（3）物料适应性强。炉体熔炼区采用铜水套，以内壁挂渣为保护层，熔炼温度不受耐火材料限制，可适应各种含铅杂料冶炼的需要，炉体寿命大于五年。

（4）固定炉型结构。炉型结构无转动，活动连接件，结构简单；故障少，漏风率低，烟气余热损失少，烟气 SO_2 浓度高，烟气处理系统投资省。

（5）熔炼区采用铜水套。供氧喷嘴不接触高温熔体，无需惰性气体及软化水保护，氧气的有效利用率高。炉体及喷嘴使用寿命长，生产维护、设备维修成本低，水套残值高。

（6）冶炼效率高。在保证熔体激烈搅拌，反应迅速的前提下，风口下部留有相对静止区，渣铅分离效率好，一次粗铅产出率高，还原渣含铅低（约2.0%）。

3.4.6　Ausmelt/Isa顶吹直接炼铅法

3.4.6.1　顶吹直接炼铅法的发展过程

顶吹浸没熔炼是澳大利亚联邦科学工业研究组织（CSIRO）在20世纪70年代初开始研究开发的浸没喷枪技术（Top Submerged Lanching，简称TSL）衍生出来的熔炼方法，第一座工业化工厂用于从反射炉炼锡渣中回收金属锡，于1978年在澳大利亚悉尼建成。在当初一段时期被称之为Sirosmelt法。

20世纪70年代末，澳大利亚Mount Isa矿业有限公司与Csiro合作开发了Sirosmelt技术直接炼铅，并以Isasmelt炼铅法的名称取得了专利权。20世纪80年代初，TSL技术发明人组建澳大利亚熔炼公司，顶吹浸没熔炼技术被正式命名为Ausmelt法。

中国驰宏锌锗的铅冶炼厂是国内首家采用顶吹炼铅的企业，2005年引进Isa炉作为铅冶炼的氧化熔炼部分，高铅渣采用鼓风炉还原熔炼。云锡于2006年引入澳斯麦特富氧顶吹炼铅工艺，于2010年投产，采用"一炉三段"在一个炉体内分周期完成氧化、还原、烟化三步操作。

3.4.6.2　顶吹直接炼铅法工艺及特点

顶吹浸没熔炼技术的共同特征在于：

（1）采用钢外壳、内衬耐火材料的圆柱型固定式炉体；

（2）采用可升降的顶吹浸没式喷枪将氧气/空气和燃料（粉煤、燃料油和天然气均可）垂直浸没喷射进入炉内熔体中；

（3）采用炉顶加料，块料粉料均可；

（4）采用辅助燃料喷嘴补充热量；

（5）炉子上部一侧呈喇叭扩大形，设排烟口连接余热锅炉和电收尘器，以回收余热，净化烟气。

顶吹浸没熔炼的示意图见图3-20。

该熔炼技术是在一个圆桶形的炉内，通过炉子顶端斜烟道的开孔，插入一支由空气冷却的钢制喷枪。喷枪位于内衬耐火材料的炉膛中央，头部埋于熔体中，燃料和空气通过喷枪直接喷射到高温熔融渣层中，产生燃烧反应并造成熔体的剧烈搅动，进行物料的氧化脱硫，产出部分粗铅和富铅渣。这样，在一个小空间内加入的炉料被迅速加热熔化并完成化学反应。调整喷枪的插入深度可以控制熔体搅拌强度，操作灵活，炉子能在较长时间内保持热稳定。

喷枪是该炉子的核心部件，它为双层套管结构，上段材质为45号钢，下段喷口为不锈钢。内管通过燃料即油或用定量空气携带的煤粉。内外管间设有

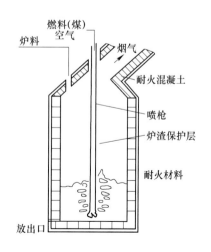

图3-20　顶吹浸没熔炼炉示意图

螺旋形导流片，助燃空气（或富氧空气）从此通道中以大于两倍音速呈旋涡状流出，加大了枪体与气体间的传热，从而在喷枪外表面形成一层冷却的渣壳，此渣壳保护喷枪，一定程度上延长了喷枪的使用寿命。

氧化熔炼产出的高铅渣先经铸渣机浇注成渣块，再送入鼓风炉还原熔炼，生产粗铅和炉渣。我国的驰宏锌锗即采用 Isa 炉进行氧化熔炼，高铅渣铸成渣块后再进行鼓风炉还原熔炼。

顶吹熔炼直接炼铅可采用两种方式进行：（1）采用相连接的两台炉子操作，在不同炉内分别完成氧化熔炼和铅渣还原，实现连续生产（对应于 Isa 法的双炉流程，但仅进行过试验流程，没有工业实践）；（2）也可以氧化熔炼和铅渣还原两过程同用一台炉，间断操作（对应于 Ausmelt 法的操作）。

2005 年我国云南曲靖 80kt/a 粗铅 ISA 炉+鼓风炉炼铅厂建成投产。其典型的技术指标见表 3-22。

表 3-22 富氧顶吹熔炼—鼓风炉还原炼铅工艺主要技术指标

Isa 炉			鼓风炉		
项目	单位	参数	项目	单位	参数
Isa 炉床能力	$t/(m^2 \cdot d)$	80~90	炉床能力	$t/(m^2 \cdot d)$	61.25
混合料品位	%	55~65	焦率	%	13.14
混合料水分	%	~8.5	烟尘率	%	2.47
喷枪供风压力	MPa	0.2	渣率	%	57.60
氧气耗量	Nm^3/t	80~110	终渣含铅	%	1.98
熔池高度	m	<2.3	终渣含铁	%	27~29
富铅渣含 Pb	%	40~50	终渣含 SiO_2	%	20~24
烟尘率	%	13~15	终渣含锌	%	<11
烟气 SO_2 浓度	%	8~15	炉顶温度	℃	<180

氧气顶吹浸没熔炼法由于主体设备结构简单，辅助、附属设备不复杂，与基夫赛特法、QSL 法相比，基建投资较低。该法对入炉物料要求不高，不论是粒状物料还是粉状精矿、烟尘返料等，只要水分小于 10%，均可直接入炉。若为粉状物料，经配料、制粒后入炉有利于降低烟尘率。另外，对原料成分适应性强，不仅可以处理铅精矿，还可处理二次含铅物料、锌浸出渣，进行铅渣的烟化。但氧气顶吹浸没熔炼工艺中，熔池内气、固、液搅动激烈，对炉体冲刷严重，炉寿命较短。另外，顶吹熔炼所用喷枪损耗较快，造价很高。两台炉顶吹直接炼铅或一炉三段法炼铅不是彻底、完善的直接炼铅工艺。

3.4.7 Kaldo 直接炼铅法

3.4.7.1 工艺方法及主要装置

卡尔多（Kaldo）炼铅法是瑞典波利顿公司开发的一项铅冶炼技术。1979 年在瑞典的 Ronskar 冶炼厂建成第一台应用于有色金属冶炼的卡尔多炉，用来处理含铅 43%~50% 的含铅烟尘。1981 年由于储存的烟尘已处理完,进而进行了各种不同铅精矿的熔炼试验,于 1982 年开始工业化生产。1992 年伊朗铅锌总公司 Zanjan 冶炼厂用卡尔多炉处理氧化铅精矿生产铅,年生产能力 4.1 万吨铅。到目前为止,世界上已有 13 台卡尔多炉投产,分别用于氧化铅精矿、硫化铅精矿、废杂铜、阳极泥、镍精矿和贵金属精矿等的处理。我国西部矿业公司引进的卡尔多炉于 2006 年在青海建成投产,设计能力 6 万吨/年粗铅。

卡尔多炉有多种类型,但基本结构类似,见图 3-21。

炉料加料喷枪和天然气(或燃料油)—氧气喷枪插入口都设在转炉顶部,炉体可沿纵轴旋转,故该方法又称为顶吹旋转转炉法(TBRC)。其炉子本体与炼钢氧气顶吹转炉的形状相似,由圆桶形的下部炉缸和喇叭形的炉口两部分组成,内衬为铬镁砖。炉子本体在电机、减速传动机的驱动下,可沿炉缸轴作回转运动。在正常作业的倾角部位,设有烟罩和烟道,将炉气引入收尘系统,输

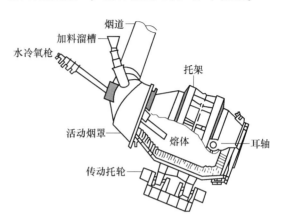

图 3-21 Kaldo 炉本体

送燃油和氧气的燃烧喷枪以及输送精矿的加料喷枪通过烟罩从炉口插入炉内。

卡尔多炉是一台倾斜氧气顶吹转炉,加料、氧化、还原、放渣/放铅四个冶炼步骤在一台炉内完成,周期性作业。还原期炉烟气 SO_2 很少,不得不在氧化期吸收、压缩冷凝一部分 SO_2 为液体,在还原期再气化后补充到烟气中以维持烟气制酸系统的连续运行。

3.4.7.2 主要技术指标及优缺点

瑞典玻利顿公司隆斯卡尔冶炼厂卡尔多转炉既可处理铅精矿,又可处理二次铅原料。处理铅精矿时,处理能力为 330t/d,烟气量为 25000~30000m³/h。氧化熔炼时烟气含 SO_2 为 10.5%。

卡尔多炉吹炼分为氧化与还原两个过程,在一台炉内周期性进行。氧化段鼓入含 60%O_2 的富氧空气,可维持 1100℃ 左右的温度。为了得到含 S 低的铅,氧化熔炼渣含铅不低于 35%。如果渣含铅每降低 10%,那么粗铅含硫量会升高 0.06%。

倾斜式旋转转炉法吹炼 1t 铅精矿能耗为 400kW·h,比传统法流程生产的 2000kW·h 低很多。采用富氧后,烟气体积减小,提高了烟气中的 SO_2 浓度。我国西部矿业公司引进的 Kaldo 法炼铅设计与主要生产指标见表 3-23。

表 3-23 西部矿业 Kaldo 法炼铅设计与主要生产指标

名　　称	设计指标	生产指标
单炉处理物料量/t	83	>83
单炉产粗铅/t	34.3	30
单炉生产时间/min	288	250
总铅回收率/%	>97	98
铅直收率/%	69.73	65

名　称	设计指标	生产指标
渣含铅/%	<5	4
日生产炉次	5	4
氧化段经冷凝后烟气 SO_2 浓度/%	< (6±2)	6.3
干燥塔后烟气平均 SO_2 浓度/%	< (6±2)	5.4
氧耗/$m^3 \cdot t^{-1}$	300	300
油耗/$L \cdot t^{-1}$	34	34

与其他强化熔炼新工艺相比，卡尔多炉的优点有：

（1）操作温度可在大范围变化，如在 1100~1700℃ 温度下可完成铜、镍、铅等金属硫化精矿的熔炼和吹炼过程；

（2）由于采用顶吹与可旋转炉体，熔池搅拌充分，加速了气—液—固物料之间的多相反应，特别有利于 MS 和 MO 之间的交互反应的充分进行；

（3）借助油（天然气）—氧枪容易控制熔炼过程的反应气氛，可根据不同要求完成氧化熔炼和炉渣还原的不同冶金过程。

其缺点主要是：

（1）间歇作业，操作频繁，烟气量和烟气成分呈周期性变化；

（2）炉子寿命短；

（3）设备复杂，造价高。

3.5　粗铅的精炼

3.5.1　粗铅精炼概述

粗铅中一般含有 1%~4% 的杂质成分，如金、银、铜、铋、砷、铁、锡、锑、硫等。粗铅的典型化学成分见表 3-24。

表 3-24　粗铅的化学成分

编号	化学成分/%									
	Pb	Cu	As	Sb	Sn	Bi	S	Fe	Au/$g \cdot t^{-1}$	Ag/$g \cdot t^{-1}$
1	96.37	1.631	0.494	0.350	0.170	0.089	0.247	0.098	5.5	1844.4
2	96.06	2.028	0.446	0.660	0.019	0.110	0.230	0.049	5.9	1798.6
3	96.85	1.106	0.957	0.470	0.043	0.074	0.360	0.052	6.2	1760.1
4	96.67	0.940	0.260	0.820	—	0.068	0.200	—	—	5600
5	98.92	0.190	0.006	0.720	—	0.005	—	0.006	—	1412
6	96.70	0.940	0.450	0.850	0.210	0.066	0.200	0.027	—	—

粗铅需经过精炼才能广泛使用。精炼的目的一是除去杂质。由于铅含有上述杂质，影响了铅的性质，使铅的硬度增加，韧性降低，对某些试剂的抗蚀性能减弱，使之不适于工业应用。用这样的粗铅去制造铅白、铅丹时，也不能得到纯净的产品，因而降低了铅的使用价值。所以，要通过精炼，提高铅的纯度。二是回收贵金属，尤其是银。粗铅中所含贵金属价值有时会超过铅的价值，在电解过程中金、银等贵金属富集于阳极泥中。

粗铅精炼的方法有两类，第一类为火法精炼，第二类为先用火法除去铜与锡后，再铸成阳极板进行电解精炼。目前世界上火法精炼的生产能力约占80%。采用电解精炼的国家主要有中国、日本、加拿大等国。我国大多数企业粗铅的处理均采用电解法精炼。

火法精炼的优点是设备简单、投资少、占地面积小。含铋和贵金属少的粗铅易于采用火法精炼。火法精炼的缺点是：铅直收率低、劳动条件差、工序繁杂，中间产品处理量大。

电解精炼的优点是能使铋及贵金属富集于阳极泥中，有利于综合回收，因此金属回收率高、劳动条件好，并产出纯度很高的精铅。其缺点是基建投资大，且电解精炼仍需要火法精炼除去铜锡等杂质。

3.5.2 粗铅的火法精炼

3.5.2.1 粗铅火法精炼的工艺流程

无论是火法精炼还是电解精炼，在精炼前通常都需除去粗铅中的铜和砷、锑、锡。如是电解精炼，阳极板要含0.3%~0.8%的锑，此时要对阳极板含锑进行调整。粗铅的火法精炼工艺流程如图3-22所示。

3.5.2.2 粗铅除铜

A 除铜精炼的一般原理

粗铅中除铜有熔析除铜与加硫除铜两种方法。在生产中一般是两者联用，先用熔析除铜进行初步除铜，再加入硫化剂进行深度除铜。

熔析除铜的基本原理是基于铜在铅液中的溶解度随着温度的下降而减少，图3-23为Pb-Cu二元相图。当含铜高的铅液冷却时，铜便成固体结晶析出，由于其密度较铅小（约为9g/cm³），因而浮至铅液表面，以铜浮渣的形式除去。又铜在铅液中的溶解度随着温度的变化而变动，温度下降时，液体合金中的含铜量相应地减少，当温度降至共晶点（326℃）时，铜在铅中的含量为0.06%，这是熔析除铜的理论极限。

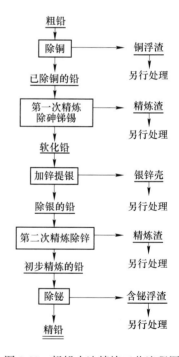

图3-22 粗铅火法精炼工艺流程图

当粗铅中含砷锑较高时，由于铜对砷、锑的亲和力大，能生成难溶于铅的砷化铜和锑化铜，而与铜浮渣一道浮于铅液表面而与铅分离。实践证明，含砷、锑高的粗铅，经熔析除铜后，其含铜量可降至0.02%~0.03%。粗铅中含砷、锑低时，用熔析除铜很难使铅液含铜降至0.06%。这是因为熔析作业温度通常在

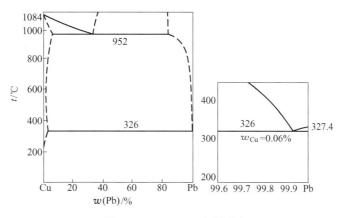

图 3-23 Cu-Pb 二元系相图

340℃以上，铜在铅液中的溶解度大于 0.06%；另外含铜熔析渣的上浮取决于铅液的黏度，铅液温度降低则黏度增大，铜渣细粒不易上浮。

在熔析除铜过程中，几乎所有的铁、硫（呈铁、铜及铅的硫化物形态）以及难熔的镍、钴、铜、铁的砷化物及锑化物都被除去；同时贵金属的一部分也进入熔析渣。

熔析操作有两种方法，加热熔析法和冷却熔析法。二者熔析原理是相同的，前者是将粗铅锭在反射炉或熔析锅内用低温熔化，使铅与杂质分离；后者是将还原产出的铅水经铅泵汲送到熔析设备，然后降低温度使杂质从铅水中分凝出来。

粗铅经熔析脱铜后，一般含铜仍超过 0.04%，不能满足电解要求，需再进行加硫除铜。在熔融粗铅中加入元素硫时，首先形成 PbS，其反应如下：

$$2[Pb] + 2S \Longrightarrow 2[PbS]$$

继而发生以下反应：

$$[PbS] + 2[Cu] \Longrightarrow [Pb] + Cu_2S$$

Cu_2S 比铅的密度小，且在作业温度下不溶于铅水。因此，形成的固体硫化渣浮在铅液面上。最后铅液中残留的铜一般为 0.001%~0.002%。

加硫除铜的硫化剂一般采用硫磺。加入量按形成 Cu_2S 时所需的硫计算，并过量20%~30%。加硫作业温度对除铜程度有重大影响，铅液温度越低，除铜进行得越完全，一般工厂都是在 330~340℃ 范围内。加完硫磺后，迅速将铅液温度升至 450~480℃，大约搅拌 40min 以后，待硫磺渣变得疏松，呈棕黑色时，表示反应到达终点，则停止搅拌进行捞渣，此种浮渣由于含铜低，只有约 2%~3%，而铅高达 95%，因此返回熔析过程。加硫除铜后铅含铜可降至 0.001%~0.002%，送去下一步电解精炼。

粗铅熔析和加硫联合除铜是间歇性作业，作业时间长，又产出大量含铅高且含有贵金属的浮渣，铅的挥发损失大，劳动强度也大，作业条件差。因此，许多工厂采用了粗铅连续脱铜的工艺。

B 粗铅的连续脱铜

粗铅的连续脱铜也是应用熔析除铜的原理。作业多在反射炉内进行，此时，脱铜炉要有足够深的熔池和其他降温设施，以造成铅熔池自上而下有一定的温度梯度，铜及其化合物从熔池较冷的底层析出，上浮至高温的上层，被铅液中所含的硫化铅或特意加入的硫化剂（铅精矿或黄铁矿）所硫化，形成铜锍，其反应式如下：

$$Pb S(FeS) + 2Cu = Cu_2S + Pb(Fe)$$

因此，上部铅液的温度要求较高又要有足够的硫化剂，使上浮的铜不断被硫化，从而又促使底部的铜上浮。随着这两个过程的进行，底部铅中的铜就越来越少。除硫化剂外，配料时还配入铁屑、苏打。铁屑与硫化铅发生沉淀反应而降低铜锍中的含铅量，苏打在此过程中进行如下反应：

$$4PbS + 4Na_2CO_3 = 4Pb + 3Na_2S + Na_2SO_4 + 4CO_2$$

从而降低了铜锍的熔点及含铅量。其余部分则形成砷酸盐，锑酸盐及锡酸盐进入炉渣。

粗铅脱铜程度取决于熔池底层的温度，铅在熔池的停留时间和粗铅中的砷锑含量等因素。产出的铜锍和炉渣从熔池上部放出，脱铜后的铅液从底部虹吸放出。

在一定意义上说，连续脱铜过程就是把浮渣反射炉处理铜质浮渣的过程与粗铅熔析除铜过程有机的结合起来，连续脱铜就是把浮渣反射炉置于除铜锅上的联合设备，在这里不断地实现铜的析出和硫化，使其形成铜锍，消除了中间产物浮渣。

3.5.2.3　除砷锑锡

除铜后的粗铅还含有 Sn、As、Sb、Ag、Au 等杂质。在火法精炼中，粗铅精炼除 Sn、As、Sb 的基本原理相同，且可在一个过程中完成。

粗铅精炼除砷、锑、锡可用氧化精炼和碱法精炼两种方法。氧化精炼是依据氧对杂质亲和力大于铅的原理。在精炼温度下，金属氧化的顺序是 Zn、Sn、Fe、As、Sb、Pb、Bi、Cu、Ag，在 Pb 以前的金属杂质都可用氧化法除去。从金属氧化物生成放热量及自由焓值判断，Sb 的氧化应在 As 之前，但实践中却是 As 先氧化。这可能是由于热力学数据测定不够精确，或自由焓值随温度而变动，或形成化合物后活度变化之故。

氧化精炼时杂质氧化顺序与碱法精炼时不同，前者为 Sn、As、Sb，后者为 As、Sn、Sb。

氧化精炼时，根据质量作用定律，铅首先被氧化：

$$2Pb + O_2 = 2PbO$$

而后 PbO 将杂质氧化：

$$PbO + Sn = Pb + SnO$$

$$3PbO + 2As = 3Pb + As_2O_3$$

$$3PbO + 2Sb = 3Pb + Sb_2O_3$$

空气中的氧也能将铅水中的 Sn、As、Sb 氧化。生成的低价氧化物除了一部分挥发以外，将进一步氧化并与 PbO 结合成盐：

$$3PbO + 2SnO_2 = 3PbO \cdot 2SnO_2$$

$$3PbO + As_2O_5 = 3PbO \cdot As_2O_5$$

$$3PbO + Sb_2O_5 = 3PbO \cdot Sb_2O_5$$

碱法精炼也是氧化精炼，它是利用强氧化剂 NaNO$_3$ 在高温下分解放出的活性氧进行氧化：

$$2NaNO_3 = Na_2O + N_2 + \frac{5}{2}O_2$$

碱法精炼时使用了 NaNO$_3$、NaOH 和 NaCl 三种熔剂。NaNO$_3$（硝石）是砷、锑、锡的强氧化剂，它在 308℃ 下分解为 $NaNO_2$ 和 O_2，温度再高时 $NaNO_2$ 又分解为 Na_2O、N_2 和 O_2，所以它又是砷酸盐、锑酸盐和锡酸盐形成的试剂和吸收剂。NaOH（苛性钠）为砷酸盐、锑酸盐和锡酸盐形成的试剂和这些钠盐的吸收剂。NaCl（食盐）则能降低浮渣的熔点和黏度，提高 NaOH 对钠盐的吸收能力，减少 $NaNO_3$ 消耗量。

其主要反应为：

$$2As + 4NaOH + 2NaNO_3 \Longrightarrow 2Na_3AsO_4 + 2H_2O + N_2$$
$$2Sn + 4NaOH + 2NaNO_3 \Longrightarrow 2Na_3SbO_4 + 2H_2O + N_2$$
$$5Sn + 6NaOH + 4NaNO_3 \Longrightarrow 5Na_2SnO_3 + 3H_2O + 2N_2$$

NaOH 对铅无作用，但 Pb 易为 $NaNO_3$ 氧化（400℃ 强烈进行），反应如下：

$$Pb + NaNO_3 \Longrightarrow PbO + NaNO_2$$

生产的 PbO 与 NaOH 反应：

$$PbO + 2NaOH \Longrightarrow Na_2PbO_2 + H_2O$$

浮渣中的 Na_2PbO_2 是不稳定的，在有杂质存在时即被置换：

$$2As + 5Na_2PbO_2 + 2H_2O \Longrightarrow 2Na_3AsO_4 + 4NaOH + 5Pb$$
$$2Sb + 5Na_2PbO_2 + 2H_2O \Longrightarrow 2Na_3SbO_4 + 4NaOH + 5Pb$$
$$2Sn + 5Na_2PbO_2 + 2H_2O \Longrightarrow 2Na_3SnO_4 + 4NaOH + 5Pb$$

氧化精炼多用反射炉，也有用精炼锅的。一般是在自然通风的条件下进行，精炼温度 800~900℃，只在熔池表面进行，杂质须扩散至熔池表面，方能与空气中的氧气与氧化铅接触，因此，氧化速度很小。如果进行搅拌或鼓入富氧空气，则可大大地提高反应速度。提高铅液温度，也可以加速杂质的氧化。铅水温度越高，则氧化铅在铅水中分布越均匀，其作用越大。但铅被氧化的数量越多，浮渣带走的铅量增大。

氧化精炼的优点是：设备简单，操作容易，浮渣处理简单，投资较少。缺点是：浮渣率高，铅的直收率低，操作温度高，劳动条件差，操作周期长。

碱性精炼的优点是：杂质除去率高，在较低温度下操作，劳动条件较好，贵金属不入渣中，反应剂氢氧化钠可再生利用。缺点是：处理浮渣和再生氢氧化钠的过程复杂。碱法精炼装置如图 3-24 所示。

它是底部带有阀门的圆筒形反应缸，其内有搅拌器，上部有硝石给料器。铅水在精炼锅内加热至 420~450℃ 之后，将精炼装置移至锅上，装入 NaOH 和 NaCl，开动铅泵和加入 $NaNO_3$ 的圆盘给料器。此时铅水不断循环，杂质被氧化为钠盐并溶于 NaOH 和 NaCl 熔体内而与铅分离。当试剂变成黏稠时，

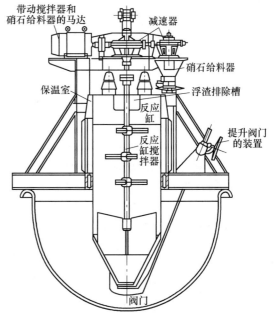

图 3-24 碱法精炼装置（断面）

即已被杂质饱和。此时，关上反应缸底部的阀门，并继续往反应缸内注入铅水，试剂即被铅水浮起流入浮渣排除槽内。然后重新换上新的试剂，开始新的作业。由于反应是放热的，所以过程进行后即不用加热。

3.5.2.4　加锌提银

经过除砷、锑、锡之后的铅，应分离回收其中的金、银，现在普遍采用加锌法回收。在作业温度下，金属锌能和铅中的金银形成化合物，其化合物不溶于铅而变成含银（和金）的浮渣（常称银锌壳）析出。锌与金生成 $AuZn$、Au_3Zn、$AuZn_3$，熔点分别为 725℃、644℃、475℃。锌与银生成 Ag_2Zn_3、Ag_2Zn_5，熔点分别为 665℃、636℃。Zn 与 Ag 还形成 α 固熔体（0~26.6% Zn）和 β 固熔体（26.6%~47.6% Zn）。铅中的铜、砷、锡和锑均能与锌反应形成化合物，所以除银前要尽可能将这些杂质除净，以免影响除银效果和增加锌的消耗。作业温度越低，加锌量越多，铅液最终含银越低，银回收率越高。

金和锌的相互反应比银更为强烈，加少量的锌便能使金与锌优先反应而得到含金较高的富金壳。

加锌作业是在像除铜一样的精炼锅中进行，加锌量按如下经验公式计算：

$$m_{Zn} = 10.39 + 0.0039 m_{Ag}$$

式中，m_{Zn} 为每吨铅加锌量，kg；m_{Ag} 为每吨铅含银量，g。

第一次提银作业加入应加锌量的 2/3 和上一作业末期产出的贫壳，在 450℃ 下搅拌 30~40min 捞出富壳，进入第二次提锌作业。此时加入剩余的 1/3 锌，搅拌并冷却至 380℃ 捞出贫壳。如铅中含银较高或含金量多时，则采用三次加锌法，加锌量分别为应加锌量的 2/3、1/4 和 1/12。经过除银后的铅含银量降至 2~3g/t，或 2g/t 以下，送往下一步除锌作业。

银锌壳除含有金银和锌外，还含有大量的铅及精炼过程中未除尽的铜、镉、砷、锑、锡、铋等杂质。银（金）与锌主要以金属间化合物形态存在，铅为金属形态，因此可以用熔析法处理银锌壳，熔出部分铅，使银锌进一步富集产出银锌合金。用蒸馏法处理银锌合金，产出的再生锌返回除银工序，贵铅则经过灰吹得到金银合金。金银合金通常用电解精炼方法分离产出电金锭和电银锭。

提银也可连续进行，粗铅的连续提银精炼锅示意图如图 3-25 所示。

提银锅为铸铁制成，上下分成四部分，内型为中间大，两端小，外面用耐火砖砌成六个互不相通的环形加热室，以便分别加热及冷却。作业开始时先在锅内注入已除银的铅水，并加入锌液。然后连续注入待脱银的软化铅至锅的上部，因其密度较大而下沉并通过锌层，锌与其中的贵金属结合为银锌壳。铅水下沉过程中，温度由 650~700℃ 下降至接近铅的熔点（约 330℃），锌在铅中的溶解度也逐渐减小。

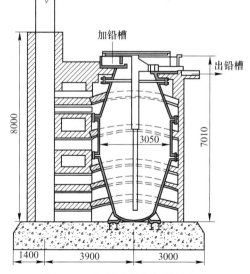

图 3-25　铅的连续提银精炼锅

上浮的银锌壳定期从锅的上部捞出，除银后的铅液沿虹吸管上升至锅上部的斜流槽连续放出。

3.5.2.5 铅的除锌

加锌提银后的铅液中常含有 0.6%~0.7% Zn 和前述精炼过程未除净的杂质，还需进一步精炼除去。除锌的方法主要有氧化除锌、氯化除锌、碱法除锌、真空脱锌等方法。氧化除锌是较古老的方法。氯化法是向铅液中通入氯气，将锌变成 $ZnCl_2$ 除去，其缺点是有过量未反应的氯气逸出，污染环境，且除锌不彻底。

碱法除锌与碱法除砷、锡、锑一样，但不加硝石只加 NaOH 与 NaCl 可将锌除至 0.0005% 以下。每吨锌消耗 NaOH 1t、NaCl 0.75t，过程不需要加热，可维持 450℃，每除去 1t 锌约需要 12h，产出的浮渣经水浸蒸发结晶得到 NaOH 与 NaCl 可返回再用，锌以 ZnO 形式回收。

真空法除锌是基于锌比铅更容易挥发的原理使锌铅分离。真空除锌在类似一般精炼锅中进行，锅上配有水冷密封罩，罩上有管路与真空设施相连，在加热和真空条件下，锌蒸汽从铅液中分离出来并在水冷罩上冷凝成固体锌，除锌作业完成后切断真空管路，揭开水冷罩并清除水冷罩上的冷凝锌。目前工业上主要用间断真空除锌，仅在分离其他合金时才采用连续真空分离技术。真空法除锌的优点是铅锌损失小，不用反应剂，冷凝物（锌）可返回作提银用；缺点是脱锌不彻底，需与碱法精炼联合使用。

3.5.2.6 精炼除铋

铅中的铋是最难除去的杂质。目前，最广泛采用的除铋方法是加钙、镁、锑和加钾、镁的方法。它们都是利用这些金属元素与铋形成质轻而难熔的化合物，不溶于铅，从而浮至铅水表面被除去。

钙或镁都可以与铅中的铋生成金属间化合物而将铋除去，但单独用钙或镁均难取得良好效果，通常须两者同时使用，铋含量可降至 0.001%~0.007%。Pb-Bi-Mg-Ca 系的 Pb 顶角相图见图 3-26。

如果要继续降低铋含量，钙、镁用量将急剧增加。为节约钙镁用量，利用锑与钙、镁生成极细而分散性很强的 Ca_3Sb_2 和 Mg_3Sb_2，使铅中不易除去的铋与这种极细的化合物生成 $Sb_5Ca_5Mg_{10}Bi$ 而除去，则可将铋降至 0.004%~0.005%。因此除铋作业可分成钙、镁除铋和加锑深度除铋两步进行。

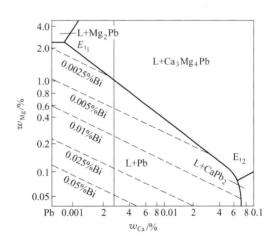

图 3-26 Pb-Bi-Mg-Ca 系的 Pb 顶角相图

3.5.3 粗铅的电解精炼

3.5.3.1 铅电解精炼过程的基本原理

铅的电解精炼是以阴极铅铸成的薄极片作阴极，以经过简单火法精炼的粗铅作阳极，装入由硅氟酸和硅氟酸铅水溶液组成的电解液内进行电解的过程。粗铅预先进行简单火法精炼的目的,是除去电解时不能除去的杂质和对电解过程有害的杂质,并调整保留一定数量的砷、锑。电解时,铅从阳极溶解进入电解液并在阴极上放电析出。与铅一道溶解的还有比铅更具有负电性的金属,如 Zn、Fe、Cd、Co、Ni、Sn 等,但因其含量很小而不致污染电解液,所以电解液也无须特殊净化。比铅更具有正电性的杂质,如 Sb、Bi、As、Cu、Ag、Au 等不溶解而形成阳极泥。阳极泥附在阳极上,在正常情况下不致脱落。

铅电解精炼时属于下列的电化学系统:Pb(纯) | $PbSiF_6$,H_2SiF_6,H_2O | Pb(含杂质)。由于电解液的电离作用,形成 Pb^{2+}、H^+ 阳离子和 SiF_6^{2-}、OH^- 阴离子。从电化系统分析,阴极上放电反应可能有:

$$Pb^{2+} + 2e == Pb, \quad 2H^+ + 2e == H_2$$

但因氢比铅的放电电位要负得多,故在正常情况下只有 Pb^{2+} 放电,而无 H^+ 放电。在阳极上可能进行下列三个反应:

$$Pb - 2e == Pb^{2+}$$

$$2OH^- - 2e == H_2O + \frac{1}{2}O_2$$

$$SiF_6^{2-} - 2e == SiF_6$$

同时 $SiF_6 + H_2O = H_2SiF_6 + \frac{1}{2}O_2$。由于 OH^- 和 SiF_6^{2-} 在阳极的电极电位比铅正,所以在阳极上只有铅的溶解。

3.5.3.2 铅电解精炼时杂质的行为

铅电解过程中杂质的行为取决于它的标准电位及其在电解液中浓度,各种金属的标准电位如表 3-25 所示。

表 3-25 25℃时各种金属的标准电位 (V)

元素	阳离子	电位	元素	阳离子	电位
锌	Zn^{2+}	−0.7628	氢	H^+	0
铁	Fe^{2+}	−0.409	锑	Sb^{2+}	±0.1
镉	Cd^{2+}	−0.4026	铋	Bi^{2+}	0.2
钴	Co^{2+}	−0.28	砷	As^{2+}	0.3
镍	Ni^{2+}	−0.23	铜	Cu^{2+}	0.3402
锡	Sn^{2+}	−0.1364	银	Ag^{2+}	0.7996
铅	Pb^{2+}	−0.1263	金	Au^{2+}	1.68

铅阳极中,常会有金、银、锡、锑、铋和砷等杂质。杂质在阳极中,除以单体存在外,还有固溶体、金属固化物、氧化物和硫化物等形态。这种多金属的阳极,在电解过程中的溶解是很复杂的。按照不同的行为性质,可将阳极中的杂质分为两类:

第一类杂质包括:电化序在铅以上的较负电性的金属:Zn、Fe、Cd、Co、Ni 等;

第二类杂质包括:电化序在铅以下的较正电性的金属:Sb、Bi、As、Cu、Ag、

Au 等;

第三类杂质是标准电位与铅非常接近，但稍负电性的金属 Sn。

在电解时，第一类杂质金属随铅一起进入溶液，但这些金属的析出电位比铅负，而且在正常情况下浓度极小，不会在阴极上放电析出。

第二类金属杂质的电位比铅正，电化序位置比铅更低，因此很少进入电解液，只残留在阳极泥中，当阳极泥散碎或脱落时，这些杂质将带入电解液中，影响电解过程，尤以铜、锑、银和铋等特别显著。

阳极含铜应小于 0.06%。当大于 0.06% 时，将导致阳极泥变得坚硬致密，阻碍铅的正常溶解，使电压升高而引起其他杂质金属的溶解和析出。所以粗铅电解前必须先进行火法初步精炼，使铜降至 0.06% 以下。

锑是阳极中的一特殊成分，锑对铅电解过程的正常进行有着重大的影响，电解过程中，锑在阳极表面与铅形成铅锑合金网状结构，包裹阳极泥，使之具有适当的强度而不脱落，又因为其标准电位较正，在电解过程中很少进入电解液中。因此，阳极中保留适当的锑是必要的，一般控制在 0.3%~0.8% 之间。

砷和铋在电解过程中与锑的性质相似。电解时，在任何条件下铋都不会呈离子状态进入溶液，故铅电解精炼时除铋最为彻底。阴极含有的微量铋，完全是由于掉泥而机械地附着在阴极上的。

阳极中砷含量一般不大于 0.4%，当阴极板中 As+Sb 含量在 1% 左右时，可以保持电解过程不掉泥，但当二者含量再增大时，也会导致电解液中的酸、铅下降。

由于银和铅的析出电位差别很大，因而电解时，绝大部分银保留在阳极泥中，这样有利于贵金属的回收。阴极上的含银量随槽电压及电流密度的升高而增加。

第三类杂质是锡，锡标准电位和铅非常接近，理论上将与铅一道溶解并析出。但实践中，锡不完全溶解和析出，仍有部分保留在阳极泥和电解液中。

3.5.3.3 铅电解精炼的实践

铅电解精炼时，电极与电解槽之间的电路连接多用复联式。早期的电解槽为长方形的敞口钢筋水泥槽，内衬一层沥青，现今多采用聚合物预成型电解槽。电解液用一级循环。用硅整流供电。

电解液组成一般为 Pb 60~120g/L，游离 H_2SiF_6 60~100g/L，总 SiF_6 100~190g/L，另外还有少量的金属杂质离子和添加剂，如胶质和分解后的氮化物等。电解液的比电阻随着 H_2SiF_6 的增加和 $PbSiF_6$ 的降低而下降。但是实践证明，只要游离的 H_2SiF_6 浓度相同，任何铅离子浓度下的电解液比电阻都相同。所以，适当提高 $PbSiF_6$ 浓度还是合理的，它可在不升高比电阻的情况下改善阴极铅的质量。

电解液温度一般为 30~45℃，正常情况下不用给电解液加温。温度升高时电解液的比电阻下降，但温度过高会引起沥青槽衬的软化和起泡，加速硅氟酸分解，增加电解液的蒸发损失。温度过低则导致电解液的比电阻增大和沥青槽衬的龟裂。

电解液的循环速度一般为每更换一槽电解液约需 1.5h。循环能使电解液均匀，但循环速度要保证阳极泥不至于从阳极板上脱落。槽电压是用于克服电解液、阳极泥层、各接触点和导体的电阻，以及由于浓差极化引起的反电势。其中以电解液造成的电压降最大。游离酸含量增加则槽电压下降。电流密度增大，浓差极化现象显著，则槽电压升高。阳极电解时间愈长或杂质愈多，则阳极泥愈厚，槽电压也愈高。电解刚开始时，阳极表面无阳极泥层，槽电压为 0.35~0.40V，随着阳极泥层增厚，槽电压逐渐升至 0.55~0.60V，甚至 0.7V。此时必须把阳极从电解槽中取出并刷去阳极泥，再装槽电解，不然会引起杂质在阴极和阳极上放电，污染电解液和降低阴极质量。

电流密度是生产中的一项重要指标。电解槽的生产能力几乎与电流密度成正比。工厂常用的电流密度为 130~180A/m^2。在阳极质量较高，电解液温度稍高和循环速度稍大，电解液组成较均匀和较纯净，以及极间距离较宽的情况下，允许选用较大的电流密度。胶质和其他添加剂的作用与铜电解精炼的添加剂作用相似。常用添加剂有胶质（明胶、骨胶、皮胶）、β-萘酚和粉胶（纸浆工业副产品），还有木质磺酸钠（钙）、石炭酸、丹宁、二苯胺、萘酚等。

随着电解过程的不断进行，电解液中铅离子也逐渐升高，这是由于铅的化学溶解和阴极电流效率比阳极低的缘故；同时由于蒸发和机械损失、铅和杂质的化学溶解以及H$_2$SiF$_6$的分解，电解液中游离硅氟酸不断下降。为此，对电解液要进行增酸脱铅的调整。增酸便是定期向电解液补充新的硅氟酸；脱铅则是抽出部分电解液加硫酸使铅形成 PbSO$_4$ 沉淀，或用不溶石墨阳极电解将铅除去。

铅电解的电能单耗，主要取决于电解槽的平均槽电压和电流效率。目前国内外电铅的电能耗约为 100~140kW·h/t。

中国长期以来采用小极板、小电解槽电解技术，阳极板单重约 80~110kg，电流密度约为 160~180A/cm^2，阳极板寿命约 3~4 天，阴极周期 2~4 天。小极板电解的自动化程度低，劳动强度大，生产率低。自 2005 年来，我国首次引进大极板技术的电铅生产线投产成功，并在后续其他企业的推广过程中逐步实现了设备国产化，使国内电铅生产技术装备水平有了很大提高。

大极板技术所用铅阳极单重增加为 300~370kg，多使用立模铸造和流水冷却，阳极板质量明显优于平模铸造的极板质量。大阴极板的制作采用自动化的制造机组完成，其平整度、强度能满足 7~8 天长周期电解不断极的强度要求。在使用行车进行装槽时，阴阳极还实现了自动排距操作。

小极板电解时同极中心距多为 80~90mm，采用大极板后电极的同极中心距增加至 110mm，因此电流密度相应有所减少，约 140A/cm^2（仅日本播磨铅厂采用 215A/cm^2 的电流密度）。随阳极单重增加和电流密度降低，阳极周期也增加为 8 天左右，对应的阴极周期也增加为 4 天或 8 天左右（取决于电解周期的选择）。同等产量情况下，采用大极板电解技术显著降低了出装槽操作和其他劳动强度。

3.6　再生铅的处理

3.6.1　再生铅处理概述

我国已是世界上最大的精铅生产和消费国。2012~2017 年全球的铅矿、精炼铅产量和精铅消费量见表 3-26，中国的精炼铅产量和消费量见表 3-27。无论铅的生产和消费，我国均稳居世界第一位，也是全球铅消费增长最快的国家。

表 3-26　2012~2017 年全球的精炼铅、铅矿产量和精炼铅消费量　　（kt）

类　　别	2012	2013	2014	2015	2016	2017
全球精炼铅产量	10640	11152	10948	10843	11144	13390
全球精炼铅消费量	10583	11149	10938	10866	11121	
全球铅矿产量（以 Pb 计）	5170	5400	4870	4950	4710	4700

表 3-27　2012~2017 年中国的精炼铅产量和精炼铅消费量　　（kt）

类　　别	2012	2013	2014	2015	2016	2017
中国精炼铅产量	4646	4475	4221	3858	4665	4716
中国精炼铅消费量	4692	4484	4213	3825	4670	4817

铅消费主要集中在铅酸蓄电池、化工、铅板、铅管、焊料和铅弹等领域，其中铅蓄电池是金属铅的最大消费领域。根据统计，精炼铅产量的 80% 以上用于制作铅酸蓄电池。

由于铅的特殊性，一方面是铅的毒性，再是铅的消费领域较为集中，为此国内外均非常重视再生铅的回收。并且，从有色金属二次资源回收的整体情况来看，铅的再生回收比例也是最高的。由表 3-26 和表 3-27 的统计数据来估算，在世界范围内，世界上再生铅占精铅产量的比例已超过一半以上，在发达国家和地区如美国、欧盟和日本，其比例甚至高达 80% 以上。

目前，再生铅的生产主要集中在北美、西欧以及亚洲的日本、韩国等发达国家。一般来说，每个国家再生铅产量与本国汽车保有量有关，如美国汽车保有量世界第一，其再生铅产量也是世界第一，因为铅的主要用途在蓄电池方面。随着环保政策要求的日趋严格，更新铅冶炼工艺显得十分重要，特别突出的是铅的二次资源利用特别是再生铅的生产。另外，从经济方面来看，从含铅的二次资源进行铅的生产也较矿产铅具有成本上的优势。为此，重视再生铅的生产，具有资源循环利用、环境保护的双重意义，也是实现社会可持续发展的必然要求。

中国再生铅工业起步于 20 世纪 50 年代，最近十几年来，随着对环境保护和资源综合利用的重视，中国再生铅工业取得了一定的进展，已经初步形成独立的产业，产量从 1990 的 2.82 万吨增长到 2003 年的 28.25 万吨。2007 年，中国精铅产量为 275.3 万吨、再生铅产量为 80.0 万吨，2007 年再生铅年产量占全国精炼铅产量的 29%。2015 年，中国精铅产量为 386 万吨，再生铅产量为 155 万吨，再生铅年产量占全国精炼铅产量的 40% 左右。与国外相比，中国再生铅产量占全国精炼铅产量的比例偏小。

3.6.2　以废铅酸蓄电池为代表再生铅冶炼工艺

再生铅原料具有物理形态和化学成分变化大的特点，从这类原料中提铅应根据具体的原料对象采取不同的处理方法。总的原则是，同一组别的金属及合金废料因化学成分一致或接近一致，可采取直接重熔加精炼的方法。这是一种成本低、经济效益好的利用方法。但大多数再生铅原料是混杂型的，不可能直接重熔处理，可以通过一系列的预处理（如拆解、破碎、分选等），其中化学组成一致或接近一致的某一部分或几部分彼此分离开来，再对分离后的各个组分分别按火法、湿法或湿法—火法联合流程处理。

由于铅酸蓄电池是铅的最大消费用途，从废旧铅酸电池中回收和再生铅的生产工艺也最具有代表性。

废铅酸蓄电池的冶炼方法朝三个方向发展，一是原生有色企业进入再生领域，在原生铅冶炼厂把蓄电池碎料与铅精矿混合处理，主要是基夫赛特法、澳斯麦特法、艾萨法、QSL 法和国内的氧气底吹—鼓风炉还原等直接炼铅的方法处理，不仅回收了铅，同时也能有效的回收电池中的硫酸。二是火法冶炼，可用鼓风炉、竖炉、回转窑、反射炉或采取其中的两种或三种综合应用，但是存在的共同问题是，在熔炼过程中排出大量含有铅、二氧化硫等有害成分的烟尘、烟气，需要配置相应的除尘设备。为消除环境污染，一般在火法冶炼前应予以脱硫处理。三是湿法工艺处理。

(1) 破碎分离—铅精矿搭配火法熔炼工艺。在铅精矿火法熔炼的同时，配入废蓄电池中破碎分离的含硫铅膏，在高温熔炼的同时，还原铅脱除硫，硫进入烟气回收成硫酸。在分离设备的选择上，豫光金铅引进的是意大利 CX 预处理设备，豫北集团引进的是美国 LMT 公司废铅蓄电池破碎分离预处理设备。

(2) 破碎分离—脱硫—火法冶炼工艺。该工艺包括破碎分选、铅膏回收、脱硫、短窑冶炼、精炼等几个工序。该工艺可消除铅蒸汽和 SO_2 污染，使铅的回收率提高到 95% 并可降低能耗。提高铅回收率、减小污染的关键是预处理，具有代表性的预处理设备是意大利 Engitec 公司开发的 CX 破碎分选系统和美国 MA 公司开发的工艺。江苏春兴集团从美国引进两套 MA 废铅蓄酸电池破碎分选系统。湖南金洋采用废蓄电池预处理破碎分选、铅膏分离、脱硫转炉、密闭回转短窑富氧燃烧冶炼等工艺技术，综合回收利用废铅蓄电池中各组分，采用布袋脉冲除尘设备、PLC 控制系统，解决烟气高温容易烧袋和降温后易结露等技术难题。

(3) 全湿法工艺技术。为了进一步消除熔炼和粗铅精炼带来的含铅烟气，可将废铅蓄电池物理解离，废酸再生，金属板栅熔铸成阳极，然后再对废铅酸蓄电池的铅膏进行湿法处理。

3.7　铅的湿法冶金

3.7.1　铅的湿法冶金概述

铅的湿法冶金的提出，是由于早期的火法冶铅工艺过程严重污染环境，以及低品位的或难选的矿物不易处理，使得湿法炼铅成为评论铅冶金发展趋势时必然会提出的一种方法。但湿法炼铅在成本上难以与传统的火法炼铅工艺相竞争，长久以来未有工业化应用的例子，更不用说取代火法炼铅工艺。

湿法炼铅工艺的工业化突破是在中国，2016 年 7 月祥云飞龙公司的湿法炼铅厂正式投产，标志着国际范围内湿法炼铅工艺的首次产业化应用。

历史上曾较系统地研究过的湿法炼铅工艺有 $FeCl_3$ 溶液浸出—$PbCl_2$ 熔盐电解流程。该流程由美国矿务局（USBM）资助研究，从 1971 年开始了系统的实验工作，1978 年至 1979 年又与美国四家企业合作，进行了日产电铅 227kg 的扩大实验。

用 $FeCl_3$ 溶液浸出硫化铅精矿的总反应是：

$$PbS + 2FeCl_3 = PbCl_2 + 2FeCl_2 + S$$

试验结果表明，在 95°C 下浸出 15 分钟，铅的浸出率达到 99%；硫以单质硫进入浸出渣中，然后从渣中回收。由于 $PbCl_2$ 在水中的溶解度很小，所以在浸出过程中，一般采用 $FeCl_3+HCl$ 或 $FeCl_3+NaCl$ 的混合溶液做浸出剂。$FeCl_3$ 实际上起氧化剂作用，使精矿中的硫氧化为单质硫。

浸出的矿浆经液固分离后得到的 $PbCl_2$ 溶液经冷却可结晶出 $PbCl_2$ 晶体，经干燥后便可送去电解。

电解时采用氯化物熔盐体系，除 $PbCl_2$ 外，还加入 KCl、NaCl 或 LiCl 以降低熔盐的熔点及提高电解质的导电性。在电解温度为 450~500°C，电流密度为 4000~1000A/cm²，槽电压为 2.5V 条件下，电流效率可达到 95% 左右，每吨电铅的直流电单耗为 1000~1300kW·h。

20 世纪 80 年代以后，国内外众多研究人员又都开展过多种方案的湿法炼铅试验，许多工厂也进行了半工业化试验。湿法炼铅技术上没有问题，只是成本无法与火法炼铅相比，虽说对环境保护较有益，但无法工业化应用。

除 USBM 的 $FeCl_3$ 溶液浸出—$PbCl_2$ 熔盐电解流程外，其他的工艺方案主要有：氯化铁浸出法，碱浸法，固相转化法，电化学浸出法，氯盐浸出法，胺浸法，加压浸出法，氨性硫酸铵浸出法以及硅氟酸介质浸出或硼氟酸介质浸出等。

在上述湿法炼铅方案中，用三氯化铁作氧化剂对硫化铅矿进行氧化浸出的过程被研究得最为充分。用三氯化铁浸出方法处理硫化铅矿的主要优点在于浸出速度比较快，浸出剂容易再生，对复杂硫化铅矿处理的适应性较强。

除三氯化铁外，硅氟酸或硼氟酸也曾用于硫化铅矿氧化浸出介质。澳大利亚康派斯公司开发出的 FLUBOR 工艺为硼氟酸介质浸出硫化铅矿的代表，其优势在于：氟硼酸铁溶液浸出方铅矿可产生非常稳定的可溶铅盐，并且对铅伴生的有价金属具有选择性；电解可以在高电流强度值下运行仍保持很高的析出效率，并产出高质量的阴极铅；电解后的氟硼酸溶液可以直接返回浸出工序循环使用，而不需要作净化处理。

湿法炼铅虽然避免了火法工艺必然产出 SO_2 烟气的问题，但综合回收金、银、铋、铜、锡、锑等有价金属的过程比火法工艺复杂，作业费用相对较高，对于价值相对很低的贱金属铅而言，湿法工艺的经济性，常常是影响其发展的重要因素。所以，湿法炼铅工艺的发展一直很缓慢。

之前的湿法炼铅工艺研究大多集中于硫化铅形式矿物的浸出和处理。随着中国铅锌冶炼工业的发展，各种形式含硫酸铅的渣料处理逐渐引起人们重视。这包括次氧化锌浸出回收锌后的铅渣、湿法炼锌产出的铅银渣以及废旧蓄电池拆解后的铅膏等。此类物料并入基夫赛特炉等直接炼铅工艺处理是完全可行的，但由于实际工业布局分布，势必增加运输成本，并且含铅废杂料的入炉处理也会降低火法炼铅的经济性。环保政策对危险废弃物的日趋严格管理也造成此类含铅物料销售、运输等管理上的困难。此类产出分散、量少的含铅物料采用湿法冶金处理更为合理。其中可行的方法之一是氯盐浸出。铅化合物在氯盐体系的溶解度研究基本成熟。

铅的氯盐体系浸出是基于 $PbCl_2$ 及 $PbSO_4$ 溶解于碱金属或碱土金属的氯化物水溶液。最常采用的是 NaCl、$CaCl_2$ 或其混合溶液。$PbCl_2$ 在水中的溶解度很小，25°C 为 1.07%，

60℃ 时为 1.79%。$PbCl_2$ 溶解于 NaCl 水溶液是按照如下可逆反应进行的：

$$mPbCl_2 + nNaCl \Longleftrightarrow mPbCl_2 \cdot nNaCl$$

$PbCl_2$ 在 NaCl 水溶液中的溶解度决定于此溶液的温度及 NaCl 的浓度，其波动范围很大。$PbCl_2$ 的溶解度与 NaCl 溶液的温度及 NaCl 浓度的关系列于表 3-28 中。

表 3-28 氯化铅在氯化钠溶液中的溶解度

温度/℃	NaCl 的浓度/g · L^{-1}										
	0	20	40	60	80	100	140	180	220	260	300
13	7	3	1	0	0	0	1	3	5	9	13
50	11	8	4	3	4	5	7	10	12	21	35
100	21	17	13	11	12	15	21	30	42	65	95

另有研究表明，在 50℃ 下，NaCl 饱和溶液中铅的最大溶解度是 42g/L；而提高温度时，铅的溶解度没有明显增加。但是如果采用含有 $CaCl_2$ 的 NaCl 饱和溶液，并加热到 100℃，铅的溶解度可达 100~110g/L。因此，铅在氯化物中的溶解度与溶液中氯根的活度有直接关系，溶解于氯化物溶液中的铅的存在形式也与铅的浓度、氯根的浓度相关，存在不同形式的 $PbCl_n^{-(n-2)}$ 络阴离子。

硫酸铅溶解于 NaCl 水溶液时，是按照下列可逆反应式进行的：

$$PbSO_4 + 2NaCl \Longleftrightarrow PbCl_2 + Na_2SO_4$$

此时形成的 $PbCl_2$ 溶解于过剩的 NaCl 溶液。为了避免溶液中 Na_2SO_4 浓度过高影响铅的溶解，采用 NaCl 与 $CaCl_2$ 的混合溶液，此时进入溶液中的硫酸根又生成 $CaSO_4$ 沉淀，从而促使反应向铅溶解的方向进行。表 3-29 列出了氯化铅在氯化钙水溶液中的溶解度数据。

表 3-29 氯化铅在氯化钙水溶液中的溶解度（25℃）

$CaCl_2$/mol · L^{-1}	0	0.2	0.5	0.94	1.52	2.10	2.80	4.06	5.20	5.68
$PbCl_2$/g · L^{-1}	10.8	6.68	5.96	5.90	6.14	6.90	7.81	10.2	13.6	19.0

提高温度有利于继续加大铅在该混合体系中的溶解度。

含硫酸铅类型的物料采用氯化钠和氯化钙混合体系浸出在效果上和成本上最为合理。

3.7.2 祥云飞龙湿法炼铅工艺

祥云飞龙公司的湿法炼铅流程采用氯盐浸出硫酸铅，浸出液经海绵铅置换除去少量杂质后，再采用金属锌置换得到海绵铅，而置换后溶液中的锌采用有机溶剂萃取后再电积得到金属锌，从而实现还原剂金属锌的闭路循环使用。

将成熟的锌电积工艺并于湿法炼铅流程是该工艺的一大特色，也是实现湿法铅锌能够工业应用的关键因素之一。

具体工艺是采用含有氯化钠和氯化钙的混合溶液浸出处理含铅物料。含铅物料可以是含铅氧化锌浸出后的铅渣，也可以是湿法炼锌产出的高浸渣或铅酸蓄电池拆解后的铅泥。含铅物料中铅大多以硫酸铅形式存在。某些研究也指出，对于部分以氧化铅或硫化铅形式存在的铅，在氯盐浸出时可对应添加盐酸或氯酸钠来促进浸出。浸出时采用氯化钠和氯化钙的混合溶液，目的是保证溶液中有足够的氯根浓度，使硫酸铅以 $PbCl_n^{-(n-2)}$ 络阴离子形式浸出，是一种络合浸出。浸出过程中加入钙离子是必要的，可以保证硫酸铅中硫酸根以硫酸钙的形式沉淀，一方面是促进铅的完全溶解，更重要的是，脱除硫酸根，避免其在溶液循环过程中的积累。因此，祥云飞龙公司的湿法炼铅操作要求浸出时溶液中所含的钙的物质的量需要大于物料中硫酸根的物质的量，这通过调整浸出液中氯化钠和氯化钙的配比来实现，并监测浸出后的溶液，使得含钙浓度不低于 $3 \sim 4g/L$。此时浸出液中氯根总浓度达 $150 \sim 180g/L$，含铅为 $10 \sim 30g/L$。浸出温度根据实际情况进行调整，若浸出液中氯根和氯化钙浓度低，则需加热以提高浸出温度。浸出过程铅的浸出率约为 95%，浸出液 pH 为 $4 \sim 5$。

浸出矿浆经液固分离，对含杂质的浸出液加入 $1g/L$ 左右的海绵铅，除去溶液中的银、铜、铋等微量杂质。此除杂过程属于置换除杂，海绵铅活性高，同时不会引入新的杂质。海绵铅也可采用直接在溶液中加入锌粉的方法原位生成。置换除杂过程需要加强固体物料的分散。

净化后的溶液用金属锌置换，原则上各种物理形态的金属锌都可以用作还原剂，如锌粉、锌片、锌粒等，但以电积产出的锌片最为合理，不需额外加工。锌片置换铅的过程很快，在金属锌的加入量为理论量的 $1.05 \sim 1.10$ 倍时，约五分钟即可完成海绵铅的置换，置换后溶液含铅浓度小于 $50mg/L$。置换后的溶液送去萃取法回收锌。

祥云飞龙公司在回收置换后溶液中的锌时，设计了两种方法，一种是采用皂化后的有机相萃取锌，另一种是采用非皂化的有机相萃取，将溶液中的锌先中和沉淀，再利用萃取时产生的酸性萃余液溶解氢氧化锌沉淀，从而进行萃取。图 3-27 示出的原则工艺流程是采用第一种方法萃取回收锌。

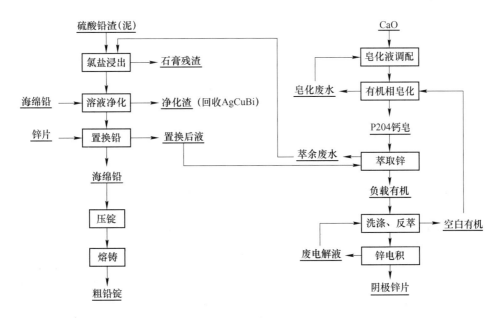

图 3-27 祥云飞龙公司湿法炼铅原则工艺流程

置换后液采用皂化后的 P204 有机相萃取锌。皂化时采用石灰乳，石灰乳的用量以

176

P204 萃取剂的皂化度以 85%~90% 为准；萃取时控制锌在有机相中的负载容量不超过饱和容量的 85%~90%，以保证有机相中的钙被完全置换，这一点非常重要。经 3~5 级萃取后，有机相中的钙进入萃余液中，萃余液返回含铅物料的浸出工序，实现氯化钙和氯化钠的循环使用。

负载有机相用少量水洗涤除去夹带的萃余液，用锌电解沉积产出的电解废液进行反萃。电解废液含锌浓度为 40~50g/L，含硫酸浓度为 150~180g/L。反萃相比按照反萃后含锌 90~120g/L 进行控制；一般一级或二级反萃即可，控制有机相含锌小于 0.5g/L。反萃后的有机相返回皂化。反萃液采用气浮、活性炭吸附脱去微量萃取剂等有机物，将反萃液中的 P204 有机物由 10^{-5} 降至 1×10^{-6} 以下，之后的电解沉积过程与常规锌电解相同。

祥云飞龙公司的湿法炼铅工艺，之所以能够成功的获得工业化应用，与该公司在萃取提锌方面的多年技术积累密不可分。早年的湿法炼铅研究也曾长期关注过氯盐浸出，特别是氯化钠和氯化钙混合溶液体系，但对于从溶液中回收铅，尝试的是用金属铁置换，或将浸出的铅经转化得到铅化合物后，再转入硅氟酸体系铅电积流程。祥云飞龙则利用多年以来对湿法炼锌，特别是萃取提锌的技术理解，创造性地将金属锌置换用于铅的回收，实现了锌的萃取、电积循环，实现了氯化物在浸出液、萃余液中的循环，从而最终实现了湿法体系的铅锌联合流程。这不仅是湿法炼铅领域的里程碑式的进展，也是对锌萃取技术的重大发展。

表 3-30~表 3-32 分别给出了祥云飞龙湿法炼铅工艺流程浸出、置换除杂和置换回收铅的具体实例。

表 3-30　祥云飞龙湿法炼铅氯盐浸出含铅物料实例

含铅原料				浸出条件				浸出结果	
类型	Pb/%	Zn/%	S/%	NaCl /g·L^{-1}	Ca^{2+} /g·L^{-1}	HCl /g·L^{-1}	温度 /℃	Pb /g·L^{-1}	Pb 浸出率 /%
次氧化锌浸出后的硫酸铅渣	21.89	3.5	10.2	280	13	0	80	21.1	96
湿法炼锌铅银渣	15.54	—	—	260	14	0	80	16.0	93
废铅酸蓄电池铅膏	76.04	—	—	320	0	20	85	34.8	96
次氧化锌浸出后硫酸铅渣	21.2	7.14	—	350	50	0	18	17.59	98.7

表 3-31　祥云飞龙氯盐浸出液海绵铅置换除杂实例（加入 0.5g/L 锌粉）

项　目	Pb /g·L^{-1}	Zn /g·L^{-1}	Ca /g·L^{-1}	Fe /mg·L^{-1}	Cu /mg·L^{-1}	As /mg·L^{-1}	Sb /mg·L^{-1}	Bi /mg·L^{-1}	Sn /mg·L^{-1}
置换除杂前	21.86	7.74	5.71	10	80.79	1.0	2.05	1.79	6.37
置换除杂后	21.50	8.01	5.70	10	1.2	0.1	0.1	0.2	0.2

表3-32 祥云飞龙净化后浸出液置换回收铅实例（加入40g/L锌片）

项 目	Pb/g·L^{-1}	Zn/g·L^{-1}	Ca/g·L^{-1}	pH
置换回收铅前	22.97	6.66	3.50	5.0
置换回收铅后	0.02	14.1	—	5.0

3.8 炼铅过程三废治理

目前我国主要采用两种工艺进行铅的冶炼：其一是传统火法炼铅，主要工艺流程为铅精矿—配料—烧结焙烧—还原熔炼—（火法精炼）—电解精炼—电铅产品；其二是采用各种直接炼铅方法，所得粗铅再进行电解精炼，获得电铅产品。

这里以上述两种火法炼铅为依据，介绍铅冶炼中的三废治理情况。

3.8.1 冶炼过程烟气的处理

在冶炼过程中存在烧结烟气、熔炼烟气和烟化烟气等三种废气。

炉料进行烧结焙烧时，产生大量的含尘烟气，经过电收尘后的无尘烧结烟气，一般含SO_2为2%~4%，经制酸脱硫后排放。

熔炼烟气在鼓风炉熔炼铅时排出，其含尘量较少，但尘中含Pb 2%~3%，还有一些Cd、Se、Te等金属，一般经收尘后回收处理，除尘后烟气含SO_2浓度较低，往往不能满足制酸要求，需进行吸收脱硫后再行排放。对于烟化炉处理炉渣时产生的烟气，其中含有较多的ZnO和PbO，对其需进行ZnO和PbO的综合回收，之后再进行脱硫排放。

对于烟气中所含低浓度SO_2的回收，目前有丹麦的托普索制酸WSA（Wetgas Sulphuric Acid）工艺和美国孟山都的非稳态制酸法较为成熟。其中，托普索制酸工艺的适用性强，酸雾排放指标大大优于国家标准。非稳态制酸法的投资省，运行成本低，但需增设尾气处理系统。目前，普遍采用石灰—石膏法尾气吸收工艺以保证达到尾气排放标准。

3.8.2 冶炼过程废渣的处理

冶炼过程的废渣主要包括烟尘、炉渣、火法精炼浮渣和电解阳极泥等。冶炼过程的废渣处理一般都与有价金属元素的综合回收相互结合。

在烧结焙烧、鼓风炉还原熔炼和直接炼铅法过程中产生的烟尘，目前大部分都返回配料，重新进入主流程来综合回收。另一部分含稀散元素高的烟尘可单独回收有价元素。如将烟尘用水浸出、中和、再酸浸、萃取及反萃铊。用锌粉置换得到海绵铊，经熔铸后得到金属铊锭产品。

还原熔炼后产出的炉渣一般对环境污染较轻，经水淬后堆放，或用于制灰渣砖材料，以及用作水泥的添加料，实现资源的充分利用。

在粗铅火法精炼中产生的浮渣中含有较大量的Cu和Pb，一般进入单独的回收工序。可用反射炉进行熔炼后得到粗铅，将其铸成铅阳极后送回电解精炼，铜以铜锍的形式进行回收，送往铜冶炼主流程以回收铜。

电解精炼时产出的铅阳极泥含有大量的 Sb、Bi、Pb 和少量的 Cu，特别是贵金属 Ag 的含量较高，具有很高的回收价值，一般进行单独的回收处理和综合利用。目前一般采用湿法综合回收阳极泥中的金属。如 Ag 的回收采用阳极泥还原熔炼，再进行铅氧化熔炼，最后电解精炼、铸锭得到银（纯度>99.99%，收率>95%）产品。Au 的回收一般采用硝酸分解阳极泥获得 Au，再铸成金阳极板进行电解精炼，最后铸锭得到 Au（纯度>99%，收率>96%）产品。

3.8.3　冶炼过程废水的处理

在火法冶炼及制酸过程中产生大量的废水，包括冶炼废水、熔炼炉冷却水、设备及地面冲洗水等。对于废水的处理，最理想的情况是完全返回使用，做到废水的零排放。

冶炼废水主要产自炉渣水淬过程，经过沉降和过滤所得的废水经集中后可返回水淬炉渣用。其余产自电解精炼时阴极铅、残阳极和阳极泥的冲洗废水，其呈酸性，主要含有铅和其他少量重金属离子。处理方法有石灰法、硫化法、铁盐—石灰法。其中，石灰法因其去除污染物范围广、处理成本低而广泛应用。酸性废水经石灰中和、沉降和过滤后返回使用。而所得的含重金属的泥渣可返回主工艺配料，一方面回收有价元素，另一方面避免环境污染。

熔炼炉冷却水的废水产量较大，水温较高，分别集中冷却后，经过简单除杂后一般可回用。

设备及地面冲洗水等含有少量重金属如 Pb、Zn 和 Cd 等的细泥，且呈弱酸性，要采用石灰中和法处理，经中和、沉降和过滤后废水返回使用，细渣泥回收重金属。

我国的株洲冶炼集团有限责任公司在改造过程中即采用了总废水生物制剂处理——膜深度处理回用的工艺方法，将有望实现废水零排放的目标。

习　题

3-1　请列举出铅的主要化合物及其重要性质。

3-2　请列举铅提取冶金的原料，包括矿物原料和二次含铅物料。

3-3　请列举出各种提炼铅的方法并写出氧化还原熔炼的工作流程。

3-4　请简述硫化铅精矿氧化焙烧时，各金属发生的反应。

3-5　请说出硫化铅直接氧化为金属铅的热力学条件，并通过反应 $MeS+2MeO \Longrightarrow 3Me+SO_2$ 的 $\lg p_{SO_2}\text{-}T$ 的关系图简要说明各杂质金属的反应。

3-6　请根据 C-O 系反应 $\Delta G\text{-}T$ 关系图，说明 CO 还原和碳还原的热力学。

3-7　硫化铅精矿烧结焙烧脱硫的程度与什么有关系，脱硫的目的是什么？

3-8　试述富氧鼓风烧结过程及其与单纯鼓风烧结和返烟烧结有什么不同？

3-9　简述鼓风炉熔炼完成后的熔炼产物组成情况。

3-10　请简述 QSL 氧化熔炼的特点及工艺流程。

3-11　请简述闪速氧化熔炼（Kivcet）氧化段和还原段的冶炼过程。

3-12　直接炼铅工艺对原料中的铜和锌有什么要求？具体冶炼过程中铜和锌的走向？

3-13　火法炼铅过程如何选择渣型？

3-14　试述粗铅火法精炼流程，并简述熔析法除铜的原理和过程。

3-15 试述粗铅精炼除砷、锑、锡的方法，并说明氧化精炼过程。

3-16 简述粗铅精炼除铋的方法。

3-17 铅电解精炼的工艺是怎样的，请写出粗铅电解精炼阳极和阴极的主要反应。

3-18 请指出粗铅电解精炼前都有哪些杂质元素，铅阳极中杂质元素的行为。

3-19 请简述再生铅的重要性及适用的工艺方法。

3-20 请简述本章中湿法炼铅工艺的特点。

参 考 文 献

[1] 陈国发，王德全. 铅冶金学 [M]. 北京：冶金工业出版社，2000.

[2] 张乐如. 现代铅冶金 [M]. 长沙：中南大学出版社，2013.

[3] 铅锌冶金学编委会. 铅锌冶金学 [M]. 北京：科学出版社，2003.

[4] 陈国发. 重金属冶金学 [M]. 北京：冶金工业出版社，1992.

[5] 彭容秋. 铅冶金 [M]. 长沙：中南大学出版社，2004.

[6] 《重有色金属冶炼设计手册》编委会. 重有色金属冶炼设计手册（铅锌铋卷）[M]. 北京：冶金工业出版社，1996.

[7] 舒毓璋，田喜林. 一种硫酸铅湿法炼铅工艺 [P]. ZL 201310100691.8.

[8] 王吉坤，沈立俊，贾著红. 富氧顶吹熔炼——鼓风炉还原炼铅工艺（I-Y 铅冶炼方法）[C]. 中国首届熔池熔炼技术及装备专题研讨会论文集，2007.

[9] 袁培新，李初立. SKS 炼铅工艺降低鼓风炉熔炼含铅生产实践 [C]. 中国首届熔池熔炼技术及装备专题研讨会论文集，2007.

[10] 李卫锋，陈会成，李贵，等. 低碳环保的豫光炼铅新技术-液态高铅渣直接还原技术研究 [C]. 全国"十二五"铅锌冶金技术发展论坛暨驰宏公司六十周年大庆学术交流会论文集，2010.

[11] 赵秦生，彭长宏，李炬. 瓦纽可夫熔池熔炼法炼铅 [J]. 有色冶炼，2001，1：15~18.

[12] 蔺公敏，宾万达. 氧气侧吹直接炼铅炉 [J]. 中国有色冶金，2005，6：48~50.

[13] 宋光辉，张乐如. 氧气侧吹直接炼铅新工艺的开发和应用 [J]. 工程设计与研究，2005，9：13~18.

[14] 王忠实. 氧气底吹-鼓风炉还原炼铅工艺的开发和应用 [C]. 中国重有色金属工艺发展战略研讨会暨重冶学委会第四届学术年会论文集，2004，34~37.

[15] 王忠实. 液态高铅渣侧吹炉直接还原炼铅工艺的研发与运用 [C]. 有色金属学会重金属冶金学委会编，全国"十二五"铅锌冶金技术发展论坛学术交流会论文集，2010.

[16] 宋光辉. 瓦纽科夫法直接炼铅及其进展 [J]. 湖南有色金属，2004，20（2）：21~24.

[17] 姚维义，唐朝波，唐谟堂，等. 硫化铅精矿无 SO_2 排放反射炉一步炼铅半工业试验 [J]. 中国有色金属学报，2001，11（6）：1127~1130.

[18] 唐文忠，张昕红. 湿法炼铅技术现状与进展 [J]. 中国有色金属，2006，11：74~75.

[19] 张昕红，唐文忠，彭康，等. 湿法炼铅技术进展与 FLUBOR 工艺 [J]. 矿冶，2006，15（1）：49~52.

[20] 陶冶. Flubor 湿法炼铅工艺 [J]. 有色金属，2009，61（4）：101~104.

[21] 胡卫文，徐旭东，欧阳坤. 铅富氧侧吹炉开炉生产实践 [J]. 有色金属（冶炼部分），2015（8）：24~26.

[22] 曲胜利，苏光文，张伟. 粉煤底吹还原炼铅新工艺的应用实践 [J]. 中国有色冶金，2014，43（3）：5~8.

[23] 李贵，李林波，赵振波，等. 氧气底吹炼铅工艺比较 [J]. 中国有色金属，2012（6）：66~67.

[24] 李允斌. 氧气侧吹炼铅技术的应用 [J]. 有色金属（冶炼部分），2012（11）：13~15.

[25] 贺毅林，张岭. 富氧侧吹处理含铅多金属物料的生产实践 [J]. 世界有色金属，2018，498（6）：

35~36.

[26] 郑剑平. 简析富氧侧吹炼铅工艺的应用特点与应用分析 [J]. 世界有色金属, 2018, 497 (5): 18~19.

[27] 李小兵, 李元香, 蔺公敏, 等. 万洋"三连炉"直接炼铅法的生产实践 [J]. 中国有色冶金, 2011, 40 (6): 13~16.

[28] 李小兵, 张立, 李伟伟. 三连炉工艺技术的研发及产业化应用 [J]. 中国有色冶金, 2014, 43 (4): 29~31.

[29] 陈霖, 宾万达, 李小兵, 等. 三连炉直接炼铅工艺取消电热前床合理性分析 [J]. 中国有色冶金, 2014, 43 (5): 35~39.

[30] 杨华锋, 翁永生, 张义民. 氧气底吹-侧吹直接还原炼铅工艺 [J]. 中国有色冶金, 2010, 39 (4): 13~16.

[31] 赵娜, 朱莉薇, 尤翔宇. 富氧侧吹直接炼铅烟气特性及净化除尘 [J]. 有色金属科学与工程, 2018, 9 (5): 61~65.

[32] 宋兴诚, 顾鹤林. 顶吹炉直接炼铅工艺技术产业化实践 [J]. 有色冶金设计与研究, 2013 (5): 18~21.

[33] 夏侯斌, 陈金清, 陈星斌, 等. 驰宏锌锗 ISA-YMG 粗铅冶炼工艺生产实践 [J]. 有色金属工程, 2014 (4): 36~40.

[34] 王成彦, 陈永强. 中国铅锌冶金技术状况及发展趋势: 铅冶金 [J]. 有色金属科学与工程, 2016 (6): 5~11.

[35] 王成彦, 郜伟, 尹飞, 等. 铅富氧闪速熔炼新技术 [J]. 有色金属 (冶炼部分), 2012 (4): 6~10.

[36] 王成彦, 郜伟, 尹飞, 等. 铅富氧闪速熔炼的整体运行效果及评价 [J]. 有色金属 (冶炼部分), 2012 (4): 49~53.

[37] 蒋建兴, 李样人, 郭海军. 基夫赛特炼铅工艺实践 [J]. 世界有色金属, 2018, (9): 7~9.

[38] 王辉. 基夫赛特直接炼铅工艺的最新进展 [J]. 中国有色冶金, 1996 (3): 31~34.

[39] 张乐如. Kivcet 法与 QSL 法炼铅生产的比较 [J]. 工程设计与研究: 长沙, 1996 (1): 25~31.

[40] 宋光辉, 张乐如. 氧气侧吹直接炼铅新工艺的开发与应用 [J]. 有色金属 (冶炼部分), 2005 (3).

[41] 李卫锋, 杨安国, 陈会成, 等. 液态高铅渣直接还原试验研究 [J]. 有色金属 (冶炼部分), 2011 (4): 10~13.

[42] 李卫锋, 陈会成, 李贵, 等. 低碳环保的豫光炼铅新技术——液态高铅渣直接还原技术研究 [J]. 有色冶金节能, 2011, 27 (2).

4 锌 冶 金

4.1 概 述

锌的名称 "zinc" 来源于拉丁文 Zincum，意思是 "白色薄层" 或 "白色沉积物"。迄今为止，西方的化学书籍均沿用一个提法，即锌是 1746 年德国化学家马格拉夫（Andreas Marggraf）首先发现。但明朝宋应星于 1637 年编撰的《天工开物》中，详细地记述了炼锌的过程："凡倭铅古书本无之，乃近世所立名色。其质用炉甘石熬炼而成，繁产山西太行山一带……"

锌第一次以金属身份被认是在印度，在拉贾斯坦邦的 Zawar 发现一个锌熔炉内有废弃的锌，证明大规模的锌精炼时间在 12 世纪到 16 世纪之间。

1745 年，人们在瑞典的海岸发现在一艘东印度公司的沉船上载有中国的金属锌铸锭，分析结果证明这是几乎纯净的金属锌。中国是最早掌握炼锌技术的国家，在 16 世纪，中国生产的金属锌传入欧洲，称为 "Tutenague"，纯度达 98% 以上。

炼锌工业在英国始于 1738 年，德国的炼锌工业始于 1746 年，直到 19 世纪法国和比利时的平罐炼锌才有了较大的发展。1758 年以前，锌冶炼采用锌的氧化物矿为原料，到 1798 年，平罐炼锌法出现。其后相当长的一段时期内，大部分锌的生产均采用平罐法。

到 20 世纪 30 年代，竖罐炼锌技术实现工业化，同时发展了锌雨冷凝器的精馏。20 世纪 50 年代，英国研究成功鼓风炉炼锌技术，实现了有效地处理铅锌混合精矿，同时发明了铅雨冷凝器。

随之环境保护要求日趋严格，加之能源价格上涨等原因，平罐炼锌技术逐渐被淘汰，竖罐炼锌产量逐渐下降，鼓风炉炼锌几乎停滞，湿法炼锌得到发展。自 20 世纪 80 年代以来，电解锌的产量已接近锌总产量的 80%~85%。

目前，我国炼锌的生产工艺主要为焙烧—浸出工艺。随着清洁环保理念的提高，锌精矿加压酸浸技术已实现产业化，锌冶金技术不断发展和创新。

4.1.1 锌资源

4.1.1.1 世界锌资源

美国地质调查局统计数据，截止到 2015 年，全球已查明锌资源量为 2 亿吨（金属量）。锌资源储量分布较为集中，储量前三的国家分别为澳大利亚（锌储量占全球储量的 31.5%）、中国（锌储量占全球储量的 19.0%）和秘鲁（锌储量占全球储量的 12.5%），这三个国家的锌储量之和约占全球的 63%。世界各国锌储量分布见表 4-1（来自美国地质调查局 USGS）。

表 4-1 世界各国锌储量分布 　　　　　　　　（万吨）

国　　家	储　　量
澳大利亚	6200
中国	4300
秘鲁	2900
墨西哥	1600
印度	1100
美国	1000
哈萨克斯坦	1000
加拿大	590
玻利维亚	450
爱尔兰	110
其他国家	4200
全球合计	23000

2016 年度，这三个国家的锌产量占全球产量的 55.88%。全球锌资源开发以地下开采为主，矿石类型多为硫化矿，采用浮选工艺富集锌，2014 年度，锌矿石平均入选品位为 5.5%。

4.1.1.2　中国锌资源

中国的锌基础储量占世界基础储量的 19.0%，达到 4300 万吨。主要分布在云南、甘肃、广东、广西、湖南、江西、陕西、四川、新疆和内蒙古等省区。重要矿床有云南金顶、广东凡口、甘肃厂坝、内蒙古东升庙、广西大厂、四川大梁子、江西冷水坑、湖南水口山、青海锡铁山和新疆可可塔勒等。

我国铅锌资源的特点是多金属硫化物共生矿床多、矿石类型复杂、分选较难且成分复杂，但伴生矿综合利用价值高。

4.1.1.3　锌的矿物

常见的锌工业矿物有闪锌矿、纤维锌矿、菱锌矿、异极矿、硅锌矿和水锌矿等，不同锌工业矿物中的锌含量如表 4-2 所示，可以看出，闪锌矿中的锌含量最高，达到 67.1%，是最重要的锌工业原料矿物。

表 4-2　自然界锌的主要矿物类型

矿物名称	化学式	锌含量/%
闪锌矿	ZnS	67.1
纤维锌矿	ZnS	67.1
菱锌矿	$ZnCO_3$	52.1
异极矿	$Zn_4Si_2O_7(OH)_2 \cdot H_2O$	54.3

矿物名称	化学式	锌含量/%
硅锌矿	Zn_2SiO_4	58.6
水锌矿	$Zn_5[CO_3]_2 \cdot [OH]_6$	59.3

锌矿多与铅、铜共生，并伴有 Ag、Au、As、Sb 和 Cd 等元素的多金属矿。较常见的有闪锌矿（ZnS）、磁闪锌矿（$nZnS$-$mFeS$）、菱锌矿（$ZnCO_3$）、硅锌矿（Zn_2SiO_4）和异极矿（$Zn_2SiO_4 \cdot H_2O$）。通常将含锌矿分为硫化矿和氧化矿。

硫化锌精矿是生产锌的主要原料，锌精矿的主要组分为 Zn、Fe 和 S，三者共占总重的 90% 左右，其中锌占 45%~60%，铁占 5%~15%，硫的含量通常在 30%~33%。

近年来，随着世界对金属锌的需求量越来越大，低品位矿的利用得到重视。在锌的硫化矿物资源的不断减少的情况下，开发和利用氧化锌矿资源显得越加重要。

氧化锌矿是锌的次生矿，主要以菱锌矿（$ZnCO_3$）、异极矿 $[Zn_4(Si_2O_7)(OH)H_2O]$、硅锌矿（$ZnSiO_4$）等形态存在。氧化锌矿含有大量的金属杂质和脉石矿物，金属杂质主要是铅、铁、镉和铜等，脉石矿物主要为方解石、白云石、石英、黏土、氧化铁和氢氧化铁。

氧化锌矿目前尚无完善的选矿富集方法，往往以原矿石的形式送到冶炼厂。含锌高的可直接处理，含锌低的（$w(Zn) \approx 10\%$）可用回转窑法和烟化法富集。

4.1.1.4　锌的二次资源

锌的二次资源是含锌废料，如镀锌过程产出的热镀锌渣和锌灰、熔铸锌时产出的浮渣及处理含锌物料（如黄铜、高锌炉渣等）时产出的氧化锌，钢铁行业产出的电炉烟尘和瓦斯尘，有色行业铜、铅冶炼过程中产出的含锌烟尘等。含锌的二次资源统计尚有困难，但据估计 2016 年我国国内生产的上述含锌二次资源在 247 万吨左右，再生锌的产量为 150 万吨（折合为锌金属量）。与之相对应的数据是，2016 年我国锌精矿产量（以锌计）507.4 万吨，金属锌产量为 627.3 万吨。由此可见，锌的二次资源是重要的炼锌原料，再生锌在锌冶炼中的比重应当受到足够重视。

4.1.2　锌的用途

锌是十分重要的有色金属原料之一，有良好的金属性能（压延性、耐磨性和抗腐蚀性），能与多种金属制成物理与化学性能更加优良的合金，被广泛应用于汽车、建筑、船舶、轻工搪瓷、医药、印刷、纤维等多个领域；同时具有优良的电化学性能，在腐蚀防护、电池制造等领域有着极为广泛的应用。金属锌的消费量在有色金属中仅次于铜和铝，是国家经济和社会发展的重要物质基础。

资源保障程度方面，全球锌资源较为丰富。从全球格局来看，未来一段时间，全球锌矿供应整体有望继续保持平稳态势。

锌是现代生活必不可少的金属，与铅的消费量接近。世界上锌约有 50% 用于镀锌、10% 用于制备黄铜和青铜合金、约 10% 用于制备锌基合金、约 7.5% 用于化学制品、约 13% 用于制备电池，部分是锌饼和锌板产品。锌的熔点较低，熔化后流动性良好，适于做浇铸精密铸件。表 4-3 列出了我国工业用锌牌号及化学成分。

表 4-3　我国工业用锌牌号及化学成分　　　　　　　　　　（%）

牌号	化学成分									
	主要成分（不小于）	杂质含量（不大于）								
		Pb	Cd	Fe	Cu	Sn	Al	As	Sb	总和
Zn99.995	99.995	0.003	0.002	0.001	0.001	0.001	—	—	—	0.005
Zn99.99	99.99	0.005	0.003	0.003	0.002	0.001	—	—	—	0.010
Zn99.95	99.95	0.20	0.02	0.01	0.001	0.001	—	—	—	0.050
Zn99.5	99.5	0.50	0.02	0.02	0.002	0.002	0.01	0.005	0.01	0.50
Zn98.7	98.7	0.3	0.07	0.07	0.002	0.002	0.01	0.01	0.02	1.30

4.1.2.1　锌作为防腐材料

在钢材和钢材制品的表面形成镀锌层。镀锌有优良的抗大气腐蚀性能，在常温下表面易生成一层保护膜，因此锌最大的用途是用于镀锌工业，用于钢材和钢结构件的表面镀层（如镀锌板），广泛用于汽车、建筑、船舶和轻工等行业。

21 世纪后，西方国家开始尝试直接用锌合金板做屋顶覆盖材料，其使用年限可长达 120~140 年，而且可回收再用，而用镀锌铁板作屋顶材料的使用寿命一般为 5~10 年。同时，钢带热浸镀锌量有显著增长。

4.1.2.2　锌的合金

锌能与许多金属形成性质优良的合金材料。黄铜是铜与锌的合金，青铜是铜、锡、锌形成的合金，而铜、锡、铅、锌则形成耐磨合金。这些合金在机械工业、国防工业和交通运输业中被广泛应用。高纯锌制造的 Ag-Zn 电池，体积小而能量高，多用于飞机和航天的仪表上。

锌自身的强度和硬度并不高，但加入铝、铜和钛等合金元素后，其强度和硬度大大提高。锌合金的加工性比较优良，道次加工率可达 60%~80%。中压性能优越，可进行深拉延，并具有自润滑性，延长了模具寿命，可用钎焊或电阻焊或电弧焊（需在氩气中）进行焊接，表面可进行电镀、涂漆处理，切削加工性能良好。在一定条件下具有优越的超塑性能。

锌与铜、锡、铅组成的黄铜，用于机械制造业。含少量铅镉等元素的锌板可制成锌锰干电池负极、印花锌板、有粉腐蚀照相制板和胶印印刷板等。

锌-铜-钛合金的综合机械性能已接近或达到铝合金、黄铜和灰铸铁的水平，其抗蠕变性能大幅度被提高。锌铜钛合金已广泛应用于汽车、建筑、电气设备、家用电器及玩具等的零部件生产。

4.1.2.3　锌电池

锌是负电性金属，标准电位为 -0.76V；由于锌价廉易得，在化学电源中锌是应用最多的一种负极材料，如锌-二氧化锰干电池、锌-空气电池、锌-银蓄电池等。

锌锰电池中锌作为负极活性物质，兼作电池的容器和负极引电体，是决定电池贮存性能的主要材料。锌-空气电池又称锌氧电池，是金属空气电池的一种，锌空气电池比能理论值是 1350W·h/kg，最新的电池比能量已达到了 230W·h/kg，几乎是铅酸电池的 8 倍；

锌可与 NH_4Cl 发生作用，放出 H^+ 正离子，锌-MnO_2 电池正是利用锌的这个特点。

4.1.2.4　锌的其他用途

锌具有良好的抗电磁场性能。在射频干扰的场合，锌板是一种非常有效的屏蔽材料，同时锌是非磁性的金属，用于制备仪器仪表零件的材料及仪表壳体；锌自身及与其他金属碰撞不会发生火花，适合作井下防爆器材。表4-4列出了针对锌不同性质的应用情况。

表 4-4　锌的应用

性　能	最初使用	最终使用
属负电性金属；抗腐蚀性能良好，保护钢材免受腐蚀	热镀锌、电镀锌、喷镀锌、锌粉涂层、粉镀锌	建筑物、电力/能源、家具、农用机械、汽车和交通工具
熔点较低，熔体流动性好，易于压铸成型	压铸和重力铸造	汽车、家用设备、各种机械装置的零件、电子元件等
系合金元素，易与其他金属形成不同性能的多种合金	黄铜（铜-锌合金）、铝合金、镁合金	建筑物、汽车、各种机械装置的零部件、电子元件等
成型性和抗腐蚀性能好	轧制锌	建筑物
电化学性能	电池：锌-二氧化锰电池、锌-空气电池、锌-银蓄电池	汽车/交通运输工具、计算机、医用设备、家用电器
形成多种化合物	氧化锌、硬脂肪酸锌	橡胶、轮胎、颜料、陶瓷釉料、静电复印纸
	硫化锌	颜料、荧光材料
	硫酸锌	食品工业、动物饲料、木材、肥料、制革、医药、纸浆、电镀
	氧化锌	医药、染料、焊料、化妆品

4.1.3　锌的性质

4.1.3.1　锌的物理性质

锌是一种白而略带蓝灰色的金属，断面具有金属光泽。锌是良好的导热体和导电体，具有熔点和沸点较低、质软、有延展性（但加工后则变硬）和熔化后的流动性良好的特点。

锌有三种结晶状态，即 α、β 和 γ，其同质异性变化温度为170℃和330℃。已知锌有十五个同位素。在熔点附近的蒸气压很小，但液态锌蒸气压随温度升高而急增，906.97℃时即达 100kPa，这是火法炼锌的基础。锌的物理性质见表4-5。

表 4-5　锌的物理性质

性　质	数　值
密度（20℃）/g·cm^{-3}	7.13
硬度	2.5
熔点/℃	419.6

性　质	数　值
沸点/℃	907
熔化热/kJ·mol^{-1}	7.38
汽化热/kJ·mol^{-1}	114.75
升华热/kJ·mol^{-1}	131.25
离子水合热/kJ·mol^{-1}	2056.5
线膨胀系数（20℃）/×10^{-6}K^{-1}	39.7
热导率（18℃）/W·(m·K)$^{-1}$	113
电阻温度系数/K^{-1}	0.00417
电阻率（20℃）/μΩ·cm^{-3}	5.96
弹性模量/GPa	8~13
金属色彩	银白

4.1.3.2　锌的化学性质

锌（Zn）位于元素周期表第 4 周期第ⅡB 族，相对原子质量为 65.4。锌的化学性质见表 4-6。锌的化学性质活泼，在常温下的空气中，表面生成一层薄而致密的碱式碳酸锌膜，可阻止进一步氧化。当温度达到 225℃后，锌激烈氧化，燃烧时发出蓝绿色火焰。锌与酸和碱作用会放出氢气，并从溶液中可置换金、银、铜等金属。

表 4-6　锌的化学性质

性　质	数　值
原子序数	30
原子量	65.4
原子半径/nm	0.125
离子半径/nm	0.074
原子体积/cm^3·mol^{-1}	9.17
标准电位/V	−0.763
电负性	1.6
第一电离势/kJ·mol^{-1}	906.56
电子亲和势/kJ·mol^{-1}	
结晶构造	密排六方
a/nm	0.2665
c/nm	0.4947
元素电阻率/Ω·m	5.916×10^{-8}
外层电子排列	3d^{10}4s^2
配位数	6
易溶于	盐酸、稀硫酸和碱性溶液
难溶于	H$_2$O

4.1.4　锌的化合物

（1）硫化锌。硫化锌（ZnS）是一种难熔化合物，α 变体为无色六方晶体，密度为 $3.98g/cm^3$，熔点为 1923K，在 1473K 时显著挥发；β 变体为无色立方晶体，密度为 $4.102g/cm^3$，于 1293K 转化为 α 型。

硫化锌存在于闪锌矿中，不溶于水、易溶于酸，见阳光色变暗，久置潮湿空气中转变为硫酸锌。硫化氢与锌盐溶液可制备硫化锌。在晶体 ZnS 中加入微量的 Cu、Mn、Ag 做活化剂，经光照能发出不同颜色的荧光。硫化锌是涂料、油漆、玻璃，橡胶和塑料等的添加剂，也用于制备荧光粉和作分析试剂用。

（2）氧化锌。氧化锌（ZnO），俗称锌白。难溶于水，可溶于酸和强碱。自然界中无天然氧化锌矿，采用金属锌氧化、碳酸锌煅烧分解和硫化锌氧化可制备氧化锌。

氧化锌熔点约为 2273K，在 1473K 时 ZnO 开始微量升华，1673K 时挥发就十分严重。氧化锌晶体受热时，会有少量氧原子溢出（800℃时溢出氧原子占总数 0.007%），造成物质显黄色。但当温度下降后，晶体会恢复白色。当温度高于 823K 时，ZnO 能与 Fe_2O_3 形成铁酸锌 $ZnO \cdot Fe_2O_3$。

氧化锌与镁粉、铝粉、氯化橡胶和亚麻籽油等物质接触会发生剧烈反应，包括起火或爆炸。氧化锌是一种常用的化学添加剂，广泛地应用于塑料、合成橡胶、润滑油、油漆、涂料、药膏、黏合剂、食品、电池、阻燃剂和硅酸盐制品等产品中。

氧化锌的能带隙和激子束缚能较大，透明度高，有优异的常温发光性能，在半导体领域的液晶显示器、薄膜晶体管和发光二极管等产品中均有应用。纳米氧化锌作为一种新材料也在相关领域发挥着重要作用。

（3）硫酸锌。硫酸锌（$ZnSO_4$）以晶体、颗粒或粉末形式存在，温度高于 500℃受热分解，密度为 $1.957g/cm^3$，易溶于水。用于制造立德粉，并用作媒染剂、收敛剂和木材防腐剂等。

自然界中没有发现天然硫酸锌。焙烧 ZnS、金属锌，或用 ZnO 与硫酸反应都可以生成硫酸锌。硫酸锌受热分解，在 1123K 左右分解压达到 101325Pa，可分解为氧化锌、二氧化硫和氧气：

$$ZnSO_4 \Longrightarrow ZnO + SO_2 + \frac{1}{2}O_2$$

在 1123K 时，硫酸锌与氧化钙发生剧烈反应：

$$ZnSO_4 + CaO \Longrightarrow ZnO + CaSO_4$$

在 973K 以下，Fe_2O_3 不影响硫酸锌的分解，但在较高温度下由于能生成 $ZnO \cdot Fe_2O_3$，故 Fe_2O_3 可以加速 $ZnSO_4$ 的分解。

（4）氯化锌。氯化锌（$ZnCl_2$）为白色颗粒、棒状或粉末状物质，无气味，易吸湿，在空气中自然吸收水分而潮解。灼热时有浓厚的白烟生成。氯化锌有腐蚀性和毒性，水溶液呈酸性，pH 约为 4。氯化锌有腐蚀性和毒性，水溶液呈酸性。

氯化锌的相对密度为 2.907，熔点 318℃，沸点 732℃，在 372℃左右可显著挥发。氯化锌易溶于水，同时溶于甲醇、乙醇、甘油、丙酮和乙醚，但不溶于液氨。熔融的氯化锌具有导电性。

（5）铁酸锌。铁酸锌（$ZnFe_2O_4$）经常出现在锌精矿的焙烧产物中，属尖晶石类型。铁酸锌化学性质稳定，不溶于水也不溶于稀酸。铁酸锌具有较好的耐火度，熔点为1590℃，在还原气氛下易于分解。

（6）硅酸锌。硅酸锌（Zn_2SiO_4）是锌精矿焙烧的一种产物，属橄榄石型结构，性质稳定。相对密度为 3.9～4.2g/cm³，熔点为 1509℃。偏硅酸锌（$ZnSiO_3$）的熔点降低，为 1437℃。

4.1.5　锌的生产方法

锌的生产方法分为火法和湿法两大类。

4.1.5.1　湿法炼锌

湿法炼锌在第一次世界大战期间开始应用，其本质是用稀硫酸（即废电解液）浸出焙烧矿中的锌，锌进入溶液后再以电解法从溶液中沉积出来。湿法炼锌可直接得到很纯的锌，不像火法蒸馏炼锌还需精炼。除此之外，操作所需劳动力较少，劳动条件也较好，只是电能消耗大。

湿法炼锌是当前的主导炼锌方法，其产量约占世界锌总产量的85%。包括常规的湿法炼锌和全湿法炼锌两类。

常规的湿法炼锌实际上是火法与湿法的联合流程，包括焙烧、浸出、净化和电积四个主要过程，含硫烟气用于制酸。常规湿法炼锌原则工艺流程如图4-1所示。

全湿法炼锌在硫化锌精矿直接加压浸出的技术基础上形成，省去了常规湿法炼锌工艺中的焙烧和制酸工序，锌精矿中的硫以元素硫的形式富集在浸出渣中，避免了过程中二氧化硫的产出，环境污染小，锌回收率高，尤其适于地处偏远及硫酸销售困难的生产企业，且工艺灵活，既可单独建厂应用，也可与原有焙烧浸出工艺流程结合使用。

除此之外，尚有硫化锌精矿的富氧常压浸出工艺和氧化锌矿的浸出—萃取—电积工艺得到工业应用。

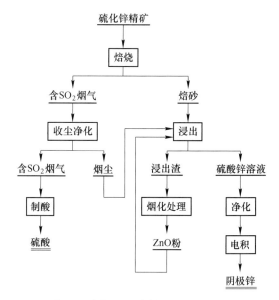

图 4-1　常规湿法炼锌原则工艺流程

4.1.5.2　火法炼锌

火法炼锌为还原-蒸馏法，包括焙烧、还原蒸馏和精炼三个主要过程，含硫烟气用于制酸，火法炼锌原则工艺流程示如图 4-2 所示。

火法炼锌工艺类型主要有平罐炼锌、竖罐炼锌、鼓风炉炼锌、电热法炼锌等。由于能耗高和环境污染等原因，火法炼锌中平罐炼锌工艺已被淘汰，竖罐炼锌工艺在国外已停止使用。目前只有密闭鼓风炉炼锌是主要的火法炼锌方法，占世界锌总产量的10%左右。

4.1.5.3　我国锌冶炼现状

我国的锌冶炼工艺目前以湿法冶炼为主，火法其次。据 2016 年统计的全国锌产量中，湿法炼锌占 95%，火法炼锌占 5%。

现有的火法炼锌方法有三种：竖罐炼锌、电炉炼锌和密闭鼓风炉炼锌。竖罐炼锌能耗较高，伴生金属银、铜回收效果较差，目前只有葫芦岛锌冶炼有限公司和陕西东岭锌业有限公司尚在生产使用，年金属锌产量近 20 万吨；电炉炼锌电耗高，锌直收率低，目前只有少数几家采用，其中生产规模最大的马关云铜锌业有限公司，年产金属锌 5 万吨；密闭鼓风炉炼锌（ISP）对原料适应性

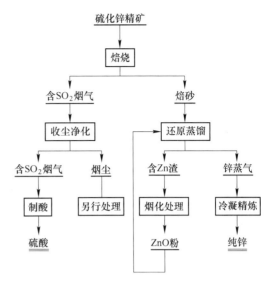

图 4-2　火法炼锌原则工艺流程

强，能同时回收铅锌，适合于铅锌混合矿的处理，是目前唯一还具有一定竞争力的火法炼锌方法，但烧结时的污染很严重，目前有中金岭南韶关冶炼厂、陕西东岭锌业有限公司、白银有色金属公司西北铅锌冶炼厂和葫芦岛有色金属集团公司等几家冶炼厂在生产使用。

相对于火法工艺而言，湿法炼锌具有劳动条件好、环保，生产易于连续化、自动化、大型化等优点，是目前我国锌冶炼的主流工艺。2016 年我国生产近 627 万吨精炼锌，其中的 95% 是由湿法冶炼生产。

湿法炼锌的原料 90% 以上是浮选硫化锌精矿，其生产过程通常包括焙烧—浸出—净化—电积—熔铸五个大的环节，根据浸出工艺的不同，可以简略分为常规浸出法、热酸浸出法和直接浸出法三大类。在氧化锌矿或次氧化锌烟尘的处理中，浸出—净化—电积则是目前的主流技术。

4.2　硫化锌精矿的焙烧与烧结

从硫化锌精矿中提取锌，除氧压浸出—电积流程外，无论采用火法还是湿法工艺，硫化锌精矿都必须经过焙烧脱硫变成氧化物，以适应下一步冶炼的需要。

硫化锌精矿焙烧过程是在高温下借助于空气中的氧进行的氧化过程：

$$2ZnS + 3O_2 = 2ZnO + 2SO_2$$

焙烧的根本目的在于将精矿中的硫化锌尽量氧化为氧化锌，同时尽量脱除对后续工艺有害的杂质。为便于将烟气中所含二氧化硫制成硫酸，还要产出有足够浓度的二氧化硫烟气。

根据后续工艺的不同，焙烧过程各有不同特点。从焙烧产物形态看，焙烧分为粉状焙烧和烧结焙烧。湿法炼锌用前者，鼓风炉炼锌用后者，竖罐炼锌则采用粉状沸腾焙烧—制团法。

湿法炼锌要求把硫化锌转化为氧化锌，因为一般情况下稀硫酸溶液无法浸出硫化锌，

除非在有合适氧化剂如氧压浸出的特殊条件下。湿法炼锌的一大特点在于电积过程产生的废液（稀硫酸溶液）可以返回浸出工序，使氢离子的再生与消耗实现平衡，实现溶液的闭路循环。原则上讲，浸出时所消耗的硫酸可在硫酸锌的电积过程中得到等量再生，即浸出所需的酸可全部由废电解液提供，但在实际生产中，由于酸雾挥发、浸出渣中所含某些不溶硫酸盐等会造成硫酸根的损失，因此需要在焙烧矿中保留少量硫酸盐（3%~4% S_{SO_4}），以补偿硫酸根的损失。从生产实践来看，锌焙烧烟尘中普遍含有较高的硫酸盐（3%~6% S_{SO_4}），因此湿法炼锌工厂一般都采用较高的焙烧温度（900~1000℃）进行全氧化焙烧，以强化焙烧过程。

此外，湿法炼锌还要求焙烧过程脱除部分砷、锑等杂质，尽可能减少铁酸锌和硅酸锌的生成量，并要求获得细小颗粒的焙烧产品。

火法炼锌要求在焙烧过程中尽可能使硫化物全部转变为氧化物，尽可能完全脱硫，即死焙烧。这是因为火法炼锌是在强还原气氛中使氧化锌被一氧化碳还原为金属锌，在现有工艺条件下硫化锌是不能被还原成金属锌的。按质量计，一份硫要结合两份锌，则焙烧矿中残硫越高，锌入渣的损失越大。一般死焙烧产出的焙烧矿含硫小于1.0%。

另外，火法炼锌要求在焙烧过程中将精矿中易挥发的砷、锑、铅、镉等杂质以挥发性的硫化物或氧化物形式除去，以便在还原蒸馏时得到较高质量的锌锭。富集了铅、镉的焙烧烟尘则可作为提取铅、镉的原料。

鼓风炉炼锌同时处理含锌和铅的精矿，对原料适应性广。原料通过烧结机进行烧结焙烧，既要脱硫、脱除挥发性杂质、结块，还要控制铅的挥发。精矿中含铜较高时，要适当残留一部分硫，以便在熔炼中制造冰铜。原料的烧结还要求获得具有足够强度和多孔的烧结块。

无论是火法炼锌还是湿法炼锌，尽管锌精矿焙烧的后续工艺多种多样，对焙烧过程的要求也不尽相同，但近年的趋势是尽可能提高焙烧温度，强化生产过程，降低焙砂残硫率。

4.2.1 硫化锌精矿焙烧的基本原理

4.2.1.1 硫化锌精矿焙烧的热力学

A Zn-S-O 体系平衡状态图

硫化锌焙烧反应可以分为以下几种：

（1）硫化锌氧化生成硫酸锌：

$$ZnS + 2O_2 = ZnSO_4$$

（2）硫化锌氧化生成氧化锌：

$$2ZnS + 3O_2 = 2ZnO + 2SO_2$$

（3）碱式硫酸锌的生成：

$$6ZnS + 11O_2 = 2(ZnO \cdot 2ZnSO_4) + 2SO_2$$

$$3ZnO + 2SO_2 + O_2 = ZnO \cdot 2ZnSO_4$$

（4）碱式硫酸锌形成硫酸锌：

$$2(ZnO \cdot 2ZnSO_4) + 2SO_2 + O_2 = 6ZnSO_4$$

研究表明，在不同的温度、氧分压和二氧化硫分压下，硫化锌氧化焙烧反应达到平衡时会形成不同的产物。将 Zn-S-O 体系的基本反应和相应的平衡常数列于表 4-7 所示，利用表中数据可绘制出如图 4-3 所示的 1100K 下焙烧过程中的 $\lg p_{SO_2} - \lg p_{O_2}$ 等温状态图。

表 4-7　Zn-S-O 系中各反应的平衡常数

No.	反　应	$\lg K$				
		900K	1000K	1100K	1200K	1300K
1	$ZnS+2O_2 = ZnSO_4$	26.607	22.158	18.614	15.673	13.206
2	$3ZnSO_4 = ZnO \cdot 2ZnSO_4 + SO_2 + \frac{1}{2}O_2$	-3.978	-2.120	-0.869	-0.151	1.008
3	$3ZnS + \frac{11}{2}O_2 = ZnO \cdot 2ZnSO_4 + SO_2$	75.843	64.354	54.973	47.170	40.627
4	$\frac{1}{2}(ZnO \cdot 2ZnSO_4) = \frac{3}{2}ZnO + SO_2 + \frac{1}{2}O_2$	-5.260	-3.394	-1.880	-0.627	0.424
5	$ZnS + \frac{3}{2}O_2 = ZnO + SO_2$	21.774	19.189	17.071	15.305	13.845
6	$Zn（气、液）+SO_2 = ZnS + O_2$	-6.852	-6.316	-5.876	-5.589	-5.671
7	$2Zn（气、液）+O_2 = 2ZnO$	29.844	25.745	22.341	19.433	16.308

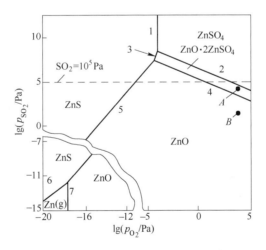

图 4-3　1100K 时 Zn-S-O 系等温平衡状态图

从图 4-3 可看出，当焙烧温度一定时，焙烧过程中锌的存在形态取决于 p_{SO_2} 和 p_{O_2}。如图中 A 点，使烟气成分含 O_2 4% 和 SO_2 10% 时，可在焙烧产物中保留一定硫酸盐，而控制烟气中 SO_2 浓度低至 B 点，则焙烧产物中的锌就完全以 ZnO 形式存在。

当气相组成不变，改变焙烧温度时，也可改变焙烧产物中锌存在的形态。不同温度下的 Zn-S-O 系等温平衡状态图如图 4-4 所示。当温度升高时，ZnO 区域扩大，$ZnSO_4$ 稳定区缩小。为保证焙烧脱硫率，火法炼锌的焙烧温度一般控制在 1273K 以上。金属锌的稳定区被限定在 p_{SO_2} 和 p_{O_2} 都很低的很窄区域内，因此很难像铜冶炼那样从硫化锌直接吹炼成金属锌。

焙烧产物中锌的存在形态取决于温度及气相中的 SO_2 和 O_2 分压。因此可以通过控制焙烧温度和气相组成来控制焙烧产物。

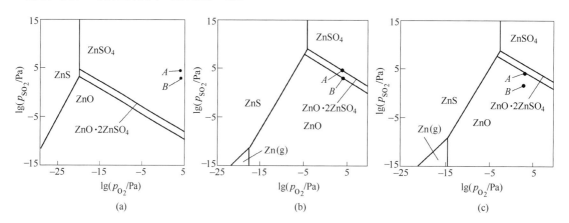

图 4-4 不同温度下 Zn-S-O 系等温平衡状态图

（a） $T = 600K$；（b） $T = 1100K$；（c） $T = 1200K$

B 硫酸化焙烧

对于湿法炼锌而言，当进行硫酸化焙烧时可结合下列反应进行热力学分析：

硫酸锌的分解： $ZnSO_4 \Longrightarrow ZnO + SO_3$ $K_1 = p_{SO_3}$

碱式硫酸锌的分解： $ZnO \cdot 2ZnSO_4 \Longrightarrow 3ZnO + 2SO_3$ $K_2 = p_{SO_3}^2$

三氧化硫的生成： $SO_2 + 1/2O_2 \Longrightarrow SO_3$ $K_3 = p_{SO_3}/(p_{SO_2} \cdot p_{O_2}^{1/2})$

体系的总压 p_T 为：$p_T = p_{SO_3} + p_{SO_2} + p_{O_2} = p_{SO_3} + 3(p_{SO_3}/2K_3)^{2/3}$

在实际焙烧过程中，p_T 在 10.1325 ~ 20.2650kPa 范围内，此时 p_{SO_3} 与温度关系如图 4-5 所示。

总压曲线 p_T 与 $ZnSO_4$ 和 $ZnO \cdot ZnSO_4$ 的分解曲线相交于 A、B 和 A'、B'。当温度低于 A、A' 点所对应的温度时，$ZnSO_4$ 稳定存在；当温度高于 B、B' 点所对应的温度时，ZnO 稳定存在；当温度介于两者之间时，$ZnO \cdot ZnSO_4$ 稳定存在。因此控制一定的压力和温度，可使 ZnS 氧化成所需要的产物。

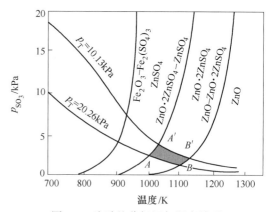

图 4-5 硫酸盐分解压与温度关系

图 4-5 中同时给出了 Fe_2O_3 和 $Fe_2(SO_4)_3$ 的稳定区域。从图 4-5 中可看出，在湿法炼锌的焙烧过程中，三价铁的硫酸盐易分解，最终以铁氧化物形式存在。

C 铁酸锌（$ZnO \cdot Fe_2O_3$）的生成

焙烧过程中在有 Fe_2O_3 存在时 ZnO 会与 Fe_2O_3 形成铁酸锌：

$$ZnO + Fe_2O_3 \Longrightarrow ZnO \cdot Fe_2O_3$$

由于锌精矿中含有 FeS 或（Zn，Fe）S，焙烧过程中铁酸锌的生成是不可避免的。铁酸锌的生成对火法炼锌影响不大，但会降低常规湿法炼锌过程中锌的浸出率。

利用图 4-6 的 Zn-Fe-S-O 系 $\lg p_{O_2}$-1/T 平衡状态图，可以了解生成铁酸锌的焙烧条件和减少铁酸锌生成的措施。图 4-7 给出了 1000K 下 Zn-Fe-S-O 系等温平衡状态图。

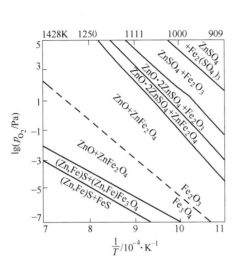

图 4-6　Zn-Fe-S-O 系 $\lg p_{O_2}$-1/T 平衡状态图

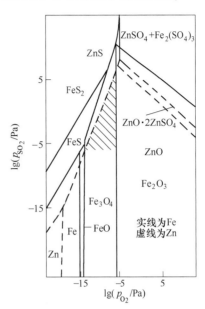

图 4-7　1000K 下 Zn-Fe-S-O 系等温平衡状态图

焙烧过程中只要减少 Fe_2O_3 的生成，就可以较少铁酸锌的生成。从图 4-7 中可以看到，当焙烧温度 1000 K，$\lg p_{O_2}$<-6.0 时，Fe_2O_3 分解为 Fe_3O_4，如图中阴影部分对应区域。这样可以减少产物中铁酸锌的生成。另外由图 4-6 可知，提高焙烧温度可使 Fe_3O_4 的稳定区域扩大，也减少铁酸锌的生成。因此，焙烧过程中一定要维持低氧分压和适当提高焙烧温度。

由图 4-7 的 Zn-Fe-S-O 系 $\lg p_{O_2}$-1/T 平衡状态图还可以看出：

ZnS 的焙烧首先生成 ZnO，然后再与气相中存在的 SO_2 和 O_2 作用逐渐生成 ZnO·$ZnSO_4$ 和 $ZnSO_4$；当 p_{SO_2} = 10kPa 和 $\lg p_{O_2}$ = 100kPa 时，温度高于 1203K（930℃）时，ZnO 是稳定产物；温度低于 1203K 时，ZnO·$ZnSO_4$ 是稳定产物；温度再低于 1143K（870℃）时，$ZnSO_4$ 是稳定产物。实际生产中 p_{O_2} 比一个大气压低得多，因此产物向硫酸盐转化的温度比上面的数值低很多。

由以上分析可以看出，如果湿法炼锌希望保留一部分硫酸锌存在，就意味着降低焙烧温度、维持较高的氧浓度和较低的二氧化硫浓度；要想少生成一些铁酸锌，就需要较低的氧分压和较高的温度。

湿法炼锌的焙烧实际上受到上边两个矛盾的制约，很难兼顾。因此往往采用较高的温度和适度的氧分压，越来越朝着过程强化的方向发展。

4.2.1.2　硫化锌精矿焙烧的动力学

锌精矿的焙烧是一个复杂过程，存在着气—固反应，固—固反应以及固—液反应；除有一般的化学环节，还包括吸附、解吸、内扩散、外扩散等物理环节和晶核的生成、新相的成长等化学晶形转变等现象。另外，焙烧时还会出现稳定的中间化合物和多种硅酸盐、铁酸盐、硫酸盐等。

A　硫化锌精矿的着火温度

着火温度决定于硫化物的物理与化学性质以及外界因素。着火温度可粗略作为划分焙烧反应的速度和控制环节的标志。

表 4-8 列出了几种常见硫化物矿的着火温度。从中可看出，硫化锌精矿属较难焙烧的矿物，工业生产上所用焙烧温度高于其着火温度，反应速度一般在扩散控制区。

表 4-8　几种硫化物矿的着火温度

序号	粒度范围 /mm	平均粒度 /mm	着火温度/℃				
			黄铜矿	黄铁矿	磁黄铁矿	方铅矿	闪锌矿
1	+0.0~0.05	0.025	280	290	330	554	505
2	+0.05~0.075	0.0625	335	345	419	605	679
3	+0.075~0.10	0.0875	357	405	444	623	710
4	+0.10~0.15	0.125	364	422	460	637	720
5	+0.15~0.2	0.175	375	423	465	644	730
6	+0.2~0.30	0.250	380	424	471	646	730
7	+0.3~0.50	0.40	385	426	475	646	735
8	+0.50~1.00	0.75	385	426	480	646	740
9	+1.00~2.00	1.50	410	428	482	646	750

B　焙烧反应的机理与速度

硫化锌焙烧反应的机理如下：

$$ZnS + \frac{1}{2}O_2 \longrightarrow ZnS \cdots [O]_{ad} \longrightarrow ZnO + [S]_{ad}$$

$$ZnO + [S]_{ad} + O_2 \longrightarrow ZnO + SO_2$$

即包括以下四个步骤：氧通过颗粒周围的气膜向其表面扩散（外扩散）；氧通过颗粒表面的氧化物层向反应界面扩散（内扩散）；在反应界面上进行化学反应；反应的产物 SO_2 向着与氧相反的方向扩散。

硫化锌精矿氧化焙烧反应速度由以上四个环节中最慢的来决定。

硫化锌矿氧化生成的氧化锌层比较疏松，对氧和 SO_2 的扩散阻力不大，因此决定反应速度的环节是气膜中氧的扩散和界面反应。

在 830℃以下，界面反应的阻力占主要地位，880℃以上，气膜传质的阻力占绝对优势。颗粒粒度的减小有利于界面反应，也有利于扩散过程，但不能过小，否则增加烟尘率。

为强化扩散环节，硫化锌精矿的焙烧目前大都采用沸腾炉焙烧，并且总的趋势是提高焙烧温度，有的还采用富氧空气。

4.2.1.3 硫化锌精矿焙烧时杂质的行为

（1）二氧化硅（SiO_2）。硫化锌精矿中往往含有 $2\% \sim 8\%SiO_2$，多以石英矿物形态存在，在焙烧过程中易与金属氧化物生成可溶性硅酸盐，在浸出时溶解进入溶液，形成硅酸胶体。铅的存在能促使硅酸盐生成，促使精矿熔结，妨碍焙烧进行。熔融状态的硅酸铅可以溶解其他金属氧化物或其硅酸盐，形成复杂的硅酸盐。

（2）硫化铅（PbS）。铅在硫化锌精矿中存在的矿物形式，称为方铅矿。硫化铅在空气中焙烧时铅可被氧化为 $PbSO_4$ 和 PbO。硫化铅和氧化铅在高温时具有大的蒸气压，能够挥发进入烟尘，因此可采用高温焙烧来气化脱铅。铅的各种化合物熔点较低，容易使焙砂发生黏结，影响正常的沸腾焙烧作业进行。

（3）硫化铁。锌精矿中主要的硫化铁矿有黄铁矿（FeS_2）、磁硫铁矿（Fe_nS_{n+1}）和复杂硫化铁矿，如铁闪锌矿（$nZnS \cdot mFeS$）、黄铜矿（$FeCuS_2$），砷硫铁矿（FeAsS）等。

焙烧结果是得到 Fe_2O_3 与 Fe_3O_4。由于 FeO 在焙烧条件下继续被氧化以及硫酸铁很容易分解，故可以认为焙烧产物中没有或极少有 FeO 与 $FeSO_4$ 存在。

当温度在 600℃ 以上时，ZnO 与 Fe_2O_3 按以下反应形成铁酸锌：

$$ZnO + Fe_2O_3 = ZnO \cdot Fe_2O_3$$

（4）铜的硫化物。铜在锌精矿中存在的形式有辉铜矿（CuS）、黄铜矿（$CuFeS_2$）、铜蓝（Cu_2S）等。在高温下焙烧时铜主要以自由状态的 Cu_2O 存在，部分为结合状态的氧化铜（$Cu_2O \cdot Fe_2O_3$）及自由状态或结合状态的氧化铜。

（5）硫化镉（CdS）。镉在锌精矿中常以硫化镉的形式存在，在焙烧时被氧化生成 CdO 和 $CdSO_4$。$CdSO_4$ 在高温下分解生成 CdO，与 CdS 挥发进入烟尘。

（6）砷与锑的化合物。在锌精矿中存在的砷、锑化合物有硫砷铁矿（即毒砂 FeAsS）、硫化砷（As_2S_3）、辉锑矿（Sb_2S_3），在焙烧过程中生成 As_2O_3、Sb_2O_3 以及砷酸盐和锑酸盐。As_2S_3、Sb_2S_3、As_2O_3、Sb_2O_3 容易挥发进入烟尘，砷酸盐和锑酸盐是稳定化合物，残留于焙砂中。

（7）铋、金、银、铟、锗、镓等的硫化物。铋、铟、锗、镓等的硫化物在焙烧过程中生成氧化物，以氧化物的状态存在于焙烧产物中，金和银主要以金属状态存在于焙烧产物中。

4.2.2 硫化锌精矿的沸腾焙烧

沸腾焙烧是使空气以一定速度自下而上地吹过固体炉料层，固体炉料粒子被风吹动互相分离，并不停地作复杂运动，运动的粒子处于悬浮状态，其状态如同水的沸腾，因此称为沸腾焙烧。

4.2.2.1 硫化锌精矿沸腾焙烧的工艺和设备

A 沸腾焙烧的工艺

沸腾焙烧的工艺过程一般包括炉料准备及加料系统、炉本体系统、收尘及气体处理系统和排料系统四个部分。

炉料准备包括配料、干燥、破碎与筛分。沸腾焙烧炉的加料方式有干法加料与湿法加料两种。沸腾焙烧所得焙烧矿自沸腾层溢流口排出，排出后多采用冷却圆筒进行冷却。焙烧矿可采用湿法和干法两种输送方式。

B 沸腾焙烧的设备

沸腾焙烧炉是沸腾焙烧的主体设备。沸腾焙烧炉按床断面形状可分为圆形（或椭圆形）、矩形。圆形断面的炉子炉体结构强度较大，材料较省，散热较小，空气分布较均匀，因此得到广泛应用。沸腾焙烧炉按炉膛形状又可分为扩大型（鲁奇型）和直筒型（道尔型）两种。为提高操作气流速度、减少烟尘率和延长烟尘在炉膛内的停留时间以保证烟尘质量，目前新建焙烧炉多采用扩大型（鲁奇型）炉。

图 4-8 为扩大型（鲁奇型）沸腾焙烧炉的结构示意图。

C 沸腾焙烧炉的结构

沸腾焙烧炉的结构主要由内衬耐

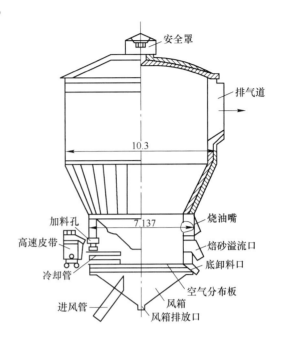

图 4-8 扩大型（鲁奇型）沸腾炉结构示意图

火材料的炉身、装有风帽的空气分布板、下部的钢壳送风斗、上部的炉顶和炉气出口、侧边的加料装置和焙砂溢流排料口等部分组成。

精矿加入炉内后，在沸腾层高温作用下进行焙烧。焙烧所得焙砂经溢流口自动排出炉外。焙烧所得炉气携带烟尘从炉上部的炉气出口导入冷却及收尘系统。

沸腾炉炉底空气分布板及风帽，必须满足以下要求：必须使空气经过炉底的整个截面均匀，再送入沸腾层；不应使炉内焙烧矿漏入炉底的送风斗中；炉底应能够耐热，不至于在高温下发生变形或损坏。

空气能否均匀地送入沸腾层，主要取决于风帽的排列及风帽本身的结构。对圆形炉子，采用同心圆的排列；风帽形状有菌形、锥形和伞形。对于长方形炉子，采用棋盘排列。

4.2.2.2 沸腾焙烧的技术指标

根据还原蒸馏法炼锌或湿法炼锌对焙砂的要求不同，沸腾焙烧分别采用高温氧化焙烧和低温部分硫酸化焙烧两种不同的操作。

A 高温氧化焙烧

高温氧化焙烧又称为"死焙烧"，是为了获得适于还原蒸馏的焙砂以满足蒸馏需要。除了脱硫外，还要把精矿中铅、镉等主要杂质脱除大部分。

在沸腾层中硫、铅、镉的脱除主要决定于焙烧温度。高温沸腾焙烧的温度一般为 1070 ~ 1100℃。随沸腾层温度的升高，焙烧矿中 S、Pb、Cd 的含量降低，如表 4-9 所示。过剩空气量对脱铅与脱镉有影响，对脱铅影响更为显著。火法炼锌高温氧化焙烧所采用的空气过剩量一般为 5%~10%。过剩空气量对硫、铅、镉脱除的影响见表 4-10。

表 4-9　沸腾层温度对硫、铅、镉脱除的影响

沸腾层温度/K	1223	1273	1323	1343	1373	1423
焙烧矿含铅/%	0.85	0.71	0.61	0.47	0.36	0.16
焙烧矿含镉/%	0.25	0.22	0.08	0.04	0.02	0.006
焙烧矿含硫/%	1.5	1.3	0.95	0.45	0.21	0.16

表 4-10　过剩空气量对硫、铅、镉脱除的影响　　　　　　　　　　（%）

过剩空气量	20	14	9	6	2
焙烧矿含铅	0.42	0.22	0.12	0.077	0.052
焙烧矿含镉	0.026	0.012	0.0089	0.0071	0.0065
焙烧矿含硫	0.30	0.24	0.22	0.32	0.72

在沸腾层内由于激烈的搅拌且传热良好，温度均匀，故层内各部位的焙烧矿质量是相似的。表 4-11 列出了某厂焙烧过程中沸腾层内各部位焙烧矿的分析结果。

表 4-11　沸腾层内各部位焙烧矿的化学分析与筛分结果

取样部位	化学分析的成分/%				筛分析通过网目（累积百分数）/%							
	Zn	S	Pb	Cd	20	40	60	80	100	120	140	160
前室出口	62.39	1.4	0.063	微量	97.1	92.8	79.7	59.7	21.2	14.0	3.2	1.2
炉中心	63.32	0.22	0.073	微量	98.6	95.3	84.1	62.6	21.9	14.0	3.9	1.5
炉左侧	63.30	0.17	0.19	微量	98.7	94.7	84.2	62.3	23.4	15.7	3.4	1.2
炉右侧	62.62	0.2	0.071	微量	97.8	93.0	81.6	61.9	24.5	16.9	4.4	1.7
溢流口	62.82	0.24	0.071	微量	98.5	95.0	83.4	64.1	22.1	17.0	5.2	2.3

高温氧化焙烧的烟尘率约为 10%~30%，较低温焙烧为少。不同焙烧温度条件下烟尘率的变化见表 4-12。

表 4-12　不同焙烧温度条件下烟尘率的变化

沸腾层温度/K	1203	1323	1373
烟尘率/%	34.8	22.8	12.6
沸腾层直线速度/m·s⁻¹	0.372	0.402	0.455

在一定温度与一定的过剩空气量的条件下，增大沸腾层的直线速度可增大生产能力，但烟尘率也会相应地增大。过高的提高生产能力必然会产生较大的烟尘率。矿尘率的大小还与精矿的粒度有关，精矿粒度愈细，则相应地烟尘率就愈大。

B　低温部分硫酸化焙烧

低温部分硫酸化焙烧主要是为了得到适合湿法炼锌用的焙砂。要求在焙烧矿中留有少量可溶性硫（$2\%{\sim}4\%S_{SO_4}$），同时还应避免与减少铁酸锌和硅酸盐的形成，并除去一部分砷和锑。

低温硫酸盐化焙烧的脱硫效率主要取决于温度。为得到含有少量可溶性硫的焙砂，沸腾层温度一般采用870~920℃。焙烧温度对硫酸化焙烧质量的影响见表4-13。低温焙烧的过剩空气量一般为20%~30%。

表 4-13 焙烧温度对硫酸化焙烧质量的影响

沸腾层温度/K	1103	1143	1173	1223	1273
过剩空气量/%	18	17.6	18	17	17
焙烧矿成分（Zn）/%	55.14	53.0	56.7	53.6	54.5
焙烧矿成分（可溶Zn）/%	49.65	49.3	53.2	50.4	51.3
焙烧矿成分（可溶率Zn）/%	90.2	93.0	93.8	94.0	94.0
焙烧矿成分（S_{total}）/%	3.11	2.19	1.74	1.46	1.30
焙烧矿成分（S_{SO_4}）/%	1.66	1.35	1.21	1.06	0.94
焙烧矿成分（S_S）/%	1.45	0.74	0.53	0.40	0.36

低温部分硫酸化焙烧时，精矿中的砷、锑硫化物迅速氧化形成 As_2O_5 与 Sb_2O_5 而很难挥发除去，使砷、锑的脱除不理想。

低温沸腾焙烧的焙尘率较高（40%~50%）。焙尘率与精矿粒度和直线速度有关。沸腾焙烧的时间即炉料在炉内停留的时间对脱硫反应有影响。炉料在炉内只需停留12~18秒便可以得到满意的焙烧结果。

4.2.2.3 硫化锌精矿沸腾焙烧的热平衡与余热利用

硫化锌精矿含硫30%左右，锌精矿焙烧的主要放热反应为：

$$2ZnS + 3O_2 \Longrightarrow 2ZnO + 2SO_2 \quad \Delta H = -464kJ/mol$$

其次是黄铁矿的氧化。焙烧1kg硫化锌精矿约可放出4200kJ的热能，1kg黄铁矿氧化可放热6700~7100kJ。锌精矿沸腾焙烧时的热平衡如表4-14所示。

锌精矿焙烧产生的热一半以上由烟气带走，利用烟气余热可生产高压蒸汽。焙烧1t硫化锌精矿一般可产生3030~6060kPa的蒸汽1t左右，即生产1t锌约可产生2t蒸汽。湿法炼锌厂生产1t锌约消耗1t蒸汽，多余的1t蒸汽可用于发电。火法炼锌厂则可完全用于发电。

表 4-14 锌精矿沸腾焙烧时的热平衡 (100kg 精矿)

热 收 入			热 支 出		
项目	kJ	%	项目	kJ	%
精矿带入热	1673	0.36	烟气带走热	252285	54.64
放热反应产生热	453804	98.28	烟尘带走热	33971	7.36
空气带入热	4796	1.04	焙砂带走热	33082	7.17
水分带入热	1449	0.32	水分蒸发热	49940	10.82
			高价硫化物离解	3769	0.82
			碳酸盐分解	3891	0.84

热 收 入			热 支 出		
项目	kJ	%	项目	kJ	%
			小计	376938	81.65
共计	461722	100.00	炉体散热	23170	5.00
			剩余热	61614	13.335
			共计	461722	100.00

为了排除沸腾层余热，可采取如下的方法：直接喷水入炉；在沸腾层的炉墙处安装水套；向沸腾层内插入强制循环水管。

4.2.2.4 硫化锌精矿沸腾焙烧的发展

（1）高温沸腾焙烧。锌精矿沸腾焙烧的温度，已从1123K提高到1223K左右，大多数工厂为1183~1253K。温度提高后，可提高炉子生产率与脱硫程度。

（2）锌精矿富氧空气沸腾焙烧。富氧鼓风沸腾焙烧是强化措施之一。前苏联一工厂首先在沸腾炉采用27%~29% O_2 的富氧鼓风，使生产率提高了60%~70%，达到8.4~8.8t/$(m^2 \cdot d)$，烟气量减少，SO_2 浓度提高到13%~15%，还降低了烟尘率与提高了产品质量。采用富氧与空气进行沸腾焙烧的指标对比见表4-15。

表4-15 锌精矿沸腾焙烧的指标对比

指 标	空气沸腾焙烧	富氧沸腾焙烧
空气消耗/$m^3 \cdot (m^2 \cdot h)^{-1}$	300~400	300~400
空气消耗（精矿）/$m^3 \cdot t^{-1}$	1800~2000	1450~1500
富氧程度	—	25~31
温度： 沸腾层/K 炉顶/K	 1203~1243 1153~1193	 1233~1263 1183~1213
烟气中 SO_2 浓度： 炉子出口/% 旋锅收尘后/%	 9~10 8~9	 13.5~15.0 10~11
硫入气相回收率/%	94~95	94.5~95.3
单位生产率/$t \cdot (m^2 \cdot d)^{-1}$	4.5~5.5	8.7~9.9

（3）其他强化措施。其他强化沸腾焙烧的措施还有制粒、利用二次空气或贫 SO_2 烧结烟气焙烧、多层沸腾炉焙烧等。

4.2.3 硫化锌精矿的烧结焙烧

硫化锌精矿的烧结焙烧在直线型烧结机上进行死焙烧，以获得适合蒸馏法炼锌或鼓风炉炼锌的烧结块，其目的是利用空气通过烧结机上的料层在较高温度下（1200~1300℃）尽可能除尽硫，同时也除去对蒸馏有害的杂质砷、铅、镉。

在烧结焙烧过程中，铅的去除率约为75%，镉约为95%。炉料中加入少量的食盐或氯化钙，可以使铅与镉变为较易挥发的氯化物而除去。对鼓风炉炼锌，炉料中要加入熔剂，使烧结矿烧结成较大的块料并具有较高的强度。烧结焙烧一般有吸风烧结和鼓风烧结两种方法。

对鼓风炉炼锌来说，因炉料中常含有较多的铅，因此采用鼓风烧结。并且要求烧结块中含铅量一般不大于20%。鼓风烧结机构造示意图如图4-9所示。

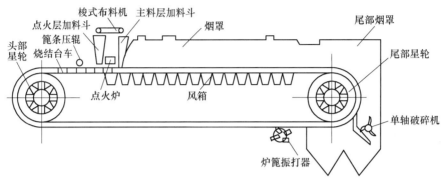

图 4-9 鼓风烧结机构造示意图

若原料含铜较高，则应在烧结块中残留部分硫，使铜以 Cu_2S 的形态进入铅冰铜，减轻产出高铜粗铅的熔炼困难和铜随渣的损失。

为提高炉料的透气性，在烧结焙烧锌精矿时，可采取下列办法：用预先焙烧的方法加大精矿的粒度；在圆筒内混合加湿料，加大精矿的粒度，水分蒸发后还可留下孔隙，增大透气性；加入返粉；在小车底上铺一薄层较大粒的烧结矿。

4.3 湿法炼锌的浸出过程

湿法冶金是在低温（25~250℃）及水溶液中进行的一系列冶金作业过程。在湿法炼锌中，以稀硫酸溶剂（电解废液）溶解含锌物料中的锌，使锌尽可能全部地溶入溶液中，得到硫酸锌溶液，再对此溶液进行净化以除去溶液中的杂质，然后从硫酸锌溶液中电解沉积出锌，电解析出的锌再熔铸成锭。

从图 4-10 湿法炼锌流程简图可以看出，浸出工序是湿法炼锌过程中液、固两相的大吞吐口，电解后的废液连续流入，所产出的硫酸锌溶液又不断输出，构成庞大的溶液循环回路。固相的转运也主要发生在这个工序，即含锌物料的输入和浸出残渣的排出。

工业浸出过程是多种多样的，在步骤上有一段、二段、三段之分，在浸出条件上有低温和高温、低酸和高酸、常压和高压之别。浸出工艺流程及条件的选择在很大程度上决定着整个湿法炼锌过程的主要技术经济指标。

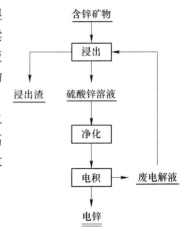

4.3.1 浸出方法

湿法炼锌的浸出是以稀硫酸溶液（废电解液）作溶

图 4-10 湿法炼锌流程简图

剂，控制适当的酸度、温度和压力等条件，将含锌物料中的锌化合物溶解呈硫酸锌进入溶液、不溶固体形成残渣的过程。浸出的目的是使含锌物料中的含锌化合物尽可能迅速与完全地溶解进入溶液，而杂质金属尽可能少地溶解，并希望获得一个过滤性良好的矿浆。

根据浸出过程酸度、温度、压力、浸出段数和作业方式的不同，浸出可分为多种方法。表4-16示出了常见的浸出方法分类和特征。

表 4-16　常见的浸出方法分类和特征

分类	名　称	特　征
按过程酸度等不同	中性浸出	终点 pH 值，5.2~5.4，60~70℃
	酸性浸出（低酸浸出）	终酸 1~5g/L（10~20g/L），75~80℃
	热酸浸出（高酸浸出）	终酸 40~60g/L，90~95℃
	超酸浸出	终酸 120~130g/L，90~95℃
	氧压浸出	终酸 15~30g/L，135~150℃，氧分压 350~1000kPa
	还原浸出	终酸 20g/L，100~110℃，SO_2，压力 150~200kPa
按过程段数不同	一段浸出	一段中性浸出；一段氧压浸出；一段还原浸出
	二段浸出	一段中浸，一段酸浸；两段氧压酸浸
	三段浸出	一段中浸，一段低浸，一段热酸浸出
	四段浸出	一段中浸，一段脱酸，一段高浸；一段超酸浸出
按作业方式不同	间断浸出	浸出过程在同一槽内分批间断进行
	连续浸出	浸出过程在几个槽内循序进行

按照浸出方法的发展历程来看，中性浸出是最早采用的浸出工艺。这是由于锌矿物中不同程度的含有铁杂质，浸出过程中不可避免有铁的浸出，为了得到铁含量尽可能低的硫酸锌浸出液，可控制浸出的终点在 pH 值 5.2~5.4 左右，使进入溶液的铁水解进渣。因浸出终点溶液接近中性，故称为中性浸出。中性浸出还能起到降低溶液中砷、锑、硅等有害杂质含量的作用。

中性浸出硫化锌焙烧矿过程中所得浸出渣尚含有约 20% 的锌，大部分以铁酸锌形式存在。虽然可通过高温高酸浸出的办法来回收锌，但由于此时铁也近乎全部进入溶液，在锌、铁分离的技术问题未解决之前，中浸渣的处理只能采用高温还原挥发的办法。至 20 世纪 60 年代，黄钾铁矾法、针铁矿法和赤铁矿法等新型除铁方法的相继出现，使得热酸浸出得以工业应用，并使湿法炼锌获得飞速发展，从而确立了湿法炼锌在锌冶炼技术中的主导地位。

为了消除常规湿法冶金过程中焙烧硫化锌精矿所带来的二氧化硫污染，随着高压湿法冶金技术的发展，硫化锌精矿的氧压浸出工艺也在 20 世纪 80 年代得到工业应用。该工艺浸出速度快，硫化锌精矿中的硫以单质硫的形式产出，便于储运。氧压浸出工艺的浸出液可以方便的汇入常规湿法炼锌流程，也可单独处理，工艺设计灵活，且投资小于常规湿法炼锌工艺，因此成为目前发展最快的湿法炼锌新工艺。

4.3.2　锌焙烧矿的浸出

4.3.2.1　浸出反应的热力学

锌焙烧矿用稀硫酸溶剂进行浸出时，发生以下几类反应：

（1）$ZnSO_4$ 的溶解：直接溶解于水形成硫酸锌水溶液。

（2）氧化锌及其他金属氧化物的溶解：

$$MeO_{\frac{n}{2}} + \frac{n}{2}H_2SO_4 = Me(SO_4)_{\frac{n}{2}} + \frac{n}{2}H_2O$$

用离子反应式表示：

$$MeO_{\frac{n}{2}} + nH^+ = Me^{n+} + \frac{n}{2}H_2O \qquad K = a_{Me^{n+}}/a_{H^+}^n$$

当反应达到平衡时，有：

$$\lg a_{Me^{n+}} = \lg K - n pH$$

根据上式，可作出离子活度–pH图，见图4-11。

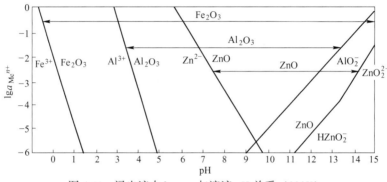

图4-11 浸出液中 $\lg a_{Me^{n+}}$ 与溶液 pH 关系 （298K）

对于锌来说，锌焙烧矿中的 ZnO 用稀硫酸浸出的反应为：

$$ZnO + 2H^+ = Zn^{2+} + H_2O$$

当反应达到平衡时，反应的平衡常数为：

$$K = \frac{a_{Zn^{2+}}}{a_{H^+}^2} = 10^{11.6}$$

在达到平衡状态后，H^+ 和 Zn^{2+} 两种离子浓度相差很远。在 25℃，当锌离子活度按 1.0mol/L 计时，则锌离子的水解 pH=5.8。

由于硫酸锌是 Ⅱ–Ⅱ 型的强电解质，锌的活度系数很小，在高浓度的硫酸锌溶液中，锌的活度系数远小于1，所以在工业生产中，控制中性浸出的终点 pH 在 5.2~5.4 时，不会造成锌的水解损失，同时还能有效脱除 Fe^{3+}、Al^{3+} 等杂质。

4.3.2.2 金属化合物在酸浸过程中的稳定性

锌焙矿中存在的金属氧化物、铁酸盐、砷酸盐和硅酸盐等锌的多种化合物在酸浸出过程中溶解的难易程度，或在酸性溶液中的稳定性，可用酸溶平衡 $pH^{\ominus}$ 来衡量。酸溶平衡 $pH^{\ominus}$ 小的较难浸出，$pH^{\ominus}$ 大的较易浸出。根据有关热力学的计算，酸浸过程中焙烧矿中各种化合物的稳定性规律如下。

（1）金属氧化物在酸性溶液中的稳定性的次序是：

$$SnO_2 > Cu_2O > Fe_2O_3 > Ga_2O_3 > Fe_3O_4 > In_2O_3 > CuO > ZnO > NiO > CaO > CdO > MnO$$

（2）金属的铁酸盐在酸性溶液中的稳定性的次序为：

$$ZnO \cdot Fe_2O_3 > NiO \cdot Fe_2O_3 > CoO \cdot Fe_2O_3 > CuO \cdot Fe_2O_3$$

（3）金属的砷酸盐，在酸性溶液中的稳定性的次序为：

$$FeAsO_4 > Cu_3(AsO_4)_2 > Co_3(AsO_4)_2 > Zn_3(AsO_4)_2$$

（4）金属硅酸盐，在酸性溶液中的稳定性的次序为：

$$PbSiO_2 > 2FeO \cdot SiO_2 > 2ZnO \cdot SiO_2$$

（5）锌、铜、钴等金属化合物的稳定次序是：

铁酸盐 > 硅酸盐 > 砷酸盐 > 氧化物

（6）所有氧化物、铁酸盐、砷酸盐的 $pH^\ominus$ 均随温度升高而下降，即要求在更高的酸度下进行浸出。

4.3.2.3 锌焙烧矿中各组分在浸出时的行为

（1）锌的化合物。氧化锌（ZnO）在浸出时与硫酸作用进入溶液：

$$ZnO + H_2SO_4 =\!=\!= ZnSO_4 + H_2O$$

硫化锌（ZnS）在常规的浸出条件下不溶而入渣，但溶于热浓的硫酸中，其反应为：

$$ZnS + H_2SO_4 =\!=\!= ZnSO_4 + H_2S$$

在硫酸铁的作用硫化锌可按下反应部分地溶解：

$$Fe_2(SO_4)_3 + ZnS =\!=\!= ZnSO_4 + 2FeSO_4 + S$$

硅酸锌（$2ZnO \cdot SiO_2$）能溶解在稀硫酸中。当 60℃ 浸出时，溶液 pH<3.8，$2ZnO \cdot SiO_2$ 即可溶解，但在硅进入溶液后易形成胶体硅酸。当 pH 值升高到 5.2~5.4 时，硅酸发生凝聚，并与 $Fe(OH)_3$ 一同沉淀入渣：

$$2ZnO \cdot SiO_2 + 2H_2SO_4 =\!=\!= 2ZnSO_4 + SiO_2 \cdot 2H_2O$$

铁酸锌（$ZnO \cdot Fe_2O_3$）在中性浸出时浸出率只有 1%~3%，几乎不溶解而进入浸出残渣中造成锌的损失。采用高温高酸浸出焙砂，铁酸锌可按以下反应溶解：

$$ZnO \cdot Fe_2O_3 + 4H_2SO_4 =\!=\!= ZnSO_4 + Fe_2(SO_4)_3 + H_2O$$

（2）铁。Fe_2O_3 在以很稀的硫酸浸出时不溶解，Fe_3O_4 不溶于稀硫酸。中性浸出时，焙烧矿中的铁约有 10%~20% 进入溶液，溶液中存在 Fe^{2+} 和 Fe^{3+} 两种铁离子。在中性浸出终了时，Fe^{2+} 不水解，而 Fe^{3+} 则很易水解形成 $Fe(OH)_3$ 沉淀除去。为了在浸出终了能使铁水解除去，需要将 Fe^{2+} 氧化成 Fe^{3+}。

（3）铜、镍、镉、钴。在酸性浸出时很容易溶解，按下式生成硫酸盐进入溶液。

$$MeO + H_2SO_4 =\!=\!= MeSO_4 + H_2O$$

（4）砷和锑。焙烧矿中的砷和锑以砷酸盐和锑酸盐形态留在焙砂中，浸出时主要以络阴离子存在：

$$FeO \cdot As_2O_5 + H_2SO_4 + 2H_2O =\!=\!= FeSO_4 + 2H_3AsO_4$$
$$FeO \cdot Sb_2O_5 + H_2SO_4 + 2H_2O =\!=\!= FeSO_4 + 2H_3SbO_4$$

（5）铅与钙、镁的化合物。铅的化合物在浸出时呈硫酸铅（$PbSO_4$）和其他铅的化合物（如 PbS）留在浸出残渣中。钙与镁在浸出时生成 $CaSO_4$ 和 $MgSO_4$，消耗硫酸。$MgSO_4$ 溶解度较高，当溶液温度降低时，$MgSO_4$ 便结晶析出，堵塞管道。

（6）铝。铝大多以氧化铝（Al_2O_3）存在，在酸性浸出时部分溶解，大部分不溶。

（7）硅。焙砂中游离态的 SiO_2 不溶进入渣中，硅酸盐则在稀硫酸溶液中部分溶解。

（8）金与银。金在浸出时不溶解，完全留在浸出残渣中。锌焙砂中以硫化银（Ag_2S）形式存在的银不溶解，硫酸银溶入溶液中，溶解的银与溶液中的氯离子结合为氯化银沉淀进入渣中。

（9）镓、铟、锗、铊等。镓、铟、锗、铊等在酸性浸出时，能部分地溶解，在中性浸出过程中水解而进入浸出的残渣中。铊浸出时进入溶液中，在加锌粉净化除铜、镉时将与铜、镉一道进入铜镉渣中而被除去。

4.3.2.4 浸出过程动力学

锌焙砂的浸出过程是属于固—液相之间的多相反应，浸出速度主要取决于表面化学反应速度和扩散速度。

A 氧化锌的浸出

氧化锌的酸溶过程示意图见图 4-12。氧化锌溶解于稀硫酸的反应活化能很低，约为 12.54kJ/mol，属典型的扩散速度控制的反应。氧化锌浸出的扩散速度可表示为：

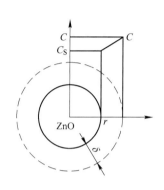

$$\frac{\mathrm{d}M}{\mathrm{d}t} = DS\frac{C - C_S}{\delta}$$

式中，C、C_S 为溶液本体和反应表面处酸的浓度；S 为反应表面积，$F = 4\pi r^2$（球形）；δ 为扩散层厚度，对静态溶液 $\delta = 0.5mm$，搅拌下 $\delta \approx 0.01mm$；D 为扩散系数，可用 $D = (RT/N) \cdot (1/3\pi\mu d)$ 来计算；R 为气体常数；N 为阿伏伽德罗常数；μ 为介质黏度；d 为直径。

图 4-12 氧化锌的
酸溶过程示意图

浸出速度与温度、溶剂浓度、搅拌强度、矿的粒度、矿浆黏度及锌焙烧矿的物理化学特性有关。

由上式可知，当 C_S 一定时，当本体中酸浓度越大，反应速度越快，所以实际生产中适当提高反应液酸度（170~200g/L）。

提高搅拌强度时，δ 变小，也能加快反应。还有颗粒越细或提高反应温度，降低介质黏度都能增大扩散系数 D，也能提高反应速度。

当搅拌强度达到一定程度后，扩散过程能够比较顺利地进行，这时氧化锌的溶解速度取决于界面反应速度。

设 $W_0 = \frac{4}{3}\pi r_0^3\rho$ 为球状矿物的原始质量，$W = \frac{4}{3}\pi r^3\rho$ 为 t 时刻的重量，则反应率为

$$\alpha = (W_0 - W)/W_0 = 1 - r^3/r_0^3$$

球状矿物的溶解速度为：

$$-\frac{\mathrm{d}W}{\mathrm{d}t} = W_0\frac{\mathrm{d}\alpha}{\mathrm{d}t} = k_S \cdot S = k_S \cdot 4\pi r^2 = k_S \cdot 4\pi r_0^2(1 - \alpha)^{2/3}$$

其中，k_S 为单位面积的矿物溶解速率常数。

从而反应速度：

$$\frac{\mathrm{d}\alpha}{\mathrm{d}t} = \frac{3k_S(1 - \alpha)^{2/3}}{r_0\rho}$$

对上式积分，可得：

$$1 - (1 - \alpha)^{1/3} = \frac{k_S}{r_0\rho}t = kt$$

其中，k 为反应速率常数。由上式可见，$\alpha \propto t$，在一定的时间内 k 值越大，α 值越大。

而 k 与温度 T 之间的关系可用阿伦尼乌斯公式表示：

$$k = A\exp\left(-\frac{\Delta E}{RT}\right)$$

其中，A 为指前因子，对不同反应其数值不同；ΔE 为反应活化能。

B 铁酸锌中锌的浸出

经中性浸出和酸性浸出后的浸出渣含锌仍在 18%~22% 左右。分析表明，渣中锌的主要形态为 $ZnFe_2O_4$（60%~90%）和 ZnS（0~16%）。

$ZnFe_2O_4$ 属于难分解的铁氧体，浸出活化能高达 58.6kJ/mol，浸出处于化学反应控制区；按 $\ln k = -\Delta E/RT + B$ 计算 40~100℃ 间 k 的比例，$k_{50}/k_{40} = 2.01$，$k_{70}/k_{60} = 1.84$，$k_{100}/k_{90} = 1.68$，温度升高时，其浸出速度成倍提高。

浸出动力学适合缩核模型：$1-(1-\alpha)^{\frac{1}{3}} = kt$。研究表明，在 85℃ 下浸出 $ZnFe_2O_4$，$k = 4.75 \times 10^{-3}$；若要求 $\alpha = 99\%$ 时，$t = 165.3$min，工业生产一般取 3~4 小时。

4.3.2.5 中性浸出及中和水解除杂

中性浸出过程包括焙烧矿中 ZnO 的溶解和浸出液中杂质离子的水解净化除杂两个过程。中性浸出控制浸出终点 pH 值为 5.2~5.4，使锌离子不致水解，而杂质金属离子全部或部分以氢氧化物 $Me(OH)_n$ 形式水解析出。

杂质金属离子的水解反应如下：

$$Me^{n+} + nH_2O \Longrightarrow Me(OH)_n(s) + nH^+$$

该反应的平衡条件是：

$$pH = pH^{\ominus} - \frac{1}{n}\lg a_{Me^{n+}}$$

根据上式，可计算出杂质的去除程度，也可作出金属氢氧化物在水溶液中的稳定性与 pH 值的关系图。几种金属氢氧化物在水中的稳定区域如图 4-13 所示。

A 三价铁水解及净化作用

在中性浸出过程中，控制终点 pH = 5.2~5.4，由图 4-13 知，溶液中的 Fe^{3+}、Sn^{2+}、Al^{3+} 等杂质能以氢氧化物的形态沉淀下来，但溶液中的 Zn^{2+}、Cu^{2+}、Fe^{2+}、Ni^{2+}、Cd^{2+}、Co^{2+} 等不能沉淀出来。

为了在浸出终了能使其中的 Fe^{2+} 水解除去，即实现深度除铁，需要将 Fe^{2+} 氧化成 Fe^{3+}，氧化剂可用二氧化锰（软锰矿或阳极泥），也可采用空气中的氧气。Fe^{2+} 氧化成 Fe^{3+} 的反应如下：

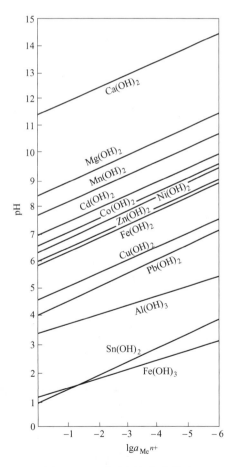

图 4-13 几种金属氢氧化物在水中的稳定区域（298K）

$$Fe^{3+} + e \Longrightarrow Fe^{2+} \qquad\qquad E_1 = 0.77 + 0.059 \lg(a_{Fe^{3+}}/a_{Fe^{2+}})$$

$$MnO_2 + 4H^+ + 2e \Longrightarrow Mn^{2+} + 2H_2O \qquad E_2 = 1.23 - 0.12pH - 0.0311 \lg a_{Mn^{2+}}$$

$$O_2 + 4H^+ + 4e \Longrightarrow 2H_2O \ (p_{O_2} = 21.28kPa) \quad E_3 = 1.224 - 0.059pH$$

氧化原理可用图 4-14 所示的电位-pH 图来说明。从图中可以看到，MnO_2 和 O_2 均能氧化 Fe^{2+} 为 Fe^{3+}，其氧化能力取决于 E_2、E_3 与 E_1 的差值大小。pH 值越小，其差值越大，MnO_2 的氧化能力越强。当 pH 值小于 0.5 时 MnO_2 的氧化能力大于空气中氧的氧化能力。所以在中性浸出时要先把 MnO_2 加入到矿浆中，氧化反应可写成（温度为 40℃）：

$$2Fe^{2+} + MnO_2 + 4H^+ \Longrightarrow 2Fe^{3+} + Mn^{2+} + 2H_2O$$

$$E_4 = E_2 - E_1 = 0.46 - 0.12pH - 0.0311 \lg(a_{Mn^{2+}} \cdot a_{Fe^{3+}}^2 / a_{Fe^{2+}}^2)$$

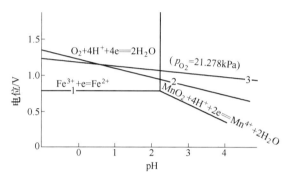

图 4-14　亚铁氧化反应的电位-pH 图

在实际生产中，中性浸出前期 pH≈1，Mn^{2+} = 3~5g/L，$a_{Mn^{2+}} \approx 1.82 \times 10^{-2}$ mol/L，代入上式可求得，$a_{Fe^{2+}}/a_{Fe^{3+}} = 1.6 \times 10^{-5}$，即 Fe^{2+} 氧化很完全。

在中性浸出过程中，采用鼓风搅拌的方法，也是为了利用空气中的氧来氧化二价铁。

浸出液中的 As、Sb、Ge 与铁共沉淀，当浸出液中这三种杂质含量较高时，必须保证浸出液中有足够多的铁离子。通常铁含量应为 As 和 Sb 总量的 10 倍以上，可使 As、Sb 降至 0.1mg/L 以下。

Fe 与 As、Sb 共沉淀的机理，基于下列原理：

（1）在 $Fe(OH)_3$ 胶体的絮凝过程中，$Fe(OH)_3$ 胶体具有很高的吸附能力，这时 As 和 Sb 的氢氧化物被吸附共沉；

（2）浸出液中形成的 $Fe(OH)_3$ 胶体与 As^{3+} 发生下列反应：

$$4Fe(OH)_3 + H_3AsO_3 \Longrightarrow Fe_4O_5(OH)_5As(s) + 5H_2O$$

锑也有类似的反应。

B　水解除硅

硅在浸出矿浆中基本上以胶体状态存在。浸出终点控制在 pH=5.2 时，氢氧化铁和硅酸胶体带有相反的电荷，两种胶体会聚结在一起发生共同沉淀。

为了使浸出矿浆易于沉降或过滤，工业生产通常向溶液中加入聚丙烯酰胺（三号凝聚剂）来改善和加速沉降过程。

4.3.2.6　中性浸出过程

中性浸出以硫化锌精矿的焙烧矿为原料，锌电解废液为浸出剂，得到硫酸锌浸出液送往后续的净化工序，中浸渣另行处理。

浸出过程对原料的要求主要包括全锌量、可溶锌量、水溶锌量、可溶二氧化硅量、砷锑氟含量、可溶铁量、不溶硫量等。

中性浸出对技术条件的控制为：

（1）浸出终点的控制；

（2）一次中性浸出液质量的控制，包括铁、砷、锑含量的控制和固体悬浮物的控制。

在中性浸出过程中，应控制好以下条件：中性浸出温度为 $50 \sim 70℃$，终点 pH 为 $5.2 \sim 5.4$，减少焙砂中可溶性 SiO_2 的含量，适当的搅拌强度和中和速度，当 pH 值达 5 时应停止搅拌，加入适当的絮凝剂以有利于 $Fe(OH)_3$ 的凝聚及与硅胶相互凝聚而共同沉淀。为了尽可能减少上清液中的悬浮物，应控制浸出液含锌不超过 $150g/L$。

为提高锌的浸出率，湿法炼锌厂多数是采用连续复浸出流程，即第一段为中性浸出，第二段为酸性或热酸浸出；浸出渣可用火法还原挥发法或热酸浸出—黄钾铁矾法处理，工艺流程示例分别见图 4-15（a）和（b）。

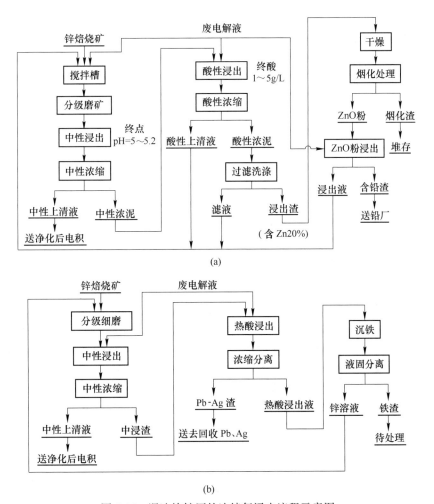

(a)

(b)

图 4-15　湿法炼锌厂的连续复浸出流程示意图
（a）浸出渣用火法还原挥发法处理；（b）浸出渣用热酸浸出—黄钾铁矾法处理

某厂两段浸出的技术条件见表 4-17。表 4-18 中列出了某些工厂产出的中性上清液成分。

表 4-17 某厂两段浸出的技术条件

技术条件	一次中性浸出	二次酸性浸出
浸出方式	连续（三槽串联）	连续（四槽串联）
浸出槽	空气搅槽（100m³）	空气搅拌槽（100m³）
终点 pH	5.2~5.4	2~3
浸出温度/℃	60~75	65~85
浸出时间/min	30~60	90~150
液固比	10~15：1	7~9：1
搅拌风压/MPa	0.15~0.18	0.15~0.18

表 4-18 某些工厂产出的中性上清液成分 （mg/L）

厂名	Zn	Cu	Cd	Co	Ni	As	Sb	Fe	F	Cl	Mn
株洲厂	(130~170)×10³	150~400	600~1200	8.25	8.12	≤0.3	0.5	≤20	≤50	≤100	25.5×10³
巴伦（比）	160×10³	500	35	10	1.5	0.15	0.35	200	—	400	
神岗（日）	160×10³	413	690	45	0.6	—	—	7	4	12	
达特恩（德）	160×10³	327	275	9~15	2~3	—	—	16	—	50~100	2.4×10³
马格拉港（意）	145×10³	90	550	11	2	0.4	0.4	1	25	75	3.5×10³

4.3.2.7 热酸浸出及铁的沉淀

A 热酸浸出的化学反应

热酸浸出的实质是锌焙烧矿的中性浸出渣经高温、高酸浸出，在低酸中难以溶解的铁酸锌以及少量其他尚未溶解的锌化合物得到溶解，进一步提高锌的浸出率。

$$ZnO \cdot Fe_2O_3 + 4H_2SO_4 = ZnSO_4 + Fe_2(SO_4)_3 + 4H_2O$$

同时渣中残留的 ZnS 使 Fe^{3+} 还原成 Fe^{2+} 而溶解：

$$ZnS + Fe_2(SO_4)_3 = ZnSO_4 + 2FeSO_4 + S$$

工业生产中热酸浸出过程分一段和多段浸出。典型的一段热酸浸出的条件和技术指标为：始酸 100~200g/L，终酸 30~60g/L，温度 85~95℃，液固比 6~10（开始），浸出时间 3~4h，一般锌的浸出率可以达到 97%。两段浸出一般是在热酸浸出之后加一段超酸浸出，热酸浸出时温度 85~90℃，终酸 50~60g/L，超酸浸出时温度 90℃，终酸 100~125g/L，浸出 3h 后锌的总浸出率可以达到 99.5%。

经热酸浸出后铁酸锌的溶出率达到 90% 以上，锌的浸出率显著提高，同时铅、银富集在酸浸渣中，但溶液中铁的浓度大大增加，为此必须采用相应的除铁措施。目前工业生产中采用将铁以不溶化合物沉淀的方法除去。

B 热酸浸出液的沉铁方法

根据沉淀铁的化合物形态不同，热酸浸出过程中采用的沉铁方法有黄钾铁矾法、针铁矿法和赤铁矿法。

a 黄钾铁矾法

通过添加某些一价金属阳离子，可使三价铁以黄钾铁矾复盐的形式从弱酸溶液里沉淀出来，其基本反应为：

$$3Fe_2(SO_4)_3 + 2A(OH) + 10H_2O \Longrightarrow 2AFe_3(SO_4)_2(OH)_6 + 5H_2SO_4$$

其中 A^+ 可为 K^+、Na^+、NH_4^+ 等，经 X 射线衍射分析，此类沉淀与自然界中天然存在的黄钾铁矾晶体结构形似，因此通称为黄钾铁矾沉淀。沉矾过程为放酸反应，需要中和以保证沉矾过程中的 pH 恒定。

工业上采用接近沸腾温度（95~100℃）沉铁。当 pH 值为 1.5、温度为 90℃时，溶液中 90%~95% 的铁可以黄钾铁矾形态沉淀出来，溶液返回中浸段，残存的铁进一步在中性浸出中以 $Fe(OH)_3$ 沉淀。某厂的黄钾铁矾法工艺流程示于图 4-16。

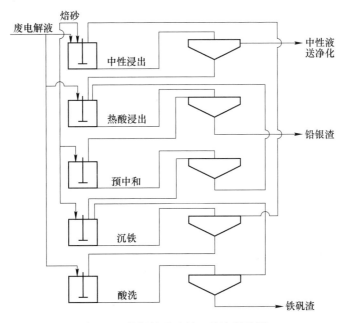

图 4-16 黄钾铁矾法的工艺流程示例

黄钾铁矾法的优点：（1）黄钾铁矾沉淀为晶体，易澄清过滤分离；（2）金属回收率高；（3）碱试剂消耗量少；（4）沉铁是在微酸性（pH=1.5）溶液中进行，需中和剂 ZnO 少；（5）铁矾带走一定的硫酸根，有利于保持酸的平衡。

黄钾铁矾法的缺点：（1）脱砷、锑的效果不佳，也不利于稀散金属的回收；（2）黄钾铁矾渣渣量大（渣率 40%），渣含锌高（3%~6%），渣中含铁低（25%~30%），难以利用，堆存时其中可溶重金属会污染环境。

黄钾铁矾法在常规湿法炼锌中应用最广，在应用过程中又发展出低污染黄钾铁矾法和转化法等分支工艺。

低污染黄钾铁矾法是在铁矾沉淀之前通过对含铁溶液的稀释及预中和等手段，降低沉矾前液的酸度或 Fe^{3+} 的浓度，避免在沉矾过程中加入焙砂作中和剂，沉淀出纯铁矾渣，以减少有价金属在矾渣中的损失并改善矾渣对环境的污染。

低污染黄钾铁矾法的优点：（1）在沉矾过程中不需加中和剂，可沉淀出较纯铁矾渣，渣含铁较高，含有价金属较少；（2）铁矾渣中有价金属的损失减少，可改善矾渣对环境的污染，且金属回收率高。

其缺点是需将沉铁液稀释，增加沉铁液的处理量，使生产率降低。

低污染黄钾铁矾法的生产工艺流程示例见图4-17。低污染黄钾铁矾法与常规铁矾法的金属回收率和矾渣成分比较见表4-19。

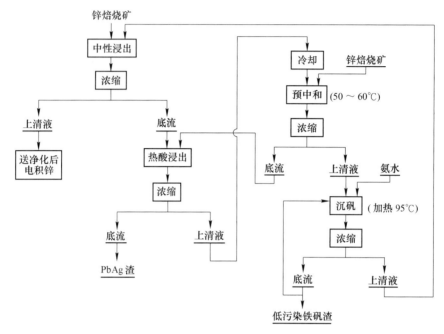

图 4-17　低污染黄钾铁矾法的工艺流程示例

表 4-19　低污染黄钾铁矾法与常规铁矾法的金属回收率和矾渣成分比较　　（%）

元素	常规铁矾法			低污染铁矾法		
	铁矾渣成分	金属回收率	入相应渣回收率	铁矾渣成分	金属回收率	入相应渣回收率
Fe	25~30			32		
Zn	2~6	94~97		1.3	98~99	
Cu	0.16~0.3		约90	0.04		95
Cd	0.05~0.2	94~97		0.004	97~98	
Pb	0.2~2.0		约75	0.2		>95
Ag	10~15[①]		约75	4[①]		>95
Au	0.6[①]		约75	<0.19[①]		>95
Co	0.005			0.002		

①单位为 g/t。

转化法是在同一阶段完成铁酸锌的浸出和铁矾的沉淀，即将常规黄钾铁矾法流程中的热酸浸出、预中和及沉铁三个阶段在同一个工序完成，又称铁酸锌的一段处理法。其基本反应包括铁酸锌的浸出及沉铁两种，总反应为：

$$3Fe_2(SO_4)_3 + A_2SO_4 + (14-2x)H_2O \Longrightarrow 2A_x(H_3O)_{1-x}Fe_3(SO_4)_2(OH)_6 + (5+x)H_2SO_4$$

转化法的沉铁率可达90%~95%。转化法具有流程短、投资省、过程稳定、操作容易的优点，但只适宜处理含铅、银低的锌精矿。转化法的工艺流程示例见图 4-18。

b　针铁矿法

针铁矿法的操作是在较低酸度（pH = 3~5）、低 Fe^{3+} 浓度（<1g/L）和较高温度（80~100℃）的条件下，使浸出液中的铁以稳定的化合物针铁矿（$Fe_2O_3 \cdot H_2O$ 或 α -FeOOH）形式析出：

$$Fe_2(SO_4)_3 + 3ZnO + H_2O ==\!\!==$$
$$3ZnSO_4 + Fe_2O_3 \cdot H_2O$$

针铁矿法除铁的依据是 Fe^{3+} 的沉淀过程受温度的影响。低温下，控制一定的 pH 温度 Fe^{3+} 生成 $Fe(OH)_3$ 沉淀，当温度升高

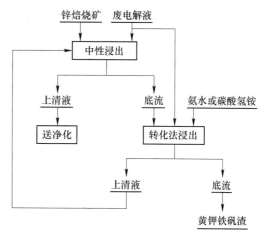

图 4-18　转化法的工艺流程示例

到 90℃ 以上时，控制一定的 pH 值则可生成 FeOOH（针铁矿），当温度升高到 150℃ 时，进一步脱水生成 Fe_2O_3（赤铁矿）。这一点可从图 4-19 中可以看到。

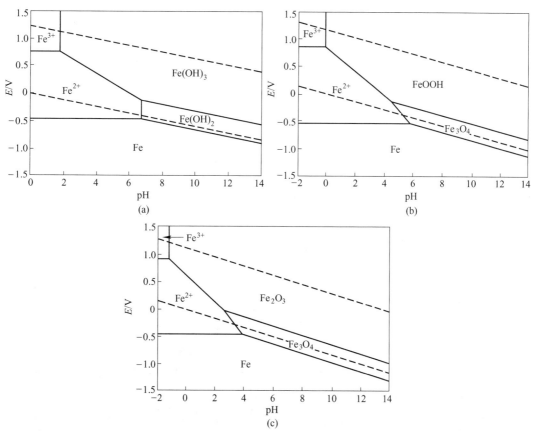

图 4-19　不同温度下的 $Fe-H_2O$ 系电位-pH 图（溶解态物质按 1.0g/L 计算）

（a）25℃；（b）100℃；（c）150℃

进一步研究表明：在 90~95℃ 之间，Fe^{3+} 浓度对结晶形态有很大影响。当 Fe^{3+} 浓度小

于 2g/L 时形成 α-FeOOH；当 Fe^{3+} 浓度高时，则会生成组成不同的碱式硫酸铁。50℃ 和 110℃ 时的 Fe_2O_3-SO_3-H_2O 系平衡相图如图 4-20 所示。

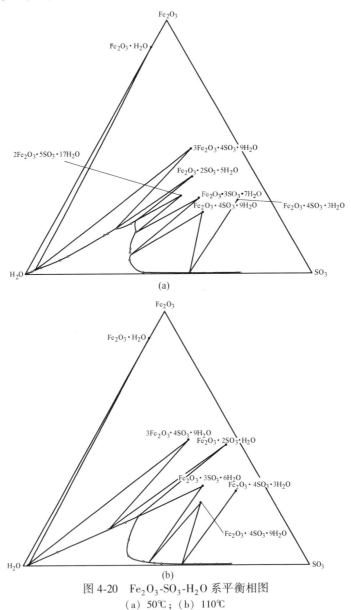

图 4-20 Fe_2O_3-SO_3-H_2O 系平衡相图
(a) 50℃；(b) 110℃

但实际的热酸浸出液中 Fe^{3+} 为 20g/L 以上，有的高达 30~40g/L，显然不能直接沉针铁矿，必须设法降低针铁矿沉淀过程中的 Fe^{3+} 浓度，工业上有两种实施方法，分别称作 V. M 法（氧化-还原法）和 E. Z 法（部分水解法）。

（1）V. M 法。即把含 Fe^{3+} 的溶液用过量 15%~20% 的锌精矿在 80~90℃ 下还原成 Fe^{2+} 状态，其反应为：

$$2Fe^{3+} + ZnS \Longrightarrow Zn^{2+} + 2Fe^{2+} + S$$

当 Fe^{3+} 被 ZnS 还原的反应达平衡时，则 $E_{Fe^{3+}/Fe^{2+}} = E_{Zn^{2+}/ZnS}$，于是：

$$0.77 + 0.061 \lg(a_{Fe^{3+}}/a_{Fe^{2+}}) = 0.26 + 0.031 \lg a_{Zn^{2+}}$$

如果某热酸浸出液含锌 60g/L，此时锌的活度系数为 0.043，则：

$$\lg(a_{Fe^{3+}}/a_{Fe^{2+}}) = -9.19$$

随后在 80~90℃以及相应 Fe^{2+} 状态下中和 pH 值为 2~3，用空气氧化沉铁，主要反应为：

$$2Fe^{2+} + 0.5O_2 + H_2O + 2ZnO \longrightarrow 2FeOOH + 2Zn^{2+}$$

为了加快还原反应速度，采用近沸腾温度（90~95℃），硫酸浓度大于 50g/L，ZnS 的过剩量为 12%~20%，还原时间 3~6h，Fe^{3+} 的还原率达 90%，溶液中残存 Fe^{3+} 浓度为 1~2g/L。

沉铁技术条件为：85~90℃，pH 3.5~4.5，分散空气，添加晶种，Fe^{3+} 初始浓度 1~2g/L，7h。

（2）E.Z 法。即将浓 Fe^{3+} 的溶液与中和剂一道均匀地加入到加热且强烈搅拌的沉铁槽中，Fe^{3+} 的加入速度等于针铁矿沉铁速度，故溶液中 Fe^{3+} 的浓度低，得到的铁渣组成为 $Fe_2O_3 \cdot 0.64H_2O \cdot 0.2SO_3$，称为类针铁矿。

E.Z 法比 V.M 法省去了 Fe^{3+} 的还原工序，工艺流程简单，操作较容易，但稀散金属进入铁渣，不利于稀散金属的回收。

针铁矿法沉铁的优点为：铁沉淀完全，溶液最后含 Fe^{3+} 浓度小于 1g/L；铁渣为晶体结构，过滤性能好；沉铁的同时，可有效地除去 As、Sb、Ge，并可除去溶液中大部分（60%~80%）氯。

针铁矿法沉铁的缺点在于：VM 法需要对铁进行还原—氧化过程，而 EZ 法中和酸需要较多的中和剂；针铁矿含有一些水溶性阳离子和阴离子（即 12%SO_4^{2-} 或 6%Cl^-），有可能在渣堆存时渗漏而污染环境；并且在沉铁过程对 pH 值的控制要比黄钾铁矾法严格。

c 赤铁矿法

当硫酸浓度不高时，在高温（180~200℃）和高压（2000kPa）条件下，溶液中的 Fe^{3+} 会发生如下水解反应得到赤铁矿（Fe_2O_3）沉淀：

$$Fe_2(SO_4)_3 + 3H_2O \longrightarrow Fe_2O_3 + 3H_2SO_4$$

赤铁矿法的沉铁率可达 90%。

赤铁矿法的优点为锌及伴生金属浸出率高，综合回收好，产渣量少，渣的过滤性好，渣含铁高（58%）。赤铁矿法的缺点在于需用高压釜，建设投资费用大，蒸汽消耗多，产生的大量 $CaSO_4$ 渣需找到合适的销路，铁渣虽然含铁量较高，但由于含有较高的锌等有色金属和硫酸根，目前还不能用作炼铁原料。

C 沉铁方法比较

采用不同方法处理时所得浸出渣的化学成分比较见表 4-20。

表 4-20 不同沉铁方法所得浸出渣的化学成分　　　　　　　　（%）

名　称	Zn	Cu	Cd	Fe	Pb
铁矾渣	6.0	0.4	0.05	30	1.4
酸洗后铁矾渣	3.0	0.2	0.02	30	1.5
针铁矿渣	8.50	0.5	0.05	11.35	2.20
赤铁矿渣	0.45	—	0.01	58~60	—
普通浸出渣	18~22	0.5~0.8	0.15~0.2	20~30	6~8

不同沉铁方法的技术指标比较见表4-21。

表 4-21　不同沉铁方法的技术指标比较

技术条件	黄铁矾法	转化法	针铁矿法	赤铁矿法
酸度（pH）	<1.5	<1.5	2.5~3.5	硫酸达2%
温度/℃	90~100	90~100	70~90	约200
时间/h	3	3~4	1.5	3
添加剂	NH_4^+，Na^+，K^+	NH_4^+，Na^+，K^+	无	无
残渣量/电锌量	0.8		0.5	0^+
沉铁率/%	90~95	90~95	90	90
渣含铁/%	约30	<30	40~50	60~67
铁渣过滤性能	很好	很好	很好	很好
锌回收率/%	97.3	98	97.7	98.4
银回收率/%	93	0	85	99
基建投资	中	低	较高	很高
技术操作要求	较容易	简单	较难	较难
酸平衡	能分离出酸	能分离出酸	不易平衡	需加石灰中
渣的可能用途	几乎没有	几乎没有	几乎没有	水泥、陶瓷或炼铁

4.3.3　硫化锌精矿的氧压浸出

目前以硫化锌精矿为原料的湿法炼锌一般都伴随有硫化锌精矿火法焙烧，如果再加上浸出渣的高温还原挥发，则常说的湿法炼锌实质上是湿法和火法的联合流程，只有硫化锌精矿直接酸浸工艺才真正称得上是全湿法炼锌工艺。

硫化锌精矿氧压技术是舍利特·高登公司在20世纪50年代后期首先提出的，于1981年成功用于工业生产，其特点为：锌精矿不经焙烧直接加入压力釜中，在一定的温度和氧分压条件下，直接酸浸获得硫酸锌溶液，原料中的硫、铅、铁等则留在渣中，分离后的渣经浮选、热滤、回收元素硫、硫化物残渣及尾矿，进入硫酸锌溶液中的部分铁，经中和沉铁后进入后续工序处理。

该工艺浸出效率高，对高铁闪锌矿和含铅的锌精矿适应性强，与常规湿法炼锌方法相比无需建设配套的焙烧车间和酸厂，有利于环境的治理，尤其是对于成品硫酸外运交通困难的地区，氧压浸出工艺更显优势，产出的元素硫便于储存和运输。目前国外已有五座炼锌厂建成了氧压浸出系统。

4.3.3.1　氧压浸出的理论基础

A　硫化锌精矿直接浸出的热力学

硫化锌精矿直接浸出的热力学可以通过Zn-S-H_2O系电位-pH图来表达，如图4-21所示。

$$a_{Zn^{2+}} = 1，a_{HSO_4^-} = 1，c_{H_2S} = 10^{-3} mol/L$$

图中分为一个平衡固相区（Ⅳ）和三个液相区（Ⅰ、Ⅱ、Ⅲ）。在不同的条件下，固相ZnS分别同不同组分的液相保持平衡，其相关反应方程分别为：

$$ZnS + 2H^+ \Longrightarrow Zn^{2+} + H_2S$$

$$ZnS + 2H^+ + \frac{1}{2}O_2 \Longrightarrow Zn^{2+} + S + H_2O$$

$$ZnS - 2e \Longrightarrow Zn^{2+} + S$$

$$ZnS + H^+ + 2O_2 \Longrightarrow Zn^{2+} + HSO_4^-$$

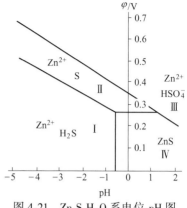

第一个反应对应于无氧化剂时 ZnS 的酸浸,反应产物为 Zn^{2+} 和 H_2S。由于 ZnS 的溶度积常数很小,所以反应很难向右进行。而通过提高酸度来降低溶液中 S^{2-} 的方法在实际上难以实现。所以在无氧化剂的条件下直接酸浸硫化锌精矿无法实现,存在热力学推动力的问题,这也是常规湿法炼锌处理硫化锌精矿在浸出前必须进行氧化焙烧的原因。

图 4-21 Zn-S-H_2O 系电位-pH 图

考虑第二个和第三个反应,在有氧化剂存在的条件下,浸出产物为 Zn^{2+} 和 S,位于平衡图 Ⅱ 区。由于此时与元素 S 保持平衡的 S^{2-} 浓度比无氧化剂时低的多,因而浸出液中的 Zn^{2+} 可以达到很高的平衡浓度。

在更高的电位下或较高的 pH 值条件下,ZnS 可进一步被氧化生成 Zn^{2+}、HSO_4^-。这在硫化锌精矿的氧压浸出过程中应尽量避免,因为此反应会减少元素硫的回收率。

综上,为使硫化锌精矿中的硫以元素硫的形式产生,需要控制合适的电位值,并保持较高的溶液酸度。

B 硫化锌精矿氧压浸出的速度问题

在工业上广泛采用的氧化剂为氧气,氧气的氧化作用可通过两个途径实现,一是溶解的氧通过液相中的均相反应使溶液中浸出的 S^{2-}(或 H_2S)氧化,对应于图 4-21 中 Ⅰ/Ⅱ 间的平衡;二是溶解的氧吸附于硫化锌精矿表面,通过某种中间化合物氧化 ZnS 生成元素 S,对应于 Ⅱ/Ⅳ 区的液固相平衡。具体的反应历程和机理无法通过热力学判别,但无论通过何种方式进行,反应的速度在很大程度上都受到氧气传质的影响。通常来看,氧气在极性电解质溶液中的溶解度很小,并且溶解的氧分子只有在裂解为氧原子之后才和硫化物进行反应,而氧分子的裂解需要很高的活化能,因此,采用氧气作氧化剂进行硫化锌精矿的直接浸出时,存在动力学因素的阻碍。工业上目前通过增大氧气压力的方法来强化浸出的动力学,即氧压浸出的方法。

氧压浸出时的主要反应是氧对硫化矿的氧化作用,由于反应的放热,浸出过程是在超过硫的熔点(119℃)时进行的。在无添加剂的情况下,产生的熔融硫会包裹在硫化锌颗粒表面,严重阻碍浸出反应的继续进行。这也是在没有找到合适的添加剂之前,硫化锌精矿氧压浸出一直未能付诸工业实践的主要原因。

目前广泛采用木质素磺酸盐作添加剂,当其吸附在精矿或硫表面后,有极性基团伸向溶液,表现出亲水性,降低了精矿和硫表面与水的表面张力,从而有利于分离精矿和硫,改善浸出过程。

提高浸出温度一般可提高浸出反应速度。熔融硫的黏度在 153℃ 时最小,而温度高于 200℃ 时,硫氧化生产硫酸盐的速度大为增加,因此浸出温度定为 150℃ 左右为宜。

浸出时溶液中 Fe^{3+} 的存在会加速浸出反应速度。通常认为溶液中的铁在浸出过程中起到氧的传递作用,Fe^{3+} 使硫化锌氧化,本身被还原成 Fe^{2+},接着又被溶液中的氧重新氧

化成 Fe^{3+}。Fe^{2+} 氧化成 Fe^{3+} 被认为是浸出过程的速度控制阶段。

硫化锌精矿的粒度大小对氧压浸出的速度和锌提取率关系很大，一般要求精矿充分细磨，粒度98%小于44μm，以提高固体表面反应面积和减小固体表面层的扩散阻力。

工业实践证明，硫化锌精矿氧压浸出的条件在温度为140~150℃，氧分压为700kPa，浸出时间为1h，锌浸出率可达98%以上，硫总回收率为88%。

C 浸出过程中铁的行为

硫化锌精矿中一般含有5%~10%的铁，铁主要以两种形式存在：其一，晶格替换的形式，如铁闪锌矿（$nZnS \cdot mFeS$）；其二，独立的矿物，如黄铁矿（FeS_2）、磁黄铁矿（Fe_nS_{n+1}）、黄铜矿（$CuFeS_2$）等。

氧压浸出过程的过程反应如下：

$$ZnS + H_2SO_4 + 0.5O_2 \!=\!=\!= ZnSO_4 + H_2O + S$$
$$FeS + H_2SO_4 + 0.5O_2 \!=\!=\!= FeSO_4 + H_2O + S$$
$$CuFeS_2 + 2H_2SO_4 + O_2 \!=\!=\!= CuSO_4 + FeSO_4 + 2H_2O + 2S$$
$$FeS_2 + H_2O + 3.5O_2 \!=\!=\!= FeSO_4 + H_2SO_4$$

在硫化锌氧压浸出的同时，铁也相应浸出进入溶液。但黄铁矿是惰性的，其氧化程度取决于浸出温度和氧化电位，在正常的氧压浸出条件下，仅有少部分被直接氧化为硫酸盐和硫酸，该反应无元素硫生成。

在氧压浸出过程中，铁起到氧传递作用，加速浸出反应，硫化锌的总浸出反应由下述两个反应组成：

$$ZnS + Fe_2(SO_4)_3 \!=\!=\!= ZnSO_4 + 2FeSO_4 + S$$
$$2FeSO_4 + H_2SO_4 + 0.5O_2 \!=\!=\!= Fe_2(SO_4)_3 + H_2O$$

通常情况下，硫化锌精矿中含有足够的可溶性铁，可保证溶液中的铁浓度满足氧传递的要求。

铁进入溶液后还会发生沉淀，其行为主要受酸浓度的影响。在氧压浸出过程中一般有低酸浸出和高酸浸出两种类型。

在低酸浸出过程中，酸的总量仅稍过量于精矿中锌全部浸出所需的理论用酸量。浸出时铁的矿物（除黄铁矿外）耗酸与锌矿物的浸出耗酸发生竞争，高压釜中的酸浓度在酸加入后下降很快，这就形成了铁水解和沉淀的有利条件，铁水解时重新释放出酸，反应如下：

$$Fe_2(SO_4)_3 + (x + 3)H_2O \!=\!=\!= Fe_2O_3 \cdot xH_2O + 3H_2SO_4$$
$$Fe_2(SO_4)_3 + 2H_2O \!=\!=\!= 2FeOHSO_4 + H_2SO_4$$
$$3Fe_2(SO_4)_3 + 14H_2O \!=\!=\!= 2H_3OFe_3(SO_4)_2(OH)_6 + 5H_2SO_4$$
$$PbSO_4 + 3Fe_2(SO_4)_3 + 12H_2O \!=\!=\!= PbFe_6(SO_4)_4(OH)_{12} + 6H_2SO_4$$

如果在浸出液中存在 Na^+、K^+、NH_4^+ 等阳离子，在低酸度的情况下就会生成相应的铁矾沉淀。

在高酸浸出情况下，即在氧压浸出时溶液中保持较高的残酸，则可有效地抑制铁的水解沉淀。如果锌精矿中含有较多的铅和银，则在氧压浸出时保持溶液中残酸不低于50g/L，阻止铁的水解，从而得到高品位的铅银渣。

4.3.3.2 氧压浸出的流程选择

在氧压浸出工艺中，可以选用一段高压浸出和两段高压浸出两种流程。前者用于在常规湿法炼锌的基础上扩大产能，一般采用低酸高压浸出，产出的硫酸锌溶液并入常规湿法炼锌流程。精矿中的铁进入浸出液后，一部分在高压浸出时以铁矾和碱式硫酸铁形式沉淀，其余的铁在常规湿法炼锌流程中除去，铁除去的方法则取决于原有炼锌流程的处理方法。

两段高压浸出用于完全取消硫化锌精矿焙烧的场合，可独立建厂运行。此时，采用高酸浸出，即较高的酸锌摩尔比，以保证精矿中锌的浸出率；同时二段浸出时保留较高浓度残酸，抑制溶液中铁水解进渣，以得到高品位的铅银渣。其原则工艺流程见图4-22。

图4-22实质上是两段逆流高压浸出，在第一段矿浆与新鲜的精矿接触，产出残酸和铁都低的浸出液，经中和残酸、水解除铁后进行传统的净化、电积处理。在第二段中，采用高酸浸出第一段的浸出渣，以保证高的锌浸出率。根据某些实际情况，如同时处理两种类型硫化锌精矿，又对其中一种精矿中的伴生元素回收有要求的话，还可采用两段共流高压浸出的流程。

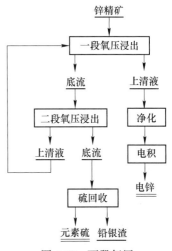

图 4-22　两段氧压
浸出原则工艺流程

4.3.3.3 氧压浸出的工业实践

早在20世纪40年代，国外即开始研究锌精矿的直接浸出工艺，加拿大的舍利特高尔登公司从1957年开始研究在硫酸中加压浸出闪锌矿，后又与科明科（Cominco）公司一起进行中间试验和工业性考查。70年代，锌精矿加压浸出取得了重大进展，加拿大舍利特高尔登公司研究开发的硫化锌精矿加压酸浸—电积工艺，省去了焙烧和制酸系统，简化了工艺流程，同时精矿的硫可以以元素硫的形式回收，消除了SO_2对大气的污染，被认为比传统的焙烧—浸出—电积流程经济合理。1977年，加拿大舍利特高尔登公司与科明科公司联合进行了日处理3t硫化锌精矿加压浸出和回收元素硫的半工业试验。

世界上第一个处理硫化锌精矿的加压酸浸厂于1981年在加拿大特雷尔（Trail）建立，设计能力为日处理精矿190t，与原有传统流程平行运行。该厂是将锌浸出系统分为三部分，传统的焙烧—浸出系统处理占锌产量的70%，加压浸出系统处理占锌产量的20%，剩下的10%为氧化矿浸出系统。加压流程锌的浸出率在98%以上，硫化物中的硫有95%~96%转化成元素S。加压酸浸系统主要处理本地（Parker and Romanchuk）产出的高铁锌精矿。该加压浸出工艺温度控制在150~180℃之间，将锌精矿尽可能浸出完全，然后加压浸出液送常规流程的中性浸出，加压浸出工艺基本依赖原有系统的净化和电积系统。经对锌精矿分级系统、料酸预热处理、单质硫回收等进行改造后，锌浸出率和单质硫收率得到进一步提高，产率大大超过了设计标准，目前特雷尔冶炼厂加压浸出系统处理锌产量已占精矿总量的23%，加压系统年产锌锭约72500t。

第二个硫化锌精矿加压酸浸厂是加拿大梯明斯（Timmins）的基得克里克（Kidd Creek）锌厂（现名为Falconbridge Timins锌厂），于1983年投产，设计能力为日处理精矿100t，矿物原料仅为来自基得（Kidd）矿山的锌精矿。自20世纪90年代初开始，该厂为延长高压釜的在线工作时间，提高其运转率，对高压釜操作进行了大量卓有成效的改进，主要包括：改进高压釜内衬，显著降低了铅衬腐蚀速率，但无法解决喷嘴附近严重的铅腐蚀问题；通过更换排料管材料，安装备用排料管，改变操作工艺参数等方式解决了排料管阻塞的问题；解决了泵的腐蚀问题，延长了泵的使用寿命；更换垫圈材料，从根本上解决了漏气问题；此外还采取了定期检修维护的措施等。加压过程铁以黄钾铁矾、碱式硫酸铁和水合氧化铁形式沉淀。该厂为加压浸出工艺与传统锌冶炼主体传统工艺流程联合，1995年该厂精矿处理能力达 40000t。

第三个硫化锌精矿加压酸浸厂是德国的鲁尔锌厂（Ruhr-Zink），该厂于 1989 年完成加压浸出工业设计，在克服了试运行阶段来自原料与设备方面的主要问题后，于 1991 年中期实现了稳定生产，设计能力为日处理精矿 300t，与传统的焙烧—浸出—电积流程相结合，铁以赤铁矿形式沉淀出来，铁渣作为水泥原料使用，副产品为元素硫、Pb-Ag 精矿。1993 年该厂取消了赤铁矿工艺，加压浸出液进中和工序，产生的含锌铁渣再处理，改造后的生产能力比原设计能力扩大了 10%~15%。后由于锌市场问题，该厂的高压釜及部分焙烧炉关闭。

第四个硫化锌精矿加压酸浸厂是哈得逊湾矿冶公司（HBMS），HBMS 锌厂是世界上首家完全采用加压浸出工艺处理锌精矿的工厂。该厂位于加拿大弗林弗仑（Flin Flon），于 1993 年 7 月投产。该厂采用 3 台加压釜取代了十多台多膛炉和巴秋克浸出槽，设计每小时处理精矿 21.6t，采用两段逆流浸出法，第一段浸出溶液含 Fe 低于 2g/L，两段浸出后锌浸出率达 99%，年生产锌锭 8 万吨。

第五个锌精矿加压浸出工厂由哈萨克斯坦铜业公司在哈萨克斯坦巴尔喀什于 2003 年12 月建成投产，生产规模为年产 10 万吨电锌，采用两段加压浸出工艺，处理铜锌精矿，精矿含锌 40%~46%，含铜 1.9%~3.9%。

随着国外加压浸出工厂的运行，国内工厂也相继开始探索加压技术。20 世纪 90 年代云南冶金集团对硫化锌精矿特别是高铁硫化锌精矿进行了系统试验，于 2004 年在永昌公司建成 1 万吨/年加压氧气浸出示范厂，工艺参数为浸出压力 0.8~1.2MPa，浸出温度140~160℃，采用工业纯氧。2007 年云南冶金集团在澜沧公司建设年产 2 万吨的处理高铁硫化锌精矿的两段加压氧气浸出厂，经过工业试验，2008 年建成投产。

我国第一座 10 万吨/年加压氧气浸出工厂是中金岭南的丹霞冶炼厂。针对凡口铅锌矿生产的高镓高锗锌精矿，为了提高有价金属的综合回收率，选择了加压氧气浸出直接炼锌工艺。该厂委托加拿大谢里特公司对凡口锌精矿进行了试验研究，在此基础上确定了两段逆流加压氧气浸出流程。浸出工序采用 3 台高压釜（两用一备），高压釜容积为 280m^2/台，由国内相关公司设计制造。丹霞冶炼厂在冶炼工艺、设备及材料国产化方面做了大量研究工作。该厂于 2009 年建成投产，各项技术经济指标很快达到设计水平。两段浸出后的锌浸出率达到 98%~99%，镓浸出率达到 90%，锗浸出率达 95% 左右，生产连续性好，系统投产时产出的硫精矿未生产硫磺，2011 年硫磺生产系统投入正常运行。西部矿业 10万吨电锌采用加压氧气浸出项目已进入实施阶段。

4.3.4　氧化锌矿的浸出

氧化锌矿主要有菱锌矿、硅锌矿及异极矿，难以选矿富集。对于低品位的铅锌氧化矿，一般采用火法富集再湿法处理。对高品位的氧化锌精矿，可直接进行酸浸。

由于氧化锌矿多为高硅矿，直接酸浸往往产生硅酸胶体，使矿浆难以澄清分离和影响过滤速度。因此在生产中一般采用将矿浆快速中和至 pH = 4.5~5.5、提高浸出温度、添加 Al^{3+}、Fe^{3+} 或在 70~90℃下进行慢浸出的措施。典型的生产工艺如下。

4.3.4.1 老山（Vieille-Montagne）工艺

其特点是将浸出槽串联起来，在严格控制浸出温度为 70~90℃的条件下缓慢加酸，逐步提高酸度，经 8~10h，SiO_2 呈结晶形式，易于沉淀过滤。

4.3.4.2 中和凝聚法和 EZ 工艺

两者工艺相近，均是在氧化矿酸浸后再进一步进行中和凝聚的方法。

中和凝聚法工艺由浸出和硅酸凝聚两段组成。凝聚段主要是处理溶解在矿浆中的 SiO_2，通过中和并加入 Fe^{3+}、Al^{3+} 凝聚剂，使胶质 SiO_2 在高 pH 值、高 Zn^{2+} 浓度和足够的反离子 Fe^{3+}、Al^{3+} 凝聚剂存在的条件下聚合成颗粒相对紧密、易于过滤的沉淀物。中和凝聚法处理高硅氧化锌矿的主要技术指标见表 4-22。

表 4-22 中和凝聚法处理高硅氧化锌矿的主要技术指标

企　业		会泽异极矿	华宁冶炼厂	云林锌厂	普洱同心矿	四川会东冶炼厂
规模		小型及连续试验	500t/a 电锌	2000t/a 电锌	小型试验	半工业试验
试验或投产日期		1978	1989	1992	1992	1992
矿石成分 /%	Zn	36.58	31.3	29.34	31.98	30.65
	SiO_2	11.84	26.0	8.29~8.35	20.42	29.13
硅酸锌含 Zn 占总 Zn 比例/%		56.63	46.0		87.5	60.0
渣含 Zn 量/%		1.7~2.2	5.0~9.0	7.31~9.9	5.23	7.6~7.7
浸出—絮凝 Zn 回收率/%		94.8	80~85	>80	76	
过滤速度	干渣/kg·(m²·h)$^{-1}$	28~34			94.3~97.3	
	矿浆/m³·(m²·h)		0.6~1.0	0.21~0.24	0.51~0.53	0.37~0.45

4.3.4.3 瑞底诺（Radina）法

该法也被称为"三分之一"法，工艺控制的关键在于保持浸出过程中较低的胶质 SiO_2 浓度，用已沉淀析出的 SiO_2 作种子，在硫酸铝凝聚剂存在的情况下，使胶质 SiO_2 沉淀下来。该法 SiO_2 缓慢凝聚，可以得到很好的浸出结果，但操作程序比较繁杂，设备也庞大。

4.3.4.4 硫-氧联合浸出工艺

将硫化锌精矿浸出与氧化锌矿浸出有机地结合，利用氧化锌矿的中性浸出代替了常规的铁矾法或针铁矿法除铁工序，又利用了硫化矿浸出液的体积，增大氧化锌矿浸出的液固比，解决了单独处理氧化锌矿澄清、液固分离困难的问题。

该工艺的氧硫比有较大的调节范围，硫化矿焙烧矿与氧化矿的比例可灵活调节。当单独处理氧化矿时，需加大氧化锌矿的中性液返回量和酸浸液返回量以提高氧化锌矿浸出的液固比，提高浸出液中锌含量。

对低品位氧化锌矿和高碱性脉石氧化锌矿，常用威尔兹窑挥发处理，产出氧化锌烟尘送湿法炼锌系统生产电锌。位于云南兰坪的云南金鼎锌业有限公司就采用该技术建成了年生产 12 万吨锌的冶炼厂。

另外，采用萃取技术处理氧化锌矿或次氧化锌烟尘，则是锌冶炼发展的一项新技术。

4.3.5 浸出、浓缩、过滤设备

4.3.5.1 浸出槽

常压浸出采用的浸出槽，根据搅拌方式的不同分为空气搅拌与机械搅拌两种。浸出槽的容积一般为 $50\sim100m^3$。目前，浸出槽趋向大型化，$120\sim400m^3$ 的大槽已在工业上应用。

为了强化浸出过程，工业上也采用沸腾浸出槽代替搅拌槽。该装置结构简单，占地面积小，劳动生产率高，金属损失小，易于实现自动化。

赤铁矿法除铁和硫化锌精矿的加压氧化浸出采用高压釜，并且多采用多室卧式高压釜，其结构示意图见图 4-23。

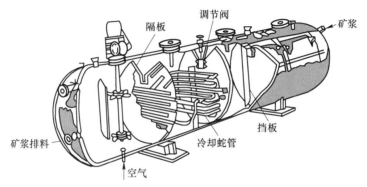

图 4-23 多室卧式高压釜结构示意图

4.3.5.2 浓缩槽（浓密机）

浸出车间用于液固分离的设备有浓密机和各类过滤机。浸出矿浆用浓缩槽（浓密机）进行浓缩澄清，广泛应用的是单层连续式耙集沉降器。为了提高澄清速度，需要加入絮凝剂。影响浓缩过程的因素有矿浆的 pH 值、矿浆温度、溶液中胶质二氧化硅和氢氧化铁的含量、矿浆中固体颗粒的粒度、溶液与固体颗粒的密度差和浓缩槽负荷等。

4.3.5.3 过滤机

经浓缩槽产出的底流再用过滤机进行过滤，其基本原理是，以介质两侧压差为推动力，使矿浆中的液体通过可渗性介质，而固体为介质所截留。

湿法炼锌常用的过滤方法有真空过滤（常用真空度 $53\sim90kPa$）和加压过滤（压力一般为 $80\sim200kPa$）两种。影响过滤的因素主要有固体颗粒度、料浆的黏度和滤饼的温度。

湿法炼锌浸出过程中常用及新型过滤机有板框压滤机、自动厢式压滤机、框式真空过滤机、圆盘真空过滤机、圆筒真空过滤机、带式过滤机、叶滤机和旋转过滤机等。

4.4 硫酸锌浸出液的净化

4.4.1 净化的目的与方法

4.4.1.1 浸出液净化的目的

净化，就是将浸出过滤后的中性上清液中的杂质除至规定的限度以下，提高其纯度，使杂质浓度在允许含量之下，从而满足锌电积对电解液的要求。中浸上清液中的杂质可分三类：

第一类为 As、Sb、Ge、Fe 和 SiO_2，在中性浸出时已经大部分除去。

第二类为 Cu、Cd、Co 和 Ni，电解液中存在此类离子的话，会显著降低电流效率并影响电锌质量，为常规重点脱除对象。此类杂质脱除后还具有相当大的回收价值。净化主要采用多段锌粉置换法，同时加入一些添加剂，如砷霜和锑盐。其工艺根据温度的变化分为正向和逆向，温度从高到低为正，反之为逆。

第三类为 F、Cl、Ca 和 Mg，过高浓度的 F 会造成电积时阴极剥锌困难，Cl 浓度过高会腐蚀锌电积的阳极，恶化环境，而高浓度的 Ca、Mg 会增大电解液电阻，并在电解液温度降低时以硫酸盐结晶形式析出堵塞管路，因此也要根据需要脱除。某厂的上清液成分和对净化后新液的成分要求见表 4-23。

表 4-23 某厂的上清液成分和对净化后新液的成分要求

成分/mg·L^{-1}	中性上清液	新 液
Zn	$(130\sim150)\times10^3$	$(130\sim150)\times10^3$
Cu	$240\sim420$	<0.5
Cd	$460\sim680$	<7
As	$0.18\sim0.36$	$0.24\sim0.61$
Sb	$0.3\sim0.4$	$0.05\sim0.1$
Ge	$0.2\sim0.5$	$<0.1\sim0.05$
Ni	$2\sim7$	$1\sim0.5$
Co	$10\sim35$	$1\sim2$
Fe	$1\sim7$	$10\sim20$
F	$50\sim100$	$50\sim100$
Cl	$100\sim300$	$100\sim300$
Mn	$3000\sim6000$	$3000\sim6000$
SiO$_2$	$50\sim70$	$40\sim50$
悬浮物	$1000\sim1500$	无

4.4.1.2 净化方法和流程

净化方法及流程取决于中性浸出液中的杂质成分及对净化后溶液的要求。净化过程趋向于采用连续化自动化控制、自动化检测及多段深度净化。

净化方法按原理可分为两类：一是加锌粉置换除铜、镉，在有其他添加剂存在时加锌粉置换除钴、镍；二是加特殊试剂（黄药、β-萘酚）沉淀除钴。

在选择净化流程时，除主要满足电解工序对新液的要求外，还要考虑杂质在净化渣中的富集率和锌粉用量等因素。目前硫酸锌溶液的主要净化方法见表 4-24。

表 4-24 硫酸锌溶液的主要净化方法

流程	第一段	第二段	第三段	第四段
砷盐净化法	加锌和 As$_2$O$_3$ 除铜钴镍，得铜渣送去回收	加锌粉除镉，镉渣送去提镉	加锌粉除反溶镉，得镉渣返回第二段	再进行一次加锌粉除镉
逆递净化法	加锌粉除铜、镉、得 Cu-Cd 渣，送去回收铜、镉	加锌粉和 Sb$_2$O$_3$ 除钴，得钴渣送去提钴	加锌粉除镉	

续表 4-24

流程	第一段	第二段	第三段	第四段
合金锌粉法	加 Zn-Pb-Sb 合金锌粉除铜镉钴	加锌粉除镉	加锌粉除镉	
黄药净化法	加锌粉除铜、镉，得 Cu-Cd 渣，送去提镉，并回收铜	加黄药除钴，得钴渣送去提钴		
β-萘酚法	加锌粉除铜镉，得 Cu-Cd 渣，送去提镉	加亚硝基-β-萘酚除钴，得钴渣送还去提钴	加锌粉除反溶镉	

4.4.2　锌粉置换除铜、镉

4.4.2.1　锌粉置换净化的原理

锌粉置换除铜、镉是用较负电性的锌从硫酸锌溶液还原较正电性的铜、镉、钴等金属（用 Me 表示）离子，其基本反应为：

$$Zn + Me^{2+} \Longrightarrow Zn^{2+} + Me$$

置换反应的电位-pH 图见图 4-24。置换反应进行的极限程度取决于它们之间的电位差：

$$E = E^{\ominus}_{Me^{2+}/Me} - E^{\ominus}_{Zn^{2+}/Zn} + 0.0295 \lg(\alpha_{Me^{2+}}/\alpha_{Zn^{2+}})$$

两种金属电位差愈大，置换反应愈彻底。当反应达到平衡时：

$$E^{\ominus}_{Me^{2+}/Me} - E^{\ominus}_{Zn^{2+}/Zn} = 0.0295 \lg(\alpha_{Zn^{2+}}/\alpha_{Me^{2+}})$$

式中，$\alpha_{Zn^{2+}}/\alpha_{Me^{2+}}$ 是在平衡状态时，置换剂锌与被置换金属的活度比值，表示置换的程度。设浸出液中 Zn^{2+} 的浓度为 150g/L（$\alpha_{Zn^{2+}} = 0.1$ mol/L），单独计算出置换过程平衡电位和残存金属离子的浓度，见表 4-25。

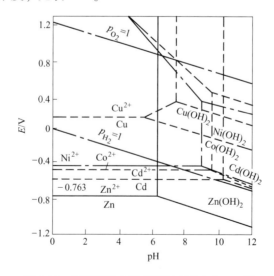

图 4-24　锌粉置换杂质离子反应的电位-pH 图

表 4-25 锌粉置换各杂质离子的平衡电位和残存金属离子的浓度 (25℃)

电极反应	$E^{\ominus}/V$	$E_{平衡}/V$	平衡离子浓度
$Zn^{2+}+2e \Longrightarrow Zn$	-0.763	-0.789	$150g/L$ (活度给定为 $0.1mol/L$)
$Cd^{2+}+2e \Longrightarrow Cd$	-0.403	-0.566	$5.63 \times 10^{-2} mg/L$
$Co^{2+}+2e \Longrightarrow Co$	-0.277	-0.488	$4.12 \times 10^{-4} mg/L$
$Ni^{2+}+2e \Longrightarrow Ni$	-0.246	-0.469	$1.44 \times 10^{-4} mg/L$
$Cu^{2+}+2e \Longrightarrow Cu$	0.337	-0.108	$4.06 \times 10^{-13} mg/L$

由热力学计算可以看出，锌粉置换除铜、镉、钴、镍可降至很低的程度。实践证明，锌粉置换除铜、镉很容易进行，单纯用锌粉置换除钴、镍比较困难，由于动力学的因素，不能把钴除至合格程度，需要采取其他辅助措施。

在置换过程中，可能同时产生某些有害反应，必须采取相应措施予以防止，如氢气与 AsH_3 的析出。

4.4.2.2 锌粉置换除铜、镉

锌粉置换除铜、镉是在锌粉表面上进行的多相反应过程，影响锌粉置换除铜、镉的因素有：

(1) 锌粉质量与用量。锌粉纯度高、粒度适中 ($0.125 \sim 0.149mm$)、尽量避免表面氧化，都会加快反应速度；若一段同时除铜、镉，锌粉粒度以 $0.07 \sim 0.15mm$ 为宜；如果分两段除铜、镉，先用粗粒锌粉除铜，再用细粒锌粉除镉。锌粉加入量为理论量的 $3 \sim 6$ 倍 (防镉返溶，对铜来说 $1.2 \sim 1.5$ 倍即可)。

(2) 搅拌速度。增大搅拌速度，可改善置换反应的动力学条件，加快反应速度。

(3) 置换温度。温度升高可提高置换反应的速度，但不能过高，以 $60 \sim 70℃$ 为宜，否则导致锌粉溶解增多和使镉复溶；镉在 $40 \sim 55℃$ 时发生同素异形转变，温度过高加速返溶，因此置换温度要适当，一般控制在 $50 \sim 60℃$ 之间。

(4) 中浸液成分。中浸液中锌的含量以 $150 \sim 180g/L$ 为宜，过高则锌离子产物扩散慢，太低时锌酸溶产生氢气加大锌粉消耗；另外，酸度高增加锌粉消耗和镉的返溶，当锌粉用量为理论量的 3 倍时，为保证置换后铜、镉合格，pH 应该大于 3；若优先置换铜保留镉，应酸化到含 H_2SO_4 约 $0.1 \sim 0.2g/L$。

(5) 添加剂。除镉时若溶液中没有 Cu^{2+}，则除镉效果很差，溶液中 Cu^{2+} 含量应保持在 $200 \sim 250mg/L$。除钴时，除了 Cu^{2+} 外，还需要其他的添加剂。

加锌粉的净化过程在机械搅拌槽或沸腾净化槽内进行。净液过程中的搅拌均采用机械搅拌，而不用空气搅拌，这是为了防止加入的锌粉被氧化。净化后的过滤设备一般采用压滤机。滤渣称铜镉渣，由铜、镉和锌组成，含 Zn $35\% \sim 40\%$、Cu $3\% \sim 6\%$、Cd $4\% \sim 10\%$，送去回收锌、铜、镉。

当锌粉一段除铜、镉后，可使中性液中含铜由 $200 \sim 400mg/L$ 降至 $0.5mg/L$ 以下，含镉由 $400 \sim 500mg/L$ 降至 $7mg/L$ 以下。

4.4.3 净化除钴、镍

电沉积锌过程中，电解液中的少量钴、镍杂质会造成电流效率明显下降。为此，必须

深度净化除去钴、镍。对于湿法炼锌的原料而言，其中镍相对钴的量较小，并且，镍与钴的性质相似，下面以钴为例说明除去钴、镍的方法。

前已指出，实际上由于动力学因素，锌粉置换除钴达不到合格程度，因此必须有另外的添加剂存在才行。常用的有砷盐净化法和锑盐净化法。

4.4.3.1　砷盐净化法

砷盐净化法分以下两步进行。第一步是在 80~95℃ 温度下，向溶液中加入锌粉的同时，加入铜盐和砷盐，除铜、钴；第二步是在 50~60℃ 下加锌粉除镉。

其净化原理为，硫酸铜液与锌粉反应，在锌粉表面沉积铜，形成 Cu-Zn 微电池，由于该微电池的电位差比 Co-Zn 微电池的电位差大，因而使钴易于在 Cu-Zn 微电池阴极上放电还原，形成 Zn-Cu-Co 合金。而这时的钴仍不稳定，易复溶。当加入砷盐后，As^{3+} 也在 Cu-Zn-Co 微电池上还原，形成稳定的 As-Cu-Co(-Zn) 合金从而使 Co^{2+} 降到电解合格的程度。

还有研究显示，加入砷盐后生成 $CoAs_2$ 稳定化合物，扩大了水溶液中 Co 的稳定区域，使浸出除钴的热力学推动力加大。

砷盐净化法的主要缺点是在净化过程中产生的 Cu-Co 渣被砷污染，而且还有可能放出有毒的 AsH_3 气体和 H_2，在工业应用上受到限制。

4.4.3.2　锑盐净化法

锑盐净液的原理（生成 $CoSb_{0.85}$，氧化还原电位提高了 200mV）与砷盐净液相同，但净化的温度制度与砷盐净液法相反。

第一步在 50~60℃ 较低温度下，加锌除铜、镉，使铜和镉的含量小于 0.1mg/L 和 0.25mg/L。

第二步在 90℃ 的高温下，以 3g/L 的锌量和 0.3~0.5mg/L 的锑量计算，加入锌粉和 Sb_2O_3 除钴，使钴含量小于 0.3mg/L。

实际生产中还可以用含锑锌粉或其他含锑物料，比如酒石酸锑钾、锑酸钠和铅锑合金等。

锑盐净化法有许多优点，不需要添加铜离子，先除铜和镉，后加锑盐除钴效果好；对于含钴高的溶液更有利；净化过程中 SbH_3 易分解，没有剧毒气体产生；另外锑盐的活性比较大，用量比较少。因此，锑盐净化法是目前最重要的净化除钴方法。

4.4.3.3　黄药除钴法

黄药除钴法是在除铜、镉后的溶液中，添加 C_2H_5OCSSK、$C_2H_5OCSSNa$、C_4H_9OCSSK、$C_4H_9OCSSNa$ 等黄酸盐，在 $CuSO_4$ 存在的条件下使钴形成难溶的黄酸钴沉淀而除去。其反应为：

$$CoSO_4 + CuSO_4 + 4C_2H_5OCSSK \Longrightarrow Cu(C_2H_5OCSS)(s) + Co(C_2H_5OCSS)_3(s) + 2K_2SO_4$$

硫酸铜起使氧化成 Co^{3+} 的作用，也可采用空气、$Fe_2(SO_4)_3$、$KMnO_4$ 等作氧化剂。除钴温度要控制在 35~40℃，温度过低，反应速度慢，温度过高黄药会受热分解；pH 值应控制在 5.2~5.6，过高会增加黄药的消耗，降低操作效率。

黄药除钴消耗大量的试剂，环境不够友好，而且净化后液含钴量较高，黄酸钴不好处理，所以工业上很少采用。

4.4.3.4 合金锌粉净化法

采用 Zn-Sb、Zn-Pb、Zn-Pb-Sb 合金锌粉代替纯锌粉。合金锌粉一般 $w(Sb)<2\%$、$w(Pb)<3\%$。

合金锌粉中锑的存在可使钴的析出电位变正，并抑制氢的放电析出；铅的存在则可防止钴的反溶。

铅-锑合金锌粉除钴的效果取决于锑的含量及锌粉的制造方法，在相同组分的情况下，由于锌粉合金的结晶状态与粒度不同，其效果也不相同。

4.4.3.5 β-萘酚除钴法

β-萘酚法除钴是向锌溶液中加入 β-萘酚、NaOH 和 HNO_2，再加废电解液，使溶液的酸度达到 $0.5g/L$ H_2SO_4，控制净化温度为 $65\sim75℃$，搅拌 1h，溶液中的 Co^{2+} 以亚硝基-β-萘酚钴沉淀下来：

$$13C_{10}H_6ONO^- + 4Co^{2+} + 5H^+ \Longrightarrow C_{10}H_6NH_2OH + 4Co(C_{10}H_6ONO)_3(s) + H_2O$$

该反应速度快，可深度除钴，试剂消耗为钴量的 13~15 倍，因该试剂也与铜、镉、铁形成化合物，故应在净化除铜、镉之后进行。除钴后液中残留有亚硝基化合物，需要加锌粉搅拌破坏，或用活性炭吸附。

β-萘酚除钴虽然效果好，但对其他金属（Sb、Ni、Ge 等）脱除效果较差，试剂昂贵而且不够稳定，对一段净液铜等金属脱除要求较高，除钴后液还需要脱除残留的药剂，因此工业上很少采用。

4.4.4 其他杂质的净化

4.4.4.1 净化除氯

浸出液中氯的主要来源是锌矿物本身以及冶炼过程所用水中所含氯根。浸出液中所含的氯在后续电解过程中会腐蚀阳极，使电解液中铅含量升高而影响电锌质量。当溶液中含氯离子高于 100mg/L 时应净化除氯，常用的方法如下。

（1）硫酸银沉淀除氯。在溶液中添加硫酸银使 Ag^+ 与 Cl^- 作用生成难溶的 AgCl 沉淀，反应如下：

$$Ag_2SO_4 + 2Cl^- \Longrightarrow 2AgCl(s) + SO_4^{2-}$$

该法操作简单，除氯效果好，但银盐价格昂贵，银的再生回收率低。

（2）铜渣除氯。该法基于铜及铜离子与溶液中的氯离子相互作用，形成难溶的 Cu_2Cl_2 沉淀，反应如下：

$$Cu(海绵铜) + Cu^{2+} + 2Cl^- \Longrightarrow Cu_2Cl_2(s)$$

在工业实践中多采用处理铜、镉渣生产镉过程中所产的海绵铜渣作沉氯剂。一般利用两段净液除铜、镉时得到的铜渣或提取镉后的铜渣除氯，此方法要在除铜镉前进行。

（3）离子交换除氯：如采用 717 强碱性阴离子树脂，除氯效率达 50%。

4.4.4.2 净化除氟

除氟一般可在浸出过程中加入少量石灰乳，使氢氧化钙与氟离子形成不溶性氟化钙（CaF_2），但除氟效果不佳。

一些工厂采用预先火法（如多膛炉）焙烧脱除锌烟尘中的氟、氯，并同时脱砷、锑、这样氟、氯则不进入湿法系统。

4.4.4.3 净化除钙、镁

钙、镁盐类在溶液中大量存在，给湿法炼锌带来一些不良影响：一是使溶液的黏度增大，使浸出矿浆的液固分离和过滤困难；其次含钙镁盐饱和的溶液，在溶液循环系统中，当局部温度下降时，Ca^{2+}、Mg^{2+} 分别以 $CaSO_4$ 和 $MgSO_4$ 结晶析出，在容易散热的设备外壳和输送溶液的金属管道中沉积、结垢，造成设备损坏和管路堵塞；另外，增加电积液的电阻，降低锌电积的电流效率。

除钙、镁主要有如下方法：在焙烧前用稀硫酸洗涤精矿除镁；溶液集中冷却除钙、镁；氨法（石灰乳中和）除镁；以及电解脱镁。

4.4.5 净化过程主要设备

净化过程主要反应设备是净化槽，有机械搅拌槽和沸腾净化槽。机械搅拌净化槽容积一般为 $50\sim100m^3$，也趋于扩大化。沸腾净化槽具有结构简单、连续作业、强化过程、生产能力大、使用寿命长、劳动条件好等优点，近来被越来越多地采用。沸腾槽的结构示意图如图4-25所示。槽体用钢板焊成，内衬铅皮，锌粉由上部导流筒加入，溶液由下部进液口沿切线方向压入，在槽内螺旋上升，并与锌粉呈逆流运动，在沸腾床内形成强烈搅拌而加速置换反应的进行。

净化过程液固分离多采用压滤机和管式过滤器等。板框压滤机具有结构简单，制造方便，适应性强，溶液质量较好等优点。主要缺点是：间歇作业，装卸作业时间长，劳动强度大，滤布消耗高。管式过滤器是一种高效的液固分离设备，与板框压滤机比较，尼龙袋管式过滤器制作容易，过滤速度

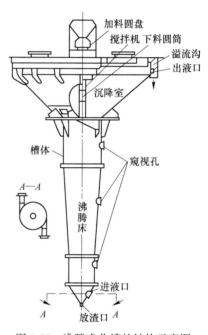

图 4-25　沸腾净化槽的结构示意图

快，滤液质量好，滤布寿命长，金属损失少，改善了劳动条件并减轻了劳动强度等优点。其缺点是更换滤布麻烦，滤液液固比大，阀门多，操作繁琐等。

4.5　硫酸锌溶液的电解沉积

4.5.1　锌电积的工艺简介

锌的电解沉积是将净化后的硫酸锌溶液（新液）与一定比例的电解废液混合，连续不断地从电解槽的进液端流入电解槽内，用含银 0.5%~1% 的铅银合金板作阳极，以压延铝板作阴极，当电解槽通过直流电时，在阴极铝板上析出金属锌，阳极上放出氧气，溶液中硫酸再生。电积时总的化学反应为：

$$ZnSO_4 + H_2O =\!=\!= Zn + H_2SO_4 + \frac{1}{2}O_2$$

随着电积过程的不断进行，溶液中的含锌量不断降低，而硫酸含量逐渐增加，当溶液中含锌浓度达 45~60g/L、硫酸浓度 135~170g/L 时，则作为废电解液从电解槽中抽出，一部分作为溶剂返回浸出，一部分经冷却后返回电解循环使用。电解一定周期（一般为24h 或 48h）后，将阴极锌剥下，经熔铸后得到产品锌锭。

按采用的技术条件不同，锌电积过程一般可分为三种方法。各方法的技术特点及优缺点见表 4-26。

表 4-26　锌电积三种方法的比较

方　　法	电解液含硫酸 /g·L^{-1}	阴极电流密度 /A·m^{-2}	优　缺　点
低酸低电流密度法	110~130	300~450	耗电少；生产能力小；基建投资大
中酸中电流密度法（中间法）	130~160	500~700	生产操作比前者简单，生产能力比前者大，但比后者小；基建投资较小
高酸高电流密度法	220~300	1000 以上	生产能力大；耗电多；电解槽内部结构复杂

三种方法的原理是一样的，只不过采用的电流密度和电积液酸度有较大差别。增大电流密度可提高电解槽的锌产量，但必须从电解液除去更多的热量，对电解液的纯度要求也更严格。过去普遍采用的是低酸低电流密度法，但限制了生产过程的强化，现在电锌厂多采用中酸中电流密度法的下限值，在操作良好的条件下，可以获得高于 90% 的电流效率。仅国外部分厂家采用高酸高电流密度法，此时必须在高锌含量下作业，保证高的锌酸比，防止锌反溶，返回的废液含酸高，更容易溶解焙砂中的铁酸锌。

4.5.2　锌电积的基本原理

锌电积的电解液的主要成分为 $ZnSO_4$、H_2SO_4 和 H_2O，并含有微量杂质金属铜、镉、钴等的硫酸盐。为便于分析问题，暂不考虑电解液中的杂质，则对于纯硫酸锌溶液，通以直流电时，发生的电极反应为：

阴极　　　　　　　　　$Zn^{2+} + 2e =\!=\!= Zn$

阳极　　　　　　　　　$H_2O - 2e =\!=\!= \frac{1}{2}O_2 + 2H^+$

电解槽内发生的总反应为：

$$Zn^{2+} + H_2O =\!=\!= Zn + \frac{1}{2}O_2 + 2H^+$$

为深入了解锌电积过程，下面分别讨论工业锌电解槽内阳极上及阴极上所发生的电化学过程。

4.5.2.1　阳极反应

工业生产大都采用含银 0.5%~1% 的铅银合金板作不溶阳极，当通直流电后，阳极上发生的主要反应是氧的析出：

$$2H_2O - 4e =\!=\!= O_2 + 4H^+ \qquad\qquad E^{\ominus}_{O_2/H_2O} = 1.229V$$

在上述电极反应发生之前，首先发生铅阳极的溶解，

$$Pb-2e === Pb^{2+} \qquad\qquad E^{\ominus}_{Pb^{2+}/Pb} = -0.126V$$

$$Pb+SO_4^{2-}-2e === PbSO_4 \qquad\qquad E^{\ominus}_{PbSO_4/Pb} = 0.356V$$

一部分 $PbSO_4$ 继续在阳极氧化为 PbO_2：

$$PbSO_4+2H_2O-2e === PbO_2+ 4H^++SO_4^{2-} \qquad E^{\ominus}_{PbO_2/PbSO_4} = 1.685V$$

未被 $PbSO_4$ 覆盖的表面上，铅可以直接被氧化成 PbO_2：

$$Pb+2H_2O-4e === PbO_2+4H^+ \qquad\qquad E^{\ominus}_{PbO_2/Pb} = 0.655V$$

由于氧超电压（约为 0.5V）的存在，待阳极基本上为 PbO_2 覆盖后，即进入正常的阳极反应，结果在阳极上放出氧气，而使溶液中的 H^+ 浓度增加。

氧的超电压愈大，在阳极上析氧愈困难，致使槽电压升高，电能消耗增加，因此，在生产中力求降低氧的超电压。由于铅银阳极的阳极电位较低，形成的 PbO_2 较细且致密，导电性较好，耐腐蚀性较强，故在锌电积厂普遍采用。

阳极上放出的氧，消耗于三个方面：

（1）大部分氧在阳极表面形成气泡，形成酸雾。

（2）小部分氧与阳极表面作用，参与形成过氧化铅（PbO_2）阳极膜，保护阳极不受腐蚀。

（3）一部分氧与溶液中二价锰作用形成高锰酸和二氧化锰，其反应为：

$$2MnSO_4+3H_2O+\frac{5}{2}O_2 === 2HMnO_4+2H_2SO_4$$

高锰酸继续与硫酸锰作用：

$$3MnSO_4+2HMnO_4+2H_2O === 5MnO_2(s)+3H_2SO_4$$

生成的 MnO_2，一部分沉于槽底形成阳极泥，一部分附于阳极表面形成比较致密的 MnO_2 薄膜，保护阳极不受腐蚀。

溶液中含有的氯离子在阳极氧化析出氯气，污染车间空气，并腐蚀阳极，反应如下：

$$2Cl^- - 2e === Cl_2 \qquad\qquad E^{\ominus}_{Cl_2/Cl^-} = 1.36V$$

$$Cl^- + 4H_2O - 8e === ClO_4^- + 8H^+ \qquad\qquad E^{\ominus}_{ClO_4^-} = 1.39V$$

4.5.2.2 阴极反应

在锌电积的阴极区存在有 Zn^{2+}、H^+、微量 Pb^{2+} 及其他杂质金属离子（Me^{n+}），通直流电时，在阴极上的可能的反应有：

$$Zn^{2+}+ 2e === Zn \qquad\qquad E^{\ominus}_{Zn^{2+}/Zn} = -0.763V$$

$$2H^+ + 2e === H_2 \qquad\qquad E^{\ominus}_{H^+/H_2} = 0.0V$$

在 298K 时，锌和氢的放电电位如下：

$$E_{Zn^{2+}/Zn} = E^{\ominus}_{Zn^{2+}/Zn} + \frac{2.303RT}{2F}\lg a_{Zn^{2+}}$$

$$E_{H^+/H_2} = E^{\ominus}_{H^+/H_2} + \frac{2.303RT}{F}\lg a_{H^+}$$

在工业生产条件下，如电解液中含 Zn 为 55g/L（活度系数 $\gamma = 0.53$），H_2SO_4 浓度为 120g/L（$\gamma = 0.13$），在 40℃时 Zn 和 H_2 析出的平衡电位分别为：

$$E_{Zn^{2+}/Zn} = E^{\ominus}_{Zn^{2+}/Zn} + 0.0310\lg a_{Zn^{2+}} = -0.806V$$

$$E_{H^+/H_2} = E^{\ominus}_{H^+/H_2} + 0.0621\lg a_{H^+} = -0.053V$$

从热力学上可以看出，在阴极上析出锌之前，电位较正的氢应先析出。但在实际的电积锌过程中，由极化现象而产生电极反应的超电压（η），加上这个超电压，阴极反应的析出电位应为：

$$E'_{Zn^{2+}/Zn} = -0.763 + 0.0310\lg a_{Zn^{2+}} - \eta_{Zn^{2+}/Zn}$$
$$E'_{H^+/H_2} = 0.0621\lg a_{H^+} - \eta_{H^+/H_2}$$

实际生产中，氢在锌电极上的超电压可以达到很大的值，如当电流密度为$500A/m^2$时，氢的超电压为1.105V，锌的超电压仅为0.05V，此时 Zn 和 H_2 的实际析出电位为：

$$E'_{Zn^{2+}/Zn} = -0.856V，E'_{H^+/H_2} = -1.158V$$

由于氢气超电压的存在，使氢的析出电位比锌负，锌优先于氢析出，从而保证了锌电积的顺利进行。这就是锌电积技术赖以成功的理论基础。

氢析出超电压与阴极材料、阴极表面状态、电流密度、电解液温度、添加剂及溶液成分等因素有关。当溶液中有铜、锑、铁、钴等存在时会大大降低氢析出超电压。

在锌电积过程中，氢气析出不可避免。为了提高锌的电流效率，必须设法提高氢析出超电压。

氢的超电压与温度、电流密度及阴极材料的关系由塔菲尔公式表示：

$$\eta_{H_2} = a + b\lg D_K$$

式中，a 为依据阴极材料与温度而定的经验常数值，V；b 为 $(2×2.303RT)/F$；D_K 为阴极电流密度，A/m^2。

氢的超电压很大程度上取决于阴极材质，即常数 a，氢在不同金属上的超电压见表4-27。

表4-27 氢在不同金属上的超电压（298K） (V)

电流密度/$A \cdot m^{-2}$	金属名称											
	Al	Zn	Pt 光铂	Au	Ag	Cu	Bi	Sn	Pb	Ni	Cd	Fe
100	0.825	0.746	0.068	0.390	0.7618	0.584	1.05	1.0767	1.090	0.747	1.134	0.5571
500	0.968	0.926	0.186	0.507	0.8300	—	1.15	1.1851	1.168	0.890	1.211	0.7000
1000	1.066	1.064	0.288	0.588	0.8749	0.801	1.14	1.2230	1.179	1.408	1.216	0.8184
2000	1.176	1.168	0.355	0.688	0.9397	0.988	1.20	1.2342	1.217	1.130	1.228	0.9854
5000	1.237	1.201	0.573	0.770	1.0300	1.186	1.21	1.2380	1.235	1.208	1.246	1.2561

由塔菲尔公式，氢的超电压随电流密度增大而增大，所以提高电流密度有利于减少氢的析出。阴极表面结构对氢超电位的大小有间接影响。阴极表明愈不平整，其表面的真实面积愈大，则真正的电流密度愈小，因而氢的超电压也愈小。

在塔菲尔公式中，常数 a 和 b 都是温度的函数。随电解液温度升高，氢的超电压减小，这主要是由于 a 值减小的影响更大。

此外，在电解液中加胶可以增大氢的超电压，但胶只能达到一定限度，过多时反而又造成氢的超电压下降。

4.5.3　锌电积的电流效率及其影响因素

4.5.3.1　电化当量与电流效率的概念

电流效率是锌电积过程中一项重要的技术经济指标，首先应明确其概念。

A　法拉第定律

任何电化学反应均满足法拉第定律：电流流过电解液时，在电极与溶液界面间发生电化学变化的物质的量与通过的电量成正比（法拉第第一定律）；当相同的电量通过不同的电解质溶液时，在电极上所获得的各种产物的量的比例，等于它们的化学当量之比（法拉第第二定律）。

根据法拉第第二定律，以96500C的电量通过各种不同的电解质溶液时，在电极上将获得1mol的任何物质，将96500C/mol称为法拉第常数，用 F 表示，即：$F = 96500C/mol = 26.8A \cdot h/mol$。

B　电化当量

某金属的电化当量就是它的原子量 Ar 除以它的离子价数 z，再除以1法拉第电量所得之商。在工业上通常采用每 $A \cdot h$ 析出的克数来表示电化当量 q。则锌的电化当量为：

$$q = \frac{Ar}{z \cdot 26.8} = \frac{65.38}{2 \times 26.8} = 1.22g/(A \cdot h)$$

C　电流效率

在生产实践中，阴极上通过1法拉第电量时往往不能析出1mol当量的锌。这是因为金属锌析出的同时，还有杂质及氢气析出、阴极沉积物的氧化和溶解、以及电极短路及漏电损失等，因此，提出了电流有效利用的问题，即电流效率。

工业上，常用电积过程实际产出的锌量与通过相同电量理论上析出锌量的百分比来表示电流效率，计算方法如下：

$$\eta_i = \frac{m}{q \cdot I \cdot t \cdot n} \times 100\%$$

式中，η_i 为阴极电流效率,%；m 为 t 时间内析出的实际锌量，g；I 为阴阳极之间的电流强度，A；t 为电积时间，h；n 为电解槽数；q 为电化当量，1.22g/（A · h）。

现代湿法炼锌工业中阴极电流效率大多波动在85%~95%之间。

4.5.3.2　影响电流效率的因素

电流效率随许多因素改变，溶液中锌、酸含量，阴极电流密度，电解液的温度，电解液的纯度，阴极的表面状态，电积析出时间，漏电影响以及添加剂的使用情况等，都影响电流效率。必须根据这些因素，采取有效措施，提高电流效率。

A　电解液中的酸锌比

电解液中保持一定的锌离子浓度是正常进行电积的基本条件之一，在 $500 \sim 550A/m^2$ 的电流密度下，维持电解液含锌45~60g/L，可以获得不低于90%的电流效率。

若电解液含锌过低，则硫酸浓度相对增大，使阴极附近的锌离子浓度发生浓差极化现象造成阴极上析出锌的反溶。此外，氢的析出电压也随溶液中锌离子浓度的降低而降低，使氢更易析出，这样降低了电流效率。

在其他条件一定的情况下，随电解液含酸量的增加，也会造成析出锌的反溶加剧，氢在阴极上析出的可能性增大。

在工业实践中，锌电解液中锌、酸含量的控制不能割裂来考虑，而是将酸锌比作为一个重要技术参数来进行控制。一般酸锌比控制在（3~3.5）∶1。当新液含锌高时控制溶液含酸不超过 200g/L，当新液含锌较低时控制废液含锌不低于 45g/L，从而维持电积过程高的电流效率。

B　电解温度

氢的超电压随温度升高而降低，杂质的危害及析出锌的反溶也随温度升高而加剧。因此，应采用大循环，即往新液中添加大量废液经冷却后送电解槽。国内某厂采用废液与新液比高达（15~25）∶1，混合后经空气冷却塔冷却后送电解槽，电解液温度控制在38~42℃。

C　电流密度

随电流密度增大，氢的超电压增大，对提高电流效率有利。但在生产中，往往遇到相反的情况，电流密度提高，电流效率反而降低。这是因为当提高电流密度时，一方面要求硫酸锌的补充速度加快，另一方面又要求保证电解液的冷却，不使温度偏高。如果单纯提高电流密度，满足不了上述要求，则电流密度不但不能提高，反而需要下降。

D　电解液纯度

杂质对电流效率的危害，主要是使 H^+ 容易在锌阴极析出，加速锌阴极的反溶解，从而降低电流效率。

根据对电流效率的影响程度，大致可将杂质分为三类：

第一类为 Pb、Cd、Fe、Ag 等，在一般工业生产中，对锌电积的电流效率影响不大，但对析出锌质量影响较大。溶液中的铁可在阳极氧化、阴极还原，此氧化还原反应反复进行，降低电流效率。温度升高，更有利于以上两反应的进行。因此，降低电解液温度，加强浸出液的中和除铁，是消除铁对电积过程有害影响的有效措施。一般要求电解液含铁小于 20mg/L。

第二类是 Co、Ni、Cu 等，它们明显降低锌电积的电流效率。溶液中的 Co 对锌电积危害较大，它在阴极放电析出，并与锌形成微电池，使析出的锌反溶解，工业上称"烧板"。溶液中同时有较高含量的 Sb 和 As 存在时，更加剧了 Co 的危害。现代生产实践一般要求电解液含 Co 小于 1.0mg/L。

Ni 和 Cu 的危害与 Co 类似，在阴极放电析出，与锌形成微电池，造成析出锌反溶。工业上一般控制电解液中的 Ni 和 Cu 含量分别小于 1.0mg/L 和 0.5mg/L。

第三类是 Ge、Te、Se、Sb、As 等，对降低电流效率最为剧烈。现代电锌厂一般要求电解液含 As、Sb、Se 不能大于 0.1~0.3mg/L，而 Te、Ge 不能大于 0.02~0.04mg/L。砷、锑都能在阴极上放电析出，引起析出锌反溶。锗是最有害的杂质。它在阴极上析出后，造成锌的强烈反溶，电流效率急剧下降。不仅如此，锗离子在阴极析出后，与氢生成氢化物，这种氢化物继续与氢离子生成锗离子，重新在阴极放电，反应过程如下：

$$Ge^{4+} + 4e \longrightarrow Ge$$

$$Ge + 4H^+ + 4e \longrightarrow GeH_4$$

$$GeH_4 + 4H^+ \longrightarrow Ge^{4+} + 4H_2$$

因而造成电能无益地消耗与锗的氧化-还原反应中。

当几种杂质同时存在时，会改变个别杂质的影响，出现协同作用。如，随锑含量增加，钴的危害增加。

E 漏电

电积过程的漏电损失直接影响电流效率。新电解液、废电解液、槽内冷却水、电解槽等对地绝缘不良等均会造成漏电。此外，还存在阴阳极之间的接触漏电。上述问题主要依靠勤于维护设备、加强操作管理来避免和减少损失。

F 析出周期

一般来说，析出周期延长会降低电流效率。这是由于析出周期愈长，锌片愈厚，表面粗糙而长出树枝状的凸形疙瘩，增大了阴阳极间接触短路的可能性，同时锌的反溶严重，电流密度有所降低，使杂质的有害作用加剧，从而降低了电流效率，因此析出周期不宜过长。但析出周期太短又存在出装槽次数增加，阴极板寿命缩短等缺点，目前析出周期一般为24h。有的工厂采用溶液深度净化，严格控制电积条件，使用大面积阴极和机械化剥锌等措施后，采用48h的析出周期制度，大大提高了设备作业率，而电流效率仍可维持在90%以上。

G 添加剂

合理使用添加剂，适当加入胶或某些表面活性剂等会改善析出锌的结晶形态，在一定程度上减弱某些杂质离子的危害作用。

4.5.4 锌电积的槽电压、电能效率与电能消耗

4.5.4.1 槽电压

槽电压是指电解槽内相邻阴、阳极之间的电压降，它直接影响到锌电积的电能消耗。工厂槽电压一般为3.3~3.6V。

槽电压由下列部分构成：硫酸锌的分解电压、超电压引起的电压降，以及极板电阻、电解质溶液电阻、阳极泥电阻、接线的接触电阻等引起的电压降，用公式表示为：

$$V_槽 = V_分 + V_超 + V_极 + V_液 + V_泥 + V_接$$
$$= (E^+ - E^-) + IR_极 + IR_液 + IR_泥 + IR_接$$

锌电解槽的槽电压分配情况见表4-28。槽电压决定于电流密度、电解液的组成和温度、两极间的距离和接触点电阻等。因此，降低槽电压的途径就是减少电解液的电阻率，缩短极间距离，减少接触点上的电压损失等。

表 4-28 锌电解槽电压分配情况

项 目	电压降/V	分配率/%
硫酸锌分解电压	2.4~2.6	75~80
电解液电阻电压降	0.4~0.6	13~17
阳极电阻电压降	0.02~0.03	0.7~0.8
阴极电阻电压降	0.01~0.02	0.3~0.5
接触点上电压降	0.03~0.05	1~1.4
阳极泥电压降	0.15~0.20	5~6
槽 电 压	3.3~3.4	100.00

4.5.4.2 电能效率

电能效率就是电积生产过程中生产一定量的金属，理论上所必需的电能量与实际上消耗的电能量之比，即：

$$\eta_e = \frac{I^\ominus \cdot t \cdot V_理}{I \cdot t \cdot V_槽} = \frac{I^\ominus \cdot V_理}{I \cdot V_槽} = \eta_i \cdot \eta_V$$

式中，$\frac{I^\ominus}{I} = \eta_i$，即为电流效率。其中 I 为实际电解电流强度，$I^\ominus$ 为对应于实际产出锌量的

电流强度值。$\frac{V_理}{V_槽} = \eta_V$，即为电压效率。其中 $V_理$ 为硫酸锌的理论分解电压，$V_槽$ 为实际槽

电压。

即电能效率（η_e）＝电流效率（η_i）×电压效率（η_V）。如某厂槽电压为 3.4V，查得理论分解电压为 1.99V，则电压效率 $\eta_V =$（1.99/3.4）× 100%＝58.5%，其电解槽电流效率 η_i 为 92%，所以电能效率 $\eta_e = \eta_i \cdot \eta_V =$ 92%×58.5%＝53.8%。

要提高电能效率，除通过提高电流效率外，还要提高电压效率，其途径为采取各种措施降低槽电压。

4.5.4.3 电能消耗

电能效率代表电积过程的技术水平，但在实际生产中，经常计算的是实际的电能消耗，即每生产一吨锌消耗的电能（kW·h/t），以 W 表示，计算公式为：

$$W = \frac{实际消耗的电能}{析出锌量} = \frac{V_槽 \cdot I \cdot t \cdot n}{I \cdot t \cdot q \cdot \eta_i \cdot n} \times 1000 = \frac{V_槽}{q \cdot \eta_i} \times 1000$$

式中，I 为通过电解槽的电流，A；t 为电解沉积的时间，h；n 为电解槽数目；q 为锌的电化当量，1.22g/（A·h）；$V_槽$ 为槽电压，V；η_i 为电流效率，%；W 为析出吨锌的电能消耗，kW·h/t。

目前工业上析出锌的电能消耗一般为 3000~3300 kW·h/t。从上式可见，电能消耗与电流效率成反比，与槽电压成正比。因此，在生产实践中，总是采取一切措施提高电流效率，同时降低槽电压，以确保电能消耗。但同时提高电流效率和降低槽电压的因素是比较复杂的，选择电积条件时要综合考虑。

4.5.5 电锌质量控制

4.5.5.1 杂质在阴极上的析出

杂质的析出不仅影响阴极锌的结晶质量，还影响阴极锌的化学成分。当溶液中杂质浓度低到一定程度时，决定析出速度的因素不是析出电位，而是杂质扩散到阴极表面的速度，这时析出速度等于扩散速度，见下式：

$$J = \frac{DS(C_i - C_C)}{\delta}$$

式中，J 为扩散速度，mol/s；D 为扩散系数，m^2/s；S 为电极表面积，m^2；C_C、C_i 分别为电极表面及溶液本体内杂质的摩尔浓度，mol/m^3；δ 为扩散层厚度，m。

而每秒钟所带的电量为：

$$I = zFJ$$

式中，z 为杂质价态数，F 为法拉第常数。

杂质析出电流密度：

$$D_K = \frac{I}{S} = \frac{zFJ}{S} = zFD\frac{C_i - C_C}{\delta}$$

当 D_K 足够大时，电极反应速度足够快，意味着达到电极表面的离子立即反应并消耗掉，因此可以认为 $C_C \approx 0$，于是得到杂质的极限电流密度 D_d：

$$D_d = zFDC_i/\delta$$

现以电解液中的铜为例计算：

已知电解电流密度 $D_{总} = 500A/m^2$，$D = 0.72×10^{-5}cm^2/s$，$\delta = 0.05cm$，Cu 原子量 $M = 63.54$，锌电解液中含铜 $C_i = 0.0002g/L$，Zn 原子量 $M = 65.38$，电流效率 $\eta_i = 92\%$。求 D_d 和电锌中铜的质量分数。

$$D_d = zFDC_i/\delta = 2 × 96500 × (0.72 × 10^{-5}) × (0.0002/63.54) × 10/0.05cm$$
$$= 8.76 × 10^{-4}A/m^2$$

由法拉第定律可知，在阴极上析出铜和锌的摩尔分数分别与各自的电流密度成正比，即 $X_{Cu} \propto D_{Cu}$，$X_{Zn} \propto D_{Zn}$，而 $D_{Zn} \approx D_{总}$，所以 $X_{Cu}/X_{Zn} = D_{Cu}/D_{Zn} = D_{Cu}/D_{总}$。从而可以求得电锌中铜的含量 $w(Cu)$：

$$w(Cu) = \frac{X_{Cu} \cdot M_{Cu}}{X_{Zn} \cdot M_{Zn}} = \frac{D_{Cu} \cdot M_{Cu}}{D_{总} \cdot M_{Zn} \cdot \eta} = \frac{8.76 × 10^{-4} × 63.54}{500 × 65.38 × 0.92} = 1.85 × 10^{-6} \approx 0.0002\%$$

高电锌质量，关键是降低溶液中有害杂质含量及提高电流效率。

4.5.5.2　阴极锌含铅的控制

铅是影响电锌质量的最主要的杂质。铅在阴极锌中的含量随电解液温度的升高而增加，随阴极电流密度升高而降低。如温度升高 10℃，铅的溶解度增加，溶液中的铅离子浓度可提高 15%~20%。阴极电流密度从 200A/m² 提高到 500A/m²，阴极锌中的铅含量便减少四分之三。这是因为电流效率一定时，提高阴极电流密度，单位时间内析出的锌量增加，但由于铅离子按极限电流密度析出，故单位时间内析出的铅量不变，因此阴极中含铅量随阴极电流密度增加而下降。

进入电锌中的铅不完全来自溶液中铅离子放电，也可能由于悬浮于液中的 PbO_2 机械附着于阴极上，或先被还原成铅离子，而后再析出。因此上述的极限电流密度概念某些时候可能不适用。

为减少阳极中进入电解液的铅量，可采用阳极镀膜或阳极预先钝化处理的办法。而减少电解液中铅离子在阴极析出，可采用加入锶或钡的碳酸盐的办法。因 $SrSO_4$ 或 $BaSO_4$ 具有比 $PbSO_4$ 更小的溶解度，而部分铅以类质共晶的形式被共同沉淀下来，从而减少溶液中的铅离子含量。

另外减少电解液中的氟、氯含量，控制合理的锰含量，减少阳极的腐蚀也是减小电锌中铅含量的重要措施。

4.5.6　锌电积车间的主要设备

锌电解车间的主要设备有电解槽、阳极、阴极、供电设备、载流母线、剥锌机和电解液冷却设备等。

4.5.6.1 电解槽

锌电解槽为一长方形槽子，一般长 2~4.5m，宽 0.8~1.2m，深 1~2.5m。槽底为平底型和漏斗型。

早期的锌电解槽大都用钢筋混凝土制成，内衬铅皮、软塑料、环氧玻璃钢。近来国内外多采用无衬聚合物混凝土电解槽，防渗性能好，不需再使用内衬。

电解槽一般按双列配置，列与列和槽与槽之间是串联的，每个槽的阴、阳极则是并联的。

4.5.6.2 阳极

阳极由阳极板、导电棒及导电头组成。阳极板大多采用含 Ag 0.5%~1% 的铅银合金压延制成。阳极尺寸一般为长 900~1077mm、宽 620~718mm、厚 5~6mm，质量为 50~70kg。为减轻极板质量及改善电解液循环，有些阳极上有些小的圆孔。

阳极平均寿命为 1.5~2 年，每吨电锌耗铅约为 0.7~2kg。

为了降低析出锌含铅、延长阳极使用寿命和降低造价，研究使用了 Pb-Ag-Ca（Ag 0.25%，Ca 0.05%）三元合金阳极 和 Pb-Ag-Ca-Sr（Ag 0.25%，Ca 0.05%~1%，Sr 0.05%~0.25%）四元合金阳极，后者使用寿命长达 6~8 年。

4.5.6.3 阴极

阴极由阴极板、导电棒及铜导电头（或导电片）组成。阴极板用压延纯铝板（$w(Al)>99.5\%$）制成，一般尺寸为长 1020~1520mm、宽 600~900mm、厚 4~6mm，质量为 10~12kg。目前，湿法炼锌厂趋向采用大阴极（1.6~3.4m²）。

阴极平均寿命一般为 18 个月。每吨电锌消耗铝板 1.4~1.6kg。

4.5.6.4 剥锌机组

锌电积车间的正常操作主要是出装槽和剥锌，国外大多电锌厂已实现了出装槽和剥锌的机械化和自动化，国内大型电锌厂已实现了机械化出装槽，并引进自动剥锌机。目前，有四种不同类型的剥锌机用于生产，分别是马格拉港铰接刀片式剥锌机、比利时巴伦双刀式剥锌机、日本三井式剥锌机和日本东邦式剥锌机。

已实现机械剥锌和自动控制的锌电积车间的共同特点是：采用较低的电流密度（300~400A/m²），延长剥锌周期为 48h，增大有效阴极面积。

4.5.6.5 电解液冷却设备

锌电积过程中由于电解液具有电阻因而产生焦耳热，使电解液温度不断升高，引起阴极上氢的超电压减小，锌的反溶加剧，杂质危害作用增加，电流效率下降。虽然电积过程中通过蒸发及辐射散热，但发热量仍然超过散失的热量，为维持电解槽的热平衡，保证稳定的电解温度，必须设置电解液冷却设备。

电解液的冷却方式分为槽内分别冷却和槽外集中冷却两种，多采用槽外集中冷却方式。槽外集中冷却设备主要是空气冷却塔。电解液从上向下流经冷却塔，从塔的下部强制鼓入冷风。冷风与电解液呈逆向流动，蒸发水分，带走热量。

目前锌电解车间供液多采用大循环制，即经电解槽溢流出来的废液（含酸 130~170g/L、含锌 45~55g/L）一部分返回浸出车间作溶剂，一部分送冷却，并按一定体积比（（15~25）∶1）与新液混合后供给每个电解槽。电解液冷却后液的温度控制在 33~35℃为宜。

4.5.7　阴极锌熔铸

熔锌所用的设备有反射炉及电炉两种，现多采用工频感应电炉熔化阴极锌。电炉熔锌比反射炉熔锌可以得到较高的金属直接回收率，达 97%~98%；浮渣率低，能耗较低，一般耗电 100~120kW·h/t 析出锌；劳动条件好；操作条件易于控制。

在锌片的熔化过程中会有部分锌液氧化，生成氧化锌与锌的混合物—浮渣。浮渣产出率一般为 2.5%~5%，一般含锌 80%~85%，其中金属锌约占 40%~50%、氧化锌约占 50%、氯化锌约占 2%~3%。为了降低浮渣的产出率，熔化过程一般控制熔化温度在450~500℃之间。

为了降低浮渣的产出率和降低浮渣含锌，熔锌时加入氯化铵，使它与浮渣中的氧化锌发生如下反应：

$$2NH_4Cl + ZnO \Longrightarrow ZnCl_2 + 2NH_3 + H_2O$$

低熔点的 $ZnCl_2$ 破坏了浮渣中的 ZnO 薄膜，使浮渣中夹杂的金属锌颗粒聚合成锌液。NH_4Cl 的消耗为 1~2kg/t。

4.6　湿法炼锌新方法

4.6.1　氧化锌矿的浸出—萃取—电积工艺

西班牙马德里的 Tecnicas Reunidas 公司在 1997~1998 年提出了用浸出—萃取—电积工艺处理氧化锌矿。浸出在常压、温度 50℃ 条件下进行，加入稀硫酸并控制 pH 值，经一定时间进行浸出反应。浸出液中低浓度的锌用二-2-乙基己基磷酸（D2EHPA）作萃取剂进行萃取富集，反萃后含高浓度锌的反萃液送电积，贫有机返回萃取，电积之后含高浓度硫酸的贫锌液作反萃液送反萃，实现萃取和电积回路的循环。浸出—萃取—电积工艺处理氧化锌矿的原则工艺流程如图 4-26 所示。

位于纳米比亚西南部罗什·皮纳赫（Rosh Pinah）附近斯科皮昂锌矿的冶炼厂，是世界上第一家使用溶剂萃取—电积（SX-EW）工艺直接从氧化锌矿石中提取金属锌的冶炼厂，于 2003 年 3 月投产，规模为年产 15 万吨电锌。其工艺过程是，首先使用硫酸在常压下将矿石中的金属浸出，让矿石中的金属进入浸出液中，除了金属锌，其他杂质也进入浸出液中。浸出液中的铁和铝，在其后的提锌过程中会影

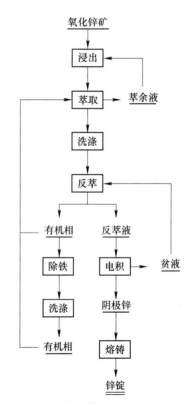

图 4-26　锌的浸出—萃取—电积工艺原则流程

响锌的提取，在提锌之前用中和沉淀法将其从浸出液中除去。留在溶液中的锌，采用二-2-乙基己基磷酸作萃取剂，把锌从浸出液中萃取出来，与其他杂质金属分离。然后把有机相中的锌反萃取出来，反萃液送到电解槽去电积析出金属锌。用此可生产出纯度99.995%的特高级锌。目前，其锌生产成本是世界上最低的。

采用浸出—萃取—电积工艺处理氧化锌矿的主要特点在于：不需要将矿石磨的很细，当粒度为200~500μm时就能获得很好的浸出率；矿石可直接浸出，不需浮选或焙烧；能处理品位很低的氧化锌矿（含 Zn 5%）；溶剂萃取对锌的选择性很高，浸出母液中含 Ni、Co、Cu 高达 1~2g/L 时也不会给电积回路带来杂质污染。

斯科皮昂冶炼厂的电流效率超过 91%，吨锌交流电耗小于 3100kW·h，具有很高的技术指标。可以预见，锌的溶剂萃取技术将会广泛应用，以处理那些以前被视为不可处理的低品位含锌矿物。

云南祥云飞龙是中国第一家采用萃取技术进行湿法炼锌的冶炼厂，处理含氟氯氧化锌烟尘，已建成年产 8 万吨锌的冶炼厂。采用二-2-乙基己基磷酸（D2EHPA）作锌萃取剂（国产牌号 P204），使用 NH_4F 反萃除铁技术，解决了系统中 F、Cl 的积累和开路问题，取得了很好的效果。

4.6.2 硫化锌精矿的富氧常压浸出工艺

富氧常压浸出硫化锌精矿工艺由芬兰奥托昆普公司开发，是在氧压浸出之后发展起来的新工艺，目前已在世界上三座工厂实现了工业化生产，我国株洲冶炼厂于 2006 年开始建设的锌扩产项目（设计能力为年产电锌 10 万吨）也采取了该项技术。

该工艺的基本反应过程仍基于氧气作为强氧化剂，三价铁离子作催化剂，硫以元素硫产出，与常规炼锌方法相比具有和氧压浸出相同的优点。但由于反应过程在常压下进行，反应温度低于 100℃，所以与氧压浸出工艺相比反应速度较慢。经富氧常压和氧压对比试验证明，要求达到相接近的锌浸出率，反应时间不低于 24h（而氧压浸出为 1h）。在相同的酸度下，富氧常压浸出终液铁含量明显高于氧压浸出终液铁含量，即增加了溶液除铁工作量，锌回收率略低于或接近氧压浸出工艺。

富氧常压浸出的核心设备是立式封闭搅拌槽 DL 反应器，搅拌器设在底部，反应器体积大，总投资仍低于氧压浸出工艺。由于是在常压下浸出，反应热回收不如氧压浸出工艺，所以蒸汽消耗量较大，但由于无高压设备，黏结清理等维护工作量少，且安全性较好。

已建成的三座富氧常压浸出工业化生产都是与焙烧—浸出—电积流程结合的工厂，扩建富氧常压浸出系统的目的是为了扩大锌产量，而不是增加硫酸产量。

4.6.2.1 芬兰科科拉厂

分别于 1998 年和 2001 年建设了两座年产 5 万吨锌规模的富氧常压浸出系统，共有 8 台 DL 反应器，四台为一个系列，每个系列三台生产，一台备用。进入 DL 反应器的物料包括精矿浆，焙烧二段浸出底流经转化后的矿浆，电积废液和氧，反应器产出物经浓密、过滤，上清液返回焙烧一段中性浸出与常规流程合并。

4.6.2.2 挪威欧达厂

于 2004 年建设了一座年产 5 万吨锌规模的富氧常压浸出系统。进入 DL 反应器的物料包括精矿浆，焙砂系统的热酸浸出矿浆，电积废液和氧。反应器产出物经浓密、过滤后的上清液用焙砂中和进行黄钾铁矾法沉铁，除铁后液返回焙砂中浸工序，与常规流程合并。

上述两厂常压浸出的滤渣均未设回收硫系统，滤渣送渣场堆放。

4.6.2.3　韩国锌业公司温山冶炼厂

韩国锌业公司温山冶炼厂于 1994 年建设了一座年产锌 20 万吨的富氧常压浸出系统，原有的焙烧、浸出、针铁矿除铁流程生产能力为年产 20 万吨锌。常压富氧浸出工艺产出的酸浸出液用针铁矿法除铁，针铁矿渣采用 Ausmelt 炉烟化处理，产出无污染可利用的废渣。

与国外的富氧常压浸出工艺仅处理硫化锌精矿不同，株洲冶炼厂于 2009 年引进的直接常压浸出工艺还考虑硫化锌精矿搭配常规湿法炼锌浸出渣的直接浸出处理，进行浸出渣、硫化锌精矿两段逆流浸出。除主体元素锌外，该工艺将有效地提高铟等有价金属的回收利用率，尤其是对于银、铜等难挥发元素的回收率，将较之传统的回转窑处理提高很多，同时解决回转窑处理锌浸出渣时存在的低空二氧化硫污染和高能耗问题。

4.7　火　法　炼　锌

火法炼锌是将硫化锌精矿进行死焙烧后与炭混合，在高温（>1000℃）下利用炭质还原剂将 ZnO 还原得到锌蒸气，再将锌蒸气冷凝得到液体金属锌的过程，其主要反应为：

$$ZnO(s) + CO(g) \Longrightarrow Zn(g) + CO_2(g)$$
$$CO_2(g) + C(s) \Longrightarrow 2CO(g)$$

总反应为：
$$ZnO(s) + C(s) \Longrightarrow Zn(g) + CO(g)$$

火法炼锌包括平罐炼锌、竖罐炼锌、电炉炼锌与密闭鼓风炉炼锌（帝国熔炼法，简称 ISP），其中密闭鼓风炉炼锌为火法炼锌的主要方法，在国内以韶关冶炼厂为代表。竖罐炼锌法在国外已不再采用，但葫芦岛锌厂经多年技术改进，获得了较大发展，是竖罐炼锌工艺的代表。

4.7.1　蒸馏炼锌的理论基础

4.7.1.1　氧化锌还原的热力学

ZnO 被炭还原的特点是产生锌蒸气，还原反应为：
$$ZnO(s) + C(s) \Longrightarrow Zn(g) + CO(g)$$

ZnO 被炭还原，实际上是被 CO 还原：
$$ZnO(s) + CO(g) \Longrightarrow Zn(g) + CO_2(g) \qquad \Delta G^{\ominus} = 178020 - 111.67T$$

$$K_1 = \frac{p_{Zn} \cdot p_{CO_2}}{a_{ZnO} \cdot p_{CO}}, \quad \frac{p_{CO_2}}{p_{CO}} = \frac{K_1}{p_{Zn}}$$

还原所消耗的 CO 可由炭的气化反应来补充：
$$C(s) + CO_2(g) \Longrightarrow 2CO(g) \qquad \Delta G^{\ominus} = 170460 - 174.43T$$

$$K_2 = p_{CO}^2 / (a_C \cdot p_{CO_2}) = p_{CO}^2 / p_{CO_2}$$

对反应：
$$ZnO(s) + CO(g) \Longrightarrow Zn(g) + CO_2(g)$$

$p_{总} = p_{CO} + p_{Zn} + p_{CO_2}$，ZnO 被还原时，Zn 与 O 的原子个数相等，因此有：

$$p_{Zn} = p_{CO} + 2p_{CO_2}$$

则平衡常数为：

$$\lg K_1 = \lg (p_{CO_2} \cdot p_{Zn})/p_{CO} = - 17315/T - 3.51\lg T + 22.93$$

联解以上两式及 $K_2 = p_{CO}^2/(a_C \cdot p_{CO_2}) = p_{CO}^2/p_{CO_2}$ 三个方程，可得：

$$2p_{CO}^3 + K_2 p_{CO}^2 - K_2^2 K_1 = 0$$

在温度为 1100~1400K 的范围内，计算出反应的平衡常数 K_1、K_2 及 p_{CO}、p_{Zn}、p_{CO_2} 和锌的饱和蒸气压 p_{Zn}，并将 p_{Zn}、$p_{Zn}^{\ominus}$ 及 $p_{总}$ 与温度的关系曲线绘图，如图 4-27 所示。

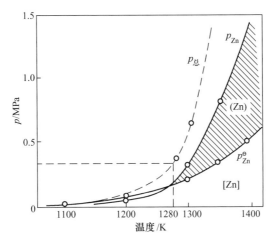

图 4-27　锌饱和蒸汽压 $p_{Zn}^{\ominus}$ 以及固体碳还原氧化锌时锌蒸气压 p_{Zn}、体系总压 $p_{总}$ 与温度关系

由图 4-27 可见，从 1280K 开始，$p_{Zn} > p_{Zn}^{\ominus}$，锌蒸气应冷凝为液体锌，直到 $p_{Zn} = p_{Zn}^{\ominus}$ 为止。用固体炭还原生产液体锌的必要条件是温度高于 1280K，总压大于 350kPa。火法炼锌实际生产在高于锌沸点以上的温度下操作，采用锌雨或铅雨冷凝的方法从气相中回收锌蒸气。

在 ZnO 被炭还原的同时，如果有另一种不挥发的金属（如铜），而它又能溶解锌形成液体合金，合金中锌的活度小于 1，则 ZnO 开始还原的温度也可以降低。这是 Cu-Zn 矿直接还原生产黄铜的基础。

4.7.1.2　其他锌化合物的还原

（1）铁酸锌。存在于焙砂中的铁酸锌（$ZnO \cdot Fe_2O_3$）在蒸馏过程可被 CO 按如下反应还原为 FeO：

$$ZnO \cdot Fe_2O_3 + CO \Longrightarrow ZnO + 2FeO + CO_2$$

$$ZnO \cdot Fe_2O_3 + 3CO \Longrightarrow ZnO + 2Fe + 3CO_2 (< 900℃)$$

$$ZnO + CO \Longrightarrow Zn + CO_2$$

$$ZnO + Fe \Longrightarrow Zn + FeO$$

铁酸锌也可以直接被金属铁还原：

$$ZnO \cdot Fe_2O_3 + 2Fe \Longrightarrow Zn + 4FeO$$

（2）硅酸锌。焙砂中的硅酸锌较氧化锌和铁酸锌难还原，在加入石灰、Fe_2O_3 后可以促使硅酸锌分解，加速锌的还原。

（3）硫化锌和铝酸锌。但焙砂中的 ZnS 和铝酸锌在蒸馏过程中不被还原而进入残渣造成锌的损失。

（4）硫酸锌。硫酸锌在蒸馏过程中可以分解为 ZnO 和 SO_2，ZnO 又可以被还原成锌蒸气，但 SO_2 也被还原成元素 S 与锌结合成 ZnS 造成锌的损失。此外，硫酸锌也可被 C 或 CO 还原成 ZnS。因此，焙烧矿中的硫酸盐中的硫会造成锌损失在蒸馏残渣中。

4.7.1.3　氧化锌还原的动力学

ZnO 用炭还原由下列过程组成：吸附在 ZnO 表面的 CO 还原 ZnO；在炭表面发生的 CO_2 被炭还原的反应；ZnO 和炭两固相表面之间气体的扩散。

在固体炭与 ZnO 表面间的气体扩散是整个过程的控制过程。增大两固体的表面积和缩短两表面之间的距离，可以提高整个反应的速度。

4.7.1.4　锌蒸气的冷凝

锌蒸气的冷凝必须使锌蒸气温度降到露点以下。

锌蒸气冷凝过程中，所获得的液体锌量取决于所控制的冷凝温度。锌蒸汽从炉气中冷凝为液体锌的百分数是衡量冷凝过程中锌回收率的重要指标。

在冷凝器中，锌蒸气最先冷凝于器壁上形成极细的点滴，随后逐渐聚成较大的点滴，而汇流于冷凝器底部。若锌蒸气在气流中冷凝为微细的点滴，又来不及凝聚成为较大的点滴成为细尘状的锌粒则形成冷凝灰，沉积于冷凝器内锌液的表面。

如果锌蒸气刚刚冷凝成小点滴，其表面即被 CO_2 氧化成 ZnO，不能汇聚成较大的点滴，最终凝固为细粉，这种细粉叫做蓝粉。无论是锌冷凝灰还是蓝粉的生成，都将降低锌的冷凝效率。

在火法炼锌中，为了提高锌的冷凝效率，必须防止锌蒸气再氧化以减少蓝粉的产生。防止锌蒸气再氧化的办法有：炉气的骤冷，急剧冷却的温度下限一般介于 450～550℃ 的温度范围内；强化物理过程，如采用飞溅式冷凝器；控制进入冷凝器混合炉气中的 CO_2 含量或 V_{CO_2}/V_{CO} 的比值和炉气中的水蒸气量以及防止冷凝系统漏风。

在锌蒸气冷凝过程中，影响凝结速度的因素有：过冷蒸汽中凝结核心出现的速度；蒸气压降低速度；冷凝器排出热量的速度。

现代火法炼锌工业应用的锌蒸气冷凝器有四大类：平罐冷凝器、挡板冷凝器、蚕形冷凝器和飞溅式冷凝器，其中以飞溅式冷凝器最为常用。飞溅式冷凝器又分为锌雨飞溅式冷凝器、铅雨飞溅式冷凝器和转筒式冷凝器。

锌雨冷凝器用于竖罐炼锌，处理含锌蒸汽 25%～35% 或更高的炉气。它是靠没入冷凝器内锌液面下的石墨转子的转动，将液体锌在冷凝器内扬起，形成密集的锌雨充满于冷凝室内，导入的锌蒸气与锌雨密切接触冷凝而汇聚于锌液中，锌液定期或连续放出。

铅雨冷凝器适于处理鼓风炉炼锌时产出的低锌高 CO_2 的高温炉气（含锌 5%～7%，含 CO_2 11%～14%，含 CO 18%～20%，入冷凝器炉气温度高于 1000℃）。

铅雨冷凝器的优点是铅的价格便宜，熔点较锌低而沸点较锌高，在锌的冷凝温度下呈液态且蒸气压低；在锌的冷凝温度下铅不易氧化，且与锌部分互溶，溶解度随温度的升高而增大；锌在铅液中的活度系数小于 1，冷凝炉气对铅液中锌的氧化比纯锌液要困难。

铅雨冷凝器的缺点主要在于铅的热容量小以及锌在铅中的溶解度随温度的变化率很小，因此使铅液的循环量很大，是冷凝锌量的 420 倍。

4.7.2 密闭鼓风炉炼锌

密闭鼓风炉炼锌法又称为帝国熔炼法或 ISP 法，是目前世界上最主要的火法炼锌方法，它合并了铅和锌两种火法冶炼流程，是处理复杂铅锌物料的较理想方法。

鼓风炉炼锌与蒸馏法炼锌的不同之处在于鼓风炉炼锌直接加热炉料，作为还原剂的焦炭，同时又是维持作业温度所需的燃料。

直接加热的鼓风炉炼锌由于焦炭燃烧反应产生的 CO、CO_2、鼓入风中的 N_2 和还原反应产生的 Zn 蒸气混在一起，炉气被大量 CO、CO_2 和 N_2 气所稀释，炉气为低锌高 CO_2 的高温炉气，含锌 5% ~ 7%，含 CO_2 11% ~ 14%，含 CO 18% ~ 20%，入冷凝器炉气温度高于 1000℃，使从含 CO_2 高的炉气中冷凝低浓度的锌蒸气存在许多困难。

在鼓风炉炼锌炉气的冷凝过程中，为了防止锌蒸气被氧化为 ZnO，在生产中采用高温密封炉顶和铅雨冷凝器。高温密封炉顶的另一个作用是防止高浓度的 CO 逸出炉外。

鼓风炉炼锌的优点在于：

(1) 对原料的适应性强，适合处理难选的铅锌混合矿，简化了选冶工艺流程，提高了选冶综合回收率；

(2) 生产能力大，燃料利用率高，有利于实现机械化和自动化，提高劳动生产率；

(3) 基建投资费用少；

(4) 可综合利用原矿中的有价金属，金、银、铜等富集于粗铅中予以回收，镉、锗、汞等可从其他产品或中间产品中回收。

鼓风炉炼锌的缺点主要是：

(1) 需要消耗较多质量好、价格高的冶金焦炭；

(2) 技术条件要求较高，特别是烧结块的含硫量要低于 1%，使精矿的烧结过程控制复杂；

(3) 炉内和冷凝器内部不可避免地产生炉结，需要定期清理，劳动强度大。

4.7.2.1 鼓风炉炼锌的基本原理和特征

A 鼓风炉炼锌的主要反应

鼓风炉炼锌时的主要反应及热焓变化如表 4-29 所示。

表 4-29 鼓风炉炼锌时的主要反应及热焓变化

反 应	$\Delta H_{(1273 \sim 1473K)}/kJ$
氧化物还原：	
$ZnO(s) + CO(g) = Zn(g) + CO_2(g)$	+183.25
$PbO + CO(g) = Pb(l) + CO_2(g)$	-66.94
$Cu_2O + CO(g) = 2Cu(Pb) + CO_2(g)$	-294.5
$Fe_3O_4 + CO(g) = 3FeO + CO_2(g)$	+2.09
$PbSO_4 + 4CO(g) = PbS + 4CO_2(g)$	+327.6
炭的燃烧反应：	
$C(s) + 0.5O_2 = CO(g)$	-115.47
$C(s) + O_2 = CO_2(g)$	-395.38
$C(s) + CO_2(g) = 2CO(g)$	+166.52

为了方便，按炉子高度划分为炉料加热带、再氧化带、还原带和炉渣熔化带四个带，炉内各带的温度变化情况如图4-28所示。

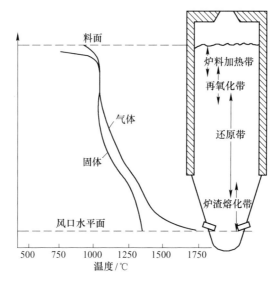

图4-28 鼓风炉炼锌炉内各带划分示意图

在生产实践中，根据具体的生产条件，正确地选定炭锌比、鼓风量以及热风温度以提高产量。在鼓风炉炼锌过程中，一部分 ZnO（约40%）是从固态烧结块中还原出来的，其余部分是从熔化后的炉渣中还原的。而从炉渣中还原 ZnO 是比较困难的，需要具有更强的还原气氛和较高的温度。

B 铅、铜在熔炼过程中的变化

鼓风炉炼锌能处理复杂铅锌矿甚至含铜的铅锌矿。目前鼓风炉炼锌能处理含锌、铅、铜金属总量达70%的烧结块。

处理铅锌混合精矿，在烧结时随含铅量的提高，烧结块的强度增加，在鼓风炉熔炼时 PbO 比 ZnO 优先还原，Pb 与挥发的硫化合生成 PbS，可以溶解 As，从而提高锌的冷凝效率；在下流过程中铅可以溶解物料中的 Au、Ag、Cu、Sb、Bi 等元素，提高综合回收能力；可以补偿在锌冷凝过程中铅的损失。但随原料中铅含量的增加，锌的生产能力下降，当铅含量超过24%时，容易形成炉结。

烧结块中的铜在炼锌鼓风炉中容易被还原，还原得到的铜可以溶解于铅中少量以硫化物或砷化物进入铅中，在粗铅精炼时予以回收。烧结块中的铜被还原后能与 As、Sb、Sn 等化合，将它们带至炉底，减少对锌冷凝的影响。

处理高铜原料的困难是在炉内造冰铜时，要求烧结块中保留较多的硫，这便会增加渣含锌，同时粗铅含铜太高也会给放铅带来困难，加上处理铜浮渣时铜的回收率不高，熔炼时铜随渣损失也大。所以鼓风炉炼锌过程中铜的回收率较低，铜的损失主要是在渣中。

炉料中的 Cu、Bi、Sn、Sb、Au、Ag 等元素在熔炼过程中大都富集在粗铅中。

C 鼓风炉炼锌的能耗及热能利用

铅锌密闭鼓风炉的处理能力用每天燃烧的炭量来表示。燃碳量与操作风量、热风温度以及鼓风的富氧程度有关。近年来随着操作技术及设备的不断改进，炼锌鼓风炉的燃碳量在不断提高，标准鼓风炉的燃碳量已提高到200t/d以上。

鼓风炉炼锌每生产1t锌约耗焦炭0.9~1.1t。为了降低炭的消耗，提高炭的热利用率，使用含CO的炉气来预热空气。热风温度提高100℃，可提高炉子的熔炼量20%。热风温度由780℃提高到800℃，可使$w(C)/w(Zn)$比值由0.9降低到0.8。

4.7.2.2 密闭鼓风炉炼锌的设备

鼓风炉炼锌的主要设备有：密闭鼓风炉炉体、铅雨冷凝器、冷凝分离系统以及铅渣分离的电热前床。

密闭鼓风炉是鼓风炉系统的主要设备，由炉基、炉缸、炉腹、炉身、炉顶、水冷风口等部分组成，密闭鼓风炉的结构示意图如图4-29所示。由于密闭鼓风炉炉顶需要保持高温高压，密封式炉顶是悬挂式的，在炉顶上装有双钟加料器。

冷凝分离系统可分为冷凝系统和铅、锌分离系统两部分，铅雨冷凝器是鼓风炉炼锌的特殊设备，铅锌的分离一般采用冷却熔析法将锌分离出来。

4.7.2.3 密闭鼓风炉炼锌实践

铅锌精矿与熔剂配料后在烧结机上进行烧结焙烧，烧结块和经过预热的焦炭一道加入鼓风炉，烧结块在炉内被直接加热到ZnO开始还原的温度后，ZnO被还原得到锌蒸气。锌蒸气与风口区燃烧产生的CO_2和CO气体一道从炉顶进入铅雨冷凝器，锌蒸气被铅雨吸收形成Pb-Zn合金，从冷凝器放出再经冷却后析出液体锌。形成的粗铅、冰铜和炉渣从炉缸放入前床分离，粗铅进一步精炼，炉渣经烟化或水淬后堆存。

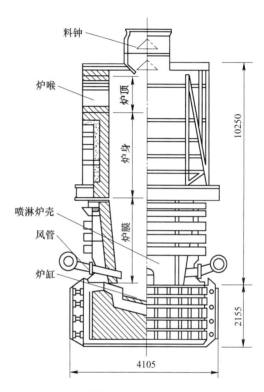

图4-29 炼锌密闭鼓风炉的结构示意图

密闭鼓风炉的熔炼产物有粗锌、粗铅、炉渣、黄渣、浮渣、蓝粉和低热值煤气等。某厂各元素在产物中的分配列于表4-30。

表4-30 各主要元素在密闭鼓风炉熔炼产物中的分配 （%）

产品	Zn	Pb	Cu	Ag/g·t⁻¹	S
粗锌	94.5	2.1	—	—	—
粗铅	—	83.5	1.1	80.5	—
铜浮渣	—	11.3	83.5	14.6	—
硫酸	—	—	—	—	96.0
炉渣	5.5	3.1	15.4	4.9	4.0

密闭鼓风炉的主要产品为粗锌,另一主要产品为粗铅。某厂各物料、产品、半产品的成分见表4-31。

表 4-31　鼓风炉物料、产品、半产品的成分　　　　　　　　　　（%）

种类	Zn	Pb	Cu	S	CaO	SiO₂	Fe	Cd
锌精矿	48.0	4.7	1.1	30.5	—	—	—	—
铅精矿	10.7	51.2	2.7	20.6	—	—	—	—
烧结块	38.3	21.4	1.8	0.5	3.3	3.0	9.1	0.08
组锌	98.7	1.13	—	—	—	—	0.02	0.10
精锌	99.997	0.002	—	—	—	—	0.0005	0.0015
粗铅	—	99.30	0.11	—	—	—	—	—
铜浮渣	—	44.2	40.4	—	—	—	—	—
精镉	0.0005	0.0002	0.0001	—	—	—	0.0001	99.998
炉渣	6.93	0.61	0.67	—	15.66	18.06	29.77	—

通常炼锌鼓风炉的铅直收率为86%~89%,锌直收率为85%~87%。

4.7.2.4　密闭鼓风炉炼锌炉渣的处理

鼓风炉炼锌炉渣为高氧化钙炉渣,采用高钙炉渣有利于减少熔剂消耗量和渣量,从而提高锌的回收率。炉渣的 $w(CaO)/w(SiO_2)$ 一般为 1.4~1.5,炉渣中除含有 85% 的 FeO、SiO_2、CaO 和 Al_2O_3 等化合物外,一般含 0.5%Pb 和 6%~8%Zn,锌随渣的损失占入炉总锌量的5%。

鼓风炉炼锌炉渣一般含6%~8%Zn 和小于1%Pb,有的炉渣含有一定数量的锗,可采用烟化炉或贫化电炉处理,回收其中的锌、铅、锗等有价金属。

4.7.3　粗锌火法精炼

由于蒸馏法和鼓风炉炼锌所得的粗锌中含有 Pb、Cd、Fe、Cu、Sn、As、Sb、In 等杂质（总含量为0.1%~2%）,这些杂质元素影响了锌的性质,限制了锌的用途,因此必须对粗锌进行精炼以提高锌的纯度。火法炼锌产出的锌的化学成分如表4-32所示。

表 4-32　火法炼锌产出锌的化学成分　　　　　　　　　　（%）

方　　法	Zn	Pb	Cd	Cu	Sn	Fe
鼓风炉炼锌	98~99	0.9~1.2	0.04~0.10	0.002~0.004	0.002~0.01	—
竖罐炼锌	99.5~99.9	0.139	0.074	0.0008		0.014
横罐炼锌	98~99	0.976	0.192	0.0012		0.0092
电热法炼锌	98.9	1.1	0.07	—		0.013

目前,粗锌采用的精炼方法是火法精炼和真空蒸馏精炼。火法精炼又分为熔析法和精馏法,大多采用精馏法。

4.7.3.1　熔析法精炼

熔析法精炼锌仅是部分除去锌中的铅与铁。在熔体状态时铅与锌相互部分溶解,当锌熔化后即行分层。

当锌进行熔析精炼时熔池内分为三层：

(1) 下层，铅与锌（5%~6%Zn）的合金熔体；

(2) 中层，由铁与锌的化合物组成，呈糊状聚集在铅合金上面，称作硬锌；

(3) 上层，熔体精炼锌。

熔析精炼在反射炉内或锅内进行。粗锌在430~450℃熔化后静置24~48h以达到熔体必要的分层。所得精炼锌（即上层）约含锌99%、含铅0.9%~1.0%、含铁0.02%~0.03%。下层含铅92%~94%，含锌5%~6%，在两层中间的硬锌含铁约达5%，含有很多的锌。

熔析法的缺点是仅能部分地除去杂质铅与铁，锌的回收率低，燃料消耗大，生产率较低。

4.7.3.2 精馏法精炼

A　粗锌精馏精炼的原理

粗锌精馏精炼的基本原理是利用锌与各杂质的蒸气压和沸点的差别，在高温下使它们与锌分离。粗锌中可能含有的杂质金属，按其蒸气压或沸点分为两类：

一是蒸气压高于（或沸点低于）锌的杂质如Cd等；二是蒸气压低于（或沸点高于）锌的杂质元素如Pb、In、Fe、Cu等。

生产中常将脱除沸点高于锌的杂质金属的过程称为脱铅过程；脱除沸点低于锌的金属杂质的过程称为脱镉过程。

由图4-30所示的Zn-Cd二元系组成沸点图可以看出，当锌中熔有低沸点镉时，锌的沸点便会降低，其变化规律如图中Ⅰ线所示。当成分为A的粗锌加热到液相线Ⅰ上a点对应的温度时，这种含镉的锌便会沸腾，锌、镉同时挥发。但是低沸点的镉要比高沸点的锌蒸发的多些，此时平衡气相的成分如气相线Ⅱ上的b点所示。当b点处的蒸气冷却至c点时，过c点作横坐标的平行线，与Ⅰ、Ⅱ线分别交于a'点和b'点，a'点和b'点即为c点温度下液相与气相平衡时的两相组成。因此，被冷凝下来的液相含锌较b点多、含镉少。未被冷凝的气相则正好相反，即气相中富集了低沸点的金属镉。

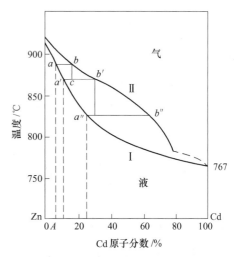

图4-30　Zn-Cd二元系沸点组成图

组成为b'点的气相继续冷却便会得到a"点和b"点的液、气平衡时的两相组成。这样反复多次地蒸发与冷凝，液相中就富集了高沸点金属，气相中富集了低沸点的金属，从而使沸点有差别的两种金属，达到完全分离的目的。

B　精馏设备与工艺

粗锌精馏精炼的主要设备是铅塔和镉塔，此外还有熔化炉、铅塔冷凝器、镉塔冷凝器、熔析炉、铸锭炉等。

粗锌精馏精炼在精馏塔内完成。精馏塔包括铅塔和镉塔两部分，一般是由两座铅塔和一座镉塔组成的三塔型精馏系统构成。铅塔的主要任务是从锌中分离出沸点较高的 Pb、Fe、Cu、Sn、In 等元素，镉塔则实现锌与镉的分离。

C 粗锌精馏精炼的过程

锌精馏塔一般由两座铅塔和一座镉塔组成一生产组，铅塔由 50~60 个碳化硅盘所叠成，铅塔下部四周用煤气或重油加热，铅塔燃烧室的温度控制在 1323~1423K 之间，上部保温。加热部分的塔盘为浅 W 型，叫蒸发盘。上部塔盘为平盘，叫回流盘。蒸发盘设在下部，以保证大量金属锌的蒸发。相邻两塔盘互成 180℃ 交错砌成。为了不使铅蒸气达到塔的上部，在蒸发盘与回流盘之间，有一空段，高约 1m，不装塔盘，被蒸发的铅在此被冷凝下来。

在混合炉熔化的粗锌，经过一密封装置均匀地流入铅塔。液体金属由各层蒸发盘的溢流孔流入下面蒸发盘时，与上升的锌和镉的蒸气呈之字形运动，以保证气相和液相充分接触，使蒸发与冷凝过程尽可能接近平衡状态。从铅塔下部挥发出来的金属蒸气，经上部回流盘使高沸点的铅及一部分锌冷凝为液体回流至塔的下部，由铅塔的最下层流入熔析炉内，产出无镉锌、硬锌和含锌粗铅。从硬锌中可回收锗、铟等有价金属。

在铅塔中未被冷凝的锌、镉蒸气从铅塔最上层逸出，经铅塔冷凝器冷凝为液体（含镉小于 1%）后进入镉塔分离锌和镉，燃烧室温度控制在 1100℃ 左右，发生与在铅塔中相同的蒸发和冷凝过程。最后，从镉塔最上层逸出的富镉蒸气，进入镉冷凝器冷凝为 Cd-Zn 合金（5%~15%Cd），这种合金是生产镉的重要原料。镉塔的最下层聚积了除去镉的纯锌液，铸锭后即为商品纯锌。

精锌精馏精炼可以产出 99.99% 的高纯锌，锌的回收率在 99% 以上，并能综合回收 Pb、Cd、Fe 等有价金属。锌精馏过程的主要能耗是塔内金属蒸发所需热量，生产 1t 精锌的能耗为 6~10GJ。

在粗锌中铁的含量为 0.04%~0.085% 时，将严重侵蚀铅塔底部的塔盘，降低塔盘的使用寿命。

精馏法精炼锌除可以得到很纯的锌之外，还可得到镉灰、含铟铅、含锡铅等副产物，从这些副产物中可提取金属镉、铟以及焊锡等，因而可以大大地降低精馏法的成本。此外，精馏锌时锌中杂质量对精馏过程影响很小，且操作稳定，易于掌握。

4.7.4 火法处理含锌浸出渣

在湿法炼锌生产中，随浸出工艺不同，得到不同类型的浸出渣。如常规湿法炼锌产出中性浸出渣，后续多采用回转窑烟化挥发处理富集锌、铅、铟和其他有价金属。采用热酸浸出、铁矾除铁的生产工艺则分别得到高浸渣（也称铅银渣）和铁矾渣，前者富集了硫化锌精矿原料中的铅和银，一般单独处理回收有价金属，或作为火法炼铅的原料并入铅冶炼流程来回收铅和银，而铁矾渣则一般送渣场堆存。氧压浸出或富氧常压浸出硫化锌精矿时，随工艺设计的不同，硫一般以单质硫进入浸出渣，原料中的铁则以铁矾、碱式硫酸铁、赤铁矿等形式留在浸出渣中，有的氧压浸出工艺也单独产出铅银渣。

因此，无论湿法炼锌选择何种浸出工艺，因硫化锌精矿原料中不可避免含有大量的铁，在浸出后必然产出含铁的浸出渣。无论是常规湿法炼锌的中浸渣，还是热酸浸出后除铁得到的铁矾渣，或者氧压浸出得到的浸出渣，其中除了含铁之外，都含有部分未浸出完全的锌以及从浸出液中夹带至渣中损失的锌；除含有锌外，还含有其他有价元素，如铅、铜及贵金属金、银等，同时也含有对环境有潜在危害的镉、砷、锑、氟等有害元素。对湿法炼锌浸出渣的处理，一是出于提高处理工艺经济收益的需要，如常规湿法炼锌中浸渣的处理；二是基于日益严格的环境保护的要求，如铁矾渣现已被明确划分为危险废弃物，对其进行无害化处置是清洁生产的明确要求。

我国是锌冶炼大国，每年电锌产量超过 600 万吨，每吨电锌产出浸出渣 0.9~1.0t，每年锌浸出渣产量超过 500 万吨。因此，我国的湿法炼锌行业，如何将锌浸出渣进行妥善处理，直接关系到湿法炼锌企业的健康发展以致企业的运营问题。

锌浸出渣的火法处理工艺主要有回转窑挥发法、澳斯麦特炉熔炼挥发法、烟化炉烟化法及侧吹炉熔炼挥发法（在铅锌联合企业中也有将锌浸出渣并入铅冶炼流程处理）。此处着重介绍回转窑挥发法和澳斯麦特炉熔炼挥发法。

4.7.4.1 回转窑挥发处理锌浸出渣

我国的常规湿法炼锌浸出渣主要采用回转窑挥发处理。株洲冶炼厂曾是我国最大的采用常规浸出工艺的湿法炼锌厂，产出的中浸渣采用回转窑挥发处理。葫芦岛锌厂的电锌生产也采用该工艺。

回转窑挥发处理含锌的中浸渣时，以焦粒作为燃料和还原剂，回收其中易挥发的锌、铅和铟等有价金属。回转窑挥发处理的锌浸出渣实例成分如表 4-33 所示。

表 4-33 回转窑挥发处理的锌浸出渣成分实例　　　　　　　（%）

元素 厂别	Zn	Pb	Cu	Fe	CaO+MgO	Al_2O_3	SiO_2	S	Au+Ag
1	28.10	5.40	1.12	26.00	6.70	5.70	8.00	5.70	微
2	23.47	4.82	1.22	29.30	1.96	2.11	11.67	5.14	微
3	18.67	11.76	1.29	23.00	3.19	4.58	11.88	5.99	0.025
4	16.90	12.10	0.80	19.10	5.40	4.70	12.40	5.10	0.029

回转窑挥发处理属还原挥发、氧化过程，其实质是在高温（1100~1300℃）条件下，用碳作还原剂，在固态或熔融状态下使物料中的氧化锌、氧化铅及氧化镉等还原呈金属蒸气挥发，再被炉气中的氧及 CO_2 氧化为金属氧化物的过程，反应如下：

$$ZnO + C \Longrightarrow Zn(g) + CO$$
$$Zn(g) + CO_2 \Longrightarrow ZnO + CO$$

浸出渣经自然干燥后，配入 40%~50% 的焦粉，加入回转窑内处理，窑内温度控制在1100~1300℃，浸出渣中的金属氧化物（ZnO、PbO、CdO 等）与焦粉接触，被还原出来的金属蒸发进入气相，在窑尾的气相中又被氧化成氧化物。炉气经废热锅炉回收炉气的余热后再导入收尘设备，将铅、锌氧化物收集。浸出渣中的镉、铟、锗皆易挥发进入氧化锌尘中，从而使稀散金属铟、锗得到富集。浸出渣中的铜和贵金属皆不挥发，完全留在窑渣中。

回转窑处理后的主要产品为氧化锌，按其产出部位不同可分两种，一种为冷却烟道所收集，称为烟道氧化锌，其量约占48%；另一种为布袋收尘器收集的，称为布袋氧化锌，其量约占52%。回转窑处理所得氧化锌成分实例见表4-34。

表 4-34　烟化法处理锌浸出渣时所得氧化锌成分实例　　　　　　（%）

种类＼成分	锌	铅	铟	锗	砷	锑	氟	氯	铁	锌可溶率
烟道氧化锌	45~56	9~11	0.02~0.071	0.001~0.004	<0.5	<0.02	0.07~0.15	0.1~0.2	0.5~1	95.55
布袋氧化锌	66~68	8.5~9.5	0.03~0.08	0.002~0.005	<0.5	<0.02	0.06~0.1	0.06~0.12	0.5~1	97.53

炉气出窑温度为650~800℃，其成分为1%~5% O_2，0~1% CO，17%~20% CO_2，所得到的窑渣中锌、铅的总含量通常不超过3%，在较好情况下总含量约为0.5%~1%。各种金属的挥发率见表4-35。

表 4-35　回转窑处理锌浸出渣时各种金属的挥发率　　　　　　（%）

元　素	Zn	Pb	In	Ge	Ga	Ta	Cd	As	Sb
挥发率	90~95	85~94	75~80	约31	约14	87	90~95	45~47	25~30

经挥发处理后浸出渣中所含的金、银和铜仍留在窑渣中，基本未得到回收。

窑寿命因使用耐火材料不同而波动较大，一般窑寿命为70天，经采用在反应带窑壳外浇水冷却措施，窑的寿命可提高到100天以上。

回转窑处理锌浸出渣的主要缺点是：由于温度高，窑内易形成炉结而腐蚀和磨损内衬，促使窑寿命缩短，被迫停炉，耐火材料消耗量大，窑的有效利用率不高；其次燃料的消耗量大，处理一吨浸出渣需要消耗约0.5t焦粒；并且产出的烟气量大，低浓度 SO_2 污染严重。

4.7.4.2　澳斯麦特炉处理锌浸出渣

A　温山冶炼厂

澳斯麦特熔炼挥发法的典型应用是在韩国锌业公司的温山冶炼厂。该厂采用两台顶吹炉处理湿法炼锌的浸出渣，一台为熔炼炉，另一台为烟化炉。其结构示意图如图4-31所示。湿渣、燃料煤直接加入熔炼炉内，块煤作为还原剂加入到烟化炉内，以保证烟化炉内较强的还原性气氛。

熔炼炉给料中硫的含量较高，烟气中相应带有 SO_2，但烟气中 SO_2 的浓度又不够高，需要经过换热、除尘、湿法吸收预富集后，再将浓缩后的 SO_2 气体送硫酸厂制酸。烟化炉的烟气不含 SO_2，单独进行降温和收尘处理。

用澳斯麦特炉处理含锌浸出渣的优点是工艺基本成熟，对物料的适应性强，浸出渣含水在25%~30%，甚至超过30%都可以入炉处理，一般对浸出渣进行自然晾干即可，无需专门的干燥设备，因此备料简单；其次该工艺的有价金属回收率高。澳斯麦特熔炼挥发法的最主要缺点是喷枪寿命短（约3天），喷枪更换频繁，另外由于熔池内的剧烈冲刷，耐火材料损耗较大。在韩国温山冶炼厂采用了钢水套来延长耐火材料的使用寿命。

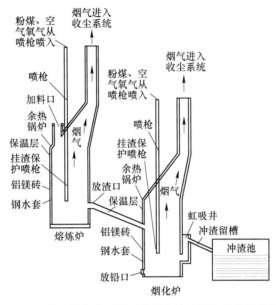

图4-31 韩国锌业公司处理锌浸出渣澳斯麦特炉示意图

炉膛的耐火材料选用镁铬砖，熔炼炉的操作温度为1270~1290℃，烟化炉的操作温度为1300~1320℃。韩国温山冶炼厂采用澳斯麦特炉顶吹处理锌浸出渣时的原料、炉渣和烟尘成分实例见表4-36。

表4-36 温山冶炼厂澳斯麦特炉处理锌浸出渣的原料、炉渣、烟尘成分实例 （%）

物 料	Zn	Pb	FeO	Cu	Sb	Ag/g·t^{-1}
针铁矿渣	15.5	1.9	39.9	1.1	0.1	130
QSL渣	12.6	5.1	27.9	0.1	0.7	20
中浸渣	21.3	5.3	32.3	1.4	0.1	246
熔炼炉烟尘	49.5	15.4	0.9	0.3	0.3	401
熔炼炉渣	7.2	0.8	40.5	0.9	0.3	50
烟化炉烟尘	67.1	8.0	3.2	0.2	0.2	160
烟化炉渣	3.5	0.3	43.7	0.5	0.1	22

经熔炼炉和烟化炉两段处理后，最后产出的烟化炉渣中锌含量为3.5%左右。继续降低渣中的锌含量在技术上可行，但经济上不合理。烟尘中锌的回收率约为82%，锌的回收率也与给料中的锌含量及产出渣量有很大关系。

烟化炉渣中铅含量为0.3%，远小于锌含量。烟尘中铅的回收率为92%。银的总回收率为86%。锗和铟进入烟尘的回收率大致在90%和70%左右。另外，在韩国温山冶炼厂，锌浸出渣中的铜和锑可通过在烟化炉内产出黄渣的形式来回收。

B 兴安铜锌冶炼厂

我国内蒙古兴安铜锌冶炼厂于2013年引进澳斯麦特技术进行湿法炼锌浸出渣的处理，

并在项目实施过程中做了许多改进，最大的特征是采用一台澳斯麦特炉实现含锌渣的熔炼和挥发。该厂于2014年4月启动澳斯麦特炉富氧顶吹处理锌浸出渣的项目，2015年10月进入试生产，2016年6月生产达标，是世界范围内第二家采用澳斯麦特炉以顶吹方式处理锌浸出渣的企业。

该企业所用澳斯麦特炉的炉膛直径为4.4m，炉膛高度为8.5m，最大熔池深度为1.6m，年处理锌渣16万吨（包括铁矾渣、高浸渣、电炉渣、氧化锌二次浸出渣等）。采用单支中央风冷喷枪，富氧浓度为40%。澳斯麦特炉的结构示意图如图4-32所示。

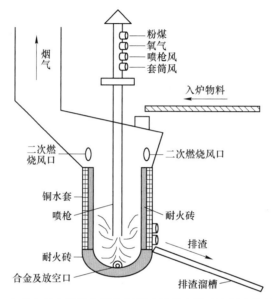

图4-32　内蒙古兴安铜锌公司富氧顶吹处理含锌渣澳斯麦特炉示意图

澳斯麦特炉主体分为三层：最外层为钢制炉壳，起支撑和保护作用；中间层为铜水套，冷却炉衬以延长炉衬的使用寿命；内层为耐火砖砌筑而成的炉衬，与熔体直接接触。耐火材料选用铝铬尖晶石砖，具有高的抗炉渣侵蚀性和机械强度，炉龄超过20个月。炉底在设计过程制造中进行了修改，由原先的平底设计改为球形反拱形状，以保证炉底在使用过程中膨胀均匀，提高稳定性。高位放渣口在0.875m处，低位放渣口位于0.575m处，另外在炉底还设有合金放出口，兼做炉膛的放空口。

炉料和还原煤从炉顶加料口加入炉内，直接落入熔池。喷枪头部浸没于熔池面以下约200mm，富氧空气通过喷枪直接喷入熔池，使熔池处于强烈搅拌状态。炉料落入强烈搅拌的熔池内，很快被熔化生成炉渣，有价金属从熔池挥发出来，成为烟尘；炉渣从渣口放出，水淬粒化后外售；烟气进入余热锅炉，回收余热后送制酸工序，烟尘收集后送湿法处理。

其吹炼过程是一个高温强化还原、挥发氧化的过程，其实质是将富氧空气和粉煤的混合物吹入炉内的熔融炉渣中，利用粉煤燃烧产生的热量和块煤的还原性，使炉内保持较高的温度和一定的还原气氛，使炉渣中的硫酸盐（主要是硫酸锌和硫酸铅）分解、还原为蒸气挥发进入烟气。炉温保持在1320℃，金属锌和铅的蒸气及银和铟的氯化物挥发进入烟尘，在炉子的上部空间金属锌和铅的蒸气被二次风氧化为ZnO和PbO，通过收尘系统回收 Zn、Pb、In 和 Ag 的烟尘。

喷枪为顶吹熔炼的核心设备，为四层同心套管结构。中心管喷吹粉煤，沿喷枪截面的径线方向向外，各套筒的作用依次为喷吹氧气、喷枪风（燃烧用气）、套筒风（二次空气）。在喷枪的底部还设有旋流器，以增加对熔池内熔体的搅拌和混合作用。氧气、空气和粉煤通过链状软管输送至喷枪。喷枪工作时，喷枪头浸入在熔融的渣池液面下，将粉煤燃料、燃烧空气和富氧直接喷入熔池内，在熔池内形成剧烈的湍流，增加燃烧和反应效率。

燃料煤为熔池反应提供热量；氧气主要起助燃作用；喷枪风为燃料煤提供足够的空气，同时冷却喷枪；套筒风使挥发出来的有价金属再次氧化，形成氧化物烟尘。

兴安铜锌冶炼厂的澳斯麦特炉用来处理六种不同的含锌、铅、银和其他稀有金属的二次物料（锌浸出渣、铅银渣、铁矾渣、电炉渣、硫酸铅渣、钢厂烟灰），产出锌铅混合烟尘及弃渣（含锌小于3%）。熔炼炉运行期间连续进料，添加石英砂、石灰石作为熔剂调整渣型，通过渣口定期间断放渣。通过粉煤的加入量控制炉内和熔池温度，通过调节块煤加入量和二次空气系数控制炉内的氧化还原气氛。

该企业在最初的设计中曾考虑采用三种熔剂来调整渣型：分别为三氧化二铁、石灰石和石英砂。后续实际生产中采用的锌浸出渣为铁含量高的铁矾渣，因此省去了氧化铁熔剂的使用。主要的生产工艺参数为：入炉物料含 Zn 约 8.0%，Pb 约 2.0%，In 约 0.035%，Ag 约 0.025%，控制炉内压力为 $-50 \sim -150$Pa，熔池温度（1300 ± 50）℃，熔池高度 1.6m，炉渣 $w(\text{Fe})/w(\text{SiO}_2) = 1.2$，年运行时间 7200h，处理锌浸出渣（干基）16.1 万吨/年。表 4-37 列出了兴安铜锌运行时所处理含锌原料、水淬渣和烟尘的成分实例。

表 4-37　兴安铜锌澳斯麦特炉处理锌渣的原料、水淬渣和烟尘成分实例　　（%）

名　称	Zn	Pb	SiO₂	Fe	CaO	In	Ag	F	Cl	H₂O
混合锌渣-1	8.74	2.73	7.84	23.94	4.36	0.035	0.025	—	—	16.04
混合锌渣-1	9.46	5.01	8.17	26.13	2.89	0.042	0.024	—	—	23.65
水淬渣-1	2.28	0.054	25.82	27.04	18.95	0.0032	0.0029	—	—	4.96
水淬渣-2	2.15	0.089	—	—	—	0.0044	0.0028	—	—	—
烟尘-1	41.29	17.18	—	3.48	—	0.19	0.15	0.012	0.25	—
烟尘-2	48.10	25.93	—	—	—	0.20	0.17	—	—	—

由此可见，水淬渣的成分 $w(\text{Zn}) < 3.0\%$，$w(\text{Pb}) < 0.1\%$，$w(\text{In}) < 0.0040\%$，$w(\text{Ag}) < 0.0040\%$；氧化锌烟尘有价金属含量 $w(\text{Zn}) > 40\%$，典型值为 $40\% \sim 48\%$，含 Pb 大约为 20%，$w(\text{In}) > 0.15\%$，$w(\text{Ag}) > 0.15\%$，约 1700g/t。有价金属回收率：$w(\text{Zn}) \approx 75\% \sim 82\%$，$w(\text{Pb}) \approx 99.6\%$，$w(\text{In}) \approx 91.8\%$，$w(\text{Ag}) \approx 88.5\%$。

澳斯麦特炉处理锌渣时，烟气中 SO_2 含量只有 1.67%，含量低，因而采用高分子有机溶剂进行循环吸收—解吸，再送制酸系统生产硫酸。

生产实践的统计表明，顶吹炉的单耗为 0.403tce/t 干渣，虽然投资成本高，但产能大，操作过程的能量单耗低。

作为全球第二家采用澳斯麦特炉处理锌浸出渣的企业，兴安铜锌在温山冶炼厂的基础上进行了有益的改进，再次验证顶吹炉处理锌浸出渣是有效的工艺，不仅能实现锌浸出渣中多种有价元素的回收利用，更重要的是可以将危废渣进行无害化处理，达到环保要求。

随着湿法炼锌企业对锌浸出渣环保问题的不断重视，以及近些年来我国在铜、铅的底吹、侧吹冶炼工艺技术和装备上的持续进步，今后锌浸出渣火法处理的工艺必将得到进一步的发展。

4.8　锌的二次资源利用

4.8.1　再生锌简介

有色金属废料和废件经过冶炼或加工后所产出的有色金属或合金叫作再生有色金属或再生有色金属合金。

把含锌废料通过冶炼或化工处理，重新转变成金属锌及其化工产品，这就是锌的再生。

西方国家再生金属产量在有色金属产量中占有很大比重，产量也逐年增加。从全球来看，再生锌工业的发展已成为整个锌工业的重要组成部分，目前全球每年消费的锌中（含锌金属和锌的化工产品），原生锌占 70%，再生锌占 30%。从 20 世纪 90 年代以来，我国再生锌工业得到了长足的发展。2006 年我国再生锌产量 11 万吨，仅占我国当年锌总产量的 3.48%，2016 年我国锌产量 627.3 万吨，再生锌的产量约 150 万吨（折合锌金属量），再生锌约占锌产量的 24%，但与美国的含锌二次资源利用情况相差较大。美国再生锌产量占到了锌总产量的 50% 以上。

4.8.2　再生锌的原料与组成

再生锌生产所用的原料来源主要有四方面：热镀锌行业、锌加工行业、化工行业、其他废品、废件等。

根据来源和性质不同，含锌原料可分为以下几类：锌灰、锌渣、边角废杂锌料、废旧锌、锌合金零件或制品、次氧化锌、含锌的工业垃圾和钢铁冶炼烟尘。

4.8.3　再生锌的冶炼方法与产品

再生锌的冶炼方法可分为火法和湿法两类。火法有蒸馏法（平罐蒸馏、电热法蒸馏、真空蒸馏）、精馏法、熔析法等；湿法有可溶阳极电解和"浸出—净化—电积"等工艺。再生锌产品可为纯锌、锌粉、氧化锌、硫酸锌、氯化锌等。我国主要采用平罐法、精馏法、电热法和湿法工艺处理。

　　A　精馏法再生工艺

为了提高再生锌的质量，把再生锌中的主要杂质铅、镉、铁、铜除去，把锌的质量提高到 1 号至 2 号锌的水平，可以采用精馏法精炼。为了得到高纯锌，精馏法使用铅塔和镉塔两种精馏塔。

精馏的主要技术指标为：锌直收率 70%～90%，锌总回收率 85%～99%，煤耗（标煤）0.35～0.65t/t。

B　真空蒸馏法再生工艺

用真空蒸馏法处理热镀锌渣，其优点是在较低的温度下可获得较高的蒸发速度和较高的金属回收率，对物料中的成分能有选择性地回收，其产品能避免氧化和污染，锌纯度达 99.8%～99.9%，直收率达 98%以上，且设备简单，操作方便，加工成本低于传统的平罐再生工艺。缺点是间断作业。

真空蒸馏法还可再生超细锌粉和超细氧化锌产品。

C　湿法再生工艺

湿法再生工艺的优点是处理工艺灵活，其产品除金属锌外，还可生产氧化锌、硫酸锌和氯化锌等锌化合物。但由于再生锌原料成分复杂，难以大批量统一处理，未能形成规模经济优势。加之再生锌原料有害杂质含量高，如钢厂含锌烟尘中含有较高的氟、氯和铁，采用湿法处理时往往还需经火法预处理脱除氟、氯，进一步富集锌；有时甚至采用成本较高的氨性溶液或氢氧化钠溶液浸出，但浸出渣的处理困难、浸出率较低和处理成本偏高都致使湿法处理工艺难以推广。近年来锌的溶剂萃取技术在国内也开始得到应用和关注，将溶剂萃取技术应用于再生锌的处理是再生锌处理的一个新方向。

习　题

4-1 分别写出火法炼锌和湿法炼锌的原则工艺流程图。

4-2 说明硫化锌精矿焙烧的目的。

4-3 为什么说硫化锌是较难焙烧的硫化物？

4-4 沸腾焙烧的强化措施有哪些？

4-5 根据 Zn-S-O 系状态图，说明 ZnS 难以直接氧化得到金属锌的原因。

4-6 在硫化锌精矿焙烧的过程中，铁酸锌的生成对后续浸出过程有什么危害？如何避免铁酸锌的生成？

4-7 在湿法炼锌过程中，锌焙砂中性浸出的 pH 值为什么要控制在 5.2 左右？

4-8 说明中和水解法除杂的原理。

4-9 写出锌焙砂常规浸出和热酸浸出的工艺流程。

4-10 在锌焙砂浸出过程中，铁酸锌是影响锌浸出率的主要因素，如何提高锌的直接浸出率？

4-11 在湿法炼锌的热酸浸出过程中，从含铁高的浸出液中沉铁有哪些方法？请说明其原理及优缺点。

4-12 说明硫化锌精矿氧压浸出的原理及其特点。

4-13 锌焙砂中性浸出净化时，锌粉置换除铜镉的原理是什么？影响锌粉置换反应的因素有哪些？

4-14 在硫酸锌溶液中的杂质 Cu、Cd、Co、Ni、As、F、Cl 在电积过程中有什么危害？如何将它们在净化过程中除去？

4-15 试比较从硫酸锌溶液中除钴的方法。

4-16 写出硫酸锌溶液电解沉积锌的电极反应。

4-17 为什么在电沉积锌过程中阴极的产物是锌而不是氢气？

4-18 写出锌电积过程槽电压的组成。

4-19 影响锌电积过程中的电流效率和电能消耗的因素有哪些？

4-20 在锌电积过程中，槽电压和电流效率均随电流密度变化，根据下表：

$D/A \cdot m^{-2}$	E/V	$\eta_i/\%$
100	2.5	80
200	2.7	90
500	3.0	94
1000	3.5	96

（1）根据表中的电流密度，分别计算锌电积的电能消耗。（锌的电化当量 q 为 1.2195g/(A·h)）

（2）为了使锌电积的成本最低，应如何选择电积过程的电流密度？

4-21 湿法炼锌有哪些新方法？请说出其中两种方法的基本原理。

4-22 简述火法炼锌的基本原理。

4-23 密闭鼓风炉炼锌有哪些优缺点？

4-24 简述密闭鼓风炉炼锌的炉渣特点。

4-25 密闭鼓风炉炼锌法从低锌蒸气中冷凝锌获得成功的主要措施有哪些？

4-26 根据 Zn-Cd 二元系沸点组成图，说明粗锌火法精馏精炼的基本原理和过程。

参 考 文 献

[1] 彭容秋. 锌冶金 [M]. 长沙：中南大学出版社，2004.

[2] 彭容秋. 重金属冶金学 [M]. 长沙：中南工业大学出版社，1991.

[3] 赵天从. 重金属冶金学 [M]. 北京：冶金工业出版社，1981.

[4] 陈国发. 重金属冶金学 [M]. 北京：冶金工业出版社，1992.

[5] 孙连超，田荣璋. 锌及锌合金物理冶金学 [M]. 长沙：中南工业大学出版社，1994.

[6] 徐采栋，林蓉，汪大成. 锌冶金物理化学 [M]. 上海：上海科学技术出版社，1978.

[7] 陈新民. 火法冶金过程物理化学 [M]. 北京：冶金工业出版社，1993.

[8] 傅崇说. 有色冶金原理 [M]. 北京：冶金工业出版社，1993.

[9] 《重有色金属冶炼设计手册》编辑部. 重有色金属冶炼设计手册（铜镍卷、铅锌铋卷）[M]. 北京：冶金工业出版社，1993.

[10] 东北工学院重冶教研室. 锌冶金 [M]. 北京：冶金工业出版社，1978.

[11] 钟竹前. 湿法冶金过程 [M]. 长沙：中南工业大学出版社，1998.

[12] 钟竹前. 化学位图在湿法冶金和废水净化中的应用 [M]. 长沙：中南工业大学出版社，1998.

[13] 孙德堃. 国内外锌冶炼技术的新进展 [J]. 中国有色冶金，2004（3）：1~4.

[14] 刘志宏. 国内外锌冶炼技术的现状及发展动向 [J]. 有色金属，2000（1）：23~26.

[15] 王吉昆，周廷熙. 硫化锌精矿加压酸浸技术及产业化 [M]. 北京：冶金工业出版社，2008.

[16] 长沙有色冶金设计研究院有限公司. 一种富氧侧吹炉处理锌浸出渣的冶炼方法：中国，CN201110301756.6 [P]. 2012.

[17] 徐华军，徐万刚，蔡广博，等. 锌浸出渣顶吹处理工程与生产实践 [J]. 有色冶金节能，2018，34（2）：11~13.

[18] 徐万刚，李文龙，王鹏飞. 顶吹炉处理锌浸出渣工艺技术产业化实践 [J]. 中国有色冶金，2018，47（5）：6~9，12.

[19] 邹小平，王海北，魏帮，等. 锌冶炼厂铁闪锌矿湿法冶炼浸出渣处理方案选择 [J]. 有色金属（冶炼部分），2016（8）：12~16.

[20] 杨淑霞. 韩国温山锌冶炼厂利用奥斯麦特技术处理锌渣情况介绍 [J]. 有色冶金设计与研究，2001，22（1）：18~24.

5 镍 冶 金

5.1 概 述

欧洲人在 17 世纪末注意到铜砷矿，采矿工人称其为 kupfernickel。Kupfer 在德文中是"铜"，而 nickel 则是"骗人"，二者合起来的 kupfernickel 就是"假铜"（当时德国人用来称呼铜砷混合物）。

1751 年，瑞典科学家 A F Cronstede（克朗斯塔特）认真研究了这个矿物，得到了少量的金属。克朗斯塔特发表了研究报告，认为这是一种新金属，他称此新金属为 nickel。元素镍的拉丁文 niccolum 就起源于此。

直到 1804 年金属镍才被提炼出来，1824 年在欧洲建立了第一个镍工厂，到 1850 年世界镍产量不超过 100t/a，当时是利用砷镍矿提取镍。

1864 年，J Garhier（加尼尔，法国）在新喀里多尼亚发现了高储量的氧化镍矿床，镍的产量达到 500t/a。1883 年，在加拿大的萨德贝里地区发现了巨大的硫化镍矿床，相应建立了大型镍冶炼厂。

1890 年，加拿大取得了采用分层熔炼法实现镍铁分离的专利技术，告别了仅能生产镍铁的历史。与此同时，LudwigMond（蒙德，英国）取得了羰基法分离铜镍的专利权，镍冶金技术不断发展和进步。20 世纪 40 年代以后，相继出现了高锍镍磨浮分离技术、硫化镍电解技术和氧气顶吹技术，奠定了现代镍冶金工业基础。

1910 年，世界镍产量仅为 2.3 万吨，1960 年为 32.55 万吨，1980 年为 74.28 万吨，2002 年世界镍的年产量达到 117.59 万吨，2017 年世界镍的年产量为 210 万吨。

我国镍工业起步于 1953 年。在金川镍矿被发现前，我国一直被视为"贫镍国"，一些国家趁机对我国实行镍封锁，以制约我国现代工业的发展。20 世纪 50 年代初，上海冶炼厂、沈阳冶炼厂和重庆冶炼厂等主要在铜电解液中和处理杂铜的过程中提取镍金属，同时从古巴进口的氧化镍中制取镍金属。金川镍矿的发现和建成，使我国的镍资源储量跃居世界前列，为我国现代工业的发展奠定了基础。

随着镍红土矿提取镍的兴起，我国的镍冶金出现了新局面。镍红土矿的火法冶金和湿法冶金的企业都在增加。2014 年，我国镍产量达到 35.36 万吨，2017 年是 20.1 万吨。

5.1.1 镍的资源

世界镍资源储量十分丰富。地核中含镍最高，是天然的镍铁合金。根据金属百科发布的《镍矿资源分布及年产量》介绍，镍在地壳中的含量为 0.018%，其中氧化型镍矿（红土镍矿）约占 55%，硫化物型镍矿占 28%，海底铁锰结核中的镍占 17%（由于开采技术和考虑对海洋的影响，目前尚未实际开发）。

5.1.1.1 世界镍资源

根据 2017 年美国地质调查局（USGS）发布的数据显示，全球探明镍（按镍矿中镍含量折算）基础储量约 7383 万吨，资源总量 1.30 亿吨。红土镍矿储量丰富的国家包括赤道附近的古巴、新喀里多尼亚、菲律宾、缅甸、越南、印度尼西亚和巴西等国；硫化镍矿储量丰富的国家包括俄罗斯、加拿大、澳大利亚、南非和中国等国家。

根据美国地质勘查局 2017 年的统计数据，澳大利亚是全球镍储量最多的国家，截至 2016 年底镍储量高达 1900 万吨，占全球镍的基础储量的 24.36%，主要以硫化镍矿为主；巴西约 1000 万吨，占全球储量的 12.82%，以红土镍矿为主。表 5-1 为全球镍矿储量。

表 5-1 全球镍矿储量 2016 年统计

国 家	镍储量/万吨	主要矿石类型
澳大利亚	1900	红土镍矿/硫化镍矿
巴 西	1200	红土镍矿
俄罗斯	760	硫化镍矿
古 巴	550	红土镍矿
菲律宾	480	红土镍矿
印度尼西亚	450	红土镍矿
南 非	370	硫化镍矿
中 国	290	硫化镍矿
加拿大	270	硫化镍矿
危地马拉	180	红土镍矿
马达加斯加	160	红土镍矿
哥伦比亚	110	红土镍矿
美 国	13	红土镍矿
其余国家	650	—
合 计	7383	—

5.1.1.2 我国镍资源

我国镍矿储量约为 300 万吨，主要分布在甘肃、四川、云南、青海、新疆和陕西等地。我国金川矿床位于中国西北甘肃省金昌市，是目前全球第三大在采铜镍硫化物矿床，除富含镍、铜外，还伴生钴、金、银、铂族等 17 种金属元素，累计探明矿石储量分别为：矿石 5.5 亿吨、镍 558 万吨、铜 354 万吨，占全国总储量的 68.5%。氧化镍矿主要分布在云南等地。

5.1.1.3 镍的二次资源

二次镍资源主要来自不锈钢、超耐热合金和蓄电池等含镍废料。二次镍资源占总资源的 27% 左右。

不锈钢废料包括加工过程中的"新废料"，如边角余料、粉料和屑料，还有不锈钢制品报废后的"旧废料"。西方国家废不锈钢的利用率达到 80%。

各种镍合金和镍蓄电池的二次资源利用，需要建立合理的回收机制。

5.1.1.4　镍的矿物

全球镍的矿物资源主要有三种：硫化镍矿、氧化镍矿（红土矿）和储存于深海底部的含镍锰结核。

（1）硫化镍矿。硫化镍矿一般含镍1%左右，选矿后的精矿品位可达6%～12%，包括伴生的有价金属（铜、钴、铁、铬和锰），还常含有一定量的稀贵金属（铂族金属、金、银、硒和碲）等。

硫化镍矿主要有：1）镍硫化矿（Ni,Fe）S；2）针硫镍矿 NiS；3）硫化铜镍矿（Ni,Cu）S。

硫化镍矿按硫化率划分，即呈硫化物状态的镍（SNi）与全镍（TNi）之比将矿石分为：原生矿石$w(SNi)/w(TNi)>70\%$；混合矿石$w(SNi)/w(TNi)$为45%～70%；氧化矿石$w(SNi)/w(TNi)<45\%$。

（2）氧化镍矿。氧化镍矿由含镍橄榄岩在热带或亚热带地区经过大规模的长期的风化淋滤变质而形成的由铁、铝和硅等含水氧化物组成的疏松的黏土状矿石，镍、钴和镁取代铁和铝的形式存在。氧化镍矿主要包括：

1）镍红土矿，铁的氧化使氧化镍矿石呈红色，故统称为红土矿。镍红土矿含铁高，含硅镁低，含镍为1%～2%。可开采的氧化镍矿的部分一般由褐铁矿层、过渡层和腐殖土层三部分组成。目前氧化镍矿中有应用价值的是镍红土矿。

2）硅酸镍，含铁低，含硅镁高，含镍为1.6%～4.0%。

（3）海洋锰结核矿。海洋锰结核是沉淀在大洋底的一种矿石，锰结核中各种金属成分的含量大约是：锰（27%～30%）、镍（1.25%～1.5%）、铜（1%～1.4%）、钴（0.2%～0.25%）、铁（6%）、硅（5%）及铝（3%）等。锰结核广泛地分布于世界海洋2000～6000m水深海底。

锰结核总储量估计在30000亿吨以上，其中以北太平洋分布面积最广，储量约为17000亿吨。锰结核密集的地方，每平方米面积上就有100多千克。同时，海洋锰结核以每年1000万吨的速度在不断堆积，它将成为人类取之不尽的"自生矿物"。

随着冶金工业的迅速发展，陆地上的资源日渐紧缺，人类开始注意到洋底锰结核的开发和利用。

5.1.2　镍的应用

镍在世界物质文明发展中具有十分重要的作用。镍和镍合金在国防、通信、电子工业、原子能工业、化学工业和远距离控制等高新技术行业中广泛应用。同时，在电气工业、机械工业和建筑业对镍的需求也愈来愈大。概括起来镍的用途可分为三类：

（1）镍合金材料，包括不锈钢、耐热合金和各种合金等3000多种，占镍消费量的70%以上，其中典型的金属材料有：

1）镍-铬基合金，如康镍合金，含镍80%、铬14%，耐高温且断裂强度大，专用于制作燃气涡轮机和喷气发动机等。

2）镍-铬-钴合金，机械强度大，耐海水腐蚀性强，故专用于制作海洋舰船的涡轮发动机。

3）镍-铬-钼合金，如 IN-586，含 Ni 65%、Cr 25%、Mo 10%，耐高温合金，在

1050℃时仍不氧化发脆，特别是焊接性能较佳。

4）铜-镍合金，如 IN-868，Ni 16%、Cu 80%。耐腐蚀、导热和压延性俱佳，广泛用于船舶和化学工业。

5）钛-镍形状记忆合金，在加温下能恢复原有形状，用于医疗器械和精密仪器等领域。

6）储氢合金，如 $LaNi_5$、$Ca_xNi_5Ce_{1-x}$、Ti-Ni、Ni-Nb、Ni-V 及 $LaNi_5$-Mg 等，在室温下吸收氢气生成氢化物，加热到一定温度时又可将吸收的氢气释放出来，用于能量储存及输送领域。

（2）在石化工业作催化剂，例如在煤的气化过程中，当用 CO 和 H_2 合成甲烷时发生下列反应：

$$CO + 3H_2 \longrightarrow CH_4 + H_2O$$

常用的催化剂为高度分散在氧化铝基体上的镍复合材料（Ni 25% ~ 27%）。这种催化剂不易被 H_2S、SO_2 所毒化。

（3）用于化学电源的原材料，目前具有产业化规模的有 Cd-Ni、Zn-Ni 电池和 H_2-Ni 密封电池材料，用于镍氢电池的材料 $Ni(OH)_2$ 和泡沫镍在新能源领域具有重要地位。

5.1.3　镍的性质

5.1.3.1　镍的物理性质

镍系磁性金属，具有良好的韧性、延展性和抗腐蚀性。镍的机械强度高，能经受各种类型的机械加工（压延、压磨和焊接等）。镍的许多物理化学特性与钴、铁近似，由于与铜比邻，因此在亲氧和亲硫性方面又较接近铜。镍是银白色金属，镍的部分重要物理性质见表 5-2。

表 5-2　镍的物理性质

物　理　性　质	参　　数
熔点/℃	1453
沸点/℃	2732
熔化热 $\Delta H_{熔化}$/kJ·mol^{-1}	181.3
汽化热 $\Delta H_{气化}$/kJ·mol^{-1}	365.3
蒸气压（1000℃）/Pa	$1.57×10^{-4}$
密度（20℃）/g·cm^{-3}	8.908
密度（液态）/g·cm^{-3}	7.9
电阻率（20℃）/mΩ·cm	6.844
热导率（100℃）/J·(cm·K·s)$^{-1}$	0.828
比焓（200℃）/J·g^{-1}	0.512
比热容/J·(mol·K)$^{-1}$	26.07
饱和磁化强度/T	0.6
膨胀系数/μm·(m·K)$^{-1}$	13.4
泊松比	0.31

5.1.3.2 镍的化学性质

镍具有高度的化学稳定性，通常加热到 700~800℃ 时不氧化。镍与单质硫、硼、硅和磷一起加热时，可以直接化合生成二元化合物。镍丝可在氧气中燃烧，镍片在空气中加热时也会失去光泽变暗。加热的镍可在氯和溴蒸气中燃烧生成黄色的卤化镍，镍和碘须在高于 400℃ 的温度在封闭反应管中发生反应。镍（特别是微细分散的镍粉）能有效地吸收氢气，随温度升高而吸氢量增大。镍不吸收氮气，也不与氮直接化合。镍与铝剧烈化合生成金属互化物，如 $NiAl$、$NiAl_2$ 和 $NiAl_3$ 等。

镍在赤热时与水蒸气反应生成氧化物和氢气。在温度高于 300℃ 时镍可将氨分解，在 445℃ 左右生成氮化物 Ni_3N。氟化氢与镍粉在 225℃ 反应生成 NiF_2，其他卤化氢可发生同样反应。硫化氢在适中温度下腐蚀镍生成硫化镍 NiS。当温度高于 350℃ 时，CS_2 通过镍屑时，可生成 NiS 和 Ni_2S 的混合物。CO 在相对较低的温度即能与镍反应（50℃）生成 $Ni(CO)_4$。

镍在无机酸中的溶解要比铁慢得多。镍可从非氧化酸中释放氢气，这些酸包括亚硫酸、硫酸、盐酸和磷酸。稀硝酸和亚硝酸能很快溶解金属镍，并放出氮氧化物，浓硝酸可使镍表面钝化。镍在碱液中稳定。镍的一些重要化学性质见表 5-3。

表 5-3 镍的化学性质

化 学 性 质		参 数
原子序数		28
电子层结构		$1s^2 2s^2\,p^6 3s^2 3p^6 3d^8 4s^2$
原子量		58.6934
电负性（鲍林）		1.92
电离能/eV	第一电离能	7.633
	第二电离能	18.15
	第三电离能	35.16
电极电势/V		−0.250
原子半径/nm		0.124
共价半径/nm		0.124
范德华半径/nm		0.164
晶胞边长/nm		352.039
晶格结构		面心立方
同位素		^{58}Ni, ^{59}Ni, ^{60}Ni, ^{61}Ni, ^{62}Ni, ^{63}Ni, ^{64}Ni

5.1.4 镍的化合物

（1）镍的氧化物。镍有三种氧化物：氧化亚镍（NiO）、四氧化三镍（Ni_3O_4）和三氧化二镍（Ni_2O_3）。Ni_2O_3 仅在低温时稳定，加热至 400~450℃ 即离解为 Ni_3O_4，继续升高温度最终变成 NiO。NiO 熔点是 1650~1660℃，容易被 H_2、CO 或 C 还原，NiO 可形成硅酸盐 $NiO \cdot SiO_2$ 和 $2NiO \cdot SiO_2$，但前者不稳定。NiO 是 SO_2 转变为 SO_3 的催化剂。

（2）镍的硫化物。镍的硫化物有四种：NiS_2、Ni_6S_5、Ni_3S_2 和 NiS。NiS 高温下不稳定，在中性或还原气氛下加热即分解为 Ni_3S_2 和 S_2。在冶炼高温下，低价硫化镍 Ni_3S_2 是稳定化合物，离解压小于 FeS 而大于 Cu_2S。

（3）镍的砷化物。镍的砷化物有 $NiAs$ 和 Ni_3As_2 两种，$NiAs$ 的自然矿物称红砷镍矿，加热时分解为 Ni_3S_2 和 As。

（4）羰基镍。镍与铁、钴相似，$50 \sim 100$℃下与 CO 形成羰基镍 $Ni(CO)_4$，至 $180 \sim 200$℃时按逆方向分解为金属镍和 CO，这是羰基法生产镍粉的理论基础。

5.1.5　镍的生产方法

硫化镍矿与氧化镍矿采用不同的冶炼方法。硫化镍矿的冶炼方法相似于硫化铜矿的处理技术，主要为闪速熔炼和熔池熔炼。氧化镍矿的冶炼方法包括火法冶金（主要生产镍铁）和湿法冶金（高压酸浸、氨浸等）。图 5-1 列出了镍的生产方法。

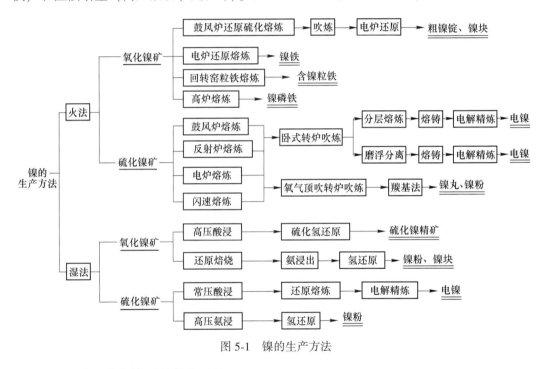

图 5-1　镍的生产方法

5.1.5.1　硫化镍矿的提取方法

（1）闪速熔炼。闪速熔炼为悬浮熔炼，将经过深度脱水（含水小于 0.3%）的粉状精矿，以高速（$60 \sim 70$m/s）从反应塔顶部喷入高温（$1450 \sim 1550$℃）的反应塔内，在 $2 \sim 3$s 内就基本上完成硫化物的分解、氧化和熔化过程。

（2）熔池熔炼。通过一个造锍的中间过程，将硫化物精矿、部分氧化焙烧的焙砂、返料及适量熔剂等物料，在一定温度下（$1200 \sim 1300$℃）进行熔炼，经过一系列的化学反应、熔化和溶解过程，形成金属硫化物（冰镍）与氧化物（炉渣）。

（3）吹炼。闪速熔炼和熔池熔炼产生的低镍锍，不能满足精炼工序的处理要求，需经过进一步处理的过程为吹炼。

5.1.5.2 氧化镍矿的提取方法

（1）火法冶金。氧化镍的火法冶金主要是生产镍铁，矿经脱水、干燥后，加热至1000℃左右连续装入电炉进行还原熔炼得到镍铁。高品位的氧化镍矿适合火法冶金处理。

（2）湿法冶金。氧化镍的湿法冶金包括高压酸浸（HPAL）法、常压酸浸法和Caron法等。高压酸浸法在温度250~270℃和压力4~5MPa条件下，用30%浓度的硫酸溶液做浸出试剂，适用于处理低镁含量的红土矿。

5.2 硫化镍的提取冶金

5.2.1 硫化镍矿的火法冶金

硫化镍矿的火法冶金包括闪速熔炼和熔池熔炼，与铜冶金相似，其发展过程包括鼓风炉、反射炉、电炉、富氧顶吹和闪速炉等几种熔炼技术。鼓风炉熔炼需要经过烧结或制团预处理工序，反射炉适用于处理含MgO低于10%和脉石不难熔的硫化镍精矿，这两种技术目前已基本淘汰。

本章主要介绍硫化镍矿的闪速炉熔炼技术，同时简介富氧顶吹技术和电炉熔炼技术。

5.2.1.1 硫化镍矿的闪速熔炼

闪速熔炼是一种迅速发展的强化冶炼技术，它将焙烧、熔炼和部分吹炼过程融合在一个设备中进行。闪速熔炼于1949年首先在芬兰奥托昆普公司的哈里亚阀尔塔炼铜厂应用于工业生产，自1965年以来在全世界得到迅速发展，在铜冶金和镍冶金生产中广泛应用。

闪速熔炼过程是将干燥后的粉状混合料（镍精矿加熔剂）与氧气、热空气或热富氧空气以及辅助燃料（重油、粉煤或天然气）在特制的精矿喷嘴内混合后，以垂直或水平式，高速喷入反应塔内呈悬浮状态。在高温作用下，炉料迅速完成各种物理化学反应，产生的熔体降入沉淀池内，同时完成造锍和造渣反应。澄清分离后，冰镍和炉渣分别由冰镍口和渣口排出。含SO_2较高的高温炉气通过上升烟道进入换热器和收尘系统后送往制酸。

闪速熔炼的入炉矿粒度极细（90%以上小于$0.074\mu m$），比表面积很大（$200m^2/kg$以上），这极大地强化了气固（或气液）间的传质传热过程，物料在塔内仅停留2~3s，即完成大部分硫化物的氧化及造渣过程。

A 闪速熔炼原理

闪速熔炼也称悬浮熔炼，闪速熔炼的原理是基于硫化铜镍矿熔炼的速度，取决于炉料与炉气间的传热和传质速度，而传热和传质速度又随两相接触表面积的增大而增高。闪速熔炼将强化扩散和强化热交换紧密结合起来，使精矿的焙烧、熔炼和部分吹炼在一个设备中进行，从而大大强化了熔炼过程，显著提高了生产能力，同时降低燃料消耗。

闪速熔炼是将经过深度脱水（含水小于0.3%）的粉状精矿，在喷嘴中与空气或氧气混合后，以高速度（60~70m/s）从反应塔顶部喷入高温（1450~1550℃）的反应塔内。此时精矿颗粒被气体包围，处于悬浮状态，在2~3s内基本上完成了硫化物的分解、氧化和熔化过程。熔融硫化物和氧化物的混合熔体落到反应塔底部的沉淀池中，汇集后继续完成锍与炉渣的形成过程，并进行沉清分离。炉渣在贫化炉处理后再弃去。

（1）高价硫化物在反应塔分解：

$$(NiFe)_9S_8 \xlongequal{\quad} 2Ni_3S_2 + 3FeS + \frac{1}{2}S_2$$

$$2CuFeS_2 \xlongequal{\quad} Cu_2S + 2FeS + \frac{1}{2}S_2$$

$$Fe_7S_8 \xlongequal{\quad} 7FeS + \frac{1}{2}S_2$$

$$FeS_2 \xlongequal{\quad} FeS + \frac{1}{2}S_2$$

$$2FeS + 3O_2 + 2SiO_2 \xlongequal{\quad} 2FeO \cdot SiO_2 + 2SO_2$$

（2）铁的硫化物在反应塔内可依下列反应直接氧化：

$$4FeS_2 + 11O_2 \xlongequal{\quad} 2Fe_2O_3 + 8SO_2$$

$$3FeS_2 + 8O_2 \xlongequal{\quad} Fe_3O_4 + 6SO_2$$

$$10Fe_2O_3 + FeS \xlongequal{\quad} 7Fe_3O_4 + SO_2$$

$$16Fe_2O_3 + FeS_2 \xlongequal{\quad} 11Fe_3O_4 + 2SO_2$$

Fe_3O_4 具有熔点高、比重大的特点，Fe_3O_4 的形成将导致炉渣与冰镍分离不好，造成金属的损失增加，同时 Fe_3O_4 易在炉底析出，使生产空间减少，降低生产能力。

（3）黄铁矿（$CuFeS_2$）在熔炼过程中除发生离解反应外，部分（$CuFeS_2$）和 FeS 生成 SO_2 和 FeO。反应生成的 FeO 与 SiO_2 造渣。

$$2CuFeS_2 + \frac{5}{2}O_2 \xlongequal{\quad} Cu_2S \cdot FeS + 2SO_2 + FeO$$

$$FeS + \frac{3}{4}O_2 \xlongequal{\quad} \frac{5}{2}FeS + \frac{5}{2}FeO + \frac{5}{2}SO_2$$

当有足量的 FeS 存在时，会与氧化铜反应，生成硫化物进入镍锍。但仍有少量的铜以氧化物形式溶于渣中。

（4）镍的硫化物（$NiFe)_9S_8$ 除离解反应外，也有少量的（Ni_3S_2）被氧化进入渣中。反应塔中的镍约有 5%～7% 以 NiO 进入沉淀池中，导致沉淀池中渣含镍 0.8%～1.2%。

$$2Ni_3S_2 + 7O_2 \xlongequal{\quad} 6NiO + 4SO_2$$

（5）铜镍精矿中脉石主要是 $MgCa(CO_3)_2$，在反应塔分解为 MgO、CaO，在沉淀池造渣。

$$MgO + SiO_2 \xlongequal{\quad} MgO \cdot SiO_2$$

$$CaO + SiO_2 \xlongequal{\quad} CaO \cdot SiO_2$$

B　闪速熔炼的设备

闪速熔炼有两种基本形式，奥托昆普（芬兰）闪速炉和（加拿大）闪速炉。奥托昆普闪速炉采用精矿从反应塔顶垂直喷入炉内的方式，（加拿大）闪速炉则采用精矿从炉端墙上的喷嘴水平喷入炉内的方式。本文主要介绍奥托昆普闪速炉。

奥托昆普闪速炉由反应塔、沉淀池和上升烟道三部分组成。炉体一般长 18～23m（也有长 36m），宽 5～9m，炉膛高 2～4m。图 5-2 为奥托昆普闪速炉结构图，图 5-3 为奥托昆普闪速炉组成图。

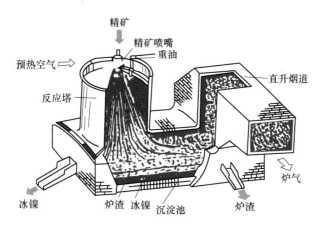

图 5-2   奥托昆普闪速炉结构图

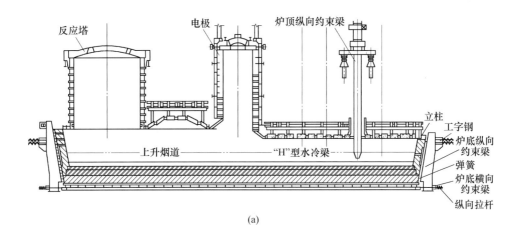

(a)

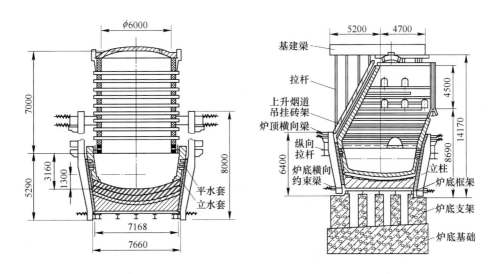

(b)   (c)

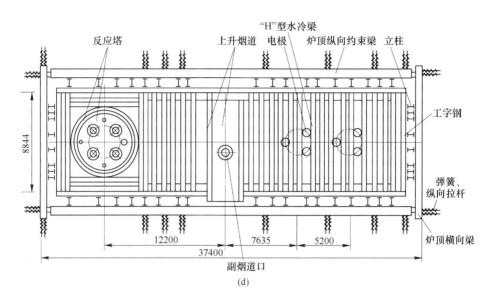

图 5-3　奥托昆普闪速炉组成图

(a) 主视图；(b) 反应塔侧面图；(c) 上升烟道侧面图；(d) 平面图

(1) 反应塔。反应塔身呈圆筒形，塔身有效高度为 5.7~14m，塔直径为 4~8m。外壳采用 20mm 钢板，内衬为 290~340mm 的耐火材料。反应塔顶采用吊挂式顶。反应塔顶约 2m 以下的塔壁用电铸铬镁砖砌筑，这是考虑到塔下部易损坏采取的措施。塔体实行强化冷却。图 5-3 (b) 是反应塔的侧面图。

(2) 沉淀池。沉淀池的作用是澄清分离冰镍与炉渣。为了增强沉淀池侧墙耐火材料的稳定性，减少熔池死角和节约耐火材料，沉淀池一般做成上大下小的梯形体。在侧墙上设有 4~6 个排放冰铜的出口，在上升烟道下端墙处设 2~3 个排渣口。沉淀池顶采用两种方式，即吊顶和拱顶，现在多采用吊挂铬镁砖结构。

(3) 上升烟道。上升烟道是连接沉淀池与余热锅炉的通道，烟气由此进入余热锅炉。上升烟道有垂直型和倾斜型两种。为避免烟道结瘤，大多数闪速炉采用倾斜型上升烟道。上升烟道两侧壁上各设有两个烧油孔，可用烧油的办法来熔化烟气出口处的黏结物。图 5-3 (c) 是上升烟道侧面图。

C　闪速熔炼的工艺流程

奥托昆普闪速熔炼法的工艺流程如图 5-4 所示，主要环节说明如下。

a　炉料的准备

闪速熔炼对炉料的要求很严格，不仅要求物料的物理化学组成均匀稳定，而且要求含水量必须小于 0.3%。因此必须进行严格配料和干燥脱水。炉料干燥常用三种方法：回转窑干燥、气流干燥和闪速干燥。多数工厂采用前两种方法。

气流干燥由干燥短窑、鼠笼破碎机和气流干燥管三部分实现（见图 5-5）。为了排除水分较大的大粒料，一些工厂在距鼠笼出口 1m 处设一个粒度分级漏斗。

三段脱水的干燥率分配是：短窑 20%~30%，鼠笼 50%~60%，气流管 20%~30%，主要脱水环节在鼠笼破碎机。

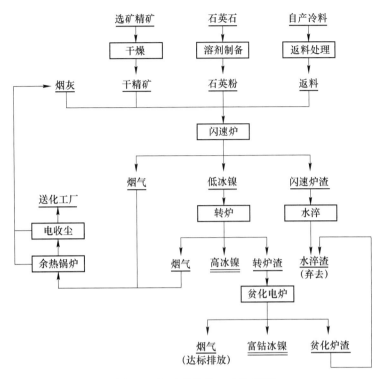

图 5-4 闪速熔炼的工艺流程图

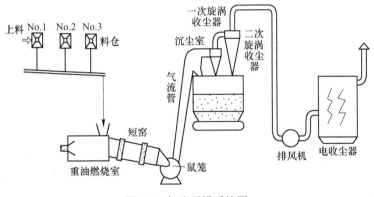

图 5-5 气流干燥系统图

干燥所需热量一是由干燥热风炉燃烧重油供应,二是利用闪速炉热风系统中的蒸气过热器和再热器排出的废烟气余热。

热风炉为可移动的圆筒形状,以便检修。燃烧室安有大小两支重油喷嘴,依供热情况选择使用。为了生产安全,干燥系统设有电气连锁,当气流前进方向设备出现故障时,后面设备即自动停止运行。

b 加料

干矿仓中的干炉料由干矿刮板运输机分别连续稳定地输入精矿喷嘴,炉料入喷嘴之前经冲击管式流量计检测重量。

c　反应塔的供风

闪速炉熔炼时，向反应塔提供三种风：中温风（400~500℃）、高温风（800℃以上）和低温富氧风（200℃，含 O_2 35%~40%），选择哪一种操作制度依据精矿成分、处理量和实际条件而定。中温鼓风是目前大多数工厂采用的操作制度，其特点是热风制备简单、运行平稳和减少故障。高温鼓风的生产能力比中温鼓风大、反应塔燃油量少及烟气中 SO_2 浓度为 13%~14%。高温鼓风适合处理高品位精矿，但热风系统较复杂。低温富氧鼓风处理能力较大、反应塔燃油少和烟气 SO_2 浓度高（15%~18%），但耗氧多，且成本高。

目前趋向于采用高温富氧鼓风操作。处理高品位精矿时，反应塔燃油多、烟量大和烟气 SO_2 浓度较低。

d　烟气的处理

闪速炉的烟气温度高（1300℃以上）、SO_2 含量高（8%~15%）、含尘量高（50~150g/m^3（标态）），并且部分烟尘呈半熔融状态。采用特制的余热锅炉，可将 40% 左右的烟尘沉降下来，经电收尘后用于制酸。

e　炉渣的贫化

闪速熔炼的炉渣含铜一般高达 0.8%~1.5%，通常需要贫化处理，回收其中的铜。目前贫化炉渣的工业方法有电炉贫化法和浮选法，芬兰奥托昆普公司采用的是浮选法，我国采用的是电炉贫化法，两种方法各有利弊。

电炉贫化有两种形式，一是单独贫化电炉处理，二是将贫化电炉与沉淀池合并，即将电极插在沉淀池内进行贫化处理。

贫化需添加硫磺或黄铁矿等熔剂到熔渣中，使其中的镍转化为硫化物，同时部分 Fe_3O_4 硫化成 FeS。二者形成冰镍，从炉渣中分离出来。炉渣电炉贫化示意图如图 5-6 所示。

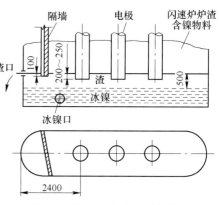

图 5-6　炉渣电炉贫化示意图

D　闪速熔炼的产物

闪速熔炼的产物为低冰镍、闪速炉渣、烟尘和炉气。

低冰镍经转炉吹炼得到高冰镍和转炉渣。闪速熔炼属氧化熔炼，脱硫率高，但渣含镍高，一般为 1%~3%。闪速熔炼的烟尘率较高，一般为 6%~9%，收回的烟尘与干燥后的炉料，重返闪速炉处理。闪速炉熔炼的出炉炉气含 SO_2 12%~14%，收尘净化后，含 SO_2 为 6%~7%，符合制酸要求。

E　闪速熔炼的优缺点

（1）能耗低，反应所需热量的大部或全部来自硫化物本身强烈氧化放出的热，故标准燃料率仅 6%~8%，仅为反射炉能耗的三分之一。

（2）烟气量小，特别是采用富氧后，烟气量大大减小，故烟气 SO_2 浓度高，有利于经济地回收硫。

（3）速度快，现代化的大型高温富氧闪速炉的熔炼速度高达 50~80t/（$m^2 \cdot d$）。

（4）有利于环保。

（5）反应区氧位高，渣含镍高。

（6）烟尘量大。

5.2.1.2 硫化镍矿的熔池熔炼

A 电炉熔炼技术

电炉按电能转换为热能的方式不同，分为电阻炉、电弧炉、感应炉和复合式电炉。熔炼硫化镍矿的电炉是兼有电阻炉和电弧炉性能的复合式电炉，也称矿热电炉（见图5-7）。

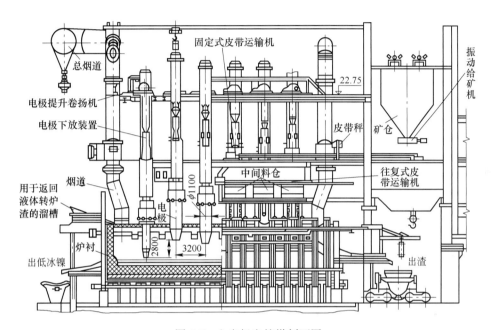

图5-7 六电极电炉纵剖面图

a 炉料准备

电炉熔炼的炉料水分必须降至3%以下，不然容易引起料堆崩塌和强烈爆炸，危及人身和设备的安全。炉料准备可用烧结或焙烧方法。硫化镍矿结时已初步造渣，可降低电炉熔炼的电耗，但焙烧方法具有脱硫率低、金属损失量大和生产效率低的缺点。炉料焙烧可选择制粒焙烧、沸腾焙烧和回转窑焙烧等方法。沸腾焙烧与锌精矿的沸腾焙烧相似。

b 熔炼工艺

矿热电炉的炉底温度较高，所以炉基用钢筋混凝土立柱或混凝土墙架空，以便空气自然冷却。熔池的内墙用镁砖或铬镁砖砌筑，外墙为黏土砖。渣线以上及炉顶皆为黏土砖，也可用预制耐热混凝土整体炉顶。放渣口和放铜冰镍口各有若干个，分别设在炉子的两端墙上。拉杆皆设有抗磁性钢材制成的联轴节，隔断电流减少涡流电损失。

电炉用填充式自焙电极，电能加热电炉的热值 Q：

$$Q = I^2 Rt$$

式中，I 为电流强度，A；R 为熔渣电阻，Ω；t 为通电时间，s。

在电极与熔渣的交界面上，形成温度最高的微电弧区。离电极愈远，熔渣温度愈低，直至炉墙处熔池降至最低的温度。由于熔池熔体形成的温度梯度，故使靠近电极表面的熔渣得到过热，比重降低而上浮，并沿着离开电极的方向流动。

在流动过程中与料堆的底部相遇并将热量传给炉料,使炉料熔化。炉料熔化形成的熔体温度较低、比重较大,于是下沉至渣层下部又向电极的方向移动。这样就构成了熔体流动的环路。电炉熔池的热交换过程是熔体内部的热对流过程,在炉料布满整个熔池表面的情况下,炉膛的温度不高,一般不超过 400~600℃。

电炉熔炼的冶金反应主要发生在熔渣与炉料的接触面上,即以液相与固相之间的反应为主,炉气几乎不参与反应,并且可以一次完成造渣和造铜冰镍的化学反应。当炉料受热至 1000℃时,其中的复杂硫化物、某些硫酸盐、碳酸盐和氢氧化物便热分解形成比较简单而稳定的化合物。硫化物与氧化物之间的交互反应在此温度下也开始发生,至 1100~1300℃。反应生成的 Ni_3S_2、Cu_2S、CoS 和 FeS 相互溶解形成铜冰镍,铜冰镍还溶解了贵金属和一部分 Fe_3O_4。

反应生成的氧化物和炉料中的脉石组成相互反应形成硅酸盐型炉渣。熔融状态的铜冰镍和炉渣在电炉熔池中因密度不同而分层。电炉熔炼的脱硫率较低,精矿和矿石熔炼时只有 15%~18%;带有还原剂的烧结块熔炼其脱硫率低至 2%~5%。

为了回收转炉渣中的铜、镍、钴等有价金属,将转炉渣返回电炉中处理。电炉中熔渣的有力对流运动,以及与固体炉料中的硫化物、熔剂和还原剂充分的接触,使转炉渣中的 Fe_3O_4 还原得比较彻底,使渣含金属迅速降低而达到弃渣的程度。加入碳质还原剂时,炉渣贫化得很好。

在炉渣与还原剂接触过程中,使渣中的铜、镍、钴和铁的氧化物还原。由于渣中铁的氧化物比其他金属氧化物多,所以大量还原的是铁,从而获得主要由铁构成的金属合金。这种合金溶入铜冰镍中形成了金属化铜冰镍,或称金属低冰镍。这种低冰镍穿过渣层沉降时,又将渣中的铜、镍、钴氧化物还原。而金属状态的铜、镍、钴在低冰镍中又被 FeS 硫化。由此可见,熔渣中有色金属的还原主要是依靠碳质还原剂,而金属铁也起一定的作用,但是氧化物的大部分是被铜冰镍中的金属铁还原的。

硫化镍炉料熔炼的电炉兼有电阻炉和电弧炉性能。电能由高压输电网输入电炉用的变压器,然后经过导电线和导电铜瓦供给电极。每两根电极构成一个回路,所以一台六根电极的电炉共需三个单相变压器,构成三组回路。电能在电阻部分和电弧部分的分配比例决定于电极插入熔池的深度,电极插得越深,电能分配到电弧部分的比例越小,而分配到电阻部分的比例则越大。

电流在熔池中流动有两个途径:一是由电极 A→熔渣→电极 B,称角形负载;一是由电极 A→熔渣→熔融铜冰镍→熔渣→电极 B,称星形负载。电能转换为热能的转换热与电极间的渣层电阻有关,而在炉渣组成(或者说熔渣比电阻)不变的情况下,渣层电阻取决于电极的插入深度,其间的关系为:

$$R = 2\rho/\alpha + F/H - \alpha = 2/K \cdot 1/\alpha + F/H - \alpha$$

式中,R 为熔渣层的电阻,Ω;ρ 为熔渣的比电阻,$\Omega \cdot cm$;F 为电极横断面积,cm^2;α 为电极插入深度,cm;K 为熔渣的比电导,$K=1/\rho$;H 为渣层厚度,cm。

由此可见,当渣组成不变时,两电极间的电阻随电极插入深度 α 的增加而减小;而渣层的电阻 R 随其比电阻 ρ 的增加而增加,所以比电阻较高的熔渣,允许电极插得深些。此外,当其他条件不变时,电极按角形负载和星形负载的比例也决定于电极插入深度。电极插得愈深,星形负载的电流也增高,角形负载电流则减小。在供电功率不变的情况下,深插电极提高了电流负荷 I。由于电能转换热与 I^2 成正比，故此时则有利于提高炉子生产率。

电极的插入深度要适度。插得过深会使炉渣与冰镍的澄清分离状况恶化，甚至可能产生冰镍层过热的现象；电极插得过浅时，电弧拉长，会导致渣面温度和烟气温度升高，冰镍层变冷，热利用率下降。通常在约为渣层厚度的一半上下波动。当深插电极时，工作电压势必相应下降。电炉的主要参数列于表 5-4 内。

表 5-4　电炉的主要参数

参　　数	国内厂家	国外厂家 1	国外厂家 2
炉膛容积（长×宽×高）/m³	21.5×5.5×4	22.74×5.54×5.1	11.2×5.2×4.0
电极直径/m	1.0	1.0	1.2
电极中心距/m	3.0	3.2	3.0
电极数/根	6	6	3
变压器数/台	3	3	1
变压器容量/kW·台⁻¹	5500	16667	30000
电炉功率/kW	10500	50000	30000
变压器二次电压/V	490~304	800~475	550~390
床面积功率/kW·m⁻²	140	396	517
熔池深度/mm	2100	2700	2500
冰镍层厚度/mm	600~900	600~800	600~800
冰镍放出口数/个	3	4	3
放渣口数/个	4	4	2
炉料电耗/kW·h·t⁻¹	550	740	780~815
炉料电极消耗/kg·t⁻¹	5.7~5.8	4.1	2.9
最大线电流/A	18090	25830	31500

c　熔炼产物

电炉的熔炼产物为低冰镍，主要由 Ni_3S_2、Cu_2S 和 FeS 组成，还含有硫化钴、磁性氧化铁和少量游离金属及微量铂族金属和极微量的造渣成分。铜冰镍中镍和铜含量总和常在 13%~25% 之间，含硫 22%~27%。此硫量不足以使全部金属形成硫化物，所以部分金属（主要是铁）以游离状态和 Fe_3O_4 溶于铜冰镍中。

固体铜冰镍密度为 4.6~5.0，熔点为 1000~1050℃，比电导约为 $50\Omega^{-1} \cdot cm^{-1}$。Cu、Ni、Co 在铜冰镍中的回收率分别为：95%~97%，96%~97%，75%~80%。

d　炉渣

电炉熔炼的炉渣主要由 SiO_2、FeO、MgO、Al_2O_3 和 CaO 组成，其总量约占渣量的 97%~98%，此外尚有少量磁性氧化铁、铁酸盐、金属氧化物和硫化物等。

e　炉气和烟尘

由于电炉在生产时吸入大量冷空气，使烟气中 SO_2 浓度低至 0.01%~0.3%。烟气含尘

在熔炼块料时为 $0.3 \sim 0.5 \mathrm{g/m^3}$，在熔炼粉料时达 $3 \mathrm{g/m^3}$，炉气经沉尘室和电收尘后放空。

    B   富氧顶吹技术

    富氧熔池熔炼的特点是熔炼强度大、劳动生产率高、能耗低和环境友好。采用富氧强化熔炼工艺，能够充分利用原料中硫的化学反应热，燃料消耗少，而富氧顶吹又可采用价格便宜、资源丰富的煤作燃料。

    采用富氧顶吹熔炼具有烟尘率低、余热回收率高和动力消耗少的特点，富氧顶吹熔炼所排的烟气含 SO_2 浓度高且稳定连续，有利于采用先进的制酸工艺，提高了硫的利用率。

    富氧顶吹的氧气喷枪浸没在熔池内，故称富氧顶吹的氧气浸没喷枪熔炼技术。喷枪喷出的富氧气体可使物料发生强氧化反应，同时可以使熔体受到搅动，促使镍硫与渣的分离。图 5-8 为富氧顶吹工艺流程图。

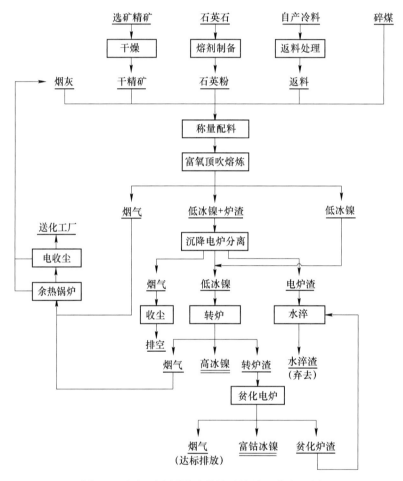

图 5-8   富氧顶吹浸没喷枪熔池熔炼工艺流程图

    富氧顶吹熔炼过程中，炉料从加料口加入后，很快地进入到高温强氧化气氛中，高价硫化物发生离解反应的同时被直接氧化，发生如下反应：

$$2CuFeS_2 + \frac{13}{2}O_2 \xlongequal{\quad\quad} Fe_2O_3 + 2CuO + 4SO_2$$

$$2Fe_7S_8 + \frac{53}{2}O_2 === 7Fe_2O_3 + 16SO_2$$

$$Ni_3S_2 + \frac{7}{2}O_2 === 3NiO + 2SO_2$$

$$2FeS + 3O_2 === 2FeO + 2SO_2$$

富氧顶吹熔炼过程中产生的 FeO 在 SiO_2 存在的条件下，按下列反应形成炉渣：

$$FeO + SiO_2 === FeO \cdot SiO_2$$

5.2.1.3 镍锍吹炼

硫化镍的火法冶金产物均为低镍锍，其成分组成不能满足精炼工序的要求，必须将低镍锍经吹炼处理得到高镍锍。目前，镍锍吹炼工艺有三种：卧式转炉吹炼、闪速吹炼和卡尔多炉吹炼。

A 转炉吹炼

转炉吹炼过程是向炉内的熔体低镍锍中鼓入空气并加入适量的熔剂石英，使低镍锍中的硫化铁和其他杂质与石英造渣，部分硫和其他一些挥发性杂质氧化后随烟尘排出，得到有价金属（Ni、Cu 和 Co 等）含量较高的高镍锍和含有价金属较低的转炉渣。高镍锍中的 Ni、Cu 大部分仍然以金属硫化物状态存在，少部分以合金状态存在，贵金属和部分钴也进入高镍锍中。

高镍锍和转炉渣由于它们各自的比重不同而分层，比重小的转炉渣浮于上层。

a 吹炼的原理

转炉吹炼是一个强烈的自热过程，所需要的热量由吹炼过程中的氧化反应放热供给。低镍锍的吹炼与铜锍的吹炼不同，镍锍的吹炼只有造渣期，没有造镍期。当低镍锍吹炼到含铁 2%~4% 时即结束吹炼。

低镍锍的主要成分是 FeS、Fe_2O_3、Ni_3S_2、PbS、Cu_2S 和 ZnS 等，如果以 Me 代表金属，MeS 代表金属硫化物，MeO 代表金属氧化物，则硫化物的氧化，一般可沿下列几个反应进行：

$$MeS + 2O_2 === MeSO_4 \tag{5-1}$$

$$MeS + \frac{3}{2}O_2 === MeO + SO_2 \tag{5-2}$$

$$MeS + O_2 === Me + SO_2 \tag{5-3}$$

吹炼温度在 1230~1280℃ 时，金属硫化物皆为熔融状态，此时一切金属硫酸盐的分解压超过一个大气压。在这样的条件下，硫酸盐不能稳定存在，即熔融硫化物不会按反应（5-1）进行氧化反应，而是沿反应（5-2）或反应（5-3）进行。但因为吹炼金属镍要达到 1650℃ 的温度，因此卧式转炉不能吹炼出金属镍，即反应（5-3）不能完全进行，即反应（5-2）为低镍锍吹炼的主要反应。

吹炼过程中铁最易与氧结合，余下其次为钴、镍和铜，而金属的硫化次序与氧化次序正好相反，即首先被硫化的是铜，其次是镍、钴，最后是铁。

由于铁与氧的亲和力最大，与硫的亲和力最小，所以铁最先被氧化造渣除去。在铁氧化造渣除去以后，接下来被氧化的是钴，但因为钴的含量少，会导致在钴氧化的时候，镍也开始氧化造渣，所以吹炼过程就必须控制在铁还没有完全氧化造渣之前就结束造渣吹炼，防止钴和镍的损失。

氧化造渣期间难免有少部分钴、镍进入渣中，要考虑通过其他方法回收。

b 吹炼过程的反应与主要元素的行为

在转炉中鼓入空气时，首先满足铁的氧化需要，低镍锍中的铁以 FeS 形态存在，与氧发生反应生成 FeO，反应如下：

$$FeS + \frac{3}{2}O_2 === FeO + SO_2 \qquad \Delta_r H_m^{\ominus} < 0$$

同时在转炉吹炼过程中，石英石是作为熔剂加入炉内的，石英石的主要成分是 SiO_2，其含量约为 85% 左右，由于石英石密度较小而浮于熔体表面，主要与被氧化的铁造渣后而被排出，反应如下：

$$FeO + SiO_2 === FeO \cdot SiO_2 \qquad \Delta_r H_m^{\ominus} < 0$$

此外有少量被氧化的镍、钴也发生反应：

$$NiO + SiO_2 === NiO \cdot SiO_2 \qquad \Delta_r H_m^{\ominus} < 0$$

$$CoO + SiO_2 === CoO \cdot SiO_2 \qquad \Delta_r H_m^{\ominus} < 0$$

由于上述反应均为放热反应，使得吹炼过程能在不消耗外来燃料下进行。在吹炼后期有部分铜、镍化合物发生下列反应：

$$Cu_2S + 2Cu_2O === 6Cu + SO_2$$

$$4Cu + Ni_3S_2 === 3Ni + 2Cu_2S$$

上述反应说明在吹炼后期有少量铜镍合金生成并进入高镍锍，原因是铜在吹炼后期部分生成金属铜，将金属镍部分溶解生成铜镍合金。

(1) 镍的行为。吹炼后期当镍锍含铁量降到 8% 时，镍锍中的 Ni_3S_2 开始剧烈的氧化和造渣，因此，在生产上为了使渣含镍量降低，镍锍含铁吹到不低于 20% 便放渣并接收新的一批镍锍。如此反复进行，直到炉内具有足够数量的富镍锍时，进行筛炉操作。将富镍锍中的铁集中吹到 2%~4% 后放渣出炉，产生含镍 45%~50% 的高镍锍。

(2) 铜的行为。金属铜由于其硫化物较稳定而不易被氧化，并且在低镍锍中含量较低，在吹炼过程中大部分以金属硫化物状态存在，只有少部分生成金属铜。

(3) 铁的行为。铁在低镍锍中含量较高，又易和氧结合，故在吹炼过程中最易氧化，生成的 FeO 不断被带到熔体表面与浮在熔体表面的 SiO_2 化合生成炉渣，这是吹炼的主要反应：

$$FeO + SiO_2 === FeO \cdot SiO_2$$

由于 FeO 与 SiO_2 接触不完全和熔体的迅速循环，一部分 FeO 不能与 SiO_2 化合而被带到风口附近，继续被鼓入炉内的空气氧化成磁性氧化铁，其反应式为：

$$3FeO + \frac{1}{2}O_2 === Fe_3O_4$$

生成的磁性氧化铁由于其熔点较高（1500℃），不但给吹炼反应带来不利影响，并且进入转炉渣中，会使渣型变坏。磁性氧化铁的生成与炉内石英石的含量和吹炼温度有直接关系，通过适当提高渣中 SiO_2 的含量和吹炼温度的方法来减少 Fe_3O_4 的生成。

(4) 贵金属的行为。在低镍锍中，金、银主要以金属形态存在，但银有一部分以 AuS、AuSe 或 AuTe 形式存在，铂族金属以硫化物形态存在。由于金、银和铂族贵金属的抗氧化性能较强，在吹炼过程中大部分进入高镍锍中。

B 转炉渣的电炉贫化

转炉渣中仍含有钴、镍和铜等有价金属，因而需要对转炉渣进行处理回收有价金属。

(1) 转炉渣的组成。在转炉渣中，铁主要是铁橄榄石和磁铁矿状态，其中磁铁矿占总渣量的13%~30%。钴的氧化物以同晶形取代的形式分布在铁橄榄石相和磁铁矿相中，镍的40%~50%以氧化物状态分布在铁橄榄石相和磁铁矿相中，其余以硫化物状态存在，铜基本上呈硫化物状态存在。

(2) 贫化过程的化学反应。破坏磁性氧化铁，同时使镍和钴的氧化物还原硫化，才能实现从转炉渣中回收钴、镍和铜等有价金属。

转炉渣贫化过程中，硫化物大约在1325℃时即可沉淀进入冰铜中，而以氧化物形态存在于铁橄榄石和磁铁矿相中的有价金属则需要经过还原硫化过程，同时破坏磁铁矿（尤其是Fe_3O_4），生成铁质合金。以钴为例贫化过程中的主要化学反应进行如下：

$$Fe_3O_4 + C === 3FeO + CO$$

$$3Fe_3O_4 + FeS === 10FeO + SO_2$$

$$CoO \cdot Fe_2O_3 + FeS === CoS + Fe_3O_4$$

$$2FeO + C(CO) === 2Fe + CO(CO_2)$$

$$CoO + Fe === FeO + Co$$

$$CoO + FeS === CoS + FeO$$

所生成的铁及硫化剂中的硫化亚铁与钴的硅酸盐发生如下反应，生成钴进入冰铜中。

$$2Fe + Co_2SiO_4 === Fe_2SiO_4 + 2Co \tag{5-4}$$

$$FeS + CoSiO_4 === FeSiO_4 + CoS \tag{5-5}$$

其中反应 (5-4) 比反应 (5-5) 要容易发生，它们是在冰铜与熔渣界面上发生的。

(3) 贫化设备。转炉渣的贫化可在几种设备中进行，但使用电炉贫化液体转炉渣是较好的方法。电炉贫化转炉渣时，电炉的碳电极参与还原反应，可充分地破坏Fe_3O_4，同时能在相当大的范围内调整冰镍金属化的程度。

C 氧气顶吹旋转吹炼

硫化镍用普通空气吹炼不能炼出金属镍，原因是金属镍和氧化镍的熔点都很高，反应温度很高，同时金属镍和硫化镍在液相线以上时完全互溶。在不分层的情况下继续吹炼时，硫化镍氧化的同时金属镍也氧化，使吹炼过程无法顺利进行。加拿大铜崖精炼厂成功地用氧气顶吹旋转炉吹炼，一次炼出金属镍。

氧气顶吹旋转炉吹炼的设备是炼钢用的卡尔多炉（见图5-9），转炉的外径为4.2m，长6.2m，耐火材料内衬厚达0.7m。正常操作时，炉体中心轴与水平成17°倾角。炉体可以上下旋转，又可绕中心轴回转，炉子转速为40r/min，氧枪从炉口插入。

硫化镍制粒后从炉口装入，将炉体转到正常工作位置，用天然气—氧气喷枪加热使之熔化并提温至1327℃。关闭天然气，并且鼓入高压（1692kPa）的纯氧。在炉体旋转的情况下吹炼，熔池温度在接近吹炼终点时达1650℃，熔体残硫4%~5%。吹炼得到的熔融金属镍放至感应电炉中保温，然后按每小时0.7t的速度用高压水冲碎成水碎粗镍，送天然气加热的回转窑中干燥后，用高压羰基法生产高纯镍。纯镍粒的成分为：65%~70% Ni，15% Cu，1% Fe，4%~5% S。

卡尔多炉之所以能一次吹炼出金属镍，一是纯氧吹炼使炉内温度达1650℃以上，二

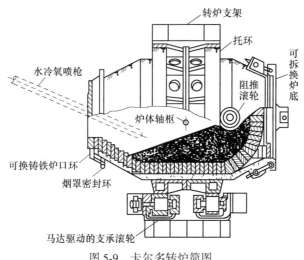

图 5-9 卡尔多转炉简图

是操作时炉子不断绕轴线旋转，在熔池得到良好搅拌的情况下，保持 [S] 和 [Ni] 在整个熔池中均匀分布，避免了 NiO 的大量形成。

5.2.1.4 高锍镍的磨浮分离工序

硫化镍矿一般都含有铜，由于成矿条件不同，含量会有差异，绝大多数硫化镍矿中的铜镍比在 1:(0.3~0.8) 之间。因此，硫化镍的冶金须有铜、镍分离工序，铜、镍分离主要以高镍锍为原料。

高镍锍的铜镍分离方法有分层熔炼法、盐酸浸出法和磨浮分离法。分层熔炼法由于流程复杂、劳动强度大和金属回收率低等被淘汰。盐酸浸出法将在硫化镍矿的湿法冶金中讨论，目前普遍应用的是磨浮分离法。

当高冰镍缓慢冷却时，其中的各种组分由于相互溶解度的差异，而分离成具有不同化学成分的晶粒，随后用选矿法使之分离。

A 磨浮分离的原理

磨浮分离的原理可以从图 5-10 的 Cu-Cu_2S-Ni_3S_2-Ni 相图理解。高冰镍处于 II 区的 c 点组成，当它从转炉的温度降至与液相面 II 相交的温度时，首先析出 Cu_2S。随着温度的缓慢下降，Cu_2S 晶粒逐渐长大，液相的组成将沿着 Cu_2S-c 连线移动。当冷却到 Cu_2S-c 连线与 E_1-E_T 二元共晶线相交的温度时，便有 Cu-Ni 固溶体与 Cu_2S 一道析出，此后溶液的组成将沿

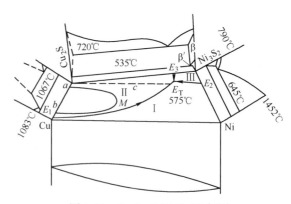

图 5-10 Cu-Cu_2S-Ni_3S_2-Ni 相图

E_1-E_T 线的方向移动，直至 E_T 点的三元共晶温度 575℃时，Ni_3S_2 也同时析出，高铜冰镍全部凝固为固体。

从图 5-10 可见，720℃时，Cu_2S 在 β-Ni_3S_2 中的溶解度为 6%~7%，当温度逐渐降至

535℃时，Ni_3S_2 由 β 型转变为 β-型，Cu_2S 在 β-Ni_3S_2 中的溶解度随温度的下降而不断减少，直到 371℃，β-Ni_3S_2 含铜小于 0.5%，此后成分再没有明显的变化。

B 缓冷工艺

缓冷是相分离和结晶长大的决定性因素，从冷却后的试样显微分析可以清楚地看到 Cu_2S 和 Ni_3S_2 晶粒及存在于这些晶粒之间的 Cu-Ni 合金相。

生产中高铜冰镍在耐火黏土模具中缓慢冷却形成铸锭，铸锭大则更能保证缓冷速度，但过大又会造成破碎困难。当铸模注满高铜冰镍后，立即盖上隔热钢制盖板，缓冷三天至 480℃，揭开盖板，再冷却一天至 200℃，便可取出铸锭，经破碎、磁选和浮选得到三种产物：

（1）硫化镍精矿，含 62%~63% Ni，3.3%~3.65% Cu，几乎不含贵金属。硫化镍精矿经焙烧、还原熔炼为金属镍阳极，也可直接铸成硫化镍阳极，经电解精炼得到金属镍。

（2）硫化铜精矿，含 69%~71% Cu，3.4%~3.7% Ni，硫化铜精矿送到铜冶炼车间处理。

（3）磁性铜镍合金，含 60% Ni、17% Cu，其中夹有硫化物。铜镍合金富集了贵金属，需要单独处理，同时回收铜、镍。

5.2.1.5 镍的电解精炼

镍电解的阳极原材料有硫化镍、粗镍或镍基合金废料等，阴极采用光滑的钛板或不锈钢板作为种板电解制成。通常种板周期为 8~24h，取出种板，剥下镍片，经过切边、穿耳、平板等工序，做成始极片后，在 pH≈2 的酸性溶液中浸泡几小时取出，用水冲净后置入电解槽中作阴极。

电解液多用硫酸镍和氯化镍的混合弱酸性溶液，也有用纯氯化镍弱酸性溶液的，很少用纯硫酸盐电解液。用隔膜电解法，即阴极放在隔膜布袋中与阳极隔开，纯净电解液从高位槽经分液管流入每个隔膜袋内，并保持袋内液面高于袋外液面 50~100mm，使阴极室的电解液向阳极区渗出，同时保持阳极液不能渗入阴极室，从而保证了阴极室内的电解液的纯度。阳极液不断从电解槽流出，送去净化。阴极液成分及生产特号镍和一号镍对阴极液成分的要求分别列在表 5-5~表 5-7 内。

表 5-5 镍品号规定化学成分

品号	代号	化学成分/%							
		NiCo 不小于	Co 不大于	杂质含量（不大于）					
				C	Si	P	S	Fe	Cu
特号镍	Ni-01	99.99	0.005	0.005	0.001	0.001	0.001	0.002	0.001
一号镍	Ni-1	99.9	0.1	0.01	0.002	0.001	0.001	0.03	0.02
二号镍	Ni-2	99.5	0.15	0.02	—	0.003	0.003	0.2	0.04
三号镍	Ni-3	99.2	0.5	0.1	—	0.02	0.02	0.5	0.15

品号	代号	化学成分/%						
		杂质含量（不大于）						
		Zn	As	Cd	Sn	Sb	Pb	Bi	Mn、Al、Mg（各）
特号镍	Ni-01	0.001	0.0008	0.0003	0.003	0.003	0.0003	0.0003	0.001
一号镍	Ni-1	0.005	0.001	0.001	0.001	0.001	0.001	0.001	
二号镍	Ni-2	0.005	—	—	—	—	0.002		
三号镍	Ni-3	—	—	—	—	—	0.005		

表 5-6　阴极液成分　　　　　　　　　　　　　　　　　　(g/L)

阴极液成分＼举例	硫化镍阳极电解		粗镍电解	镍基合金阳极电解	
	例1	例2	例3	例4	例5
Ni^{2+}	55~60	60	58~70	45~60	77
SO_4^{2+}		90	65~70	5	134
Na^+	<45	35	45~70	<60	25
Cl^-	>50	60	100~142	160~170	32
H_3BO_3	>5	16	7~10	5~7	5
pH	2.3~2.6		4.6~5.0	4.6~4.8	2.4

表 5-7　阴极液对杂质含量的要求　　　　　　　　　　　　(g/L)

品号	Cu	Fe	Co	Pb	Zn
特号镍	<0.00003	<0.0003	<0.001	<0.00007	<0.0003
一号镍	<0.001	<0.001	<0.01	<0.0003	<0.0003

阴极的周期为4~5天，获得的电镍用热水洗去表面的电解液后，剪切，包装为产品。阳极周期为10~15天，残极返回阳极炉重熔或选出较完整的作造液用。阳极泥则另行处理。

镍电解时，阳极电流效率略低于阴极电流效率，同时净液过程镍有损失，所以电解液中镍离子浓度每经一次循环都有所减少。为保持电解液含镍离子浓度基本稳定，在阳极液送往净化前要根据情况适量补充镍离子。生产中采用造液法，专门设有造液槽。

相比于铜、铅电解精炼，镍电解精炼有如下特点：（1）隔膜电解；（2）电解液必须进行深度净化；（3）电解液酸度较低；（4）设有造液槽补充电解液中镍离子；（5）定期排出多余的钠离子。

A　阴极过程

镍电解精炼的目的是在阴极上沉积金属镍。镍的标准电极电位 $E_{Ni^{2+}/Ni} = -0.24V$，属于负电性金属，为使其在阴极优先析出，就必须创造条件，使镍的平衡电位变正，极化变小；同时使氢的平衡电位变负，极化变大。

根据式 $E_平 = E + RTnFlna(Me^{n+})$，使 $E_平$ 向正方向移动，需要满足下列4个条件：

（1）提高金属离子浓度：

足够高的镍离子浓度不仅有较高的电流效率，同时可以得到较好的阴极沉淀物质量。镍电解液组成中镍离子浓度为42g/L。

（2）氢原子浓度：

阻碍氢在阴极上析出的有效办法是降低阴极液中的氢原子浓度，即提高阴极液的pH值。理论研究指出，当电解液pH值每增加一个单位时，氢的平衡电位将向负方向移动0.06V，同时较高pH值下可使氢的阴极极化增大，所以镍电解精炼时，电解液pH值控制在2.5~5.2之间。如果pH增高，易引起镍的氢氧化物和碱式盐胶体颗粒生成，严重影响电解正常进行。实际电解条件下的电解液临界pH值，通常是5.5左右。

（3）电解液温度：

较高温度下，镍在阴极上析出时的极化作用较小，所以镍电解精炼在较高温度下进行，通常控制电解液温度为 60~70℃。

（4）氯离子浓度：

电解液中的氯离子可减小镍的阴极极化，在吸附有氯离子的阴极表面上镍的析出变得容易。

应该指出，实际上在阴极上析出镍的同时，总有少量的氢析出，影响镍电解时的阴极电流效率。通常在镍电解的总电流消耗中约有 0.5%~1.0% 用于氢的析出。

阴极有氢析出时，将引起阴极液 pH 值升高，其增高程度取决于电解条件，电解液组成和电解液流入阴极室的速度。当进入阴极室电解液 pH 值较低时，电解液碱化程度可达 1~1.5pH 单位，但当 pH 值较高时，几乎不发生碱化。

由于氢的析出，紧靠阴极表面的阴极液容易发生碱化，实践中通常采用下述措施防止和减小碱化作用的危害：

（1）可能条件下用较高 pH 值的阴极液；

（2）一定温度下保持足够高的电解液循环速度，加速离子扩散，防止局部 OH^- 浓度过高；

（3）在电解液中加入少量硼砂（H_3BO_3），当 pH 值升高时，硼砂能与水解出来的氢氧化物作用，生成 $2H_3BO_3 \cdot Ni(OH)_2$，它是带负电性的胶体粒子，不易为阴极吸附，可以消除对阴极沉积物结晶长大的危害。

镍电解对阴极液的杂质含量要求特别严格，阴极液及造液必须经过深度净化，阴极液中含杂质必须控制在几个 mg/L 级。这是因为镍的标准电位较负，导致存在于阴极液中的大部分阳离子将与镍共同析出，影响电镍化学质量。因此，镍电解采用流动式隔膜电解法，使阴极区和阳极区分开，并始终保持阴极室液面高于阳极室液面。

隔膜袋的正常操作应满足：

（1）在电解槽的任何高度，阴极室流体的静压力大于阳极室流体压力；

（2）在隔膜袋毛细孔内，流体从阴极室向阳极室的流速大于阳极液中杂质离子在电泳、扩散下向阴极室的迁移速度。因此在阴极室和阳极室之间，只有阴极液不断地渗入阳极室，从而使在电泳和扩散作用下本来会通过隔膜袋毛细孔进入阴极室的杂质被流速大的反向液流带走。实际生产中选用帆布材料做隔膜袋，以保证阴阳极室有适宜的液面差。

B　阳极过程

镍电解精炼阳极可分为两种，即金属阳极（包括合金阳极）和硫化镍阳极。

（1）金属阳极的阳极过程。阳极上发生金属镍放电溶解反应：$Ni-2e \rightarrow Ni^{2+}$（入溶液），伴随阳极溶解同样发生极化作用，阳极极化的结果使镍的溶解电位变得更正。阳极电流密度随阳极电位升高而逐渐增大，而阳极电流密度越大，阳极极化越严重。但当电位提高到某一限度后，电流密度反而降低并趋近于零，这种现象称作阳极钝化。阳极钝化后，镍的电化溶解几乎停止。克服镍阳极钝化通常在硫酸盐电解液中加入少量的 Cl^-（Cl^- 浓度大于 3g/L），Cl^- 能穿过阳极表面的氧化膜，使之形成多孔结构，从而降低了阳极极化作用。

实际电解条件下，可溶金属镍阳极电位约为 0.3~0.5V，Ni、Zn、Fe 和 Cu 均会溶解，只有 Au、Ag 和铂族元素不溶而进入阳极泥，成为提取贵金属的原料。

（2）硫化镍阳极的阳极过程。硫化镍阳极中大部分金属以硫化物形态存在，如Ni_3S_2、Cu_2S、CoS、PbS、ZnS、FeS 和少量的金属镍。

硫化镍阳极的电化学过程直接受其含硫量的影响，当阳极含硫在 20% 以上时，全部金属形成相应的硫化物，阳极发生的主要反应为：

$$Ni_3S_2 - 6e \longrightarrow 3Ni^{2+} + 2S$$

生成的 Ni^{2+} 进入溶液，元素硫进入槽底或附着在阳极表面，使电解过程正常进行。

如果阳极含硫很低，镍主要以金属形态存在，而极少量的硫则以共晶体存在于金属晶体间的界面上，此时阳极主要反应是金属镍的溶解：

$$Ni - 2e \longrightarrow Ni^{2+}$$

少量的硫化物实际上不能参加电极反应而进入阳极泥。

如果阳极含有一定量的硫，但又不足以使金属全部形成硫化物，其中的金属部分优先溶解，在阳极表面上留下一层硫化物薄膜，使阳极有效面积减小，从而提高了阳极实际电流密度，阳极电位变得更正，则发生下列有害反应：

$$Ni_3S_2 + 8H_2O - 18e \longrightarrow 3Ni^{2+} + 2SO_4^{2-} + 16H^+$$

从反应式可见，在产生相同量 Ni^{2+} 情况下，消耗电量为正反应的三倍，且生成大量的酸，增加了电解液净化时的碱耗。因此硫化镍阳极的硫量一定要控制在使金属形成硫化物的程度。

C   阳极液的净化

镍电解过程中溶液循环使用，必须严格控制镍电解过程中杂质含量和适宜的酸度，维持体积平衡和镍、钠平衡，因此溶液需要净化处理。阳极液净化的原则流程见图 5-11。

阳极液的净化主要采用化学净化法、溶剂萃取法和离子交换法，除去阳极液中的杂质。

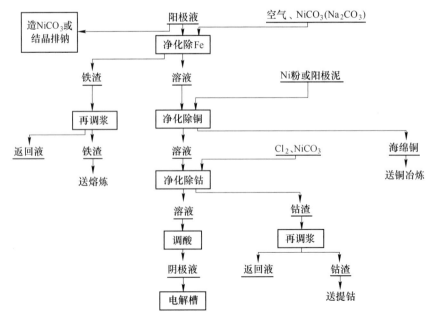

图 5-11   阳极液净化原则流程

a 化学净化法

化学净化法是通过加入化学试剂，使电解液中某些杂质在一定条件形成沉淀而与主体溶液分开，镍电解液净化时采用化学净化法除去 Fe、Cu 和 Co 等杂质。

（1）除铁。杂质元素铁对镍电解过程危害很大，生产中首先将阳极液加温至 $70 \sim 80℃$，鼓入空气将 Fe^{2+} 氧化成 Fe^{3+}，并以碳酸镍为中和剂，调 pH 值至 $3.5 \sim 4.2$，使 Fe^{3+} 水解成 $Fe(OH)_3$ 沉淀。在此过程中，Cu^{2+} 的存在可加速 Fe^{2+} 的氧化：

$$Cu^{2+} + Fe^{2+} \longrightarrow Cu^+ + Fe^{3+}$$

而 Cu^+ 较 Fe^{2+} 易被空气所氧化，即 Cu^+ 首先被空气氧化成 Cu^{2+}，继而 Cu^{2+} 将 Fe^{2+} 氧化成 Fe^{3+}。在采用化学法净化含铜电解液时，遵循先除铁，再除铜的原则。此法可使电解液中含铁降至 $0.001g/L$。镍电解液净化除铁也可采用黄钾铁矾法和针铁矿法。

（2）除铜。从镍电解液中沉淀法除铜有两种方法，一是硫化物沉淀法，二是海绵铜沉淀法。硫化物沉淀法即在除铁后的阳极液中加入适量硫磺粉或 Ni_3S_2 粉，发生下列反应：

$$Ni_3S_2 + 2Cu^{2+} - 2e \longrightarrow 2CuS(s) + 3Ni^{2+}$$

实验在沸腾除铜槽或机械搅拌槽内进行，保持液温在 $60 \sim 70℃$，$pH = 2 \sim 2.5$，脱铜率达 90%以上。净化后，液含铜为 $0.002g/L$，如生产特号镍，还需进行二次净化。

海绵铜沉淀法采用镍粉作置换剂，使用活性高的镍粉，温度提高到 80℃，$pH \leqslant 3.5$（防止 $Fe(OH)_3$ 生成）。设备要密封并用机械搅拌以防止生成的海绵铜再氧化重溶。

（3）除钴。除钴需要采用氧化—水解法。溶液中的钴呈 Co^{2+}，若以 $Co(OH)_2$ 形式除去，最低 pH 值为 8.7。电解液中 C_{Ni} 为 $60g/L$，$pH = 6.8$，必须首先用氧化剂将 Co^{2+} 氧化成 Co^{3+}（Co^{3+} 完全水解沉淀的最低 pH 值是 1.6）。

选择 Cl_2 为氧化剂，Co^{2+} 的氧化水解反应式：

$$2CoSO_4 + Cl_2 + 3NiCO_3 + 3H_2O \longrightarrow 2Co(OH)_3 + 2NiSO_4 + NiCl_2 + 3CO_2$$

除钴过程要求严格控制溶液酸度，调整 Cl_2 的输入量。

（4）除微量铅锌。电解液中有时含微量的 Pb^{2+} 和 Zn^{2+} 杂质，除微量铅锌采用除 Co 后液（含残 Cl_2），调 pH 值至 $5.5 \sim 5.8$，此时 Cu^{2+}、Zn^{2+} 及 Ni^{3+} 均水解成氢氧化物沉淀。$Ni(OH)_3$ 可将 Pb^{2+} 吸附沉淀除去。

除微量 Pb^{2+} 和 Zn^{2+} 杂质也可采用共沉淀法，将溶液 pH 值调至 6，加入 $BaCO_3$ 使 $PbSO_4$ 与 $BaSO_4$ 共同沉淀。由于 pH 值高，会带来镍的损失。

（5）定期排出多余的钠离子。电解生产进行过程中，电解液含有一定量的钠（净液过程中使用 Na_2SO_3 调整 pH 值，会引起电解液中 Na^+ 的积累），钠有提高电解液电导的作用，降低电能消耗。但如果钠离子浓度超过 $80g/L$ 时，会在阴极上形成 Na_2SO_4 膜，导致阳极局部电流密度过大，阳极电位急剧升高，以致出现阳极钝化的现象。

生产中排钠的方式有两种，一是抽出一部分电解液造 $NiCO_3$，然后用 $NiCO_3$ 代替 Na_2SO_3 作中和剂；二是采用冷却结晶产生硫酸钠的办法排钠。

b 溶剂萃取法

溶剂萃取法具有劳动条件好、自动化程度高、无残渣产生、回收率高和产品质量好的优势，近年来发展很快。

萃取前先用次氯酸钠将 Fe^{2+} 氧化成 Fe^{3+}，以提高铁的萃取效果。在氯化物溶液中的 Cu^{2+}、Co^{2+} 及 Zn^{2+} 均形成二价络合阴离子，而 Fe^{3+} 则形成一价络合阴离子 $FeCl_4^-$，它们与有机相中的 N-235 发生交换：

$$2R_3N \cdot HCl + MCl_4^{2-} \longrightarrow (R_3H)_2MCl_4 + 2Cl^-$$

$$R_3N \cdot HCl + FeCl_4^- \longrightarrow R_3NHFeCl_4 + Cl^-$$

使杂质进入有机相，得以分离。水相中 Cl^- 浓度增加，萃取效率也提高。而 Ni^{2+} 与 Cl^- 不形成络合阴离子，故不被有机相萃取。

负载有机相先用食盐水反萃钴，然后用 0.3% 硫酸反萃有机相，使 Cu^{2+}、Fe^{2+} 和 Zn^{2+} 进入水相。

萃取剂可选择 Amberite LA1（相当于十二烷基和烷基甲基胺）、三异辛胺和 N-235 等。萃取可采用混合萃取剂，也可采用选择萃取方式。萃取剂可循环使用。

c 离子交换法

离子交换法常用于化学法净化之后，对电解液作深度净化。如用 717 阴离子交换树脂交换除锌和铜，用氰化活性炭交换吸附除铅和铜。离子交换树脂在使用前，先用 2mol HCl 浸泡 8h 以上使其转型：

$$R_4NOH + HCl \longrightarrow R_4NCl + H_2O$$

交换时发生如下反应：

$$2R_4NCl + MCl_4^{2-} \longrightarrow (R_4N)_2MCl_4 + 2Cl^-$$

5.2.2 硫化镍的湿法冶金

硫化镍的湿法冶金始于 20 世纪 70 年代。随着高镍锍氯气浸出工艺、硫酸浸出工艺和羰基法等相继工业化，使镍的产品质量提高，成本大幅降低，品种也不断增多。其中，选择性浸出—净液—电积工艺发展较快，已经成为发展方向。

在硫化镍的湿法冶金发展过程中，鹰桥镍业公司、法国镍业公司、芬兰奥托昆普公司和南非英帕拉厂等做出了贡献，1993 年我国新疆阜康冶炼厂采用铜镍高镍锍硫酸选择性浸出冶金工艺，成为国内首先实现镍冶金全湿法工艺的厂家。

硫化镍的湿法冶金以高镍锍为原料，提取工艺可分为两类四种：

（1）可溶性阳极电解精炼，粗镍阳极电解和硫化镍阳极电解。

（2）选择性浸出—净液—电积生产精镍，电解质体系分氯化物和硫酸盐两种体系。

这里主要介绍选择性浸出—净液—电积生产精镍。

5.2.2.1 硫酸选择性浸出—净液—电积生产精镍

硫酸选择性浸出—净液—电积镍的工艺流程见图 5-12。

A 选择性浸出

硫酸选择性浸出的基本过程是：高镍锍经水淬、细磨后采用常压和加压结合的方法进行分段浸出。

（1）一段浸出。一段浸出使镍和钴选择性地进入溶液，铜、铁和贵金属（含少量的镍、钴）被抑制于浸出渣。液富含镍、钴，几乎不含铜、铁等杂质，净化作业只需要除钴。溶液中不能引入 Cl^-，沉钴的氧化剂采用特制的黑镍。

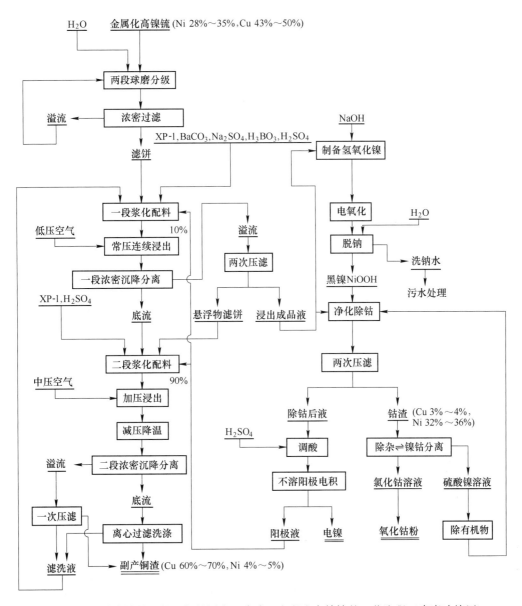

图 5-12 铜镍高镍锍硫酸选择性浸出—净液—电积生产精镍的工艺流程（阜康冶炼厂）

一段浸出液经镍钴分离后，硫酸镍溶液用电解沉积法或氢还原法生产金属镍，硫酸钴溶液进一步净化后，作为提钴原料。

（2）二段浸出。二段浸出为加压浸出。二段浸出的物料为一段浸出的浓密机底流，浸出剂为加压浸出的浓密机溢流。浸出后矿浆在浓密机内进行固液分离，底流送加压浸出段，溢流返回一段浸出做浸出液。

二段浸出浓密机的底流用来自镍电积系统的阳极液做浸出液，在加压釜内进行加压浸出。加压浸出过程中，镍、钴、铁等金属几乎全部被浸出，部分铜也被浸出，大部分的铜与贵金属形成了浸出终渣。加压浸出浓密机的溢流经净化除铁后，返回二段常压浸出做浸出液，铁在此形成铁渣并开路。铁渣含镍较少，送火法工序。

加压浸出渣主要为硫化铜，并富积了全部的贵金属。浸出渣含镍低于铜精矿，送铜熔炼车间铸成铜阳极板，供铜电解车间生产电铜。铜电解车间产出的铜阳极泥富积了全部的贵金属，为贵金属车间提取贵金属的唯一原料。铜电解含镍废液可返回一段浸出，缩短了铜电解废液处理流程。

粉状高镍锍经两段常压浸出和一段加压浸出后，镍钴浸出率分别达到 98%，约 1% 的镍与钴存留于浸出渣中，镍、铜和铁实现了很好的分离。

B 浸出液的净化

由于在第一段常压浸出过程中发生置换、水解等反应，绝大部分的铜、铁等杂质被抑制于浸出渣中，因此第一段常压浸出液的铜、铁含量都很低。在净化工序中需要除去的杂质主要是铅和钴。

采用氢氧化钡沉淀除铅，采用 NiOOH 除钴。NiOOH 由于外观呈黑色，又称黑镍，是镍的高价氢氧化物。黑镍可使溶液中的二价钴离子氧化成三价氢氧化钴并沉淀出来，同时自身产物是镍离子，对应于下一步镍电积工序。此外，黑镍钴还同时除去溶液中存在的微量杂质，如 Cu、Fe、Pb、Mn 和 As 等，起深度净化作用。黑镍除钴通常采用两段逆流方式进行。

C 镍电积

镍电积采用不溶阳极隔膜电积镍，阳极为铅板，阴极为镍始极片。净化液的 pH 值调至 3.2~3.4，控温在 60~65℃，按一定的溶液循环量均匀地放入阴极隔膜室内。

电积过程中阴极液由阴极室渗入阳极区，电解槽内的阳极液由槽壁导流管从槽底引至电解槽溢流口排出，经集流管流至阳极液中间槽。含硫酸 40% 左右的阳极液泵入阳极液储槽或送往高镍锍浸出工序，生产槽阴极产出的成品电积镍经烫洗、质检、包装入库。

5.2.2.2 氯化浸出—净液—电积生产精镍

A 浸出

高镍锍氯化浸出分盐酸浸出和氯气浸出两种。由于氯和氯化物化学活性高，生成的氯化物溶解度大，对杂质的络合能力又较强，因此在常温、常压下，高镍锍中的镍、钴和铜等就能溶解进入溶液。

氯气浸出镍精矿的过程，可以认为主要是溶液中二价铜离子与高镍锍中的 Ni_3S_2 之间进行反应。反应结果产生的一价铜离子又被氧化成二价铜离子，二价铜离子再与 Ni_3S_2 和 NiS 进行反应。

通过调节氯气和原料的相对加入速度，可控制浸出的氧化还原电位，并实现连续浸出过程。

B 净液

氯化浸出液的净化方法有沉淀法、萃取—沉淀法和萃取法。沉淀法的优点是过程简单、易于控制，缺点是渣量大、金属损失严重且易引进杂质。萃取—沉淀法是在中和除铁过程中加入针铁矿法。

萃取法净化工序包括萃取、洗涤共萃负载有机相、有机相反萃再生和有机物去除等过程。(1) 选用 N235 萃取剂萃取钴、铜及少量铁和镍，进入共萃负载有机相；(2) 洗涤共萃负载有机相；(3) 有机相的反萃包括两部分，一部分是用水或钴电解阳极液反萃钴，得到氯化钴溶液；（4）经萃取净化的氯化物溶液中夹带有少量的有机物，对后续工序会产生影响，采用澄清法分离出夹带的大部分有机物，再用活性炭吸附。

C 氯化镍电积精炼

氯化镍溶液电积在理论上只降低溶液中的 $NiCl_2$ 含量，不消耗水，也不放出酸。每一块阳极都装在一个密闭的阳极室中，产生的氯气经压缩，返至浸出工序。

阴极主要反应为镍的析出：

$$Ni^{2+} + 2e === Ni$$

阳极主要反应为氯气的放电析出：

$$2Cl^- + 2e === Cl_2$$

电池反应为：

$$NiCl_2 === Ni + Cl_2$$

5.3 氧化镍的提取冶金

5.3.1 氧化镍的火法提取冶金

红土矿的火法冶金技术主要有镍铁工艺和镍锍工艺，产品分别为镍铁和低镍锍。红土矿的火法冶金要求矿石的镍含量不小于 2.2%，同时对原料的铁/镍比、氧化镁含量和硅含量也有具体要求。

5.3.1.1 镍铁工艺（RKEF 工艺）

将红土矿石破碎到 50~150mm，在 700~900℃温度下经干燥、预热和煅烧，产出焙砂，连续装入电炉进行还原熔炼（矿热电炉类似于硫化镍的电炉熔炼设备）。电炉熔炼镍铁的还原剂为炭材料（包括焦炭和煤等），还原熔炼温度约 1400~1500℃。红土矿中镍和铁的氧化物还原成镍铁，熔炼获得的高碳镍铁合金成分为：（Ni+Co）20%~23%，Si 2%~4%，Cr 1.5%~1.7%，S 0.25%~0.35%，P 0.02%~0.04%，其余为铁。镍在电炉熔炼中的回收率约为 97%。炉渣成分主要是 SiO_2 和 MgO。

镍铁工艺的原则流程如图 5-13 所示。采用电炉熔炼可以达到较高的温度，炉内的气氛也比较容易控制。在电炉还原熔炼的过程中，几乎所有的镍和钴的氧化物都被还原成金属，铁大约 40% 还原成金属铁，铁的还原程度通过还原剂焦炭的加入量加以调整。

镍铁工艺得到的镍铁可直接用于生产不锈钢的原料，也可以精炼。精炼是在转炉中进行。在加入熔剂情况下鼓入空气或氧气，使杂质氧化造渣除去。其中硅被氧化成 SiO_2，铬被氧化成 CrO 或形成 $FeO \cdot Cr_2O_3$，碳燃烧为 CO_2，硫虽可氧化为 SO_2，但氧化较慢，常采用脱硫剂，例如碳酸钠、二碳化钙、氟化钙、石灰、氢氧化钠或食盐等除硫。

据不完全统计，全世界目前采用这种工艺的镍铁冶炼厂有 17 家，如法国镍公司的新喀里多尼亚多尼安博冶炼厂、哥伦比亚塞罗马托莎厂、日本住友公司的八户冶炼厂。

镍铁工艺适合处理含镍较高的红土镍矿，通常处理含镁、硅较高的蛇纹石型红土镍矿。镍铁工艺不能回收钴，能耗较高。

镍铁工艺也可采用高炉熔炼和回转窑法处理，其中高炉熔炼能耗高、收率低且污染严重，国家发改委已于 2007 年下文要求淘汰。回转窑法的工艺是高温还原焙烧—细磨—选矿（磁选）—破碎—压块生产镍铁合金。红土矿的还原过程在回转窑内实现。回转窑法的缺点是窑结圈严重。

5.3.1.2　镍锍工艺

镍锍工艺是还原硫化熔炼过程，熔炼温度在 1500~1600℃，产出低镍锍，再通过转炉吹炼生产高镍锍。镍锍工艺在 20 世纪 20 年代开始应用，当时采用鼓风炉熔炼。到 20 世纪 70 年代以后，大型企业均采用电炉熔炼技术生产镍锍。

还原硫化熔炼的硫化剂可选择黄铁矿、石膏、硫磺和含硫的镍原料。生产镍锍工艺的产品经吹炼得到高镍锍，高镍锍的后续处理工序包括：

（1）经焙烧脱硫得到氧化镍，可直接还原熔炼生产用于不锈钢；

（2）作为生产镍丸和镍粉的原料；

（3）由于高镍锍中不含铜，可以直接铸成阳极板，通过电解精炼生产阴极镍。

镍锍工艺产出的低镍锍含镍 79%，含硫 19.5%，全流程镍回收率约 70% 左右，其原则工艺流程如图 5-14 所示。

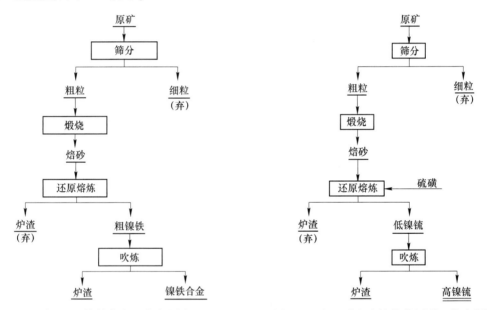

图 5-13　镍铁合金工艺流程图　　　　　图 5-14　红土矿生产镍锍的原则工艺流程图

5.3.2　氧化镍的湿法提取冶金

红土矿的湿法处理工艺研究可分为高压酸浸 HPAL（high pressure acid leaching）工艺、衍生的 HPAL 工艺、常压酸浸 AL（atmosphere leaching）工艺和 Caron 工艺等。上述各种工艺中，HPAL 法的工业化程度高。

5.3.2.1　HPAL 工艺

HPAL 工艺处理红土矿具有工艺先进、酸耗低和镍钴浸出率高的优势，镍钴浸出率在 94%~96% 左右。古巴的 Moa Bay（1998 年以前）是世界上第一个高压酸浸处理红土矿的工厂。随着 20 世纪末全球对镍的需求量猛增，高压酸浸处理红土矿项目相继开工，包括澳大利亚的三个项目（Murrin Murrin 项目，1998 年；Cawse 项目，1999 年；Bulong 项目，1999 年），巴西的 Vermelho 项目（2007 年），新喀里多尼亚的 Goro 项目（2007 年），菲律宾的 Coral Bay 项目（2006 年）和中国的瑞木项目（2008 年，巴布亚新几内亚）。

截至 2010 年，全球大约有 10 个以上的红土矿项目采用高压酸浸工艺，从红土矿处理工艺的发展趋势来看，高压酸浸工艺是今后的重点。

A　HPAL 工艺浸出机理

HPAL 工艺适合处理褐铁矿型红土矿。HPAL 工艺是在 245~260℃ 和 4~5MPa 的高温高压下，30% 浓度的硫酸作浸出剂处理红土矿。在酸浸过程中，主体矿物针铁矿的晶格结构被破坏，镍和钴随之溶出。矿物中的铁被酸溶出后随即水解形成赤铁矿沉淀，重新释放出酸，而镍、钴的硫酸盐在此温度下有足够的稳定性，留在溶液中，从而实现对镍、钴的选择性浸出。矿物中的其他可溶杂质如铝、铬也水解或部分水解形成沉淀。

B　HPAL 工艺过程

工艺流程包括矿石的准备、浸出、中和及镍钴回收等步骤。流程中关键性的一步就是从含铁高的矿石中选择性地浸出镍和钴。HPAL 工艺采用的条件为：温度 232~260℃，釜内用高压蒸气维持其压力为 4~5MPa。

以古巴的毛阿湾镍厂为例，该厂采用四台串联高压釜进行浸出，从最后一台高压釜排出的浸出矿浆经冷却送去分离洗涤。采用六级逆倾析系统完成分离和洗涤作业，第一级浓密机流出的富液送中和工序，从第六级排出的固体为含铁 50% 的尾矿，送提铁处理。

为得到含镍钴较高的中间产物，先把富液中的游离酸中和，然后通入 H_2S，使镍钴成硫化物沉淀。该厂采用当地的珊瑚泥做中和剂，严格控制终点的 pH 值在 2.0~2.5 之间（若溶液中游离酸过高，难于使镍和钴沉淀完全；相反，若游离酸过低，就有铁或其他杂质硫化物沉淀的危险）。

硫化反应在衬有耐酸砖的机械搅拌卧式高压釜中实现。硫化温度为 118℃，通入纯的 H_2S，压力维持在 1013kPa。在此条件下，溶液中 99% 镍和 98% 钴被硫化沉淀。硫化沉淀后的矿浆送冷却、分离和洗涤处理，便得硫化镍钴精料，成分为：Ni 55.1%，Co 5.9%，Cu 1%，Pb 0.003%，Zn 1.7%，Fe 0.3%，S(MeS) 35.6%。

图 5-15 为 HPAL 工艺的高压设备图，图 5-16 为高压釜的剖视图。

图 5-15　高压釜轮廓图

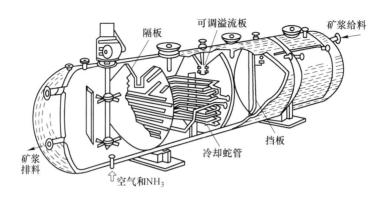

图 5-16　高压釜的剖视图

C　浸出液的处理

HPAL 工艺的浸出液含镍 8~9g/L，铁 1~3g/L，钴 0.8~1g/L，残酸 30g/L。

由浸出液回收镍和钴，主要有如下方式：

（1）采用硫化氢沉淀的方法得到镍、钴的硫化物精料，中间富集物需要进一步处理，例如，硫化物沉淀-氧压浸出-高压氢还原得到镍粉和钴粉。

（2）加入氢氧化钠等碱试剂，使浸出液中的镍、钴以氢氧化物的形式回收。

（3）硫化镍钴的浸出液首先用 Cyanex272 优先萃取钴，钴反萃液用 D_2EHPA 除杂质后即可生产质量很好的阴极钴，萃余液采用 Sherritt 技术氢还原生产镍粉，也可由萃余液采用羧酸 Versatic10 萃取镍，反萃液送镍电积生产阴极镍。

（4）先将钴（Ⅱ）氧化为钴（Ⅲ），然后 Lix84-1 萃取镍，而钴不被萃取。萃余液用硫化氢沉淀出硫化钴。

上述四种方法都可以在保证镍、钴较高收率的情况下得到质量很好的镍、钴产品。

HPAL 工艺的缺点是设备复杂、投资巨大、操作条件苛刻且酸耗量大，相应的改进工艺应运而生。

5.3.2.2　衍生的 HPAL 工艺

在 HPAL 工艺操作中，硫酸的消耗是最重要的成本来源。为了保证合理的镍、钴的浸出率，典型的高压酸浸液中都含有 30~50g/L 游离硫酸，这部分游离硫酸在后续处理时，往往需要消耗碱或其他中和试剂。红土矿冶金是直接处理低品位的原矿，浸出液体积庞大，30~50g/L 的残酸已近似相当于整个硫酸加入量的 1/3。为了提高硫酸的利用率，特别是残酸的利用，各种衍生的 HPAL 工艺相继出现。

AMAX 的 HPAL-AL 两段浸出工艺和 BHP-Billion 的 EPAL（enhanced pressure acid leaching）工艺，其核心都是采用高镁红土矿来中和残酸，同时浸出高镁红土矿中的部分镍，以达到降低单位镍产品酸耗的目的。

A　AMAX 工艺（HPAL-AL 两段浸出工艺）

用 HPAL 工艺浸出低镁含量的红土矿，HPAL 的浸出液采用高镁含量的腐泥土型红土矿中和残酸（至 pH 值2.0 左右）。但实际上腐泥土型矿物中的镍仅有部分在 AL 工艺中浸出，为了提高镍浸出率，可采用两种措施，一是将高镁矿物预焙烧，提高其中和能力，另一是将 AL 工艺的残渣返回 HPAL 工艺。

AMAX 工艺的缺点是：增加操作成本，增加工序。经 AL 后的浸出液中含有较高含量的铁和铝，矿浆沉降性能变差，给后续固液分离带来困难。

B　BHP-Billion 工艺

在原先的高压酸浸工艺中增加一段腐泥土型红土矿的常压酸浸工序，用来中和 HPAL 浸出液中的残酸，同时可回收腐泥土型红土矿中的部分镍。

BHP-Billion 的特点是着重于浸出液的除铁。HPAL 浸出液首先混入腐泥土型红土矿，在溶液中存在黄钾铁矾晶种和钠、钾或铵离子的情况下约 80% 的铁以铁矾形式除去，之后在第二段操作中添加石灰中和进一步除铁，最终溶液中的镍、钴通过加镁中和形成混合氢氧化物。

上述两种工艺均可在一定程度上降低单位镍产量的酸耗，典型的 HPAL 酸耗为每千克镍消耗 15~35kg 酸，HPAL-AL 工艺可降低为每千克镍耗酸 25kg，EPAL 工艺为每千克镍耗酸 30kg。

但两种工艺中铁基本以铁矾形式除去，但是渣含有大量硫酸根，硫酸损失大，存在环境问题。

5.3.2.3　常压酸浸工艺

常压酸浸工艺可在较低的温度和敞开容器中进行，不必像 HPAL 工艺中一样使用昂贵的高压釜，常压酸浸工艺也应用于红土矿的提取，目前已经实现工业化，但生产规模不大。

常压酸浸的方式有堆浸和槽浸，处理的矿物主要是镁含量低的腐殖土型红土矿。常用的浸出体系是硫酸体系和氯化物体系。

A　硫酸体系

常压酸浸对镍没有选择性，浸出液中带有大量的铁和铝等杂质，需要选择性地去除铁、铝等杂质，或选择性地分离出镍、钴。同时，常压酸浸的酸耗明显高于 HPAL 工艺，约在 300~700kg/t。

B　氯化物体系

由于氯化物的溶解度大于硫酸盐，氯化体系浸出的特点是采用高浓度浸出剂。主要的氯化物包括盐酸、氯化钠、氯化镁、氯化钙和氯化铁等，不同的浸出剂选择对应不同的浸出剂再生手段。例如，采用盐酸浸出褐铁矿型红土矿后，氯化铁经高温分解可得到赤铁矿渣和氯化氢。

5.3.2.4　Caron 工艺

Caron 工艺实际上是火法和湿法相结合的工艺，它主要包括预还原焙烧和氨浸两个过程。Caron 工艺可用于处理褐铁矿型红土矿，也可处理混合型红土矿，对于镁含量较高的红土矿同样有适应性。

还原焙烧在高于 700℃ 的温度下进行，焙砂在非氧化性气氛中冷却至 200℃ 以下再进行氨浸。通过氨浸选择性地浸出镍和钴，液固分离后进行蒸氨操作得到碱式碳酸镍，最后在 1200℃ 下烧结得到氧化镍产品。

Caron 工艺中的预还原焙烧是关键步骤，矿物的还原程度直接影响镍钴的浸出率和镍钴在氨浸过程中的沉淀夹带损失。由于部分镍存在于含镁的矿物中，在焙烧过程中不能被有效还原，造成浸出率偏低；并且在氨浸过程中不可避免有部分铁被浸出，随即形成氢氧化铁沉淀，对镍特别是对钴的吸附损失较大，因此过程中镍钴的收率低。

Caron 工艺最大的优点是浸出过程中试剂消耗小，浸出液杂质含量少，后续处理简单。氨浸过程中氨只是起到载体的作用，除回收过程的损失外没有消耗。浸出液经蒸氨操作、烧结后就能得到可出售的氧化镍产品。

Caron 工艺早期应用于古巴的 Nicaro 厂，以后在澳大利亚 Yabulu 厂、巴西的 Niquelandia 厂和菲律宾的 Surigao 厂应用。Caron 工艺镍的回收率约 80%~85%，钴收率一般低于 60%。

5.3.2.5 镍红土矿处理新技术

红土矿处理的新工艺和新技术主要包括生物浸出工艺、离（熔）析焙烧工艺和微波技术等。

A 生物浸出工艺

采用异养微生物从硅镁镍矿中浸出镍，矿样取自巴西 Acesita 矿业公司，化学成分（质量分数）为：SiO_2 43.2%，Ni 0.90%。选用 5 种异养微生物，浸出条件为：矿样事先在 121℃下灭菌 20min，加入含微生物的培养基，实验温度为 30℃，摇动速率 200r/min，结果镍浸出率大于 80%。

某些真菌的衍生物能浸溶出红土矿中的镍，红土矿样取自印度 Sukinda，化学成分（质量分数）为：Ni 1.11%，Co 0.03%，Fe_2O_3 70.87%，Cr_2O_3 6.84%，Al_2O_3 6.25%，MgO 0.62%。主要矿物组成为针铁矿、赤铁矿和石英，镍与针铁矿结合。从该矿的新鲜断面分离出真菌菌株，在含镍高的马铃薯葡萄糖（potatodextrose）培养基中培养，经鉴别为黑曲霉菌（Aspergillusniger）。在温度 37℃，矿浆浓度 50g/L，转速 120r/min 条件下，镍浸出率大于 90%。

B 离（熔）析焙烧工艺

氯化离析工艺是在矿石中加入一定量的碳质还原剂（煤或焦炭）和氯化剂（氯化钠、氯化钙或三氯化铁），在中性或弱还原性的气氛中加热，使有价金属从矿石中氯化挥发，并同时在炭粒表面还原成为金属颗粒的过程。

针对元江贫氧化镍矿采用氯化离析—焙砂直接氨浸的方法获得成功，镍的浸出率大于 80%，Co 的浸出率大于 40%。由于铁在离析过程中还原度较高，致使浸出时有大量的亚铁溶出，在其后的氧化生成 $Fe(OH)_3$ 或其他氧化物沉淀时，吸附 Co^{3+} 共沉淀，从而降低了 Co 的浸出率。

C 微波技术

微波技术用于镍红土矿的处理尚处于研究阶段，主要包括：

（1）微波烧结—加压浸出工艺处理红土矿。实现一次性完成浸出镍和沉淀铁，实现高效处理红土矿的技术。微波烧结-加压浸出工艺处理红土矿的反应条件控制在浸出温度为 220℃，压力为 2.4MPa，可实现镍的浸出率达到 99%，钴的浸出率达到 98%，浸出液中的铁离子浓度仅为 1~3g/L，残酸浓度为 30g/L 左右。微波烧结-加压浸出工艺处理红土矿得到的水解产物为赤铁矿（Fe_2O_3），含铁量高，可以用作炼铁的原料。

（2）微波还原焙烧—针铁矿法除铁处理。配入活性炭粉作还原剂，红土矿在微波辐射下可实现快速加热和还原。还原焙砂的物相组成主要为磁铁矿和浮氏体，镍在焙砂中以铁镍合金形式存在，经浸出回收其中的镍。镍和铁的浸出率分别为 89.6% 和 39.3%，溶液中镍和铁的浓度分别为 2.91g/L 和 53.9g/L。浸出渣的主要物相为磁铁矿和少量浮氏体，溶液中的铁为亚铁离子。

5.4　镍的气化冶金

1898 年，Ludwig Mond（L. 蒙德）和 Car Langer（C. 兰格尔）发现镍与一氧化碳在低温下能生成易挥发的羰基镍，在加热升温的条件下，羰基物又分解为镍粉及一氧化碳。

$$Ni + 4CO \longrightarrow Ni(CO)_4$$
$$Ni(CO)_4 \longrightarrow Ni + 4CO$$

与镍伴生的铜、铁、钴在同样条件下却难以生成羰化物，可实现它们之间的选择性分离。羰基法经过近百年的发展，现已形成常压、中压和高压三种工艺，其羰基镍热解产品，包括镍丸、镍铁丸、纯镍粉、镍包覆粉及镍铁合金粉、镍箔和镍铁箔等产品，近几年又开发了用于能源和通信行业的海绵镍和球镍，均得到长足的进展。

据统计，目前世界上羰基镍的总产量每年约为 14.4 万吨，其中国际镍公司占 95%，几乎垄断了羰基镍市场。在每年 14.4 万吨总产量中，镍丸占 85%，为 12.3 万吨；镍粉只有 2.1 万吨。世界羰基镍产品的年消费量接近 15 万吨，约占镍总消费量的 18%。随着科学技术的不断发展，对羰基镍产品的需求呈上升趋势。我国仅电池行业每年对羰基镍粉的需用量已达 1200 吨，几乎全靠进口。随着镍氢电池使用领域的不断扩大，电池业对羰基镍粉的需求正以 6%~9% 的年增长率稳步上升。

5.4.1　羰基法的基本原理

CO（一氧化碳）在有机基团中称为羰基，它可与镍、铁发生如下反应：

$$Ni(s) + 4CO \Longrightarrow Ni(CO)_4(g) \qquad + Q_1$$
$$Fe(s) + 5CO \Longrightarrow Fe(CO)_5(g) \qquad + Q_2$$

反应向右进行时，是放热反应，体积缩小为原来的四分之一，故降温、加压有利于羰基化合物形成的；反应向左进行为吸热，体积放大四倍，故升温、减压有利于羰基化合物的分解。

$Ni(CO)_4$ 常温下为无色液体，熔点 -25℃，沸点 43℃，在大气压下分解温度为 90.6℃，在空气中易燃。$Fe(CO)_5$ 常温下为琥珀色液体，熔点 -20℃，沸点为 103℃。

5.4.2　高压羰基镍生产工艺

高压羰基镍生产工艺包括原料熔化、粒化、高压合成、精馏和分解等主要工序，辅助工序有一氧化碳生产、解毒和废料的回收处理。高压合成羰基镍的工艺流程如图 5-17 所示。

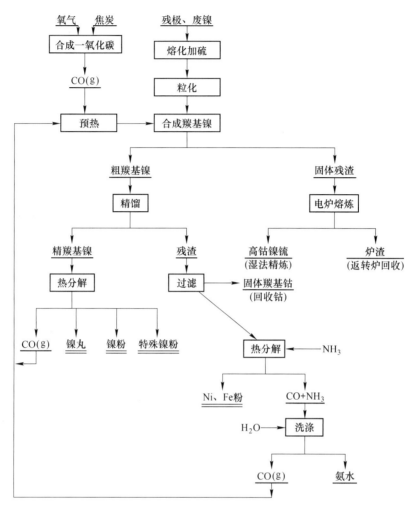

图 5-17　高压合成羰基镍的工艺流程图

5.4.3　羰化合成时的化学反应

（1）金属镍。金属镍极易与一氧化碳发生羰化反应，常压下的羰化率为 95% 以上。

$$Ni(s) + 4CO \longrightarrow Ni(CO)_4(g) + Q_1$$

（2）硫化镍。在羰化合成过程中，硫化镍可与金属铜发生置换反应：

$$Ni_3S_2 + 4Cu \longrightarrow 2Cu_2S + 3Ni$$

金属镍生成后即被 CO 羰化合成，在颗粒新鲜的表面，硫化镍也可与 CO 发生如下反应：

$$Ni_3S_2 + 14CO \longrightarrow 3Ni(CO)_4 + 2COS$$

所生成的羰基硫（COS）与金属铜发生硫化反应，生成 Cu_2S 和 CO：

$$COS + 2Cu \longrightarrow Cu_2S + CO$$

（3）铁。铁在高压下与一氧化碳反应很慢，但随压力升高而加快，在 7MPa 下铁的羰化率为 30%，在 20MPa 下羰化率可提高到 80%。少量的 FeS 几乎不发生反应。

（4）钴。在高压条件下，金属钴仅有少量参加羰化反应：

$$2Co + 8CO = Co_2(CO)_8$$

$$4Co + 12CO = Co_4(CO)_{12}$$

钴的羰基化合物熔点高，在精馏净化工序中以晶体形式留在精馏液中。在羰化物料的颗粒表面有一层 CoS，是下述反应所致：

$$Cu_2S + Co = CoS + 2Cu$$

CoS 不参与羰化反应，留在羰化渣中。铑、锇和钌在羰化合成中的行为与金属钴相同，会有少量损失，而铜、金、银、铂、钯和铱等则不与一氧化碳反应，几乎全部留在羰化渣中。

(5) 硫。从上述反应中可以看出，硫在羰化反应中的积极作用：一是在羰化物颗粒界面传递 CO，起活化作用，加快反应速度；二是使铜、钴、铑、锇和钌转化为硫化物免受羰化损失。所以在羰化物料的准备中，要求其中含有一定量的硫，以 $w(Cu):w(S) \leqslant 4:1$ 为宜，以确保铜、镍的有效分离，抑制钴、铑、锇和钌的羰化损失。

5.4.4　粗羰基镍的精馏

合成的粗羰基镍是 $Ni(CO)_4$、$Fe(CO)_5$ 和 $Co_2(CO)_8$ 的混合物，大概成分为：$Ni(CO)_4$ 95% ~ 98.9%，$Fe(CO)_5$ 1.1% ~ 5%，少量 $Co_2(CO)_8$，还有水和机油等杂质。

精馏的原理是基于 $Ni(CO)_4$ 的沸点为 43℃；$Fe(CO)_5$ 的沸点为 103℃；$Co_2(CO)_8$ 在低于 51℃时是固体，只要控制一定的温度，就可把 $Fe(CO)_5$ 和 $Co_2(CO)_8$ 除去，达到提纯 $Ni(CO)_4$ 的目的。精炼的高压设备连接图如图 5-18 所示。

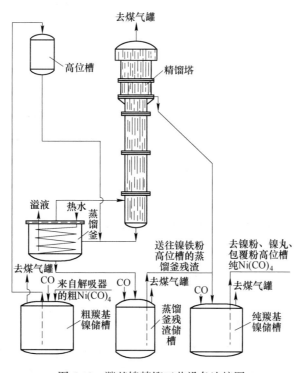

图 5-18　羰基镍精馏工艺设备连接图

5.4.5 羰化镍的分解

羰化精炼的优越性主要体现在分解过程，通过控制不同的工艺条件，可产出上百种产品。根据分解的形式可分为有晶核分解和无晶核分解。羰基镍在无晶核的条件下于 200～220℃，在有晶核的条件下于 180～200℃，按下式分解：

$$Ni(CO)_4 \Longrightarrow Ni(s) + 4CO(g)$$

控制反应塔内不同的分解条件，可得到不同牌号和不同用途的镍粉。改变反应塔的结构和工艺条件，可生产镍丸、镍箔及不同基体的包覆粉。

5.4.5.1 镍粉的生产

精制羰化镍在 CO 的压力下压入高位槽，然后自流至蒸发器中，90℃的热水间接加温使羰基镍蒸发成气体。控制进入热水器的料液量，保证温度在 43～45℃，$Ni(CO)_4$ 的气体压力为 $0.5kg/cm^2$。经过缓冲槽，进入 600℃ 烟气加热的反应塔中，刚进入反应塔的 $Ni(CO)_4$ 气体的温度最高为 300℃，分解成细小的晶种，这些晶种缓慢地下落，反应持续进行。晶种长大后，落入下部的料仓内。生成的镍粉经螺旋输料机送至管道内，然后用氮气送至成品库。释放出的 CO 经两段布袋收尘净化，当气体中 $Ni(CO)_4$ 含量小于 0.1mg/m^3，排放至 CO 储罐，供循环使用。

5.4.5.2 镍丸的生产

镍丸的生产装置包括提升机、顶部圆柱状的混合室、管式加热器、反应塔和筛分机。镍丸生产的反应塔见图 5-19 所示。

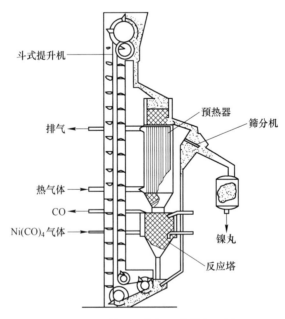

图 5-19　镍丸生产的反应塔断面图

反应塔有三个喷嘴。将浓度为 10% 的 $Ni(CO)_4$ 和 90%CO 混合气体喷入，保持 0.5kg/cm^2 的气体压力。混合气体遇到热的小镍粒，在其表面分解，镀上一层镍，镍丸逐渐长大。镍丸经斗式提升机送到顶部的混合室，循环往复。镍丸从 0.5mm 长大到直径 10～

13mm，需要 20 天。经筛分机筛出合格的镍丸，用氮气洗涤消毒后包装成品。

5.5 贵金属的综合回收

5.5.1 贵金属的富集过程

铜镍硫化物中的贵金属在选矿过程中大部分进入镍精矿中，在随后的硫化镍的火法冶金过程中，镍精矿中所含的铂族金属 90% 以上富集于高镍锍中。高镍锍磨浮分离时，除银进入硫化铜精矿以外，金和铂族金属绝大部分富集于铜镍合金中。当合金产率为 10% 时，合金可捕收 95% 以上的贵金属。与高镍锍相比，合金中的贵金属品位提高了 7 倍。

从铜镍合金中提取贵金属，不仅可以简化贵金属的提取工艺，与二次电解法相比，还避免了贵金属在高镍锍熔铸、一次电解、二次电解过程中的损失。

二次合金富集贵金属精矿的典型工艺包括盐酸浸出、控制电位氯化浸出、浓硫酸浸煮和四氯乙烯脱硫等工序。

5.5.1.1 盐酸浸出

镍和铁在一定条件下溶于盐酸溶液，铜仅少量溶解，而贵金属不溶解，依据这一特点优先分离出镍和铁。盐酸浸出在常压卧式机械搅拌釜内连续进行。机械搅拌釜的外壳为钢板焊制，内衬橡胶，釜内分成四个隔室，隔板上设有溢流堰，每个隔室装有 1 台衬胶搅拌器。

二次合金用螺旋加料器从釜的一端连续而均匀地给入釜中，通过 4 个隔室浸出，从釜另一端溢流而出。盐酸浸出技术条件如下：

固液比	1∶6
盐酸浓度	6mol/L
浸出温度	75~80℃
合金停留时间	12h
镍浸出率	85%~90%
渣率	25%~30%

5.5.1.2 控制电位氯化浸出

控制电位氯化浸出贱金属是基于铜、镍等贱金属的氧化电位较负，而贵金属的电位较正，选取适当的电位进行浸出，可以使贱金属进入溶液，而铂族金属仍留于渣中，从而达到分离的目的。控制电位氯化浸出的技术条件如下：

浸出温度	80℃
盐酸浓度	2mol/L
溶液氧化电位	（400±20）mV

5.5.1.3 浓硫酸浸煮

浓硫酸是强氧化剂，在加热时能氧化很多贱金属及其硫化物，使其成为盐类进入溶液，而贵金属不溶于浓硫酸。浓硫酸浸煮即是利用这一特性，在一定的温度条件下继续脱除贱金属的过程。浓硫酸浸煮技术条件如下：

固液比   1：(1.5~1.7)
反应温度   165~175℃
浸煮时间   3h

浓硫酸浸煮在用油导热的搪瓷反应釜内进行。在浸煮过程中，贵金属损失很小，铜浸出率可达到80%。浸煮后的矿浆用水浸出，经过滤即得到浸煮渣。

5.5.1.4 四氯乙烯脱硫

二次铜镍合金中含硫仅6%，但上述3个工序硫被富集，浸煮渣含硫可高达60%，硫以元素硫状态存在。四氯乙烯脱硫是利用硫可溶于四氯乙烯，并随温度的升高而溶解度增大的特性，脱除浸煮渣中的元素硫，产出贵金属精矿。

5.5.2 贵金属的分离提纯

经富集处理，约99%~99.9%的贱金属被除去，硫的脱除率也在90%以上。贵金属分离提纯的主要工艺过程包括：氧化蒸馏提取锇钌、铜粉置换分离金、铂、钯，以及铑、铂、钯、金、铱的分离提纯等。工艺流程图见图5-20。

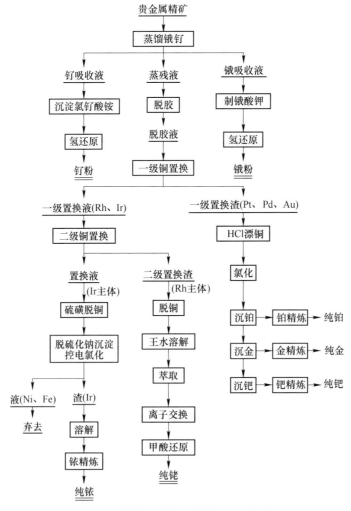

图 5-20 铂族金属精矿分离提纯工艺流程

5.5.2.1 氧化蒸馏分离提取锇钌

贵金属精矿中一般含锇、钌仅约 0.5% ~ 0.7%。提取工艺采用先氧化蒸馏的方法，优先将锇、钌分离出来。氧化蒸馏分离提取锇、钌，包括蒸馏锇钌、加热赶锇、沉淀锇钠盐、二次蒸馏锇、甲醇分离钌、加压氢还原、氢气煅烧还原锇、浓缩沉钌和煅烧还原等操作步骤。

5.5.2.2 铜粉置换和铂钯铑铱金的分离提纯

蒸馏锇钌后的残液，用活性铜粉两次置换：第一次置换出金、铂和钯，第二次置换出铑。活性铜粉两次置换法工艺简单，铂、钯、金、铑、铱的回收率都有较大的提高。

（1）提铂。一次置换出来的金、铂、钯沉淀物，用水溶液氯化溶解后，加入氯化铵沉淀出粗氯铂酸铵。粗氯铂酸铵经反复溶解沉淀精制、煅烧后即为纯铂产品。

（2）提金。将 SO_2 通入提铂后的粗氯铂酸铵母液内，沉淀出金，再将粗金经过滤、洗涤后用盐酸和过氧化氢溶解，再以草酸精制得到海绵金，将海绵金熔铸成金锭即为产品。

（3）提钯。将硫化钠加入沉金后的母液内，沉淀出硫化钯。硫化钯用盐酸和过氧化氢溶解，然后用二氯二氨络亚钯法反复酸化溶解与络合沉淀进行精制，以制取纯二氯二氨络亚钯。纯二氯二氨络亚钯经烘干、煅烧、氢还原得出纯海绵钯即为钯产品。

（4）提铑。分离出铂、钯金以后的母液，进行二次活性铜粉置换，94% 以上的铑被置换出来，而铱仍留在溶液内。

置换出来的铑沉淀物用王水溶解，赶硝后即可得到深红色的氯铑酸溶液。溶液中还含有微量的铂、钯、金和铱，用溶剂萃取法回收。净化后的氯铑酸溶液用甲酸还原，得到纯铑黑，经烘干、氢气流中煅烧后即得到纯铑产品。

（5）提铱。经两次活性铜粉置换后的母液，除保留着全部铱以外，还含有置换而引入的铜。将 SO_2 通入母液内至饱和，然后加入适量的细硫磺粉沉铜。脱铜后的滤液用硫化钠沉淀法沉铱。过滤出的铱沉淀物用控制电位氯化法溶解共沉淀的贱金属，过滤后即可得到铱精矿。铱精矿用盐酸和过氧化氢溶解后，用硫化铵精制，得到的铱沉淀物经烘干、煅烧、氢还原后即为铱产品。

5.6 镍的二次资源利用

（1）从含镍废水中回收镍。镍冶炼厂、电镀、化学镀、人造金刚石生产等均产生大量的含镍及其他重金属离子的废水，从含镍废水中回收镍的方法主要有化学沉淀法，溶剂萃取法、离子交换法、电化学法等。

（2）从含镍电池中回收镍。MH-Ni 电池是目前使用最广的含镍电池，仅北京市每年就消耗 MH-Ni 电池大约 6000t，回收镍的研究也主要围绕 MH-Ni 电池展开。MH-Ni 电池的正极活性材料是 $Ni(OH)_2$，负极主要是 AB_5 型稀土合金。MH-Ni 电池中含有大量的 Ni、Co 及稀土等有价金属，处理废旧的 MH-Ni 电池可以回收大量的有价金属。主要方法有：1）火法冶金技术；2）湿法冶金处理技术；3）正负极材料分别处理技术。

（3）从含镍催化剂中回收镍。含镍催化剂广泛用于石油炼制工业和化学工业中，废镍催化剂的回收主要以回收 Ni、Al 等金属资源为目的。目前普遍采用的一套工艺是：氧化焙烧、碱浸、酸浸工艺，可从废催化剂中提取钒、钼、镍、钴等多种金属。

（4）从含镍合金中回收镍。随着镍基高温合金使用量的增加，合金废料也在逐年增加，主要包括机械加工时产生的废料、冶炼过程中产生的废料、工业部门中损坏的合金构件和零件，国防部门淘汰的武器、弹丸等。另外，我国每年均从美、俄等国进口含镍合金废料。回收利用这些镍基高温合金废料，可以在回收镍同时实现铬、钴、钼等其他多种有色金属的二次利用。主要方法有：1）火法分离镍铬；2）化学溶解法；3）电化学溶解法等。

习　题

5-1　镍有什么性质，其用途有哪些？镍的化合物一般有哪些？

5-2　镍的生产方法有哪些？

5-3　硫化镍矿火法冶金主要方法有哪些？请分别加以叙述。

5-4　简述磨浮分离的原理。

5-5　硫化镍的湿法冶金主要方法有哪些？

5-6　氧化镍的湿法提取冶金主要方法有哪些？请分别加以叙述。

5-7　镍电解精炼过程中，为使镍在阴极上析出，通常应采取哪些措施？

5-8　简述镍的羰化冶金基本原理。

5-9　简述羰化合成时金属镍硫化镍的化学行为。

5-10　简述贵金属的分离提纯方法？

参 考 文 献

[1] 陈国发. 重金属冶金学 [M]. 北京：冶金工业出版社，2007.

[2] 赵天从，何福煦. 有色金属提取冶金手册 [M]. 北京：冶金工业出版社，1992.

[3] 邱竹贤. 冶金学 [M]. 沈阳：东北大学出版社，2001.

[4] 华一新. 有色金属概论 [M]. 北京：冶金工业出版社，2007.

[5] 刘大星. 从镍红土矿中回收镍、钴技术的进展 [J]. 有色金属（冶炼部分），2002，3：6~10.

[6] 兰兴华. 熔炼镍铁的直流电弧炉法 [J]. 世界有色金属，2003，1：15~16.

[7] 重有色冶炼设计手册（铜镍卷）[M]. 北京：冶金工业出版社，1996：710~713.

[8] 刘沈杰. 含结晶水的氧化镍矿经高炉冶炼镍铁工艺 [P]. 中国：CN1743476A，2006.

[9] 刘沈杰. 不含结晶水的氧化镍矿经高炉冶炼镍铁工艺 [P]. 中国：CN1733950A，2006.

[10] 阮书锋，江培海，王成彦，等. 低品位红土镍矿选择性还原焙烧试验研究 [J]. 矿冶，2007，6：31~34.

[11] 唐琳，刘仕，良杨波，等. 电弧炉生产镍铬铁的生产实践 [J]. 铁合金，2007，5：1~6.

[12] 侯晓川，肖连生，高从堦，等. 从废高温镍钴合金中浸出镍和钴的试验研究 [J]. 湿法冶金，2009，23（8）：164~169.

[13] 何焕华，蔡乔方. 中国镍钴冶金 [M]. 北京：冶金工业出版社，2000.

[14] 齐向阳. 废催化剂中镍的回收利用 [J]. 化学工程与装备，2010（9）：55~57.

[15] 吴巍，张洪林. 废镍氢电池中镍、钴和稀土金属回收工艺研究 [J]. 稀有金属，2010，34（1）：79~84.

[16] 张守卫，谢曙斌，徐爱东. 镍的资源、生产及消费状况 [J]. 世界有色金属，2003（11）：9~14.

[17] 高亚林，汤中立，宋谢炎，等. 金川铜镍矿床隐伏富铜矿体成因研究及其深部找矿意义 [J]. 岩石学报，2009，25（12）：3381~3395.

[18] 黄辉荣，宋修明. 炼铜厂扩建改造中吹炼方法的选择 [J]. 中国重有色金属工业发展战略研讨会暨重冶学委会第四届学术年会论文集，18~21.

[19] 张守卫，谢曙斌，徐爱东. 镍的资源、生产及消费状况 [J]. 世界有色金属，2003 (11)：9~14.

[20] 董青松，李志炜. 中国镍矿床分类和成矿分区 [J]. 中国矿业，2010，19（增刊）：135~138.

[21] 赵天从，何福煦. 有色金属提取冶金手册（有色金属总论）[M]. 北京：冶金工业出版社，1992.

[22] 王元刚. 中国镍资源开发现状与可持续发展策略及其关键技术 [J]. 世界有色金属，2018，9：168~169.

[23] 娄德波，孙艳，山成栋，等. 中国镍矿床地质特征与矿产预测 [J]. 地学前缘（中国地质大学），2018，25（3）：67~81.

6 钴 冶 金

6.1 概　　述

1753 年，瑞典化学家格·布兰特（Brandt G）从辉钴矿中分离出浅玫色的金属，这是纯度较高的金属钴，因此布兰特被人们认为是钴的发现者。1780 年，瑞典化学家伯格曼（Bergman T）制得纯钴，确定钴为金属元素，1789 年，法国化学家拉瓦锡首次把它列入元素周期表中。

今天钴的拉丁名称 Cobaltum 和元素符号 Co 在德文中原意是"妖魔"，起源是含钴的蓝色矿石辉钴矿 CoAsS 中世纪在欧洲被称为 kobalt，这一词在德文中原意就是"妖魔"。

早在公元前 1450 年，埃及人和巴比伦人在制造陶器时就开始使用钴颜料，古代希腊人和罗马人也利用钴化合物制造出深蓝色的玻璃，中国从唐朝起就在陶瓷生产中广泛应用钴的化合物作为着色剂。加入钴化合物可使陶瓷釉染上蓝色，如果使钴化合物与镍、铬或锰化合物混配，可以调配出由蓝至绿的所有色调。

德国和挪威是最早开始生产钴的国家，在 1874 年开发了新喀里多尼亚的氧化钴矿。刚果（金）自 1920 年加丹加省的铜钴矿带开发后，钴产量就一直居世界首位。

中国的钴工业起步较晚。1952 年起，我国陆续从湿法炼锌钴渣、生产铜镍的钴渣和进口钴原料中生产钴产品。

6.1.1　钴的资源

钴在地球上分布广泛，但含量很低，其地壳丰度仅为 25×10^{-6}，主要以类质同像或包裹体形式赋存在自然界中。世界上极少有单独的钴矿床，绝大多数是伴生矿，它们主要伴生在铜矿、镍矿和铁矿等矿床中，作为铜、镍、铁等矿物的副产品产出。

全球伴生钴矿可归纳为六个大类：洋底铁锰结核，约占总资源量的 45%；洋底铁锰结壳，约占总资源量的 38%；陆地砂岩型铜矿床，约占总资源量的 7%；陆地红土型镍矿床，约占总资源量的 6%；陆地岩浆岩型铜镍硫化物矿床，约占总资源量的 3%；此外还有少量陆地热液及火山成因多金属矿床中含有少量钴资源。近十年来，随着全球加大对矿山钴的开发利用，但总储量维持在 700 万吨上下浮动，导致全球储产比不断降低。

（1）世界钴资源。据美国地质调查局（USGS）统计数据，2017 年全球陆地钴探明储量约 700 万吨（见表 6-1）。世界钴储量集中分布在刚果（金）、澳大利亚、古巴、赞比亚、新喀里多尼亚、俄罗斯和加拿大等国。

表 6-1 全球钴矿资源分布与储量

国家/地区	储量/万吨	类 型
刚果（金）	340	砂岩型铜钴矿
澳大利亚	100	岩浆型铜镍硫化物矿
古 巴	50	红土型镍钴矿
菲律宾	29	红土型镍钴矿
赞比亚	27	砂岩型铜钴矿
加拿大	27	岩浆型铜镍硫化物矿
俄罗斯	25	岩浆型铜镍硫化物矿
马达加斯加	13	砂岩型铜钴矿
中 国	8	岩浆型铜镍硫化物矿
新喀里多尼亚	6.4	红土型镍钴矿
其 他	74	—
总 计	699.4	—

（2）中国钴资源。根据美国地质调查局公布的全球 2017 年钴储量分布，中国的钴储量为 8 万吨，占全球总量的 1% 左右。主要分布在甘肃、青海、山东、云南、湖北、河北和山西等省，其中甘肃储量占全国的 28%。

我国是钴资源贫乏国家，单独的钴矿床极少，多以伴生元素形态存在于铜、镍及铁等矿床中，且钴含量较低，不少伴生钴难以利用。

自 20 世纪 60 年代开始，中国就开始进口钴矿资源。进入 21 世纪，中国开始从南非、赞比亚、刚果（金）大量进口炉渣和钴精矿（包括尾矿再选后富集的钴精矿），供国内钴冶炼厂使用，弥补了国内钴原料不足。

（3）钴矿物。钴在地壳中的元素排名第 34 位，储量比较丰富。钴大量分散在铁矿、钒钛磁铁矿、热液多金属矿、各种类型铜矿、沉积钴锰矿、硫化铜镍矿和硅酸镍矿等矿床中，其中钴与镍共生矿多见。这些伴生矿品位较低，但生产规模较大，是提取钴的主要来源。单独钴矿床一般分为砷化钴矿床、硫化钴矿床和钴土矿床三类。同时海洋底的锰结核中钴的含量很大，主要分布在太平洋海域。钴矿物的分布和组成汇列在表 6-2 中。

表 6-2 钴矿物的分布和组成

矿物	纯矿物化学式	所含元素的百分比/%				产 地
		Co	Cu	S	As	
硫铜钴矿	$CuS \cdot Co_2S_3$	38.0	20	41.5	—	安卡纳罗得西亚
硫钴矿	Co_3S_4	57.9	—	42.1	—	钴含量 31%~40%，刚果（金），美国密苏里
方钴矿	$CoAs_2$	28.2	—	—	71.3	德国、加拿大、摩洛哥
方钴矿	$CoAs_3$	20.8	—	—	79.2	摩洛哥、挪威
辉钴矿	$CoAsS$	35.5	—	19.3	45.2	加拿大、缅甸、澳大利亚

续表 6-2

矿物	纯矿物化学式	所含元素的百分比/%				产 地
		Co	Cu	S	As	
锰钴矿	$CoO_2 \cdot MnO_2 \cdot 4H_2O$	35.0	—	—	—	Co 含量 4%~35%，新喀里多尼亚、北罗德西亚
羟氧钴矿	$CoO \cdot 2Co_2O_3 \cdot 6H_2O$	57.3	—	—	—	刚果（金）
钴华矿	$3CoO \cdot As_2O_5 \cdot 8H_2O$	29.5	—	—	25.0	加拿大、德国、摩洛哥

6.1.2 钴的应用

钴的应用包括金属钴、钴合金和钴的化合物。

6.1.2.1 金属钴的应用

钴是磁化一次就能保持磁性的少数金属之一，在热作用下，失去磁性的温度叫做居里点，铁的居里点为 769℃，镍为 358℃，钴可达到 1150℃。含有 60%钴的磁性钢比一般磁性钢矫顽磁力提高 2.5 倍，在振动下一般磁性钢失去差不多 1/3 的磁性，而钴钢仅失去 2%~3.5%的磁性，因而钴在磁性材料上的优势十分显著。

钴在电镀行业有应用。

^{60}Co 是 γ 射线源，用于物理、化学、生物研究和医疗部门，也用来治疗癌症；在工业上普遍用作检测厚钢里的裂纹、气孔等，是一种无损探伤手段；钴作为放射性的重金属，对人体的危害还是比较大的。因为钴的渗透性很强，很容易进入皮肤内层，对溶入钴的液体要特别小心，尽量不要用皮肤接触。

6.1.2.2 钴合金的应用

金属钴主要用于制取合金，钴基合金是钴与镍、铬、铁中的一种或几种元素所制成的合金总称。钴及合金在电机、机械、化工和航空航天等工业部门得到广泛的应用，消费量逐年增加。

含钴刀具钢可以显著地提高钢的耐磨性和切削性能，含钴 50%以上的司太立硬质合金即使加热到 1000℃，也不会失去原有的硬度，如今这种硬质合金已成为金属切削工具的最重要的材料。将这种合金熔焊在机械零件表面，可使其使用寿命提高 3~7 倍。1038℃ 以上时，钴基合金性能远超镍基合金，被专门用于制造高效率的高温发电机。

航空涡轮机的结构材料使用含 20%~27%铬的钴基合金，可以不用保护覆层就能使材料具有高抗氧化性。核反应堆供热，钴基合金用于汞作热介质的涡轮发电机可以不检修而连续运作一年以上。

钴基高温合金是以钴作为主要成分，含有相当数量的镍、铬、钨和少量的钼、铌、钽等金属元素，它们可以制成焊丝，粉末用于硬面堆焊、热喷涂及喷焊等工艺，也可制成铸锻件和粉末冶金件。

含钴的永磁合金，包括系列铝镍钴永磁材料和钐钴永磁合金的应用有很大的市场。

6.1.2.3 钴化合物的应用

钴的化合物可用作陶瓷、玻璃、珐琅的釉料。由氧化锌和钴制成的混合物能够在合适的环境下实现电子磁性和电性的操纵,这种混合物被称为"钴绿"。科学家认为将"钴绿"同硅半导体相结合,将对计算机和数字设备带来深刻的影响。

随着锂电池手机的发展,Co_3O_4 用量不断扩大,Co_3O_4 主要用作锂电池钴酸锂负极材料。钴在电池方面的消费量约占总消费量的 50%,尽管电池领域仍在研究用锰酸锂或镍酸锂来替代钴酸锂,但目前可靠性及充电性能远不如钴酸锂。

在陶瓷行业中,钴的氧化物可作釉底的颜料,著名的景德镇瓷器中加入少量氧化钴,可使黄色中和成白色,而得到高质量的瓷器。

钴的有机化合物主要用作催化剂。化工生产中用于碳氢化合物的水合、脱硫、氧化、还原;在高分子合成工业中用作人造纤维的催化剂,用于生产聚酯纤维和人造化纤包装、瓶罐和磁带;用于处理原油中的亚硫酸盐,汽车行业要求将来汽油中的硫质量分数降到 5×10^{-6} 以下,从 300×10^{-6} 至 5×10^{-6} 的脱硫过程中,钴催化剂具有难以替代的优势;在混合动力车和液化气催化中,钴的新应用领域潜力还很大。国际上普遍认为钴在环境保护领域也有积极作用。

6.1.3　钴的性质

6.1.3.1　钴的物理性质

钴为有光泽的银灰色金属,比较硬而且脆,有铁磁性,加热到 1150℃ 时磁性消失。钴具有铁磁性和延展性,机械性能比铁优良。钴是生产耐热合金、硬质合金、防腐合金、磁性合金和各种钴盐的重要原料。

钴可以机械加工,但略有脆性。钴中含有少量碳时(最高达 0.3%)会增大钴金属的抗张强度和耐压强度,而不会影响其硬度。钴的物理性质见表 6-3。

表 6-3　钴的物理性质

物 理 性 质	参　　数
熔点/℃	1493
沸点/℃	3100
汽化热/kJ·mol^{-1}	169.5
熔化热/kJ·mol^{-1}	6.997
密度/g·cm^{-3}	8.9
电阻率 (0℃)/mΩ·cm	5.68
热导率 (0~100℃)/J·(s·K·cm)$^{-1}$	0.690
膨胀系数/μm·(m·K)$^{-1}$	—
居里点/℃	1121
热容 (25℃)/J·(K·mol)$^{-1}$	25.04
磁性	铁磁性
莫氏硬度	5

在常温下钴为六方紧堆结构 (α-Co),超过 417℃ 时发生缓慢地吸热变化而转变成面心立方结构 (β-Co);在通常情况下 α-Co 是较稳定的同素异形体,但 β-Co 也可在室温下

存在，特别是在含有约 6% 的铁时 β-Co 被稳定化了；α →β 转型发生的能量变化很小，约为每摩尔 418.4J。所以在冶金过程中任何能量变化都会对晶形转变发生不小的影响。室温下有适中的温度变化时，β-Co 会转化成六方紧堆结构，但对冷加工的六方晶态的钴进行再结晶时，就会有一定量的立方相生成，并在室温时不再变回为六方相。

6.1.3.2　钴的化学性质

钴位于元素周期表第四周期第Ⅷ族。钴的化学性质与铁、镍相似，在常温下与水和空气都不起作用；在 300℃ 以上发生氧化，氧化生成 CoO，在白热时燃烧成 Co_3O_4；极细粉末状钴会自动燃烧；钴能溶于稀酸中，在浓硝酸中会形成氧化薄膜而被钝化；在加热时能与氧、硫、氯、溴发生剧烈反应。钴的化学性质列于表 6-4 中。

表 6-4　钴的化学性质

化学性质		参　数
原子序数		27
原子量		58.9332
常见化合价		+2，+3
价电子层结构		$3d^7 4s^2$
电离能/eV	第一电离能	7.86
	第二电离能	17.05
同位素		$^{56}Co, ^{57}Co, ^{58}Co, ^{59}Co, ^{60}Co$
晶格结构		六方晶体
晶胞参数		$a=b=0.250nm$，$c=0.406nm$ $\alpha=\beta=90°$，$\gamma=120°$
主要氧化数		+2，+3，+4
电负性		1.88

6.1.4　钴的化合物

钴在水溶液中出现的主要氧化态为 +2 和 +3。在没有其他配体存在时，钴（Ⅱ）在水溶液中含有粉红色的 $[Co(H_2O)_6]^{2+}$，它是热力学稳定物质。钴（Ⅲ）的水合物 $[Co(H_2O)_6]^{3+}$ 是一种强氧化剂，它在水溶液中难以稳定存在。钴（Ⅱ）在中性或酸性水溶液中稳定存在，而简单的钴（Ⅲ）盐则不常见；钴（Ⅲ）的络合物多数稳定，它们在配位化学的发展中起过重要作用。

2017 年 10 月 27 日，世界卫生组织国际癌症研究机构公布的致癌物清单初步整理参考，钴和钴化合物在 2B 类致癌物清单中。钴的主要化学反应提要如图 6-1 所示。

6.1.4.1　氯化钴 $CoCl_2$

在氯气中加热钴的主要产物是氯化钴。如果将粉红色的氯化钴的水合物（$CoCl_2 \cdot 6H_2O$）在 150℃ 真空加热脱水或用氯化亚硫酰处理，均可得到无水 $CoCl_2$。无水 $CoCl_2$ 晶体属于 $CdCl_2$ 型结构，每个钴离子被 6 个氯离子所包围。$CoCl_2$ 易溶于水，生成粉红色溶液；如溶于乙醇时，则生成深蓝色溶液。

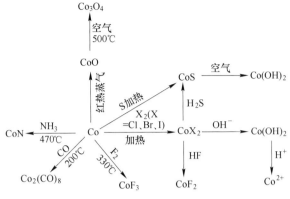

图 6-1　钴的主要化学反应

无水 $CoCl_2$ 在潮湿空气中会变为粉红色，显然是从空气中吸收水分转变成水合物，这个性质使氯化钴用于干燥剂（如二氧化硅胶）的指示剂。

氯化钴在仪器制造中用作气压计、比重计和干湿指示剂等；在陶瓷工业中用作着色剂；在涂料工业中用于制造油漆催干剂；在畜牧业中用于配置复合饲料；在酿造工业中用作啤酒泡沫稳定剂；在国防工业中用于制造毒气罩；在化学反应中用作催化剂。此外，氯化钴还用于制造隐显墨水、氯化钴试纸、变色硅胶和氨的吸收剂。

6.1.4.2　氧化钴（CoO、Co_2O_3 及 Co_3O_4）

将金属钴在空气或水蒸气中加热，或将氢氧化钴、碳酸钴或硝酸钴热分解，均可得到橄榄绿色的粉末-氧化钴，也称氧化亚钴。将氢氧化钴在电炉中于 $350 \sim 370℃$ 灼烧 $4 \sim 5h$，就可得到三氧化二钴（Co_2O_3）。CoO 在 101.1kPa 的氧气气氛和 $500 \sim 750℃$ 加热的条件下，可得到 Co_3O_4。Co_3O_4 与 Fe_3O_4 异质同晶。

CoO 具有氯化钠晶格，在低于 292K 时是反铁磁性物质。CoO 和 Co_2O_3 均可用于陶瓷工业中作为瓷釉颜料，还可用来制备钴盐、氧化剂、催化剂和磁性材料。Co_3O_4 主要用作催化剂和氧化剂，也用于制造钴盐和搪瓷颜料。

6.1.4.3　氢氧化钴（$Co(OH)_2$）

$Co(OH)_2$ 有两种晶型，α-$Co(OH)_2$ 具有类似水滑石结构，是层状双羟基复合金属氧化物的结构，导电性较好，通常呈蓝青色。$Co(OH)_2$ 是亚稳态，容易转变为 β 相。

β-$Co(OH)_2$ 具有水镁石结构，羟离子六方紧密堆积。β-$Co(OH)_2$ 为玫瑰红色单斜或四方晶系结晶体，不溶于水，略显两性，难溶于强碱，但能溶于酸及铵盐溶液。

$Co(OH)_2$ 用于制钴盐、钴催化剂、蓄电池电极的浸透溶液及油漆干燥剂，用于玻璃和搪瓷的着色，也用于涂料和清漆的干燥剂。

6.1.4.4　硫化钴（CoS）

硫化钴有两种晶型，α-CoS 和 β-CoS。α-CoS 为黑色无定形粉末；在空气中形成 $Co(OH)S$，β-CoS 为灰色或红色—银色八面体结晶，不溶于水但溶于酸。

用硫化钠处理钴（Ⅱ）盐溶液得到的黑色沉淀 α-CoS。刚沉淀出来的 CoS 产物能溶于酸，但经放置后，非晶态沉淀变为含有结晶态 $Co_{1-x}S$ 和 Co_9S_8 的混合物，不溶于酸。

在钴-硫体系中，已确证的硫化物有 CoS_2（黄铁矿结构），Co_3S_4（尖晶石结构）和钴

短缺的 $Co_{1-x}S$（砷化镍 NiAs 结构）。Co_3S_4 相在自然界中以硫钴矿形态存在，其可以稳定存在的温度为 650℃，超过 650℃ 则分解成 CoS_2 和 $Co_{1-x}S$。

硫化钴是具有特殊用途的催化剂，例如水裂解产生氧气和氢气。

6.1.4.5 碳酸钴（$CoCO_3$）

碳酸钴是一种红色单斜晶系结晶或粉末，有毒性，刺激眼睛、呼吸系统和皮肤。在 CO_2 气氛中，碱金属酸式碳酸盐与钴（Ⅱ）盐的水溶液反应生成紫红色的 6 水合碳酸钴（$CoCO_3 \cdot 6H_2O$）沉淀，如果不通 CO_2，则上述反应将沉淀出碱式碳酸钴。将上述水合物在 140℃ 脱水，可得 $CoCO_3$，在真空下加热到 350℃ 则得到 CoO。

碳酸钴主要用作催化剂、颜料、饲料、陶瓷及生产氧化钴的原料。

6.1.4.6 草酸钴（CoC_2O_4）

向钴（Ⅱ）盐溶液中加入草酸根离子，将沉淀出粉红色的草酸钴，其化学式为 $CoC_2O_4 \cdot 2H_2O$，易溶于氨水中。$CoC_2O_4 \cdot 4H_2O$ 是略带黄色的粉红色粉末，主要用于制备催化剂和冶金用的金属钴。

6.1.5 钴的生产方法

钴多以伴生金属存在，它的提取方法和主金属的生产方法紧密相关。在主金属生产过程中，钴富集在副产品中，要从各种不同形态含钴副产品中回收钴，提钴方法相当繁多。归纳起来，主要包括火法冶金、湿法冶金和二者的结合。各种提钴方法简述如下：

（1）铜—钴矿的提钴工艺。刚果（金）和赞比亚的铜—钴矿选出精矿品位铜 20% ~ 40%，钴 2% ~ 4%，硫化精矿采用"硫酸化焙烧—浸出—电沉积"工艺，氧化精矿直接浸出。由于矿石品位高，该工艺生产效果很好，可称之为"标准化"流程，世界一半以上的钴是用该工艺生产。工艺的特点是流程简单，金属回收率高，但仅适用于这种特定的矿石类型。

（2）铜—镍矿火法冶炼回收钴。铜—镍硫化矿大都采用造硫熔炼法，一般经熔炼吹炼后，进入高锍中的钴不到 50%。70 年代末，由于世界钴的短缺和高价，使许多铜镍厂注意加强钴的回收。提高钴回收率的主要途径是改善熔炼和冰铜吹炼工艺，并进行炉渣贫化。例如加拿大鹰桥镍公司通过保持高锍中一定的铁含量（2% ~ 2.5%），改善转炉作业，使钴的回收率从原来的 45% 提高到了 55%。澳大利亚西部矿业公司和芬兰奥托昆普公司的闪速熔炼，采用炉渣贫化，钴进入高锍的回收率分别达到 60% 和 50%。

对于来自镍矿中的钴资源，采用电炉或转炉贫化，电炉贫化用焦炭和黄铁矿作添加剂，转炉渣贫化用冰铜作钴的捕收剂。贫化作业可以从转炉渣中回收约 70% 的钴。

我国金川冶炼厂由镍系统电解钴渣和转炉渣提制氧化钴粉的工艺流程分别示于图 6-2 和图 6-3 中。

（3）红土矿还原焙烧—氨浸工艺回收钴。红土矿中钴的回收采用还原焙烧—氨浸法，钴最终进入氧化镍产品中；采用硫化氢从浸出液中选择性沉淀出镍—钴混合硫化物，再回收钴。该工艺的缺点是镍钴回收率不高，一般镍回收 70%，钴不超过 50%。美国环球石油公司采用还原焙烧—氨浸法，在焙烧时添加硫和卤化物，使钴回收率提高到 70%。

（4）湿法处理钴镍中间产品回收钴。传统的高锍处理过程是磨浮—硫化精矿—死焙烧—还原成阳极—电解，过程中钴进入电解液，再沉淀出钴渣作为提钴的原料。该工艺流程长，钴回收率很低。60 年代后，开始采用湿法工艺处理镍钴硫化物中间产品。湿法工艺有两个系统：1）高压酸浸，主要厂家为日本住友公司、美国阿麦克斯公司及南非马赛—吕斯腾堡公司等；2）氯化物浸出，主要厂家为鹰桥镍公司的半工业精炼厂，法国勒哈弗尔—桑多维尔精炼厂。

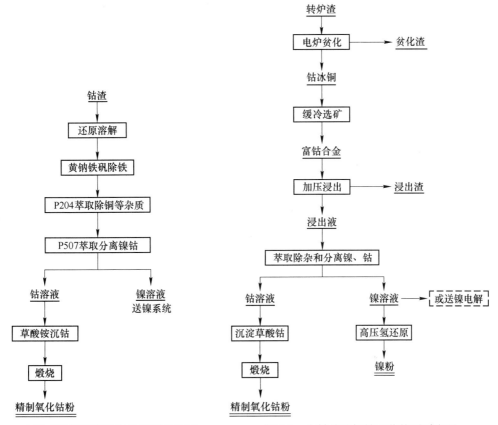

图 6-2　由镍系统钴渣提取氧化钴粉的流程　　　图 6-3　由转炉渣提钴工艺的原则流程

　　湿法工艺回收率高，产品方案灵活（包括电钴、氢还原钴粉、各种钴化合物的生产）。

　　（5）从各种含钴炉渣中回收钴。1977 年，从铜鼓风炉渣和炉瘤提钴获得成功。炉渣含钴 1.5%，采用稀酸和浓硫酸两段浸出工艺，每年可处理炉渣 40000t，回收近 500t 钴。以后又研究从转炉渣回收钴，采用还原焙烧和三氯化铁浸出法处理，实现铜的浸出率为80%，镍的浸出率为95%和钴的浸出率为80%。

　　我国进行了从铜转炉渣回收钴研究工作，采取电炉贫化→所得铜钴冰铜与钴硫精矿混合进行硫酸化焙烧→焙砂浸出→再萃取分离→制取氧化钴粉，钴回收率为70%左右。

　　（6）从含钴黄铁矿回收钴。含钴黄铁矿含钴 0.7%，采用硫酸化焙烧—浸出法处理，浸出率达到92%。也有从黄铁矿烧渣中通过氯化法回收钴的研究。我国研究了从黄铁矿烧渣中回收钴，溶液处理过程中用萃取技术分离镍钴。

　　（7）再生钴回收工业。再生钴工业集中在一些钴消费水平高的国家，如美国、日本、德国。再生钴回收有许多有利条件，包括原料可就地取材、工艺比较简单（某些合金废料经简单处理就可返回利用）及生产成本低。

自 20 世纪 70 年代以来，钴冶金新技术新工艺不断涌现，包括高压湿法冶金技术、溶剂萃取技术、离子交换技术、从含钴的冶炼中间产品和从废料中回收钴的新技术以及红土矿处理过程回收钴等。

（8）镍钴分离技术。在湿法冶金中，镍钴分离是很困难的作业之一，原因是镍钴元素的化学性质相近，国内外做了大量研究工作。镍钴分离的技术主要分为两类，即化学沉淀法和溶剂萃取法。

工业上常用的化学沉淀剂有 Cl_2、$NaClO$、$Ni(OH)_3$ 等。用 $Ni(OH)_3$ 作沉淀剂的有奥托昆普公司、阿麦克斯公司和马赛—吕斯腾堡公司。溶剂萃取法是在氯化物系统中，用叔胺作萃取，分离效果很好。在硫酸盐系统中，用含磷萃取剂方面的研究工作取得了进展。

萃取剂 PC88A 和 P507 属于有机膦酸萃取剂，分离系数可与氯化物系统用叔胺类萃取剂相媲美。现在采用的有机膦酸萃取剂为 Cyanex 系列，分离效果很好，串级萃取技术和大孔阳离子交换技术在分离镍钴方面，都取得了非常好的效果。

6.2　钴的火法冶金

6.2.1　钴火法冶炼的原料

早期几乎所有的含钴原料都采用火法冶炼提钴，包括铜钴矿、含钴黄铁矿、砷钴矿及铜镍冶炼系统中的含钴副产品，虽然钴的湿法冶金得到了长足发展，钴的火法冶金仍然占有重要地位。

6.2.1.1　铜钴氧化矿还原熔炼

20 世纪 30 年代，电炉还原熔炼处理富钴氧化矿及其精矿，可生产含钴达 46% 的白合金，然后由白合金生产氧化钴和金属钴，这一方法现在还在采用。和铁的氧化物相比，钴的氧化物容易还原，并且钴能和铁形成无限互溶的合金，所以在还原熔炼含钴的氧化矿时，钴容易富集到合金里。

铜的氧化物更容易还原，铜也能溶解在合金里。还原熔炼适于处理富铜钴氧化矿及其精矿。刚果（金）的潘达冶炼厂用电炉熔炼铜钴氧化矿。加入电炉的含钴物料有三种：

（1）含钴 6%～8%、铜 5% 的富矿；

（2）含钴 7%～8%、铜 12% 的精矿烧结产出的烧结块；

（3）含钴 15% 的铜精炼渣。

炉料中配入 50% 石灰石熔剂和 15% 焦炭做还原剂。在熔炼过程中大部分铁和几乎全部的铜与钴都还原进入合金。

熔炼得到的上层白合金成分为：40%～45%Co，40%～45%Fe，12%～15%Cu，1.5%～2.5%Si。下层红合金成分为：4.5%Co，90%Cu，4.5%Fe。第三种熔体产物是炉渣，其成分为：0.3%Cu，0.2%～0.4%Co，40%SiO_2，40%CaO，5%MgO。

在熔炼过程中，要适当控制焦炭数量及粒度，使白合金含硅量保持在 1.5% 以上，以利于两种合金的分离。红合金送铜火法精炼，精炼渣返回电炉。白合金通过硫酸浸出、溶液净化、沉淀、煅烧等处理过程生产氧化钴，进一步熔炼成金属钴。

6.2.1.2 含钴副产品提钴

物相组成研究确定：在凝固的镍转炉渣中，铁橄榄石和磁铁矿是两个基本物相组成。镍在渣中呈低价硫化物和造渣形态存在，大约有20%～25%硫化物形态的钴随冰镍夹杂于渣中。

镍的硫化物主要是机械夹杂的冰镍，溶解在渣中的不多。造渣的镍包含在复合硅酸盐和其他形态的化合物里。渣中的钴大部分呈造渣形态，主要以铁的同晶形取代成分存在于铁橄榄石和磁铁矿里。

在液体转炉渣贫化过程中，渣中硫化物形态的钴和镍直接进入冰铜相。造渣形态的钴和镍被金属化冰铜还原或硫化后转入冰铜相。可采取下列措施提高钴的回收率：

（1）用作提取相的冰铜应含有足够高的金属铁；

（2）降低冰铜中的氧含量；

（3）有足够高的温度和增加渣与冰铜的接触，以加速钴离子的扩散和加速 Fe_3O_4 的破坏及冰铜的金属化。

在转炉中贫化转炉渣时，通过短时间鼓风可使渣和金属化冰铜充分混合，造成良好的接触条件，从而加快过程的进行。转炉渣贫化过程的主要化学反应可归纳为：铁（Fe_3O_4）、镍和钴的氧化物被金属铁还原和有色金属被冰铜中的 FeS 所硫化。

在电炉中贫化转炉渣时，不需像转炉那样事先制备金属化冰铜，因有焦炭和碳质电极参加反应，渣的贫化和金属化冰铜的生成是同时进行的。碳质还原剂能使铁的氧化物及硅酸盐还原成金属铁，与此同时，金属铁使钴和镍的氧化物还原。

在冷却的冰铜试样中，钴主要存在于金属铁的固溶体里，可见增加冰铜的金属化程度能提高钴的回收率。电炉能在相当大范围内调整冰铜的金属化程度，并能充分破坏 Fe_3O_4，这对提高钴的回收率是有利的。另外，用作硫化剂的是不含镍钴的黄铁矿，这也有利于镍和钴在冰铜中的回收。

从富钴冰铜提钴，有多种方法可供选用。对含钴的铜转炉渣亦可按贫化镍转炉渣的方法回收钴。

从铜镍硫化矿提镍时，转入高冰镍中的钴容易富集回收，所以在吹炼时应尽量把钴富集在高冰镍里。为此，在高冰镍中保留2.5%～3.5%的铁。这样就可使大部分钴（60%以上）保留在高冰镍里。进入转炉渣的钴经贫化进入冰铜中，此冰铜返回转炉吹炼即可把钴回收到高冰镍里。

我国可利用的钴资源主要伴生在铜镍矿床中。早期处理转炉渣的方法与氧化镍矿还原硫化熔炼相似，即先把转炉渣与石膏或黄铁矿一起在鼓风炉中熔炼成富钴冰铜，或用电炉熔炼转炉渣，把钴富集到合金里。

20世纪50年代苏联采用了贫化液体转炉渣的方法，即用金属化冰铜与转炉渣混合以提取渣中钴和镍的方法。贫化过程可在转炉中进行，也可以在电炉中进行。

6.2.2 火法冶炼过程中钴的走向

由于钴的火法冶炼是与铜镍主金属的熔炼过程伴随进行的，本节仅讨论铜镍熔炼过程中钴的走向。

6.2.2.1 电炉渣中钴的损失

A 电炉渣中钴的损失形式

电炉渣中钴的损失基本上是以氧化物形态的化学损失。钴在锍—渣间的分配反应可用下式表示：

$$(FeO) + [CoS] \rightleftharpoons [FeS] + (CoO) \tag{6-1}$$

根据热力学数据可知，

$$\Delta G^{\ominus} = 35028 - 8.88T$$

$$K^{\ominus} = \frac{a_{[FeS]}}{a_{[CoS]}} \cdot \frac{a_{(CoO)}}{a_{(FeO)}} = \frac{a_{[FeS]}}{a_{(FeO)}} \frac{\gamma_{CoO} x_{(CoO)}}{\gamma_{CoS} x_{[CoS]}}$$

又由摩尔分数与质量百分数的关系：$x_i = \dfrac{w(i)_\%}{M_i} \cdot \dfrac{1}{\sum n_i M_i}$，得：

$$w(i)_\% = x_i \cdot M_i \cdot \sum n_i M_i$$

将化合物换为元素后，令 $L'_{Co} = w[Co]_\% / w(Co)_\%$，则：

$$L'_{Co} = \frac{w[Co]_\%}{w(Co)_\%} = \frac{x_{[CoS]} \cdot M_{CoO} \cdot \sum n_{锍} M_{锍}}{x_{(CoO)} \cdot M_{CoS} \cdot \sum n_{渣} M_{渣}} = C \cdot \frac{x_{[CoS]}}{x_{(CoO)}} = \frac{C}{K^{\ominus}} \frac{a_{[FeS]} \gamma_{CoO}}{a_{(FeO)} \gamma_{CoS}}$$

以上式中 C 是将 $x_{(CoO)}$、$x_{[CoS]}$ 折合成 $w[Co]_\%$、$w(Co)_\%$ 的换算系数；a 为各组分活度；x_i 为各组分的摩尔分数；$w[i]_\%$ 为元素和化合物的质量百分数；M_i 为元素和化合物的摩尔质量；$\sum n_i M_i$ 为渣或锍中元素或化合物的总物质的量；γ_i 为活度系数。

熔渣和熔锍都是由离子组成，Cu_2S、Ni_3S_2、FeS、CuO、NiO 和 FeO 中的金属都以单个氧离子的形式存在，因此相应的硫化物和氧化物用一个金属原子的形式来表示，更接近于真实情况。

单位质量的锍中硫化物的总物质的量几乎是固定的。例如，100g 硫化物总物质的量纯 FeS 是 1.14mol，纯 $CuS_{0.5}$ 是 1.26mol，纯 $NiS_{0.67}$ 是 1.24mol，可以大致认为是 1.2mol；同样，由 FeO、$FeO_{1.33}$、SiO_2、CaO、$AlO_{1.5}$ 等组成的 100g 熔渣，总物质的量约为 1.5mol。

因而只要知道有关热力学和活度数据，就可计算出钴的分配系数 L'_{Co}，其他元素在锍—渣中的分配系数也可同理推出。

B 钴在锍与炉渣间的分配及其影响因素

以渣的温度为 1350℃ 为例，反应式（6-1）的平衡常数为：

$$K = \frac{a_{[FeS]} \cdot a_{(CoO)}}{a_{[FeO]} \cdot a_{[CoS]}} = 0.22$$

由此式可求得在该温度下钴在镍锍和炉渣中的分配系数及镍硫品位和渣含铁对其影响。

改写上式为：

$$\frac{a_{[CoS]}}{a_{(CoO)}} = \frac{a_{[FeS]}}{0.22 a_{(FeO)}}$$

代入活度系数及活度值（见表 6-5）后，变为摩尔分数 x 的形式：

$$\frac{x_{[CoS]}}{x_{(CoO)}} = \frac{\gamma_{[FeS]}x_{[FeS]}\gamma_{(CoO)}}{0.22\gamma_{[CoS]}\alpha_{(FeO)}} = \frac{0.93 \times 1.48}{0.22 \times 0.4 \times 0.58}x_{[FeS]} = 27x_{[FeS]}$$

由于 Fe 和 Co 的摩尔质量相差很小，可以作为相等处理，于是根据摩尔分数与质量百分数的关系，并将化合物替换为元素后得：

$$L'_{Co} = \frac{27 \times 1.5}{M_{FeS} \times 1.2}w[Fe]_{\%} = 0.38w[Fe]_{\%} \tag{6-2}$$

表 6-5　关于金属炉渣含硫量所用到的活度数据

物　　质	活度系数	活　度　值
CoO	0.87	—
CoS	0.40	—
FeS	0.93	0.62
FeO	1.60	0.58

图 6-4 是钴在镍锍与炉渣中的分配随镍锍中含铁量的变化。曲线 I 是根据式（6-1）计算的钴的分配系数，曲线 II 是根据金川公司矿热电炉 1992 年 2 号电炉实际生产时的分配系数。显然，实际生产达不到上述理论计算的水平，其中有一些因素，例如有很少量的夹杂损失，可能也存在平衡的问题。

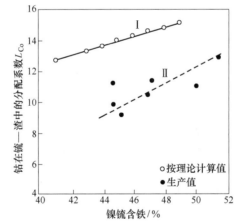

图 6-4　钴在镍锍与炉渣中的分配随镍锍中含铁量的变化

I —按平施常数计算的值；II —按实际生产数据的值

a　渣含铁对分配系数的影响

继续从公式（6-2）出发，计算出钴在镍锍与炉渣之间的分配系数与渣含铁的关系：

$$\frac{x_{[CoS]}}{x_{(CoO)}} = \frac{\alpha_{[FeS]}\gamma_{(CoO)}}{0.22\gamma_{[CoS]}\gamma_{(FeO)}x_{(FeO)}} = \frac{0.62 \times 0.87}{0.22 \times 0.4 \times 1.6x_{(FeO)}} = \frac{3.81}{x_{(FeO)}}$$

同样将 Fe 和 Co 的摩尔质量作为相等处理：

$$L'_{Co} = \frac{3.81M_{FeO} \times 1.5}{w(Fe)_{\%} \times 1.2} = \frac{343}{w[Fe]_{\%}} \tag{6-3}$$

图 6-5 绘出了式（6-3）计算得出的曲线 I，曲线 II 同样是依据生产数据作出的。显

然，理论计算的分配系数要高于实际体系的值，缩小这段差距就是提高钴回收率的任务。

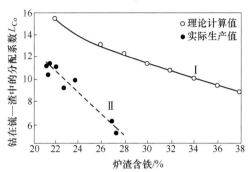

图 6-5 钴的分配系数随炉渣含铁量的变化

Ⅰ—按平施常数计算的值；Ⅱ—按实际生产数据的值

b 渣型对分配系数的影响

对渣型划分系数 $w(MgO+FeO)/w(SiO_2)$ 与钴的分配系数做了统计，如图 6-6 所示。由图可见，随着炉渣系数的增加，钴在锍中的分配要少于在炉渣中的分配。

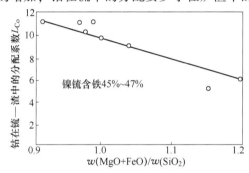

图 6-6 炉渣渣型对钴分配系数的影响（生产数据）

6.2.2.2 镍闪速炉中钴的损失

铜镍原料进行造锍熔炼时，除铁与硫外，其他伴生元素还有 Co、Pb、Zn、As、Sb、Bi、Se、Te、Au、Ag 和铂族元素等。其中贵金属总是富集在铜镍锍及金属相中，然后从电解精炼过程中回收。其他的元素在熔炼过程中，不同程度地挥发进入气相和以氧化物形态进入炉渣。

在造锍熔炼过程中，伴生元素在锍、渣及气相中存在的形态主要也是 MS 和 MO，当产出高品位硫时，也有可能以金属形态存在。但各种形态因其性质不同，它们在三相中的分布也是不同的。

伴生元素以什么形态存在，以硫化物的氧化熔炼来说，可以用金属硫化物及氧化物的生成—离解反应来分析。

$$M + 0.5S_2 \longrightarrow MS$$

$$K_1 = \frac{\alpha_{MS}}{\alpha_M (p_{S_2}/p^\ominus)^{1/2}}$$

$$M + 0.5O_2 \longrightarrow MO$$

$$K_2 = \frac{\alpha_{MO}}{\alpha_M (p_{O_2}/p^\ominus)^{1/2}}$$

各金属元素的上述生成—分解反应的平衡常数如表6-6所示。

表6-6 氧化物和硫化物的生成离解反应平衡常数

元素	Cu	Au	Ag	Pb	Bi	As	Sb	Sn	Ni	Co	Fe	Zn	Se	Te
lgK_1	2.88	—	0.74	1.12	-1.32	—	-0.22	1.35	1.34	1.15	2.39	3.27	—	—
lgK_2	2.61	-4.6	<2.25	2.42	1.63	3.525	3.49	4.00	3.18	3.90	5.40	6.16	-1.24	0.83

根据K_1、K_2的数据，假设在1573K下$\alpha_M = \alpha_{MS} = \alpha_{MO}$，便可作出各元素稳定态硫势-氧势图，如图6-7所示。

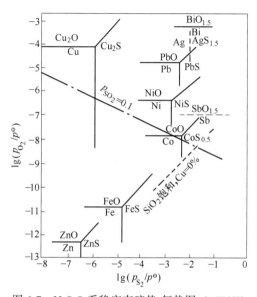

图6-7 M-S-O系稳定态硫势-氧势图（1573K）

由图可知，在$p_{SO_2} = 10$kPa的熔炼条件下，Zn和Fe趋向于变为MO进入渣中，Co则要在更高的氧势下才能氧化，但在熔炼条件下易于氧化进入渣中。钴在锍-渣间的平衡常数为3.3×10^{-2}。

精矿中的伴生元素也能以金属、硫化物或氧化物的形态挥发进入气相中。硫化物熔炼过程中挥发的热力学，已有许多研究者进行了讨论，但由于尚缺乏很多热力学数据，并且常见的金属元素如As、Sb、Bi等可以形成多种挥发物质，如单原子或多原子分子、硫化物或氧化物等。因此，研究的结论尚不一致。一般来说，随着硫品位的升高，硫化物挥发的分压降低，氧化物挥发的分压升高。这是因为体系的氧势升高和硫势降低所引起的。至于元素挥发的分压则随锍品位的升高有可能升高，也有可能降低。

A 钴的分布

钴在铁橄榄石渣中的溶解度可由式（6-4）来描述：

$$w(Co)_\% = Ka_{[Co]}p_{O_2}^{\frac{1}{2}} \tag{6-4}$$

（1）氧分压（炉渣氧势）的影响。理论分析及实际测定结果都表明，钴在铁橄榄石渣中的溶解度随渣中氧势的增加而增加，钴在硫与渣中的分配系数，从铁饱和渣的18.52降低到磁性铁饱和态下的0.12。

（2）温度的影响。钴在硅饱和渣中的溶解度随温度的变化关系如图6-8所示。在氧分压较高的条件下，钴的溶解度受温度的影响较大，即随温度升高而急剧下降，当渣接近铁饱和时，温度的影响则较小。

（3）合金和锍中钴活度的影响。研究表明在低的氧分压条件下，钴在渣中的含量随合金中钴的活度的增加而增加。

B 钴的最佳回收条件

由于精矿含钴都较低，所以影响钴回收率的最主要因素是熔硫—炉渣比，因而钴的高回收率取决于造锍焙烧设备。钴在硫和渣中的分布对渣中氧势的变化相当敏感，分布系数可以从铁饱和的18直到磁铁饱和的0.1。因此，操作过程中保持渣的低氧势，将提高钴的回收率。

为了阻止渣的氧化，熔体之上的氧化气氛尽可能减弱，这对于提高钴的回收率和阻止熔池炉结格外重要。渣的酸碱度可以直接通过改变

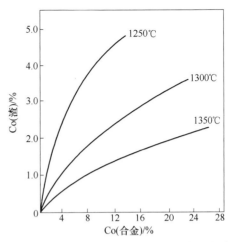

图6-8 温度对钴在硅饱和渣中溶解度的影响

$w(Fe)/w(SiO_2)$ 比来实现。硅饱和渣具有最小的氧势，高硅渣可以改善熔硫的沉降特性。熔池的温度可控制和防止焙池炉结。在最佳条件下，温度的控制对钴的回收率有显著影响，因此，要提高钴的回收率，就要提高温度。同时，钴的回收率也随锍渣比的提高而提高。

6.2.2.3 转炉吹炼过程中钴的走向

硫化镍精矿通常含有0.1%~0.3%的钴，熔炼时由于氧位较低，大多数钴富集在低镍锍中，低镍锍含钴在0.3%~0.6%。低镍锍吹炼时，随着氧位或锍品位增大，锍中钴将逐渐氧化而进入熔渣，接近吹炼终点，大多数钴富集在渣中。显然，讨论吹炼过程中钴的走向，对转炉吹炼操作及提高钴的总回收率都有现实意义。

通常可用式（6-1）所示的锍—渣间反应来讨论钴的平衡：

$$(FeO) + [CoS] \Longrightarrow [FeS] + (CoO)$$

这样，钴在锍—渣间的分配系数是：

$$L_{Co} = \frac{C}{K^{\ominus}} \cdot \frac{a_{[FeS]}\gamma_{(CoO)}}{a_{(FeO)}\gamma_{[CoS]}}$$

要求出 L_{Co} 必须先知道活度系数 $\gamma_{(CoO)}$、$\gamma_{[CoS]}$ 和活度 $a_{[FeS]}$、$a_{(FeO)}$。Sinha 和 Nagamori 在 1400~1500K 的温度范围，测定含钴的高品位铜锍和铜合金之间的平衡。此时 $a_{[FeS]}$ 以拉乌尔定律为基础，以液态 FeS 为标准态，并得到高锍品位即 FeS 为稀溶液时 FeS 的活度系数为：

$$\gamma_{FeS}^{\ominus} = 0.885(1400K), \gamma_{FeS}^{\ominus} = 0.814(1500K)$$

同时，也求得锍中 CoS 为稀溶液时的活度系数是 $\gamma_{[CoS]}^{\ominus} = 0.40 \pm 0.02$（1400~1500K），并得到 $\gamma_{(CoO)}^{\ominus} = 0.60 \sim 0.82$（1400~1500K）。

另外，讨论少量元素在锍—渣间分配时，渣中化合物的活度系数将随其摩尔分数不同

而变化。但是，如果将 100g 熔渣的总物质的量近似地看成是一个确定值，这样可以很方便地写出：

$$a_{[CoS]} = \gamma_{CoS}^{\ominus} x_{[CoS]} = \gamma_{CoS}^{\ominus} \frac{w[CoS]_{\%}}{1.2 \times M_{CoS}} \qquad (6-5)$$

$$a_{[CoO]} = \gamma_{CoO}^{\ominus} x_{(CoO)} = \gamma_{CoO}^{\ominus} \frac{w(CoO)_{\%}}{1.5 \times M_{CoO}} \qquad (6-6)$$

Sinha 和 Nagamori 计算所得铜锍品位与钴的分配系数 L_{Co} 的关系示于图 6-9，由图可见，随着锍品位升高，L_{Co} 减小。当 [Cu] = 50% 时，$L_{Co} = 5$，即钴在锍中的浓度五倍于钴在渣中的浓度，而当 [Cu] = 75% 时，$L_{Co} \approx 1$，钴在锍和渣中的浓度几乎相等。

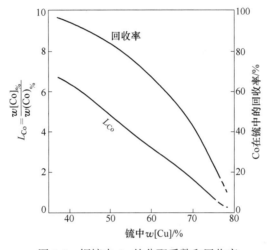

图 6-9 铜锍中 Co 的分配系数和回收率

回收率除与分配系数有关外，还与锍、渣的相对数量有关。在相同的 L_{Co} 时，如果渣量大，钴在锍中的回收率就小。不同锍品位时，锍中钴的回收率的计算结果如图 6-9 所示。可见当锍中含铜为 40% 时，94% 的 Co 都富集在锍相，只有 6% 的 Co 进入渣中。

以上讨论的是铜锍熔炼时钴的分配系数和回收率，转炉吹炼时，由于氧位、渣成分和数量都有所不同，所得结果也有差别。转炉吹炼时，可用以下反应进行讨论：

$$[CoS] + 3/2O_2 \Longrightarrow SO_2 + (CoO) \qquad (6-7)$$
$$\Delta G^{\ominus} = -448826 + 77.28T$$

$$K^{\ominus} = \frac{a_{(CoO)}(p_{SO_2}/p^{\ominus})}{a_{[CoS]}(p_{O_2}/p^{\ominus})^{3/2}}$$

在接近铜锍吹炼造渣期终点时，锍中 $a_{[Cu_2S]} \approx 1$。因此时刚有金属相产出，$a_{Cu} \approx 1$，$p_{SO_2} = 0.21 \times 10^{-2} Pa$。故可用下式求得 p_{O_2}

$$[Cu_2S] + O_2 \Longrightarrow SO_2 + 2Cu \qquad (6-8)$$
$$\Delta G^{\ominus} - 21531 + 30.38T$$

1500K 时，

$$K^{\ominus} = \frac{a_{Cu}^2(p_{SO_2}/p^{\ominus})}{a_{[Cu_2S]}(p_{O_2}/p^{\ominus})} = 8.193 \times 10^5$$

所以，$p_{O_2} = p_{SO_2}/(8.193 \times 10^5) = 2.56 \times 10^{-7} Pa$。

采用前述活度数据，即 $a_{CoS} = 0.0108 [Co\%]$，$a_{CoO} = 0.00754 (Co\%)$，代入式 (6-8) 的 $K^{\ominus}$ 表达式中，得 1500K 时 $K^{\ominus} = 2.063 \times 10^{11}$，所以，$L_{Co} = [Co\%]/(Co\%) = 0.0055$。可见，在转炉吹炼的造渣期，钴都明显地被氧化而进入熔渣（约97%Co进入渣中），只有少量钴保留在锍相中。

6.2.3　含钴转炉渣的电炉贫化

低镍锍吹炼成高镍锍，随着熔锍中铁含量降低，铜、镍和钴等有价金属在渣中的浓度加大。加上相当数量的渣中所夹杂的锍滴，存在于渣中的有价金属数量相当大，必须加以回收。由渣中回收有价金属的方法很多，其中较好的方法是将转炉渣在单独的电炉中贫化处理，以获取钴锍作为提取钴的原料，并同时回收其中的铜和镍。

转炉渣的电炉贫化过程，是将液态转炉渣倒入贫化电炉，分别加入还原剂或硫化剂，或同时加入还原剂和硫化剂，使渣中有价金属被还原或硫化，富集于金属相或锍相中，而后再将渣与金属相或锍相分离。在单独加入还原剂时，贫化产物为镍相，称为钴锍。同时加入还原剂和硫化剂时，一般控制产物为金属化钴锍，其中以钴锍为主，少量金属相以分散状态存在于钴锍中。这种方法能获得较高的钴回收率（90%），以及有适宜的操作温度（1200~1300℃）。

贫化电炉在结构和工艺特性上与矿热电炉基本相同，但由于贫化工艺的要求，它具有如下特点：

(1) 渣的 $m(Fe)/m(SiO_2)$ 比较高，渣的导电性好，使用的电压比矿热电炉低很多；

(2) 电极插入深度较浅，由于加入固体料量少，料堆很小，熔池上部渣层温度较高，渣对炉衬侵蚀严重，渣线耐火材料使用寿命低；

(3) 由于炉衬侵蚀较强，因而单位面积功率控制得较矿热电炉低；

(4) 采用周期性排渣操作，几包转炉渣倒入贫化电炉，在确保一定的澄清时间后才一次排渣。因此，贫化电炉的容量设计不只是考虑炉子所需功率，而且要满足炉渣停留时间的要求。

贫化作业加入的硫化剂，可采用硫化铁精矿、硫化镍精矿焙砂或含硫化铁高的硫化镍铜块矿。其加入量视硫化剂中硫化铁含量多少而定，一般为液态渣的 20%~28%。还原剂多采用冶金焦碎屑，粒度为 5~15mm，用量为转炉渣的 3%~5%。为了调节渣型，还加入石英和石灰作熔剂。

贫化电炉中进行的化学反应有如下类型：氧化物被碳还原，其中主要是铁氧化物的还原；有价金属氧化物被金属铁还原；有价金属氧化物与 FeS 的交互反应；有价金属的硫化反应。反应产物有 Fe、Cu、Ni、Co 金属相和钴锍两种形式，两种产物的数量比例则取决于还原剂和硫化剂的加入量以及转炉渣的成分：还原剂加入量大，则产物以金属相为主；硫化剂加入量大，则产物以锍相为主。从 Fe-S、Ni-S 相图可知，在液态硫化物与铁或镍共存的区域，随着铁或镍含量的增加，硫化物的熔点升高。另外，太多的金属相会造成金属相的沉积。这些将引起操作上的诸多困难，为此，一般总是控制产物以锍相为主，只有少量金属相散布于锍相中。

6.3 钴的湿法冶金

6.3.1 钴合金的硫酸加压浸出

低镍锍吹炼后期产生的转炉渣是钴的主要来源之一。该渣经电炉贫化等方法还原熔炼成钴锍，然后经磁选法分离出合金相，使绝大部分镍、钴与铜分离。所得到的钴合金采用硫酸加压浸出进行处理。

为了减少浸出过程中 H_2 的生成量，合金浸出分两步进行，第一步用硫酸常压浸出，排出大量 H_2；第二步加压浸出，使浸出液中的 Fe^{2+} 氧化水解，水解产生的酸又用于合金浸出。

常压浸出在 80~90℃下进行，预浸出过程主要反应如下：

$$(Fe、Ni、Co) + H_2SO_4 = (Fe、Ni、Co)SO_4 + H_2$$
$$(Fe、Ni、Co)S + H_2SO_4 = (Fe、Ni、Co)SO_4 + H_2S$$

预浸出过程中，Fe 有 40% 被浸出，以 Fe^{2+} 形式进入溶液；Co 的浸出率约为 36%；Ni 的浸出率约为 27%；Cu 不被浸出。预浸出排出大量 H_2 和 H_2S，为了保护环境和综合利用，应设法回收。

钴合金在预浸时仅有三分之一的钴和镍被浸出，为了进一步浸出有价金属，并最大限度地使铁水解生成沉淀，预浸后的矿浆再进行加压浸出。加压浸出用空气或氧气作氧化剂，预浸出的 Fe^{2+} 被氧化成 Fe^{3+}，并水解释出 H_2SO_4。释出的 H_2SO_4 又与未溶解的合金继续反应，直至合金中的钴、镍绝大部分被浸出，铁基本上水解完全。加压浸出的主要反应为：

$$4FeSO_4 + O_2 + 2H_2SO_4 = 2Fe_2(SO_4)_3 + 2H_2O$$
$$Fe_2(SO_4)_3 + 4H_2O = 2FeOOH + 3H_2SO_4$$
$$(Fe、Ni、Co) + H_2SO_4 + \frac{1}{2}O_2 = (Fe、Ni、Co)SO_4 + H_2O$$
$$(Fe、Ni、Co、Cu)S + 2O_2 = (Fe、Ni、Co、Cu)SO_4$$
$$Fe_2(SO_4)_3 + 3H_2O = Fe_2O_3 + 3H_2SO_4$$

6.3.2 含钴矿物的氨浸

6.3.2.1 硫化镍精矿的高压氧氨浸法

氨浸的目的是使硫化镍精矿中的镍、钴、铜能最大限度地溶入氨溶液中。在一定的压力和温度条件下，当有氧存在时，精矿中的金属硫化物能与溶解的 O_2、NH_3、H_2O 起反应，镍、钴、铜等生成可溶性的氨配合物进入溶液；由于铁的配合物很不稳定，转变为不溶的 Fe_2O_3 留于浸出渣中。金属硫化物中的硫经过一系列的反应，最终氧化成硫酸盐和氨基磺酸盐。其主要反应为；

（1）硫化物中的硫经过 $S^{2-} \rightarrow S_2O_3^{2-} \rightarrow (S_2O_3^{2-})_n \rightarrow SO_3NH_2^- \rightarrow SO_4^{2-}$ 等过程而氧化成 SO_4^{2-}：

$$2 (NH_4)_2S_2O_3 + 2O_2 = (NH_4)_2S_3O_6 + (NH_4)_2SO_4$$
$$(NH_4)_2S_3O_6 + 2O_2 + 4NH_3 + H_2O = NH_4SO_3NH_2 + 2 (NH_4)_2SO_4$$
$$(2) \qquad MS + nNH_3 + 2O_2 = [M(NH_3)_n]^{2+} + SO_4^{2-}$$

（3）铁转化为氧化物进入渣中：

$$2FeS + \frac{9}{2}O_2 + 4NH_3 + (2 + m)H_2O = Fe_2O_3 \cdot mH_2O + 2 (NH_4)_2SO_4$$

研究证实，当温度为 120℃ 和 $p_{O_2} = 10^6Pa$ 时，在 1mol/L NH_3、0.5mol/L $(NH_4)_2SO_4$ 的溶液中硫化物的氧化次序是：

$$Cu_2S > CuS > Cu_5FeS_4 > CuFeS_2 > PbS > FeS > FeS_2 > ZnS$$

在氨浸出过程中重要的是要控制溶液中游离的 NH_3 含量，否则会生成钴的高氨配合物如 $Co(NH_3)_6^{2+}$，形成沉淀而造成损失。另一方面，在加压氨浸过程中，由于 FeS_2 不与溶解的 O_2、NH_3、H_2O 起反应。因此，包裹在 FeS_2 中的镍、钴、铜也就难以浸出。

6.3.2.2 常压氨浸法

常压氨浸的作用是用 NH_3 及 CO_2 在有空气存在的条件下，浸出还原焙烧后的矿石中的镍，以供下一步提取镍；同时用含 NH_3 及 CO_2 的溶液洗涤浸出渣，以提高镍的回收率。例如，对含镍较低的红土矿，经过还原焙烧后使其中的 NiO 最大限度地还原成金属镍，之后即可采用常压氨浸的方法处理。

常压氨浸时，已被还原的金属镍、钴生成镍氨和钴氨配合物进入溶液。金属铁则先生成二价铁氨配合物进入溶液，然后被氧化成三价、再水解生成 $Fe(OH)_3$ 沉淀。$Fe(OH)_3$ 沉淀时，会吸附大量的钴氨配合物和少量的镍氨配合物，造成钴、镍的损失。同时，铁的溶解及氧化会放出大量的热，造成浸出温度难以控制。因此，还原焙烧时应尽可能控制最低的金属铁的生成，这是极为重要的。

由于 NH_3-CO_2-H_2O 体系具有缓冲溶液性质，尽管 NH_3、CO_2 的浓度在较大范围内变化，但溶液的 pH 值仍为 10 左右。在 pH = 10 左右时，钴主要呈 $Co(NH_3)_5^{2+}$、$Co(NH_3)_6^{2+}$，氧化后则形成 $Co(NH_3)_6^{3+}$，镍主要呈 $Ni(NH_3)_6^{2+}$ 状态存在。因此，常压氨浸的反应可表示如下：

$$Ni + \frac{1}{2}O_2 + 6NH_3 + CO_2 = Ni(NH_3)_6^{2+} + CO_3^{2-}$$

$$Co + \frac{1}{2}O_2 + 6NH_3 + CO_2 = Co(NH_3)_6^{2+} + CO_3^{2-}$$

$$Fe + \frac{1}{2}O_2 + nNH_3 + CO_2 = Fe(NH_3)_n^{2+} + CO_3^{2-}$$

$$Fe(NH_3)_n^{2+} + \frac{5}{2}H_2O + \frac{1}{2}O_2 = Fe(OH)_3 + (n - 2)NH_3 + 2NH_4^+$$

6.3.3 含镍、钴氧化物料的酸浸出

6.3.3.1 含镍红土矿的高压酸煮法

对于低镁高铁的红土矿，采用高压酸煮法处理。高压酸煮法被认为是综合处理红土矿

的有效方法，它可以达到选择性溶解镍、钴的目的。随后从浸出液中可以采用硫化法产出高品位的硫化镍钴矿，而浸出的残渣可以作为炼铁的原料。

低镁高铁的红土矿的酸性浸出工艺是基于原料中的铁、铝、铬等氧化物在高温和高酸度的硫酸溶液中几乎完全水解，而镍、钴、钙、镁和锰的硫酸盐在这种条件下稳定存在，形成稳定的硫酸盐。这样，硫酸的消耗量最终将取决于这几种金属含量的总和。因此，要考虑到酸耗的影响。

在含镍红土矿中，铁以 Fe_2O_3 的形态存在，镍与铁类质同相共存。在一般条件下，矿石中的大部分铁溶解在矿物酸中，加热到沸腾也不会显示出镍和铁的选择性溶解。但继续提升温度达到 200℃ 时，$Fe_2(SO_4)_3$ 的溶解就变得很小，而对于 $NiSO_4$ 和 $CoSO_4$ 提高温度不影响其溶解度。这就提供了选择性溶解镍铁的条件。试验证实，当温度达到 230~260℃ 时，可实现酸耗较低、反应时间最短并实现 95% 以上的镍和钴提取率。

6.3.3.2 含钴氧化物物料的还原浸出

含钴氧化物物料包括 $CoSO_4$ 溶液净化时得到的含钴的锰渣、$NiSO_4$ 溶液净化所得到的钴渣和钴土矿，因其中含有的 $Co(OH)_3$、Co_2O_3、$Ni(OH)_3$ 等本身都是氧化剂，如果在浸出液中加入某种还原剂时，浸出反应就具有巨大的推动力（电势差）。

工业上使用的还原剂有 Fe^{2+}、HCl 和 SO_2，它们的还原能力如下：$\phi^{\ominus}_{Fe^{3+}/Fe^{2+}} = 0.77V$，$Fe^{2+}$ 的还原能力不强，且 Fe^{2+} 将构成对浸出液的污染，给后续浸出液的净化造成困难；$\phi^{\ominus}_{Cl_2/Cl^-} = 1.36V$，$HCl$ 的还原能力也不够强，需要提高溶液的酸度，或者提高浸出温度到 80~90℃，还原过程才可以实现。但优点很明显，浸出液随后可采用胺型萃取剂进行有机萃取分离。对 SO_2 而言，根据 $\phi_{H_2SO_4/H_2SO_3} = 0.2-0.0591pH$ 可知，它是一种很强的还原剂。而且在浸出过程中转变为 H_2SO_4，不污染浸出液，因此，SO_2 是处理钴渣的一种合适还原剂。

将净化液浆化后通 SO_2 浸出，首先发生下列反应：

$$2Co(OH)_3 + SO_2 = CoSO_4 + Co(OH)_2 + 2H_2O$$

随着反应进行，溶液的 pH 逐步升高。当镍、钴还原完毕后，pH 开始下降。当 pH=4，溶液电位下降到 50mV 时停止供给 SO_2，这时铜基本上以 Cu_2SO_4 沉淀出来。

$$2Cu(OH)_2 + SO_2 = Cu_2SO_4 + 2H_2O$$

$$Cu_2SO_4 + SO_2 + H_2O = Cu_2SO_3 + H_2SO_4$$

向溶液中加入 H_2SO_4 后，$Ni(OH)_2$、$Co(OH)_2$ 溶解。为了下一步净化除铁，可加入一部分新鲜钴渣，使 Fe^{2+} 氧化成 Fe^{3+} 并作为中和剂。这样可以在控制溶液电势为 350mV 和 pH=4 左右的条件下得到残铁低于 1mg/L 的钴镍铜液。其反应为：

$$FeSO_4 + Co(OH)_3 = Fe(OH)_3 + CoSO_4$$

6.3.4 高铜镍硫的酸浸处理

高铜镍硫的酸浸处理包括硫酸浸出和盐酸浸出。

6.3.4.1 硫酸选择性浸出

硫酸选择性浸出适用处理含硫较低的高镍锍，为芬兰奥托昆普公司最先采用。所用高镍锍主要由 Ni_3S_2、Cu_2S 和铜镍合金三相组成，镍、铁、钴主要存在于合金相中，铜则存

在于 Cu_2S 和合金相中。

浸出工艺采取先将高镍锍水淬、球磨，然后由二段或三段常压浸出和一段加压浸出组成。金属相镍在常压浸出时基本上能全部溶解；而 Ni_3S_2 相中的镍能溶解三分之一左右；Cu_2S 相则不溶解。浸出液为铜、镍电解系统返回的废电解液，其主要反应如下：

$$Ni + CuSO_4 == Cu + NiSO_4$$

$$Ni + H_2SO_4 == NiSO_4 + H_2$$

$$Ni + H_2SO_4 + \frac{1}{2}O_2 == NiSO_4 + H_2O$$

合金相中的钴在浸出时的反应与上述反应相似，铜则与浸出时鼓入的空气中的氧发生氧化反应：

$$2Cu + \frac{1}{2}O_2 == Cu_2O$$

$$Cu_2O + H_2SO_4 == CuSO_4 + H_2O + Cu$$

生成的 Cu^{2+} 又进一步氧化，溶解合金中的镍、钴，Ni_3S_2 相在有氧存在时，与 Cu^{2+}、H_2SO_4 发生反应：

$$Ni_3S_2 + 2Cu^+ \frac{1}{2}O_2 == 2NiS + Ni^{2+} + Cu_2O$$

$$Ni_3S_2 + H_2SO_4 + \frac{1}{2}O_2 == 2NiS + NiSO_4 + H_2O$$

此时，Ni_3S_2 相中的镍大约 1/3 被溶解。在一段浸出时，当溶液的 pH 值大于 3.9 时，水溶液中的 Cu^{2+} 会生成碱式硫酸铜沉淀，当溶液的 pH 值大于 2 时，合金相中的铁发生溶解反应。由于在常压下 Ni_3S_2 相中的镍浸出不完全，为了提高镍钴的浸出率在常压浸出后，进一步加压浸出。加压浸出时，部分铜被浸出供常压浸出工序用，大部分铜和贵金属留在渣中。浸出渣中残存的镍大部分呈 NiS 状态，并有少量未浸出的 NiO 及镍的碱式盐。渣中的铜基本上以 Cu_2S 和 CuS 存在。

6.3.4.2 高镍锍的常压盐酸浸出

当浸出液中含盐酸 275g/L，在 70~75℃ 浸出 12h 后，镍的浸出率达到 98%，铜的浸出率为 2%。浸出液经萃取除铜、钴、铁后，浓缩结晶得到 $NCl_2 \cdot 4H_2O$，母液返回浸出液循环使用。浸出残渣富集 Cu_2S 和铂族元素，送往相关工序回收。$NCl_2 \cdot 4H_2O$ 经干燥、氧化焙烧得 NiO，盐酸返回浸出工序。

高镍锍的常压盐酸浸出的优点是铜与镍分离较好、铂族元素富集于渣中、镍的浸出率较高且能耗低，缺点是仅能获得 NiO。加拿大和挪威最早采用盐酸浸出高镍锍的工艺，用于进行铜与镍、钴的分离。

6.3.5 铜镍硫化矿常压氯气浸出

对于不易进行简单酸浸的硫化物，需要加入氧化剂进行氧化酸浸，使 MeS 中的 S^{2-} 氧化成元素硫而使金属溶解。氯气是一种强氧化剂，同时还有如下优势：氯离子是良好的配合剂、氯化物可溶性好、溶液导电性好及在氯化物介质中金属沉积性好等，氯化物体系因此备受关注。

氯气选择性浸出的基本原理是：氯气通过 $CuCl_2^-/Cu^{2+}$ 或 Fe^{2+}/Fe^{3+} 电偶传递电子，控制在一定电势下，使原料中的镍、钴、铁被浸出，硫被氧化为元素硫。然后利用一次合金负电性强易失去电子的特性，与浆液中的元素硫将溶液中的铜沉淀为 CuS，获得含铜小于 $0.3g/L$ 的富镍钴溶液。

为实现镍、铜的深度分离，加速镍的浸出及提高氯气利用率，浸出液中必须含有一定数量的铜，使 $CuCl_2^-$ 与金属硫化物 MeS 反应。Cu^{2+} 被还原成 $CuCl_2^-$，然后通入氯气又使其迅速转变为 Cu^{2+}。原料中的 CoS 在氯浸时的主要反应为：

$$CoS + 2Cu^{2+} + 4Cl^- \rightleftharpoons Co^{2+} + S + 2CuCl_2^-$$

$$CoS + Cl_2 \rightleftharpoons Co^{2+} + S + 2Cl^-$$

热力学计算表明，虽然反应 $Cu_2S+S \rightleftharpoons 2CuS$ 的吉布斯自由能数值较负，但反应是在两固相之间进行，受动力学条件限制，实际上镍、铁、钴的硫化物较 Cu_2S 易于浸出。

我国金川公司对高镍锍氯化处理工艺的研究始于1986年，1990年形成了控电氯浸、一次合金交换沉淀铜和浸出渣浮选的成型技术。高镍锍用氯化精炼法生产电镍具有如下优点：

（1）氯气选择性浸出可在常压下进行，就有投资少和能耗低的优势；

（2）浸出过程在沸点下自热进行，蒸发水量不大，有利于精炼流程的水平衡；

（3）镍、钴浸出率高，浸出液含铜量低，同时镍、钴氯化物溶解度大，净化时溶液体积小；

（4）原料中的硫被氧化成元素硫，不存在 SO_2 污染和酸不平衡的问题；

（5）电解时无需添加剂，槽电压较低，阳极析出的氯气可返回浸出工序循环使用。

6.3.6 含钴中间物料的浸出

工业上有提钴价值的中间物料包括砷钴矿焙砂以及某些有色金属冶炼过程中所产生的中间物料。

含钴物料的浸出，根据含钴物料的性质与成分不同，可采用水浸、酸浸和还原浸出，也可按过程划分为常压浸出与高压浸出。

6.3.6.1 砷钴矿焙砂的硫酸浸出

砷钴矿经焙烧后，钴主要呈氧化物和少量砷化物、砷酸盐、铁酸盐等，钴的低价氧化物与稀硫酸作用很容易溶解，生成可溶性的硫酸钴，其反应如下：

$$CoO + H_2SO_4 \rightleftharpoons CoSO_4 + H_2O$$

$$Co_3(AsO_4)_2 + 3H_2SO_4 \rightleftharpoons 3CoSO_4 + 2H_3AsO_4$$

而难溶的高价氧化物和砷化物必须在浓硫酸中才能溶解，其反应为：

$$Co_2O_3 + 2H_2SO_4 \rightleftharpoons 2CoSO_4 + 2H_2O + \frac{1}{2}O_2$$

$$Co_3As_2 + 3H_2SO_4 + 4O_2 \rightleftharpoons 3CoSO_4 + 2H_3AsO_4$$

$$CoO \cdot SiO_2 + H_2SO_4 \rightleftharpoons CoSO_4 + H_2SiO_3$$

$$CoO \cdot Fe_2O_3 + 4H_2SO_4 \rightleftharpoons CoSO_4 + Fe_2(SO_4)_3 + 4H_2O$$

为提高钴的浸出率，工业上采用两段浸出。第一段浸出原液为二段浸出后的溶液，溶液酸度为 $2mol/L$ H_2SO_4，液固比为 $(4~5):1$，温度为90℃，机械搅拌，反应终点溶液含酸 $0.05~0.1mol$。通常浸出率为 $80\%~90\%$，渣含钴 $15\%~20\%$；二段浸出原料为一段浸出后的钴渣，浸出液加浓硫酸调节，使酸浓度达到 $5mol/L$，液固比为 $4:1$，用蒸汽加热至沸腾，浸出终点溶液酸浓度为 2mol/L，溶液返回一段浸出。经两段浸出后，钴的总浸出率为 98%~99%。

6.3.6.2 钴渣的 SO_2 还原浸出

镍电解液净化过程产生的钴渣通常含 Co 大于 9%，是回收钴的重要原料。钴渣中的 Cu、Ni、Co、Fe 主要为以氢氧化物形态存在，它们均具有一定的氧化还原电势。严格控制反应终点的 pH 值，可以顺利地使镍、钴进入溶液，而铜、铁大部分进入渣中，达到分离的目的。

浸出过程的主要反应为：

$$2Co(OH)_3 + SO_2 + H_2SO_4 = 2CoSO_4 + 4H_2O$$
$$2Ni(OH)_3 + SO_2 + H_2SO_4 = 2NiSO_4 + 4H_2O$$
$$Cu(OH)_2 + H_2SO_4 = CuSO_4 + 2H_2O$$

所得浸出液经净化除铁、活性镍粉置换脱铜后，即可送去进行镍、钴分离。

6.3.6.3 硫化钴的氧化酸浸

硫化钴是经化学处理后富集的中间产品，其化学成分（质量分数）为 12%~18% Co、2%~4% Ni、16%~30% S、10%~20% Fe、3%~4% Cu。其中硫化钴是以 β-CoS 和 γ-CoS 形态存在的。这种形态的硫化钴的溶度积小（分别为 1×10^{-26} 和 1×10^{-28}），一般不溶于无氧化性的酸。所以与前述的镍硫化物浸出一样，在常压下进行酸浸时，必须加入适当的氧化剂。

目前工业上常用的氧化剂为 $NaClO_3$，这是因为用 $NaClO_3$ 氧化酸浸硫化钴时，具有许多优点，如钴的浸出率高、浸出过程中不产生有害气体、浸出液易于净化、操作简便和对设备要求不高等。

浸出过程的主要反应为：

$$3CoS + NaClO_3 + 3H_2SO_4 = 3CoSO_4 + NaCl + 3S + 3H_2O$$

当溶液酸度过高，而 $NaClO_3$ 过量时，可能产生下列反应而产生氯气：

$$10FeSO_4 + 2NaClO_3 + 9H_2O = 5Fe_2O_3 + Na_2SO_4 + 9H_2SO_4 + Cl_2$$

这一反应不仅影响操作环境，危害人体健康，而且使试剂消耗增大，使浸出过程不能正常进行，故应尽量避免。

6.4 含钴溶液的净化

含钴原料浸出时，不可避免地有许多杂质进入溶液，一般浸出液均含有铁、铜、铅、锌、锰、锑、硫等杂质，其中的有价元素有回收价值，应当作为副产品回收。其余杂质需要清除，得到纯净的含钴溶液，才能进一步得到纯净的合乎标准的金属或各类钴盐。

含钴溶液的净化过程因原料来源不同而有多种方法。采用镍电解所得的钴渣要以硫酸为溶剂溶解后，采取黄钠铁矾法除铁；再通入氯气使 Co^{2+} 氧化成 Co^{3+}，用 Na_2CO_3 调整 pH 值，生成钴的氢氧化物沉淀，所得 $Co(OH)_3$ 进行焙烧再入电炉还原熔炼。

高镍硫可以采用盐酸溶解，加 Na_2CO_3 中和除铁，萃取分离镍钴，反萃钴液用离子交换法净化，以脱除铅、锌、铜、镍；用活性炭吸附在萃取及离子交换过程中带入的有机物，再通氯气鼓风搅拌深度除铁，所得滤液电积制取电钴。

阳极钴的精炼，电解液的净化可采用化学沉淀法，加硫磺和钴粉除镍，加 Na_2S 和钴粉除铜和铅，用氯气氧化中和水解法除铁，也可用离子交换法进行阳极液的净化。

6.4.1 化学沉淀法

6.4.1.1 黄钠铁矾法除铁

从 20 世纪 70 年代初开始，黄钠铁矾除铁技术在我国的湿法冶金中得到了广泛的应用，在锌、镍等的湿法冶金中广泛使用。需要注意的是黄钠铁矾除铁终点 pH 值为 2.0~2.5，如生产电解钴可将终点 pH 值提高到 4.0~4.5，使溶液中的 Fe 小于 0.001g/L；如生产氧化钴可将终点 pH 值提高到 3.0~3.5，使溶液中的 Fe 小于 0.05g/L。

6.4.1.2 硫化钠沉淀法除铜

在铜镍钴的湿法冶金中常用硫化沉淀分离金属。硫化沉淀法是基于各种金属硫化物的溶度积不同，而在一定条件下将它们分离。溶液中各种金属对硫的亲和力顺序为铜、钴、镍、铁，它们的溶度积（25℃）分别为 $K_s(CuS) = 2.40 \times 10^{-35}$；$K_s(NiS) = 2.82 \times 10^{-20}$；$K_s(CoS) = 1.80 \times 10^{-22}$；$K_s(FeS) = 1.32 \times 10^{-17}$。因此，硫化钠除铜就是利用硫化物溶度积差来分离金属的。其主要反应为：

$$CuCl_2 + Na_2S === CuS(s) + 2NaCl$$

由于溶液中 Co^{2+} 浓度较高，局部易生成 CoS 沉淀，所以铜渣中含钴较高，反应如下：

$$CoCl_2 + Na_2S === CoS(s) + 2NaCl$$

由于 CoS 的溶度积很小，pH 值越高，铜渣含钴越高，钴的回收率越低。但过低的 pH 值又使铜沉淀不完全而影响电解生产，所以控制溶液的 pH 值很重要。除铜过程中，一般控制起始 pH 值在 2.0~3.0 之间，终点 pH 值在 3.5~4.0 之间。

硫化钠（Na_2S）为无色晶体，易吸湿，在水中溶解度极大。硫化钠水解后溶液中 OH^- 浓度增大，溶液显碱性，其 pH 值和 S^{2-} 浓度随硫化钠浓度的增大而增大。

硫化钠除铜可以在带有机械搅拌的搪瓷反应釜中进行。将硫化钠配制成饱和溶液，在常温下缓慢加入。硫化钠用量为 $w(Cu^{2+})/w(Na_2S) = 1/5$，除铜时间约 30min。

硫化钠除铜、铅的效果好，含铜可达 0.003g/L 以下；缺点是可能导致局部生成 CoS 和 NiS 沉淀，造成铜渣含镍钴较高，同时溶液中的钠离子浓度偏高。

6.4.1.3 氧化中和水解法除铁、砷、锑

在钴生产中，用氧化中和水解沉淀含钴溶液中的铁、砷、锑，常用的氧化剂是氯酸钠、次氯酸钠和氯气等。

$\phi_{Fe^{3+}/Fe^{2+}}^{\ominus} = 0.77V$，而 $\phi_{Cl_2/Cl^-}^{\ominus} = 1.36V$，两者电势差 0.59V。因此可以将二价铁离子氧化成三价，反应式为：

$$2FeCl_2 + Cl_2 + 3Na_2CO_3 + 3H_2O === 2Fe(OH)_3(s) + 6NaCl + 3CO_2(g)$$

同理，氯酸钠、次氯酸钠也可氧化二价铁离子。中和水解法除铁是依靠三价铁在较低的 pH 值下即发生水解反应的特性，反应如下：

$$Fe_2(SO_4)_3 + 6H_2O === 2Fe(OH)_3(s) + 3H_2SO_4$$

在铁的水解反应过程中产出的酸，一般加入 $CoCO_3$ 或 Na_2CO_3 中和，反应如下：

$$2FeCl_2 + Cl_2 + 3CoCO_3 + 3H_2O === 2Fe(OH)_3(s) + 3CoCl_2 + 3CO_2(g)$$

生成的 $Fe(OH)_3$ 胶体具有很大的表面积，吸附能力很强，故而铁渣含镍、钴较高，必须返回处理，影响镍、钴回收率，增加材料消耗。但采用水解法除铁亦有独特的优点：砷、锑等杂质也可被 $Fe(OH)_3$ 胶体所吸附，随铁一起沉淀除去。因此，目前中和净化处理砷、锑含量较高的钴溶液还保留一定的位置。砷、锑被氢氧化铁吸附的反应如下：

$$2H_3AsO_4 + Fe_2(SO_4)_3 = 2FeAsO_4 + 3H_2SO_4$$
$$2H_3AsO_4 + 8Fe(OH)_3 = (Fe_2O_3)_4 \cdot As_2O_3 + 15H_2O$$
$$mFe(OH)_3 + nFeAsO_4 = m\,Fe(OH)_3 \cdot nFeAsO_4$$

除铁过程中，砷还呈碱式盐 $2Fe(OH)_3 \cdot 12H_2O \cdot 6FeAsO_4$ 及 $CaHAsO_4$ 的形态与铁一道从溶液中析出，达到除铁、砷、锑的目的。砷、锑的去除完全程度取决于溶液中铁的含量，溶液中铁含量越高，砷、锑的脱出越完全，一般要求溶液中的含铁量为砷、锑的10~20倍。

6.4.1.4 氧化中和水解法除杂质锰

锰是电钴生产的有害杂质，它能增大水溶液的电阻，增加电能消耗，而且在溶液中积累，含量高时能在阴极析出。生产电钴时，系统中的锰是在电炉还原熔炼造渣除去，但还有部分残余。一般溶液中锰是以 $MnSO_4$ 的形态存在，采用氧化法是锰氧化成 MnO_2 及 Mn_2O_3 而与溶液分离除去。生产氧化钴时，要求 $w(Co)/w(Mn)=1500:1$，可用次氯酸钠或氯气作氧化剂，碳酸钠作中和剂，其反应式如下：

$$MnSO_4 + NaClO + H_2O = MnO_2(s) + NaCl + H_2SO_4$$
$$2MnSO_4 + NaClO + 2H_2O = Mn_2O_3(s) + NaCl + 2H_2SO_4$$
$$MnSO_4 + NaClO + Na_2CO_3 = MnO_2(s) + NaCl + Na_2SO_4 + CO_2$$

6.4.1.5 氧化水解法分离镍、钴

氧化中和水解法分离镍和钴是目前工厂中常用的方法，此法基于在酸性溶液中 Co^{2+} 比 Ni^{2+} 优先氧化，Co^{3+} 的水解 pH 值是 2~2.5，且其水解溶度积很小，即 $K_s(Co(OH)_3)=1.0\times10^{-43}$，易生成沉淀。而 Ni^{2+} 一般在 pH=3.2 时，才能氧化水解生成沉淀。即使有少量 Ni^{2+} 氧化成 Ni^{3+}，但它具有一定的氧化能力，可把溶液中剩余的 Co^{2+} 氧化成 Co^{3+}，生成 $Co(OH)_3$ 沉淀，而使 Ni^{2+} 留在溶液中。

在实际生产中，通常采用强氧化剂氯气或次氯酸钠，将含有 Co^{2+} 和 Ni^{2+} 溶液中的 Co^{2+} 氧化为 Co^{3+}，然后控制一定的 pH 值，使之水解生成 $Co(OH)_3$ 沉淀，而大量的镍留在溶液中，从而达到镍钴分离的目的。过程的主要反应如下：

用次氯酸钠作氧化剂，碳酸钠作中和剂时：

$$2CoSO_4 + NaClO + 5H_2O = 2Co(OH)_3(s) + NaCl + 2H_2SO_4$$
$$2CoSO_4 + NaClO + 2Na_2CO_3 + 3H_2O = 2Co(OH)_3(s) + 2Na_2SO_4 + NaCl + 2CO_2$$

部分镍也发生类似的反应：

$$2NiSO_4 + NaClO + 2Na_2CO_3 + 3H_2O = 2Ni(OH)_3(s) + 2Na_2SO_4 + NaCl + 2CO_2$$

用氯气作氧化剂，碳酸钠作中和剂时：

$$2CoSO_4 + Cl_2 + 3Na_2CO_3 + 3H_2O = 2Co(OH)_3(s) + 2Na_2SO_4 + 2NaCl + 3CO_2$$

同样，溶液中部分镍和残留的铁也发生上述类似反应，与氢氧化钴同时沉淀：

$$2NiSO_4 + Cl_2 + 3Na_2CO_3 + 3H_2O = 2Ni(OH)_3(s) + 2Na_2SO_4 + 2NaCl + 3CO_2$$

$$2FeSO_4 + Cl_2 + 3Na_2CO_3 + 3H_2O = 2Fe(OH)_3(s) + 2Na_2SO_4 + 2NaCl + 3CO_2$$

如果溶液中有残留的 Co^{2+} 时，将会继续与生成的氢氧化镍发生置换反应：

$$CoSO_4 + Ni(OH)_3 = Co(OH)_3 + NiSO_4$$

水解沉淀分离镍、钴时产生酸，因此，必须加碱中和以维持稳定的 pH 值，使反应朝着生成氢氧化钴沉淀的方向进行。实践证明，镍、钴的良好分离必须掌握好以下两个条件：

（1）所用氧化剂要过量，并保证过量的碱量，例如用次氯酸钠时：

$$w(NaClO) : w(Na_2SO_4) = (1.1 \sim 1.2) : 1$$

（2）控制好析钴率。析钴率与溶液中镍钴比有关，含钴高时，析钴率可控制高些。过高的析钴率使氢氧化钴沉淀中镍含量增加，影响氢氧化钴质量。

在镍、钴分离中，为了使产出的氢氧化钴沉淀便于以后处理，在生产中常采用二段沉钴的方法，沉钴过程在空气搅拌槽中进行。具体操作如下：

1）一次镍钴分离。用 NaClO 作氧化剂时，操作温度为 50℃ 左右，将除铁后的滤液返入净化罐中，配制合格的 NaClO（含有效氯 45~55，游离碱 10~15g/L）。用压缩空气雾化均匀喷洒在液面上，同时鼓风搅拌均匀，过程中控制 pH 值为 2~2.5，终点 pH 值为 2~2.2 为佳。若 pH 值过低，NaClO 易分解，降低了氯的有效利用率；pH 值过高，引起镍的水解沉淀，影响氢氧化钴的质量。反应结束时，把温度升到 60~70℃，鼓风 0.5h，赶走残存的氯，改善钴渣的过滤性能。操作终点溶液为透明绿色。要求沉钴后液含 Co^{2+} 浓度小于 0.3g/L。反应完毕后升温至 70℃ 以上，然后进行压滤，含 NiSO₄ 滤液直接送往镍电解进入造液槽，滤渣为一次氢氧化钴，其 $w(Co) : w(Ni) \geqslant 10:1$。

2）二次镍钴分离。二次氢氧化钴质量的高低，钴镍比是关键。为了获得纯度较高的二次氢氧化钴，一次氢氧化钴要用二次沉钴母液进行淘洗。淘洗的作用，一是将一次氢氧化钴中夹带的 Ni^{2+} 洗掉；二是一次氢氧化钴中的氢氧化镍沉淀与母液的 Co^{2+} 发生置换反应，还原成 Ni^{2+} 进入溶液，而母液中的 Co^{2+} 氧化成 Co^{3+}，水解生成 $Co(OH)_3$ 沉淀，淘洗后液返回一次沉钴。

淘洗后的一次氢氧化钴，按一定的液固比在机械搅拌槽内进行浆化，通 SO_2 加硫酸还原溶解，控制溶解 pH 值为 1.5~1.7。二次沉钴在空气搅拌槽内进行，沉钴温度为 50~60℃。鼓风搅拌的同时，通入氯气，并将 7% 的碳酸钠溶液用压缩空气雾化喷入槽内，过程 pH 值为 2.5~3.0，终点 pH 值以 2.0~2.5 为宜。沉钴合格后鼓风赶氯 20min，然后进行压滤。二次氢氧化钴中 Co 与 Ni 质量比不小于 350，Co 与 Cu 质量比不小于 200，Co 与 Fe 质量比不小于 100。二次沉钴母液一部分用于淘洗，剩余部分返一次沉钴。图 6-10 是沉淀法从镍电解钴渣中生产二次氢氧化钴的工艺流程图。

6.4.2　溶剂萃取法

钴与镍性质相近，镍钴分离是湿法冶金最困难的操作之一。加入氧化剂使钴氧化成三价并水解沉淀，处理流程复杂，原材料消耗大，金属回收率低。20 世纪 70 年代以来萃取技术的发展，为镍钴分离、净化含钴溶液提供了有利条件，是电解钴生产工艺进一步发展的方向。

经筛选发现有机膦酸或次膦酸类萃取剂在硫酸盐系统中能有效进行镍钴分离。20 世

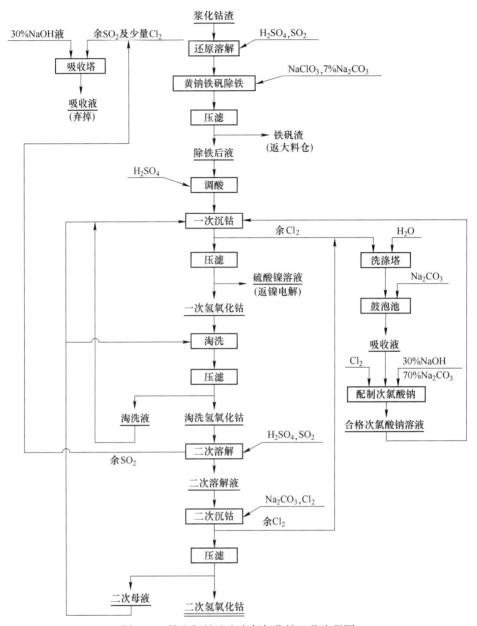

图 6-10　镍电解钴渣生产氢氧化钴工艺流程图

纪 70 年代发现萃取剂 P204(国外称 D2EHPA) 具有较好的镍钴分离性能,接下来发现萃取剂 P507 的镍钴分离系数比 P204 大几十倍。20 世纪 80 年代出现的萃取剂 Cyanex272 其镍钴分离系数比 P204 高出一个数量级。

在氯化物体系中由于钴能形成 $CoCl_4^{2-}$ 络合阴离子,而镍则不能形成络合阴离子,则可用胺类萃取剂萃取钴,达到镍钴分离的目的。常用的萃取剂为叔胺或季铵盐。萃取法分离镍钴不产生固体渣,又容易实现自动化控制,因而被广泛使用。

6.4.2.1　萃取剂

溶剂萃取中的关键是选择合适的萃取剂。常用的工业萃取剂主要有四大类,即中性萃取剂、酸性（阳离子）萃取剂、碱性（阴离子）萃取剂和螯合萃取剂。镍钴冶金中常用的萃取剂有 P204、P507、N235、N263、N509、N510 等。

P204［二（2-乙基己基）磷酸］和 P507［2-乙基己基膦酸单 2-乙基己基酯］以及合成脂肪酸等均属于酸性萃取剂，反应过程主要是阳离子交换。P204 可以用来除铁，使铁进入有机相，镍、钴在萃余液中；P507 用来分离镍、钴，在萃余液中回收镍，而在反萃后液中提取钴盐。脂肪酸有时用来在镍钴酸性溶液中萃取脱出铁、铝。

N235［三辛/癸基叔胺］（混合叔胺）和 N263［甲基三辛基氯化铵］属于碱性萃取剂，反应过程主要是阴离子交换。可用来在镍电解氯化镍阳极液中除去 Fe^{3+}、Cu^{2+}、Co^{2+}，使杂质呈络合物阴离子而被萃取，Ni^{2+} 仍留在水相中。反之，在氯化钴电解液中，也可用来分离镍、钴，使钴进入有机相。

N509［5,8-二乙基-7-羟基十二烷酮肟］和 N510［2-羟基-5-辛基二苯甲酮肟］属于螯合萃取剂，即在萃取过程中可生成具有螯环的萃合物。如 N509 可用于萃取回收铜、镍，实现与铁的分离，但 N509 对铜的选择性较差，以后又研制成功了萃取效果更好的 N510。

萃取剂的种类繁多，常用的不下数十种，在选择时除考虑经济因素外，还应注意它对金属萃取的选择性要好，容易实现金属的分离提纯，且具有良好的动力萃取性能，平衡速度快；在水相中的溶解度要小，且不与水相生成稳定的乳化物；萃取剂的化学稳定性要好，不易发生降解，具有较大的萃取容量，免得需用量过大；同时易与稀释剂互溶，混合时有良好的聚结性能。

6.4.2.2 稀释剂

稀释剂是一种组成有机相的惰性溶剂，用来溶解萃取剂以改变有机相的浓度调节萃取能力，改善萃取剂的性能，降低有机相的黏度，提高萃合物在有机相中的溶解度，但不参加萃取反应。

工业上常用的稀释剂有煤油、苯、甲苯、四氯化碳和氯仿等。其中煤油因其价格低廉，对各种萃取剂都有较大的溶解能力，应用最为普遍。用煤油作为稀释剂时，萃取后被萃取的化合物 $(R_3NH)_2CoCl_4$ 不能很好地溶解，会出现第三相，这时还需要加入添加剂——磷酸三丁酯（TBP），它可以抑制第三相的生成，作为稀释剂的煤油都必须先进行磺化处理，以去除煤油中的不饱和烃。

6.4.2.3 溶剂萃取从含钴（镍）溶液中去除杂质

A 硫酸浸出液中用 P204 萃取除杂

P204 是一种烷基磷酸萃取剂，在非极性溶剂中由于氢键作用以二聚形态存在，以$(RH)_2$ 表示。在阳离子交换过程中，萃取剂 $(RH)_2$ 中的氢与要提取的金属离子进行交换，其反应通式可表示为：

$$n\overline{[HR]} + M^{n+} \rightleftharpoons \overline{MR_n} + nH^+$$

式中，M^{n+} 为 n 价金属离子；HR 为萃取剂，分子式上横线表示有机相。上式中的萃取平衡常数 K 与萃取剂本身性质、萃取温度、稀释剂等因素有关，萃取的分配系数 D 可用下式表示：

$$\lg D = \lg K + n\lg\overline{[HR]} + n\mathrm{pH}$$

可见萃取剂浓度 $[\overline{HR}]$ 越大，pH 值越高，D 值越大，但 pH 值升高到一定程度，金属离子发生水解，因此最大 D 值在接近金属离子水解 pH 值处。

根据上述关系式，在用同一有机相体系萃取不同金属离子时，可得到一组对称的 S 形曲线，图 6-11 为不同价态金属离子的理论萃取曲线。

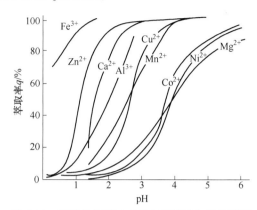

图 6-11　硫酸盐溶液中 P204 对某些金属的萃取率与平衡 pH 的关系曲线

由图 6-11 可以看出，P204 萃取各种金属离子的次序如下：

$$Fe^{3+}>Zn^{2+}>Ca^{2+}>Cu^{2+}>Fe^{2+}>Mn^{2+}>Co^{2+}>Ni^{2+}$$

因此原则上可以通过控制水相平衡 pH 值，将锰以前的杂质元素先行萃取去除，然后再进行 Co、Ni 分离。但钴线与镍线接近，说明 P204 的镍钴分离能力很低，主要用于从镍钴溶液中萃取除铁、锌、钙、锰等杂质。当溶液中有钙、镁离子时，由于镁的 q-pH 关系曲线与钴、镍的 q-pH 关系曲线交叉，因此不能用 P204 萃取除镁，所以通常是在萃取除杂前或除杂后用 NaF 或 NH_4F 沉淀脱除钙、镁。

为了维持溶液的平衡 pH，P204 在使用前通常以质量浓度为 500g/L 的浓碱液（NaOH）溶液预中和制皂。如前所述，此时 P204 以微乳状液形式用于萃取。

由图 6-11 可见，如果仅用 P204 萃取除铁、锌，由于它们的 q-pH 曲线与钴、镍的 q-pH 曲线相距较远，故除杂时的有价金属损失很少，此时的主要问题是三价铁的反萃。由于三价铁与 P204 结合相对稳固，即使用 5mol/L 的硫酸也反萃不完全，而用 6mol/L 的盐酸反萃则较好。

如用 P204 萃取除铜、锰，则钴也有一部分被萃取到有机相中，此时可用稀硫酸洗钴，而铜、锰洗脱很少。某厂用 P204 萃取除杂的效果见表 6-7。

表 6-7　P204 萃取除杂效果

溶液浓度/g·L^{-1}	Co^{2+}	Ni^{2+}	Cu^{2+}	Mn^{2+}	Zn^{2+}	Fe
料液	27~37	5~6	0.1~0.22	0~2.5	1.5~2.5	<0.01
萃余液	25~27	5~6	<0.06	痕量~0.01	0.05~0.1	<0.005

注：料液和萃余液的 pH 值为 4.5~5。

B　硫酸溶液中用其他萃取剂除杂

脂肪酸已在工业上成功用于从 $CoSO_4$ 溶液中萃取除铜、铁。脂肪酸萃取金属离子的顺序与 P204 不同，实际测定的萃取顺序为：

$$Fe^{3+} > Cu^{2+} > Zn^{2+} > Ni^{2+} > Co^{2+} > Mn^{2+} > Ca^{2+} > Mg^{2+}$$

因此用脂肪酸萃取除铜、铁效果较好。

工业实践中分阶段萃取除铁、铜，首先将铁离子氧化成三价，控制适当平衡 pH 萃取除铁，除铁后液再萃取除铜，铜铁去除率均大于 99%。铁皂及铜皂有机相均用硫酸反萃，分别得到硫酸铁及硫酸铜溶液，脂肪酸同时得以再生。为了保证后续钴镍分离作业的顺利进行，必须将残留在萃余液中的脂肪酸除去。除去的方法可采取调整萃余液 pH 值为 1.5~2，以降低它在水溶液中的溶解度，然后在另外的澄清槽中澄清分离脂肪酸；或者采用活性炭吸附法也能有效除去脂肪酸。

除此之外，利用羟肟或酮肟类萃取剂对铜的萃取选择性，也可以从硫酸钴（镍）的溶液中萃取除铜。

C 盐酸溶液中萃取除铁

从含钴镍的盐酸溶液中也可以用萃取法除铁。所用的萃取剂可以是 P204，也可以用含氧萃取剂如 TBP、仲辛醇等，但萃取反应完全不同。用 P204 作萃取剂时，以阳离子交换反应将铁萃入有机相，因此料液酸度需较低。而以 TBP 或仲辛醇做萃取剂时，按生成𨪙盐机理萃取铁的氯络合阴离子，因此必须维持高的酸度或者添加盐析剂以维持高的氯离子浓度。萃取前应向溶液中通入氯气使二价铁离子充分氧化，在溶液中 Cl⁻ 的浓度为 290g/L 时，如果铁离子浓度为 25~40g/L，通氯氧化至 Fe^{2+} 的浓度小于 0.1g/L，以仲辛醇的煤油溶液萃取，可使溶液中铁离子浓度小于 0.1g/L，这表明三价铁离子可以定量萃取。一般质量分数为 50% 的仲辛醇煤油溶液对铁的饱和容量为 17g/L，因此是比较理想的从氯化物溶液中除铁的萃取剂。

6.4.2.4 从硫酸盐溶液中用酸性磷型萃取剂（P204 或 P507）分离钴、镍

目前工业上用于分离钴、镍的酸性磷型萃取剂有 P204、P507 及 Cyanex272。在相同条件下，即萃取剂浓度 0.1mol/L，稀释剂为 MSB210，水相金属浓度 2.5×10^{-2} mol/L，pH=4，温度为 25℃，相比为 1 的时候，比较它们对钴、镍的分离系数，结果见表 6-8。

表 6-8 钴、镍分离系数

萃 取 剂	P204	P507	Cyanex272
分离系数 $\beta_{Co/Ni}$	14	280	100

P507 对金属的萃取率 q 与平衡 pH 值的关系如图 6-12 所示。

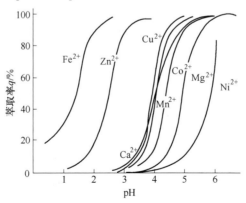

图 6-12 P507 萃取金属萃取率与平衡 pH 的关系

显而易见，钴、镍两条曲线距离较大，但铜、钴两条曲线相距较近，它们之间的分离系数只有 P204 的 1/3~1/2。因此，有些工厂采用 P204 除杂，P507 萃取分离钴镍的流程。特别是对于钴镍比接近，甚至镍高钴低的溶液，用 P204 分离较困难，而用 P507 却较易实现分离。在生产操作上，萃取作业对于萃余液必须严格进行油水分离，以免 P204 混入 P507 中，因为如图 6-13 所示，在钴、镍分离时，随着 P204 混入 P507 的量增多，钴、镍

分离系数会明显降低。

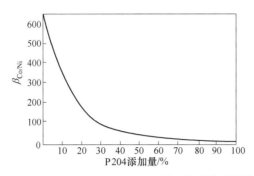

图 6-13   P204 混入 P507 后对 P507 钴、镍分离系数的影响

6.5 钴 的 电 解

电解钴的生产流程可以分成两种：第一种是萃取除杂→镍钴分离→制得氯化钴溶液→不溶阳极电沉积制备电解钴；第二种是采用化学沉淀法提纯除杂→两段氯气镍钴分离→火法煅烧→还原熔炼成粗钴阳极→电解精炼制备电解钴。

6.5.1 电沉积制备电解钴

电沉积制备电解钴是采用不溶阳极的电解工艺从水溶液中提取金属，简称电沉积。从含钴溶液中电沉积制备金属钴常用硫酸盐电解质体系和氯化物电解质体系。氯化物电沉积具有电流密度较大、生产效率高、导电性能好、槽电压较低、电能消耗较少和电解液的比电阻小等优势，目前多数工厂采用此体系。表 6-9 给出了氯化物电解质和硫酸盐电解质的电解液成分，表 6-10 是两种体系的主要技术条件和比较。

表 6-9   氯化钴和硫酸钴电解液成分实例   （g/L）

电解液	Co	Ni	Cu	Fe	Pb	Zn	Na⁺	Cl⁻	有机物
氯化钴	60~120	0.26~0.3	0.0007~0.002	<0.005	0.0001~0.006	0.0003~0.003	40	178~225	<1
硫酸钴	40~50	<0.8		0.005	0.02	0.01			

表 6-10   硫酸盐与氯化物电解质电解钴比较

电解质	电解液 pH	电流密度/A·m⁻²	优缺点
硫酸盐	3~5	200~250	电流密度低，电效低
氯化物	4~4.5	300~450	电流密度高，电效高

氯化物电解质体系是酸性溶液，各物质的电离反应如下：

$$CoCl_2 = Co^{2+} + 2Cl^-$$

$$HCl = H^+ + Cl^-$$

$$H_2O \Longrightarrow H^+ + OH^-$$

正负离子在电场作用下，分别向两极移动，在电极—溶液界面上发生电极反应。

6.5.1.1　钴电积过程的电极反应

A　阴极反应

钴电沉积的阴极是钛板（在种板槽电解制得的始极片），在阴极上主要发生钴离子放电反应，析出金属钴：

$$Co^{2+} + 2e \Longrightarrow Co$$

钴是负电性金属，$\phi_{Co^{2+}/Co}^{\ominus} = -0.28V$，较氢的标准电极电位负。由于氢离子在钴阴极上析出有较大的超电压，因此钴优先于氢在阴极析出，但如果电解液酸度增加，氢离子在阴极上放电也有可能，电解过程中应控制好溶液中的 H^+ 浓度。氢的放电反应为：

$$2H^+ + 2e \Longrightarrow H_2$$

钴电沉积采用接近中性的电解液酸度，并添加硼酸做缓冲剂，以稳定溶液 pH 值，保证 Co^{2+} 比 H^+ 优先在阴极析出。从电化序看，电位比钴正的杂质，如铜、镍、砷等可能随钴一起在阴极析出；电位比钴较负的铁、锰、锌等在浓度不高时，对电钴的质量基本无影响，但含量高时也将会污染阴极。电积过程的金属来源于浸出—净化后液，电解液预先经过深度净化除杂，在生产中也可不采用隔膜电解。

B　阳极反应

钴电沉积过程采用不溶阳极，阳极材料本身并不发生电化学溶解反应。不溶阳极的电极反应主要是电解液中的阴离子或阴离子基团等负电荷离子发生放电反应。

钴电沉积常用的阳极为高纯石墨和表面涂钌的钛板。石墨阳极中的碳在电积过程中有少量粉化散落，使阴极含碳，目前多采用涂钌钛板阳极。对于硫酸盐水溶液电积，也可用铅银阳极。

（1）硫酸盐体系的阳极反应。溶液中存在的氢氧根离子和硫酸根离子可能被氧化，伴随析出氧气：

$$2OH^- - 2e \Longrightarrow \frac{1}{2}O_2 + H_2O \qquad \varphi_{OH^-/O_2}^{\ominus} = 0.401V$$

$$SO_4^{2-} - 2e \Longrightarrow SO_3^{2-} + \frac{1}{2}O_2 \qquad \varphi_{SO_4^{2-}/SO_3^{2-}}^{\ominus} = 2.42V$$

由于 OH^- 的放电电位较 SO_4^{2-} 电位低，阳极主要反应是 OH^- 离子放电析出氧气。OH^- 离子放电也可写成：

$$H_2O - 2e \Longrightarrow \frac{1}{2}O_2 + 2H^+ \qquad \varphi_{H_2O/O_2}^{\ominus} = 1.23V$$

（2）氯化物体系的阳极反应。在氯化物水溶液中，可能发生的反应为：

$$2Cl^- - 2e \Longrightarrow Cl_2 \qquad \varphi_{Cl_2/Cl^-}^{\ominus} = 1.36V$$

$$2OH^- - 2e \Longrightarrow \frac{1}{2}O_2 + H_2O \qquad \varphi_{OH^-/O_2}^{\ominus} = 0.401V$$

氯化物水溶液电积过程在阳极主要是析出氯气，因为 OH^- 离子放电虽然比 Cl^- 离子放电电位低，但在实际电积过程中，氧在阳极析出时的超电位比氯气析出的超电位大得多。阳极释放的氯气采用阳极加罩密封，经导管抽入氯气吸收塔，供氯化浸出或制备 $NaClO$、$NaClO_3$ 用。

（3）钴电沉积过程的总反应。对于硫酸钴溶液电积：

$$CoSO_4 + 2e == Co + SO_4^{2-}$$

$$H_2O - 2e == \frac{1}{2}O_2(g) + 2H^+$$

总的化学反应为：

$$CoSO_4 + H_2O \xrightarrow{直流电} Co + H_2SO_4 + \frac{1}{2}O_2(g)$$

对于氯化钴溶液电积：

$$CoCl_2 + 2e == Co + 2Cl^-$$

$$2Cl^- - 2e == Cl_2(g)$$

总的化学反应为：

$$CoCl_2 \xrightarrow{直流电} Co + Cl_2(g)$$

从上可见，电沉积过程的阴极反应与粗金属电解精炼的阴极反应相同，而阳极反应析出氧气或氯气。对于硫酸盐溶液电积，在析出氧的同时还再生硫酸，因此电积过程产生的含 H_2SO_4 的废电解液或氯气可返回浸出过程作浸出剂。

6.5.1.2　从氯化物溶液中电解沉积钴的主要设备

钴电沉积设备与电沉积镍设备大体一致。加拿大鹰桥镍公司采用的氯化钴水溶液电解槽（见图 6-14）为混凝土制作，内衬聚酯塑料，其尺寸为 7000mm×800mm×1600mm。

不溶阳极为涂钌钛板，每个阳极用可渗透电解液的隔膜袋套住，阳极袋上部设排气罩，并安装有集流管。阳极反应产生的氯气和阳极液通过阳极罩支管汇总到沿电解槽长方向布置的汇流总管内，一起抽至阳极液脱氯塔。纯净的氯化物溶液从电解槽一端流入，依靠设在电解槽另一端电解液出口的溢流堰高度来控制电解槽内液面高度，由于抽吸的作用，阳极液面与阴极液面维持一定的液面高度差，以免氯气泄露。

6.5.1.3　钴电沉积的主要技术条件

为了避免氢和杂质金属与钴一起在阴极析出，影响电流效率和电钴质量，因此对电解液成分及其杂质含量、电解液温度、电流密度、电解液循环都有严格的要求。

电解液中钴离子浓度高有利于生成致密的阴极沉积物，可提高电流密度，防止氢离子放电。使用氯化物电解液时钴离子浓度比硫酸盐电解液高，但钴浓度过大，阴极析出物呈暗色海绵状。一般控制 Co^{2+} 浓度为 80~120g/L。

A　控制杂质浓度

生产 1 号电钴时，若电解液中 Cu^{2+} 浓度高于 0.0001g/L，电钴含铜达不到 0.001% 的标准；电解液中 Pb^{2+} 浓度高于 0.0001g/L，电钴含铜达不到 0.0003% 的标准；电解液中 Zn^{2+} 浓度高于 0.0005g/L，电钴含铜达不到 0.001% 的标准。因此，生产优质电钴时，钴电解液必须进行深度净化。

B　控制溶液酸度

控制好酸度可减少氢的析出。钴和氢的析出电势相差较小，因此钴电沉积过程中常有少量氢气析出，不仅使电流效率降低，而且影响产品质量。同时钴吸收氢气，电沉积钴生产过程中吸收的氢可达其体积的 35 倍。

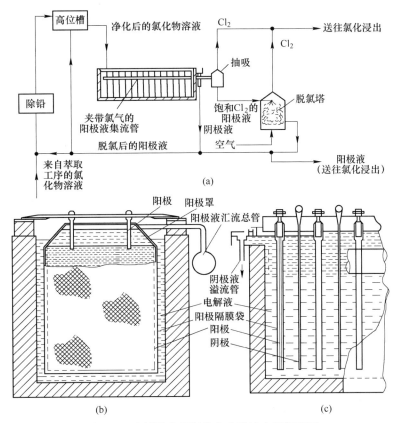

图 6-14 鹰桥镍公司氯化物水溶液电解沉积槽

(a) 物料走向图；(b) 电解槽正视图；(c) 电解槽侧视图

为防止和减轻氢的析出，工业上常采用弱酸性溶液体系，同时，加入少量的硼酸作为缓冲剂。但如果酸度过高，将会引起钴盐的水解，使阴极钝化从而影响电钴质量。氯化物体系控制 pH 值为 4~4.5，硫酸盐体系 pH 值为 3~5。

C 控制电解液温度

在电沉积钴工艺过程中，提高电解液温度有利于降低溶液的阴极槽电压、减轻阴极钝化现象、减少阴极爆裂及分层、改善沉积物的质量，同时钠盐结晶现象也有所减轻。但如果温度过高，则出现氢易析出、降低电解液酸度、出现碱式盐沉淀、电解液蒸发加剧和恶化劳动条件。温度过低又促使阴极钴发黑和电钴表面爆裂。一般工厂控制电解液温度为 50~65℃。温度波动会造成电钴发生卷边或网状结构。

D 控制电流密度

电沉积钴氯化物体系的电流密度一般控制在 350~500A/m²，而硫酸盐体系则控制在 200A/m² 左右。电解液循环速度取决于循环方式和电流密度。如某厂电解液循环速度为 0.08~0.1L/(A·h)，而另一厂为 0.1~0.2L/(A·h)，此时进入的电解液与排出的电解液中钴离子浓度相差 6~7g/L。进液的 pH=4~4.5，出液 pH<0.5。

表 6-11 列出了我国电沉积法生产电钴的技术条件实例。

表 6-11 我国电沉积法生产电钴技术条件实例

项目		实例 1	实例 2	实例 3	实例 4
电解液成分/g·L^{-1}	Co	>60	>60	>80	
	Ni	<0.5	<0.5	<0.022	>70
	H$_3$BO$_3$	15~20	15~20	未加	<1.0
钴阴极板含钴/%		99.25	99.25	99.28	
进液 pH		4~4.2	4~4.5	4~4.2	
出液 pH		<0.5	<0.5	石墨阳极 H$^+$浓度 10g/L，钛阳极 H$^+$浓度 30g/L	<0.5
电解液温度/℃		50~60	55~65	50~60	55~65
阴极电流密度/A·m^{-2}		300~400	250~450	300~400	200~400
槽电压/V		2~3	2~3	3.5~4.0	3.0~4.0
电解液流速		4~8L/h	0.2~0.7L/(A·h)	300~320mL/(min·槽)	0.1~0.15L/(A·h)
隔膜内阴阳极液面差/mm		无隔膜	50	无隔膜	50
电流效率/%		70~85		80	90

6.5.2 电解精炼制备金属钴

电解精炼制备电解钴的工艺过程是化学沉淀法提纯除杂→两段氯气镍钴分离→火法煅烧→还原熔炼成粗钴阳极→电解精炼制备电解钴。

电解精炼制备电解钴的电解液多采用硫酸盐或氯化物体系，电解液必须经过净化处理，以控制杂质元素的含量。工艺中采用隔膜电解槽，使阴极液和阳极液分开，这种电解槽的构造较为复杂。通常阳极液和造液槽产出的溶液一起净化，净化方法及程序根据杂质含量而定。

6.5.2.1 原料的化学沉淀法提纯

所用原料通常是镍电解液净化过程产出的钴渣。首先将钴渣浆化，加入适量的硫酸，并通入二氧化硫进行还原溶解；待溶解完全后，进行黄钠铁矾法除铁；除铁后液加入次氯酸钠进行一次沉钴，产出一次氢氧化钴；一次氢氧化钴含镍高，其 $w(Co)/w(Ni) \geqslant 10:1$，须经过淘洗后进行二次溶解和二次沉钴；二次氢氧化钴中 $w(Co)/w(Ni) \geqslant 10:1$，$w(Co)/w(Cu) \geqslant 200$，$w(Co)/w(Fe) \geqslant 100$。

6.5.2.2 二次氢氧化钴的还原熔炼

二次沉钴得到的氢氧化钴含水约 50%，配入少量石油焦，在反射炉中烧结成多孔氧化钴团块，然后与脱硫剂（如 CaO）、还原剂（石油焦）及造渣剂（SiO$_2$）一起装入电炉，在高温下熔炼并进行还原和搅拌。此过程中铅和锌蒸汽逸出、锰被造渣、氢氧化钴被还原成金属钴。金属钴经浇铸得到含钴超过 95% 的粗钴阳极板，用于钴的电解精炼。

A 氢氧化钴物料的反射炉熔炼

氢氧化钴可视为钴氧化物的水合物（Co$_2$O$_3$·3H$_2$O），在 265℃ 下脱水转化为中间氧化物 Co$_3$O$_4$；在还原气氛和 900~1000℃ 下，进一步脱氧生成高温下稳定的 CoO。

在反射炉中，由于石油焦的还原作用，CoO 与其中的碳发生下列反应：

$$2CoO + C \Longrightarrow 2Co + CO_2$$

因此，烧结块中可见瘤状的单体金属钴。

反射炉焙烧的目的包括：

（1）氢氧化钴粉末粒度很细，入炉时飞扬损失很大，烧结成块后大大减少了钴的扬尘损失；

（2）使氢氧化钴脱水→分解→转变为氧化钴→烧结成多孔的团块，可提高炉料的透气性；

（3）加入石油焦使氧化钴成为半还原状态；

（4）高温下氢氧化钴经分解→脱水→脱除部分硫。

反射炉可用煤、煤气、液化石油气、天然气或重油作燃料。如果采用重油作燃料，则燃烧装置采用低压喷嘴，具有能耗低、雾化质量好，过程易于调节，火焰短而软；其缺点是燃烧能力低。如果用预热空气对重油进行雾化，则雾化质量好，使重油的油温升高，炉内燃烧更完全。进料配比（质量）为二次氢氧化钴原料/石油焦 = 100∶8。炉温控制在 1000~1100℃。

B 氧化钴烧结块的还原熔炼

还原熔炼过程顺序为：进料→熔化→扒渣→造渣→扒渣→提温→浇铸成粗钴阳极板。反射炉产出的氧化钴烧结块含钴 76% 左右，经配料后在电炉内还原熔炼成粗金属钴，然后浇铸成阳极板供下一步电解精炼。阳极板的化学成分见表 6-12。

表 6-12 阳极板的化学成分

成分	Co	Ni	Cu	Fe	Pb	Zn	S	C
含量/%	>95	<0.45	<0.65	<1	<0.0003	<0.002	<0.6	<0.05

电炉进料前先进行配料，配料比（质量）为氧化钴烧结块/石油焦/石灰石 = 100∶(8~9)∶(5~7)，单独处理残极时要求残极/石油焦/石灰石 = 100∶(4~5)∶(2~4)。由于电炉炉膛小，需分成三批进料，第一批进料后扒平，再铺少量粗钴残极，便于送电起弧。控制炉温在 1550~1650℃ 为宜。

反射炉内的主要反应为 CoO 被碳还原成金属钴。杂质的去向是二氧化锰在还原熔炼时生成氧化亚锰进入炉渣，氧化钙与硫化钴形成硫化钙也进入炉渣；铅、锌等一些挥发性的金属氧化物被还原成金属蒸气而挥发去除，还原熔炼也达到脱硫的目的：

$$CoS + CaO + C \Longrightarrow Co + CaS + Co$$

脱锰采用吹风氧化法，每次吹 5~10min，吹一次，扒一次渣，直到锰含量降到 0.5% 左右为止。除杂结束后，加入少量石油焦，同时下降电极提高温度，使氧化除杂过程中生成的 CoO 还原，控制钴阳极板含碳量小于 0.2%。

由于铅、锌沸点低，在电炉熔炼的高温和插木操作时，产生大量碳氢化合物、氢气、二氧化碳、水蒸气等，使熔体沸腾，促使铅、锌蒸气从熔体中逸出，铅、锌蒸发结束后应把渣扒净。

钴电解阳极泥和烟灰单独焙烧，产出的烧结块与电炉的一次炉渣，再配入萤石，单独进行还原熔炼，产出物称为二次粗钴阳极板。二次阳极板含杂质较高，一般用于钴电解的酸性造液，以补充钴离子。

还原熔炼设备一般采用三相圆形电弧炉，根据生产能力大小选择炉子功率。电炉主要由炉体、倾动装置、电极升降装置、炉盖旋转装置、安全装置及控制系统等组成。

电炉还原熔炼操作应注意：

（1）入炉物料含水率小于1%，严禁物料中夹杂有易爆物品。

（2）铸模、浇铸包等接触熔体的工具使用前必须预热。铸模预热至80~100℃，并在内侧刷一层石灰水；浇铸包用焦炭烘干，温度高于300℃。

（3）为了增大熔炼炉渣的流动性，降低渣含钴，可适量加入助熔剂萤石（CaF_2）。萤石中的氟可与原料中的硫化合，生成挥发性的氟化硫（SF_2），有助于脱硫。

（4）如果发生故障，断电时间较长时，则要倾出炉料，待正常送电后重新装料。

为了保证阳极板的物理规格，需采用立模浇铸，粗钴阳极板冷却后钻孔送往电解工序。例如，某厂粗钴阳极板的尺寸规格为530mm×230mm×40mm。

6.5.2.3 钴电解精炼过程的电极反应

钴阳极板含钴约96%，其中杂质镍、铜、铁与钴形成固溶体，碳、硫等杂质以Co_3C和CoS形式存在。少量的硫则与锰、镍、铜形成硫化物。钴的电解精炼与镍一样采用隔膜电解，经过净化的阴极液流入隔膜内，使隔膜内的液面始终高于阳极液的液面，并维持一定的液位差。这样阳极液不能进入隔膜内，从而保证了阴极液的化学成分，达到产出合格阴极钴的要求。

钴电解精炼时，各成分发生的电离反应与电沉积一样：

$$CoCl_2 == Co^{2+} + 2Cl^-$$
$$HCl == H^+ + Cl^-$$
$$H_2O == H^+ + OH^-$$

正负离子在电场作用下，分别向两极移动，发生相应的电极反应。

A 阳极过程

因为溶液中的Cl^-、OH^-在金属上放电均具有较高的过电势，所以在阳极将发生钴和锰、锌、铁、镍、铅金属的溶解，即：

$$Co - 2e == Co^{2+}$$
$$Mn - 2e == Mn^{2+}$$
$$Zn - 2e == Zn^{2+}$$
$$Fe - 2e == Fe^{2+}$$
$$Ni - 2e == Ni^{2+}$$
$$Pb - 2e == Pb^{2+}$$

铜的电势虽然比钴正，但当含铜小于10%时的钴阳极中，铜与钴生成固溶体，所以当钴发生电化学溶解时，铜同时也将进入溶液，并随即被钴置换进入阳极泥中。

$$Cu - 2e == Cu^{2+}$$
$$Cu^{2+} + Co == Cu + Co^{2+}$$

钴阳极中的碳化物在阳极溶解时将发生分解，碳以颗粒极小的粉末分散悬浮于阳极液中，为获得高纯度的钴需要采用隔膜电解，阳极液应经过净化除去杂质和过滤后输入隔膜袋中。

B 阴极过程

钴电解的阴极反应，当控制阴极电势和溶液 pH 值一定时，主要为 Co^{2+} 的还原为：

$$Co^{2+} + 2e === Co$$

虽然 H^+ 比 Co^{2+} 还原的电势更正，按标准电位 H^+ 可能优先在阴极放电析出，但由于 H^+ 在钴上析出具有较高的过电势，同时控制溶液中的 H^+ 浓度，可以保证 Co^{2+} 比 H^+ 优先在阴极析出。实践表明，当控制阴极液的 pH 值在 4~4.5 之间时，即可防止氢在阴极上大量析出。

6.5.2.4 钴电解精炼过程中主要杂质的行为

杂质在钴电解过程中的行为归纳如下：

（1）镍：钴和镍的性质十分接近，但在钴的电解中，由于电解液中镍离子浓度比钴低得多，因而钴比镍优先在阴极上析出。阴极钴析出物中的含镍量由溶液中的钴镍比所决定，电解液中钴镍质量比为 30:1 时，阴极钴含镍量达到 0.3%（2号钴的质量标准）。

（2）铁：钴电解时，铁也可能在阴极析出。如铁含量过高时，其水解产物会妨碍隔膜的透过性，同时易黏附在阴极上破坏钴的正常析出。

（3）锌：锌的析出电位比钴负得多，但在钴的阴极隔膜袋内，随着钴离子的贫化，杂质锌也可能在阴极析出。锌含量高时将使钴阴极表面产生条纹或树枝状析出物，影响产品质量。

（4）铜和铅：铜和铅在阴极钴中的含量与其在阴极液中的浓度成正比。实践证明，阴极钴中铜、铅含量与钴的比值比溶液中的比值大 3~4 倍。

（5）锰：锰在阴极上不易析出，但当酸性溶液中含有氯酸根离子时，部分 Mn^{2+} 会氧化生成 MnO_4^-，并在阴极析出 MnO_2，使阴极钴受到污染。

（6）有机物：在生产实践中发现，有机物主要影响产品物理性能，因为有机物会使钴析出物变硬，或者发生爆裂。因此工厂对用有机萃取净化产出的电解液，都要用粒状木炭或活性炭吸附除去有机物或者添加氧化剂破坏有机物结构并经多次过滤除去。

6.5.2.5 钴电解精炼主要技术条件的控制

合理的选择电解精炼的技术条件，是保证获得所要求质量的阴极钴，以及提高电流效率减少电能消耗的必要措施。

A 电解液成分

在生产中，通常使用 $CoSO_4$ 或 $CoCl_2$ 溶液作为钴电解液。目前，大多数工厂使用 $CoCl_2$ 溶液作为钴电解液，原因是氯化物电解液可以采用较大的电流密度以消除钴阳极钝化现象，从而避免溶液贫化和强化电解过程，还可以用离子交换法从电解液阳极液中除去微量锌、铅，从而可提高电解钴质量和降低电能消耗。某厂钴车间钴电解采用氯化物体系，其阴极液（新液）的化学成分如表 6-13 所示。

表 6-13 钴电解阴极新液成分 （g/L）

成 分	Co^{2+}	Ni^{2+}	Cu^{2+}	Fe^{2+}	Pb^{2+}	Zn^{2+}	Mn^{2+}	Na^+
含 量	95~110	≤1.5	≤0.002	≤0.01	≤0.002	≤0.007	≤2.5	≤35

电解液中钴离子浓度大，有利于生成致密的阴极沉积物，有利于提高电流密度，防止

氢离子放电，使用氯化物电解液时钴离子浓度可以高于硫酸盐电解液。但是电解液中钴离子浓度过大，会得到暗色的海绵状阴极沉积物，因此一般电解液含钴 80~120g/L。

B 电流密度

电流密度是电解精炼过程中的最重要的技术条件之一。电流密度越大，通过的电流强度越大，电解沉积时间就越短，阴极出槽周期越短，产量越多，所以，提高电流密度是强化生产的一种有效手段。但是，提高电流密度使槽电压升高，电耗增加，还会加速电解液离子浓度的贫化，若金属离子得不到迅速补充必然造成杂质离子在阴极上的析出，造成电钴质量的下降。同时，提高电流密度还受到种种条件的限制，要根据其他生产条件，把电流密度控制在适当的范围内，工业上一般采用的电流密度为 300~500A/m²，而且电流密度必须稳定，否则阴极钴将会卷边。

C 电解液的酸度

电解液的酸度不仅影响电流效率，而且影响钴沉积的结构。电解液的酸度越大，氢就越容易在阴极上析出。电解液的酸度对电流效率的影响在电解液 pH<2 时，得到晶粒较细的钴沉积物，这时因为在低 pH 值时，氢离子放电使结晶的长大过程变得困难。当电解液 pH>2.5 时，在阴极上会生成 $Co(OH)_2$ 的沉积物。同时产出的阴极钴硬度大、弹性差且易分层。不同 pH 值所得电钴的表面活性不一，在低 pH 值下所得电钴的表面活性小，溶解性能也差。

生产中 $CoCl_2$ 溶液电解的进槽阴极液 pH 值一般控制在 4~4.5，电解制备始极片时，为获得致密钴片，控制进槽阴极液 pH 值为 1~1.5。

D 电解液的温度

提高温度能促进电解液中钴离子的扩散、减少浓差极化、加快阴极沉积物晶粒成长的速度、析出较大结晶的沉积物、提高电流效率和槽电压下降。但是温度过高，一方面需另行加热电解液，另一方面会降低氢超电压，从而有利于氢的析出，使溶液的酸度减少，从而出现碱式盐沉淀。若降低电解液温度，则带来相反的结果，并使阴极钴发黑，出现爆裂等现象。在生产中一般控制电解液的温度为 55~65℃左右，还要求电解过程温度稳定，否则会使阴极钴发生卷边或生成网状结构。

E 电解液中添加硼酸

在电解过程中为了改善技术经济指标，通常向电解液中加入一些添加剂。实践证明，加入适量的添加剂是获得结构致密、表面光滑、杂质含量少的电解产品的有效措施之一。

在生产中添加硼酸能改善电钴质量。这是因为在电解过程中，阴极总要析出一些氢气，使得靠近阴极表面的 pH 值上升，导致金属离子水解，形成碱式盐沉淀，并被吸附在阴极表面，从而影响产品质量。当电解液中加入硼酸后，由于它是一种弱酸，在溶液中存在电离平衡，当溶液 pH 值升高时，它便电离出 H^+。因此，硼酸是作为一种缓冲剂加入电解液的，加入量为 5~50g/L。

F 阴极隔膜和液面位差

在生产实践中，将始极片放在阴极隔膜袋内，利用隔膜袋把阴、阳极分开，纯净的电解液不断流到阴极隔膜袋内，并保持阴极室内液面高出 30~50mm。在这种位差下，阴极电解液通过隔膜袋的滤过速度大于在电流作用下铜、铁等杂质向阴极的移动速度，从而保证阴极室不被阳极区杂质污染。

阴极隔膜袋的材料可用帆布、微孔塑料、涤纶布、尼龙等耐酸材料制成。隔膜材料的选择应考虑保持阴、阳极区的电解液的液面位差,在保证足够的电解液加入速度下,电解液能从阴极室滤过到阳极区,并且隔膜使用寿命应长,电阻尽可能小。当采用微孔塑料时,其槽电压要比帆布高 1V 左右。

阴、阳极室液面位差过高虽然保证阳极区杂质离子不进入阴极室,但阳极导电面积减小;位差过低,阳极区杂质会进入阴极室,造成阴极钴质量变坏,因而适当选择隔膜材料和控制液面位差是钴电解精炼中重要的技术条件。

G 电解液的循环

在电解过程中,为了消除或尽量减少电解液的浓差极化现象,除维持电解液的必要温度外,还必须对电解液进行适当的搅动,通常采用电解液循环流动的办法来达到这个目的。电解液循环能够使电解槽各部位电解液成分一致,温度均匀,添加剂分散均匀。

电解液循环速度与电流密度、电解液主金属离子浓度、电解液温度及电解液的体积有关,当电解液中主金属离子浓度一定时,电流密度越高,循环速度也应越大,这是因为电流密度高则金属离子沉积速度就快,需要补充的金属离子就越多;若电流密度一定而提高金属离子浓度时,可适当降低电解液循环速度。

6.5.2.6 钴电解精炼的主要技术经济指标

钴电解精炼相应指标如下:

电流效率:96%左右;

每吨钴电能消耗:1800~2870kW·h;

钴回收率:95%~96%。

我国一些工厂钴电解精炼技术条件及指标实例见表 6-14。

表 6-14 钴电解精炼技术条件及指标实例

项 目		I 厂	II 厂	III 厂
阴极液成分/g·L^{-1}	Co^{2+}	100	100	95~110
	Ni^{2+}	<0.03	0.03	≤1.5
	H$_3$BO$_3$	≥5	15	6~8
阴极含钴/%		99.98	99.98	99.65
阴极电流密度/A·m^{-2}		330~500	380~420	300~400
电解液温度/℃		55~65	58~62	55~65
阴阳极液面位差/mm		30~50	30~50	30~50
阴极隔膜袋内液 pH 值		4~4.5	4.2	3.9~4.2
同极中心距/mm		185	150	168~180
槽电压/V		3~3.5	2~2.25	1.6~2.2
电流效率/%		96.59	94	95
残极率/%		9.53	20	12

二次氢氧化钴经反射炉焙烧和电炉还原熔炼,浇铸成阳极板。在氯化物介质中,通过

可溶阳极电解精炼产出电解钴。钴电解阳极液净化采用硫化钠除铜和通入氯气氧化中和除铁工艺。

　　某厂钴车间采用粗钴阳极板隔膜电解的方法生产电钴。经过净化的纯净的阴极液流入隔膜内，使隔膜内的液面始终高于阳极液的液面，保持一定的液面差。这样阳极液不能进入隔膜内，从而保证了隔膜内阴极液的化学成分，达到产出合格阴极钴的要求。

习　题

6-1　请列举出钴的主要化合物及其主要性质。

6-2　概述钴火法冶炼的目的与主要流程。

6-3　描述湿法冶金新工艺在钴冶金中的应用情况。

6-4　试述溶剂萃取法分离钴镍与化学沉淀法相比有哪些特点？

6-5　阐述含钴溶液杂质对钴电沉积过程的影响。

6-6　简述粗钴阳极板的制备过程及注意要点。

6-7　总结钴电解精炼主要技术条件的控制。

参 考 文 献

[1] 何焕华，等. 中国镍钴冶金 [M]. 北京：冶金工业出版社，2009.

[2] 彭容秋. 重金属冶金学 [M]. 长沙：中南大学出版社，1991.

[3] 黄其兴. 镍冶金学 [M]. 北京：中国科学技术出版社，1990.

[4] 赵天从. 重金属冶金学（上）[M]. 北京：冶金工业出版社，1981.

[5] 彭容秋. 镍冶金 [M]. 长沙：中南大学出版社，2005.

[6] 申泮文. 无机化学丛书（第九卷）：锰分族、铁系、铂系 [M]. 北京：科学出版社，1996.

[7] 陈家镛. 湿法冶金手册 [M]. 北京：冶金工业出版社，2008.

[8] 叶龙刚，李云，唐朝波，等. 铜钴伴生硫化矿火法冶炼过程钴的分配计算 [J]. 有色金属（冶炼部分），2014（2）：5~8.

[9] Zhai Xiujing, Li Naijun, Zhang Xu, et al. Recovery of cobalt from converter slag of Chambishi Copper Smelter using reduction smelting process [J]. Transactions of Nonferrous Metals Society of China, 2011, 21（9）：2117~2121.

[10] 陈廷扬. 阜康冶炼厂镍钴提取工艺及生产实践 [J]. 有色冶炼，1999（4）：1~8.

[11] 孟宪宣. 金川公司钴冶炼生产技术进展 [J]. 有色冶炼，1997（4）：1~6.

[12] 黄晓兵. 中国钴资源安全评估 [D]. 北京：中国地质大学，2018.

[13] 李成伟，王家义. 全球钴资源供应现状简析 [J]. 中国资源综合利用，2018，136（7）：102~103.

[14] 刘全文，沙景华，闫晶晶，等. 中国钴资源供应风险评价与治理研究 [J]. 中国矿业，2018，27（1）：51~56.

7 锡 冶 金

7.1 概 述

锡是大名鼎鼎的"五金"（即金、银、铜、铁和锡）之一。据考证，我国周朝时，使用锡器就很普遍；在埃及的第十八王朝（公元前 1580~公元前 1350）古墓中发现一个锡环和朝圣瓶。我国大约在公元前 700 年在云南地区开采锡矿。

铜与锡的合金就是青铜（含锡约 5%）。与纯铜相比，青铜具有熔点低、质地坚硬且易于加工，是工具和武器的理想材料。青铜一出现，便很快得到了广泛的应用，并在人类文明史上写下了极为辉煌的一页，这便是"青铜器时代"。大约公元前 3000 年，青铜器在埃及、美索不达米亚和印度河流域就出现了。

我国在距今 5000~4000 年（相当于尧舜禹传说时代）的古文献上，就记载了冶铸青铜器；在龙山时代的遗址中考古发现了青铜器制品。我国的青铜器流行于 4000 年前直到秦汉时代，其使用规模、铸造工艺、造型艺术和品种，是世界上其他国家和地区不可比拟的，在世界科学和艺术史上占有独特地位。

7.1.1 锡的资源

锡在地壳中的含量约为 $6×10^{-6}$，截止到 2017 年，锡矿资源总量为 470 万吨。

7.1.1.1 世界锡资源

世界锡矿的分布相对集中，主要在东南亚、南美中部、澳大利亚的塔斯马尼亚地区和前苏联远东地区，其次是欧洲西部和非洲中南部地区。

锡矿资源丰富的国家主要有中国、印度尼西亚、秘鲁、巴西、马来西亚、玻利维亚、俄罗斯、泰国和澳大利亚等。具体见表 7-1。

表 7-1 全球锡矿资源分布与储量

国家/地区	储量/万吨
中国	143
印度尼西亚	76
巴西	68
玻利维亚	38
俄罗斯	33
秘鲁	29
马来西亚	24
澳大利亚	23
泰国	16
全球储量	470

7.1.1.2 我国锡资源

我国的锡资源主要集中在云南南部、广西西北部和东北部,其次是湖南、江西、四川、广东和内蒙古等省区。云南个旧市,是世界闻名的"锡都"。表7-2是我国锡资源的分布。

表7-2 我国锡资源的分布

地 区	储量/万吨
云南	37
广西	28
湖南	27
内蒙古	23
广东	17
江西	7
其他	3
合计	143

7.1.1.3 锡矿物

目前已发现的含锡矿物有20种,其中有工业开采价值的最主要是锡石 SnO_2,其次是黝锡矿 $Cu_2S \cdot FeS \cdot SnS_2$,其他锡矿物在工业上的意义不大。

锡矿床分为脉锡和砂锡两大类。脉锡矿床是原生矿床,最常见的脉锡矿床发展区是在活性花岗岩浸入圈的内外层附近。我国锡资源中占主要地位的锡石、硫化物矿床和锡石氧化物矿床便属此类。砂锡矿床属次生矿床,它多出现于脉锡矿床附近的沉积层。目前,世界上约70%的锡产量是由砂锡矿炼得。我国的锡矿约70%是脉锡矿。

锡矿除含锡外,还伴生有其他的金属矿物和大量脉石,故其品位都很低。我国脉锡矿床的最低品位为0.15%~0.2% Sn,砂锡矿床为0.01%~0.1% Sn。多金属锡矿的开采,其含锡品位可以更低。

锡矿石经选矿后可得锡精矿,其品位为30%~60% Sn 不等。根据所含杂质种类和数量不同,冶炼流程也各异。我国成功地用烟化炉挥发富集处理品位为5%~10% Sn 的富中矿和用氯化挥发法处理品位为1%~2% Sn 的难选中矿,充分地利用锡资源,提高了选冶综合回收率。

7.1.2 锡的用途

锡及其化合物都无毒,金属锡又具有良好的抗蚀性,故大部分的锡用于镀锡(马口铁)和压展成锡箔,用于食品和电气工业上,也用作某些机械零件的镀层。

锡易加工成管、箔、丝、条等,也可制成细粉,用于粉末冶金。易熔合金大都含有锡。锡能与几乎所有的金属形成合金,常见的如焊锡、青铜、黄铜、巴比特耐磨合金、印刷合金、易熔保险元件合金和铅锡轴承合金等。焊锡用锡约占锡产量的30%~32%。

在近代科技部门,如电子工业、原子能工业、超导材料以及宇宙飞船等制造部门都需要高纯锡及其特种合金。如锡锆合金用作原子能工业的包装材料;锡钛合金用于喷气飞机、火箭、原子能、造船、化学、医疗器械等部门；锡铌金属间化合物（Nb_3Sn）可作超导材料；锡银汞合金用作牙科材料等。

氧化锡是优质的白色颜料，是珐琅的原料；氧化亚锡用于制造宝石玻璃；氯化亚锡在丝染织工业中用作还原剂。

7.1.3　锡的性质

7.1.3.1　物理性质

锡为银白色金属，但锡锭因表面形成氧化物薄膜而呈珍珠色。锡的熔点较低，但沸点较高，展性好而延性差。锡条弯曲时由于晶体间摩擦发出声响，称为锡鸣。过冷至-30℃时因体积增大而碎成粉末，称为锡疫。在略低于熔点温度（约9℃）时，锡变得很脆，容易研磨成粉。锡的物理性质如表7-3所示。

表 7-3　锡的主要物理性质

物 理 性 质	参　　数
熔点/℃	231.89
沸点/℃	2260
密度/$g \cdot cm^{-3}$	7.28
比热/$J \cdot (g \cdot K)^{-1}$	0.227
导热率（300K）/$W \cdot (m \cdot K)^{-1}$	66.6（α-锡）
电阻率（293K）/$\Omega \cdot m$	11.0×10^{-8}
电阻温度系数（0~100℃）	0.0047
电导率/cm^{-1}	0.0917×10^6
汽化热/$kJ \cdot mol^{-1}$	296.2
熔化热/$kJ \cdot mol^{-1}$	7.2
蒸发热/$kJ \cdot mol^{-1}$	295.8
声音在其中的传播速率/$m \cdot s^{-1}$	2730
导热系数/$W \cdot (cm \cdot K)^{-1}$	0.666
热膨胀系数/K^{-1}	2.0×10^{-6}
莫氏硬度	6~7

锡有三种同素异形体，表7-4列出其转变温度。

表 7-4　锡的同素异形体的转变温度及特征

项目	同素异形体			
转变温度	灰锡 $\underset{(\alpha\text{-Sn})}{\overset{18℃}{\rightleftharpoons}}$ 白锡 $\underset{(\beta\text{-Sn})}{\overset{161℃}{\rightleftharpoons}}$ 脆锡 $\underset{(\gamma\text{-Sn})}{\overset{232℃}{\rightleftharpoons}}$ 液态锡			
晶格结构	等轴晶系	正方晶系	斜方晶系	
密度/$g \cdot cm^{-3}$	5.85	7.30	6.5	6.99
外形特征	银白色金属，有延展性，斜方锡有脆性			
光谱提示	Sn(Ⅳ)，Sn(Ⅱ)			

7.1.3.2　化学性质

锡在常温下与水、水蒸气和二氧化碳无作用。但在高温下（高于610℃）锡能分解水蒸气，也能被二氧化碳氧化成 SnO_2。锡与卤族元素，特别与氟和氯能生成相应的卤化物。加热时，锡与硫化氢及二氧化硫能生成硫化物。

常温下，锡在空气中能在表面形成致密的氧化物薄膜而阻止锡继续氧化，所以可用镀锡保护钢铁。温度高于150℃锡开始缓慢氧化生成 SnO 和 SnO_2。温度升高锡能溶解微量的氧。在赤热的高温下，锡能迅速氧化挥发。

锡的标准电极电位为−0.136V，但因氢在锡金属上的超电压相当大，因此，锡在稀的无机酸水溶液中反应缓慢。许多有机酸实际上与锡无作用。在浓热硫酸中，锡可按下式溶解：

$$Sn + 4H_2SO_4 \longrightarrow Sn(SO_4)_2 + 2SO_2 + 4H_2O$$

锡与热浓盐酸作用生成 $SnCl_2$ 和氯锡酸（H_2SnCl_4 和 $HSnCl_3$），通入氯气时则锡全部变成 $SnCl_4$。浓硝酸不溶解锡，45%以下浓度的硝酸可将锡溶解。

碱对锡溶解速度缓慢，溶解时生成亚锡酸钠（$NaHSnO_2$），有氧化剂存在时则生成偏锡酸钠（Na_2SnO_3）或正锡酸钠（Na_4SnO_4）和过锡酸钠 $Na_2[Sn(OH)_6]$，这些盐类都能溶于水中，是碱法处理马口铁废料回收锡的理论依据。表7-5是锡的化学性质。

表7-5　锡的化学性质

化　学　性　质	参　　　数
元素符号	Sn（拉丁文 Stannum）Tin（英文）
原子序数	50
相对原子质量	118.71
原子体积/$cm^3 \cdot mol^{-1}$	16.3
原子半径/nm	0.172
共价半径/nm	0.141
离子半径/nm	Sn^{2+} 0.102，Sn^{4+} 0.074
氧化态	Sn^{2+}，Sn^{4+}
电子层排布	2-8-18-18-4
电子排布式	$1s^2 2s^2 2p^6 3s^2 3p^6 3d^{10} 4s^2 4p^6 4d^{10} 5s^2 5p^2$
外围电子层排布	$5s^2 5p^2$
电离能/$kJ \cdot mol^{-1}$	$M \longrightarrow M^+$ 708.6，$M^+ \longrightarrow M^{2+}$ 1411.8；$M^{2+} \longrightarrow M^{3+}$ 2943，$M^{3+} \longrightarrow M^{4+}$ 3930.2
电负性	1.96
电子亲和能/$kJ \cdot mol^{-1}$	107.30
化学键能/$kJ \cdot mol^{-1}$	Sn^{2+} 557，Sn^{4+} 322
晶胞参数	$a=b=0.58318nm$，$c=0.318.19nm$，$\alpha=90°$，$\beta=90°$，$\gamma=90°$
锡的同位素（14种）	Sn^{112}、Sn^{114}、Sn^{115}、Sn^{116}、Sn^{117}、Sn^{118}，其中 Sn^{119}、Sn^{120}、Sn^{122}、Sn^{124} 稳定
标准电极电位/V	−0.136

7.1.3.3　锡的主要化合物

A　锡的氧化物

锡的主要氧化物是 SnO_2 和 SnO。天然氧化锡 SnO_2 称锡石，它是炼锡的主要矿物。锡石的比重为 6.8~7.1，莫氏硬度 6~7，熔点约 2000℃。SnO_2 在熔炼时挥发性很低，分解压力也很小，是高温稳定的化合物。SnO_2 呈酸性，高温下能与碱性氧化物生成 Na_2SnO_3、K_2SnO_3、$CaSnO_3$ 等锡酸盐，这些盐类比纯的 SnO_2 难还原。SnO_2 不溶于酸或碱的水溶液中。

氧化亚锡 SnO 在自然界中未曾发现，但它是冶炼时常见的化合物。SnO 比重为 6.446，熔点 1040℃，沸点 1425℃，在熔炼高温下有显著挥发，它的蒸气存在多分子聚合物 $(SnO)_x$，$x = 1~4$。SnO 只在小于 400℃ 和大于 1040℃ 时稳定，在 400~1040℃ 的温度区间发生歧化反应：

$$2SnO \longrightarrow Sn + SnO_2$$

高温时，SnO 呈碱性，能与酸性氧化物如 SiO_2 等造渣，此时比游离的 SnO 难以还原。氧化亚锡不同于二氧化锡，它容易溶于许多酸、碱和盐类的水溶液中。

B　锡的硫化物

锡的硫化物有硫化亚锡 SnS、二硫化锡 SnS_2 和三硫化二锡 Sn_2S_3。SnS_2 和 Sn_2S_3 分别在 520℃ 和 640℃ 以下稳定，SnS 是高温稳定的化合物，也是锡冶金中最重要的硫化物。

硫化亚锡的熔点为 880℃，沸点 1230℃，有 SnS 和 Sn_2S_2 两种聚合物。硫化亚锡的挥发性很大，这是从炉渣和其他贫锡物料中挥发锡的冶金理论基础。

硫化亚锡不易分解，785℃ 与 FeS 生成共晶（80% SnS），820℃ 与 PbS 也生成共晶（9% SnS）。在空气中加热 SnS 便氧化成 SnO_2：

$$SnS + 2O_2 \longrightarrow SnO_2 + SO_2$$

氯气和浓盐酸都能与 SnS 作用：

$$SnS + 4Cl_2 \longrightarrow SnCl_4 + SCl_4$$

$$SnS + 2HCl \longrightarrow SnCl_2 + H_2S$$

并能溶于碱金属的硫化物中形成易溶于水的硫代锡酸盐。硫代锡酸盐能从溶液中结晶出来，还可在电解时析出锡。此一性质被用在锡的电解精炼和炼锡新方法的探索上。二硫化锡 SnS_2 常称为金箔，它仅在低温（小于 520℃）下稳定，加热即分解。它易溶于碱性硫化物特别是 Na_2S 中，生成硫代锡酸盐：

$$Na_2S + SnS_2 \longrightarrow Na_2SnS_3$$

$$Na_2S + Na_2SnS_3 \longrightarrow Na_4SnS_4$$

Sn_2S_3 也只在低温下稳定，高于 640℃ 即分解成 SnS 和 S_2。

C　锡的氯化物

锡与氯生成四氯化锡 $SnCl_4$ 和氯化亚锡 $SnCl_2$ 两种化合物。$SnCl_4$ 的比重为 2.23，熔点 −33℃，沸点 114℃，常温为无色液体，容易挥发。

四氯化锡易溶于水，也易被其他更负电性的金属所置换。从溶液中可结晶出含不同结晶水的无色透明结晶：$SnCl_4 \cdot 3H_2O$（64~83℃ 稳定）、$SnCl_4 \cdot 4H_2O$（56~63℃ 稳定）、

$SnCl_4 \cdot 5H_2O$（19~56℃稳定）和 $SnCl_4 \cdot 8H_2O$（小于19℃稳定）。$SnCl_2$ 的密度为 $3.95g/cm^3$，熔点 246.8℃，沸点 652℃。

$SnCl_2 \cdot 2H_2O$ 为白色针状结晶，在空气中会逐渐氧化或风化而失去水分，在高于 100℃加热可得无水二氯化锡。无水二氯化锡呈半透明白色，在有氧时加热则生成 SnO_2 和 $SnCl_4$，有水蒸气时则全部变成 SnO_2。

$SnCl_2$ 易溶于水，有少量盐酸存在会降低其溶解度，但是如果盐酸浓度高时，由于生成 $H_2(SnCl_4)$ 和 $H(SnCl_3)$，其溶解度又增加。在水溶液中，锡易被更负电性的金属如 Al、Zn 和 Fe 等置换产出海绵锡。如果水溶液暴露在空气中，会氧化产生 $SnOCl_2$ 沉淀；隔绝氧而用水稀释则产生 $Sn(OH)Cl$ 沉淀。

D　硫代锡酸盐

锡的硫代酸盐类是牢固稳定的，天然矿物黄锡矿（Cu_2FeSnS_4）即是。在冶金中有意义的是碱金属和碱土金属的硫代锡酸盐，因它们能很好地溶于水和从溶液中结晶析出，电解时可从硫代锡酸盐溶液中析出锡。硫代锡酸盐实际上是 $nNa_2S \cdot mSnS_2$ 形式的二重盐，即 $Na_2S \cdot SnS_2$ 和 $2Na_2S \cdot SnS_2$，但其他形式的二重盐并未获得。$Na_2SnS_3 \cdot 8H_2O$ 和 $Na_4SnS_4 \cdot 15H_2O$ 为无色单斜晶系结晶，在空气中风化和水解为 Na_2S、Na_2SO_4、$Na_2S_2O_3$ 和 $SnO_2 \cdot nH_2O$。

在中性气氛或真空中干燥可得 Na_2SnS_3（蛋黄色）和 Na_4SnS_4（浅黄色）的无水盐类。在 475~500℃温度下的中性气氛中加热，Na_2SnS_3 分解为 Na_2S、SnS_2 和 Na_4SnS_4，而 Na_4SnS_4 在 700℃温度下熔化并不分解。

重金属的硫代锡酸盐不溶于水，在 Na_2SnS_3 或 Na_4SnS_4 溶液中加入重金属可溶盐类（如 $CuSO_4$、$ZnSO_4$）时，则生成重金属的硫代锡酸盐沉淀。

7.1.4　锡的生产

现代炼锡法普遍采用火法流程，它包括炼前处理、还原熔炼、炉渣熔炼和粗锡精炼四个过程。

（1）炼前处理。炼前处理的目的是除去对冶炼有害的杂质如 S、As、Sb、Pb、Bi、Fe、W、Ta 和 Nb 等，同时综合回收各种有价金属。炼前处理包括精选、焙烧，浸出等作业。个别锡精矿也可经过炼前处理。

（2）还原熔炼。还原熔炼也称一次熔炼，其目的是使锡的氧化物还原成比较纯净的粗锡，并使铁的氧化物还原为 FeO 与脉石成分造渣。还原熔炼的还原气氛不宜太高，熔炼温度也要适当。可是，在此情况下虽可避免金属铁的生成，但是锡的氧化物还原不彻底而只能获得必须进一步处理的高锡富渣。

（3）炉渣熔炼。富渣的处理称为炉渣熔炼，也称二次熔炼，它是加入氧化钙和在强还原条件下的再熔炼，产出弃渣和硬头（铁锡合金）。硬头返回一次熔炼中处理以回收其中的锡。此即长期沿用的两段熔炼法。

（4）粗锡精炼。粗锡精炼分火法精炼和电解精炼，其目的是除去粗锡中的 Fe、Cu、As、Sb、Bi、Pb、Ag 等杂质，同时回收有价金属。

7.2 熔炼前的锡矿处理

熔炼前锡矿处理的目的是除去对冶炼和产品质量有害的杂质、综合回收各种有价金属和在某些情况下提高锡精矿的品位。根据锡矿性质和要求的不同，炼前处理通常采用精选、焙烧和浸出三种方法，浸出法已基本上不被工业所采用。

7.2.1 锡精矿的精选处理

锡精矿精选是成本低廉的作业。当冶炼厂需要处理小而分散矿山来的低品位矿时，经常设有精选车间。精选可以选择一种或几种方法，如重选、浮选、磁选或静电选矿等。处理方法的选择应该根据被处理对象的性质而定，即根据精矿中矿物组成的特性来拟定。

处理锡石为主的含铁高的石英粗精矿（含锡约10%）时，可采用磁选-重选联合精选流程；对含黑钨矿较高（WO_3 15%~20%）的锡石精矿，可用磁选分离钨，再用磁浮和浮选产出合格的锡精矿；而对含白钨的锡精矿，则用静电选矿或浮选分离的方法处理；锡石-钽铌钨粗精矿的精选可采用重-磁-浮选的精选流程；锡硫化物精矿中，如果其中的硫化物是黄铁矿和砷黄铁矿，可选用浮选和磁浮的选矿流程；含方铅矿、辉铋矿的锡石精矿，也可以采用此法处理。

7.2.2 锡精矿的焙烧

7.2.2.1 锡精矿的焙烧方法

锡精矿的焙烧方法包括氧化焙烧、氯化焙烧和氧化还原焙烧等。通常根据锡精矿的品位来选择焙烧方法。

（1）氧化焙烧。氧化焙烧是在氧化气氛下，矿料中的硫化物在高温下与氧反应，使精矿中的硫、砷和锑等转化为挥发性的氧化物，从精矿中除去。氧化焙烧通常用于高品位锡精矿的脱硫，也用于将精矿中的有害杂质硫化物转化为可溶性的氧化物。

（2）氯化焙烧。氯化焙烧是指在矿料中加入氯化剂（如氯化钙），使矿料中的某些物质形成可溶性或挥发性的氯化物，达到能与锡相互分离的目的。氯化焙烧法作业成本高，一般用于处理含锡低、与高价值金属共存的矿料，如高铅铋精矿。

（3）氧化还原焙烧。氧化还原焙烧是针对矿料中的某一物质的化合价而言，例如：$FeAs_2$、As、As_2O_3 和 As_2O_5 等中的砷元素，按其化合价由低到高的顺序有-1、0、+3和+5等化合价，因焙烧的目的是要获得挥发性强的 As_2O_3 中间化合价产物，必须控制入炉空气中的氧量，否则含氧过高，会使挥发性强的 As_2O_3 变为不易挥发的 As_2O_5。

为了更多地将砷脱除，可在料中加入一些煤作还原剂或控制煤烧产生一些 CO 还原剂，使 As_2O_5 不生成或生成后双被还原为 As_2O_3 而挥发。这种既有氧化又有还原的焙烧方法，称作氧化还原焙烧方法，常用于处理高砷锑精矿。

7.2.2.2 焙烧设备

按采用的焙烧主体设备分类有回转窑焙烧、多膛炉焙烧和流态化焙烧等。按物料的运动形态又划分为固定床焙烧与流态化焙烧等。

A 固定床焙烧

固定床焙烧是指炉窑内相对静置的物料与流动的炉内气体通过相互碰撞、能量交换和物理化学反应等途径，进行焙烧脱杂质的工艺过程。多膛炉焙烧属于典型的固定床焙烧，回转窑内的物料随窑体转动而在窑壁处翻动，仍属于固定床焙烧。

B　流态化焙烧

流态化焙烧是指物料分散悬浮在向上的气体中进行的焙烧过程或作业方法，如悬浮在流态化炉内物料的焙烧过程属于典型的流态化焙烧。

7.2.2.3　流态化焙烧生产工艺

A　流态化料焙烧炉的结构

某冶炼厂锡精矿流态化焙烧设备连接如图 7-1 所示。

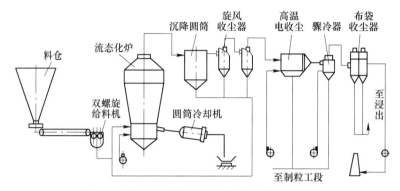

图 7-1　某冶炼厂锡精矿流态化焙烧设备连接图

目前国内用于锡精矿焙烧的流态化炉结构如图 7-2 所示，自下而上，由风包、炉底、炉体和炉顶等四部分组成，炉的外壳由钢板焊接而成。

炉体炉顶、内衬耐火砖、耐火砖与钢壳之间填有保温材料，炉墙厚 460mm。炉顶钢制的盖与炉体钢壳用螺栓连接，大修时便于取开顶盖。

炉体内由下向上由流态化床与溢流口和进料口组成的小柱筒体段、下小上大的台形扩散沉尘段和含有烟气侧面出口的大柱筒体段，炉底风帽到炉顶部烟气出口的高度约在 8m 以上，流化床高度为 0.5~0.85m，以溢流底边为准。

炉底正下方的锥体或台体形状为风包，空气由罗茨鼓风机鼓入风包后，经过风帽阻力板，从风眼时入炉内。

流态化炉内氧化或还原气氛的控制一般可通过提高入炉风量、减少配入矿料中的煤量，便可提高出炉烟气中的 O_2、CO_2 或 SO_2 含量，以增强氧化气氛；相反则增强还原气氛。精矿

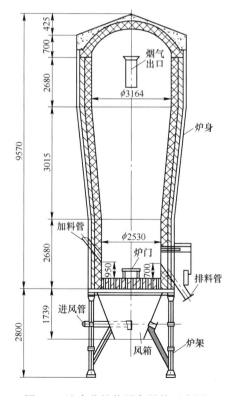

图 7-2　流态化焙烧设备结构示意图

含硫高需用氧化气氛；含砷高则用弱氧化气氛。根据炉内各部分温度的变化观测或调节进行判断或控制，一般情况下，炉顶抽风负压的绝对值小，炉温出现炉子底部的流化态床、炉中部和炉顶部的烟气温度顺序逐一升高的情况时，表明炉内气氛的控制偏向还原，反之偏向氧化。

B 流态化焙烧作业主要控制的技术条件

（1）焙烧温度。流态炉焙烧温度的控制受原料软化点的影响很大，因精矿物料颗粒受热升温到某一温度时，会软化变形，相互粘接，容易造成炉料结块和死炉。所以焙烧温度应控制低于入炉物料的软化点。锡精矿的软化点与矿中含铅量有关，焙烧操作温度应控制比软化温度低 $20 \sim 30 ℃$，一般控制温度为 $850 \sim 950 ℃$。

（2）炉内气氛在一定温度下，增大风量，炉内氧化气氛增强，有利于硫的氧化脱除；而脱砷需要弱氧化气氛，以避免难挥发的 As_2O_5 产生。

7.3 锡精矿的还原熔炼

还原熔炼的目的是尽量使原料中锡的氧化物（SnO_2）和铅的氧化物（PbO）还原成金属加以回收。在此过程中，还原熔炼使精矿中铁的高价氧化物三氧化二铁（Fe_2O_3）还原成低价氧化亚铁（FeO），与精矿中的脉石成分（如 Al_2O_3，CaO，MgO，SiO_2 等）、固体燃料中的灰分和配入的熔剂生成以氧化亚铁、二氧化硅（SiO_2）为主体的炉渣。

还原熔炼是在高温下进行的，为了使锡与渣较好地分离，提高锡的直收率，还原熔炼时产出的炉渣应具有黏度小、密度小、流动性好和熔点适当等特点。因此，应根据精矿的脉石成分、使用燃烧和还原剂的质量优劣等，配入适量的熔剂，搞好配料工作，选好渣型。不然，若炉渣熔点过高，黏度的酸度过大，就会影响锡的还原和渣锡分离，并使过程难于进行。工业上通常使用的熔剂有石英或石灰石（或石灰）。

为了使氧化锡还原成金属锡，必须在精矿中配入一定量的还原剂，工业上通常使用的炭质还原剂有无烟煤、烟煤、褐煤和木炭。要求还原剂含固定碳较高为好。

还原熔炼产出甲粗锡、乙粗锡、硬头和炉渣。甲粗锡和乙粗锡除主要含锡外，还有铁、砷、铅、锑等杂质，必须进行精炼方能产出不同等级的精锡。硬头含锡品位较甲粗锡、乙粗锡低，含砷、铁较高，必须经煅烧等处理，回收其中的锡；炉渣含锡 $7\% \sim 8\%$，称为富渣，现在一般采用烟化法处理回收渣中的锡。

还原熔炼的设备有澳斯麦特炉、反射炉、电炉、鼓风炉和转炉。从世界范围来说，反射炉是主要的炼锡设备，其次是电炉，而鼓风炉和转炉只有个别工厂使用。若采用反射炉或电炉进行还原熔炼，固态的精矿或焙砂与固态还原煤经混合后加入炉内，受热进行还原反应时，是在两固相的接触处发生，这种接触面有限，而固相之间的扩散几乎不能进行，所以金属氧化物与固相还原煤之间的化学反应不是主要的。

在强化熔池熔炼的澳斯麦特炉中，是固态还原煤与液态炉渣间进行化学反应，固液两相之间的反应当然比固—固两相间进行的反应强烈得多，这也说明了在澳斯麦特炉内 MeO 的还原要比反射炉与电炉中进行得更快些。在澳斯麦特炉中更为重要的反应是气—液—固三相反应，即为搅拌的气相、翻腾的液相和还原煤固相之间的反应。在高温翻腾的熔池中，煤中的固定碳与气相中的氧充分接触，发生煤的燃烧反应，产生气体 CO_2 与 CO，CO 即为液态炉渣中 MeO 的还原剂，这样气—液两相的还原反应速度要比固—液两相间的反应快得多。所以在澳斯麦特炉中 CO 气体还原剂仍然起主要作用。在电炉与反射炉内进行的还原熔炼，碳燃烧产生的 CO 更是 MeO 还原的主要还原剂。

本章讨论的基本原理主要内容包括碳的燃烧反应、金属氧化物的还原与炼锡炉渣的选择。

7.3.1　还原熔炼的基本原理

7.3.1.1　碳的燃烧反应

在锡精矿的还原熔炼过程中，大都采用固体碳质还原剂，如煤、焦炭等。在熔炼高温下，当这种还原剂与空气中的氧接触时，就会发生碳的燃烧反应，根据反应过程，其反应可分为：

碳的完全燃烧反应：

$$C + O_2 =\!=\!= CO_2 \qquad \Delta_r H_m^\ominus = -393129 \text{J/mol} \qquad (7\text{-}1)$$

碳的不完全燃烧反应：

$$2C + O_2 =\!=\!= 2CO \qquad \Delta_r H_m^\ominus = -220860 \text{J/mol} \qquad (7\text{-}2)$$

碳的气化反应，亦称布多尔反应：

$$C + CO_2 =\!=\!= 2CO \qquad \Delta_r H_m^\ominus = 172269 \text{J/mol} \qquad (7\text{-}3)$$

煤气燃烧反应：

$$2CO + O_2 =\!=\!= 2CO_2 \qquad \Delta_r H_m^\ominus = -565400 \text{J/mol} \qquad (7\text{-}4)$$

这四个反应除反应（7-3）外，其余三个反应均为放热反应，但是其热值的大小是不一样的。如是按反应（7-1）进行碳的完全燃烧反应，1mol 的碳可以放出 393129J 的热；如果按反应（7-2）进行，即 1mol 的碳不完全燃烧时放出热量只有 110430J 的热，不到反应（7-1）放热的 1/3，所以从碳的燃烧热能利用来说，应该使碳完全燃烧变为 CO_2。这样一来燃烧炉内只能维持强氧化气氛，即供给充足的氧化才能达到。但是对于还原熔炼来说，除了要求碳燃烧放出一定热量维持炉内的高温外，还必须保证有一定的还原气氛，即有一定量的 CO 来还原 SnO_2。

温度升高有利于吸热反应从左向右进行，即有利于反应（7-3）而不利于反应（7-2）向右进行。所以在高温还原熔炼的条件下，必须有足够多的碳存在，以使碳的气化反应（7-3）从左向右进行，以保证还原熔炼炉内有一定的 CO 存在，促使 SnO_2 更完全地被还原。

综上所述可知，在锡精矿高温还原熔炼的条件下，碳的燃烧反应应该是反应（7-1）与反应（7-3）同时进行，才能维持炉内的高温（1000~1200℃）和还原气氛 CO(%)。对于不同的熔炼方法，反应（7-1）与反应（7-3）可以同时在炉内进行，也可以分开进行。如反射炉喷粉煤燃烧时，反应（7-1）主要是在炉空间进行，反应（7-3）主要是在料堆内进行；电炉熔炼是以电能供热，煤的加入是在料堆内进行碳的气化反应（7-3）供应还原剂 CO。如果采用鼓风炉或澳斯麦特炉炼锡，则碳燃烧反应（7-1）与反应（7-3）必须同时在炉内风口区或熔池中进行。

7.3.1.2 金属氧化物（MeO）的还原

A　氧化锡的还原

精矿、焙砂原料中的锡主要以 SnO_2 垢形成存在，还原熔炼时发生的主要反应为：

$$SnO_2(s) + 2CO(g) \rightleftharpoons Sn(l) + 2CO_2(g) \tag{7-5}$$

$$\Delta G_T^\ominus = 5484.97 - 4.98T \quad J/mol$$

$$C(s) + CO_2(g) \rightleftharpoons 2CO(g) \tag{7-6}$$

$$\Delta G_T^\ominus = 170.707 - 174.47T \quad J/mol$$

反应（7-5）为固态 SnO_2 被气态 CO 还原产生液态金属锡 Sn(l) 和气态 $CO_2(g)$，而大部分 $CO_2(g)$ 被固定碳还原（7-6），产生气态的 CO(g) 又成为反应（7-5）的气态还原剂去还原固态的 SnO_2(s)。如此循环往复，直至这两反应中的一固相消失为止。所以，只要在炉料中加入有过量的还原剂，理论上可以保证 SnO_2 完全还原。

当两反应各自达到平衡时，其平衡气相中 CO 与 CO_2 的平衡浓度会维持一定的比值。在还原熔炼的条件下（恒压下），这个比值主要受温度变化的影响。若将平衡气相中的 CO 和 CO_2 的平衡浓度之和作为 100，则可绘出反应的 CO 含量与温度变化的关系。反应（7-5）与反应（7-6）的这种变化关系如图 7-3 所示。

图中反应（7-5）与反应（7-6）的两条平衡曲线相交于 A 点，与 A 点对应的温度约为 630℃，这意味着炉内的温度达到 630℃，若气相中 CO 的含量达到 A 点相应的水平约为 21%，两反应便同时达到平衡。即用固体碳作 SnO_2 的还原剂时，只要炉内维持 A 点的温度条件，SnO_2 就可以开始还原得到金属锡，这个温度（约 630℃）就是 SnO_2 开始还原的温度，即炉内的温度必须高于 630℃，才能使 SnO_2 被煤等固体还原剂所还原。

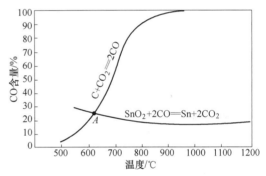

图 7-3　用 CO 还原 SnO_2 时气相组成与温度的关系

当炉内温度从 630℃ 继续升高时，反应（7-6）平衡气相中的 CO 含量（%）会进一步升高，远高于反应（7-5）平衡气相中 CO 含量(%)，即温度升高有利于反应（7-5）从左向右进行，反应（7-5）产生的 CO_2 会被炉料中的还原剂煤所还原变为 CO，以保证反应（7-5）继续向右进行。

在生产实践中，所用锡精矿和还原煤不是纯 SnO_2 和纯固定碳 C，其化学成分复杂，物理状态各异，另外受加热和排气系统等条件的限制，实际的 SnO_2 被还原温度要比630℃高许多，往往在 1000℃以上，并且要加入比理论量高 10%~20% 的还原剂，以保证炉料中的 SnO_2 能更迅速更充分地被还原。

B　锡精矿中其他金属氧化物的行为

可以根据金属氧化物对氧亲和力的大小，来判断或控制其在还原熔炼过程中的变化。图 7-4 为氧化物的吉布斯标准自由能变化与温度的关系图，从图中可以看出低于 SnO_2 线的金属氧化物是第一类对氧的亲和力比锡大的杂质，有 SnO_2、Al_2O_3、CaO、MgO 以及很少量的 WO_3、TiO_2、Nb_2O_5、Ta_2O_5、MnO 等，它们的 $\Delta G^{\ominus}$ 比 SnO_2 线的 $\Delta G^{\ominus}$ 负得多，即稳定得多，它们被 CO 还原时，要求平衡气相组成中的 CO 含量(%)高于 SnO_2 被还原时 CO 的含量，只要控制比锡还原条件还低的温度和一定的 CO 含量(%)，它们是不会被还原的，仍以 MgO 形态进入渣中。

图 7-4 中高于 SnO_2 线的金属氧化物，包括铜、铅、镍、钴等金属对氧的亲和力比锡小的杂质金属的氧化物，其 $\Delta G^{\ominus}$ 较 SnO_2 负得少些，比 SnO_2 更不稳定些，是第二类杂质，它们在锡氧化物被还原的条件下，会比 SnO_2 优先被还原进入粗锡中，给粗锡的精炼带来许多麻烦，应在炼前准备阶段中尽量将其分离。

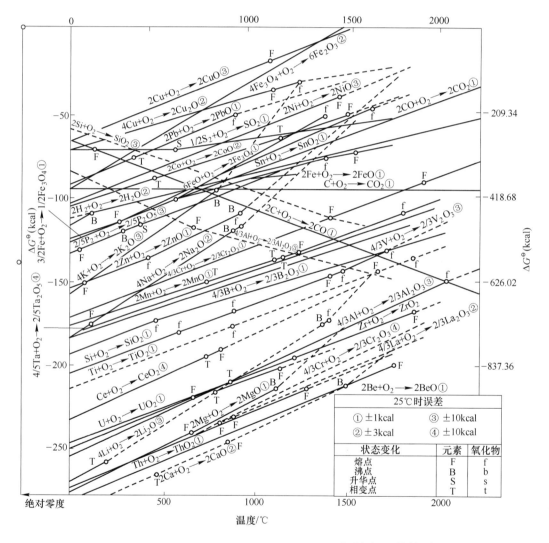

图 7-4　氧化物的吉布斯标准自由能变化 $\Delta G^{\ominus}$ 与温度 T 的关系

(1kcal = 4.1868kJ)

第三类杂质是铁的氧化物。在图 7-4 中 SnO_2 与线临近，其 $\Delta G^{\ominus}$ 值相近。生产实践表明，炉料中的铁氧化物部分被还原为金属铁溶入粗锡中，Fe_2O_3 被还原为 FeO 再与其他脉石 SiO_2 等造渣而入炉渣中。铁的氧化物还原的这种特性，给锡精矿的还原熔炼过程造成较大的困难。要使炉渣中（SnO）很充分地还原，和到含锡低的炉渣，势必要求更高的温度与更强的还原气氛，这就给渣中的（FeO）还原创造了条件，使其被更多地还原而进入粗锡中，使粗锡中的铁含量高达 1% 以上；当锡中的铁含量达到饱和程度，还会结晶析出 Sn-Fe 化合物，形成熔炼过程中的一种产品，即硬头。硬头的处理过程麻烦，并造成锡的损失。所以锡原料在还原熔炼过程中控制粗锡中的 Fe 含量，是控制还原终点的关键。在还原熔炼过程中，氧化锌的行为与氧化铁的行为类似，但由于金属锌在高温下易挥发，因此在实际生产中，锌主要分配在炉渣和烟尘中。

C 还原熔炼过程中锡与铁的分离

SnO_2 的还原反应如下：

$$SnO_2 + 2CO \Longrightarrow Sn + 2CO_2 \tag{7-7}$$
$$SnO_2 + CO \Longrightarrow SnO + CO_2 \tag{7-8}$$
$$SnO + CO \Longrightarrow Sn + CO_2 \tag{7-9}$$

反应（7-8）很容易进行，即酸性较大的 SnO_2 很容易被还原为碱性较大的 SnO。锡还原熔炼一般造硅酸盐炉渣，碱性较大的 SnO 便会与 SiO_2 等酸性渣成分结合而入渣中，渣中的（SnO）比游离 SnO 的活度小，活度愈小愈难被还原。

原料中铁的氧化物主要以 Fe_2O_3 形态存在，在高温还原气氛下按下列顺序被还原：

$$Fe_2O_3 \rightarrow Fe_3O_4 \rightarrow FeO \rightarrow Fe$$

高价铁氧化物 Fe_2O_3 的酸性较大，只有还原变为碱性较大的 FeO 之后，才能与 SiO_2 很好地化合造渣融入渣中。所以总是希望 Fe_2O_3 完全还原为 FeO 而进入渣中，而渣中的 FeO 不被还原为 Fe 进入粗锡中。

平衡气相中 CO 含量与温度的关系变化曲线见图 7-5。

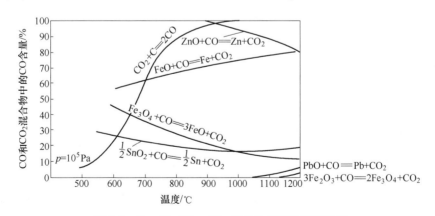

图 7-5 铁、锡（铅、锌）氧化物还原的平衡曲线

图 7-5 表明，在一定温度下，通过控制炉气中 CO 含量，可实现 SnO_2 还原为 Sn，Fe_2O_3 只还原为 FeO。即在还原熔炼过程中，锡铁氧化物的还原反应会独自完成、互不相熔、且不与精矿中的其他组分发生反应时（即其活度为 1）。

在生产实践中，往往是 SnO 和 FeO 均熔入渣中，使其活度变小，这势必造成炉气中的 CO 含量提高，导致图 7-5 中的还原平衡曲线向上移动。当（SnO）和（FeO）还原得到金属 Sn 和 Fe 时，二者又互溶形成合金（合金中的［Sn］与［Fe］的活度小于 1）。结果活度愈小，渣中的（SnO）和（FeO）愈容易被还原，于是图 7-5 中的还原平衡曲线将向下移动。

当合金相与渣相平衡时，锡和铁在两相间的分配可由下式决定：

$$(SnO)_{(渣)} + [Fe]_{合金} \Longrightarrow [Sn]_{合金} + (FeO)_{(渣)}$$

$$\Delta G^\ominus = 23260 - 36.46T \quad J \tag{7-10}$$

锡精矿的还原熔炼开始时，$a_{(SnO)}$ 的活度很大，而返回熔炼的硬头，由于 $a_{[Fe]}$ 大，便成为精矿中 SnO_2 的还原剂。随着反应向右进行，$a_{(SnO)}$ 与 $a_{[Fe]}$ 愈来愈小，而 $a_{(FeO)}$ 及 $a_{[Sn]}$ 则愈来愈大，于是反应向右进行的趋势减小，而向左进行的趋势增大，最终达到平衡。锡和铁在两相间的分配决定了锡精矿还原熔炼过程中，实现较好地分离铁与锡比较困难。

在生产实践中常用经验型的分配系数 K 来判断锡、铁的还原程度，用以控制粗锡的质量。分配系数 K 表示如下：

$$K = \frac{w_{[Sn]} \cdot w_{(Fe)}}{w_{[Fe]} \cdot w_{(Sn)}} \tag{7-11}$$

式中，$w_{[Sn]}$、$w_{[Fe]}$ 和 $w_{(Sn)}$、$w_{(Fe)}$ 分别表示金属相和渣相中 Sn、Fe 的质量分数。实践证实，当 $K = 300$ 时，能得到含铁最低的高质量锡；当 $K = 50$ 时便会得到含 Fe 约 20% 的硬头。澳斯麦特公司在其工业设计中推荐的 K 值，精矿熔炼阶段为 300，渣还原阶段为 125。采用澳斯麦特炉熔炼可有效地控制铁的还原，也可以采用高铁质炉渣，但总铁含量不应大于 50%。

D　影响氧化锡还原速率的因素

热力学原理表明，进行氧化锡的还原反应，体系中 CO 的实际浓度必须大于平衡时的 CO 浓度。由于氧化锡的还原过程处于扩散区，所以过程的还原速率取决于传质速率，这样 CO 的实际浓度与其平衡浓度之差即为还原过程的推动力，影响氧化锡还原速率的因素包括以下几方面。

a　气流的作用

SnO_2 的还原反应主要靠气体还原剂 CO，故气相中的 CO 浓度愈高，反应速率愈快。炉料中需要有足够的还原剂和较高的温度，以保证还原反应产生的 CO_2 被 C 再还原为 CO，使 SnO_2 的还原反应持续进行。

加大气流速度，可以减薄固体粒子表面的气膜，这有利于气相中的 CO 渗入到料层中，并扩散到固体颗粒内部，使处于颗粒内部的 SnO_2 的还原反应更完全和更迅速。对于反射炉和电炉熔炼这种作用不明显，而对于澳斯麦特炉强化熔池熔炼，气流速度在熔池中的搅拌显得非常重要。

b　炉料的处理

精矿颗粒的粒度愈小，则比表面积愈大，这有利于精矿颗粒与气体还原剂接触。对于反射炉熔炼，由于炉料形成料堆，气相中的 CO 很难在其中扩散，同时料堆内部传热以传导方式为主，故在反射炉内料堆中的还原反应速度很慢，导致生产率较低。对于电炉熔炼，由于料堆下部受到熔体流动的冲刷，其还原反应速度比反射炉稍快，但并不显著。

针对反射炉与电炉熔炼中 MeO 的还原反应均在料堆内部进行，往往采用还原剂与精矿在入炉前充分混合的方式，例如经制粒后入炉，可有效改善料堆内部的透气性和导热性。在澳斯麦特炉内，由于熔体被气流强烈搅动，炉料在熔体内进行气—液—固三相反应，所以 MeO 还原反应非常迅速，生产率较高。

c 温度的影响

锡精矿还原熔炼过程的温度在 1000℃ 以上，反应速率主要受扩散速率限制，因此提高反应温度有利于加速扩散，从而提高还原反应速率。在锡精矿还原过程中，存在一系列反应步骤，温度对这些步骤的影响各不同，导致温度对还原速率的影响呈现复杂的局面。

升高温度可加速锡精矿还原反应（吸热反应）；可加速 CO 和 CO_2 在精矿表面的扩散过程；$CO_2+C = 2CO$ 为吸热反应，CO 平衡浓度随温度升高而增加，故温度愈高，CO 浓度愈大，有利于 SnO_2 的还原反应；温度递增可以降低炉渣的黏度，加速扩散过程。

升高温度导致铁的还原率增加、炉子寿命缩短和锡的挥发损失增加，所以炉温的提高要有限制。

d 还原剂的作用

采用活性炭作还原剂，SnO_2 在 800℃ 左右开始还原，而用石墨作还原剂，还原反应在 925℃ 开始。含挥发分少的碳粉只在 850℃ 时才开始对氧化锡有明显的还原作用，而含挥发分较多的还原剂可以在较低的温度下或较短的时间内充分还原氧化锡。但在较高的温度下各种碳质还原剂的作用相差不大。

还原剂的配入量直接影响还原反应的速度和还原反应的程度。如果固体还原剂按理论量加入，则在还原过程后期固体还原剂不足以维持布多尔反应平衡的需要，而在料层内部不可能使 SnO_2 完全还原。对于还原熔炼后期已造渣的锡的还原来说，主要靠 SnO 或 $SnSiO_3$ 在熔渣中的扩散与固体碳直接作用，若使 SnO_2 完全还原，并且将炉渣中的氧化锡还原，还原剂需过量。但要考虑铁的还原。

还原剂的加入量一般按下列两个主要反应来计算。实际配入的还原剂量，应比理论计量高 10%~20%。

$$2SnO_2 + 3C \longrightarrow 2Sn + 2CO + CO_2 \tag{7-12}$$

$$Fe_2O_3 + C \longrightarrow 2FeO + CO \tag{7-13}$$

E 炼锡炉渣

锡冶炼的重要任务是分离锡与铁，尽量使铁造渣，一般选择 $FeO\text{-}SiO_2\text{-}CaO$ 渣系。考虑提高产率和锡的回收率，获得较好的技术经济指标，必须正确选择炉渣的组成。

在锡还原熔炼过程中，为了分离锡与铁，选择温度和 CO 浓度在同一条件下达到平衡，即：

$$\frac{P_{CO}}{P_{CO_2}} = K_{Sn} \frac{a_{[Sn]}}{a_{(SnO)}} = K_{Fe} \frac{a_{[Fe]}}{a_{(FeO)}}$$

当还原气氛维持不变，即 $\dfrac{P_{CO}}{P_{CO_2}}$ 一定，温度一定时，$\dfrac{K_{Sn}}{K_{Fe}}$ 也是一定，于是可以得到：

$$a_{(SnO)} = \frac{a_{[Sn]}}{a_{[Fe]}} \times a_{(FeO)} , \quad a_{(SnO)} = f_{SnO} \cdot w(SnO)$$

此式表明，减少铁硅酸盐炉渣中 $a_{(FeO)}$ ，可实现渣中的锡还原完全。炉渣中的 $a_{(FeO)}$ 与 $a_{(SnO)}$ 主要与炉渣中的 FeO、SiO_2、CaO 的含量有关，因为它们的总量约占炉渣量的 82%~85%。

渣中的 SnO 被还原后产生液态金属锡滴往往悬浮在液态炉渣中，如何创造条件使锡滴聚合并从渣中沉下，才能实现锡与铁很好地分离，否则渣含锡会很高。小锡滴聚合与沉下的条件与炉渣的熔点、黏度、密度和表面张力等性质有关。

7.3.2　锡精矿的电炉熔炼

电炉炼锡始于 1934 年，目前世界上电炉炼锡产量约占世界总产锡量的 10%。我国部分厂家仍采用电炉熔炼。

7.3.2.1　电炉熔炼的原材料

A　原料

电炉熔炼对原料的适应性强，除锡精矿外，还可以处理各种锡渣和烟尘等。炉料含水量一般不超过 3%，对于粉状物料，尤其是各类含锡烟尘，入炉前最好先制粒（团）干燥，球团粒度约 10~20mm 为宜。如果粉料直接入炉，则烟尘率高。粉料透气性差，容易产生爆喷塌料现象。

目前，高品位锡精矿逐年减少，有时入炉精矿品位只能达到 40%~50%，而铁含量则增至 10%~16%，严重影响电炉作业指标，造成渣率增大、硬头增多和直收率下降。

B　熔剂

根据原料和渣型选择熔剂，通常用石灰石、石英等做熔剂。一般要求石灰石含 CaO>50%、石英石含 SiO_2>90%，粒度不超过 6mm，含水分应在 3% 以下。

熔剂的加入量应以选择的渣型作依据。电炉易达到较高的熔炼温度和保持较强的还原气氛，从而可以处理难熔物料，产出高熔点的炉渣，故渣型选择的范围较宽。

C　还原剂

电炉熔炼所用还原剂有无烟煤、焦炭和木炭等。采用焦炭及木炭作还原剂时，活性高、反应能力强和挥发物量少等优点，但其价格相对高。工业上多用无烟煤作还原剂，无烟煤含有少量挥发物，容易黏附在收尘器内壁上，对收尘有影响。对无烟煤的一般要求是：固定碳含量大于 60%，H_2O 含量小于 3%，灰分含量小于 25%，粒度以 5~15mm 为宜。

7.3.2.2　电炉熔炼的工艺流程

炼锡电炉采用矿热电炉（即电弧电阻炉），电流是通过直接插入熔渣（有时是固体炉料）的电极供入熔池，依靠电极与熔渣接触处产生电弧及电流通过炉料和熔渣发热进行还原熔炼。此工艺对原料适应性强，例如高铁物料、高熔点的含锡物料等。电炉熔炼的一般工艺流程如图 7-6 所示。

炼锡电炉具有如下特点：

（1）在有效电阻的作用下，熔池中电能直接转变为热能，因而容易获得高而集中的炉温。高温集于电极区，炉温可达 1450~1600℃，因而适合于熔炼高熔点的炉料。对于熔炼含钨、钽和铌等高熔点金属的锡精矿更具优越性，同时较高的炉温为渣型选择提供了更宽的范围。

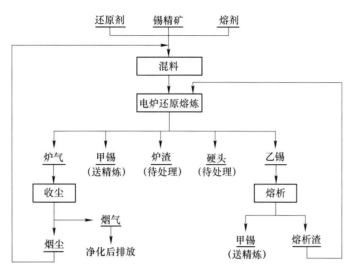

图 7-6　电炉熔炼的一般工艺流程

（2）炼锡电炉密封性好，炉内可保持较高浓度的一氧化碳气氛，还原性气氛强，适合于处理低铁锡精矿。较好的密封，烟气量少，还原性气氛强，减少锡的挥发损失。一般电炉熔炼锡挥发损失约为 1.3%，而反射炉则达 5%。

（3）锡精矿电炉熔炼具有炉床能力高（3~6t/(m²·d)），锡直收率高（熔炼富锡焙砂时可达 90%）、热效率高和渣含锡低（3%左右）等特点。

7.3.2.3　电炉熔炼的产物

锡精矿电炉还原熔炼一般产出粗锡、炉渣和烟尘，粗锡送精炼过程产出精锡，炉渣经贫化回收锡后废弃，烟尘返回熔炼过程或单独处理。

A　电炉炼锡的粗锡

视原料成分的不同，产出的粗锡成分差异也很大。由粗锡成分可知，锡中的主要杂质是铅、铋、铁、铜、砷和锑等，经铸锭送去精炼。由于电炉熔炼是周期性作业，每批炉料的熔炼时间约 20~24h，多次分批加料、放锡与放渣。首先放出的粗锡含锡品位较高，称为甲锡，以后放出的锡尤其是炼渣阶段的粗锡，品位较低称为乙锡。

乙锡中铁的含量比甲锡高出许多，说明还原熔炼后期，进入渣中的 SnO 更难还原，导致渣中的 FeO 与 SnO 一起被还原。乙锡通过熔析精炼再产出甲锡，熔析渣可返回熔炼过程处理。

B　电炉炼锡的炉渣

电炉熔炼产出的高熔点炉渣一般成分见表 7-6。

表 7-6　电炉的高熔点炉渣通常成分　　　　　　　　　　　　　　　（%）

SiO₂	CaO	FeO	Al₂O₃
25~40	15~36	3~7	7~20

从表 7-6 可看出，电炉炉渣的特点是 FeO 含量较低，高熔点组分 Al_2O_3 与 MgO 含量较高。电炉渣中的锡含量往往在 5% 以上，所以电炉渣应经过处理回收锡以后才能废弃。

C　电炉炼锡的烟尘

电炉熔炼产生的烟气量较少，随烟气带走的粉尘不多。烟尘中锌含量较高时需另外处理，一般烟尘均返回熔炼过程回收锡。

7.3.3　澳斯麦特法熔炼锡

澳斯麦特技术也称为顶吹浸没熔炼技术。顶吹浸没熔炼技术是在 20 世纪 70 年代初，为处理低品位锡精矿和复杂含锡物料而开发，1981 年澳斯麦特公司将该技术应用于铜、铅的冶炼。

顶吹浸没熔炼技术是一种典型的喷吹熔池熔炼技术，其基本过程是将一支经过特殊设计的喷枪，由炉顶插入固定垂直放置在圆筒型炉膛内的熔体中，空气或富氧空气和燃料（可以是粉煤、天然气或油）从喷枪末端直接喷入熔体内，在炉内形成剧烈翻腾的熔池。炉料（经过加水混捏成团或块状）由炉顶加料口直接投入炉内熔池。

1996 年，秘鲁明苏公司引进澳斯麦特技术，建成世界上第一座采用澳斯麦特技术生产锡的企业，年处理锡精矿 $3×10^4$ t，产出精锡为 $1.5×10^4$ t。

2002 年 4 月，云南锡业股份有限公司建成了世界上第二座澳斯麦特炉，设计能力为年处理 $5×10^4$ t 锡精矿，成为目前世界上最大的澳斯麦特炼锡炉。

7.3.3.1　澳斯麦特技术的原料

锡精矿经沸腾焙烧脱砷、脱硫和再磁选，使锡精矿中 Sn 品位提高至 50% 以上，杂质含量 $w(As)<0.8\%$，$w(S)<0.8\%$，并放置于料仓内。其他入炉物料有还原煤、熔剂、经烟化产出的烟化尘及经焙烧后产出的析渣，均置于各自的料仓内。各种入炉物料经计量配料后，送入双轴混合机进行喷水混捏，混捏后的炉料经计量，用胶带输送机送入澳斯麦特炉内还原熔炼。

7.3.3.2　澳斯麦特技术的工艺过程

澳斯麦特还原熔炼是周期性进行过程，主要分为熔炼、弱还原及强还原三个阶段。

（1）熔炼需要 6~7h，熔炼结束后渣含 Sn 15% 左右。（2）弱还原阶段需 20min，渣含 Sn 由 15% 降至 5%。（3）强还原用于处理熔炼渣和弱还原渣，渣含 Sn 由 5% 降至 1% 以下，强还原阶段需 90min。有些工厂强还原作业不在澳斯麦特炉内进行，而将（1）和（2）两个过程得到的含 Sn 5% 左右的贫渣直接送烟化炉处理，这样既可增加熔炼作业时间，又可提高 Sn 的回收率。

澳斯麦特熔炼炉产出粗锡、贫锡渣和含尘烟气。熔炼炉产出的粗锡进入凝析锅凝析，将液体粗锡降温，铁因溶解度减少，而呈固体析出，这样可降低粗锡中的含铁量。凝析后的粗锡通过锡泵泵入位于电动平板车上的锡包中，运至精炼车间进行精炼。凝析产出的析渣经熔析、焙烧后返回配料。这部分渣称为焙烧熔析渣。

熔炼炉产出的贫渣放入渣包，然后送烟化炉硫化挥发处理，得到抛渣和烟化尘。烟化尘经焙烧后返回配料，这部分烟尘称为贫渣焙烧烟化尘。熔炼炉产出的含尘烟气经余热锅炉回收余热，产出过热蒸汽，然后经冷却器冷却，再经布袋收尘。回收的烟尘称为焙烧烟尘，经焙烧返回配料入炉。烟气再经洗涤塔脱除 SO_2 后经烟囱排放。澳斯麦特炉的一般生产流程如图 7-7 所示。

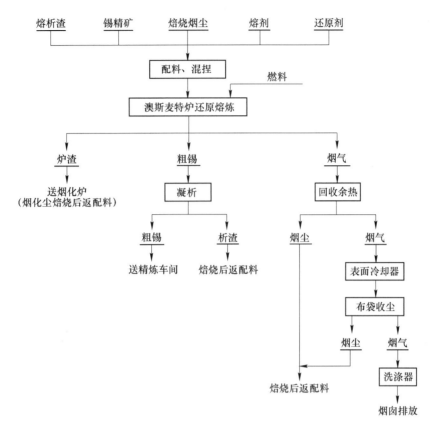

图 7-7　澳斯麦特炉炼锡的生产工艺流程图

7.3.3.3　澳斯麦特技术的特点

与传统炼锡炉相比，澳斯麦特技术的特点是通过喷枪形成一个剧烈翻腾的熔池，因此极大地改善了整个反应过程的传热和传质过程，不仅提高了反应速度和有效地提高了反应炉的炉床能力（炉床指数可达 $18 \sim 24t/(m^2 \cdot d)$），同时大幅度降低了燃料的消耗。

A　澳斯麦特炉与其他炉型的比较

在澳斯麦特炉熔炼过程中，燃料随空气通过喷枪直接喷入炉体内部，燃料直接在物料的表面燃烧，高温火焰可以直接接触传热。熔体不断直接搅动，强化了对流传热，从根本上改变了其他炉型熔炼主要靠辐射传热的状况，从而大幅度提高了热利用效率，降低了燃料消耗。

锡精矿还原反应过程主要是 SnO_2 同 CO 之间的气固反应，而控制该反应速度的主要因素是 CO 向精矿表面扩散和 CO_2 向空间的逸散速度和过程。在其他炉型熔炼过程中，物料形成静止料堆，不利于上述过程的进行。而在澳斯麦特熔炼过程中，反应表面受到不断地冲刷以及由于燃料在物料表面直接燃烧形成的高温可产生更高浓度的 CO，有力地促进了上述 CO 的扩散和 CO_2 的逸散过程，加快了还原反应的进行。

澳斯麦特熔炼过程可以通过调节喷枪插入深度、喷入熔体的空气过剩量或加入的还原剂的量和加入速度，以及通过及时放出生成的金属等手段，达到控制反应平衡的目的，从而控制铁的还原，制取含铁较低的粗锡和含锡较低的炉渣。

由于反射炉等传统熔炼过程中渣相和金属相之间达到平衡，因此，要想得到含铁较低的粗锡而大幅度降低渣中含锡是不可能的，渣中含锡量和金属相中的含铁量成为相互关系，即在平衡情况下，炉渣中的含锡量低于2%时，粗锡中的含铁量将急剧上升。

B　澳斯麦特熔炼的动力学过程

在澳斯麦特熔炼过程中，由于喷枪仅引起渣的搅动，可以形成相对平静的底部金属相，因此可以在熔炼过程中连续或间断地放出金属锡，破坏渣锡之间的反应平衡，迫使 $SnO_{(渣)}+Fe_{(金属)} \rightarrow FeO_{(渣)}+Sn_{(金属)}$ 反应向右进行，从而可能降低渣中的含锡量。

在熔池中渣锡之间达到完全平衡和不形成平衡的情况下，锡的还原程度和渣中含锡量出现明显区别。生产数据表明，澳斯麦特技术可取得更低的渣含锡指标。

在澳斯麦特熔炼过程中，还可以通过单独的渣还原过程、提高温度和快速加入还原剂等方式，使渣表面形成较高的 CO 浓度，促使反应 $(SnO)_{(渣)}+CO \rightarrow [Sn]_{(金属)}+CO_2$ 向右进行。

C　澳斯麦特熔炼的先进性

澳斯麦特熔炼过程基本上实现了计算机程序控制，可以减轻操作强度和减少操作人员，提高劳动生产率。

澳斯麦特熔炼过程基本上处于密闭状态，极大地改善了作业环境。由于总体烟气量小，相应的收尘系统也可以简化。例如冯苏冶炼厂烟气量（标）在最高的熔炼阶段也达到30000m²/h，相当于两座反射炉的烟气量，从而极大地节省了收尘系统的投资和操作维护费用。

作为澳斯麦特技术关键的喷枪，由于可以通过外层套管中加压缩空气冷却，在外壁挂上一层渣，使喷枪不易被烧损，万一被烧损，修补也很方便。澳斯麦特技术的先进性主要表现在以下几个方面：

（1）熔炼效率高。澳斯麦特技术的核心是利用一根经特殊设计的喷枪插入熔池，空气和燃料从喷枪的末端直接喷入熔体中，在炉内形成一个剧烈翻腾的熔池，极大地改善了反应的传热和传质过程，加快了反应速度和提高热利用率，有极高的熔炼强度。澳斯麦特炉单位熔炼面积的处理量（炉床指数）是反射炉的10~24倍。

（2）适应性强。由于澳斯麦特技术的核心是有一个翻腾的熔池，控制好适当的渣型，选好熔点和酸碱度，对处理的物料就有较强的适应性。

（3）热利用率高。采用澳斯麦特技术使喷入熔池的燃料直接同熔体接触并燃烧，从根本上改变了反射炉主要依靠辐射传热，热量损失大的弊病。云南锡业公司用一座澳斯麦特炉取代目前的10座反射炉及电炉等粗炼设备，炉内烟气经一个出口排出，烟气余热能量得到充分利用，与用反射炉生产相比每年可多发电 $2500 \times 10^4 kW \cdot h$，将使每吨锡的综合能耗大幅度下降。经初步计算，每年可减少燃料煤11000t以上。

（4）有利于环保。因澳斯麦特炉开口少，整个作业过程处于微负压状态，基本无烟气泄露。由于烟气集中，可以有效地进行 SO_2 脱除处理，从根本上解决其对环境的污染。

（5）减少返品。澳斯麦特熔炼通过控制铁的还原，制取含铁较低的粗锡，大大减少了返回品数量。

（6）减少投资。由于生产效率高，一座澳斯麦特炉就可以完成多座其他炉子的熔炼任务。而且，主体设备简单，减少投资。

综上所述，澳斯麦特技术是目前世界上最先进的锡强化熔炼技术，是取代反射炉等传统炼锡设备较理想的技术设备。

7.3.3.4 澳斯麦特法的主要设备

澳斯麦特炼锡系统一般分为熔炼系统、炼前处理系统、配料系统、供风系统、烟气处理系统、余热发电系统和冷却水循环系统等（见图7-8），其设备连接图如图7-9所示。

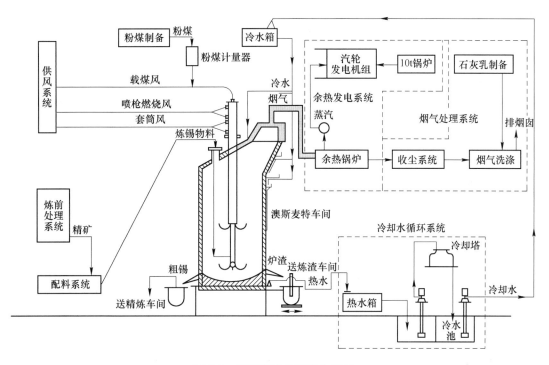

图 7-8 澳斯麦特炉系统分类图

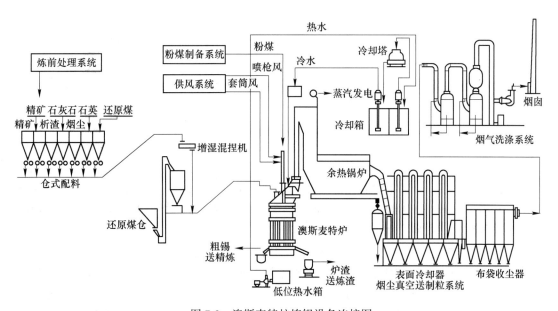

图 7-9 澳斯麦特炉炼锡设备连接图

7.3.3.5 澳斯麦特的熔炼过程

澳斯麦特熔炼过程大致可分为四个阶段,即准备阶段、熔炼阶段、弱还原阶段和强还原阶段。

A 准备阶段

澳斯麦特熔炼是熔池熔炼过程,在熔炼过程开始前必须形成一个具有一定深度的熔池。在正常情况下,由上一周期留下的熔体。对于初次开炉,需要预先加入一定量的干渣,然后插入喷枪,在物料表面加热使之熔化,形成一定深度的熔池。当炉内温度升到1150℃左右时,开始进入熔炼阶段。

B 熔炼阶段

将喷枪插入熔池,控制一定的插入深度,调节压缩空气及燃料量,通过经喷枪末端喷出的燃料和空气造成剧烈翻腾的熔池。通过上部进料口加入经过配料和炉料团块,维持温度在1150℃左右。

随着熔炼反应的进行,还原反应生成的金属锡在炉底部积聚,形成金属锡层。由于作业时喷枪被保持在上部渣层下一定深度(约200mm),故主要是引起渣层的搅动,从而可以形成相对平静的底部金属层。当金属锡层达到一定厚度时,适当提高喷枪的位置,开口放出金属锡,熔炼过程不间断进行。

当炉渣达到一定厚度时,停止进料,将底部的金属锡全部放完,进入渣还原阶段。熔炼阶段耗时6~7h。渣还原阶段根据还原程度的不同分为弱还原阶段和强还原阶段。

C 弱还原阶段

弱还原阶段作业的主要目的是对炉渣进行轻度还原,使炉渣含锡从15%降低到4%左右。弱还原阶段作业炉温度要提高到1200℃左右。将喷枪定位在熔池的顶部(接近静止液渣表面),同时快速加入块煤,促进炉渣中SnO的还原。弱还原阶段作业时间约20~40min。作业结束后,迅速放出金属锡,即可进入强还原阶段。

D 强还原阶段

强还原阶段是对炉渣进一步还原,使渣中含锡降至1%以下,达到可以抛弃的程度。这一阶段炉温要升高到1300℃左右,并继续加快还原煤。

强还原阶段开始后炉渣的含锡量非常低,不可避免地有大量铁被还原出来,这一阶段产出的是Fe-Sn合金。

强还原阶段约持续2~4h。作业结束后让Fe-Sn合金留在炉内,放出的大部分炉渣,经过水淬后丢弃或堆存。炉内留下部分渣和底部的Fe-Sn合金,保持一定深度的熔池,作为下一作业周期的初始熔池。强还原阶段用于Fe的能源消耗最终转化为用于Sn的还原。

在特殊情况下,为使渣含锡降到更低的程度,可以在强还原阶段结束前放出Fe-Sn合金后,再将炉温升高到1400℃以上,把喷枪深深插入渣池中,同时加入黄铁矿,对炉渣进行烟化处理,挥发残存在渣中的锡。

通过以上分析证明,澳斯麦特技术是一种简单、适应能力强和具有极高熔炼强度的先进喷吹熔池熔炼技术,是目前锡精矿反射炉还原熔炼比较理想的技术。澳斯麦特炉炼锡过程的处理量、各种物料的配比、喷枪风燃料比、鼓风量、燃烧空气过剩系数、喷枪进入炉内程序、喷枪高度、炉内温度和负压等参数的检测、控制、记录以及备用烧嘴的升降等操作，全部在控制室通过 DCS 系统控制，同时可对余热锅炉的状况（蒸汽量、蒸汽温度、蒸汽压力等）、烟气处理系统各工序的进出口温度和压力等进行检测，基本实现了过程的自动控制。

7.4 粗锡的精炼

锡还原熔炼产出的产品为粗锡，粗锡需经过精炼得到精锡。精炼技术包括火法精炼和电解精炼。粗锡中的组成见表 7-7，经过精炼获得不同品号的精锡的组成见表 7-8。

表 7-7 还原熔炼产出的粗锡的组成 （%）

编号	Sn	Fe	As	Sb	Cu	Pb	Bi
1	99.79	0.0089	0.010	0.012	0.0025	0.005	0.002
2	96.47	0.615	0.88	1.35	0.02	0.69	0.32

表 7-8 精锡的组成 （%）

代号	Sn（≥）	Fe	As	Sb	Cu	Pb	Bi	S	杂质总和
Sn9999	99.99	0.0025	0.0007	0.002	0.001	0.0035	0.0025	0.0005	0.01
Sn9995	99.95	0.004	0.003	0.01	0.004	0.025	0.006	0.001	0.05
Sn999	99.90	0.007	0.01	0.02	0.008	0.045	0.015	0.001	0.10

火法精炼主要有 4 种方法：（1）利用锡的熔点低于或高于某些杂质及其化合物的熔点，在特定温度下，使锡和杂质分别富集于液相和固相，从而使锡与杂质分离；（2）在锡液中加入某种反应剂，使锡液中的杂质通过化合反应形成浮渣除去；（3）区域熔炼；（4）真空挥发法。

电解精炼是利用锡能溶解在某些溶剂中，在直流电的作用下，锡从粗锡阳极溶解，在阴极析出纯度很高的金属锡。粗锡中的杂质则留在阳极泥或电解液中。电解液分为酸性的和碱性的两大类。

7.4.1 粗锡的火法精炼

火法精炼仍然是当前国内外通用的精炼锡的方法，其流程如图 7-10 所示。

火法精炼生产率高、锡的周转快，设备简单及占地面积小，故为国内外炼锡厂广泛应用。火法精炼的每一个作业只能除去粗锡中的一两种杂质，因此存在作业流程长、金属直收率低和渣量大的特点。但由于每种精炼渣只含有一两种杂质金属，有利于这些金属的回收。本章主要介绍熔析和凝析除铁砷、加硫除铜、结晶分离铅铋、氯化除铅、加铝除锑砷、加碱金属除铋和真空蒸馏等。

7.4.1.1 熔析法和凝析法除铁和砷

熔析法和凝析法有相同的原理。熔析法利用粗锡中的铁、砷及其化合物的熔点高于锡的熔点的特点，将固态粗锡加热至熔点以上时，锡熔化流出，而铁、砷杂质则残留在固相中而与锡分离。凝析法则是将液态锡降温冷却，使高熔点的铁、砷及其化合物以固态结晶

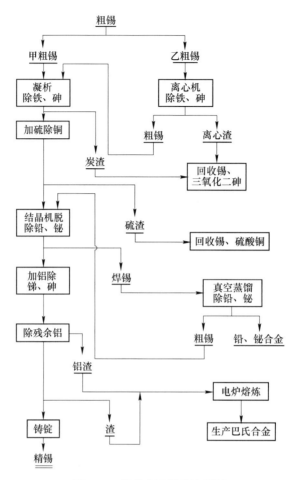

图 7-10　锡的火法精炼流程图

析出，从而与锡分离。

　　熔析法适用于处理熔点高、流动性差的乙锡，而凝析法则用以处理熔点低，流动性好的甲锡。

　　A　熔析法和凝析法除铁原理

　　图 7-11 为 Fe-Sn 二元系相图，如图所示，在锡的熔点处分离的锡，含铁仅为 0.001%，留在渣中的铁以 $FeSn_2$ 存在；500℃时分离出的液态锡含铁 0.082%，渣中的 $FeSn_2$ 转变为 FeSn；温度升高到 760℃，锡液含铁达到 1.3%，渣中 FeSn 转变为 Fe_3Sn_2；当温度高于 900℃时，则得到 α-Fe 的固体结构。实践中渣含锡比理论值高，这是晶体的毛细管作用之故。

　　B　熔析法和凝析法除砷原理

　　As-Sn 相图如图 7-12 所示。由 As-Sn 相图得知，靠锡一侧存在化合物 Sn_3As_2，熔点 596℃。故熔析或凝析脱砷需在 232~596℃下进行。熔析法或凝析法除铁时能同时除砷，生成一系列化合物，包括 Fe_2As（919℃）、FeAs（1030℃）、Fe_3As_2（800℃）、Fe_5As_4（1004℃）化合物和 ε 固熔体。这些化合物和固熔体的熔点都很高，提高熔析（或凝析）

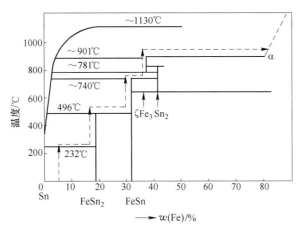

图 7-11　Fe-Sn 二元系相图

的作业温度，不会使它们熔化进入锡液，而只会加速过程速度和降低残渣含锡。所以铁的存在对除砷特别有利，而砷的存在又可以克服铁单独存在时锡液含铁量上升的缺点。

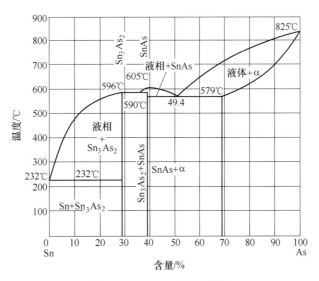

图 7-12　As-Sn 二元系相图

C　熔析法除铁、砷工艺

在粗锡熔析过程中，如果铁和砷同时存在，可以控制较高的熔析温度，以加快熔析速度。在熔析后期，炉温可升到 800~900℃，以便降低熔析渣含锡。这种粗锡的铁和砷含量主要按 Fe-As 合金的性质变化。提高炉温，铁和砷进入液渣中的量很少。

熔析法单独除砷，其温度不宜超过 550℃。温度过高，则脱砷效果不好。熔析法除铁、砷一般用倾斜炉底反射炉，也可用电热熔析炉。装料后逐渐升温，开始流出的液锡含铁很低，后期熔出的锡含铁较高，须回炉再熔析。升温至熔析渣发红且其上无锡珠时，即可出渣。此渣经焙烧后送回熔炼。熔析法为周期性作业，作业时间为 6~9h。

D　凝析法除铁、砷工艺

凝析法用以处理含铁小于 1% 的甲锡，设备为圆柱形钢锅。随着熔锡降温，铁和砷在锡液中不断析出，因其粒度小很难从锡液中分离出来。在生产实践中采用插树、吹风（空气或水蒸气）、加粉煤、木屑以及离心分离等方法，使固相与液锡分离。

常用的方法是在机械搅拌下加入木屑，经过 20~30min 后捞渣。作业重复 3~4 次，直至温度降到锡的熔点附近，强烈搅拌至不析出晶体或固体渣为止，或经化验锡中 $w(As) <$ 0.14、$w(Fe) < 0.02\%$ 为止。

凝析法精炼的锡含铁可达任何品号精锡要求。如果锡中的砷量比铁高，则凝析法除砷不能达到精锡要求。凝析法除砷铁时，锡的直收率为 94%~96%，产出炭渣率 3%~4%，炭渣成分（质量分数）：60%~70% Sn，1%~3% Fe，0.2%~0.4% Cu，5%~8% Pb，4%~10% As。炭渣含砷低时，像熔析渣一样返回熔炼。含砷高时同样需要焙烧脱砷，然后返回熔炼。

7.4.1.2 加硫除铜

A 加硫除铜原理

根据硫与铜的亲和力大于硫与锡的亲和力原理，加入硫使其与铜生成 Cu_2S。Cu_2S 具有熔点高（1135℃）、密度小、不溶于锡且浮于锡液表面的特点，以铜渣的形态被除去。

但粗锡中锡的浓度大，初期加入的硫首先与锡生成 SnS，然后 SnS 又会硫输送给铜。SnS 在锡中的溶解度很小，600℃时锡仅含 0.05% S。

B 铁对加硫除铜的影响

当温度小于 500℃时，硫对铁的亲和力比铜还大。粗锡含 Fe 小于 0.007%时，由于铁能完全溶于锡中，对除铜没有影响。如果粗锡含 Fe 大于 0.007%时，过量的铁会结晶析出，黏稠的浮渣会将硫及 SnS 包裹起来，影响 Cu_2S 的生成。铁会增加铜渣的黏性，使渣含锡升高。加硫除铜一般应在凝析除铁后进行。

C 加硫除铜的工艺过程

加硫除铜在凝析除砷铁的同一设备中进行。在除砷铁之后将锡液温度升到 250℃，在搅拌的旋涡中加入元素硫。加硫量按粗锡含铜 $2Cu + S \rightarrow Cu_2S$ 计算，再过量 10%~20%（因有硫的烧失和其他杂质的消耗）。

当浮渣由黄灰色的黏稠物逐渐转变成黑色粉状渣时，反应结束。停止搅拌，捞出浮渣即铜渣。加硫除铜可达任何品号精锡的要求。

铜的硫化是放热反应，使作业的温度很快地由 250℃升高到 280℃。加硫除铜作业采用前期温度低而后期温度高的升温制度有如下优点：（1）低温加硫可以减少硫的消耗；（2）后期温度升高，促使反应加快，缩短冶炼耗时；（3）可以达到下一道作业的温度要求，节约燃料。

加硫除铜过程锡的直收率为 97%~99%，除铜效率大于 96%。铜渣率 2%~5%，铜渣成分：Sn 55%~65%，Cu 10%~22%，Fe 0.5%~2%，As 1%~2%，S 3%~6%。过程耗时 1~2h，每吨粗锡耗硫 0.2~0.4kg（视含铜高低不同）。

处理铜渣可先经磨矿筛分分出其中的金属锡之后，进行浮选得铜精矿和细粒锡产品。也可以直接焙烧后酸浸，再电积得电积铜，浸出渣返回熔炼。

7.4.1.3 结晶法分离铅、铋

含铅铋的液态粗锡在冷却结晶过程中，铅铋留在残余液体中，从而使粗锡得以净化。

A 结晶法除铅的原理

Sn-Pb 系二元相图如图 7-13 所示。

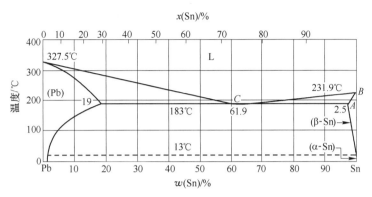

图 7-13 Sn-Pb 系相图

在含 0~38.1% Pb 的锡基部分的相图中，在 183.3~231.9℃温度范围内，当温度降到液相线以下时，就会析出晶体（固熔体 β-Sn）和残液。晶体含铅比原来降低，而残液含铅比原来升高。

将晶体与残液分开后，使残液继续冷却，又得部分结晶，而二次残液比原来含铅更高。如此反复进行，残液含铅量沿着液相线的 BC 方向变化，直至获得共晶成分（38.1% Pb、61.99% Sn）的焊锡为止。

晶体在加热中又发生局部熔化，含铅高的低熔物进入到液相，剩下的残晶含铅又进一步下降。如此反复，晶体含铅不断降低，并沿固相线 AB 方向变化，最终获得含铅极低（0.03%~0.05% Pb）的精锡。

B 结晶法除铋的原理

Sn-Bi 二元系相图如图 7-14 所示。在结晶过程中，铋也像铅一样富集于残液中，使铋在精锡中的残存量降到 0.001%~0.002%。但是应该指出，当粗锡含铅很低而含铋较高时，用结晶法分离铋很困难。此时需按含铋量的 6~10 倍加入精铅，再用结晶法处理才得良好效果，加入的铅在脱铋时被一同除去。

结晶分离法除铅铋的同时，铟和银也被除去而进入焊锡中。Sn-In 和 Sn-Ag 系都有一个易熔共晶体，熔点分别为 117℃ 和 221℃。当在 230℃ 以上结晶时，铟和银都能除至痕迹。

C 结晶法除铅铋的工艺

当结晶分离机槽尾温度控制在低于 182℃、槽头温度控制在 231℃ 以上时，可以产出含铅低于 0.05% 的晶体精锡和含铅大于 30% 的焊锡。结晶分离机是除铅效率高的设备。每台结晶分离机生产能力为 27t/d，电耗 38.1kW·h/t，锡和铅的直收率分别为 96.9% 和 97%。处理含 5%~20% Pb 和 0.03%~0.1% Bi 的粗锡，可得含 0.02%~0.04%Pb 和 0.001%~0.002%Bi 的精锡。

产出的焊锡可用电解法处理，分离其中的锡和铅，同时回收铟、铋、银等有价金属。

7.4.1.4 氯化法除铅

在国外的火法精炼粗锡工艺中，氯化法是唯一的除铅方法。我国焊锡电解产出的阴极

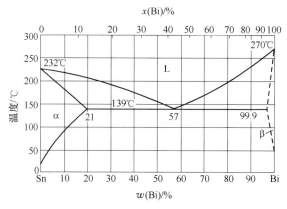

图 7-14　Sn-Bi 二元系相图

锡，含铅略超过部颁标准时，需用氯化法除铅。

A　氯化法除铅原理

氯化除铅是利用铅和锡对氯的亲和力不同的原理，在粗锡中加入氯化亚锡时，发生以下反应：

$$Pb + SnCl_2 \rightleftharpoons PbCl_2 + Sn \quad \Delta G^{\ominus} = -1450 + 2T$$

反应为可逆反应。温度低于 500℃ 时，反应自左向右进行；温度高于 500℃ 时，反应则自右向左进行。从反应标准自由能变化可见，低温有利于反应向右进行。

B　氯化法除铅工艺

氯化法除铅有几个步骤需要注意：(1) 采用液体状态的氯化亚锡；(2) $SnCl_2$ 需要过量；(3) 氯化亚锡最好分几个阶段加入。

最初阶段获得的氯化物浮渣含铅较高，后期的浮渣含铅下降。这样，后期产出的浮渣便可作为粗锡开始精炼时的脱铅剂，以降低氯化亚锡的消耗。由于 $SnCl_2$ 试剂较贵，而且反应较缓慢，所以此法只适用于低铅的粗锡精炼。

氯化法除铅在精炼锅中进行，一般采用 $SnCl_2 \cdot 2H_2O$ 作试剂。$SnCl_2 \cdot 2H_2O$ 脱水作业温度是 240~245℃，它低于氯化亚锡的熔点（246.8℃）。

精炼时搅拌机的搅拌强度不宜过大，达到锡液翻动暴露新面即可。如果转速太快，形成很大很深的旋涡，将会吸入空气使 $SnCl_2$ 氧化，使除铅效率降低。

根据每一锅的锡处理量和锡中含铅量确定粗锡氯化除铅加入的氯化亚锡试剂量，试剂分批加入。

氯气除铅也属氯化除铅范畴。它省去了氯化亚锡的制备。工厂试验指出，粗锡中的铅由 0.6% 降至 0.036% 时，每 1kg 锡约消耗 20g 氯气。

7.4.1.5　加铝除锑砷

凝析法除砷有一定的局限性，主要有：(1) 温度控制要求严格；(2) 粗锡要同时含有铁。对于含砷较高而含铁少或不含铁的粗锡，在生产较高品号锡时，需要加铝除锑砷。

A　加铝除锑砷原理

加铝除锑砷是利用铝与锑砷能分别生成高熔点化合物的原理。从 Al-Sb 系（见图7-15）和 Al-As 系（见图7-16）相图可见，铝和锑砷各生成一个化合物 Al-Sb 和 Al-As，其熔点分别为 1050℃ 和高于 1600℃。它们的密度比锡小，从而自锡中结晶析出并上浮被除去。

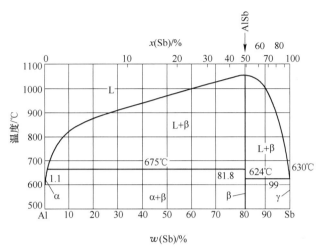

图 7-15 Al-Sb 二元系相图

锡与铝不生成化合物，铝在锡中又有足够的溶解度，如在 400℃ 时溶解度为 2.5%，500℃ 时为 7%，这有利于铝在锡液中迅速与锑砷反应。由于铝与铁和铜也能生成高熔点化合物 Al_3Fe（1160℃）、Al_2Fe（1170℃）和 Cu_3Al（1016℃），为了减少铝的消耗，在加铝除锑砷之前，应先除去铜和铁。

B 加铝除锑砷工艺

加铝作业在精炼锅中进行。主要步骤为：

（1）将液锡升温至 380~400℃，开动搅拌机，按计算量投入铝片或铝粒。

（2）铝溶入锡液中即与锑砷反应，继续搅拌 20~30min，然后降温。降温可用在锡液中插

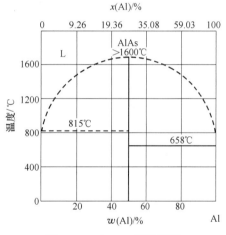

图 7-16 Al-As 二元系相图

入蛇形冷却水管的方法，也可将锡液的三分之一铸锭然后再投回重熔的方法。

（3）温度降到 232~235℃，然后再开动搅拌机，并加入氯化铵造渣，直到渣全部搅成粉状细粒为止。

（4）停止搅拌，捞渣，温度仍应保持 232~240℃。

加铝除锑砷的浮渣容积大，并夹有大量液体锡珠。在加入氯化铵时，由于分解产生气体使浮渣疏松成粉状，并破坏锡珠表面的氧化膜，使锡珠汇合长大下沉回到液锡本体中。

加铝除锑后要进行除残铝作业。除残铝可用空气氧化法，即在温度 300℃ 以上强烈搅拌锡液，使铝氧化造渣。同时加入木屑，并将木屑点燃促使铝的氧化。捞完渣后，如果锡液表面不是白色波纹，而是油光锡青的精锡色泽，则表明铝已降至 0.002% 以下。

含锑砷低的铝渣可直接返回一次熔炼处理。含锑高（约 10%）的铝渣可与经焙烧的铜渣一起熔炼，产出含铜锑高的粗锡，经火法精炼除砷、铁和铅后配制成轴承合金。

7.4.1.6　加轻金属除铋

国外粗锡精炼除铋主要采用加轻金属除铋的方法。

A　加轻金属除铋原理

将轻金属（包括碱金属或碱土金属）加入含铋粗锡熔体中，它们与铋生成金属化合物从锡液中析出，以浮渣的形式被除去。常用试剂分别为钙镁和钠镁两种，同时加入钙镁比单独加钙或镁除一种除铋效果更好。因同时加入钙镁时，生成三元化合物（如 $CaMg_2Bi_2$）在锡中的溶解度更小，稳定性更好，故除铋的效果更高。加钙镁除铋时，铋与钙镁生成高熔点低密度的化合物。化合物浮到锡液面上与锡分离。

B　加轻金属除铋工艺

加钙镁除铋时，先将精炼锅中的锡液加热至380℃，加入金属镁粉搅拌，然后降温至270~280℃，再加入锡钙合金（5%Ca）搅拌。在260℃取出含铋浮渣。铋浮渣的组成为：Sn 92%~97%，Bi 1.5%~2%，Ca约2%。为了获得富铋渣和降低试剂消耗，含铋低的后期浮渣可以返回到下批的前期作试剂使用。

加钙镁可将锡中的铋降至0.05%以下。锡中残留的钙镁可在280~300℃温度下加氯化铵除去。

加镁钠除铋也是将锡液加热至380℃加镁搅拌，然后降温至250℃加钠与铋组成合金。试剂用量为理论量的4倍。除去锡中残留的镁钠也是在300℃下加入氯化铵。

7.4.1.7　真空蒸馏

粗锡中的锡和所含杂质具有不同的沸点，通过控制温度在低于锡的沸点和高于欲除杂质的沸点，使杂质挥发除去。在粗锡常见的杂质中，除铜和铁外，其他杂质的沸点都比锡低。粗锡所含元素的沸点按其高低顺序排列见表7-9。

表 7-9　粗锡所含元素的沸点顺序排列

元　素	Fe	Cu	Sn	Pb	Sb	Bi	As
沸点/℃	3235	2557	2427	1752	1635	1560	616

在真空状态下，即使温度较低，铅、铋、锑和砷的蒸气压也足以达到使它们挥发除去。降低体系的压力，可以扩大液相和气相组成的差别，也降低合金的沸点，采用真空蒸馏是合理的方法。

真空蒸馏除铅铋效率很高，但除砷锑的效果则较差，因为砷和锑在锡中形成化合物。

7.4.2　锡的电解精炼

电解精炼一次作业即可除去精锡或粗焊锡中大部分杂质，生产出纯度很高的精锡或精焊锡。电解精炼尤其适于处理含铋和贵金属的粗锡。与火法精炼相比，电解精炼锡具有直接回收率高、有价杂质元素的富集比高和易于回收处理等优势。但电解精炼锡的缺点也很明显：投资费用大，同时在电解过程中有大量金属被积压，故其发展受到限制，国内外炼锡厂采用电解精炼法的不多。

锡电解精炼采用的电解液种类繁多，概括起来可分为酸性电解液与碱性电解液。由于酸性电解液性质比较稳定，生产费用比用碱性电解液低许多，电解过程的电耗也低，容易控制阴极产品的纯度，所以使用较普遍。

在酸性电解液中，广泛采用的有硫酸-硫酸亚锡电解液和硅氟酸电解液。

锡的电解精炼可分为粗锡电解精炼与粗焊锡电解精炼，前者产出粗锡，后者产出精焊锡。两者的差别主要是使用的电解液不同，但均可使粗原料中的铅进入阳极泥而不污染精锡。

粗锡电解精炼可以采用酸性电解液和碱性电解液。酸性电解液使用较多，其电解液又有硫酸溶液和硫酸—硅氟酸溶液两种。碱性电解液使用较少，仅用于处理高铁粗锡（主要来自再生锡），其电解液也有氢氧化钠溶液和碱性硫化钠溶液之分。

7.4.2.1　粗锡电解精炼的基本原理

以硫酸电解液进行粗锡电解精炼的电化体系为：

粗锡阳极 | H_2SO_4，$SnSO_4$，H_2O | 粗锡阴极；

电解液的组成：H_2SO_4 90～120g/L，Sn^{2+} 10～28g/L。在电场作用下，便会发生电离反应：

$$H_2SO_4 \longrightarrow 2H^+ + SO_4^{2-}$$
$$SnSO_4 \longrightarrow Sn^{2+} + SO_4^{2-}$$
$$H_2O \longrightarrow H^+ + OH^-$$

当通以直流电之后，阳极发生电化溶解反应，而阴极发生电化析出反应。粗锡中除金属锡外，还含有少量杂质元素铟、铅、铋、铁、砷和锑等，它们在电极上发生什么变化可根据各元素的标准电极电位来判断。有关元素的标准电极电位（$\varphi^{\ominus}$）见表7-10。

表 7-10　粗锡电解精炼过程中相关元素的标准电极电位

元素	Zn^{2+}/Zn	Fe^{2+}/Fe	In^{3+}/In	Sn^{2+}/Sn	Pb^{2+}/Pb	$2H^+/H_2$
$\varphi^{\ominus}$/V	−0.763	−0.44	−0.335	−0.136	−0.126	0
元素	Sb^{3+}/Sb	Bi^{3+}/Bi	As^{3+}/As	Cu^{2+}/Cu	Ag^+/Ag	—
$\varphi^{\ominus}$/V	+0.1	+0.2	+0.247	+0.337	+0.799	—

A　阴极反应

锡电解精炼过程中，在硫酸与硫酸亚锡为主的电解质水溶液中，阴极可能发生的主要反应有：

$$Sn^{2+} + 2e \longrightarrow Sn^0 \qquad \varphi^{\ominus} = -0.163V$$
$$2H^+ + 2e \longrightarrow H_2 \qquad \varphi^{\ominus} = 0$$

由于氢离子还原析出 H_2 的标准电极电位比锡正，H^+ 应优先在阴极还原析出，但生产实践表明，阴极上主要发生的是 Sn^{2+} 的还原析出反应，这是由于 H^+ 在阴极锡上析出时有很大的超电压。

B　阳极反应

粗锡电解精炼过程中，在电解质硫酸水溶液中，锡电解过程可能发生的主要阳极反应有：

$$Sn - 2e \longrightarrow Sn^{2+} \qquad \varphi^{\ominus} = -0.136V$$
$$2H_2O - 4e \longrightarrow O_2 + 4H^+ \quad \varphi^{\ominus} = +1.229V$$

$$4OH^- - 4e \longrightarrow O_2 + 2H_2O \qquad \varphi^\ominus = +0.401V$$

氧在阳极析出的电位比锡正，加上 O_2 在金属上析出的超电压，故在阳极上不会发生 O_2 的析出，而主要发生粗锡的氧化溶解。

C　粗锡中的主要杂质在电解过程中的行为

在锡的硫酸溶液电解时，杂质行为按标准电位序可分成三类：

（1）标准电位比锡正的杂质，如 Sb、Bi、As、Cu、Ag 等不会溶解进入电解液，皆以阳极泥形态附在阳极表面。与铅电解相类似，阳极泥在阳极上的黏着力与锑在阳极中含量有关。阳极中含一定量锑对防止阳极阳极泥脱落有利，但含量太高又妨碍阳极溶解，并使槽压升高，严重时阳极钝化。适宜的含锑量小于 0.1%。

（2）标准电位与锡标准电位相近的杂质，如铅以 Pb^{2+} 形态与锡一道溶解进入电解液，与 SO_4^{2-} 作用生成 $PbSO_4$，附着在阳极表面，形成阳极泥薄层，能使阳极钝化，槽压升高。解决的办法是定期刷去阳极泥和加 NaCl 及 $K_2Cr_2O_7$。Cl^- 存在有去极化作用，并能发生 $H^+ + Cl^- \Longrightarrow HCl$ 反应。产生的 HCl 能溶解 $PbSO_4$，使致密的阳极泥层变得疏松多孔，消除钝化，使阳极继续溶解。NaCl 用量约为 3.6~5g/L。适宜用量最好用体系电解液小试确定。因为 NaCl 加入量太多，一方面增加 Cl^- 会使阴极锡长针状结晶，造成极间短路；另一方面 Na^+ 增加使电解液黏度增加，也会给电解生产造成弊端。

$K_2Cr_2O_7$ 能使阳极泥变得疏松，有渗透性。也有一种说法认为 $K_2Cr_2O_7$ 与 $PbSO_4$ 作用转化成 $PbCr_2O_7$，破坏了 $PbSO_4$ 在阳极上的致密阳极泥层，并有 NaCl 存在条件下，有如下反应：

$$PbSO_4 + 4NaCl \Longrightarrow Na_2SO_4 + Na_2PbCl_4$$
$$Na_2PbCl_4 + K_2Cr_2O_7 \Longrightarrow PbCr_2O_7 + 2NaCl + 2KCl$$

$K_2Cr_2O_7$ 用量为 2~3g/L 为宜。

（3）标准电极电位比锡负的杂质，如 In、Fe、Zn 等，在阳极均比锡先氧化进入溶液，在阴极比锡后还原保留在溶液中。其中铁在阳极氧化成 Fe^{3+}、在阴极还原成 Fe^{2+}、白白耗费电能，使电流效率下降。所以锡进入电解工序前必须先用火法除去铁，使之最好降到阳极含铁 0.01%~0.2%。电解液中控制含铁小于 0.4g/L。

电解液中含有重铬酸钾时可控制电解液中含铁不超过 1g/L，对电流效率影响不大。原因有二：1）重铬酸钾是强氧剂，使铁钝化而难于电溶；2）少量铁与锡生成合金使溶解电位有所变化，不易电溶。从生产实践得知，90% 的铁进入阳极泥，电解液中铁的积累并不严重。

7.4.2.2　粗锡电解精炼的工艺

粗锡电解精炼过程中的主要杂质的分布见表 7-11。粗锡电解精炼的生产工艺流程如图 7-17 所示。

表 7-11　粗锡电解精炼过程中主要杂质的分布　　　　　　　　　　　　（%）

电解产物	Pb	Bi	Cu	Fe	As	Sb
阴极锡	0.6	0.7	0.8	5.0	4.7	9.0
阳极泥	97.0	97.0	95.0	81.0	93.0	83.0
电解液	1.0	0.05	0.5	10.0	0.3	6.0
其　他	1.4	2.25	3.7	4.0	2.0	2.0
合　计	100.00	100.00	100.00	100.00	100.00	100.00

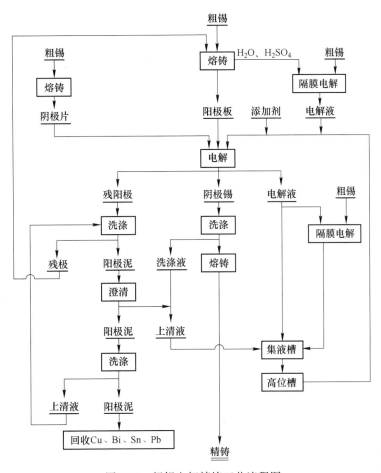

图 7-17 粗锡电解精炼工艺流程图

A 电解槽与阴、阳极

（1）电解槽。工业生产上用的电解槽为矩形，槽体为钢筋混凝土结构，内衬塑料防腐层。某些工厂使用的电解槽的具体尺寸见表 7-12。

表 7-12 电解槽的尺寸

工厂	1	2	3
电解槽内部尺寸/mm³	2.85×1.22×1.37	4.2×0.96×1.27	1.75×0.75×0.97

（2）阳极。粗锡电解精炼采用粗锡作阳极，粗锡阳极中的杂质对电解过程影响很大，对阳极的化学成分要求见表 7-13。

表 7-13 阳极的化学成分 （％）

元素	Sn	Pb	Bi	Cu	Fe	As+Sb
成分	>98	<1	<0.5	<0.1	<0.1	<1

浇铸成形的阳极表面要求平直，厚薄均匀，无飞边毛刺，无孔洞，每片重量接近以减

少残极率，这就要求严格控制浇铸温度为247~287℃。

电解车间的电解槽分组成列布，以长边相邻。电解车间的电路连接为复联法，即电解槽之间电路连接为串联，槽内电极为并联。

（3）阴极。阴极亦称始极片，用同级精锡制作，外形要求同阳极。

B 电解液的组成

我国炼锡厂常用的硫酸亚锡—甲酚磺酸—硫酸电解液的成分见表7-14。

表 7-14 电解液的成分   （g/L）

Sn^{2+}	20~30	甲酚磺酸	18~22
Sn^{4+}	<4	乳胶	0.5~1
H_2SO_4	60~70	β-萘酚	0.04~0.06
Cr^{6+}	2.5~3	—	—

在粗锡电解精炼作业中，要求阳极钝化周期较长、阴极锡能顺利析出并且杂质含量符合标准，同时要求电解液中 Sn^{2+} 稳定，析出锡平整致密。为此，须在电解液中加入相应的添加剂，$SnSO_4+H_2SO_4$ 电解液中各种添加剂的作用如下：

（1）苯酚磺酸，甲酚磺酸。稳定 Sn^{2+} 离子，同时对阴极起平整作用。

（2）乳胶和动物胶、甲酚、芦荟素、甲苯基酸。均为表面活性剂，可使阴极平整致密。乳胶是用牛胶：甲酚：水＝1：（0.7~0.75）：18（质量比）通蒸汽加温至60℃经搅拌制成。

（3）β-萘酚。表面活性剂，能增强阴极沉积物的附着力，又能使结晶致密，表面平滑，还能使阳极泥结构疏松，延长钝化周期。

（4）NaCl，HCl。能增加电解液的电导率，有利于降低槽电压。Cl^- 是优良的去极剂，有利于克服阳极钝化。

（5）$K_2Cr_2O_7$。与附着于阳极上的致密 $PbSO_4$ 作用，逐渐转化为 $PbCr_2O_7$，因而使阳极泥变得疏松，在有 NaCl 存在时这种转化作用加速，还可减少铋对阴极的污染。

C 电解液的配制

电解液中几种组成的配制方法分述如下：

（1）硫酸亚锡溶液的配制。我国炼锡厂多采用隔膜电解法制备硫酸亚锡溶液。在硫酸水溶液中，通入直流电后，锡发生电化溶解而进入溶液中，借助于阴极隔膜套的阻挡，使锡离子停留在溶液中，H_2 从阴极析出，反应如下：

$$Sn + H_2SO_4 \longrightarrow SnSO_4 + H_2 (s)$$

先配成90~100g/L的 H_2SO_4 水溶液，再将其倾入电解槽中，用较纯的粗锡作阳极，用素烧陶瓷作隔膜套，将阴极片置于套中，套口露出液面，保持隔离良好。电解槽容积和生产用槽一样。隔膜电解法制备硫酸亚锡溶液控制条件见表7-15。

表 7-15 隔膜电解法制备硫酸亚锡溶液控制条件

项目	槽电压/V	阳极电流密度/A·m^{-2}	电解液循环量/L·min^{-1}	$SnSO_4$ 溶液中 Sn^{2+} 离子浓度/g·L^{-1}
技术条件	8~10	300~400	40	>25

此法的优点是生产率高，$SnSO_4$ 溶液纯度高，过程简单，制作原始电解液和补充电解液都很方便；缺点是槽电压高，电耗大，过程放出大量氢气。

曾有用锡粉与硫酸在耐酸瓶中加热制取硫酸亚锡溶液，但溶解速度慢，溶解效率低。也有采用锡粉置换硫酸铜溶液的方法，置换渣含锡高，分离困难，现在已不应用。

（2）甲酚磺酸的制备。甲苯酚作用于纯浓硫酸（密度 $1.84g/cm^3$）制成甲酚磺酸。反应式如下：

$$C_6H_4CH_3OH + H_2SO_4 \longrightarrow C_6H_3CH_3OHSO_3 \cdot H + H_2O$$

硫酸按理论量计算，过量 40%，在衬有铅皮的桶（40L）中进行磺化，用电炉外加热。先将硫酸 22L 倒入铅皮桶中加热至 57~67℃，在不断搅拌下缓慢加入甲苯酚 18L，维持磺化反应温度 87~97℃，继续搅拌 2h，取出趁热倒入耐酸缸中，冷却后便成棕黑色的甲酚磺酸。

（3）乳胶的制备。由牛胶和甲苯酚作用制成。将牛胶放入乳化桶内，通入蒸汽加热至 47~57℃，待牛胶完全溶解后，在不断搅拌下缓慢均匀地加入甲苯酚，便生成乳白色的乳胶。配制量不宜超过 5 天的用量，以免变质。配料比（质量比）为，牛胶∶甲苯酚∶水 =1∶（0.7~0.75）∶18。

（4）电解液的配制和补充。把制好的硫酸亚锡、硫酸溶液注入集液池，再加入添加剂，甲酚磺酸要在不断搅拌下缓慢地加入。

$K_2Cr_2O_7$ 先用 50℃ 热水溶解，在不断搅拌下呈细股注入（切勿过快，以免局部氧化）。NaCl 用水溶解后加入搅匀。如电解液含 Sn^{2+}、SO_7^{2-} 离子浓度过高，可加水稀释至所需成分的溶液。

β-萘酚和乳胶可在电解液加温时加入。

配好的电解液静置 1~2d，用蒸汽间接加热至 35~37℃，注入电解槽应用。

D　电解技术条件

在硫酸水溶液中进行粗锡电解精炼主要控制的技术条件见表 7-16。

表 7-16　粗锡电解精炼主要控制的技术条件

项目	电注密度	槽电压	电解液温度	电解周期
技术条件	100~110A/m²	0.2~0.4V，常用 0.35V	35~37℃	阴极 4d，阳极 8d，视阳极厚度可适当延长

电解作业过程中，要注意如下事项。

a　阳极钝化

在硫酸盐溶液中电解粗锡，阳极钝化是最常见的故障。阳极板上会附着 $PbSO_4$ 和一些其他不溶物，它们紧密地黏附在阳极表面，形成一层薄膜，随着电解的进行，这层薄膜逐渐加厚，隔离了电解液与阳极新鲜表面的接触，造成阳极溶解困难。随着钝化的加剧，槽电压升到 0.4V 以上，产生如下反应：

$$2OH^- - 2e \longrightarrow H_2O + \frac{1}{2}O_2(g)$$

$$2SO_4^{2-} + 2H_2O - 4e \longrightarrow 2H_2SO_4 + O_2(g)$$

在阳极放出氧气，使阳极溶解趋于停止，在阴极放出氢气：

$$2H^- - 2e \longrightarrow H_2(g)$$

同时一些电位接近锡的元素，如 Pb、Sb 和 Bi 等会在阴极沉积，影响阴极锡质量。处理阳极钝化的方法有：

（1）缩短阳极使用周期。

（2）定期取出阳极，清除表面阳极泥。如果槽电压超过 0.5V 即取出清除。

（3）加溶剂破坏阳极泥结构，在电解液中加入 NaCl，$K_2Cr_2O_7$ 破坏阳极泥形成的薄膜层，有利于阳极电化溶解。

b　提高电流效率

电能消耗与输电线路布线、接触电阻和分解电压等有关，要降低电能消耗和提高电流效率，必须加强槽面管理，主要包括：认真除去导电棒上的污垢和铜绿、降低接触电阻、加强电解液的循环、减少浓差极化和分层现象。

至少每 2h 检查一次槽电压，发现某处槽电压急剧下降，找出其短路的阴极片，将长针状的结晶打掉或压平，如系阳极板变形，取出平整后再用。

阴极结晶不致密，当出现针状结晶时，可发生阴、阳极直接接触短路，这是电流效率提不高的主要原因。

c　含高铅铋粗锡的电解条件

对于含高铅、高铋的粗锡（含 Pb 2%~4%，Bi 0.5%~1.0%），不能按上述技术条件处理。在标准电位次序上，铅、铋同锡接近，因此，硫酸电解含高铅、高铋的粗锡存在困难。必须控制较低的槽电压（0.16~0.25V），使铅、铋不易从阳极溶解下来，保留在阳极泥中。要维持 0.16~0.25V 的槽电压，首先要解决阳极钝化对槽电压的影响，具体做法是：

降低电流密度至 90~9A/m²；控制槽电压在 0.3V 以下，达到 0.35V 应马上取出阳极板刮去阳极泥。否则，在 1h 内槽电压可升到 0.5V 以上，大量的杂质从阳极溶解下来，并在阴极沉积使之变黑。

E　粗锡电解精炼的主要技术经济指标（见表 7-17）

表 7-17　粗锡电解精炼的主要技术经济指标

项目	电流效率/%	阳极泥率/%	残极泥率/%	冶炼回收率/%	直流电耗/kW·h
主要技术指标	70~80	2.5~3.5	35~40	99.5	140~180

7.5　锡冶炼过程中有价金属的回收

锡精矿中常含有锡、铅、砷、锌、铜、铟、银、镉、铋等伴生元素。有的锡精矿还含有钽、铌、钨等金属。锡冶炼过程伴生金属的走向如图 7-18 所示。

锡还原熔炼时，80% 以上的铜、铅、铋、锑以及约 60% 的砷进入粗锡，导致粗锡火法精炼时要产出各种精炼渣。而精炼渣的产出率于粗锡中杂质的含量相关，粗锡中每吨铜要产出 5~10t 硫渣，每吨砷要产出 8~12t 炭渣，每吨锑要产出 15~50t 铝渣。锡冶炼过程伴生金属的走向和分布为：

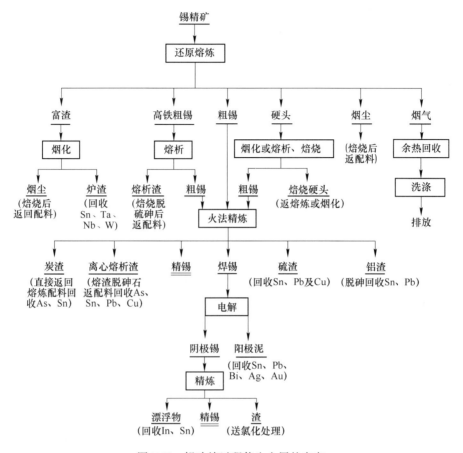

图 7-18　锡冶炼过程伴生金属的走向

（1）火法精炼过程中，进入精锡的锡只占 50%，约有 35% 的锡进入到精炼渣中，造成了锡的大量积压。熔析渣、离心渣及炭渣的主要成分是锡，主要杂质是铁和砷。为消除砷在还原熔炼过程中的恶性循环，必须焙烧脱砷、硫后再返回熔炼配料。由于炭渣焙烧时易黏结炉壁，影响正常运转，故不经焙烧直接返回熔炼配料。

（2）烟尘返回进行二次还原熔炼，使锡、铅还原成金属，锌、铟、镉、锗富集在二次烟尘中，再从中回收。熔析渣经焙烧后返回熔炼，焙烧所得烟尘用蒸馏法提取白砷。

（3）脱铜渣经浮选或隔膜电解-氧化焙烧-硫酸浸出产出硫酸铜。有些锡矿还从炼锡炉渣中回收钽、铌、钨。

习　题

7-1 叙述锡的主要用途。

7-2 锡的火法冶金包括哪几个步骤？分别叙述。

7-3 锡精矿的焙烧方法有几种？分析各自的优缺点。

7-4 讨论流化态焙烧炉的结构图，分析各部位的用途。

7-5 叙述锡精矿的还原熔炼的基本原理和影响因素。

7-6 锡精矿还原熔炼的设备有几种？分别叙述。

7-7 叙述澳斯麦特法熔炼锡技术的特点和工艺过程。

7-8 锡的火法精炼包括哪些步骤？分别叙述。

7-9 叙述锡的湿法精炼工艺过程。

7-10 叙述锡冶炼过程伴生金属的走向和回收方法。

参 考 文 献

[1] 赵天从. 重金属冶金学（上、下册）[M]. 北京：冶金工业出版社，1981.

[2] 陈国发. 重金属冶金学 [M]. 北京：冶金工业出版社，1992.

[3] 朱祖泽，贺家齐. 现代铜冶金学 [M]. 北京：科学出版社，2003.

[4] 彭容秋. 重金属冶金学 [M]. 2版. 长沙：中南大学出版社，2004.

[5] 李洪桂，等. 湿法冶金学 [M]. 长沙：中南大学出版社，2005.

[6] 赵天从，汪键. 有色金属提取冶金手册（锡锑汞）[M]. 北京：冶金工业出版社，1999.

[7] 邱竹贤. 有色金属冶金学 [M]. 北京：冶金工业出版社，1998.

[8] 何蔼平，冯桂林. 有色金属矿产资源的开发及加工技术 [M]. 昆明：云南科技出版社，2000.

[9] 赵天从. 有色金属冶金提取手册——有色冶金总论部分 [M]. 北京：冶金工业出版社，1992.

[10] 董英. 常用有色金属资源开发与加工 [M]. 北京：冶金工业出版社，2005.

[11] 钮因健. 有色金属工业科技创新 [M]. 北京：冶金工业出版社，2008.

冶金工业出版社部分图书推荐

书 名	作者	定价（元）
现代冶金工艺学——钢铁冶金卷（第2版）（本科国规教材）	朱苗勇	75.00
物理化学（第4版）（本科国规教材）	王淑兰	45.00
冶金物理化学研究方法（第4版）（本科教材）	王常珍	69.00
冶金与材料热力学（本科教材）	李文超	65.00
热工测量仪表（第2版）（本科国规教材）	张 华	46.00
冶金动力学（本科教材）	翟玉春	36.00
冶金热力学（本科教材）	翟玉春	55.00
冶金电化学（本科教材）	翟玉春	47.00
电磁冶金学（本科教材）	亢淑梅	28.00
钢铁冶金过程环保新技术（本科教材）	何志军	35.00
洁净钢与清洁辅助原料（本科教材）	王德永	55.00
冶金物理化学（本科教材）	张家芸	39.00
钢冶金学（本科教材）	高泽平	49.00
冶金宏观动力学基础（本科教材）	孟繁明	36.00
冶金原理（本科教材）	韩明荣	40.00
冶金传输原理（本科教材）	刘 坤	46.00
冶金传输原理习题集（本科教材）	刘忠锁	10.00
钢铁冶金原理（第4版）（本科教材）	黄希祜	82.00
耐火材料（第2版）（本科教材）	薛群虎	35.00
钢铁冶金原燃料及辅助材料（本科教材）	储满生	59.00
钢铁冶金学（炼铁部分）（第4版）（本科教材）	王筱留	65.00
炼铁工艺学（本科教材）	那树人	45.00
炼铁学（本科教材）	梁中渝	45.00
炼钢学（本科教材）	雷 亚	42.00
炼铁厂设计原理（本科教材）	万 新	38.00
炼钢厂设计原理（本科教材）	王令福	29.00
轧钢厂设计原理（本科教材）	阳 辉	46.00
热工实验原理和技术（本科教材）	邢桂菊	25.00
炉外精炼教程（本科教材）	高泽平	40.00
连续铸钢（第2版）（本科教材）	贺道中	30.00
冶金设备（第2版）（本科教材）	朱 云	56.00
冶金设备课程设计（本科教材）	朱 云	19.00
物理化学（第2版）（高职高专教材）	邓基芹	36.00
冶金原理（第2版）（高职高专国规教材）	卢宇飞	45.00
冶金技术概论（第2版）（高职高专教材）	郑金星	38.00
炼铁技术（高职高专教材）	卢宇飞	29.00
高炉炼铁设备（高职高专教材）	王宏启	36.00
非高炉炼铁	张建良	90.00